“十三五”国家重点出版物出版规划项目

中国工程院重大咨询项目　中国生态文明建设重大战略研究丛书(Ⅱ)

综　合　卷

中国生态文明建设若干战略问题研究(Ⅱ)

中国工程院“生态文明建设若干战略问题研究（二期）”项目研究组　编

科 学 出 版 社

北　京

审图号：GS（2019）414 号

内 容 简 介

本书是中国工程院重大咨询项目“生态文明建设若干战略问题研究（二期）”成果系列丛书的综合卷，是二期丛书的挈领分册。全书内容包括综合报告和课题研究两部分，综合报告以十章内容就重大咨询项目的研究成果进行了全面提炼和总述，内容包括我国生态文明建设目标、生态文明发展现状、生态文明国际比较、生态文明统计核算、环境承载力和经济社会发展布局、固体废物分类资源化利用战略、农业发展方式与美丽乡村建设研究和分析，以及生态文明示范与典型地区的典型模式和经验，并总结和提出了我国生态文明建设的主要任务。课题研究则一共分为四部分，是综合报告所提出的各个主题的深入研究和分析，也是本项目各个课题的成果的集中体现。

本书适合各级政府管理人员、政策咨询研究人员，以及广大科研从业者和关心国家发展建设的人士阅读，适合各类图书馆收藏。

图书在版编目（CIP）数据

中国生态文明建设若干战略问题研究. 综合卷. Ⅱ/中国工程院“生态文明建设若干战略问题研究（二期）”项目研究组编. —北京：科学出版社，2019.4

[中国生态文明建设重大战略研究丛书（Ⅱ）/周济，刘旭主编]

“十三五”国家重点出版物出版规划项目　中国工程院重大咨询项目

ISBN 978-7-03-060658-7

Ⅰ. ①中…　Ⅱ. ①中…　Ⅲ. ①生态环境建设–研究–中国　Ⅳ. ①X321.2

中国版本图书馆 CIP 数据核字（2019）第 037596 号

责任编辑：马　俊　孙　青 / 责任校对：郑金红

责任印制：肖　兴 / 封面设计：北京铭轩堂广告设计有限公司

科 学 出 版 社 出版

北京东黄城根北街 16 号

邮政编码：100717

http://www.sciencep.com

中国科学院印刷厂 印刷

科学出版社发行　各地新华书店经销

*

2019 年 4 月第　一　版　开本：787×1092　1/16

2019 年 4 月第一次印刷　印张：27 1/2

字数：635 000

定价：268.00 元

（如有印装质量问题，我社负责调换）

丛书顾问及编写委员会

顾　问

徐匡迪　钱正英　陈吉宁　张　勇　沈国舫

主　编

周　济　刘　旭

副主编

郝吉明　杜祥琬　吴丰昌

丛书编委会成员

（以姓氏笔画为序）

丁一汇　丁德文　万东华　王　浩　王元晶
尹伟伦　曲久辉　朱广庆　刘　旭　刘克成
刘鸿亮　江　亿　严　耕　杜祥琬　李　阳
李文华　李德发　吴丰昌　张林波　陈　勇
金鉴明　周　济　郝吉明　段　宁　钱　易
徐祥德　凌　江　唐华俊　唐孝炎　唐海英
傅志寰　舒俭民　魏复盛

丛书总序

为积极参与生态文明建设研究，更好地发挥“国家工程科技思想库”的作用，中国工程院于 2013 年启动了“生态文明建设若干战略问题研究”重大咨询项目，对生态文明建设进行全局性系统研究，提出了中国未来生态文明建设的总体目标、战略部署和重点任务。为持续跟踪支撑国家生态文明建设，2015 年中国工程院启动了“生态文明建设若干战略问题研究（二期）”重大咨询项目，项目由周济、刘旭任组长，郝吉明任副组长，20 余位院士、200 余位专家参加了研究。2017 年 12 月，经过两年多的紧张工作，在深入分析和反复研讨的基础上，经过广泛征求意见，综合凝练形成了项目研究报告。研究期间，部分研究成果上报国务院，得到了有关领导的高度重视和批示。

项目在构建国家生态文明建设指标体系、综合评估我国生态文明发展水平的基础上，对我国环境承载力与经济社会发展战略布局、固体废物分类资源化利用、农业发展方式转变与美丽乡村建设等生态文明建设领域的重大战略问题开展研究。

项目全面客观评估我国生态文明发展水平与建设成效。以生态环境质量改善为核心，从绿色环境、绿色生产、绿色生活、绿色治理 4 个领域，构建包括 10 个目标、20 个指标的评估体系。充分考虑城市的主体功能定位，按功能区发展要求确定差异化的指标权重，采用双基准渐进法，以 2015 年为评估年，以全国 337 个地级及以上城市（不含香港特别行政区、澳门特别行政区、台湾省及三沙市）为单元，从国家、省、市三个层次开展了评价。结果表明，2015 年我国生态文明发展水平平均分值为 61.16，处于一般水平，与生态文明建设目标仍有一定差距，东南沿海地区的生态文明发展水平整体略高于中西部地区。具体指标结果表明，我国整体经济社会成果显著，在经济生活方面具有了一定基础，部分一线城市已达到国际中高收入或高收入国家水平，但是在生态环境保护、工业污染控制、产业优化、资源高效利用等领域，以及农业主产区生态文明建设等方面仍需进一步加强。

在此基础上，项目组提出了若干政策建议：一是基于资源环境承载能力优化产业发展布局，强化京津冀、西北五省（自治区）及内蒙古自治区的资源环境承载力约束，整治高污染、高耗能、高耗水企业，严控新增产能，强化产业调整和特别污染排放限值管理，运用行业排放标准推进产业技术进步，综合考虑水资源承载力和水资源效率进行农业布局；二是以“无废国家”为目标，促进资源充分循环，将固体废物资源化利用上升到国家战略高度，推动资源产出率、资源循环利用率等作为重要战略性量化指标，构建绿色消费模式，促进“城市矿山”开发，推动生态农业生态生产模式，促进乡村废物资源化，加快工业发展绿色转型，提高资源利用效率；三是转变农业发展方式，建设美丽乡村，通过延伸农业产业链，构建一二三产业深度融合经营体系，探索新型高效生态农业，推进种养结合、农牧融合，提高村庄规划水平，加强宅基地和农村集体建设用地的规划管理，为未来发展留出空间，开展一批重点示范建设工程，推进美丽乡村建设。

项目提出了新时代生态文明建设的目标，即建议将生态资源资产与经济发展协同增长作为实现中华民族伟大复兴中国梦的目标之一，作为各级政府的工作任务，按约束指标列入年度发展计划，坚持人与自然和谐共生、物质精神同步、经济生态协调与坚持区域发展平衡；通过全社会不懈的努力，到 21 世纪中叶，基本实现人民群众物质财富与生态福祉的双重富裕，建成美丽中国；到 21 世纪下半叶，全面建成“零碳无废”社会，实现物质财富与生态福祉极大富裕。基于上述目标，提出了八大重点任务：一是培育生态产品生产成为新兴产业，将生态资源资产核算纳入国民经济核算体系，扩大生态生产产业的就业；二是坚持绿色驱动产业的生态化转型，以资源环境承载力约束、优化产业布局，推进传统产业生态化转型；三是深化美丽乡村建设，打造现代农业升级版，实现中国特色农业现代化；四是将建设“零碳无废”社会目标提升到国家战略高度，推动能源革命实现低碳发展，推进生产和消费领域的循环发展；五是培育全民生态文化自觉和绿色生活方式；六是健全绿水青山就是金山银山的法制保障，创新生态资源资产为核心的生态环境管理体系；七是引领全球治理，共同构建人类命运共同体，为发展中国家提供绿色发展中国智慧；八是实施绿色科技创新工程支撑生态文明建设。

本套丛书汇集了“生态文明建设若干战略问题研究（二期）”项目的综合卷和 4 个课题分卷，分项目综合报告、课题报告和专题报告三个层次，提供相关领域的研究背景、内容和主要论点。综合卷包括综合报告和相关课题论述，每个课题分卷则包括课题综合报告及其专题报告。项目综合报告主要凝聚和总结各课题和专题中达成共识的主要观点和结论，各课题形成的其他观点则主要在课题分卷中体现。丛书是项目研究成果的综合集成，是众多院士和多部门多学科专家教授、企业工程技术人员及政府管理者辛勤劳动和共同努力的结果，在此向他们表示衷心的感谢，特别感谢项目顾问组的指导。

生态文明建设是关系中华民族永续发展的根本大计，更是一项巨大的惠及民生福祉的综合性建设。由于各种原因，丛书难免还有疏漏和不够妥当之处，请读者批评指正。

中国工程院“生态文明建设若干战略问题研究（二期）”

项目研究组

2018 年 11 月

前　言

生态文明建设是关系中华民族永续发展的千年大计，已成为全党全国人民共同的行动纲领；十八大以来，党和国家开展了一系列根本性、开创性、长远性工作并取得重要成果；当前生态文明建设正处于压力叠加、负重前行的关键期，已进入提供更多优质生态产品以满足人民日益增长的优美生态环境需要的攻坚期。

中国工程院作为国家工程科技领域的最高智库，一直积极参与生态文明建设相关研究探索。2015 年，中国工程院正式启动“生态文明建设若干战略问题研究（二期）”重大咨询项目，在一期提出中国未来十年生态文明建设的总体目标、战略部署和重点任务的基础上，构建国家生态文明发展指标体系并对我国生态文明发展水平进行综合评估，同时针对我国环境承载力与经济社会发展战略布局、固体废物分类资源化利用、农业发展方式转变与美丽乡村建设等生态文明建设领域的重大战略问题进行了深入研究并提出了相关的政策建议。本项目由徐匡迪、钱正英、陈吉宁、张勇、沈国舫为项目顾问，周济、刘旭任组长，郝吉明任副组长，项目下设 4 个研究课题，根据项目课题设置及研究需要，邀请相关学部的院士 10 余位和各方面专家 200 余位参加课题研究。项目组织研讨会议 30 余次，并赴福建、浙江、新疆等典型地区开展生态文明建设情况综合调研 6 次，最终形成了本研究，以期为国家推进生态文明建设提供科学决策依据与参考。

生态文明是一项涉及方方面面的系统性工程，很难通过一两次研究就将其内容全面覆盖。本报告为中国工程院“生态文明建设若干战略问题研究（二期）”的阶段性成果，中国工程院将继续长期、稳定和深入跟踪我国生态文明建设最新进展，并及时对重点领域与区域相关问题开展研究。

目　　录

综 合 报 告

课 题 研 究

综合报告

摘　要

中国特色社会主义已经进入新时代，生态文明建设作为中华民族永续发展的千年大计，是破解社会主要矛盾、建设美丽中国、创造良好生产生活环境、维护全球生态安全的重大举措。2013 年年初，中国工程院设立了“生态文明建设若干战略问题研究”重大咨询项目，系统地对生态文明建设进行了全局性研究，提出中国未来十年生态文明建设的总体目标、战略部署和重点任务，为正在制定的“十三五”规划做出了贡献。2015 年中国工程院启动了“生态文明建设若干战略问题研究（二期）”项目，围绕国家生态文明建设指标体系、环境承载力与经济社会发展战略布局、固体废物分类资源化利用、农业发展方式转变与美丽乡村建设等领域的重大战略问题开展深入研究并提出相关战略对策。

一、生态文明发展现状与主要问题

为全面客观地反映和描述我国生态文明发展水平，项目结合我国生态文明建设总体目标，构建了包含绿色环境、绿色生产、绿色生活、绿色治理四个领域的指标体系，采用双基准目标渐进法赋分，以 2015 年为评估年，以全国 337 个地级及以上城市（不含香港、澳门、台湾及海南三沙）为评价单元，根据各自的主体功能定位，从国家、省、市三个层次开展评估。经评估，2015 年我国生态文明发展水平平均分值为 61.16 分，其中浙江、福建、海南三省生态文明发展水平处于相对领先地位。

评估结果表明，近年来中国在生态文明建设中付出了巨大努力，生态环境有所改善，绿色发展加速提升，制度体系逐步健全，生态文明建设取得重大成效，但是生态文明发展总体水平不容乐观，距国家预期目标还有相当差距，在 337 个城市中，仅 44 个城市达到良好以上级别，占城市总数量的 13.06%，42.43%的城市（143 个）在及格线以下。生态文明建设的突出问题主要表现在以下几个方面：一是绿色环境是当前生态文明发展的突出短板，四个领域的评估结果中，绿色环境分值最低，仅为 57.17 分，未达到及格水平，难以满足人民群众对优质生态产品的迫切需求；二是生态文明发展水平空间分布不平衡情况显著，良好级别以上的城市主要集中分布在东南部地区，而生态文明发展水平较差的城市则在华北、西北地区较为集中，东部、中部、西部地区评估得分依次为 63.47 分、60.93 分和 59.53 分；三是农产品主产区的生态文明发展水平相对滞后，在四个生态功能类型中，农产品主产区评估得分为 58.21 分，低于其他功能类型。

二、生态文明建设重点领域战略任务

（一）基于资源环境承载能力优化产业发展布局

项目从环境承载能力的科学内涵出发，以 2013 年为基准，分别对我国的大气环境容量、地表水环境容量、水资源承载力进行了评价。结果表明，我国主要大气环境与水环境处于严重超载状态，其中大气污染物的超载率以 $PM_{2.5}$ 和 NO_x 最为严重，超载率分别为 259%和 217%；水环境方面，COD 和氨氮的超载率分别为 210%和 33%；在水资源承载力方面，南方地区整体优于北方，而北方又以华北和西北地区最差。

在产业布局上，首先要重点整治高能耗、重污染、低效益产业，严控高污染、高耗能、高耗水行业新增产能，淘汰钢铁、水泥、平板玻璃等重大行业落后产能，七大重点流域的干流沿岸控制化工、制药和印染及有色冶炼等项目环境风险；其次要强化产业调整和特别污染排放限值管理，环境容量利用率不足 50 的地区在满足行业排放标准的前提下适度发展有本地优势的产业，环境容量利用率 80%～100%的地区要及时进行预警并作出产业调整引导方案或行业排放标准方案，为后续发展预留空间；最后要综合考虑水资源承载力和水资源效率进行农业布局，集中于转变农业增长方式；调整种植结构，提高水分生产效率，推进生物节水战略。

（二）强化固体废弃物资源化利用，建设“无废社会”

我国是世界上人口最多、经济体量最大的发展中国家，也是固体废弃物产生大国，目前各类固体废弃物累积堆存量 800 多亿 t，年产生量近 120 亿 t，且呈逐年增长态势，如不进行妥善处理和利用，将对环境造成严重污染，对资源造成极大浪费，对社会造成恶劣影响。建设“无废社会”一是可以从源头消除对人居生活环境的影响；二是通过有效利用固体废弃物中赋存的大量有价资源，可以缓解资源短缺压力；三是可以减少固废物堆存占地，缓解土地资源紧张局面；四是可以成为我国经济增长的新动能。据估计，到 2030 年，我国固体废弃物分类资源化利用产值规模将达 7 万亿～8 万亿元，可带动 4000 万～5000 万个就业岗位。

研究建议要把“无废社会”提升到国家战略高度，作为全面奔小康补短板的内容之一。推动资源产出率、资源循环利用率等量化指标的广泛应用，将其作为生态文明建设的重要战略指标，纳入经济社会发展评价和政府绩效考核体系。逐步构建全社会固体废物分类资源化循环体系，努力实现全社会资源能源消耗最小化、资源利用最大化，最终形成具有中国特色的循环经济社会发展模式，建成“无废社会”，实现可持续发展的长远目标。

（三）转变农业发展方式，建设美丽乡村

近年来，我国农业发展取得巨大成就，粮食生产实现历史性的“十二连增”，农民增收实现“十二连快”。然而，长期粗放式经营积累的深层次矛盾逐步显现，农业持续稳定发展面临的挑战前所未有，水土资源约束日益趋紧，农业面源污染加重，农业生态系统退化明显，农村产业空洞化、村庄空心化、人口老龄化“三化”问题日益严重，农村的“脏、乱、差”问题没有得到根本改观，传统的农业生产方式已难以为继。

农业发展要体现三个“结合”的原则，即国家粮食安全和建立农业可持续发展长效机制结合，农业环境污染全程控制与重点治理结合，城市工业污染与农村污染一体化防控相结合。一要切实转变农业发展方式，从依靠拼资源消耗、拼农资投入、拼生态环境

的粗放经营，尽快转到注重提高质量和效益的集约经营上来，全面推进生产效益型集约农业、资源节约型循环农业、环境友好型生态农业和产品安全型绿色农业的“四型”农业建设；二是深入开展农村环境综合整治，推进农村垃圾、污水处理和土壤修复，改善农村人居环境；三是加强农业生产和农村新兴产业培育，优化调整种养业结构，大力推广农牧结合、种养结合的生态循环技术和生产模式，发展标准高、融合深、链条长、质量好、方式新的精致农业；四是教育和引导农民养成健康、低碳、环保的现代生产生活方式，建设形成“生态宜居、生产高效、生活美好、人文和谐”的美丽乡村。

三、新时代生态文明的目标与重点任务

生态环境是最公平的人类福祉，是人民美好幸福的根本保障；建议将生态与经济发展协同增长作为生态文明建设的重要目标，提出具体要求，按约束指标列入各级政府年度发展计划，通过全社会坚持不懈的努力，不仅提升经济发展水平，还要提升生态资源资产，全面提高人民生活幸福指数。

建议将以下工作作为新时代生态文明建设的重点任务：一是培育生态产品生产成为新兴产业，将生态资源资产核算纳入国民经济核算体系，扩大生态生产产业的就业；二是坚持绿色驱动产业的生态化转型，以资源环境承载力约束、优化产业布局，推进传统产业生态化转型；三是深化美丽乡村建设，打造现代农业升级版，实现中国特色农业现代化；四是将建设零碳无废社会目标提升到国家战略高度，推动能源革命实现低碳发展，推进生产和消费领域的循环发展；五是培育全民生态文化自觉和绿色生活方式；六是健全绿水青山就是金山银山的法制保障，创新生态资源资产为核心的生态环境管理体系；七是引领全球治理，共同构建人类命运共同体，为发展中国家提供绿色发展中国智慧；八是实施绿色科技创新工程，支撑生态文明建设。

第一章　中国社会主义生态文明建设目标分析

一、社会主义生态文明建设的内涵与特征

（一）新时代社会主义生态文明的理念内涵

生态文明是人类文明发展过程中继原始文明、农业文明、工业文明之后的一种新的文明形态，与过去的文明形态相比，生态文明在生产力关系、人与自然关系、经济发展方式以及公共福祉形态等方面均产生了重大变化，核心在于生态资源资产作为生产力要素参与了社会发展的各个方面。一是生产关系变化，生态文明形态下的生态资源资产不再仅作为物质生产材料参与生产关系，而是作为生态产品的生产者成为重要的生产力要素并影响生产关系；二是人与自然关系变化，不同于农业文明时期人类被动适应自然与工业文明时期向自然索取的人与自然关系，生态文明时期人类更加尊重自然、主动顺应自然，相互关系发生跃升达到新平衡态，实现人与自然的和谐；三是经济发展方式的变化，提供优质生态产品成为新的经济增长点，生态环保产业为经济发展提供强大引擎；四是人类福祉形态的变化，人类福祉不仅包括衣食住行等物质供给，良好的生态环境成为最普惠的公共福祉，经济与生态实现协同增长。

社会主义生态文明是我国针对社会主义初级阶段的基本国情，将中国传统灿烂文明与生态文明理念相结合而形成的新的发展模式。社会主义生态文明对马克思主义理论进行了扩展与提升，是马克思主义中国化的具体体现，也是中国共产党为人民服务宗旨的具体体现；开创新时代社会主义生态文明是我党在社会主义初级阶段的奋斗目标与旗帜，是中国政治、经济、社会、文化改革的重要载体。绿色发展是开创新时代社会主义生态文明的基本道路，美丽中国是新时代社会主义生态文明的建设愿景，实现中华民族伟大复兴是新时代社会主义生态文明的奋斗方向。

（二）新时代社会主义生态文明的基本特征

绿色人文素养。绿色人文素养体现在国民基本道德修养、科学文化素质和绿色生活方式等方面；中华传统文化与生态文明的价值理念相融合，成为全社会的共识与认知；公众对人与自然的关系有科学、理性的认识，形成绿色的消费观、物质观和价值观，并自觉转化为合理消费、科学生活的生态友好日常行为。

“零碳无废”社会。“零碳无废”是新时代社会主义生态文明人与自然之间达到新型平衡的主要表现。人类活动中碳排放大幅降低，自然生态系统的固碳能力全面提高，人类碳排放基本被自然生态系统吸收。生产生活过程中产生的污染和废弃物减量到最低，基本不向自然环境排放。

经济生态双赢。良好生态环境是最公平的公共产品，是最普惠的民生福祉。新时代社会主义生态文明，不仅人民物质生活水平全面提高，人民生活环境质量也要全面提高，在保持经济增长的同时实现生态资产协同增长；社会能够共享经济发展与生态产品双重富裕的成果。

新型国际关系。积极参与国际环保事务，扩大环保领域国际合作，维护世界生态环境安全；向世界贡献中国智慧和中国方案，形成平等互利、共同应对国际环境问题、实现共同富裕的新型国际关系。

（三）新时代社会主义生态文明的驱动力

社会主义生态文明时代是一个全新的时代，是政治、经济、社会、文化方面的全面变革，为确保生态文明建设之路走得安全、顺畅，必须坚持科技驱动、绿色驱动、制度驱动和文化驱动的四轮驱动战略。一是坚持科技驱动，解决生态文明建设过程中的科学与技术难题，促进科技创新及时转化为生产力，使科技创新成为推动新时代社会主义生态文明的发动机。二是坚持绿色驱动，改变原有的消费拉动和出口拉动，通过为人民提供更多的优质生态产品、改善人民生存环境来驱动经济发展，使绿色发展成为新时代社会主义生态文明经济发展的强大引擎。三是坚持制度驱动，破除生态文明建设中的体制机制障碍，通过制度政策实现“绿水青山”就是“金山银山”，为社会主义生态文明建设提供有力保障。四是坚持文化驱动，弘扬传承中华传统文化，并与社会主义价值观、生态文明价值观融合，使中华文化成为新时代开创社会主义生态文明的持久凝聚力。

二、社会主义生态文明建设的重大意义

从改革开放至今的短短几十年时间里，我国经济社会发展取得了令人瞩目的辉煌成就，物质文化财富不断增长，人民生活水平不断提高。但我国也付出了巨大的资源、生态和环境代价，生态资源资产没有与经济社会同步增长，甚至不升反降。到 21 世纪中叶我国要实现“两个一百年”目标，不仅经济要继续保持中高速增长，也迫切需要解决资源环境问题，社会发展将面临人民群众日益增长的物质文化需求同落后的社会生产之间以及人民对良好生态环境的期盼与生态产品生产相对不足之间的双重矛盾，生态环境问题已经成为制约“两个一百年”奋斗目标实现的突出短板。从现在起到 21 世纪中叶，要实现中华民族伟大复兴的中国梦，中国必须走出一条既不同于发达国家曾经走过的道路，也不同于我国已有的发展道路，实现经济社会和生态资源资产协同增长。新时代开创社会主义生态文明的发展之路是中国实现百年目标的必由之路，也是实现和平崛起的唯一的道路。

（一）生态文明建设是破解新时代主要矛盾的重要手段

我们在实现百年目标发展过程中面临的基本矛盾是发展与保护的双重矛盾，一方面人民群众日益增长的物质文化需求同落后的社会生产之间的矛盾尚未完全解决；另一方面随着经济社会的发展，人民日益增长的优质生态产品需求与生态生产能力不足之间的

矛盾又日趋突出。

一是人民群众日益增长的物质文化需求同落后的社会生产之间的矛盾尚未完全解决。改革开放以来，我国经济建设取得了前所未有的辉煌成就，人均 GDP 连续跨越了 1000 美元、3000 美元、6000 美元等关键发展节点，进入中等收入国家行列，但我国仍有 7000 多万贫困人口，与“两个一百年”奋斗目标仍有一定距离，与发达国家人均 GDP 3 万～5 万美元的水平还有更大差距。我国工业化和城镇化进程远落后于经济发展水平，城镇化率仅相当于美国、英国、日本 20 世纪 60 年代的水平，总体上仍处于工业化和城镇化中期阶段。人民群众日益增长的物质文化需求同落后的社会生产之间的矛盾，仍是社会主义初级阶段的主要矛盾。

二是人民日益增长的优质生态产品需求与生态生产能力不足之间的矛盾日益突出。一是生态资源资产总量不足。生态资源资产是指生态产品生产和生态系统服务两个方面价值的总和。据初步估计，我国生态资源资产总量仅相当于美国、加拿大的 60%左右，人均生态资源资产是瑞典的 1/20、芬兰的 1/25。二是生态资源资产出现下降，纵观世界发达国家，在保持经济增长的同时也保证了生态资源资产的增长，然而近 30 年来我国经济增长了 10 倍，生态资源资产不但没有增长还出现下降，是世界上少有的几个生态资源资产下降的国家。生态资源资产不足突出表现在生态系统退化与环境质量下降。森林质量较低，优质森林面积较少，草原退化，优质草场面积减少，湖泊湿地面积萎缩，生物多样性降低，退化土地约占国土面积的 1/3。空气污染严重，雾霾大面积集中爆发，水环境质量下降，土壤污染同样不容忽视。

经济总量与生态资源资产“一升一降”是我国发展历程的真实写照，虽然未来一段时期我国将会进入经济发展新常态，经济增速有所放缓，但中华人民共和国成立一百周年的经济目标仍能顺利完成，然而生态资源资产增长是现阶段最困难的任务。要建成富强、民主、文明、和谐的社会主义现代化强国，实现人民物质生活水平和生态资源资产双重富裕，就必须破解物质生产与生态生产能力落后的双重矛盾，生态文明建设是破解矛盾的必然选择和唯一选择。

（二）推进新时代生态文明是创新中国发展模式的有效途径

我国发展的特殊国情要求我们必须走生态文明发展之路。我国是世界人口最多的发展中国家，约占世界总人口的 1/5，要实现全体国民达到富裕生活水平，意味着更多的资源消耗，并且我国仍处于大的建设期，完成城镇化、工业化还有很长的路要走，还要继续投入更多的能源资源。而我国资源整体匮乏，人均资源不足、空间分布不均，并且短期内以煤为主的能源结构很难改变。另外，我国资源能源对外依存度高，如继续原有粗放的发展模式，资源能源将难以为继。我们必须坚持绿色发展，加快生态文明建设，改变资源消耗大、环境污染重的增长方式。

我国发展的时代背景和国际环境要求我们必须走生态文明发展之路。一是绿色发展成为全球化的大趋势，环境保护已成为国际竞争的重要手段。我国既不能依靠过度消费资源能源拉动经济增长，也不能通过产业转移和贸易转移转嫁污染的方式来解决环境问题。二是我国在起步阶段就承担了大量的环境履约，已加入与生态环境保护有关的国际公约 100 余项，与发达国家在完成资本积累后才开展履约的情况不同，现阶段的环境履约责任对我国经济社会发展具有更大的约束作用。三是随着“一带一路”倡议的实施，我国国际空间拓展将继续加强，如果处理不好所在国的生态环境问题，将会影响我国负责任大国形象的树立。

中国发展模式是对人类文明的重要贡献和保障世界生态安全的重要基石。世界上仍有 2/3 的国家和地区处于相对落后的发展阶段，我国生态文明建设模式将为落后地区提供解决发展与保护矛盾的中国智慧与中国方案，实现全球范围内的经济与生态协同增长，共同应对全球气候变化和生态环境危机。我国地域广阔，对全球生态环境安全有重要影响，我国在开展生态文明建设解决自身生态与发展问题的同时，也为解决全球性生态环境问题承担了责任，是保障世界生态安全的重要基石。

独特的文化历史国情和国际发展环境注定中国必须走适合自己的发展道路。新时代推进社会主义生态文明是创新中国发展模式的有效途径，是中国社会发展的必然选择，是对人类文明的贡献。

三、新时代社会主义生态文明的建设目标与原则

（一）新时代社会主义生态文明的建设目标

1. 总体目标

大力推进绿色发展、循环发展、低碳发展，依靠科技驱动、绿色驱动、制度驱动和文化驱动，全面推进生态文明建设，促进经济社会与生态资源资产协同增长。到 21 世纪中叶，人均国民收入与人均生态资源资产达到中等发达国家水平，人民物质生活极大富裕，生态产品供给极大富裕，将我国建成富强、民主、文明、和谐的社会主义现代化国家，建成天蓝、地绿、水清的美丽中国，实现中华民族永续发展。到 21 世纪下半叶，全面建成“零碳无废”社会，开创社会主义生态文明新篇章。

2. 阶段目标

生态文明奠基期（～2020 年）：建立系统完整的生态文明制度体系，生态资源资产下降趋势得到有效遏制，全面建成小康社会。到 2020 年，人均国内生产总值与人均收入比 2010 年翻一番，人均 GDP 达到 1 万美元；资源效率大幅提高，能源消耗强度持续下降，非化石能源占一次能源消费比重达到 15%左右；主要污染物化学需氧量、氨氮比 2015 年削减 10%，二氧化硫和氮氧化物削减 15%左右，生态环境质量总体改善，重点地区危害人体健康的突出环境问题得到有效遏制；生态资源资产保有率以 2010 年值计达到 100%；公民生态文明素养全面提升，为开创社会主义新时代生态文明奠定坚实的制度保障和文化基础。

绿色发展攻坚期（2020～2030 年）：全面完成产业绿色转型升级，实现经济与资源环境的脱钩，生态资源资产实现正增长。到 2030 年，人均 GDP 达 1.5 万美元，国内生产总值比 2015 年翻一番，资源能源利用效率比 2015 年提高一倍，主要污染物排放量比 2015 年降低 50%，经济效率实现四倍跃进；生态产品生产等新兴产业成为新的经济增

长点；生态环境质量全面改善，生态资源资产总量比2015年提高30%。

美丽中国实现期（2030～2050年）：经济社会与生态资源资产协同增长，人民物质生活水平与生态产品供给极大富裕，生态环境质量根本改善，建成天蓝、地绿、水清的美丽中国。人均GDP达到3万美元，达到中等发达国家水平；生态资源资产生产产业成为重要经济增长点，生态产品供给能力达到世界先进水平；生态环境质量根本性改善，中国社会主义生态文明成为世界可持续发展的样板。

（二）新时代社会主义生态文明的建设原则

坚持人与自然和谐。构筑尊重自然、绿色发展的生态体系，实现人的全面发展和自然生态系统的可持续发展相协调。

坚持物质精神同步。坚持物质文明与精神文明建设同步发展，形成与社会主义生态文明相符的世界观和价值观。

坚持经济生态协调。以资源环境容量承载力优化经济社会发展布局，改善环境质量，推动生态资源资产和经济发展协同增长。

坚持区域发展平衡。以缩小地区与城乡差距、促进基本公共服务均等化为目标，形成优势互补、共同富裕的区域发展格局。

四、生态文明建设进展

（一）生态文明理论体系日臻完善

“生态兴则文明兴，生态衰则文明衰”“保护生态环境就是保护生产力”“山水林田湖是一个生命共同体”“绿水青山就是金山银山”“良好生态环境是最公平的公共产品，是最普惠的民生福祉”等新思想新论断，从历史观、思想观、实践观和认识论等角度为马克思主义中国化提供了新的支撑。中国特色社会主义建设过程中要把生态文明建设摆在突出位置，统筹推进“五位一体”总体布局和“四个全面”战略布局，推动形成绿色发展方式和生活方式，开创社会主义生态文明新时代，使中国特色社会主义事业理论体系日臻完善。《关于加快推进生态文明建设的意见》《生态文明体制改革总体方案》等一系列改革文件，描绘了中央关于生态文明建设的顶层设计图，为生态文明工作深入推进指明了方向。

（二）生态文明制度体系逐步健全

十八届三中全会首次系统阐释生态文明制度体系，提出用制度保护生态环境；十八届四中全会要求“用严格的法律制度保护生态环境”。以新修订的《中华人民共和国环境保护法》和《中华人民共和国大气污染防治法》为标志，环境法治建设取得明显进展。《中华人民共和国水污染防治法》《中华人民共和国土壤污染防治法》等法律法规的修订、制定正在加快推进。党中央、国务院出台了生态文明体制“1+6”改革方案，陆续启动生态环境损害赔偿、自然资源资产负债表、自然资源资产离任审计等制度试点，全过程、全方位的制度体系架构初步建立。从生态补偿到生态环境损害赔偿，从目标评价考核到划定并严守生态红线，从环境监测到环保执法，中央深改组为生态文明建设和环境治理出台了详细的执行方案。

（三）生态环境质量改善取得积极进展

我国顺利实施了“水、气、土”三大污染防治行动计划，启动了山水林田湖生态保护修复工程试点工作，10 个省完成生态保护红线划定。2016 年，新环境空气质量标准第一阶段实施监测的 74 个城市平均优良天数比例为 74.2%，比 2013 年提高 13.7 个百分点；11 个考核 $PM_{2.5}$ 的省份 $PM_{2.5}$ 浓度均明显下降；地表水达到或优于Ⅲ类水质的断面比 2010 年提高 17.9 个百分点，大江大河干流水质明显改善；我国目前已建立自然保护区 2750 个，总面积 14 733 万 hm^2，占国土面积的 15.35%；我国森林覆盖率达到 21.66%，是全球过去 25 年里森林面积增加最多的国家。

（四）绿色发展进程加速提升

在保持经济平稳运行的情况下，坚持不懈地推动经济发展提质增效升级，产业结构调整取得明显成效。“十二五”期间，我国第三产业占国内生产总值比重超过第二产业，节能环保产业总产值从 2012 年的 29 908.7 亿元增加到 2015 年的 45 531.7 亿元。钢铁、煤炭等产能过剩行业调整成效显著，2016 年化解钢铁过剩产能超过 6500 万 t，煤炭产能超过 2.9 亿 t。非化石能源消费比重进一步上升，煤炭消费比重继续下降。能源和水资源利用效率排名 G20 之首，“十二五”节能减排约束性目标超额完成，单位国内生产总值能耗五年累计下降 18.2%。2015 年，中国的二氧化碳排放实现自 1998 年以来的首次负增长。出台《关于构建绿色金融体系的指导意见》，绿色金融快速发展。

（五）环境基本公共服务能力不断提升

环境基础设施建设取得积极成效，截至 2015 年年底，我国城镇污水日处理能力达到 1.82 亿 t，成为全世界污水处理能力最大的国家之一。全国城市污水处理率提高到 92%，城市建成区生活垃圾无害化处理率达到 94.1%。农村环境综合整治顺利进展，7.2 万个村庄实施环境综合整治，6.1 万家规模化养殖场（小区）建成废弃物处理和资源化利用设施。环境执法能力日益增强，完成 22 个省（自治区、直辖市）的重要环保督查，各地累计问责超 1 万人，罚款逾 8 亿元。

（六）全社会生态文明意识明显提升

生态文明被纳入社会主义核心价值体系。生态文明理念深入人心，初步建立了包含学校教育、党政干部和企业社会培训为一体的国民教育体系及宣传体系。目前福建、浙江、天津、海南、吉林、广西、山西等 16 省、自治区、直辖市已开展了生态省建设，超过 1000 多个市、县、区正在推进生态省建设的细胞工程，其中，184 个获得生态市（县）

称号。及时主动公开环境质量、企业排污、项目环评审批等信息，拓宽群众参与渠道和参与范围。公众生态环境保护意识日益增强。研究显示，2016 年全国超八成的人认为“生态文明建设是每个人的事”。

（七）生态文明理念成为国际共识

2013 年联合国环境规划署第 27 次理事会上，我国生态文明理念被正式写入决议文案。G20 杭州峰会，中国首次把绿色金融议题引入二十国集团议程。2016 年联合国环境规划署发布《绿水青山就是金山银山：中国生态文明战略与行动》报告，介绍中国生态文明建设的指导原则、基本理念和政策举措。我国环境保护部与联合国环境规划署签署了《关于共建“一带一路”的谅解备忘录》，推动形成“一带一路”国际共识。生态文明贵阳国际论坛成功举办，国际社会对中国的生态文明建设给予积极评价。

第二章　中国生态文明发展现状评估

为了全面客观地反映和描述我国生态文明发展水平，评估我国生态文明建设成效，综合衡量生态文明各领域协调程度，本研究结合我国生态文明建设的总体目标，构建包含绿色环境、绿色生产、绿色生活、绿色治理 4 个领域的指标体系，以 2015 年为评估年，以全国 337 个地级及以上城市为评价单元，根据各自的主体功能区定位，从国家、省级、市级三个层面开展评价。

一、生态文明发展水平评估指标与方法

（一）评估指标体系

1. 指标体系构建原则

（1）继承性原则

既要充分体现党和国家在生态文明发展目标、任务的政策性部署，也要体现国际可持续发展目标的新趋势，充分借鉴国内外可持续发展评估、绿色发展评估的相关研究成果，形成科学、客观的生态文明发展指标体系。

（2）导向性原则

指标体系要体现生态文明发展的规律和特点，能够适时进行调整和完善，适应国家政策的变化及数据可获得性的变化，具有导向性和前瞻性，能够对生态文明发展具有超前的指导作用。此外，本研究的指标体系更突出环境质量，将生态质量、环境空气质量、水环境质量、主要污染物排放强度、生态足迹（ecological footprint，EF）、突发环境风险事件、受保护区域面积占比等反映环境质量的指标纳入指标体系中进行科学评估。

（3）系统性原则

指标体系具有层次性，分别从领域层、指数层、指标层进行分层分级构建，各指标要有一定的逻辑关系，从不同的侧面反映生态文明建设“五位一体”的部署和要求，各指标之间既相互独立，又彼此联系，共同构成一个有机统一体。

（4）分异性原则

考虑到我国不同区域自然资源禀赋、生态环境条件、经济社会发展等差异较大，指标体系既要体现生态文明发展水平的一般要求，也要反映区域的自然地理条件、经济社会目标差异，能够综合体现不同区域生态文明发展水平的分异特征。本研究结合我国主体功能区定位的差异化，对地级及以上城市的主体功能进行分类指导，科学设计不同区域的生态文明发展水平目标和指标权重，进行分类评估。

（5）权威性原则

指标的选取要以权威机构发布的统计资料为基础，部分引用权威机构的评价指标。

（6）可操作性原则

考虑数据获取和统计评估上的可行性，指标在数量上要体现少而精，在实际应用过程中要方便、简洁，具有广泛的实用性，指标便于量化，数据便于采集和计算；需要进行量化计算的尽可能选择具有广泛共识、相对成熟的公式和方法，公式中的参数易于获取。指标的选取以状态指标为主，可以进行时间纵向和区域横向之间的比较，所构建的指标体系能够兼顾考核、监测和评价的功能，指标体系能够描述和反映某一时间点生态文明发展的水平和状况，能够评价和监测某一时期内生态文明建设成效的趋势和速度，能够综合衡量生态文明发展各领域整体协调程度，以达到横向可比、纵向也可比。

2. 指标体系框架

本研究结合我国生态文明建设的总体目标，从领域、指数和指标三个层次构建评价指标体系（表 2-1）。具体框架如下。

领域层：包括绿色环境、绿色生产、绿色生活和绿色治理 4 个领域。

指数层：整体反映各领域的综合发展状况，根据各领域的特征共划分为 10 个指数。

指标层：评估各项指数的具体指标，共 20 项指标。

表 2-1　中国市域生态文明发展水平评价指标体系

领域	指数	序号	指标	单位
绿色环境	生态质量	1	生态用地质量	无量纲
	环境质量	2	环境空气质量	无量纲
		3	地表水环境质量	无量纲
绿色生产	产业优化	4	人均 GDP	元
		5	第三产业增加值占 GDP 比重	%
	产业效率	6	单位建设用地 GDP	万元/km^2
		7	主要水污染物排放强度	kg/万元
		8	主要大气污染物排放强度	kg/万元
		9	单位种植面积化肥施用量	t/hm^2
绿色生活	城乡协调	10	城镇化率	%
		11	城镇居民人均可支配收入	元
		12	城乡居民收入比例	%
	城镇人居	13	人均公园绿地面积	hm^2/万人
		14	建成区绿化覆盖率	%
	绿色消费	15	人均生态足迹	hm^2/万人
绿色治理	污染治理	16	城市生活污水处理率	%
		17	城市生活垃圾无害化处理率	%
	建设绩效	18	自然保护区面积占比	%
		19	单位 GDP 能耗下降率	%
	调节指标	20	突发环境风险指数	无量纲

3. 指标解释与数据来源

（1）生态用地质量

指标解释：区域内不同质量生态用地类型的组成情况。计算公式如下：

$$生态用地质量=\sum W_i \cdot S_i$$

式中，W_i 为第 i 种生态用地的权重；S_i 为第 i 种生态用地的面积。

数据来源：遥感解译数据。

（2）环境空气质量

指标解释：定量描述空气质量状况的无量纲指数（AQI）。计算公式如下：

$$\text{AQI}=\max\{\text{IAQI}_1，\text{IAQI}_2，\text{IAQI}_3，\cdots，\text{IAQI}_n\}$$

式中，IAQI 为空气质量分指数，获取方法参见《环境空气质量指数（AQI）技术规定（试行）》（HJ 633—2012）；n 为污染物项目。

数据来源：环境监测数据。

（3）地表水环境质量

指标解释：城市水质指数（CWQI）。计算公式如下：

$$\text{CWQI}_{城市}=\frac{\text{CWQI}_{河流}\cdot M+\text{CWQI}_{湖库}\cdot N}{(M+N)}$$

式中，$\text{CWQI}_{城市}$ 为排名城市的水质指数；$\text{CWQI}_{河流}$ 为河流的水质指数；$\text{CWQI}_{湖库}$ 为湖库的水质指数；M 为城市的河流断面数；N 为城市的湖库点位数。

数据来源：环境监测数据。

（4）人均 GDP

指标解释：地区生产总值与这个地区的常住人口（或户籍人口）的比值。

数据来源：统计年鉴。

（5）第三产业增加值占 GDP 比重

指标解释：第三产业增加值占地区生产总值（GDP）的比重。

数据来源：《中国城市统计年鉴》，各省统计年鉴。

（6）单位建设用地 GDP

指标解释：地区单位建设用地所产生的地区生产总值。计算公式如下：

$$单位建设用地\ \text{GDP} = \text{GDP}/建设用地面积$$

数据来源：统计年鉴，遥感解译数据。

（7）主要水污染物排放强度

指标解释：单位 GDP 产生的主要水污染物排放量。计算公式如下：

$$水污染物排放强度=（工业\ \text{COD}\ 排放量+工业氨氮排放量）/\text{GDP}$$

数据来源：统计年鉴，环境监测数据。

（8）主要大气污染物排放强度

指标解释：单位 GDP 产生的大气污染物排放量。计算公式如下：

$$主要大气污染物排放强度=（工业\ SO_2\ 排放量+工业烟尘排放量+工业氮氧化物排放量）/\text{GDP}$$

数据来源：统计年鉴，环境监测数据。

（9）单位种植面积化肥施用量

指标解释：单位种植面积化肥施用强度。计算公式如下：

单位种植面积化肥施用量=化肥施用量/农作物种植面积

数据来源：统计年鉴。

（10）城镇化率

指标解释：城镇人口数量占总人口数量的比重。

数据来源：统计年鉴。

（11）城镇居民人均可支配收入

指标解释：城镇居民可用于最终消费支出和储蓄的总和，即可用于自由支配的收入，包括工资性收入、经营性净收入、转移性净收入和财产性净收入。

数据来源：统计年鉴。

（12）城乡居民收入比例

指标解释：城镇居民人均可支配收入与农村居民人均可支配收入的比值。

计算方法：城乡居民收入比=城镇居民人均可支配收入/农村居民人均可支配收入。

数据来源：统计年鉴。

（13）人均公园绿地面积

指标解释：地区公园绿地面积的人均占有量。

数据来源：统计年鉴。

（14）建成区绿化覆盖率

指标解释：建成区内绿化覆盖面积占区域面积的比例，包括公共绿地、居住绿地、单位附属绿地、防护绿地、生产绿地、风景林地 6 类绿化面积之和。

数据来源：统计年鉴。

（15）人均生态足迹

指标解释：维持一个人生存所需要的或者能够容纳人类所排放的废物、具有生物生产力的地域面积。计算公式如下：

人均生态足迹=EF/人口总数

式中，EF 为总生态足迹（hm^2）。EF 的计算公式为：

$$\mathrm{EF}=\sum_{i=1}^{n}\frac{C_i}{\mathrm{EP}_i}\mathrm{EQ}_i=\sum_{i=1}^{n}\frac{P_i+I_i-E_i}{\mathrm{EP}_i}\mathrm{EQ}_i$$

式中，EP_i 为全球年平均生态生产力；C_i 为资源消费量；P_i 为资源生产量；E_i 为资源出口量；EQ_i 为等量化因子；I_i 为资源进口量。

数据来源：统计年鉴。

（16）城市生活污水处理率

指标解释：城镇生活污水处理量占城镇生活污水排放量的比重。

数据来源：统计年鉴。

（17）城市生活垃圾无害化处理率

指标解释：城镇生活垃圾无害化处理量占生活垃圾清运量的比值。

数据来源：统计年鉴。

（18）自然保护区面积占比

指标解释：该地区自然保护区面积占行政区域土地总面积的比例。计算公式如下：

自然保护区面积占比=（自然保护区面积/行政区土地面积）×100%

数据来源：统计年鉴。

（19）单位 GDP 能耗下降率

指标解释：单位 GDP 能源消耗比上一年的下降率。

数据来源：各省、市统计年鉴。

（20）突发环境风险指数

指标解释：具有重大社会影响、涉及公共安全的环境事件发生情况。计算公式如下：

突发环境风险事件分数=（−3）×特大环境事件个数+（−2）×重大环境事件个数+（−1）×较大环境事件个数+（−0.5）×一般环境事件个数

环境事件分级参考《国家突发环境事件应急预案》相关规定。

数据来源：环境监测数据。

4. 缺失数据处理

除西藏地区之外的缺失数据主要采用该省（自治区、直辖市）的最低值替代法，鉴于西藏地区各市州的数据缺失量较大，采用该自治区的平均值来代替。

（二）评估指标权重

1. 指标权重的确定原则

权重反映指标在综合体系中的重要程度，是主客观综合度量的结果。权重既取决于指标本身在决策中的作用和指标价值的可靠程度，也取决于决策者对该指标的重视程度。指标权重的合理性直接影响评价结果的准确性与置信度。

为了充分体现绿水青山就是金山银山的理念，反映我国主体功能区定位的差异化，突出不同主体功能区类型的发展特点与要求，体现生态环境质量的核心地位。本研究在征求专家意见的基础上结合层次分析法（AHP）计算得出指标体系权重，并针对各类主体功能区特点分别确定差异化权重系数。

2. 地级行政区主体功能类型划分

为了实现差异性评估，体现区域分异特征，本研究根据《全国主体功能区规划》和 31 个省（自治区、直辖市）的主体功能区规划方案，以 31 个省（自治区、直辖市）的 2867 个县级行政单位（含建设兵团的县级行政区）的主体功能分区结果作为主要参考依据，确定 337 个地级及以上城市的主体功能区类型（图 2-1）。

优化开发区、重点开发区、农产品主产区和重点生态功能区 4 个主体功能区类型分类的基本情况如表 2-2 所示，优化开发区包含 26 个城市，人均 GDP 达 9.72 万元，第三产业占比达 50.37%，城镇化率达 74.05%；重点开发区含 98 个城市，人均 GDP 达 5.71 万元，第三产业占比达 42.07%，城镇化率达 59.34%；农产品主产区包含 105 个城市，人均 GDP

达 3.80 万元，第三产业占比为 38.16%，城镇化率为 47.44%；重点生态功能区含 108 个城市，人均 GDP 为 3.91 万元，第三产业占比为 41.38%，城镇化率为 46.21%。

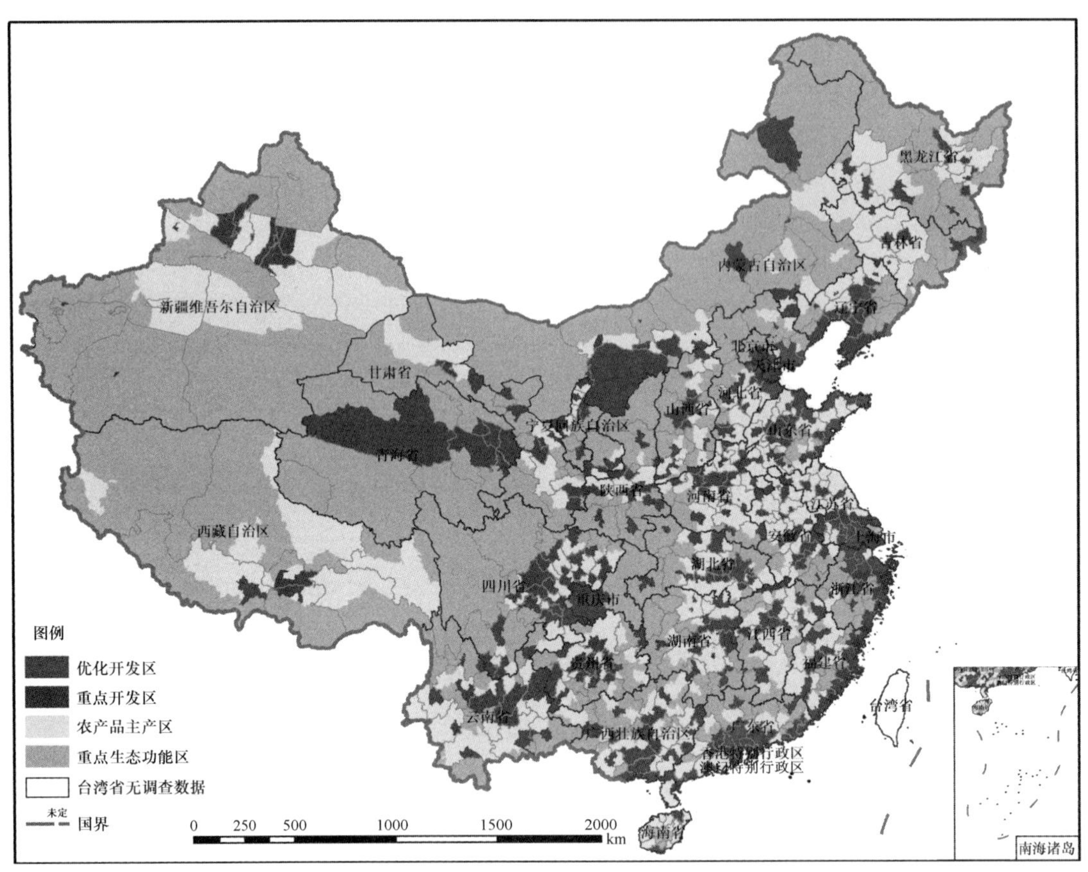

图 2-1 我国县域主体功能区分类（彩图见封底二维码）

表 2-2 不同主体功能区类型的基本情况

指标	单位	优化开发区	重点开发区	农产品主产区	重点生态功能区
城市数量	个	26	98	105	108
人口占比	%	10.58	31.77	34.81	22.84
土地面积占比	%	2.03	12.51	21.65	63.82
人均 GDP	万元	9.72	5.71	3.80	3.91
第三产业占比	%	50.37	42.07	38.16	41.38
城镇化率	%	74.05	59.34	47.44	46.21

3. 主体功能区类型的环境保护要求

为了建立健全的符合科学发展观并有利于推进形成主体功能区的生态文明发展水平评价指标体系，在确定指标体系的基础上，参考《全国主体功能区规划》等，按照不同类型的主体功能区定位，根据以下要求确定各分类在生态文明建设基础上的发展及环境保护要求，调整不同主体功能区类型的评价指标体系权重。

（1）优化开发区

坚持转变经济发展方式优先的评价原则，强化对经济结构、资源消耗、环境保护、自主创新，以及外来人口公共服务覆盖面等指标的评价，弱化对经济增长速度、招商引资、出口等指标的评价。

（2）重点开发区

坚持工业化、城镇化水平优先的评价原则，综合评价经济增长、吸纳人口、质量效益、产业结构、资源消耗、环境保护，以及外来人口公共服务覆盖面等内容，弱化对投资增长速度等指标的评价，对中部、西部地区的重点开发区，还要弱化吸引外资、出口等指标的评价。

（3）农产品主产区

坚持农业发展优先的评价原则，强化对农产品保障能力的评价，弱化对工业化、城镇化相关经济指标的评价。

（4）重点生态功能区

坚持生态保护优先的评价原则，强化对提供生态产品能力及区域生态环境质量等指标的评价，弱化对工业化、城镇化相关经济指标的评价。

4. 指标权重

本研究针对各类主体功能区特点与评价原则，在征求专家意见的基础上结合层次分析法计算得出指标体系权重（表 2-3、表 2-4）。

表 2-3　中国市域生态文明发展评价指标体系领域层及指数层权重表

序号	领域层及指数层	优化开发区	重点开发区	农产品主产区	重点生态功能区
	绿色环境	0.40	0.35	0.40	0.40
1	生态质量指数	0.50	0.50	0.50	0.50
2	环境质量指数	0.50	0.50	0.50	0.50
	绿色生产	0.25	0.25	0.20	0.25
3	产业优化指数	0.60	0.60	0.60	0.60
4	产业效率指数	0.40	0.40	0.40	0.40
	绿色生活	0.15	0.15	0.20	0.15
5	城乡协调指数	0.35	0.40	0.45	0.40
6	城镇人居指数	0.35	0.30	0.30	0.35
7	绿色消费指数	0.30	0.30	0.25	0.25
	绿色治理	0.20	0.25	0.20	0.20
8	污染治理指数		0.50		0.45
9	建设绩效指数		0.50		0.55

注：调节指标为特别考虑项，故未列出，下同

（三）评估方法

1. 综合评估方法

目前与生态文明评估相关的方法很多，主要有综合加权指数法、模糊综合评价法、

层次分析法、灰色关联度法、熵值法、生态模型方法等。综合加权指数法将分散指标的信息，通过模型集成，形成关于对象综合特征的信息，帮助人们认知、分析和研究不同类别、不同结构和不同计量单位的指标问题，在应用中必须解决评价标准、权重、量化等问题。本研究对生态文明发展水平的总体状况采用综合加权指数法进行评价。

表 2-4　中国市域生态文明发展评价指标体系指标层权重表

序号	指标层	优化开发区	重点开发区	农产品主产区	重点生态功能区
1	生态用地质量	1	1	1	1
2	环境空气质量	0.50	0.50	0.50	0.50
3	地表水环境质量	0.50	0.50	0.50	0.50
4	人均 GDP	0.50	0.50	0.50	0.50
5	第三产业增加值占 GDP 比重	0.50	0.50	0.50	0.50
6	单位建设用地 GDP	0.30	0.30	0.20	0.20
7	单位 GDP 水污染物排放强度	0.25	0.25	0.20	0.30
8	单位 GDP 大气污染物排放强度	0.25	0.25	0.20	0.30
9	单位农作物种植面积化肥施用量	0.20	0.20	0.40	0.20
10	城镇化率	0.30	0.40	0.30	0.30
11	城镇居民人均可支配收入	0.30	0.30	0.30	0.30
12	城乡居民收入比例	0.40	0.30	0.40	0.40
13	人均公园绿地面积	0.45	0.45	0.50	0.50
14	建成区绿化覆盖率	0.55	0.55	0.50	0.50
15	人均生态足迹	1	1	1	1
16	城市生活污水处理率	0.50	0.50	0.50	0.50
17	城市生活垃圾无害化处理率	0.50	0.50	0.50	0.50
18	自然保护区面积占比	0.40	0.40	0.60	0.60
19	单位 GDP 能耗下降率	0.60	0.60	0.40	0.40

注：突发环境风险指数为特别考虑项，故未列出，下同

综合加权指数法公式为：

$$K=\sum_{i=1}^{n}W_i\cdot A_i$$

式中，K 为综合评价指数（即生态文明发展指数）；W_i 为各指标权重；A_i 为各指标标准化后的值；i 为指标个数。中国市域、省级和国家级生态文明发展水平计算公式如下。

市域生态文明发展水平：

$$\text{EcoC}=\sum_{i=1}^{n}W_i\cdot A_i$$

省级生态文明发展水平：

$$\text{EcoP}=\frac{\sum_{i=1}^{m}W_i\cdot A_i}{m}$$

式中，m 为该省所辖地级市数量。

国家级生态文明发展水平：

$$\text{EcoN} = \frac{\sum_{i=1}^{j} W_i \cdot A_i}{j}$$

式中，j 为全国地级市数量。

2. 评估基准选择

为了使指标数据具有可比性，对数据进行标准化及同向化处理，常用的有“极差标准化”“Z 分数标准化”“按小数定标标准化”等。本研究首次采用双基准渐进法（图 2-2）对评价指标赋分，对每个指标分别设定 A、C 两个基准值，其中 A 值为优秀值，即指标通过标准化后可获得 90 分所对应的数值；C 值为达标或合格值，即指标通过标准化后可获得 60 分所对应的数值。指标赋分计算公式及原理如下：

$$A_{ij} = (X_{ij} - S_{C(X_{ij})}) \times \frac{(S_A - S_C)}{(S_{A(X_{ij})} - S_{C(X_{ij})})} + S_C$$

式中，当 $A_{ij}<0$ 时，A_{ij} 取值为 0；当 $A_{ij}>100$ 时，A_{ij} 取值为 100；A_{ij} 为第 i 年的第 j 个评价指标数据标准化后的值；X_{ij} 为第 i 年的第 j 个评价指标的原始值；$S_{A(X_{ij})}$ 为第 i 年的第 j 个评价指标标准值 A 值；$S_{C(X_{ij})}$ 为第 i 年的第 j 个评价指标标准值 C 值；S_A 为此评价指标标准值 A 值对应分数（90 分）；S_C 为此评价指标标准值 C 值对应分数（60 分）。

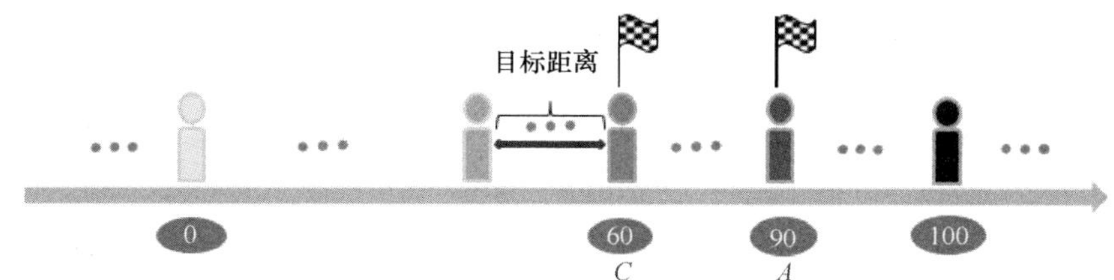

图 2-2　双基准渐进法图示

基准值的确定优先依据国家或部门行业标准、国家相关规划或其他要求、国内外城市的类比值。对于没有确切参考依据的部分指标，采用该指标数据统计学分布特征的数值作为基准值（表 2-5）。

表 2-5　指标基准的确定标准

序号	指标	单位	基准值	选取依据
1	生态用地质量	无量纲	A 值：80 C 值：50	统计学分布特征
2	环境空气质量	无量纲	A 值：50 C 值：100	《环境空气质量标准》（GB 3095—2012）（空气质量为“优”时 AQI 为 0～50；“良好”时 AQI 为 51～100）
3	地表水环境质量	无量纲	A 值：1 C 值：5	《地表水环境质量标准》（GB 3838—2002）（III类水浓度标准限值，并根据数据统计学分布特征划定 A、C 值）
4	人均 GDP	元	A 值：60 000 C 值：20 000	根据世界银行划分 5 类区域及经济体。以小康水平人均 GDP 数值（800～3 000 美元）取整划定 C 值；以中高等收入国家人均 GDP（8 000 美元）取整划定 A 值

续表

序号	指标	单位	基准值	选取依据
5	第三产业增加值占 GDP 比重	%	*A* 值：60 *C* 值：40	以工业化后期第三产业占比为 *C* 值；以 2015 年中高等收入国家第三产业占比划定 *A* 值
6	单位建设用地 GDP	万元/km^2	*A* 值：520 *C* 值：270	统计学分布特征
7	主要水污染物排放强度	kg/万元	*A* 值：0.015 *C* 值：0.04	统计学分布特征
8	主要大气污染物排放强度	kg/万元	*A* 值：0.2 *C* 值：0.5	统计学分布特征
9	单位种植面积化肥施用量	t/hm^2	*A* 值：0.18 *C* 值：0.45	参考农业部《到 2020 年化肥使用量零增长行动方案》，以 2015 年中国化肥施用量为 0.466t/hm^2 划定 *C* 值；以 2015 年中高等收入国家 0.175t/hm^2 化肥施用量划定 *A* 值
10	城镇化率	%	*A* 值：80 *C* 值：60	以《中华人民共和国国民经济和社会发展第十三个五年规划纲要》中 2020 年目标值（60%）划定 *C* 值；参考 2015 年世界银行高收入国家 81.16%城镇化率划定 *A* 值
11	城镇居民人均可支配收入	元	*A* 值：100 000 *C* 值：18 000	以《全面建成小康社会的基本标准》中关于城镇居民人均可支配收入的规定划定 *C* 值；以中高等收入国家人均国民收入划定 *A* 值
12	城乡居民收入比例	%	*A* 值：1.8 *C* 值：2.2	统计学分布特征
13	人均公园绿地面积	hm^2/万人	*A* 值：13 *C* 值：7.5	以《城市园林绿化评价标准》（GB 50563—2010）中Ⅱ级标准划定 *C* 值；以《国家生态文明建设示范市指标（试行）》中关于城镇人均公园绿地面积的要求划定 *A* 值
14	建成区绿化覆盖率	%	*A* 值：40 *C* 值：36	以《城市园林绿化评价标准》（GB 50563—2010）中的Ⅰ级标准划定 *A* 值；以Ⅱ级标准划定 *C* 值
15	人均生态足迹	hm^2/万人	*A* 值：1 *C* 值：2	统计学分布特征
16	城市生活污水处理率	%	*A* 值：95 *C* 值：85	以《国家新型城镇化规划（2014—2020 年）》中 2020 年目标值及《国家生态文明建设示范市指标（试行）》中关于城市污水处理率的要求划定 *A* 值；以“十二五” 规划目标值划定 *C* 值
17	城市生活垃圾无害化处理率	%	*A* 值：95 *C* 值：85	以《国家新型城镇化规划（2014—2020 年）》中 2020 年目标值划定 *A* 值、*C* 值
18	自然保护区面积占比	%	*A* 值：20 *C* 值：12	以《国家生态文明建设示范市指标（试行）》中受保护地区占国土面积比例划定 *A* 值；以 2014 年中高等收入国家平均受保护区面积占比划定 *C* 值
19	单位 GDP 能耗下降率	%	*A* 值：9 *C* 值：3.9	以《2014—2015 年节能减排低碳发展行动方案》工作目标划定 *C* 值；以数据统计学分布特征划定 *A* 值

3. 等级划分方法

生态文明发展评价等级的划分是为了对生态文明建设不同发展阶段的综合指数的相对大小进行比较，也为了便于城市之间的定量对比，体现绿色环境、绿色生产、绿色生活和绿色治理对生态文明发展指数的影响程度。

基于生态文明发展指数的计算结果，参考国内外相关研究，采用聚类分析法把中国生态文明发展水平划分为优秀、良好、一般和较差 4 个等级，等级量度值范围见表 2-6。生态文明发展指数越高，表明建设效果越好。

表 2-6 生态文明发展评价等级及其标准化值

等级划分	得分	标准说明
优秀	$K \geqslant 80$	生态文明发展水平整体优秀，各个领域的发展均处于我国领先水平，或能够达到世界先进水平，没有明显的短板或制约因素
良好	$70 \leqslant K < 80$	生态文明发展水平整体良好，各个领域发展较为均衡协调，大部分指标能够达到我国先进水平，但部分方面还存在明显不足和制约因素
一般	$60 \leqslant K < 70$	生态文明发展水平整体达标，各个领域基本能够达到国家相关要求，但各个领域的发展还不均衡，部分指标还存在较大差距
较差	$K < 60$	生态文明发展整体水平还有较大差距，各个领域中存在突出短板或较多制约因素

二、生态文明发展水平整体状况

（一）生态文明发展水平整体不容乐观

2015 年，中国生态文明发展水平综合分值为 61.16 分，总体属于一般水平。337 个地级市中，仅黄山市的生态文明发展水平为优秀，占城市总数量的 0.30%；达到良好级别的城市为 43 个，占总数量的 12.76%；150 个城市评估分值为一般水平，约占总数量的 44.51%；值得注意的是还有 143 个城市的生态文明发展水平较差，约占总数量的 42.43%，这一结果表明我国存在大量生态文明建设落后的地区，整体情况不容乐观（表 2-7，图 2-3）。

表 2-7 中国生态文明发展水平整体情况

领域	分值	数量/比例	优秀	良好	一般	较差
绿色环境	57.17	数量（个）	16	69	72	180
		比例（%）	4.75	20.47	21.36	53.41
绿色生产	63.38	数量（个）	39	39	109	150
		比例（%）	11.57	11.57	32.34	44.51
绿色生活	64.48	数量（个）	12	104	115	106
		比例（%）	3.56	30.86	34.12	31.45
绿色治理	63.30	数量（个）	24	93	103	117
		比例（%）	7.12	27.60	30.56	34.72
综合评估	61.16	数量（个）	1	43	150	143
		比例（%）	0.30	12.76	44.51	42.43

（二）生态文明发展水平空间分布不平衡情况显著

在空间上，生态文明发展水平在良好以上的城市主要集中分布在我国东部和南部地区；发展一般的城市分布比较分散；而生态文明发展水平较差的城市则在华北、西北地区较为集中，东部、中部、西部地区的生态文明发展水平的平均得分依次为 63.47 分、60.93 分和 59.53 分。从领域上来看，西部地区的绿色环境分值最高；东部地区在绿色生产、绿色生活及绿色治理方面都远高于其他地区（表 2-8）。

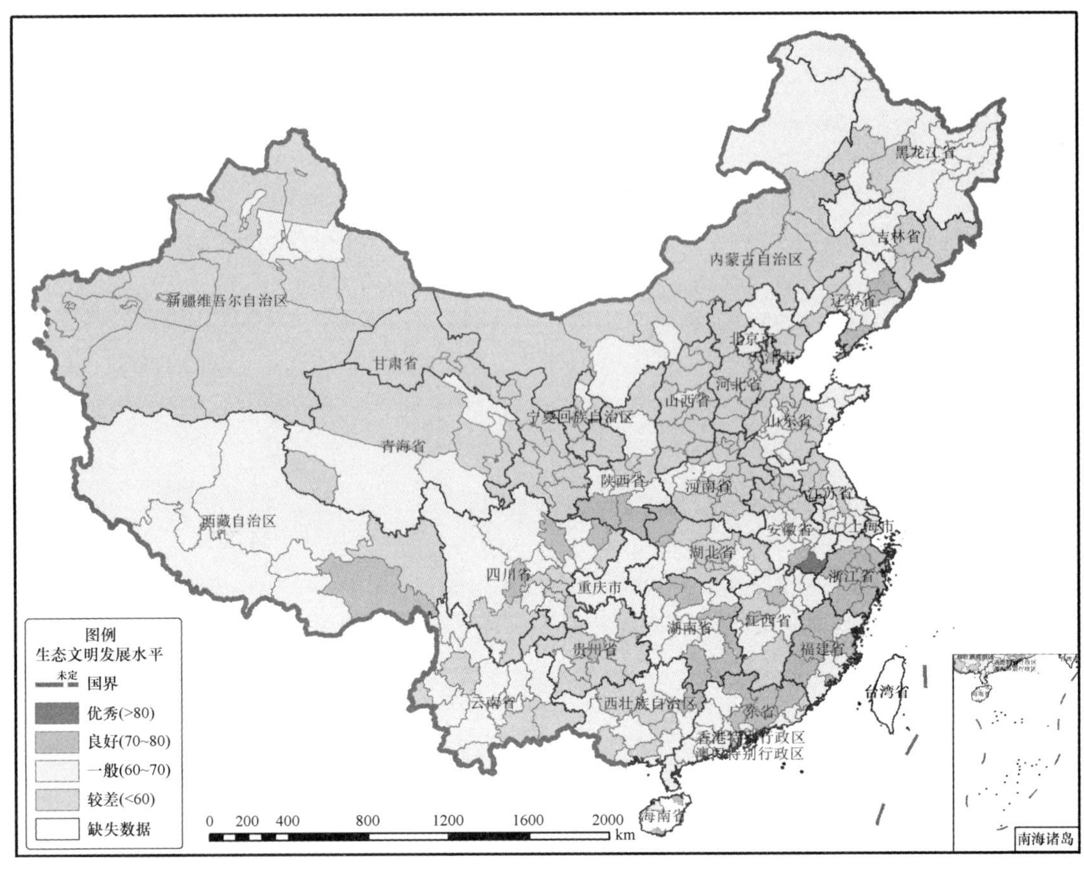

图 2-3　中国市域生态文明发展水平（彩图见封底二维码）

表 2-8　东部、中部、西部地区生态文明发展水平状况

领域	分值	数量/比例	优秀	良好	一般	较差
东部地区	63.47	数量（个）	0	24	49	29
		比例（%）	0	23.53	48.04	28.43
中部地区	60.93	数量（个）	1	11	48	44
		比例（%）	0.96	10.58	46.15	42.31
西部地区	59.53	数量（个）	0	8	53	70
		比例（%）	0	6.11	40.46	53.44
综合评估	61.16	数量（个）	1	43	150	143
		比例（%）	0.30	12.76	44.51	42.43

（三）绿色环境是我国生态文明发展的突出短板

在 4 个领域的评估结果中，绿色环境分值最低，仅为 57.17 分，总体属于较差水平，成为我国生态文明发展的突出短板。绿色环境等级优秀的城市共 16 个，占总数的 4.75%，绿色环境最好的城市是黄山市，分值为 89.95；达到良好级别的城市为 69 个，占总数量的 20.47%；72 个城市的评估分值为一般水平，约占总数量的 21.36%；180 个城市的评估分值为较差水平，约占总数量的 53.41%。

绿色生产评估分值为 63.38 分，总体属于一般水平：评估优秀的城市共 39 个，占总数的 11.57%；达到良好级别的城市有 39 个，占总数量的 11.57%；109 个城市的评估分值为一般水平，约占总数量的 32.34%；150 个城市的评估分值为较差水平，约占总数量的 44.51%。

绿色生活评估分值为 64.48 分，总体属于一般水平：评估优秀的城市共 12 个，占总数量的 3.56%；达到良好级别的城市有 104 个，占总数量的 30.86%；115 个城市的评估分值为一般水平，约占总数量的 34.12%；106 个城市的评估分值为较差水平，约占总数量的 31.45%。

绿色治理评估分值为 63.30 分，总体属于一般水平，表明近年来我国在生态环境治理方面力度较强。绿色治理等级优秀的城市共 24 个，占总数量的 7.12%，达到良好级别的城市为 93 个，占总数量的 27.60%；103 个城市的评估分值为一般水平，约占总数量的 30.56%；117 个城市的评估分值为较差水平，约占总数量的 34.72%（图 2-4）。

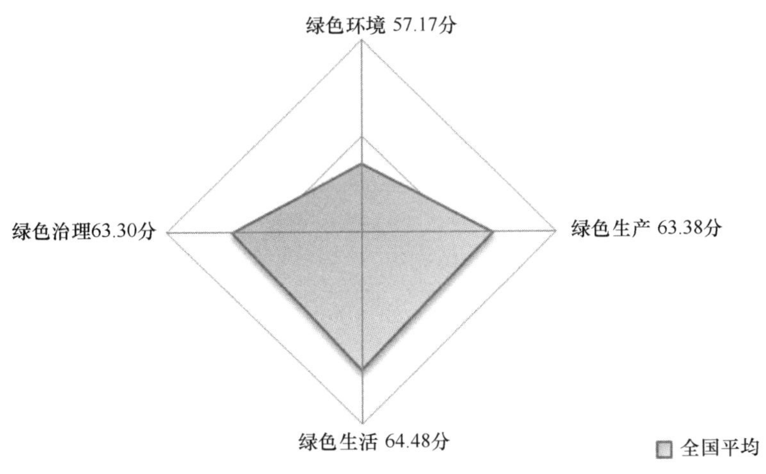

图 2-4　中国生态文明发展水平领域层雷达图

（四）农产品主产区生态文明发展水平滞后于其他功能区

从不同主体功能区类型来看，优化开发区中生态文明发展水平在良好以上的城市比例较大；农产品主产区生态文明发展水平较差的城市比例最大，优化开发区、重点开发区、农产品主产区和重点生态功能区生态文明发展水平的平均得分依次为 64.94 分、63.41 分、58.21 分和 61.06 分（表 2-9）。

表 2-9　主体功能区类型生态文明发展水平状况

领域	分值	数量/比例	优秀	良好	一般	较差
优化开发区	64.94	数量（个）	0	6	15	5
		比例（%）	0	23.08	57.69	19.23
重点开发区	63.41	数量（个）	0	15	54	29
		比例（%）	0	15.31	55.10	29.59

续表

领域	分值	数量/比例	优秀	良好	一般	较差
农产品主产区	58.21	数量（个）	0	5	38	62
		比例（%）	0	4.76	36.19	59.05
重点生态功能区	61.06	数量（个）	1	17	42	48
		比例（%）	0.93	15.74	38.89	44.44
综合评估	61.16	数量（个）	1	43	149	144
		比例（%）	0.30	12.76	44.21	42.73

三、生态文明发展水平指数层评估

（一）生态质量

我国生态质量指数平均分值为 55.38 分，总体属于较差水平。达到优秀级别的城市共有 52 个，占城市总数量的 15.43%；达到良好级别的城市为 38 个，占总数量的 11.28%；50 个城市的评估分值为一般水平，约占总数量的 14.84%；197 个城市的生态质量指数较差，约占总数量的 58.46%（表 2-10）。

表 2-10　生态质量指数评估结果

指数	指标	分值	数量/比例	优秀	良好	一般	较差
生态质量	生态用地质量	55.38	数量（个）	52	38	50	197
			比例（%）	15.43	11.28	14.84	58.46

（二）环境质量

我国环境质量指数综合分值为 58.87 分，总体属于较差水平。达到优秀级别的城市共有 4 个，占城市总数量的 1.19%；达到良好级别的城市为 82 个，占总数量的 24.33%；110 个城市的评估分值为一般水平，约占总数量的 32.64%；141 个城市的环境质量指数较差，约占总数量的 41.84%（表 2-11）。

表 2-11　环境质量指数评估结果

指数	指标	分值	数量/比例	优秀	良好	一般	较差
环境质量	环境空气质量	68.10	数量（个）	67	106	88	76
			比例（%）	19.88	31.45	26.11	22.55
	地表水环境质量	49.82	数量（个）	0	35	110	192
			比例（%）	0	10.39	32.64	56.97
	综合得分	58.87	数量（个）	4	82	110	141
			比例（%）	1.19	24.33	32.64	41.84

（三）产业优化

我国产业优化指数综合分值为 69.94 分，总体属于一般水平。达到优秀级别的城市共有63个，占城市总数量的18.69%；达到良好级别的城市为76个，占总数量的22.55%；143个城市的评估分值为一般水平，约占总数量的42.43%；55个城市的产业优化指数较差，约占总数量的16.32%（表2-12）。

表2-12 产业优化指数评估结果

指数	指标	分值	数量/比例	优秀	良好	一般	较差
产业优化	人均GDP	78.07	数量（个）	145	63	106	23
			比例（%）	43.03	18.69	31.45	6.82
	第三产业增加值占GDP比重	61.81	数量（个）	30	43	95	169
			比例（%）	8.90	12.76	28.19	50.15
	综合得分	69.94	数量（个）	63	76	143	55
			比例（%）	18.69	22.55	42.43	16.32

（四）产业效率

我国产业效率指数综合分值为53.66分，总体属于较差水平。达到优秀级别的城市共有26个，占城市总数量的7.72%；达到良好级别的城市为36个，占总数量的10.68%；60个城市的评估分值为一般水平，约占总数量的17.80%；215个城市的产业效率指数较差，约占总数量的63.80%。

其中单位建设用地GDP达到优秀水平的城市有54个，占全国337个城市的16.02%；主要水污染物排放强度达到优秀水平的有63个城市，占全国的18.69%；主要大气污染排放强度达到优秀水平的城市有67个，占全国的19.88%；单位种植面积化肥施用量达到优秀水平的城市为91个，占全国的27.00%。20个城市的单位建设用地GDP得分达到100分。15个城市的主要大气污染物排放强度得分达到100分，90个城市的得分为0分。8个城市的主要水污染物排放强度得分达到100分，77个城市的得分为0分（表2-13）。

表2-13 产业效率指数评估结果

指数	指标	分值	数量/比例	优秀	良好	一般	较差
产业效率	单位建设用地GDP	58.36	数量（个）	54	33	41	209
			比例（%）	16.02	9.79	12.17	62.02
	主要水污染物排放强度	44.40	数量（个）	63	36	38	200
			比例（%）	18.69	10.68	11.28	59.35
	主要大气污染物排放强度	44.46	数量（个）	67	43	25	202
			比例（%）	19.88	12.76	7.42	59.94
	单位种植面积化肥施用量	65.43	数量（个）	91	83	52	111
			比例（%）	27.00	24.63	15.43	32.94
	综合得分	53.66	数量（个）	26	36	60	215
			比例（%）	7.72	10.68	17.80	63.80

（五）城乡协调

我国城乡协调指数综合分值为 59.86 分，总体属于较差水平。达到优秀级别的城市共有 18 个，占城市总数量的 5.34%；达到良好级别的城市为 45 个，占总数量的 13.35%；112 个城市的评估分值为一般水平，约占总数量的 33.23%；162 个城市的城乡协调指数较差，约占总数量的 48.07%（表 2-14）。

表 2-14　城乡协调指数评估结果

指数	指标	分值	数量/比例	优秀	良好	一般	较差
城乡协调	城镇化率	48.70	数量（个）	30	31	34	242
			比例（%）	8.90	9.20	10.09	71.81
	城镇居民人均可支配收入	68.10	数量（个）	18	55	263	1
			比例（%）	5.34	16.32	78.04	0.30
	城乡居民收入比例	62.44	数量（个）	34	89	87	127
			比例（%）	10.09	26.41	25.82	37.69
	综合得分	59.86	数量（个）	18	45	112	162
			比例（%）	5.34	13.35	33.23	48.07

（六）城镇人居

我国城镇人居指数综合分值为 74.98 分，总体属于良好水平。达到优秀级别的城市共有 182 个，占城市总数量的 54.01%；达到良好级别的城市为 30 个，占总数量的 8.90%；35 个城市的评估分值为一般水平，约占总数量的 10.39%；90 个城市的城镇人居指数较差，约占总数量的 26.71%，城镇人居指数得分达到 100 分的有 49 个城市（表 2-15）。

表 2-15　城镇人居指数评估结果

指数	指标	分值	数量/比例	优秀	良好	一般	较差
城镇人居	人均公园绿地面积	79.07	数量（个）	192	60	33	52
			比例（%）	56.97	17.80	9.79	15.43
	建成区绿化覆盖率	71.38	数量（个）	199	20	23	95
			比例（%）	59.05	5.93	6.82	28.19
	综合得分	74.98	数量（个）	182	30	35	90
			比例（%）	54.01	8.90	10.39	26.71

（七）绿色消费

我国绿色消费指数分值为 64.19 分，总体属于一般水平。达到优秀级别的城市共有 71 个，占城市总数量的 21.07%；达到良好级别的城市为 78 个，占总数量的 23.15%；78 个城市的评估分值为一般水平，约占总数量的 23.15%；110 个城市的绿色消费指数较差，约占总数量的 32.64%（表 2-16）。

表 2-16　绿色消费指数评估结果

指数	指标	分值	数量/比例	优秀	良好	一般	较差
绿色消费	人均生态足迹	64.19	数量（个）	71	78	78	110
			比例（%）	21.07	23.15	23.15	32.64

（八）污染治理

我国污染治理指数综合分值为 73.67 分，总体属于良好水平。达到优秀等级的城市共有 183 个，占城市总数量的 54.30%；达到良好级别的城市为 43 个，占总数量的 12.76%；25 个城市的评估分值为一般水平，约占总数量的 7.42%；86 个城市的污染治理指数较差，约占总数量的 25.52%，污染治理指数得分达到 100 分的有 12 个城市（表 2-17）。

表 2-17　污染治理指数评估结果

指数	指标	分值	数量/比例	优秀	良好	一般	较差
污染治理	城市生活污水处理率	63.95	数量（个）	124	59	46	108
			比例（%）	36.80	17.51	13.65	32.05
	城市生活垃圾无害化处理率	83.48	数量（个）	258	20	11	48
			比例（%）	76.56	5.93	3.26	14.24
	综合得分	73.67	数量（个）	183	43	25	86
			比例（%）	54.30	12.76	7.42	25.52

（九）建设绩效

我国建设绩效指数综合分值为 53.13 分，总体属于较差水平。达到优秀级别的城市共有 13 个，占城市总数量的 3.86%；达到良好级别的城市为 31 个，占总数量的 9.20%；54 个城市的评估分值为一般水平，约占总数量的 16.02%；239 个城市的建设绩效指数较差，约占总数量的 70.92%。

其中 28 个城市的自然保护区面积占比得分达到 100 分，25 个城市的自然保护区面积占比得分最低，为 15 分；11 个城市的单位 GDP 能耗下降率得分达到 100 分，4 个城市的得分为 0 分（表 2-18）。

表 2-18　建设绩效指数评估结果

指数	指标	分值	数量/比例	优秀	良好	一般	较差
建设绩效	自然保护区面积占比	42.91	数量（个）	40	16	18	263
			比例（%）	11.87	4.75	5.34	78.04
	单位 GDP 能耗下降率	63.47	数量（个）	49	63	77	148
			比例（%）	14.54	18.69	22.85	43.92
	综合得分	53.13	数量（个）	13	31	54	239
			比例（%）	3.86	9.20	16.02	70.92

四、东部、中部、西部生态文明发展水平

我国东部、中部、西部地区生态文明发展水平，以及发展优势与短板存在差异。东部地区生态文明发展指数最高，随后依次是中部地区和西部地区，其中西部地区低于全国平均分。从领域层来看，西部地区绿色环境得分高于东部、中部地区；东部地区绿色生产、绿色生活及绿色治理领域得分都远高于中部、西部地区。

（一）东部地区生态文明发展水平状况

2015 年，东部地区生态文明发展指数平均得分为 63.47 分，属于一般水平。102 个城市中，没有城市达到优秀水平，24 个城市达到良好水平，49 个城市为一般水平，29 个城市为较差水平，分别占城市总数的 0、23.53%、48.04%和 28.43%；生态文明发展水平最高的是杭州市，为 78.24 分（图 2-5）。

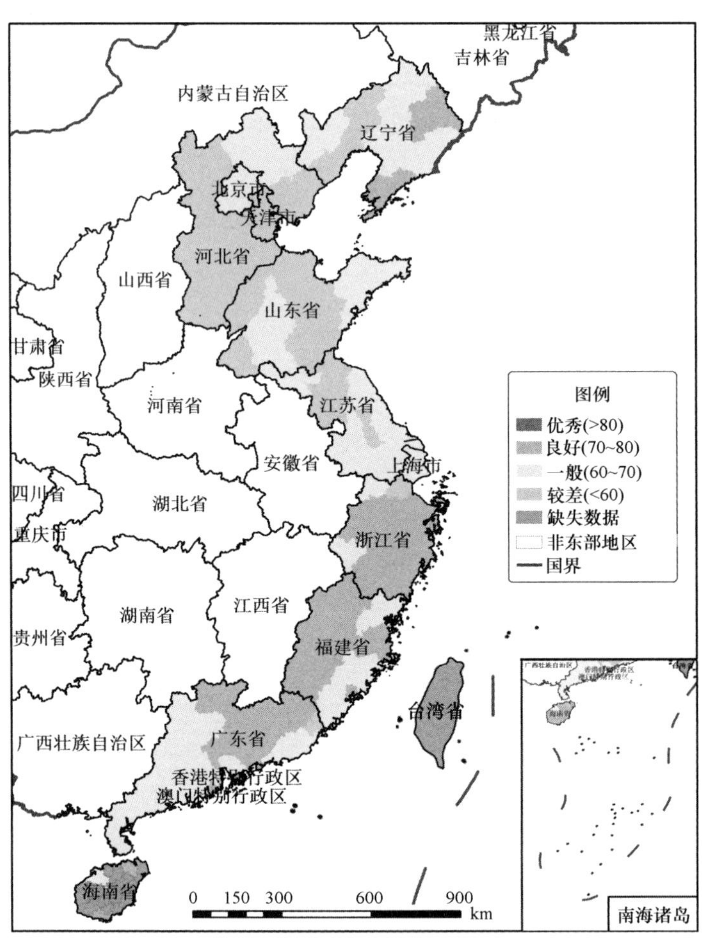

图 2-5　东部地区生态文明发展水平（彩图见封底二维码）

在 4 个领域中，绿色生活得分最高，为 70.86 分，绿色环境得分最低，仅为 55.38 分；10 个指数中，城镇人居指数得分为 86.85 分，排名第一，环境质量指数得分为 52.26 分，排名最后；就具体指标而言，城市生活垃圾无害化处理率得分最高，为 95.08 分；自然保护区面积占比得分最低，为 40.34 分（表 2-19、表 2-20）。

表 2-19 东部地区生态文明发展水平

领域	分值	数量/比例	优秀	良好	一般	较差
绿色环境	55.38	数量（个）	5	18	16	63
		比例（%）	4.90	17.65	15.69	61.76
绿色生产	69.86	数量（个）	23	22	33	24
		比例（%）	22.55	21.57	32.35	23.53
绿色生活	70.86	数量（个）	7	56	29	10
		比例（%）	6.86	54.90	28.43	9.80
绿色治理	69.38	数量（个）	14	36	37	15
		比例（%）	13.73	35.29	36.27	14.71
综合评估	63.47	数量（个）	0	24	49	29
		比例（%）	0	23.53	48.04	28.43

表 2-20 东部地区生态文明发展水平评估结果

领域	指数	得分	指标	得分
绿色环境	生态质量	54.89	生态用地质量	54.89
	环境质量	52.26	环境空气质量	61.51
			地表水环境质量	43.02
绿色生产	产业优化	76.78	人均 GDP	86.58
			第三产业增加值占 GDP 比重	66.97
	产业效率	59.49	单位建设用地 GDP	63.50
			主要水污染物排放强度	58.37
			主要大气污染物排放强度	57.33
			单位种植面积化肥施用量	55.96
绿色生活	城乡协调	68.58	城镇化率	62.16
			城镇居民人均可支配收入	71.51
			城乡居民收入比例	71.66
	城镇人居	86.85	人均公园绿地面积	85.31
			建成区绿化覆盖率	88.37
	绿色消费	59.91	人均生态足迹	59.91
绿色治理	污染治理	85.62	城市生活污水处理率	76.16
			城市生活垃圾无害化处理率	95.08
	建设绩效	53.66	自然保护区面积占比	40.34
			单位 GDP 能耗下降率	65.86
	调节指标		突发环境风险指数	−0.25

（二）中部地区生态文明发展水平状况

2015 年，中部地区生态文明发展指数平均得分为 60.93 分，属于一般水平。104 个城市中，1 个城市达到优秀水平，11 个城市达到良好水平，48 个城市为一般水平，44 个城市为较差水平，分别占城市总数的 0.96%、10.58%、46.15%和 42.31%；生态文明发展水平最高的是黄山市，为 80.58 分（图 2-6）。

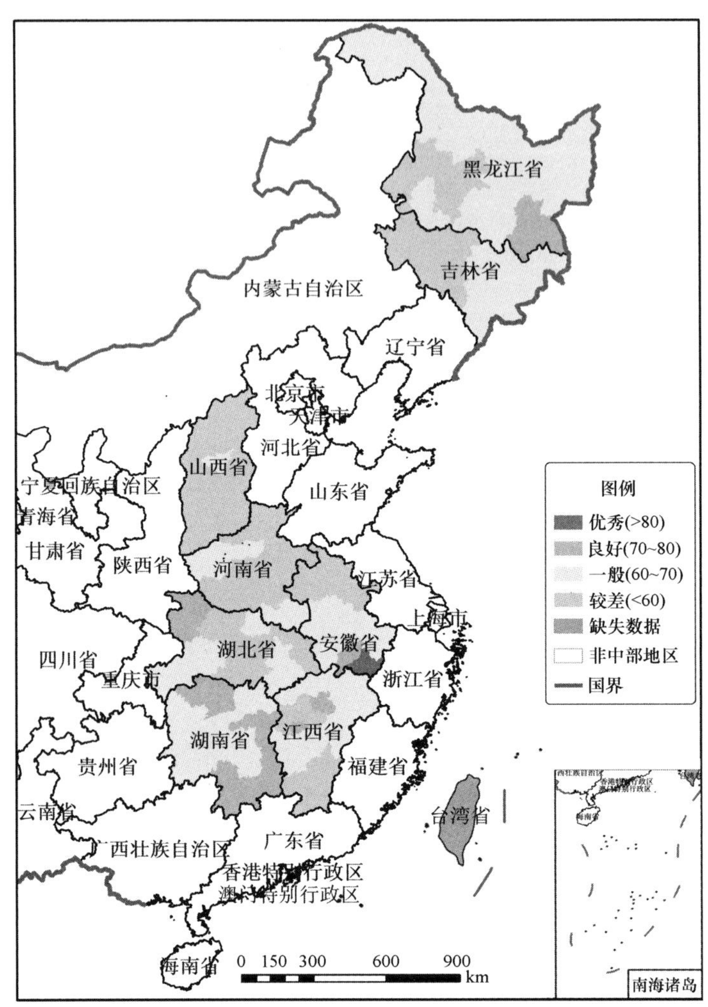

图 2-6　中部地区生态文明发展水平（彩图见封底二维码）

在 4 个领域中，绿色生活得分最高，为 66.04 分，绿色环境得分最低，仅为 57.89 分；10 个指数中，城镇人居指数得分为 75.78 分，排名第一，产业效率指数得分为 51.43 分，排名最后；就具体指标而言，城市生活垃圾无害化处理率得分最高，为 78.78 分，自然保护区面积占比得分最低，为 39.72 分（表 2-21、表 2-22）。

（三）西部地区生态文明发展水平状况

2015 年，西部地区生态文明发展指数平均得分为 59.53 分，属于较差水平。131 个城市中，没有城市达到优秀水平，8 个城市达到良好水平，53 个城市为一般水平，70 个城市为较差水平，分别占城市总数的 0、6.11%、40.46%和 53.44%。

表 2-21　中部地区生态文明发展水平

领域	分值	数量/比例	优秀	良好	一般	较差
绿色环境	57.89	数量（个）	5	25	24	50
		比例（%）	4.81	24.04	23.08	48.08
绿色生产	60.84	数量（个）	6	8	35	55
		比例（%）	5.77	7.69	33.65	52.88
绿色生活	66.04	数量（个）	5	31	43	25
		比例（%）	4.81	29.81	41.35	24.04
绿色治理	62.13	数量（个）	4	24	37	39
		比例（%）	3.85	23.08	35.58	37.50
综合评估	60.93	数量（个）	1	11	48	44
		比例（%）	0.96	10.58	46.15	42.31

表 2-22　中部地区生态文明发展水平评估结果

领域	指数	得分	指标	得分
绿色环境	生态质量	58.20	生态用地质量	58.20
	环境质量	57.59	环境空气质量	68.73
			地表水环境质量	46.44
绿色生产	产业优化	67.11	人均 GDP	75.41
			第三产业增加值占 GDP 比重	58.81
	产业效率	51.43	单位建设用地 GDP	56.19
			主要水污染物排放强度	40.04
			主要大气污染物排放强度	40.04
			单位种植面积化肥施用量	67.22
绿色生活	城乡协调	60.77	城镇化率	47.95
			城镇居民人均可支配收入	66.70
			城乡居民收入比例	66.50
	城镇人居	75.78	人均公园绿地面积	75.25
			建成区绿化覆盖率	76.37
	绿色消费	70.26	人均生态足迹	70.26
绿色治理	污染治理	72.14	城市生活污水处理率	65.49
			城市生活垃圾无害化处理率	78.78
	建设绩效	52.33	自然保护区面积占比	39.72
			单位 GDP 能耗下降率	67.79
	调节指标		突发环境风险指数	−0.05

在 4 个领域中，绿色生产得分最高，为 60.35 分，绿色生活得分最低，仅为 58.28 分；10 个指数中，产业优化指数得分为 66.87 分，排名第一，产业效率指数得分为 50.57 分，排名最后；就具体指标而言，城市生活垃圾无害化处理率得分最高，为 78.18 分，主要水污染物排放强度得分最低，为 36.98 分（图 2-7，表 2-23、表 2-24）。

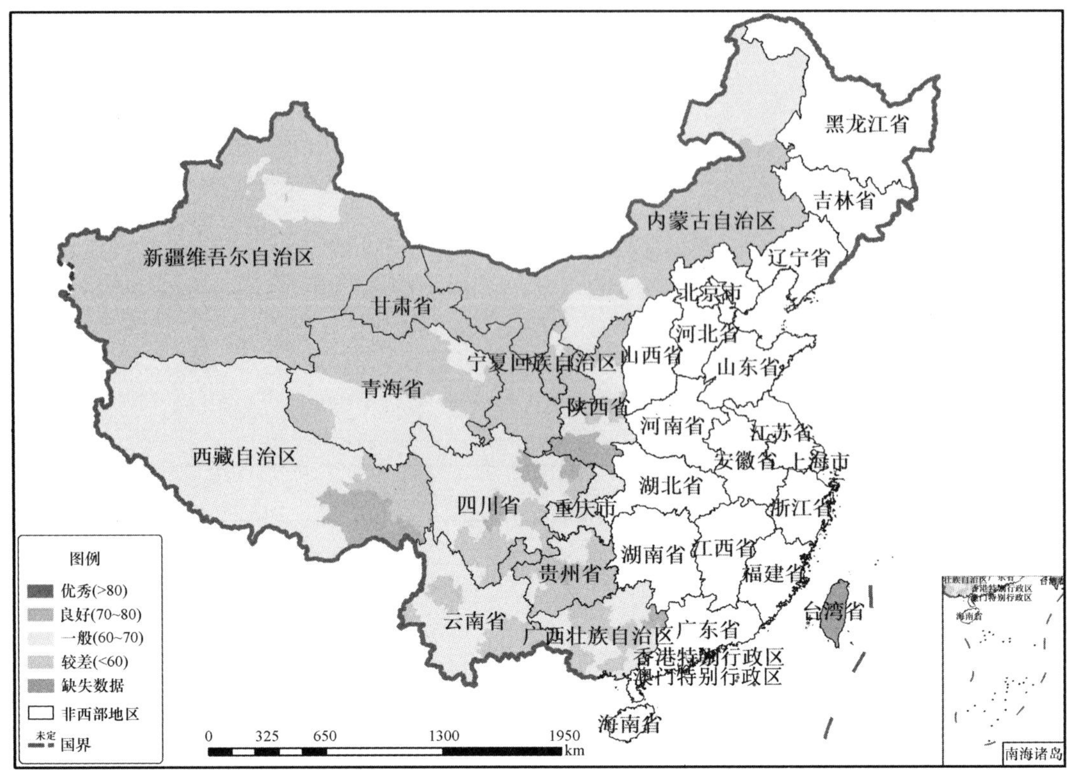

图 2-7　西部地区生态文明发展水平（彩图见封底二维码）

表 2-23　西部地区生态文明发展水平

领域	分值	数量/比例	优秀	良好	一般	较差
绿色环境	59.39	数量（个）	6	26	32	67
		比例（%）	4.58	19.85	24.43	51.15
绿色生产	60.35	数量（个）	10	9	41	71
		比例（%）	7.63	6.87	31.30	54.20
绿色生活	58.28	数量（个）	0	17	43	71
		比例（%）	0	12.98	32.82	54.20
绿色治理	59.49	数量（个）	7	33	29	62
		比例（%）	5.34	25.19	22.14	47.33
综合评估	59.53	数量（个）	0	8	53	70
		比例（%）	0	6.11	40.46	53.44

表 2-24　西部地区生态文明发展水平评估结果

领域	指数	得分	指标	得分
绿色环境	生态质量	53.52	生态用地质量	53.52
	环境质量	65.26	环境空气质量	72.74
			地表水环境质量	57.79
绿色生产	产业优化	66.87	人均 GDP	73.55
			第三产业增加值占 GDP 比重	60.18

续表

领域	指数	得分	指标	得分
绿色生产	产业效率	50.57	单位建设用地 GDP	56.09
			主要水污染物排放强度	36.98
			主要大气污染物排放强度	37.96
			单位种植面积化肥施用量	71.30
绿色生活	城乡协调	52.34	城镇化率	38.81
			城镇居民人均可支配收入	66.56
			城乡居民收入比例	52.04
	城镇人居	65.52	人均公园绿地面积	77.25
			建成区绿化覆盖率	54.19
	绿色消费	62.70	人均生态足迹	62.70
绿色治理	污染治理	65.70	城市生活污水处理率	53.21
			城市生活垃圾无害化处理率	78.18
	建设绩效	53.25	自然保护区面积占比	47.45
			单位 GDP 能耗下降率	58.17
	调节指标		突发环境风险指数	−0.07

五、主体功能区类型生态文明发展水平评估

2015 年，我国 4 个主体功能区类型生态文明发展水平，以及发展优势与短板存在差异。优化开发区生态文明发展指数最高，随后依次是重点开发区、重点生态功能区和农产品主产区，其中仅农产品主产区的生态文明发展水平低于 60 分，属于较差水平。从领域层来看，重点生态功能区绿色环境得分高于其他三个功能区类型，优化开发区绿色生产、绿色生活、绿色治理显著高于其他三个功能区类型。

（一）优化开发区生态文明发展水平状况

2015 年，优化开发区生态文明发展指数综合得分为 64.94 分，属于一般水平。26 个城市中，没有城市达到优秀水平，6 个城市达到良好水平，15 个城市为一般水平，5 个城市为较差水平，分别占城市总数的 0、23.08%、57.69%和 19.23%（表 2-25）。

表 2-25　优化开发区生态文明发展水平

领域	分值	数量/比例	优秀	良好	一般	较差
绿色环境	48.86	数量（个）	0	1	4	21
		比例（%）	0	3.85	15.38	80.77
绿色生产	81.41	数量（个）	15	9	2	0
		比例（%）	57.69	34.62	7.69	0
绿色生活	71.97	数量（个）	5	12	6	3
		比例（%）	19.23	46.15	23.08	11.54
绿色治理	73.31	数量（个）	4	15	6	1
		比例（%）	15.38	57.69	23.08	3.85
综合评估	64.94	数量（个）	0	6	15	5
		比例（%）	0	23.08	57.69	19.23

在 4 个领域中，绿色生产得分最高，为 81.41 分，绿色环境得分最低，仅为 48.86 分；10 个指数中，污染治理指数得分为 87.17 分，排名第一，环境质量指数得分为 48.36 分，排名最后；就具体指标而言，人均 GDP 得分最高，为 98.56 分，自然保护区面积占比得分最低，为 32.89 分（表 2-26）。

表 2-26　优化开发区生态文明发展水平评估结果

领域	指数	得分	指标	得分
绿色环境	生态质量	49.36	生态用地质量	49.36
	环境质量	48.36	环境空气质量	56.88
			地表水环境质量	39.83
绿色生产	产业优化	86.64	人均 GDP	98.56
			第三产业增加值占 GDP 比重	74.71
	产业效率	73.56	单位建设用地 GDP	82.60
			主要水污染物排放强度	70.13
			主要大气污染物排放强度	79.13
			单位种植面积化肥施用量	55.60
绿色生活	城乡协调	77.89	城镇化率	79.40
			城镇居民人均可支配收入	80.41
			城乡居民收入比例	74.87
	城镇人居	85.86	人均公园绿地面积	86.47
			建成区绿化覆盖率	85.36
	绿色消费	48.84	人均生态足迹	48.84
绿色治理	污染治理	87.17	城市生活污水处理率	81.06
			城市生活垃圾无害化处理率	93.28
	建设绩效	59.46	自然保护区面积占比	32.89
			单位 GDP 能耗下降率	77.17
	调节指标		突发环境风险指数	−0.48

（二）重点开发区生态文明发展水平状况

2015 年，重点开发区生态文明发展指数综合得分为 63.41 分，属于一般水平。98 个城市中，没有城市达到优秀水平，15 个城市达到良好水平，54 个城市为一般水平，29 个城市为较差水平，分别占城市总数的 0、15.31%、55.10%和 29.59%。

在 4 个领域中，绿色生活得分最高，为 67.50 分，绿色环境得分最低，仅为 56.39 分；10 个指数中，污染治理指数得分为 81.14 分，排名第一，建设绩效指数得分为 53.54 分，排名最后；就具体指标而言，城市生活垃圾无害化处理率得分最高，为 90.70 分，自然保护区面积占比得分最低，为 40.04 分（表 2-27、表 2-28）。

（三）农产品主产区生态文明发展水平状况

2015 年，农产品主产区生态文明发展指数综合得分为 58.21 分，属于较差水平。105

个城市中，没有城市达到优秀水平，5 个城市达到良好水平，38 个城市为一般水平，62 个城市为较差水平，分别占城市总数的 0、4.76%、36.19%和 59.05%（表 2-29）。

表 2-27 重点开发区生态文明发展水平

领域	分值	数量/比例	优秀	良好	一般	较差
绿色环境	56.39	数量（个）	2	14	24	58
		比例（%）	2.04	14.29	24.49	59.18
绿色生产	67.05	数量（个）	21	14	33	30
		比例（%）	21.43	14.29	33.67	30.61
绿色生活	67.50	数量（个）	5	40	29	24
		比例（%）	5.10	40.82	29.59	24.49
绿色治理	67.34	数量（个）	8	42	22	26
		比例（%）	8.16	42.86	22.45	26.53
综合评估	63.41	数量（个）	0	15	54	29
		比例（%）	0	15.31	55.10	29.59

表 2-28 重点开发区生态文明发展水平评估结果

领域	指数	得分	指标	得分
绿色环境	生态质量	53.98	生态用地质量	53.98
	环境质量	58.80	环境空气质量	68.73
			地表水环境质量	48.87
绿色生产	产业优化	73.82	人均 GDP	84.73
			第三产业增加值占 GDP 比重	62.91
	产业效率	56.90	单位建设用地 GDP	65.17
			主要水污染物排放强度	52.75
			主要大气污染物排放强度	48.95
			单位种植面积化肥施用量	59.61
绿色生活	城乡协调	63.65	城镇化率	58.82
			城镇居民人均可支配收入	69.60
			城乡居民收入比例	64.29
	城镇人居	80.98	人均公园绿地面积	83.91
			建成区绿化覆盖率	78.58
	绿色消费	59.08	人均生态足迹	59.08
绿色治理	污染治理	81.14	城市生活污水处理率	71.59
			城市生活垃圾无害化处理率	90.70
	建设绩效	53.54	自然保护区面积占比	40.04
			单位 GDP 能耗下降率	62.55
	调节指标		突发环境风险指数	−0.07

在 4 个领域中，绿色生活得分最高，为 63.04 分，绿色环境得分最低，仅为 54.46 分；10 个指数中，城镇人居指数得分为 77.85 分，排名第一，建设绩效指数得分为 47.26 分，排名最后；就具体指标而言，城市生活垃圾无害化处理率得分最高，为 80.42 分，主要水污染物排放强度得分最低，为 34.83 分（表 2-30）。

表 2-29　农产品主产区生态文明发展水平

领域	得分	数量/比例	优秀	良好	一般	较差
绿色环境	54.46	数量（个）	5	16	28	56
		比例（%）	4.76	15.24	26.67	53.33
绿色生产	59.55	数量（个）	0	6	40	59
		比例（%）	0	5.71	38.10	56.19
绿色生活	63.04	数量（个）	0	21	54	30
		比例（%）	0	20.00	51.43	28.57
绿色治理	60.04	数量（个）	4	18	42	41
		比例（%）	3.81	17.14	40.00	39.05
综合评估	58.21	数量（个）	0	5	38	62
		比例（%）	0	4.76	36.19	59.05

表 2-30　农产品主产区生态文明发展水平评估结果

领域	指数	得分	指标	得分
绿色环境	生态质量	52.37	生态用地质量	52.37
	环境质量	56.54	环境空气质量	66.75
			地表水环境质量	46.33
绿色生产	产业优化	65.24	人均 GDP	73.24
			第三产业增加值占 GDP 比重	57.23
	产业效率	51.01	单位建设用地 GDP	52.30
			主要水污染物排放强度	34.83
			主要大气污染物排放强度	40.52
			单位种植面积化肥施用量	63.71
绿色生活	城乡协调	57.82	城镇化率	41.24
			城镇居民人均可支配收入	66.01
			城乡居民收入比例	64.11
	城镇人居	77.85	人均公园绿地面积	78.55
			建成区绿化覆盖率	77.15
	绿色消费	68.35	人均生态足迹	68.35
绿色治理	污染治理	72.83	城市生活污水处理率	65.24
			城市生活垃圾无害化处理率	80.42
	建设绩效	47.26	自然保护区面积占比	35.51
			单位 GDP 能耗下降率	64.88
	调节指标		突发环境风险指数	−0.11

（四）重点生态功能区生态文明发展水平状况

2015 年，重点生态功能区生态文明发展指数综合得分为 61.06 分，属于一般水平。108 个城市中，1 个城市达到优秀水平，17 个城市达到良好水平，42 个城市为一般水平，48 个城市为较差水平，分别占城市总数的 0.93%、15.74%、38.89%和 44.44%（表 2-31）。

表 2-31　重点生态功能区生态文明发展水平

领域	分值	数量/比例	优秀	良好	一般	较差
绿色环境	62.51	数量（个）	9	38	16	45
		比例（%）	8.33	35.19	14.81	41.67
绿色生产	59.43	数量（个）	3	10	34	61
		比例（%）	2.78	9.26	31.48	56.48
绿色生活	61.35	数量（个）	2	31	26	49
		比例（%）	1.85	28.70	24.07	45.37
绿色治理	60.38	数量（个）	9	18	33	48
		比例（%）	8.33	16.67	30.56	44.44
综合评估	61.06	数量（个）	1	17	42	48
		比例（%）	0.93	15.74	38.89	44.44

在 4 个领域中，绿色环境得分最高，为 62.51 分，绿色生产得分最低，仅为 59.43 分；10 个指数中，绿色消费指数得分为 68.47 分，排名第一，产业效率指数得分为 48.12 分，排名最后；就具体指标而言，城市生活垃圾无害化处理率得分最高，为 77.56 分，主要大气污染物排放强度得分最低，为 35.88 分（表 2-32）。

表 2-32　重点生态功能区生态文明发展水平评估结果

领域	指数	得分	指标	得分
绿色环境	生态质量	61.02	生态用地质量	61.02
	环境质量	64.00	环境空气质量	71.55
			地表水环境质量	56.46
绿色生产	产业优化	66.97	人均 GDP	71.78
			第三产业增加值占 GDP 比重	62.16
	产业效率	48.12	单位建设用地 GDP	52.25
			主要水污染物排放强度	39.93
			主要大气污染物排放强度	35.88
			单位种植面积化肥施用量	74.65
绿色生活	城乡协调	54.02	城镇化率	39.38
			城镇居民人均可支配收入	65.81
			城乡居民收入比例	56.15
	城镇人居	64.64	人均公园绿地面积	73.41
			建成区绿化覆盖率	55.87
	绿色消费	68.47	人均生态足迹	68.47
绿色治理	污染治理	64.60	城市生活污水处理率	51.64
			城市生活垃圾无害化处理率	77.56
	建设绩效	56.93	自然保护区面积占比	55.14
			单位 GDP 能耗下降率	59.62
	调节指标		突发环境风险指数	−0.09

第三章　生态文明建设的国际比较

生态文明由我国首次提出，并得到国际社会的广泛认同。为了实现对我国生态文明发展水平的国际比较，考察有代表性的发达国家、经济体和新兴市场国家生态文明建设水平及发展速度，本研究构建了生态文明建设国际比较指标体系，在对我国生态文明发展水平评估的基础上，综合考虑国际生态文明数据的代表性和可获取性，从生态状况、环境质量、社会发展、资源效率4个方面展开国际比较，制定了生态文明建设国际比较指标体系框架（表3-1），并对主要发达国家和新兴市场国家进行了对比分析。

表3-1　生态文明建设国际比较指标体系框架2015

一级指标	二级指标	三级指标	权重分	权重值	指标属性	数据来源	数据年份
生态文明指数	生态状况（25%）	森林覆盖率（%）	6	15.00	正指标	世界银行	2015
		自然保护区面积占国土面积比重（%）	4	10.00	正指标	世界银行	2012
	环境质量（25%）	$PM_{2.5}$年均浓度（μg/m^3）	3	8.33	逆指标	世界银行	2013
		PM_{10}年均浓度（μg/m^3）	2	5.56	逆指标	世界银行	2011
		化肥施用强度（kg/hm^2）	4	11.11	逆指标	世界银行	2013
	社会发展（20%）	人均GDP（2010年不变价，美元）	5	12.50	正指标	世界银行	2015
		人均预期寿命（岁）	3	7.50	正指标	世界银行	2014
	资源效率（30%）	能源利用效率（购买力平价美元GDP/kg石油当量）	5	11.54	正指标	世界银行	2013
		水资源利用效率（2005年不变价，美元GDP/m^3）	4	9.23	正指标	世界银行	2014
		单位GDP二氧化碳排放量（kg/2010年美元GDP）	4	9.23	逆指标	世界银行	2011

由于国际比较数据获取有限，以及国家与国家之间更大的差异性，生态文明建设国际比较指标体系有别于我国生态文明发展水平评价指标体系。该指标体系的设立，以生态文明的内涵与特点为理论基础，构建总指标、考察领域、具体指标三层框架，紧扣生态文明建设中生态状况、环境质量、社会发展、资源效率四大核心领域，选取具有显示度、权威性、连续性的具体指标，包括4项二级指标和10项三级指标。该指标体系对各经济体生态文明发展情况的评价，全部采用世界银行发布的权威数据[①]，以2015年为评价基准年[②]，以1990年为对比年[③]，测算获得2015年各经济体生态文明指数和生态文明进步指数。

① 原始数据如无特别注明，均来自世界银行数据库http://data.worldbank.org/；

② 生态状况类限于原始数据的相对滞后性，2015年已是可获取的最新数据年份；

③ 1990年是联合国提出的千年发展目标行动计划的基准年，也是许多国际比较数据开始有较为连续记录的年份，故以之为对比年。

一、指标体系与评价方法

（一）生态文明国际指标体系框架

1. 生态状况类

生态状况类指标选择了森林覆盖率和自然保护区面积占国土面积比重两个指标。

森林是陆地生态系统的核心组成部分，是衡量生态状况的首选依据。森林覆盖率着眼于考察陆地生态系统，以尽量弱化不同自然环境对指标评价结果的影响。

生态学一般把陆地生态系统分为森林、草原、荒漠三大类型，其中森林是最大的陆地生态系统，对涵养水源、净化空气、固化土壤都发挥着至关重要的作用；可以提升陆地生态状况的因素主要有森林、湿地、草地等。森林每年生产的有机物质达 58×10^9t，占全球有机物质总产量的 56.8%。

草原、荒漠、湿地等重要生态系统也具有不可忽略的生态效益，但由于缺乏国际数据，难以实现量化比较，故未纳入指标体系中。

自然保护区面积占国土面积比重指标旨在考察陆地自然保护区面积与海洋保护区面积之和占国土面积的比例，兼顾考察内陆国家和有海岸线的国家在生态保护、提高生物多样性方面的努力。

自然保护区具有改善生态状况、保留自然环境的天然本底、保护物种等重要功能。加强自然保护区的建设，也是社会经济可持续发展的客观要求。通过自然保护区面积占国土面积比重可以衡量一个国家的生态状况。衡量自然保护区的有效保护程度可以从多方面、多角度来进行，但人员配备、资金投入等软性因素不足以进行客观衡量，而面积相对比较客观、准确，应当被确定为衡量依据。

2. 环境质量类

环境质量类指标有三个，分别是 $PM_{2.5}$ 年均浓度、PM_{10} 年均浓度和化肥施用强度。

环境是可以直接、间接影响人类生活和发展的各种自然因素的总体，对环境质量的衡量也应当从这些自然因素的不同种类的角度来进行。本指标体系拟选择水、气、地三类基础性生态要素作为测评的维度。生物系统中所有的物质循环都是在水循环的推动下完成的。作为生命之源，水对于生态建设的重要作用不言而喻，水质量指标应被纳入环境质量考察。但不论是地表水还是地下水质量，都缺乏国际层面可以用于比较的统一数据来源，故暂时难以实现相应测评。

国家层面的 $PM_{2.5}$ 年均浓度和 PM_{10} 年均浓度被选作考察空气质量的指标。$PM_{2.5}$ 和 PM_{10} 是两类主要空气污染物，是当下空气质量、空气污染治理效果的重要监测指标。与臭氧、二氧化氮和二氧化硫等其他主要空气污染物相比，$PM_{2.5}$ 和 PM_{10} 有来源统一、相对连续、完整的国际比较数据，故均被纳入比较指标体系中。

化肥施用强度指标是从消极方面评价土地质量的指标。土地是人类生存的基础，其质量状况是环境质量的重要构成。化肥的过量施用会改变土壤的理化性状，导致重金属污染、土壤酸化和土壤板结，尤其是化肥中的磷素会导致土地面源污染，镉容易造成重金属污染。

3. 社会发展类

社会发展类选取了人均GDP和人均预期寿命两个指标。

人均GDP指标用于衡量一个国家的经济发展状况和人民生活水平。经济发展状况是衡量社会发展的重要因素。生态文明建设固然追求生态改善的目标，但其最终实现的目标不应与经济发展相矛盾，而应实现两者的共赢，设立指标时也应涵盖经济发展状况。同时人均GDP也能反映国民生活水平的高低。在追求社会发展与生态系统共赢的生态文明建设图景中，社会经济的持续发展和繁荣，以及人们生活水平的高质量和持续提升是不可缺少的。

人均预期寿命可以从另外一个角度反映社会发展的水平。一方面，人均预期寿命与环境质量有密切的关系；另一方面，人均预期寿命能够衡量经济社会发展与医疗卫生服务水平，反映国家社会生活质量的高低和保障能力的大小。

4. 资源效率类

将资源效率作为生态文明建设的一个重要考察领域，并实现量化评价。资源效率旨在考察经济社会与生态、环境、资源之间的协调发展与良性互动。在资源效率领域，强调资源高效、循环利用在生态文明建设中的地位和作用，体现生态文明建设的“和谐”本质。本类指标选取了能源利用效率、水资源利用效率和单位GDP二氧化碳排放量三个指标，直指当前人类面临的能源危机、水资源危机和气候变化危机。

能源利用效率考察一个国家在经济社会发展过程中，消耗每千克石油当量的能源创造的经济效益。一般来说，能源利用效率会受到三次产业构成比例、能源消费结构、消费者行为方式、技术进步、能效管理、国际贸易结构等因素的影响。生态文明倡导绿色生产，要求在生产结构中减少高耗能产业，提高可再生及清洁能源消费比重，采用高效能源开采、转换技术，以及节能降耗技术等。生态文明倡导的绿色生活，则要求公众转变消费观念和行为方式，选用节能产品。

水资源利用效率反映了社会经济发展过程中，消耗每立方米淡水资源能产生的经济效益。在全球范围内，水资源危机已经越发严重，淡水储量日益短缺，同时污染不断加剧，时空分布极其不均。生态文明要求改变过度开发、低效利用水资源的粗放模式，明晰水资源产权，改革水资源管理体制，加强水资源的重复利用，善用市场机制，实现水资源利用效率和效益的提高。

单位GDP二氧化碳排放量用于衡量一个国家经济社会发展活动中二氧化碳排放强度的大小，显示了1美元GDP产出对应的二氧化碳排放量。二氧化碳是最主要的温室气体，二氧化碳减排是应对全球变暖、极端天气发生的重要举措。在共同而有区别的责任前提下，不论是发达国家还是发展中国家，都应担负起减排的相应责任。

（二）评估及分析方法

由于生态文明建设是一个渐进过程，生态文明国际比较中各项指标目标值的确定尚存在困难，因此国际比较的量化评价中采用的是相对评价法。

生态文明建设水平和速度的国际比较均采用统一的 Z 分数（标准分数）方式。首先，将三级指标原始数据转换为 Z 分数；然后，根据各指标权重，加权求和，计算出二级指标、一级指标的 Z 分数；最后，将二级指标、一级指标的 Z 分数转换为 T 分数，实现对各国生态文明发展状况的量化评价。

1. 数据标准化

对三级指标数据无量纲化处理，采用了统一的 Z 分数（标准分数）处理方式，避免数据过度离散可能导致的误差。

首先，计算出三级指标原始数据的平均值与标准差；然后，剔除大于 3 倍标准差以上的数据，确保最后留下的数据标准差在 3 以内（$-3 < \partial < 3$ 的数据涵盖了整体数据的 99.73%）。

2. 特殊值处理

在原始数据中，存在个别国家单个数据缺失的情况，部分缺失数据已经用最相近年份的数据填补。若已有数据年份过于久远，或个别经济体实在没有数据，在国际比较评价中采取赋予平均 Z 分数的办法进行处理。例如，阿根廷的能源利用效率指标 1990 年、2000 年和 2013 年均没有数据，水资源利用效率缺少 2002 年的数据，相应指标 Z 分数直接赋予 0 分。意大利和墨西哥缺少 1992 年的水资源利用效率数据，同样在 Z 分数上直接赋予 0 分。

3. 对指标体系赋权

三级指标权重的确定采用德尔菲法（Delphi method）。选取 50 余位生态文明相关研究领域专家，发放加权咨询表，让专家根据自身认识的各指标重要性，分别赋予 6、5、4、3、2、1 的权重分，最后经统计整理得出各三级指标的权重分和权重。

对于指标体系中 4 项二级指标的权重，在广泛征求专家意见的基础上进行了赋值。其中，资源效率被赋予最高的权重，生态状况和环境质量次之，最后是社会发展。生态状况、环境质量、社会发展、资源效率的权重分别为 25%、25%、20%、30%。生态文明建设的关键就是要通过资源的合理高效利用实现协调发展，因此，协调程度也被赋予最高权重。环境直接支撑着人类社会的生存与发展，生态系统则具有基础性的地位和作用，两者均不可偏废，因此，都被赋予较高的权重。社会发展是生态文明建设的应有之义，但当今社会普遍强调经济发展，大有“唯 GDP 论英雄”之势，且不科学的发展正是导致生态、环境、资源危机的根源所在，故社会发展的二级指标权重略低。

逆指标的确定：根据各指标解释和具体含义，结合专家咨询意见，确定各国生态文明建设水平评价指标体系中反映环境空气质量的 $PM_{2.5}$ 年均浓度、PM_{10} 年均浓度、化肥施用强度和单位 GDP 二氧化碳排放量 4 项指标为逆指标，其余均为正指标。正指标的原始数据越大，得分越高；逆指标的原始数据越小，得分越高。

二、中国生态文明发展与典型发达经济体比较

（一）与美国、日本对比分析

美国和日本的发展领跑全球，众所周知，美国、中国和日本现在在全球 GDP 总量的排行榜上占据前三甲。在生态文明建设排行榜上，美国、中国和日本分别是第 21 位、第 109 位和第 40 位。中国与美国和日本相比，在生态文明建设方面存在不小的差距。课题组选取部分指标，将美国和日本取得的成绩作为中国的追赶目标，考察中国与它们的实际差距，预测中国追上甚至超过它们的年限。但对人类社会发展及其与自然生态环境之间的关系认识仍然有限，并且有许多不可预见的相关因素影响历史进程，相关预测只是基于理想条件下的初步判断，仅供参考。

对于中国赶超日本和美国的预测，主要在社会发展和资源效率两个方面进行。以 2016 年为起点，中国人均 GDP 有望在 10 年左右超过日本，在 20 年左右超过美国。

基于 1990 年以来的发展速度计算，中国有望在 2030 年前后超过美国和日本。美国过去 20 多年的人均 GDP 的平均增长率为 3.51%，日本为 1.96%，如果三国都按同等速度发展，中国人均 GDP 将在 2028 年超过日本，在 2035 年超过美国（图 3-1）。

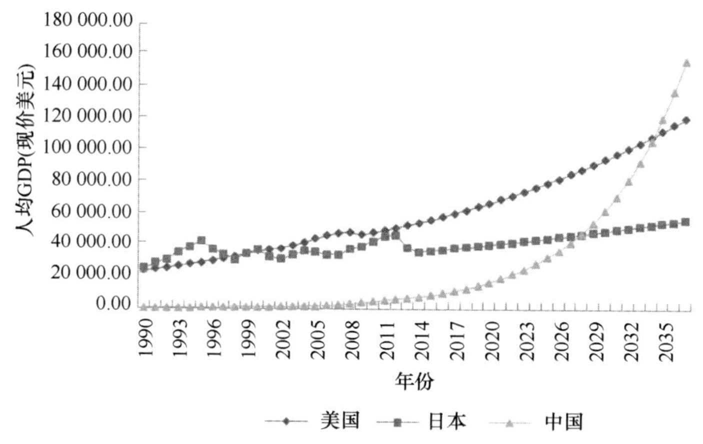

图 3-1　中国、美国、日本三国人均 GDP 发展预测（以 1990 年为起点）

考虑到经济发展的阶段性特征，课题组还按照 2000 年以来的年均发展速度和最近 5 年的年均发展速度进行了预测。如果按照 2000 年以来的年均发展速度，中国将在 2025 年超过日本，在 2031 年超过美国（图 3-2）。

人均 GDP 是国民收入水平的衡量指标之一，较高的收入水平是高质量生活的物质基础。绿色生活不是节衣缩食，而是合理、环保的高质量生活和优质的消费结构。在收入水平不断提高的过程中，推动绿色生活的成型，避免美国等一些发达国家用即废弃的、消费主义的生活方式，是中国拥有的巨大机遇。

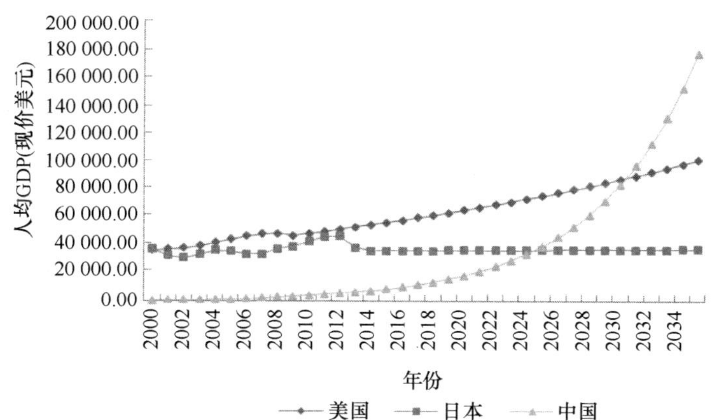

图 3-2　中国、美国、日本三国人均 GDP 发展预测（以 2000 年为起点）

在社会福祉的普及和提升上，中国人将拥有更丰富的公共资源，更长的受教育年限，更全面的医疗卫生保障。这些都可以从人均预期寿命的提升上得到反映。

中国 2014 年的人均预期寿命大约仅相当于美国和英国 1990 年的水平，比日本、加拿大、澳大利亚、意大利、法国 1990 年的水平还要低，足以体现中国与这些发达国家的差距（图 3-3）。

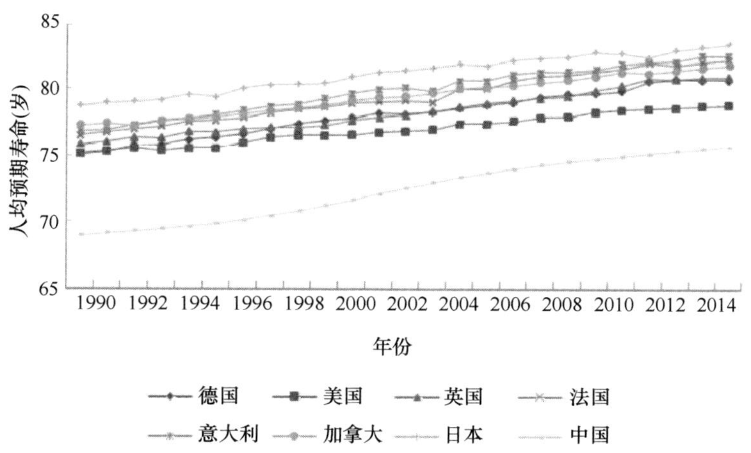

图 3-3　G7 经济体及中国人均预期寿命变化（以 1990 年为起点）

从人均预期寿命的提高速度（以 G7 经济体和金砖国家为参照系）来看，中国排名第 5 位，处于第二等级。1990～2014 年，中国人均预期寿命总增长率为 9.78%，年均增长率为 0.39%，仅次于印度和巴西，高于 G7 经济体平均水平（6.60%）3.18 个百分点，高于金砖国家平均水平（7.04%）2.74 个百分点。

1990 年以来，其他国家的人均预期寿命也在持续增长，但中国提升较快，有着良好的追赶基础。中国、美国、日本三国如果按照 1990 年以来的平均速度发展下去，则中国将在 2036 年超过美国，在 2080 年超过日本（图 3-4）。

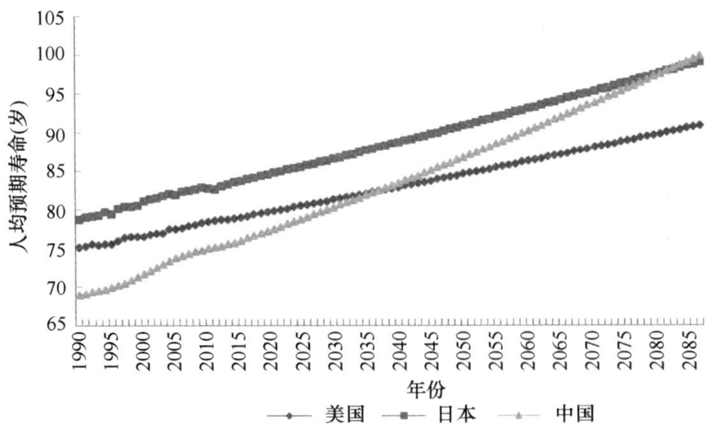

图 3-4　中国、美国、日本三国人均预期寿命发展预测（以 1990 年为起点）

在能源利用效率方面，如果各国都按照 1990～2013 年的平均速度继续发展，中国将在 2027 年超过美国，在 2031 年超过日本（图 3-5）。

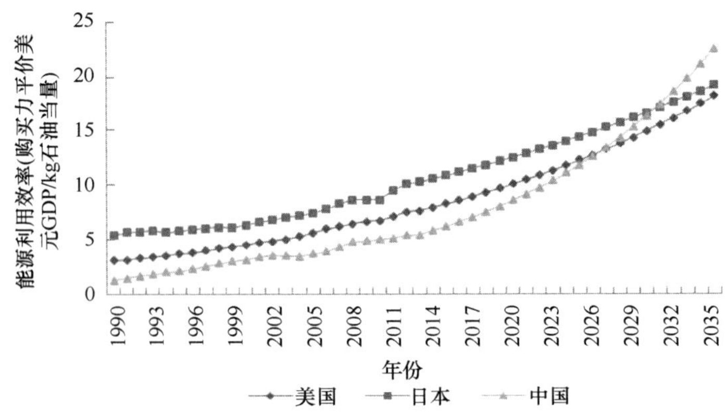

图 3-5　中国、美国、日本三国能源利用效率发展预测（以 1990 年为起点）

如果按照 1992～2014 年的平均增长速度，中国淡水资源利用效率将在 2032 年超过美国，在 2038 年超过日本（图 3-6）。

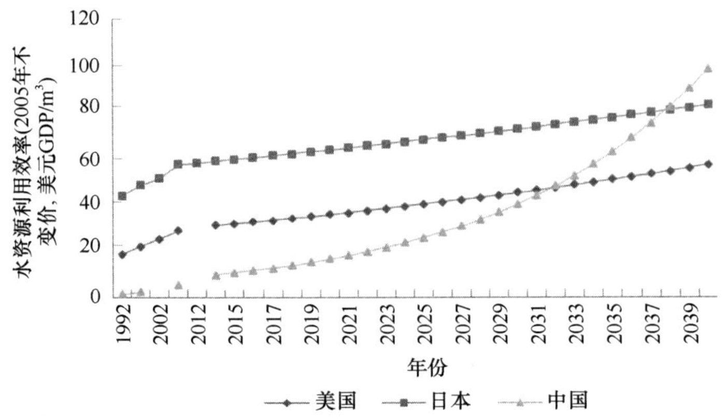

图 3-6　中国、美国、日本三国水资源利用效率发展预测（以 1992 年为起点）

在单位 GDP 二氧化碳排放量方面，如果中国、美国、日本三国都按照 1992～2011 年的平均速度发展，中国的单位 GDP 二氧化碳排放量将在 2038 年优于日本，在 2053 年优于美国（图 3-7）。

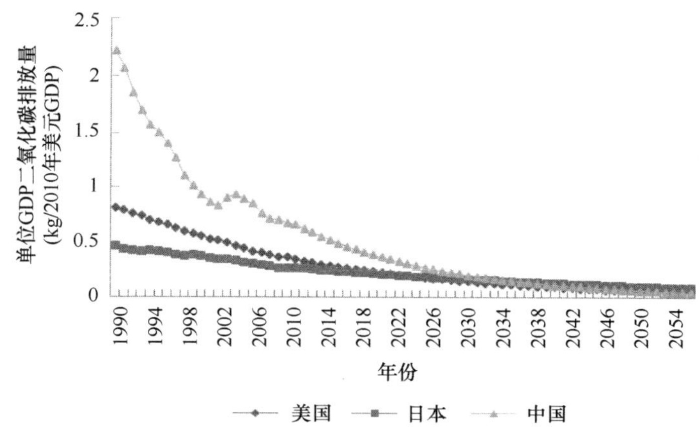

图 3-7　中国、美国、日本三国单位 GDP 二氧化碳排放量发展预测（以 1990 年为起点）

（二）与欧盟对比分析

欧盟的生态文明发展对我国具有十分重要的启示意义，这不仅仅是由于欧盟的生态文明建设起源较早，生态文明建设的整个宏观体系也比较完善，而且中国和欧盟在经济体量、地域覆盖范围等方面也有较强的可比性。因此，将我国的某些生态指标与欧盟作对比，预测我国达到甚至赶超它们的年限，对我国生态文明建设的发展方向和工作布局具有一定参考价值。

1. 生态状况比较分析

由于不同国家所处的地理位置不同，先天自然条件也各不相同，因此，森林覆盖面积、自然保护区的划定也需要根据各国实际情况进行，以下的预测只是基于原始数据所做的趋势的大致判断，仅供参考。

（1）森林覆盖率

森林覆盖率的增长情况，中国和欧盟的趋势非常相似。中国和欧盟看似在森林覆盖率上差距较大，两条直线没有相交的趋势，但是通过进一步对中国、欧盟森林覆盖率的增长率进行计算，得出约在 2086 年，中国的森林覆盖率可能赶超欧盟，数值约为 38.78%（图 3-8）。

（2）自然保护区面积占国土面积比重

自然保护区面积占国土面积比重能够很好地体现对生物多样性保护的政策、管理支撑。中国的自然保护区面积占国土面积比重自 1990 年以来一直处于稳定增长的状态。在 2002 年前后是两种不同的增长模式，2002 年之前增长速度很快，但是到 2002 年之后基本持平，增长缓慢，而欧盟在 2000～2001 年还出现了下降的情况。在 2009 年时，中国（16.04%）甚至超过了欧盟的比重（15.13%），说明我国自然保护区建设工作还是颇有成效的。但是可以看到，欧盟此后在加强自然保护区建设方面进展迅速，整体水平上升很快，2012 年已经达到 25.08%，与中国的建设水平距离越拉越大（图 3-9）。

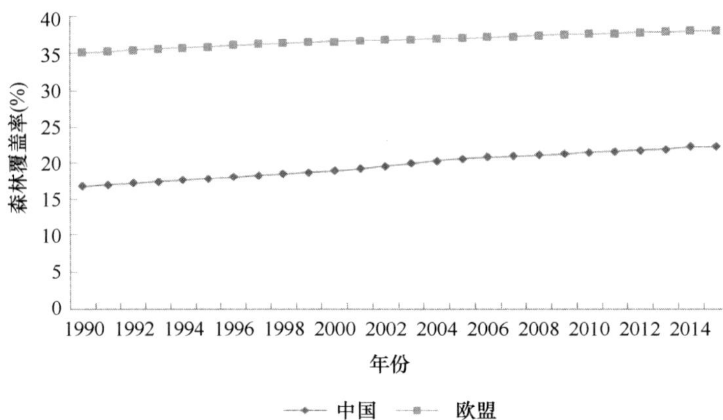

图 3-8　1990～2015 年中国和欧盟的森林覆盖率

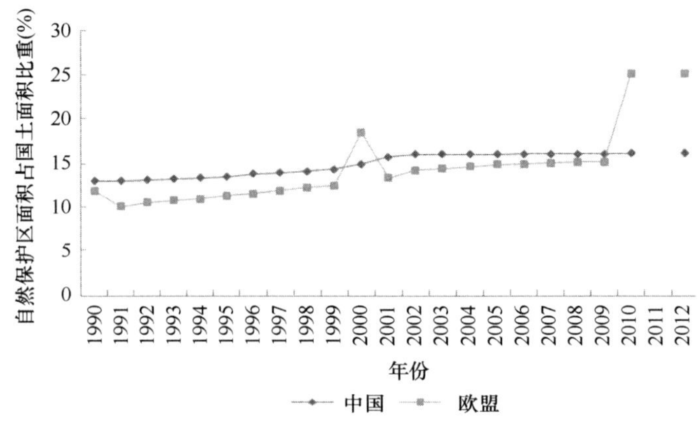

图 3-9　1990～2012 年中国和欧盟的自然保护区面积占国土面积比重

由于 2002 年以前欧盟的数据有波动，我们选取 2002 年以后的数据与中国进行比较。假如中国按照 2002 年以后增长率为 0.1%的速度发展下去，有望在 2049 年赶超欧盟自然保护区面积占国土面积比重，约为 16.4%。

2. 环境质量比较分析

环境污染是民生之患、民心之痛。近年来，我国环境保护工作虽然取得了积极进展，但环境形势依旧严峻，各类污染物排放量仍然处于高位。对比显示，中国在 $PM_{2.5}$ 和化肥施用强度等建设领域，还谈不上赶超，面临的主要任务是遏制污染加剧的趋势。

（1）$PM_{2.5}$ 年均浓度

从 1990 年以来仅有的 7 个数据来看，中国的 $PM_{2.5}$ 年均浓度一直在上升，欧盟却处于下降趋势，而且与欧盟数据相比，中国的数值较大。生活中，我们经常受雾霾天气的困扰，这也说明了 $PM_{2.5}$ 对生活的影响。据调查，$PM_{2.5}$ 主要来自工业排放、汽车尾气等。由此可见，中国要赶超欧盟的空气质量要付出很多努力，还有一段很长的路要走。我国正处于经济发展的转型期，如何权衡经济与生态的关系是发展道路中的重中之重（图 3-10）。

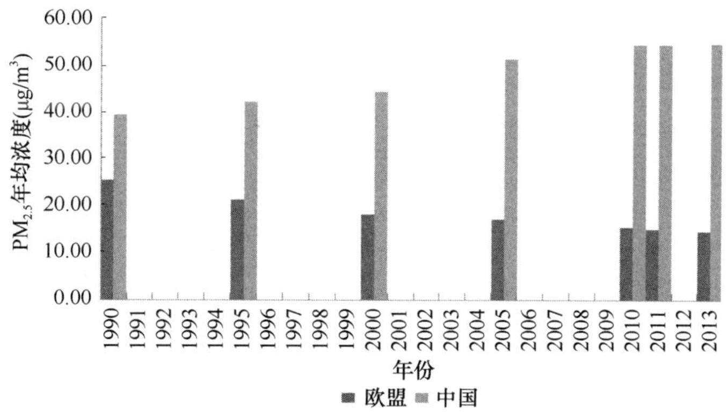

图 3-10　1990～2013 年部分年份中国和欧盟的 $PM_{2.5}$ 年均浓度

（2）PM_{10} 年均浓度

在评价的环境质量类指标中，PM_{10} 年均浓度是中国现阶段实现了下降的指标。由图 3-11 可以看出，欧盟和中国的 PM_{10} 年均浓度都处于下降的趋势，但中国在数值上仍与欧盟差距很大。此外，通过观察中国的 PM_{10} 曲线，我们还可以发现，1990 年以来的近 20 年时间里，PM_{10} 年均浓度数值下降的幅度较大，这也说明我国在空气质量的治理方面取得了可喜的成就。测算显示，欧盟的 PM_{10} 年均浓度治理进步率为 62.34%，中国为 48.34%。按照这个平均速度，中国的 PM_{10} 年均浓度将在 2042 年左右下降至欧盟 2011 年的水平。

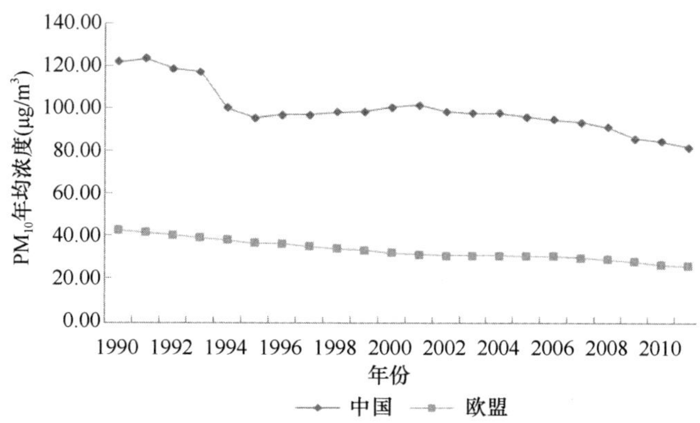

图 3-11　1990～2011 年中国和欧盟的 PM_{10} 年均浓度

（3）农药化肥施用强度

农业中，农药、化肥的使用是造成环境污染的重要因素之一。然而，由于我国是农业大国，在种植各类粮食作物的过程中不可避免地要使用农药、化肥，这也拉开了中国和欧盟土壤质量的距离。

欧盟的化肥施用强度自 2002 年以来处于平缓下降趋势，中间还有一段上升的波动，但整体保持在 150kg/hm^2 的水平。相比之下，中国的化肥施用强度自 2002 年以来一直处于上升趋势，只在 2013 年下降了一些，可见我国的土壤质量不容乐观，尚谈不上赶超。对此，我国要大力加强建设，加快土壤防治工作（图 3-12）。

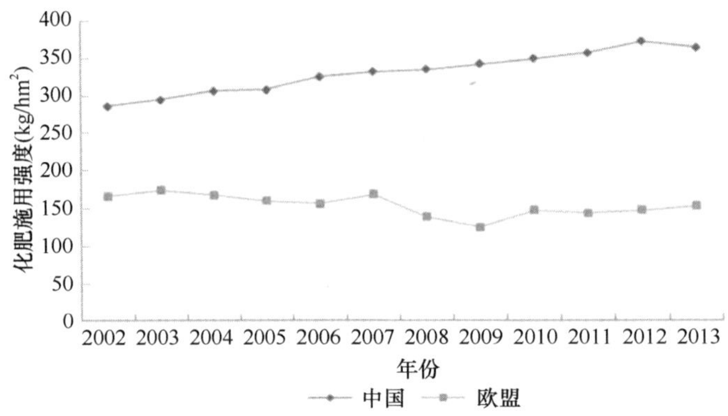

图 3-12　2002～2013 年中国和欧盟的化肥施用强度

3. 社会发展比较分析

在社会发展领域，我国在人均 GDP、人均预期寿命方面都落后于欧盟，整体水平还有待提高。

（1）人均 GDP

GDP 是国民经济核算的核心指标，也是衡量一个国家或地区总体经济状况的重要指标。

据国家统计局公布的经济数据显示，2015 年中国全年国内生产总值（GDP）为 67.67 万亿元，在世界排名第二，仅次于美国。然而人均 GDP 为 5.2 万元（按 13 亿人口计），约合 8016 美元，与美国、日本、德国、英国等发达国家 3.7 万美元以上的水平仍有很大的差距。可以看出，虽然我国经济总量巨大，但是由于人口基数众多，平均到每个家庭、每个人的数值并不大，经济并不富裕。

中国与欧盟的人均 GDP 水平相差较大，1990 年以前增长速度较为缓慢，1990 年以后增长速度较快。根据有关数据显示，1990 年以来，中国和欧盟人均 GDP 增长率分别为 783.8%和 41.21%，可见我国国民收入的提高幅度之大。按照 1990 年以来的增长速度来看，大约在 2040 年，欧盟人均 GDP 约达到 38 493 美元，中国约达到 40 044 美元，即超过欧盟水平（图 3-13）。

（2）人均预期寿命

随着社会的进步与发展，医疗卫生设施条件不断得到改善，人民生活水平不断得到提高，幸福指数也在不断提升，人们出生时的预期寿命自然会越来越长。

与欧盟相比，我国出生时的预期寿命基数较小，但在 1960～1990 年这 30 年内增长速度较快，1990 年以后处于平稳增长的趋势。按照 1990 年以后的增长速度，我国有望在 2042 年左右达到 2008 年欧盟人均预期寿命水平，约为 79 岁（图 3-14）。

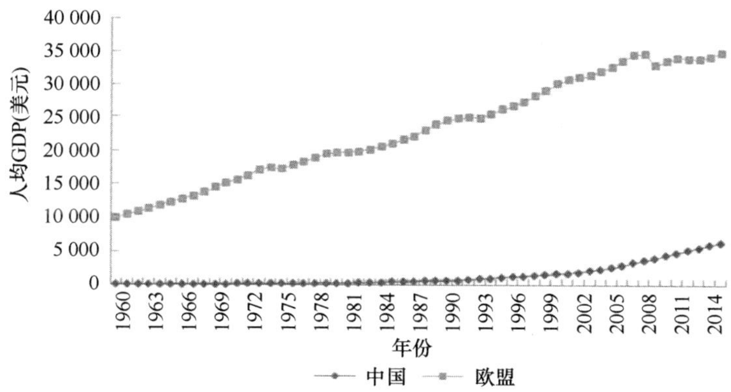

图 3-13　1960～2014 年中国与欧盟人均 GDP

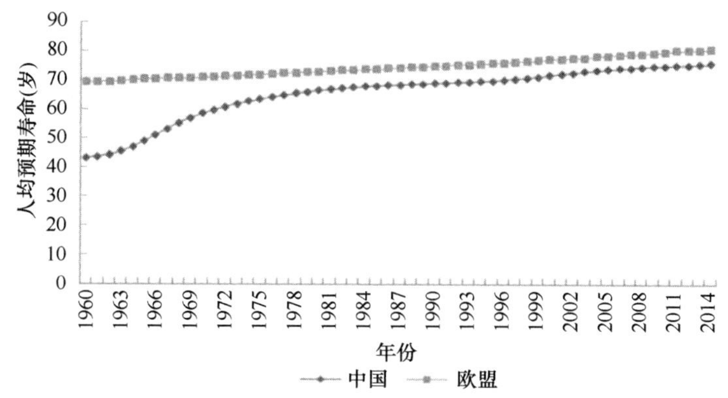

图 3-14　1960～2014 年中国与欧盟人均预期寿命

4. 资源效率比较分析

（1）能源利用效率

由于我国正处于工业化高峰期，工业污染排放非常严重，化石燃料使用过多。因此，提高能源利用率是促进生态文明建设的重要举措，也对保障国民经济的发展及人民生活起着至关重要的作用。

在能源利用效率方面，我国较欧盟起点低，但自 1990 年以来，单位 GDP 能源利用效率一直在提升，这与我国推进产业结构调整、优化能源配置及依靠行之有效的传统节能方法等方面的努力是分不开的。如果中国和欧盟都能够按照 1990 年的速度发展，中国有望在 2042 年左右赶超欧盟，单位 GDP 能源利用效率约达到 10.61 购买力平价美元 GDP/kg 石油当量（图 3-15）。

（2）水资源利用效率

目前在中国水资源利用中，按行业来分，农业仍然占首位。但总体来说，不论是农业用水（主要是灌溉用水）还是工业用水或城市生活用水，都普遍存在着经营管理粗放、用水效率低下、浪费严重的问题，这使得水资源更加短缺，因此提高水资源利用率迫在眉睫。

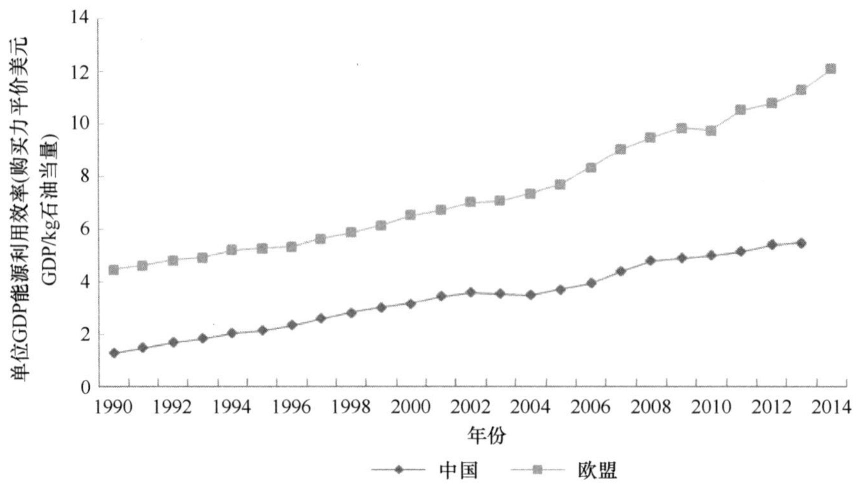

图 3-15 1990～2014 年中国和欧盟的单位 GDP 能源利用效率

中国缺 2014 年数据

从图 3-16 可以看出，我国水资源利用效率与欧盟相比差距甚大，水资源利用效率远远低于欧盟。但就我国自身来说，已经在不断进步，1996 年以后较为明显。如果一直能按照这个速度发展，中国有望在 2026 年左右赶超欧盟，水资源利用效率达 20.87（2005 年不变价）美元 GDP/m^3（图 3-16）。

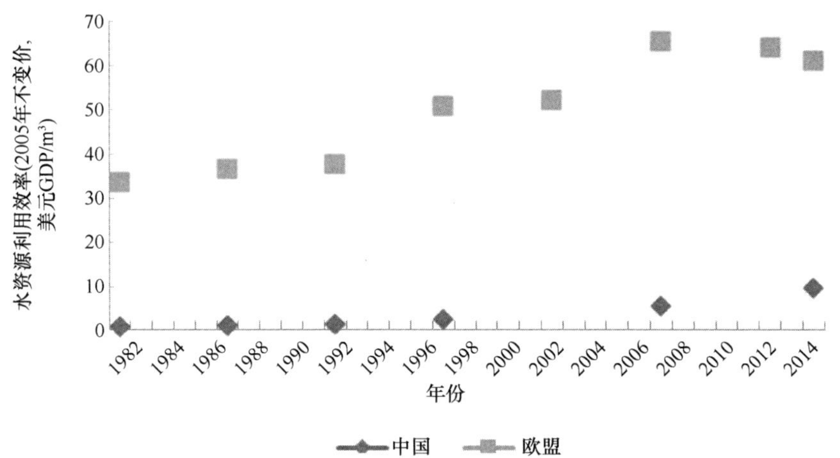

图 3-16 1982～2014 年部分年份中国和欧盟的水资源利用效率

（3）单位 GDP 二氧化碳排放量

随着经济的增长，使用化石燃料，我国能源消耗量和二氧化碳的排放量会随之增加。控制好其排放强度，才能更好地推进我国社会的协调发展。

通过比较可以看出，欧盟的二氧化碳排放量（单位 GDP）已经基本处于一个稳定的数值状态，同时也在不断下降。而中国的二氧化碳排放量较高，1960～1967 年下降速度较快，1967 年以后又开始不断增加；直到 1978 年左右才开始处于下降趋势。2002 年以后仍有上升的趋势；在 2004 年之后基本处于一个下降的趋势。如果中国按照这个速度发展，有望在 2078 年达到 2011 年欧盟单位 GDP 二氧化碳排放量的水平，为 0.2kg/美元左右（图 3-17）。

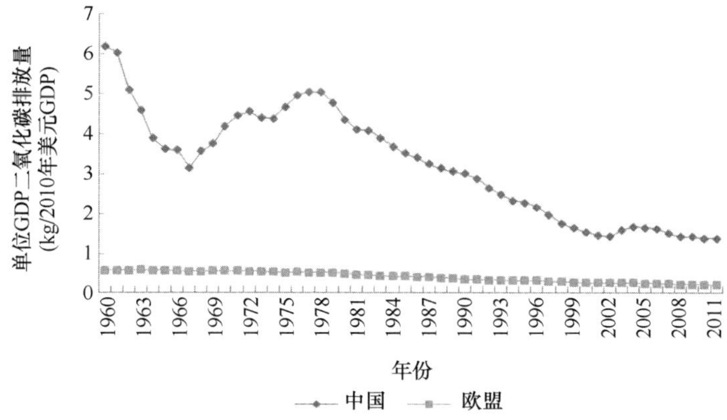

图 3-17　1960～2011 年欧盟和中国的单位 GDP 二氧化碳排放量

三、中国生态文明发展与 G20 比较

G20 于 1999 年成立，由中国、阿根廷、澳大利亚、巴西、加拿大、法国、德国、印度、印度尼西亚、意大利、日本、韩国、墨西哥、俄罗斯、沙特阿拉伯、南非、土耳其、英国、美国及欧盟二十方组成。这 20 个经济体，涵盖面广，具有很强的代表性，既包含了发达国家，又包含了发展中国家，人口总数占全球人口的 2/3，国土面积占全球的 60%，GDP 总和占全球的 85%，贸易额占全球的 80%。G20 中包含了 7 个发达国家（即原来的 G7 经济体），同时也包括了金砖五国。美国、日本、德国、法国、英国、意大利、加拿大 7 个发达国家发展较早，经济实力雄厚，对生态环境问题的重视比其他国家都早，在某种程度上代表了全球生态文明的最高水平，中国既以此为标杆，也借鉴其经验。同时，中国、俄罗斯、巴西、印度、南非同属金砖国家，是目前全球最有活力的 5 个经济体，金砖国家的内部比较更能看出中国的发展潜力和突出优势。

生态文明建设已受到全球关注。自 20 世纪六七十年代以来，世界主要发达国家都开始注重环境保护，在自身政策体系中纳入了越来越多与此相关的内容，也从经济、政治等多方面推动了生态环境治理，取得了很大成效。中国对环境问题的关注略晚于发达国家，从目前来看，整体水平较发达国家也有不小的差距。在新兴市场国家中，中国的经济社会发展速度领先，人口总数庞大，面临的社会发展与生态环境保护、资源利用之间的冲突也是相当尖锐。

评价结果表明，中国的生态文明整体水平在 G20 经济体中排名靠后，建设整体水平有待进一步提升。评价结果同时也显示，自 1990 年以来，中国在生态文明建设中付出了巨大努力，取得了很大进步。

（一）生态文明整体比较分析

在G20经济体中，中国的生态文明建设整体水平并不领先，排名靠后。受到环境质量较差、资源效率较低的影响，中国在G20经济体中生态文明水平的整体优势不明显，仍有较大上升空间（表3-2，图3-18）。

表3-2 2016年G20经济体生态文明指数得分及排名

国家和地区	ECI	排名	生态状况	排名	环境质量	排名	社会发展	排名	资源效率	排名
德国	58.24	1	61.67	2	47.95	12	59.00	5	63.45	2
法国	56.75	2	54.02	6	50.09	9	58.52	6	63.39	3
澳大利亚	56.73	3	44.60	16	71.72	1	63.04	1	50.13	9
英国	56.32	4	46.49	14	51.13	8	57.63	7	67.96	1
日本	56.09	5	59.61	3	48.28	11	60.34	3	56.83	6
欧盟	54.68	6	54.96	5	48.95	10	55.33	9	58.80	5
意大利	53.84	7	51.53	9	47.44	13	56.08	8	59.60	4
加拿大	52.82	8	48.70	12	57.59	4	61.25	2	46.67	13
美国	52.27	9	50.19	10	54.03	6	60.06	4	47.33	12
巴西	51.87	10	61.88	1	46.39	15	43.65	15	53.57	7
阿根廷	49.42	11	39.68	19	66.35	2	44.98	12	46.39	14
俄罗斯	49.11	12	53.86	7	63.82	3	41.32	17	38.07	20
墨西哥	48.95	13	49.71	11	52.75	7	44.40	13	48.17	10
韩国	48.47	14	56.04	4	41.18	17	52.80	10	45.36	15
印度尼西亚	46.57	15	53.21	8	45.83	16	38.01	18	47.35	11
土耳其	45.92	16	39.77	18	46.84	14	44.21	14	51.43	8
沙特阿拉伯	43.48	17	44.84	15	38.61	19	47.10	11	43.98	16
南非	41.95	18	38.93	20	54.88	5	32.66	20	39.88	18
中国	41.47	19	46.85	13	38.50	20	42.80	16	38.58	19
印度	41.16	20	43.47	17	40.99	18	36.82	19	42.27	17

中国的ECI得分为41.47分，在G20经济体中排名第19位，排在南非（41.95分）之后，印度（41.16分）之前，与得分第一的德国（58.24分）相差16.77分。ECI得分排行榜前三名分别为德国、法国（56.75分）和澳大利亚（56.73分）。金砖五国中，巴西（51.87分）排名最为靠前，名列第10位；俄罗斯（49.11分）为第12位。

从生态文明建设的4个主要领域来看，中国在生态状况、环境质量、社会发展和资源效率建设领域的水平并不均衡。总体来看，中国的生态状况处于中游水平，在20个经济体中排名第13位，也最接近G20的平均水平；社会发展处于中下游水平，在G20中排名第16位，与我国经济发展水平相当，较为接近G20平均水平；环境质量和资源效率表现最差，分别位列倒数第一位和倒数第二位，距G20平均水平有一定差距（表3-3，图3-19）。

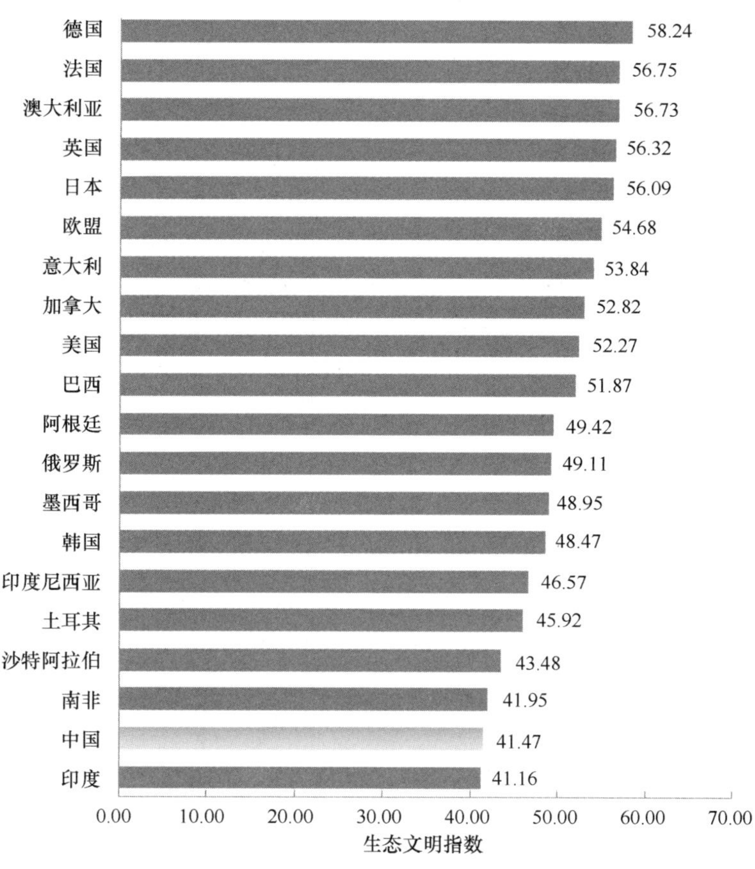

图 3-18　G20 经济体生态文明指数

表 3-3　中国与 G20 经济体生态文明指数得分水平比较

项目	ECI	生态状况	环境质量	社会发展	资源效率
中国	41.47	46.85	38.50	42.80	38.58
G20 最小值	41.16（印度）	38.93（南非）	38.50（中国）	32.66（南非）	38.07（俄罗斯）
G20 最大值	58.24（德国）	61.88（巴西）	71.72（澳大利亚）	63.04（澳大利亚）	67.96（英国）
G20 平均值	49.08	50.00	50.67	50.00	50.46
中国得分占 G20 平均得分比重（%）	84.49	93.70	75.98	85.60	76.46

与以上评价结果一致，课题组在 2015 年对包括中国在内的 111 个国家的生态文明整体水平的量化评价结果显示，中国生态文明指数得分为 44.19 分，排名第 109 位。与排名第一的加拿大（81.71 分）得分差距为 37.52 分，与 111 个国家的平均得分（61.31 分）差距为 17.12 分。与其他国家差距最大的也是环境质量领域和资源效率领域。

此外，在耶鲁大学的环境绩效指数（environmental performance index，EPI）2016 年排名中，中国在全球排名第 105 位。从环境竞争力角度进行的评价也显示，2014 年中国环境竞争力在全球 133 个国家中排名第 85 位。

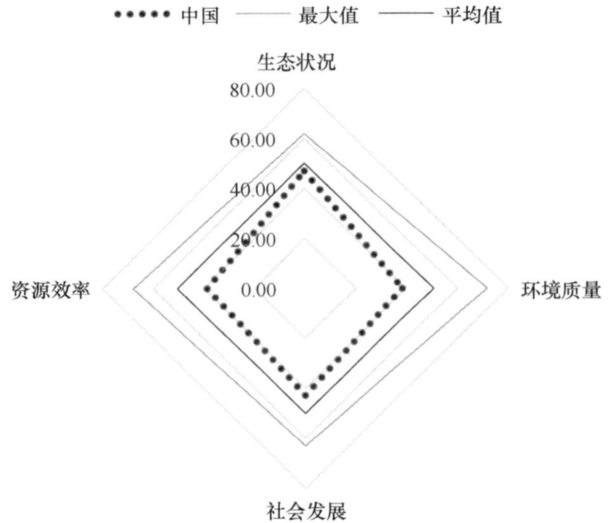

图 3-19　中国生态文明指数国际比较雷达图

（二）生态状况比较分析

生态状况是维系人与自然关系的根基。在生态状况领域，G20 中得分位列前三的是巴西（61.88 分）、德国（61.67 分）和日本（59.61 分）。得分排在最后三位的分别是南非（38.93 分）、阿根廷（39.68 分）和土耳其（39.77 分）（图 3-20）。

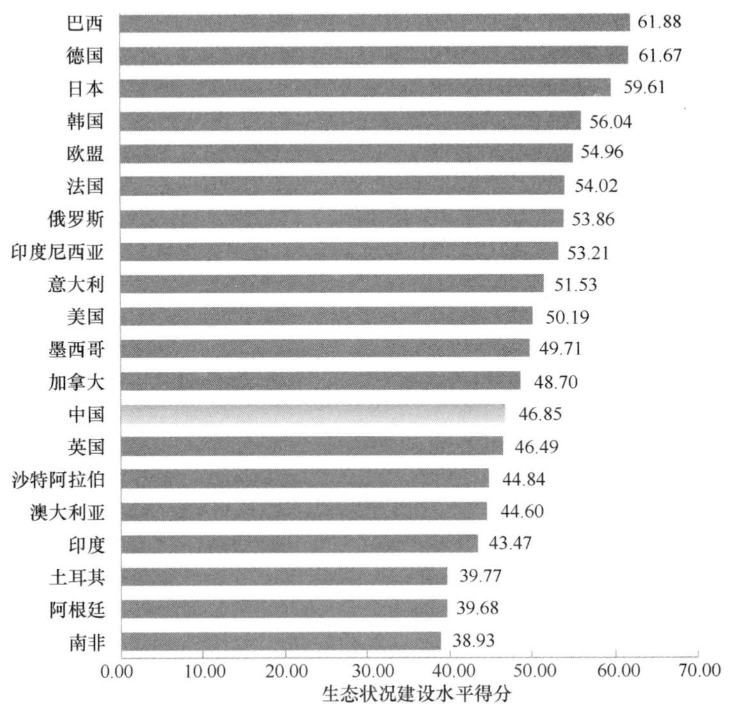

图 3-20　G20 经济体生态状况建设水平得分

从国际比较来看，中国的生态状况建设成绩相对突出。中国的生态状况得分 46.85 分，在 G20 中排名第 13 位，高于英国、沙特阿拉伯、澳大利亚、印度、土耳其、阿根廷和南非。就具体指标来看，2015 年中国森林覆盖率在 G20 中排名第 14 位；2012 年自然保护区面积占国土面积比重在 G20 中排名第 8 位。

在生态状况领域，中国得分与英国得分（46.49 分）相近。具体的表现是两者互有长短。相较于 2015 年英国 13.00%的森林覆盖率，中国的森林覆盖率较高，达 22.19%。但 2012 年中国的自然保护区面积占国土面积比重为 16.12%，与英国的 23.37%有一定差距。

通过多年努力，中国的森林覆盖率在 G20 中已达到中下游水平。根据世界银行的统计数据，2015 年中国的森林覆盖率在 G20 中排名第 14 位，高于澳大利亚、土耳其、英国、阿根廷、南非和沙特阿拉伯六国。而 20 国中，森林覆盖率最高的是日本（68.46%），韩国、巴西、印度尼西亚和俄罗斯都超过或接近 50%。其他国家中，与中国的森林覆盖率水平最为接近的是印度。印度的森林覆盖率为 23.77%，仅比中国高 1.58 个百分点（图 3-21）。

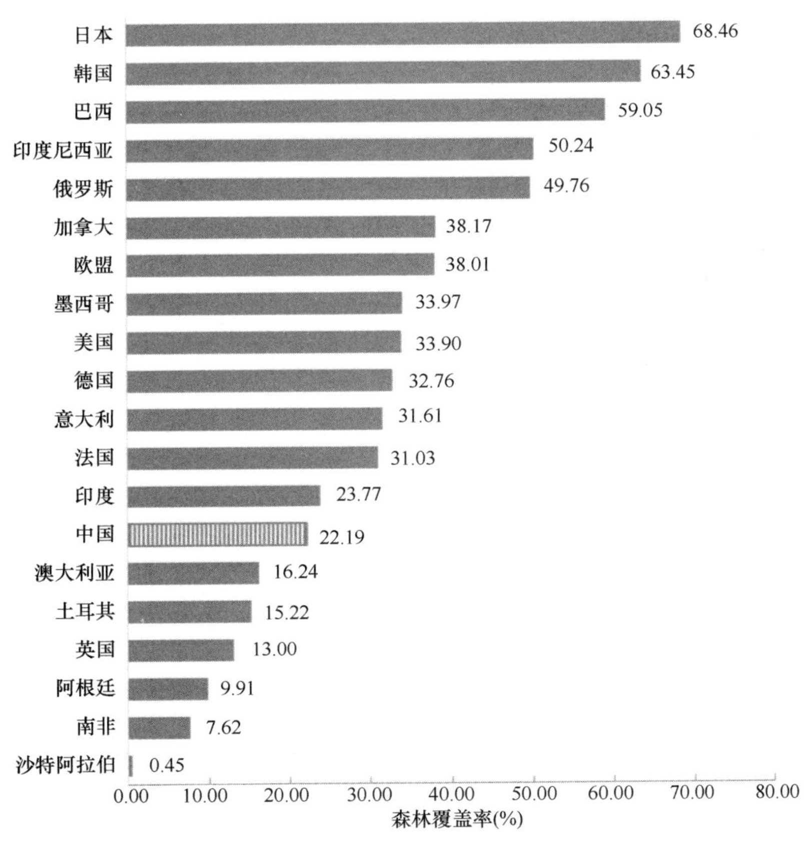

图 3-21　2015 年 G20 经济体的森林覆盖率

更为值得一提的是，中国的自然保护区面积，即全部国家级陆地及海洋保护区面积占国土面积比重在 G20 中排名相对靠前，居第 8 位，处于中上游水平，彰显了中国在野生动物多样性保护、自然生态系统保护等方面取得的成绩。2012 年，中国的数据为 16.12%，与其相近的是美国和澳大利亚，为 15%左右。在其他国家中，德国为 49.04%，自然保护区几乎占了德国国土面积的一半，稳居第一。其次是沙特阿拉伯、法国、巴西、欧盟、英国、意大利，都为 20%～30%，排名靠后的是土耳其和印度，为 5%及以下。韩国作为森林覆盖率排名第二位的国家，自然保护区面积占国土面积比重仅为 5.26%，排名倒数第三位。

中国在自然保护区面积占国土面积比重的建设水平上，高于全球平均水平，与金砖国家相比也略有优势，但与先进国家或地区相比较，还有一定差距，仍低于 G7 经济体的平均水平。2012 年，全球平均水平为 14.04%，比中国低 2.08 个百分点，同时，中国自然保护区的总面积居世界第二位，2014 年达到了 147 万 km^2，仅次于美国。除中国外的金砖国家的平均水平为 12.22%，也比中国要低，这都说明与大多数发展中国家相比，我国自然保护区水平尚可。但是 2012 年，G7 经济体的平均水平为 22.18%，除去极高的德国后，其他六国的平均水平为 17.71%，仍然高于中国，中国与这些国家相比还有一定差距，还需加大建设力度（图 3-22、图 3-23）。

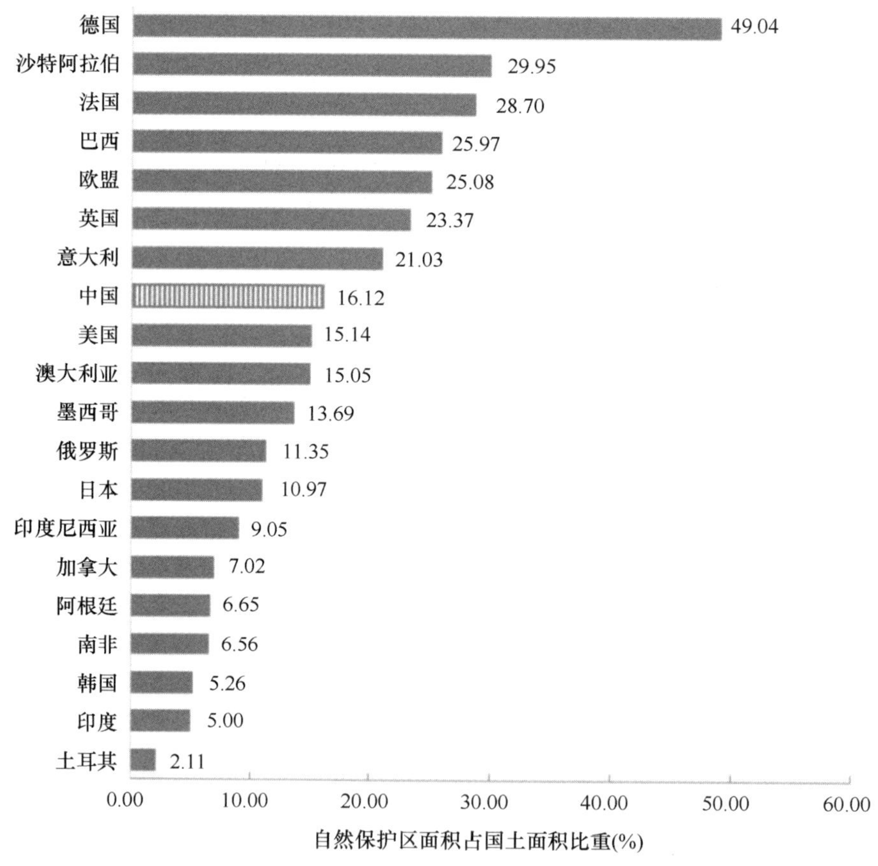

图 3-22　2012 年 G20 经济体自然保护区面积占国土面积比重

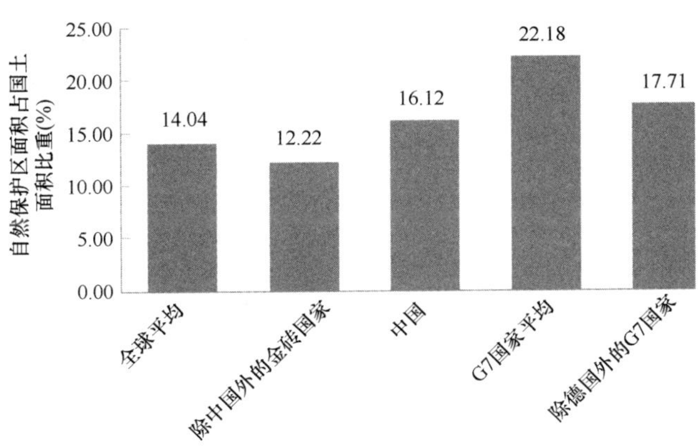

图 3-23　2012 年中国自然保护区面积占国土面积比重的国际比较

（三）环境质量比较分析

环境质量反映了人与自然关系中，最容易为人所直接感知的相关自然要素的状态和水平。环境质量领域，G20 中排名前三的经济体是澳大利亚（71.72 分）、阿根廷（66.35 分）和俄罗斯（63.82 分）。得分最为靠后的三个经济体分别是中国（38.50 分）、沙特阿拉伯（38.61 分）和印度（40.99 分）（图 3-24）。

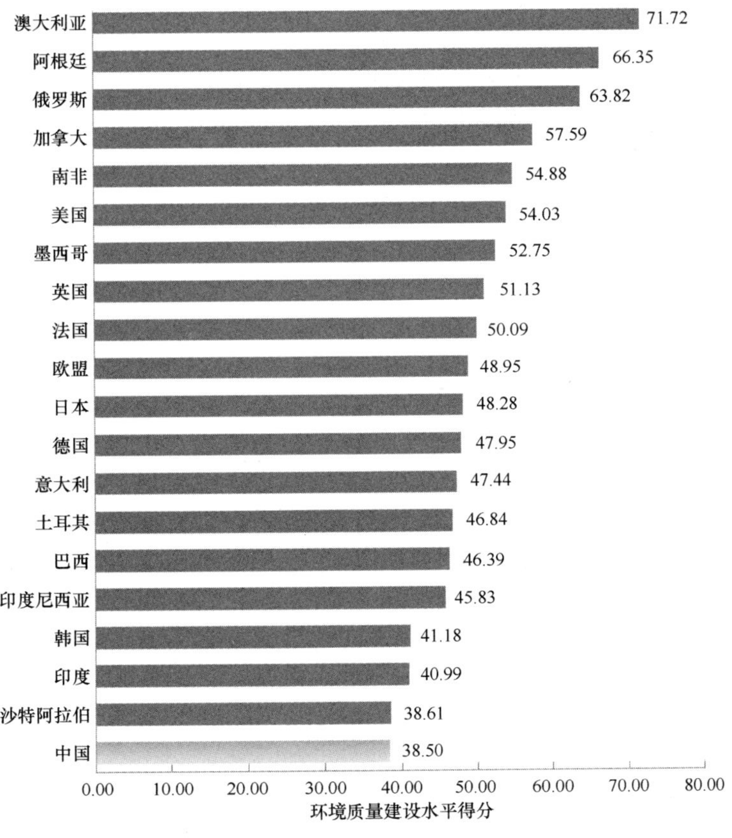

图 3-24　G20 经济体环境质量建设水平得分

中国的环境质量问题已经引发世界范围的关注，虽然已经付出了巨大的努力，但环境质量建设成效与民众的期待仍有一定距离，与其他国家相比劣势明显。在环境质量领域的得分，中国以 0.11 分的微弱差距排在沙特阿拉伯之后，在 G20 经济体中排名最后。从数据来看，中国的空气污染和土壤污染已经不容忽视，与其他大部分 G20 经济体相比，还有较重的治理任务。

空气质量是近年来中国环境治理的痛点。与 G20 中其他 19 个经济体相比较，从 $PM_{2.5}$ 和 PM_{10} 年均浓度数据来看，中国的空气质量实在不容乐观。中国的 $PM_{2.5}$ 和 PM_{10} 年均浓度在 20 个经济体中分别排名倒数第一位和倒数第三位（仅优于印度和沙特阿拉伯），且都大大高于世界卫生组织标准。世界卫生组织为 $PM_{2.5}$ 和 PM_{10} 设定了准则值，$PM_{2.5}$ 年均浓度为 10μg/m^3，PM_{10} 年均浓度为 20μg/m^3，如果长期超过这个值，则对人体有害。而中国 2013 年 $PM_{2.5}$ 年均浓度为 54.36μg/m^3，为世界卫生组织准则值的近 5.5 倍，2011 年的 PM_{10} 年均浓度为 82.44μg/m^3，为准则值的 4 倍以上（图 3-25、图 3-26）。

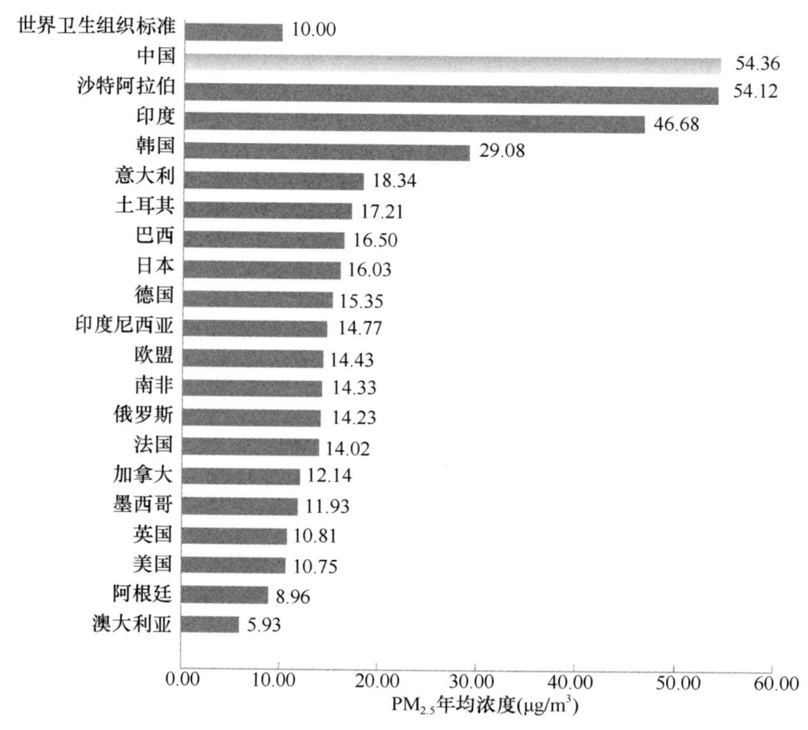

图 3-25 2013 年 G20 经济体的 $PM_{2.5}$ 年均浓度

在环境质量榜领先的澳大利亚，$PM_{2.5}$ 和 PM_{10} 年均浓度都优于其他 G20 经济体，使之拥有巨大的竞争优势。2013 年澳大利亚 $PM_{2.5}$ 年均浓度仅为 5.93μg/m^3，2011 年 PM_{10} 年均浓度为 13.64μg/m^3。即使是 1990 年，澳大利亚的 $PM_{2.5}$ 和 PM_{10} 年均浓度也优于绝大部分 G20 国家，分别为 7.68μg/m^3 和 22.52μg/m^3。

在空气质量上，无论与 G7 经济体比较还是与金砖国家比较，中国都面临巨大建设差距。在国家级 $PM_{2.5}$ 年均浓度方面，G7 经济体 2013 年的平均值为 13.93μg/m^3，已基本上接近世界卫生组织所限定的最高标准，而除中国外的金砖国家的平均值为22.94μg/m^3，虽然高出世界卫生组织2倍以上，但还不到中国$PM_{2.5}$年均浓度的一半。金砖国家中，俄罗斯、南非、巴西$PM_{2.5}$年均浓度为15μg/m^{3}左右，显示了良好的空气质量水平，印度为46.68μg/m^3，与中国同处在高位。从PM_{10}的数据来看，中国要好于印度（99.71μg/m^3）和沙特阿拉伯（108.22μg/m^3），但仍高出G7经济体平均值（21.77μg/m^3）近4倍，比除中国外的金砖国家平均值（50.82μg/m^3）高近2/3。

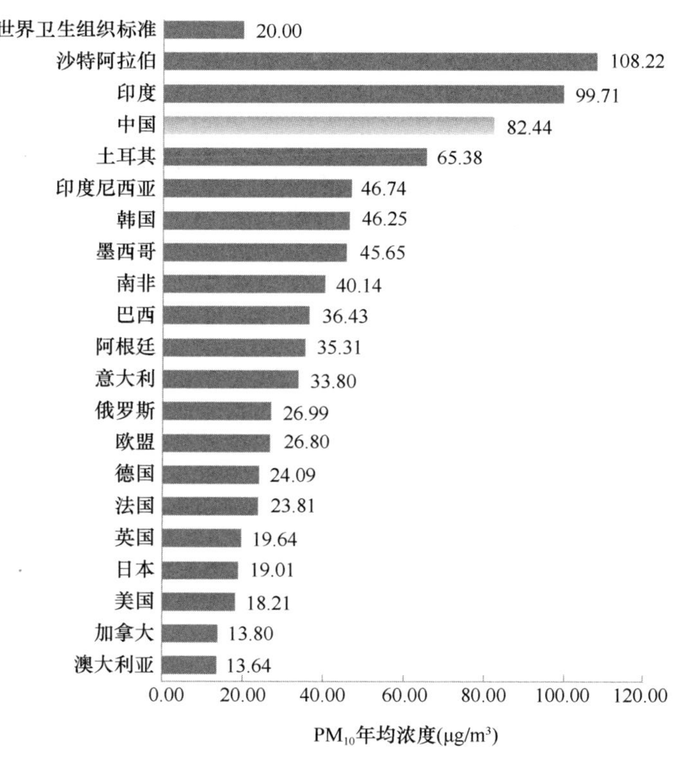

图3-26 2011年G20经济体的PM_{10}年均浓度

在土壤环境质量方面，中国的化肥施用强度在G20中最高，远远超出平均值水平，从一个侧面反映了我国的土壤污染较为严重。改变粗放的农业生产经营模式、合理利用耕地已经成为当务之急。化肥和农药施用超出合理范围是土壤大面积污染的重要原因。从化肥施用强度上看，国际公认的安全使用上限为225kg/hm^2，而我国2013年的化肥施用强度为364.38kg/hm^2，是公认上限的1.62倍。反观国外，除英国（246.59kg/hm^2）、日本（256.66kg/hm^2）、沙特阿拉伯（293.94kg/hm^2）和韩国（361.26kg/hm^2）外，其他国家均未超过安全上限，尤其是俄罗斯、阿根廷、澳大利亚、南非四国，化肥施用强度均在50kg/hm^{2}左右，甚至更低，建设得分排名靠前（图3-27）。

化肥、农药的过量使用不仅影响了土壤质量，对水环境也产生了很大影响。2015年开展的地下水水质监测评价结果显示：全国5118个监测井（点）中，水质呈较差和极差级的分别占42.5%和18.8%。主要超标指标中就包括了“三氮”（亚硝酸盐氮、硝酸盐氮和氨氮）、氯离子、硫酸盐等。

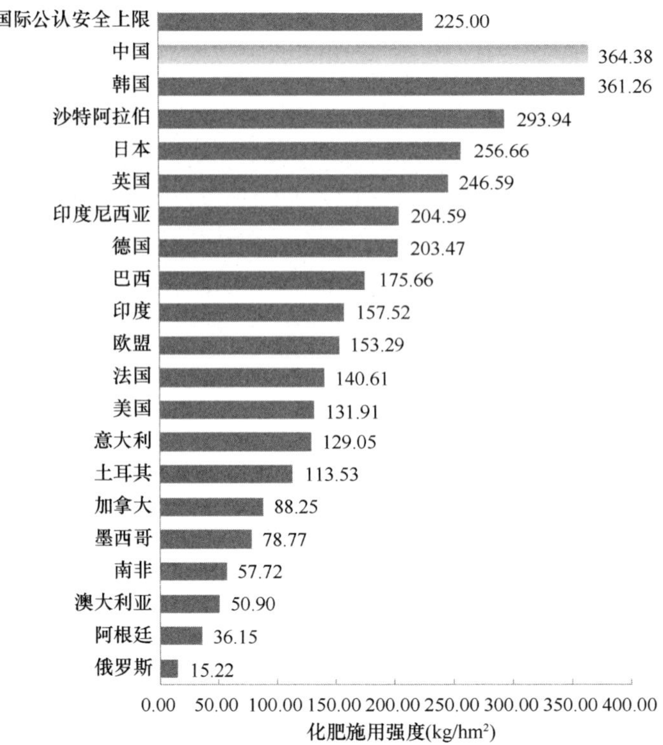

图 3-27　2013 年 G20 经济体的化肥施用强度

（四）社会发展水平比较分析

生态文明的本质是兼顾社会发展与生态繁荣，追求人与自然和谐共赢。没有良好的社会福祉和较高的经济发展水平，就不是完善的生态文明。在社会发展领域，G20 中得分较高的经济体为澳大利亚（64.04 分）、加拿大（61.25 分）和日本（60.34 分）。得分较低的三个经济体是南非（32.66 分）、印度（36.82 分）、印度尼西亚（38.01 分）（图 3-28）。

在社会发展方面，得益于改革开放的积极推进，中国的得分在 G20 中已经达到中下游水平，在 G20 经济体中得分高于俄罗斯、印度尼西亚、印度和南非。

与其他经济体相比，中国经济总量高，但人均 GDP 还有很大的提升空间。2015 年，中国人均 GDP 为 6416.18 美元，仅为 G7 经济体平均值的 14.61%，低于金砖国家的平均水平（7599.01 美元），仅高于印度尼西亚和印度。金砖国家中，中国高于印度（1805.58 美元），但低于巴西、俄罗斯和南非，也低于其他发展中国家阿根廷和墨西哥。巴西和俄罗斯的人均 GDP 都超过 1 万美元（图 3-29）。

一国人口出生时的平均预期寿命是反映该国社会生活质量的综合性指标。得益于不断提升的经济实力、社会保障水平，中国 2014 年人均预期寿命已经达到 75.78 岁，在 G20 中排名第 13 位，在 G20 中达到中等水平，着实不易。G20 中，以 G7 为核心的发达国家人均预期寿命普遍较高，日本、意大利、法国、澳大利亚、韩国、加拿大、英国、德国、欧盟的平均预期寿命都超过了 80 岁。而以金砖国家为核心的发展中国家都处于相对较低的水平，其中，巴西、沙特阿拉伯、俄罗斯、印度尼西亚、印度、南非都在 75 岁以下（图 3-30）。

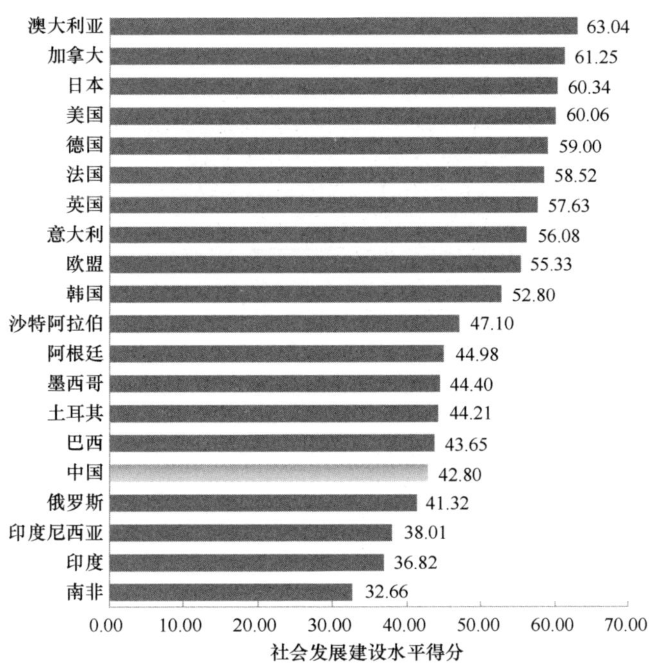

图 3-28　G20 经济体社会发展建设水平得分

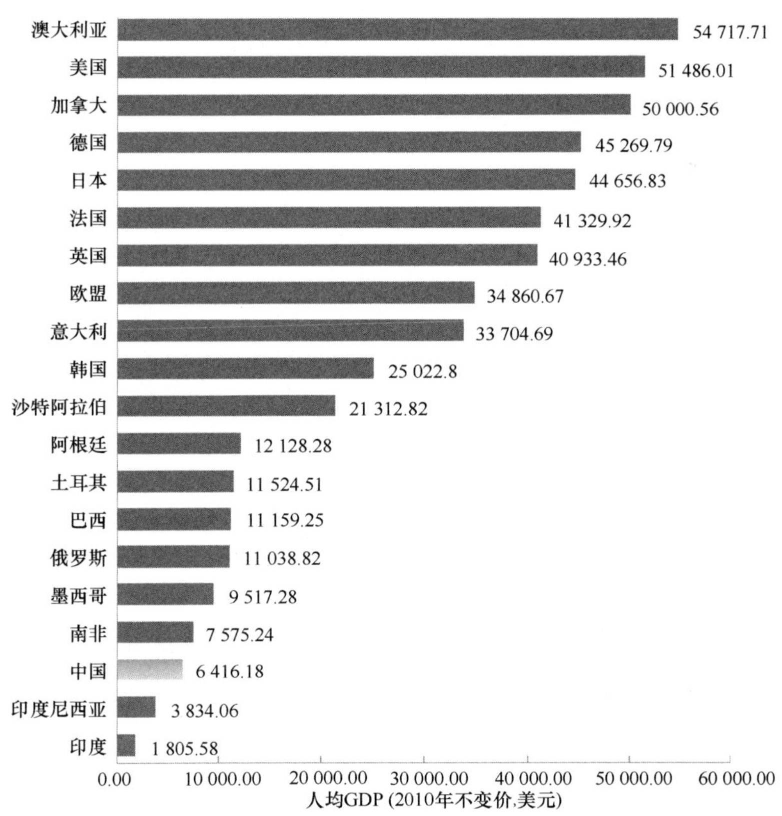

图 3-29　2015 年 G20 经济体人均 GDP

阿根廷为 2014 年数据

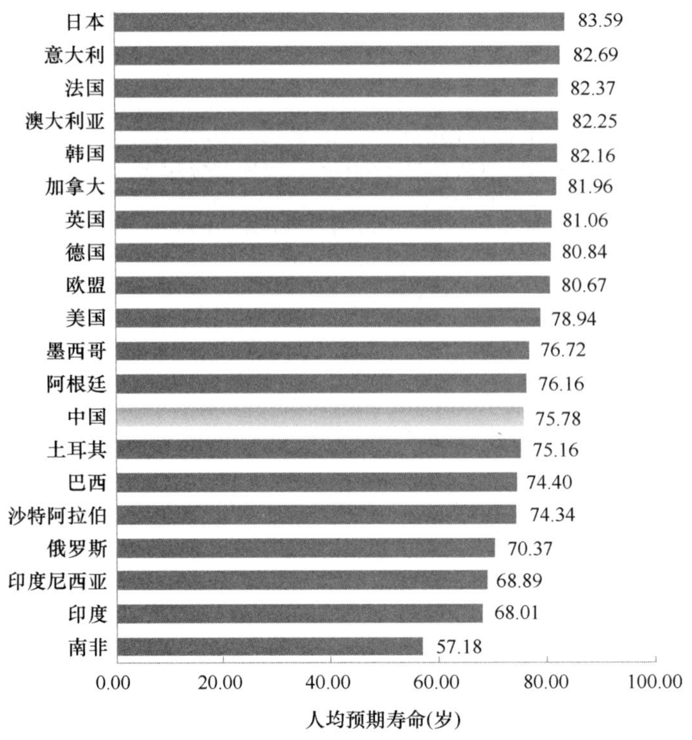

图 3-30　2014 年 G20 经济体人均预期寿命

（五）资源效率比较分析

要实现生态文明的核心要义——和谐，就需要在经济社会发展的过程中，实现发展与保护的协调，实现生产、生活资源消耗与资源供给的协调，实现污染物排放与环境容量的协调。在资源效率得分方面，英国（67.96 分）、德国（63.45 分）和法国（63.39 分）雄踞前三甲。俄罗斯（38.07 分）、中国（38.58 分）和南非（39.88 分）则暂居排行榜最后三位（图 3-31）。

在可获取的资源效率指标上，中国表现不佳，能源利用效率、水资源利用效率和单位 GDP 二氧化碳排放量的排名均靠后。资源效率的整体得分排名仅高于俄罗斯。考虑到中国日益庞大的经济总量，相对资源利用效率仍然落后，改善、提高的急迫性已经十分显著。

虽然中国一直在提高能源利用效率的道路上进步，但现阶段中国能源利用效率与发达国家水平相比较，仍位于较低水平。2013 年在 20 个经济体中，中国的能源利用效率仅高于俄罗斯和南非（阿根廷无数据），为 1kg 石油当量产生 5.48 美元生产总值，即每消耗 1kg 石油当量能源只能创造 5.48 美元 GDP。这个能耗水平为 G7 经济体平均水平的 52.76%，是金砖国家平均水平的 79.49%（图 3-32）。

从淡水资源的利用来看，作为一个缺水国家，中国水资源利用效率在 G20 中排名第 17 位，仅高于阿根廷、印度尼西亚和印度，值得反思。2014 年，中国每消耗 $1m^3$ 的淡水资源，能创造 9.51 美元 GDP（GDP 按 2005 年不变价美元计算。该指标为正指标，数值越大得分越高，数值大表明能源利用效率越高，单位能源产生的 GDP 高）。而英国 $1m^3$

的淡水资源可创造 247.14 美元 GDP。在 G20 中，G7 经济体大都排名靠前，所有金砖国家及土耳其、阿根廷、墨西哥、印度尼西亚等国家则排名靠后（图 3-33）。

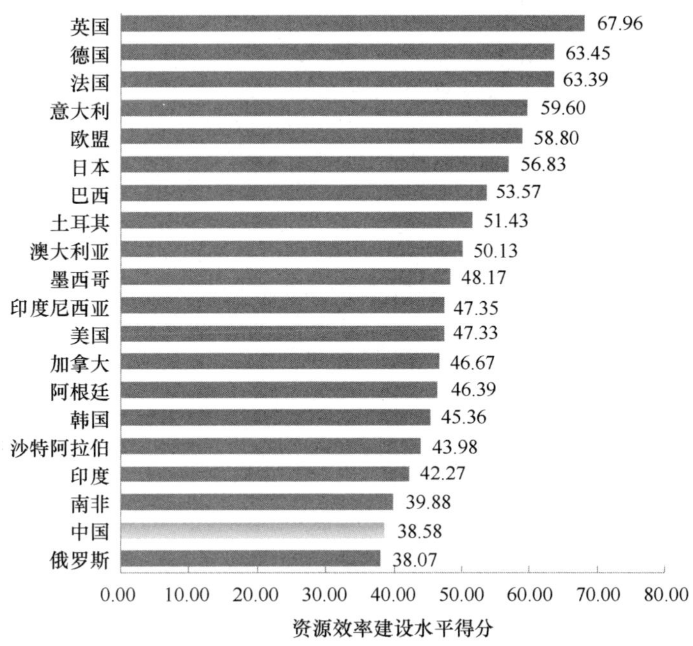

图 3-31　G20 经济体资源效率建设水平得分

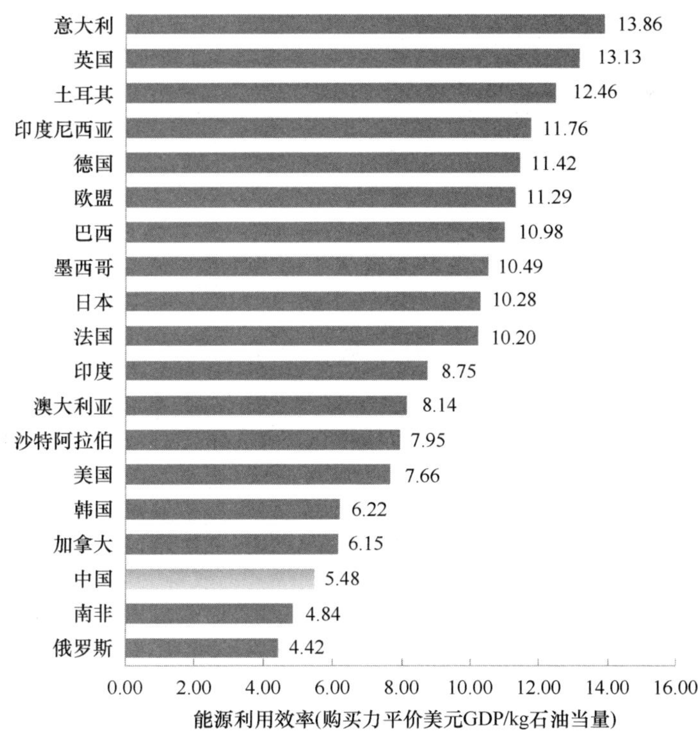

图 3-32　2013 年 G20 经济体能源利用效率

阿根廷 2013 年 GDP 单位能耗无数据

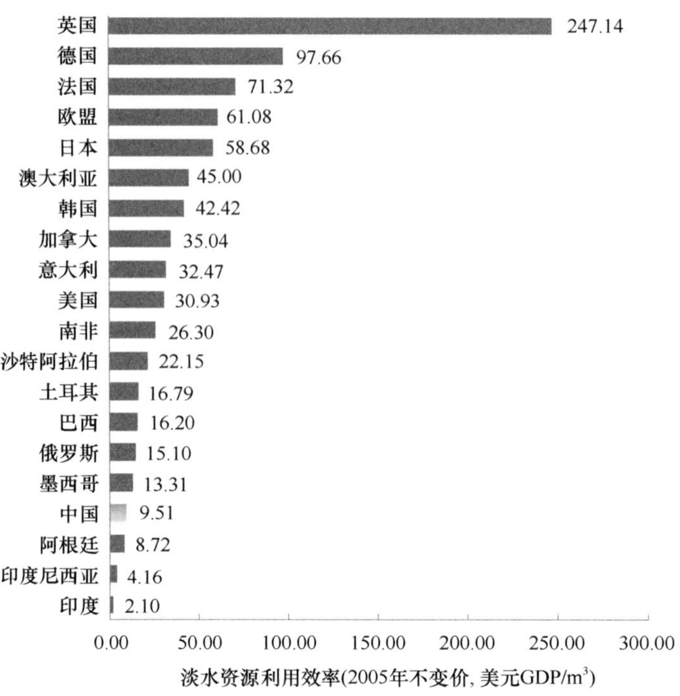

图 3-33 2014 年 G20 经济体淡水资源利用效率

该指标为正指标，数值越大得分越高，数值大表明单位水资源产出的 GDP 高

中国 2011 年单位 GDP 二氧化碳排放量排名最后，即每创造 1 个单位的 GDP，排放出的二氧化碳量都高于其他 G20 经济体。2011 年，中国单位 GDP 二氧化碳排放量为 1.36kg/2010 年美元 GDP，为 G7 经济体平均水平的 6.06 倍，高出金砖国家平均水平的 34.7%（图 3-34）。

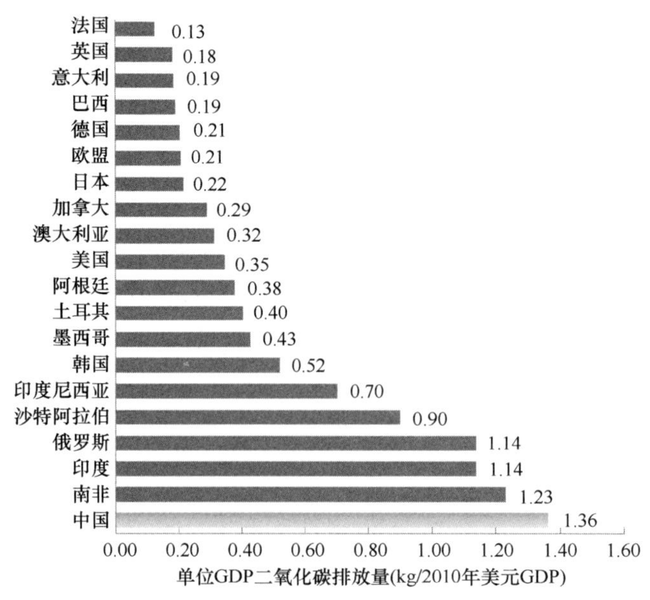

图 3-34 2011 年 G20 经济体单位 GDP 二氧化碳排放量

该指标为逆指标，数值越小得分越高，数值越小表明单位 GDP 排放的二氧化碳越少

第四章　中国生态文明统计核算框架研究

一、新时代国家生态文明建设统计及核算要求

生态文明建设是中国特色社会主义事业“五位一体”总体布局的重要内容，关系发展目标质量，关系人民福祉，关乎民族未来，事关实现“两个一百年”奋斗目标和中华民族伟大复兴的中国梦。任何一项经济工作都应当是可测度、可评估的，何况是一项事关全局和长远发展的国家战略。因此，完善生态文明统计核算体系是生态文明建设和生态文明体制改革的必然要求，是一项重要的基础性制度建设。

根据党和国家生态文明建设战略的要求，应该扩展我国的资源环境统计核算范围，具体体现如下。

（一）污染治理与资源利用效率提高并重

《中华人民共和国国民经济和社会发展第十二个五年规划纲要》提出的主要目标为：资源节约环境保护成效显著。耕地保有量保持在 18.18 亿亩。单位工业增加值用水量降低 30%，农业灌溉用水有效利用系数提高到 0.53。非化石能源占一次能源消费比重达到 11.4%。单位国内生产总值能源消耗降低 16%，单位国内生产总值二氧化碳排放降低 17%。主要污染物排放总量显著减少，化学需氧量、二氧化硫排放分别减少 8%，氨氮、氮氧化物排放分别减少 10%。森林覆盖率提高到 21.66%，森林蓄积量增加 6 亿 m^3。

而《中共中央关于制定国民经济和社会发展第十三个五年规划的建议》则提出：“生态环境质量总体改善。生产方式和生活方式绿色、低碳水平上升。能源资源开发利用效率大幅提高，能源和水资源消耗、建设用地、碳排放总量得到有效控制，主要污染物排放总量大幅减少。主体功能区布局和生态安全屏障基本形成。”

发展规划是发展战略的具体体现和实现路径的具体安排。通过比较“十二五”和“十三五”发展规划我们不难看到：从“十三五”开始，我国的生态文明建设从注重污染治理、资源利用效率的提高扩展到生态环境质量改善与注重污染治理、资源利用效率提高并重。

（二）流量统计与存量统计并重

我国现有的资源环境统计中，关于流量及效率方面的统计指标较多，反映生态环境和资源状况的存量指标相对较少。这一方面与我们以前所考核的重点有关；另一方面则是因为反映生态环境和资源状况的存量指标的统计和核算相对难度较高。但是，要反映国家生态文明建设现状和进展情况，仅有流量指标是远远不够的，还需要一系列的

存量指标。

（三）建立生态文明统计基本框架

生态文明统计并非只是从现在才开始进行的一项统计工作和统计领域。最近几十年，资源环境对于社会经济发展的刚性约束日渐显现，发展的可持续性问题摆在人类面前，成为全球各国需要共同面对的重大课题。统计作为社会经济发展的镜子，可以对这一问题进行客观的反映。我们通过资源环境专题在《中国统计年鉴》中的“位置”，就可大体了解我国生态文明统计的总体脉络。

1981 年《中国统计年鉴》刊发之初，只有 4 张表与资源环境有关（包括：城市环境污染治理情况、全国自然保护区基本情况、造林面积及水旱灾害受灾和成灾面积），而且是嵌在“综合”和“农业”专题中出现的。此后经历了一系列的变化：1986 年，与资源环境有关的“行政区划和自然状况”和“城市建设和环境保护”分别从“综合”专题中剥离出来；1990 年，“行政区划和自然状况”被“行政区划和自然资源”替代，“城市建设和环境保护”一分为二，分为“城市概况”和“其他社会活动与环境保护”；2008 年，“综合”专题中的“自然资源”部分与“其他社会活动与环境保护”专题中的“环境保护”部分合并，以“资源与环境”专题独立出现。从这一过程我们不难看到，资源环境统计的范围在不断扩展，在整个政府统计中的地位不断提升。

在国际上，伴随着环境问题不断严重，为了使着眼环境经济关系的可持续发展在管理中落到实处，世界各国对开展环境经济核算的数据需求越来越迫切，为此特别需要制定环境经济核算的国际性规范，为各国实际测算提供理论和方法上的指导。以联合国为首的国际组织，一直致力于组织力量在该方面进行经验总结和研究开发，20 余年间先后形成了不同的规范性文本，为环境经济核算在全球范围内的传播、实验提供助力。但这些文本在很大程度上具有探索和经验归纳性质，直到 2013 年，联合国携手欧盟委员会、联合国粮食及农业组织、国际货币基金组织、经济合作与发展组织、世界银行共同开发的《环境经济核算体系 2012：中心框架》（《SEEA-2012：中心框架》）才获得联合国统计委员会批准，作为进行环境经济核算的国际统计标准予以公布。毫无疑问，这是一个标志性事件。用原联合国秘书长潘基文的话说，作为国际统计标准，《SEEA-2012：中心框架》“提供了国际公认的环境经济核算的概念和定义，因此成为收集综合统计数据、开发一致且可比的统计指标、测度可持续发展进程的有力工具”。可以预见，*SEEA-2012* 必将对各国环境经济核算实践产生重要影响。

我们认为，从具体的统计和核算角度来看，生态文明统计核算体系应是基于我国统计体系中原有的资源环境统计和核算体系，并在此基础上结合国家生态文明建设的要求及国际上相应的统计核算体系规范和标准，也就是《SEEA-2012：中心框架》进行修订与完善的。

二、生态文明统计核算的国际经验与中国现状

（一）生态文明统计核算的国际经验

1. 国际统计标准的发布：《环境经济核算体系 2012》（*SEEA-2012*）

《SEEA-2012：中心框架》是一个多用途概念框架，用于考察经济与环境之间的相互作用，描述环境资产存量及其变化。SEEA 提供的信息与广泛的环境经济问题有关，尤其是对自然资源利用和供应趋势的评估，经济活动造成的对环境排放的影响程度，以及为达到环境保护目的实施的经济活动规模。《SEEA-2012：中心框架》将国民账户体系的核算概念、结构、规则和原则应用于环境信息，因此能够将环境信息（常以实物单位计量）和经济信息（常以货币单位计量）整合到单一框架之中。《SEEA-2012：中心框架》的优势在于它能够从实物和价值两个方面一致地展示信息（图 4-1）。

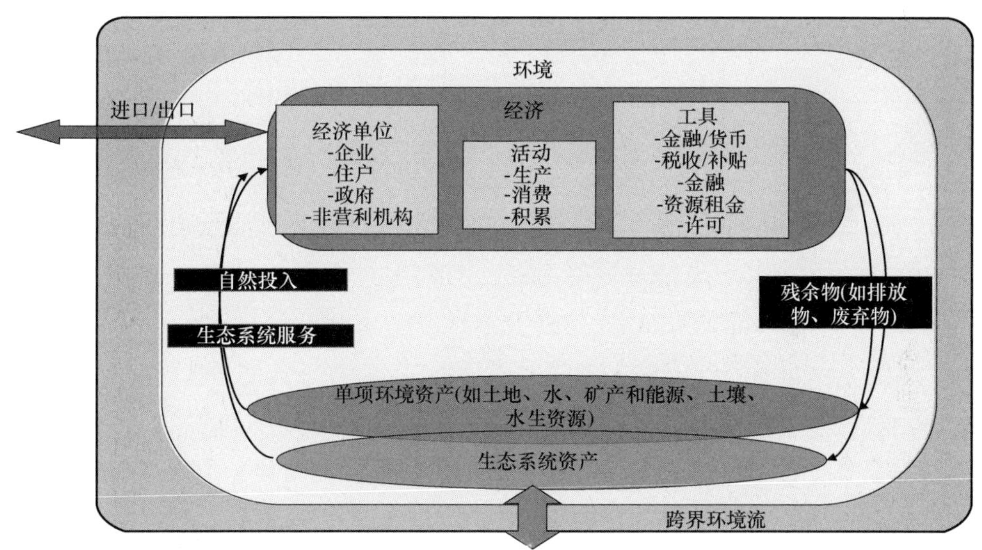

图 4-1　*SEEA-2012* 概念框架

作为一套核算体系，《SEEA-2012：中心框架》支持以一种综合的、概念一致的方式，通过表格和账户来组织信息。这种信息可用于创建一致的指标，为决策提供依据，并生成用于广泛目的的一系列账户和总量。《SEEA-2012：中心框架》的核心，是一套将环境和经济信息组织起来的系统方法，目的是尽可能完整地涵盖与环境经济问题分析有关的存量和流量。《SEEA-2012：中心框架》将有关水、矿产、能源、木材、鱼类、土壤、土地和生态系统、污染和废物、生产、消费和积累的信息放在一个单一核算体系中，为上述每个领域设计了具体而详细的测算方法，这些方法被整合到《SEEA-2012：中心框架》中，以便能够提供一个综合全面的视角。具体而言，环境经济核算包括编制实物型供给使用表、功能账户（如环境保护支出账户）和针对自然资源的资产账户。

《SEEA-2012：中心框架》涵盖以下三个主要领域的测算：①经济体内部、经济与环境之间的物质与能源实物流量；②环境资产存量及这些存量的变化；③与环境有关的经济活动和交易。《SEEA-2012：中心框架》将经济环境存量和流量信息编排并整合在一系列表格和账户中。具体包括：①实物型供给使用表和价值型供给使用表，显示自然投入、产品和残余物流量；②针对各项环境资产的实物型和价值型资产账户，显示核算期期初和期末的环境资产存量及在此期间内的存量变化；③一套经济账户序列，显示经耗减调整后的各经济总量；④功能账户，记录用于环境目的的各种交易和其他经济活动信息。此外，还可以将这些表格和账户与相关就业、人口和社会信息挂钩，扩展对这些数据的分析。下面对以上 4 类账户和表格作简要阐释（图 4-2）。

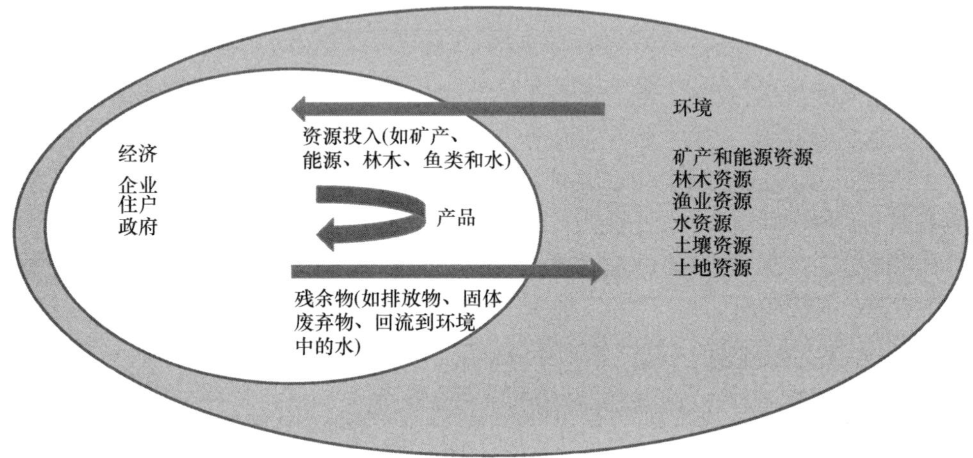

图 4-2 *SEEA-2012* 中的实物流

（1）供给使用表

实物型供给使用表是按照实物单位编制的供应使用表，用于评估一个经济体的能源、水和物资供应情况，研究一定时期生产和消费模式的变化。此表与价值型供给使用表的数据结合起来，可以研究自然投入利用的生产率和密集度，以及残余物的排放情况。

价值型供给使用表以货币为单位，充分表述了一个经济体内不同经济单元之间的产品流量。编表目的是描述一个经济体的结构及其经济活动的水平。许多以货币单位记录的产品流量与环境自然投入的使用有关，如木材产品的生产，或者会涉及环境方面的活动和支出，如环境保护支出。因此，突出货币单位的相关流量，根据具体主题的分析，需要建立更细化的明细账目，这是 SEEA 的一个重要组成部分。

（2）资产账户

资产账户的目的是记录环境资产期初和期末存量，以及存量在该核算期内发生的各类变化。进行环境资产核算的动机之一，就是评估当前的经济活动方式是否会导致现有环境资产发生耗减和退化。利用资产账户提供的信息，可以为环境资产管理提供帮助；对自然资源和土地进行估价，可以与生产和金融资产估价相结合，以提供关于国民财富的粗略估计。

（3）经济账户序列

价值型供给使用表和资产账户记录了大量令人感兴趣的信息，可用于经济与环境之间互动情况的评估。此外，还有一系列其他交易和流量信息也令人感兴趣，例如，为开采自然资源而支付的租金、环境税缴纳，以及政府单位为资助环境保护活动向其他经济单位提供的补贴和赠款。这些流量信息应计入经济账户序列，这些账户仅以货币为计量单位，因为其中包含的都是不直接以实物为基础的交易，如付息。SEEA 的经济账户序列在结构上与 SNA 账户序列大致相同。

（4）功能账户

价值型供给使用表可以用于组织和展示某些与环境密切相关的交易，但是，要在供给使用表内确认这些交易，通常需要增加一些明细项目，因为传统的产业和产品分类不一定能够凸显出这些环境活动或产品。应用功能账户的第一步，是界定基于环境目的的活动、货物和服务（即其主要目的是减少或者消除环境承受的压力，或者更加有效地利用自然资源）。第二步，重新编排价值型供给使用表和经济账户序列范围内的相关信息，使那些与环境活动及环境货物服务相关的交易能够得到明确认定。突出环境活动和产品，有利于提供信息以反映环境问题对经济的影响。有关的具体流量有环境货物服务产出、环境保护和资源管理支出，以及环境税收和补贴。

《SEEA-2012：中心框架》的一个优势在于，它将有关存量、流量和经济单位的一套定义和分类，一致地应用于不同类型的环境资产和不同的环境层面（如水资源和能源）。另一个优势在于，它使这些定义和分类在实物测算及价值测算中得到了一致的应用，并与国民经济账户（SNA）体系及经济统计中所使用的相关定义和分类保持一致。另外，《SEEA-2012：中心框架》可以分模块实施，重点考虑一国环境最重要的那些方面。与此同时，应该将针对一国环境经济结构建立一套全面的测算账户作为目标，以便将其作为通用核算框架，提供涉及全球性问题的信息。

2. 加拿大环境经济统计核算的实践

加拿大关于环境物质流量的研究工作可以追溯到 20 世纪 70 年代，但是对能源领域的正式关注是从 1991 年由“绿色计划”基金资助的“加拿大环境和资源账户体系”项目开始的。1993 年加拿大首次发布了能源和排放物账户，并于 1997 年出版了《加拿大环境和资源账户体系》（*Canadian System of Environmental and Resource Accounts*）。

目前，加拿大主要编制了自然资源的存量账户和实物流量账户。存量账户包括以实物量和价值量展示的矿产和能源储备、林木的价值型存量账户、水的实物型存量账户；实物流量账户包括能源使用的实物流量账户、温室气体排放的实物流量账户和水使用的实物流量账户。能源、温室气体、水的实物流量账户都是按照行业和住户分类、最终需求分类编制的。实物流量数据可以从加拿大统计局网站上查询。

加拿大用于编制水的实物流量账户的数据来源有以下三类：水的调查、行政数据（部门数据）、建模数据。

水的调查包含行业用水调查、针对自来水厂的调查、农业用水调查、住户和环境调查 4 类。

（1）行业用水调查

加拿大行业用水调查始于 1972 年，当时是加拿大统计局针对“环境加拿大”项目开展实施的，之后每 5 年进行一次，直到 1996 年因经费削减的原因停止。2004 年，“加拿大环境可持续指标”项目重新启动，旨在提供国家层面的水质量指标。2005 年之后，行业用水调查每两年进行一次，目前 2013 年数据已经发布。行业用水调查针对制造部门、采矿部门、热电行业设计不同的调查问卷。行业用水调查包含以下信息：水的汲取及汲取方式/目的、水的循环利用、水的排放和处理、水的获取或处理成本、与水相关的运行和维护支出。

（2）针对自来水厂的调查

该项调查是针对服务人群在 300 人以上的自来水厂的普查。普查资金由 2004 年“加拿大环境可持续指标”项目提供，从 2007 年开始每两年进行一次，目前 2013 年数据已经发布。该项调查包含以下内容：水的月度（或年度）生产量、水源类型及质量、服务人群和使用部门、处理类型、自来水厂的财务信息（包括资本支出、运营和维护成本等）。

（3）农业用水调查

该项调查旨在收集灌溉用水的信息，如灌溉方法、来源及水的质量。从 2007 年开始实施农业用水调查试点工作，2010 年之后每两年进行一次，2014 年数据已经发布。该项调查的内容包括：灌溉用水量、按照作物类型划分的灌溉面积、产量和灌溉体系、水源（地表水、地下水等）、灌溉方法和用水管理技术等。

（4）住户和环境调查

该项调查旨在测度加拿大住户部门的环境行为。首次住户和环境调查于 1991 年实施，之后分别于 1994 年、2006 年和 2007 年进行了该项调查，2007 年之后每两年进行一次，部分 2015 年的数据已经发布。该项调查包含水的消费、水的质量、水质影响等三个方面的内容。其中，水的消费包含水的供应来源、水的计量、饮用水的主要类型、草坪和花园用水频率、洒水器系统、用于草坪和花园的浇灌设备等。水的质量包括肥料和杀虫剂的使用、过期药品和废弃电池的报废等。水质影响包括瓶装水的使用、实验室关于水质的监测结果、海滩利用等。

除了以上 4 类针对水资源的调查，加拿大统计局关于水资源账户的数据搜集方面还有一些新的进展。例如，在行业用水调查和农业用水调查中探索利用行政数据；关于对自来水厂的调查，目前已经与魁北克各市政部门达成协议，可利用行政数据获得水资源信息，以减轻收集数据工作的负担；针对污水处理统计进行可行性研究，以决定利用现有数据如何实现及开展一项新的调查。

3. 澳大利亚环境经济统计核算的实践

澳大利亚从 20 世纪 90 年代初已经开始进行环境统计的探索，并且尝试在国家资产负债表中试验性地对土地、林木、矿产和能源等资源进行估价。澳大利亚统计局已经出版了《澳大利亚环境经济账户》（*Australian Environmental-Economic Accounts*）。该出版物包括了现有账户，现已出版两版（2014 年和 2015 年），包含时间序列数据及指标，以及针对某些特定问题的分析文章。

目前，澳大利亚已经开展了部分环境经济核算账户的编制工作，包括水的实物型和价值型供给使用表、能源的实物型和价值型供给使用表、渔业资源的实物型供给使用表、废弃物的实物型和价值型供给使用表（试验阶段）、矿产和能源资产账户、林木资源资产账户、土地资产账户（试验阶段），并对能源和温室气体排放进行了投入产出分析。除此之外，澳大利亚统计局是全球第一个公布基于 SEEA-EEA（试验性生态系统核算）框架的生态系统账户的统计机构。

在推行 SEEA 的过程中，澳大利亚统计局得到了其他环境统计部门、地方政府、高校和国际组织机构的协助。这些部门和机构包括环境部门、气象部门、农业部门、澳大利亚地球科学局、澳大利亚资源和能源经济局，以及维多利亚州和昆士兰州等州政府（表 4-1）。

表 4-1 澳大利亚实施环境经济核算的进展表

年份	环境经济核算进展
1991	温室气体排放（环境部）
1993	修订 SNA 1968（SNA 1993），SEEA 第一版［EC（欧洲共同体）、IMF（国际货币基金组织）、OECD（经济合作与发展组织）、UN（联合国）、WB（世界银行）］
1995	土壤资产被纳入国家资产负债表
1996	能源账户（澳大利亚统计局）
1998	矿产账户（澳大利亚统计局）
1999	2002～2003 年地方政府的环境支出（澳大利亚统计局）
2000	废弃物账户（包含实物型和价值型供给使用表，试验性）（澳大利亚统计局）
	1992～1993 年、1997～1998 年能源和温室气体排放账户（澳大利亚统计局）
2003	修订 SEEA（联合国）
2008	修订 SNA 1993（SNA 2008）（EC、IMF、OECD、UN、WB）
2011	大堡礁地区土地账户（试验性）（澳大利亚统计局）
	国家层面的水账户（气象局）
2012	SEEA 中心框架[EC、FAO（联合国粮食及农业组织）、IMF、OECD、UN、WB]
	2000～2011 年环境税（试验性）（澳大利亚统计局）
	环境核算实践（澳大利亚统计局）
2013	SEEA 试验性生态系统核算（联合国统计司）
	废弃物账户（试验性）（澳大利亚统计局）
	生态系统账户（维多利亚州的环境和第一产业）
2014	澳大利亚环境经济账户（澳大利亚统计局）
	澳大利亚环境支出账户（2014 年 8 月）（澳大利亚统计局）
2015	大堡礁地区试验性环境系统账户（澳大利亚统计局）
	2006～2011 年南澳大利亚州土地账户（试验性）（澳大利亚统计局）

澳大利亚关于自然资源的估价方法如下。

（1）矿产和能源资源估价

矿产和能源是澳大利亚重要的自然资源。澳大利亚采用净现值法（NPV）对矿产和能源价值进行估算。公式如下：

$$V=\sum_{t=1}^{n}\frac{\mathrm{RR}_t}{(1+r)^t}$$

式中，V 是矿产或能源价值；n 为矿产或能源开采年限；r 为折现率；RR 为资源租金。折现率反映矿产和能源开采公司资金投入的机会成本，澳大利亚统计局采用澳大利亚央行公布的大型公司贷款利率。资源租金（即环境资产的回报）通过残值法得到，公式如下：

$$\mathrm{RR}=(p-c)\,q$$

式中，p 为矿产或能源单价；q 为矿产或能源产量；c 为单位生产成本（包括生产资产的回报）。

澳大利亚估算矿产和能源价值的数据来源见表 4-2。

表 4-2　澳大利亚估算矿产和能源价值的数据来源

数据	来源
产量	澳大利亚地球科学局每年公布的产量数据
单价	澳大利亚金融评论 伦敦金属交易所 澳大利亚统计局资源和能源统计 美国地质勘探局
生产成本	私人咨询机构根据采矿业样本数据提供

（2）林木资源估价

除了矿产和能源，澳大利亚还拥有丰富的林木资源。澳大利亚编制了林木资源的实物型和价值型资产账户。实物型账户中的林木资源范围要比价值型账户中的林木资源范围广，因为只有具有经济价值的林木资源才能被纳入价值型账户中。

澳大利亚统计局采用净现值法（NPV）对林木资源进行估价。折现率选取大企业贷款利率。林木资源开采年限根据林木开采速度和生长速度确定。资源租金采用剩余法进行估算。公式如下：

资源租金=总产出−中间消耗−劳动者报酬−生产税净额−固定资产折旧−生产资产的回报

（二）中国部门资源环境统计体系

目前，我国相关政府主管部门在多年的管理实践中都建立了相应的以资源环境统计为主的统计体系，主要包括：国土资源部（现称自然资源部）的土地资源（尤其是其中的耕地资源）统计和矿产、能源资源统计，农业部（现称农业农村部）的耕地质量调查统计，水利部的水资源统计、国家林业局的森林和林业统计，环境保护部（现称生态环境部）针对资源质量和生态功能的相关监测统计等。这些部门的统计体系为完善我国的生态文明统计体系及进行环境及生态资源核算提供了必要的基础。

1. 国土资源部门统计体系

（1）土地资源统计

《中华人民共和国土地管理法》规定，国家建立土地调查制度，各级国土资源部门会同同级有关部门进行土地调查。建立土地统计调查制度，定期发布土地统计资料。国土资源部实施的土地调查分为三类：全国土地调查、土地变更调查、土地专项调查。国土资源部负责组织土地资源调查和土地统计，可以为环境经济核算体系中的环境资产——土地资产账户的编制提供数据支撑。

全国土地调查是国家根据国民经济和社会发展的需要，对全国城乡各类土地进行的全面调查。土地变更调查是在全国土地调查的基础上，根据城乡土地利用现状及权属变化情况，随时进行城镇和村庄地籍变更调查及土地利用变更调查，并定期进行汇总统计。土地专项调查是根据国土资源管理需要，在特定范围、特定时间内对特定对象进行的专门调查。全国土地调查内容包括土地利用现状（地类、位置、面积、分布）、土地权属（所有权、使用权）和土地条件等。通过这些调查，可以形成土地利用数据库、地籍数据库等，并从中获得我国土地分类面积数据、不同权属性质面积数据等，可为编制我国实物型土地资产账户提供数据基础。

目前，国土资源部依据土地的用途、经营特点、利用方式和覆盖特征等因素，对土地利用类型进行归纳、划分，制定了《土地利用现状分类》（GB/T 21010—2007）。这是以土地利用类型为主的综合分类。《土地利用现状分类》（GB/T 21010—2007）将土地分为一级类和二级类两类，其中一级类包含耕地、园地、林地、草地、商服用地、工矿仓储用地、住宅用地、公共管理与公共服务用地、特殊用地、交通运输用地、水域及水利设施用地、其他土地 12 类，在一级类基础上，土地又分为 57 个二级类。

（2）耕地质量等别评定

除了关于土地存量及其变动的调查，鉴于耕地对我国粮食安全的重要性，国土资源部门针对耕地开展了耕地质量等级评定。

1999 年，国土资源部在全国部署开展了第一轮耕地质量等别调查评定工作，历时十年，2009 年年底形成了基于第一次全国土地利用现状调查的耕地质量等别成果，第一次全面查清了中国耕地质量“家底”。2011 年年底，以第一轮成果为基础，国土资源部在全国部署开展了耕地质量等别成果更新完善工作，历时两年，2013 年年底形成了基于第二次全国土地调查的耕地质量等别成果。从 2014 年开始，国土资源部在全国部署开展了耕地质量等别年度更新评价工作，掌握年度内新增耕地、减少耕地、建设耕地的质量等别变化情况。国土资源部的耕地质量等级数据可为我国生态文明评价核算提供重要的数据支撑。

在开展耕地质量等别评定工作的同时，国土资源部也形成了若干关于耕地质量的评价标准。2003 年，国土资源部颁布《农用地分等规程》（TD/T 1004—2003）行业标准。2012 年，国土资源部在行业标准基础上，经修改、完善，形成《农用地质量分等规程》（GB/T 28407—2012）国家标准。

《农用地质量分等规程》（GB/T 28407—2012）国家标准中，耕地质量取决于耕地所处的气候、地形、土壤、土地利用和社会经济条件等，是耕地生产能力的体现，耕地质量等别依据耕地生产能力的差异进行评定。耕地生产能力是天（气候条件）、地（立地条件）、人（土地利用水平）、生（投入产出水平）等因素综合影响的结果。在具体进行耕地质量等别划分时，以县（市）为单位，以土地利用现状调查的耕地图斑为评价单元，依据全国统一制定的标准耕作制度，按气候条件计算光温潜力指数、按地块条件评定自然等、按土地利用水平评定利用等、按投入产出水平评定经济等，进行逐层修订，将全国耕地评定为15个等别（1等质量最好，15等最差）。

（3）矿产和能源资源统计

国土资源部门关于矿产和能源统计的主要内容包括：地质勘查、矿产资源储量状况、矿产资源开发利用等。其中的矿产和能源储量及产量、能源开采企业的财务和投资等数据，可为编制矿产和能源资产账户提供数据基础。

矿产资源勘查的统计范围是全国具有地勘资质的地质勘查单位，享受中央或省级财政预算拨付地质勘查事业费的地质勘查单位或其他单位，以及开展工作的地质勘查项目。地质勘查单位基本情况、地质勘查投入、地质勘查工作完成情况、新发现矿产地、新查明矿产资源资料来源于地质勘查财务决算、劳动人事管理及地质勘查业务资料。

矿产资源储量的统计范围是在我国境内勘查获得的查明资源储量，经过储量评审，并登记统计的矿产。矿产资源储量资料来源于地质勘查单位提交的地质储量报告和矿山企业矿产资源基础业务资料。

矿产资源开发利用的统计范围是全国办理了采矿许可证的矿山企业。矿产资源开发利用资料来源于矿山企业基础业务资料。

2. 农业部门统计体系

《中华人民共和国农业法》《中华人民共和国土地管理法》《中华人民共和国基本农田保护条例》明确要求农业部门开展耕地质量调查监测与评价工作。20世纪中后期以来，农业部先后组织开展了两次全国性的土壤普查，较为系统地掌握了我国土壤资源的特点，积累了大量数据资料成果。农业部自1985年开始规划建立国家、省、地、县四级耕地质量监测网络体系。2002年，农业部在全国范围内启动了耕地地力调查和质量评价工作。以《耕地地力调查与质量评价技术规程》（NY/T 1634—2008）和《全国耕地类型区、耕地地力等级划分》（NY/T 309—1996）为依据，以耕地土壤图、土地利用现状图、行政区划图叠加形成的图斑为评价单元，从立地条件、耕层理化性状、土壤管理、障碍因素和土壤剖面性状等方面综合评价耕地地力水平。历经十年的时间，农业部于2012年年底完成了全国耕地地力调查与质量评价工作。2013～2014年，农业部组织力量对全国耕地地力调查与质量评价结果进行汇总分析，将各县（区、市、旗、团、场）耕地地力水平归入全国统一的耕地质量等级体系，划分出一至十等级耕地数量及分布。2014年年底，农业部发布《全国耕地质量等级情况公报》。

在《全国耕地类型区、耕地地力等级划分》（NY/T 309—1996）标准中，耕地类型区指具有农业土壤类型、气候条件、土地利用特征共性的特定区域和范围；基础地力定义为由耕地土壤的地形、地貌、成土母质特征、农田基础设施及培肥水平、土壤理化性状等综合构成的耕地生产能力。该标准将全国划分为7个耕地类型区；根据耕地基础地力不同所构成的生产能力，将全国耕地分为10个地力等级，并分别建立了各类型区耕地部分的等级范围及基础地力要素指标体系。

《耕地地力调查与质量评价技术规程》（NY/T 1634—2008）规定了耕地地力和耕地环境质量调查与评价的方法、程序及内容。在该标准中，耕地质量指耕地满足作物生长和清洁生产的程度，包括耕地地力和耕地环境质量两个方面。耕地地力指在当前管理水平下，由土壤本身特性、自然条件和基础设施水平等要素综合构成的耕地生产能力。耕地环境质量指土壤重金属污染、农药残留和灌溉水质量等方面。

耕地地力评价技术方法：根据耕地地力评价因子总集，选取耕地地力评价因子；根据各评价因子的空间分布图或属性数据库，将各评价因子数据赋值给评价单元；采用德尔菲法与层次分析法相结合的方法确定各评价因子权重；采用德尔菲法和隶属函数法相结合的方法分别确定定性数据和定量数据的相应隶属度；对各评价因子的隶属度进行加权计算，得到每个评价单元的耕地地力综合指数；将耕地地力综合指数按从大到小的顺序等距分为5～10等份，耕地地力综合指数越大，耕地地力水平越高；依据《全国耕地类型区、耕地地力等级划分》（NY/T 309—1996），归纳整理各级耕地地力要素的主要指标，形成与粮食生产能力相对应的地力等级，并将各级耕地地力归入全国耕地地力等级体系。

耕地环境质量评价技术方法：将各耕地环境质量评价采样点作为评价单元，对各采样点耕地环境质量单独进行评价，计算土（水）的单项污染指数。对于在耕地环境质量土壤采样点附近同时采集灌溉水样的，还应将土壤采样点和相应的水样采样点作为一个评价单元，再计算其土（水）综合污染指数，对该评价单元的耕地环境质量进行综合评价。

在耕地地力调查和质量评价工作基础上，农业部也在积极推进耕地质量等级评价国家标准的制定和耕地质量调查监测与评价工作的开展。2016年1月，农业部农产品质量安全监管局在北京组织召开《耕地质量等级》国家标准审定会。2016年6月，农业部发布《耕地质量调查监测与评价办法》，这是农业部在耕地质量建设与管理方面制定的首个部门规章，自2016年8月1日开始实施。

通过《耕地质量调查监测与评价办法》的制定，对耕地质量管理工作进行顶层设计，将推动耕地质量调查监测与评价工作规范化、制度化。《耕地质量调查监测与评价办法》提出了耕地质量调查、监测、评价与信息发布等制度。一是耕地质量调查制度，包括耕地质量普查、专项调查与应急调查三类调查；二是耕地质量监测制度，以农业部耕地质量监测机构和地方耕地质量监测机构为主体，以相关科研教学单位的耕地质量监测站（点）为补充，构建覆盖面广、代表性强、功能完备的国家耕地质量监测网络，对耕地土壤理化性状、养分状况等质量变化情况开展动态监测；三是耕地质量评价制度，包括耕地质量等级评价、耕地质量监测评价、特定区域耕地质量评价、耕地质量特定指标评价、新增耕地质量评价和耕地质量应急调查评价6类；四是耕地质量信息发布制度，农业部和省级人民政府农业主管部门每5年发布一次全国耕地质量等级信息和省级行政区域耕地质量等级信息，定期发布年度耕地质量监测报告。

3. 林业部门统计体系

林木资源在很多国家都是重要的环境资产。我国拥有大片的天然森林和种植林区，林木为建筑和造纸、家具及其他产品的生产提供原料，它们既是燃料来源，也是重要的碳汇载体。评估林木资源价值对于我国经济发展和生态保护具有重要意义。

我国林业部门负责林业及其生态建设的监督管理。其职责包括组织开展森林资源、陆生野生动植物资源、湿地和荒漠的调查、动态监测和评估，并统一发布相关信息。林业部门掌握的相关数据可为编制林木资源资产账户提供数据支撑。

我国林木资源的调查方法主要包括以下 4 类：国家森林资源连续清查、森林资源规划设计调查、作业设计调查、其他专项调查。

国家森林资源连续清查简称“一类清查”，是以掌握宏观森林资源现状与动态为目的，以省（自治区、直辖市，以下简称省）为单位，以固定样地为主进行定期复查的森林资源调查方法。一类清查每 5 年为一个周期，按统一的要求查清各省和全国森林资源现状，掌握其消长变化规律。清查成果是反映和评价全国及各省林业生态建设成效的重要依据。我国的一类清查始于 20 世纪 70 年代。截至目前，已经完成了 8 次全国森林资源清查工作，覆盖了全部国土范围。从 2014 年开始已启动第 9 次清查。

一类清查的主要内容包括：反映森林资源基本状况的地理空间因子，如地理坐标、地形地貌、海拔等；土地和林木权属，土地利用类型与面积，立地条件，植被覆盖度等；森林类型、林种、树种、起源、林龄、胸径、树高、郁闭度、蓄积量等林分因子；森林生长量、采伐量、枯损量等动态变化因子。一类清查成果丰富、数据可靠，已得到了社会各界的公认，是反映全国和各省森林资源状况最权威的数据。但是，一类清查只能定期（每 5 年）提供全国及各省林木资源（林地面积，森林面积，天然林、人工林及其公益林、商品林蓄积量，天然林、人工林单位面积蓄积量，疏林、散生木和四旁树蓄积量）的现状及变化数据，在按“存量增加”和“存量减少”两个方面进行具体分析时，分类越细精度会越低，而且对于毁林、灾害和自然损失等原因的分类结果，精度和准确度都难以保证，仅能作为参考。另外，要准确掌握林木资源的年度变动是困难的。

森林资源规划设计调查（也称为森林经理调查）简称“二类调查”，是以查清森林、林木和林地资源的数量、质量和分布为目的，以国有林业局（场）、自然保护区、森林公园等森林经营单位或县级行政区域为单位，以小班区划调查为主开展的定期森林资源调查。二类调查每 10 年为一个周期，按统一的要求查清调查区域范围内的森林资源现状，客观反映调查区域森林经营管理状况。调查成果为编制森林经营方案、开展林业区划规划、指导森林经营管理等提供依据。很多省还以定期调查数据为基础，结合日常林业生产经营活动，开展数据更新，产出年度森林资源数据。我国的二类调查始于中华人民共和国成立初期。但由于各地自然和经济社会条件差异很大，全国二类调查发展极不平衡。东北、内蒙古重点国有林区的二类调查已经形成制度化、规范化，而广大集体林区的二类调查相差悬殊，好的省已经开展了 4 次或 5 次，差点的省开展了 2 次或 3 次，少数森林资源贫乏的县级单位从未开展过二类调查。

二类调查的主要内容包括：森林经营单位的境界线、各类林地面积、各类森林、林木蓄积量、与森林资源有关的自然地理环境和生态环境因素、森林经营条件、主要经营措施与经营成效，以及通过专项调查获取的森林生长量和消耗量、森林土壤、森林更新、病虫害等。二类调查成果具有数据翔实可靠、成果内容丰富、表达形式多样的特点，能够为地方建立森林资源档案、制定森林采伐限额、实行森林资源资产化管理、指导经营单位科学经营提供依据。但是，二类调查只能定期（每 10 年）提供森林经营单位或县级行政区域的林木资源现状数据（林地面积、森林面积，天然林、人工林及其公益林、商品林蓄积量，天然林、人工林单位面积蓄积量，疏林、散生木和四旁树蓄积量），一般难以提供林木生长量、采伐量和枯损量数据，因此，按“存量增加”和“存量减少”两个方面进行具体分析会有难度。另外，对于没有开展森林资源年度数据更新的省，林木资源的年度变动数据也很难获取。

作业设计调查简称“三类调查”，是指森林经营单位为满足伐区设计、造林设计、抚育采伐设计等而开展的调查。三类调查的主要特点是针对性强，调查精度要求更高。但是，三类调查不能提供整个调查单位的林木资源数据，只能为开展森林资源年度数据更新提供信息来源。

除以上调查之外的与森林或林木资源相关的调查，都可以归入其他专项调查中，如林地变更调查、森林火灾调查、森林病虫害调查等。从更广的意义上讲，其他专项调查还包括湿地资源调查、荒漠化/沙化土地调查、野生动植物资源调查等。

4. 水利部门统计体系

水利部门负责生活、生产经营和生态环境用水的统筹兼顾和保障。具体职能包括：实施水资源的统一监督管理，组织开展水资源调查评价工作，按规定开展水资源调查工作，负责重要流域、区域及重大调水工程的水资源调度；指导水文工作。负责水文水资源监测、国家水文网站建设和管理，对江河湖库和地下水的水量、水质实施监测，发布水文水资源信息、情报预报和国家水资源公报。我国水利部门从 2009 年开始进行水资源核算，2011 年的全国水利普查为用水量的估算提供了非常好的数据基础。水利部门调查统计得到的水资源数据是我国编制水资源实物型流量账户和资产账户的基础。

水利部门统计体系由水文分析和用水调查两部分组成。水文分析包括如下几个。①水资源量：地表水（降水量、径流量、蒸发量）、地下水（补给量、开采量、水位或埋深等）。②水库（湖泊）水量：通过水位库容曲线计算水库蓄水量（存量）、来水、泄水、供水、发电量、损失量等的监测与计算。③河流水量：利用河道地形信息计算、利用水文学方法计算（槽蓄曲线）、利用水力学方法计算、打包估算。用水调查包括如下几个。①农业灌溉用水统计：用水定额估计、灌溉用水统计、水平衡分析。②工业用水调查：分行业统计及用水定额估算。③生活用水统计：生活用水调查及定额估计。④典型调查：生活用水调查及定额估计、工业企业用水调查、农业灌溉用水调查。

5. 环保部门统计体系

环境保护部“十二五”环境统计调查范围包括工业污染源、农业污染源、城镇生活污染源、机动车污染源、集中式污染治理设施和环境管理 6 个方面的内容，主要反映我国环境污染排放、治理及环境管理情况。主要内容包括废水及污染物的排放与治理情况，废气及污染物的排放与治理情况，一般工业固体废物和危险废物（医疗废物）的产生、综合利用及处理处置情况，集中式污染治理设施、环境污染治理投资及环境管理等情况。

工业污染源调查范围包括《国民经济行业分类》（GB/T 4754—2011）中的采矿业，制造业，电力、燃气及水的生产和供应业，3 个门类 39 个行业的企业；农业污染源调查范围包括种植业、水产养殖业和畜禽养殖业；城镇生活污染源调查范围是指城镇范围内的生活污染源；机动车污染源调查范围为辖区内的载客汽车、载货汽车、低速载货汽车和摩托车；集中式污染治理设施的调查范围包括污水处理厂、生活垃圾处理厂（场）、危险废物处置厂和医疗废物处置厂；环境管理的调查范围是指环保系统内相关业务部门管理工作和环保系统自身建设等方面的情况。

环境管理包括环境监测（包括空气质量、酸雨、沙尘天气、地表水水质、饮用水水源地、近岸海域等监测对象）、环境污染控制与管理、污染源自动监控、排污费征收、自然生态保护与建设、突发环境事件等方面的内容。

（1）水资源质量监测

我国环保部门水资源的质量监测依靠国家水环境监测网、省级水环境监测网、地市级水环境监测网、县级水环境监测网 4 级全国水环境监测网。

国家水环境监测网包含：地表水常规监测网、地表水自动监测网、集中式饮用水水源地监测网、国界河流监测网、其他专项监测网 5 类。

地表水常规监测网设有 972 个断面/点位，包括 415 条河流的 766 个断面和 62 个湖泊的 206 个点位，地表水监测网断面设置具有代表性和连续性。断面（点位）要具有区域空间代表性，能代表所在水系或区域的水环境质量状况，全面、真实、客观地反映所在水系或区域的水环境质量及污染物的时空分布状况及特征，保证我国环境监测数据的历史延续性。地表水常规监测方法是手工采样、实验室分析；监测频次是每月一次，监测《地表水环境质量标准》（GB 3838—2002）中的 21 项基本项目（除水温、总氮、粪大肠菌群以外）。

为了预警重要水体水质状况，国家在大江大河的省界断面和重要国界河流已建设了 149 个地表水水质自动监测站。从 2009 年 7 月 1 日开始，国家地表水水质自动监测站数据已经实时向社会公开，在网上发布。地表水自动监测网设有 149 个站点，监测方法为自动监测，监测频次为 4h 一次，遇特殊情况可加密监测。监测项目为 5 个参数（水温、pH、溶解氧、电导率和浊度）、高锰酸盐指数、总有机碳、氨氮等。

集中式饮用水水源地监测网覆盖了 31 个省、338 个地级城市、2856 个县级城镇（表 4-3）。

表 4-3　集中式饮用水水源地监测

水源地监测	地表水		地下水	
	常规监测	全分析	常规监测	全分析
监测方法	手工采样、实验室分析			
监测频次	每月（地级及以上城市）；每季度（县级城镇）	每年（地级及以上城市）；每两年（县级城镇）	每月（地级及以上城市）；每半年（县级城镇）	每年（地级及以上城市）；每两年（县级城镇）
监测项目	常规监测指标为《地表水环境质量标准》（GB 3838—2002）表 1 的基本项目（23 项，化学需氧量、河流总氮除外）、表 2 的补充项目（5 项）和表 3 的优选特定项目（33 项），共 61 项，并统计取水量		《地下水质量标准》（GB/T 14848—2017）中的 23 项，并统计取水量	《地下水质量标准》（GB/T 14848—2017）中的 39 项

《地表水环境质量标准》（GB 3838—2002）、《地表水环境质量评价方法（试行）》、《地下水质量标准》（GB/T 14848—2017）分别针对河流、湖泊、水库、地下水等水资源

的质量评价制定了详细的评价标准，为我国水资源的质量评价提供了依据。

（2）污染物统计

为了解全国环境污染排放及治理情况，环境保护部实施环境统计报表制度，对污染物的排放、处理和利用进行统计监测。年报制度的实施范围为有污染物排放的工业源、农业源、城镇生活源、机动车，以及实施污染物集中处置的污水处理厂、生活垃圾处理厂（场）、危险废物（医疗废物）集中处理（置）厂等。

工业企业污染排放及处理利用情况的年报范围为有污染物产生或排放的工业企业。农业源污染排放及处理利用情况的年报范围为种植业、水产养殖业、畜禽养殖业的废水污染物排放。城镇生活污染情况的年报范围为城镇的生活污水排放，以及除工业生产、建筑、交通运输以外的生活及其他活动所排放的废气中的污染物。机动车的年报范围为载客汽车、载货汽车、三轮汽车及低速载货汽车、摩托车等机动车的废气污染物排放。生产及生活中产生的污染物实施集中处理或处置情况的年报范围为污水处理厂、生活垃圾处理厂（场）、危险废物（医疗废物）集中处理（置）厂。

统计报表内容包括工业企业污染物排放及处理利用情况、规模化畜禽养殖场污染物排放及处理利用情况、城镇生活污染排放及处理情况、机动车污染源的基本情况、城镇污水处理情况、垃圾处理情况、危险废物（医疗废物）集中处置情况、环境管理情况等。

（三）森林资源核算项目

从 2004 年起，国家统计局和国家林业局首次联合开展了“中国森林资源核算及纳入绿色 GDP 研究”项目，提出了森林资源核算的理论和方法，构建了我国基于森林的绿色国民经济核算框架，并在此基础上测算了有关数据。2013 年，国家统计局和国家林业局再度联手启动了第二轮“中国森林资源核算及绿色经济评价体系研究”。

“中国森林资源核算及绿色经济评价体系研究”成立了由相关学科两院院士和资深专家组成的专家指导委员会，组建了跨学科、跨部门的高水平研究团队。研究内容包括“林地林木资源核算”“森林生态服务价值核算”“森林文化价值评估”和“林业绿色经济评价指标体系”4 个部分。前两部分已经发布，形成研究成果《生态文明制度构建中的中国森林资源核算研究》。

该研究在继承发展原有研究成果的基础上，重点参考国际最新成果对核算方法进一步改进。一方面，在林地林木资源核算中，借鉴国际标准 *SEEA-2012* 中林地、林木资源核算账户及估价方法，结合中国森林资源清查实际，确定了我国林地林木资源核算理论框架，并在价值量估价方法上主要利用了国内森林资源资产评估的成熟方法，既符合 *SEEA-2012* 提出的估价原则，又符合中国实际情况；另一方面，在森林生态服务价值核算中，沿用了前期的核算研究方法，主要采用《森林生态系统服务功能评估规范》（LY/T 1721—2008），确定了 7 类 13 项生态服务为主要核算对象，采用森林生态服务物质量指标连续观测与定期清查数据，并与国家森林资源连续清查结果结合，评估全国森林生态服务及动态变化，同时，按照等效替代原则对生态服务价值进行核算。

森林资源核算研究为完善国民经济核算体系进行了有益的探索，为完善我国国民经济核算体系和编制自然资源资产负债表提供了重要参考。2016 年 7 月，由国家统计局和国家林业局共同开展的新一轮“中国森林资源核算及绿色经济评价体系研究”项目启动。

（四）绿色国民经济核算研究项目

为了树立和落实全面、协调、可持续的发展观，建设资源节约型和环境友好型社会，加快实现环境保护的“三个转变”，2004 年 3 月，国家环境保护总局和国家统计局联合启动了“中国绿色国民经济核算研究”项目，并于 2005 年开展了全国 10 个省市的绿色国民经济核算和污染损失评估调查试点工作，两个部门成立了工作领导小组和项目顾问组，由国家环境保护总局环境规划院和中国人民大学等单位的专家组成了项目技术组，负责建立核算框架体系，提出核算技术指南，开展经环境污染调整的 GDP 核算，并指导地方开展试点调查和核算工作。

经过近两年的努力，项目技术组完成了《中国绿色国民经济核算体系框架》《中国环境经济核算技术指南》《中国绿色国民经济核算软件系统》《中国绿色国民经济核算研究报告》等，建立了环境经济核算的技术方法体系，并应用于全国与地方试点核算。该研究项目最终形成《中国绿色国民经济核算研究报告 2004》。

《中国绿色国民经济核算研究报告 2004》内容由三部分组成：①环境实物量核算，运用实物单位建立不同层次的实物量账户，就 2004 年全国各地区和各产业部门的水污染、大气污染和固体废物污染的产生量、去除量（处理量）、排放量等实物量进行了核算；②环境价值量核算，在实物量核算的基础上，同时采用治理成本法和污染损失法的价值量核算方法，核算了虚拟治理成本和环境退化成本；③经环境污染调整的 GDP 核算，把经济活动的环境成本，包括环境退化成本和生态破坏成本从 GDP 中予以扣除，并进行调整，从而得出一组以“经环境调整的国内产出”为中心的综合性指标。

绿色国民经济核算是一项涵盖资源核算和环境核算的系统工程，《中国绿色国民经济核算研究报告 2004》并不是完整意义上的绿色 GDP 核算，仅仅涉及了其中环境核算的部分内容，没有包含资源核算，即使是环境核算也是不完全的，主要表现在：①环境保护投入产出核算、生态破坏损失的实物量核算和价值量核算没有被纳入；②环境污染损失的核算范围很广，由于缺乏相应的反应关系研究和数据的支持，还有多项污染损失没有核算在内，包括水污染引起的传染和消化道疾病的患病人数及其门诊和住院医疗、误工损失；水污染造成的新建替代水源成本；室内空气污染造成的损失；臭氧对人体健康的影响损失；大气污染造成的林业损失；大气污染造成的清洁和劳务费用增加；噪声、辐射和光热污染等造成的经济损失；地下水污染损失；土壤污染损失等。

（五）水资源核算项目

从 2005 年起，联合国统计司与我国水利部、国家统计局合作开展“中国水资源统计核算”项目。2007 年 7 月，上海市和北京市被确定为全国开展水资源核算的试点核算行政区，这两个城市所在的太湖流域和海河流域被确定为试点核算领域。

根据试点工作的要求，上海市水务局和上海市统计局开展“上海市水资源统计和核算体系研究”项目。经过三年多的工作，项目借鉴联合国相关国家和我国国家层面水资源环境经济核算的经验，开展了2005年和2007年上海市水资源统计核算，完成了研究报告《上海市水资源统计和核算体系研究》。

《上海市水资源统计和核算体系研究》在借鉴国内外水资源环境经济统计和核算的最新理论及技术进展的基础上，创造性地构建了以水务管理为基础的水资源的数据采集和统计体系，建立了包括水资源实物量账户、排放账户、混合和经济账户、资产账户、质量账户在内的上海市水资源核算体系；探索完成了作为账户核算技术辅助和水资源管理需求的涉水对象分类名称及代码、信息采集和应用体系、混合账户技术规程、水资源评估体系、水资源白皮书和信息支持系统；开展了2005年和2007年水资源统计核算。该研究以统计为基础、以核算为手段、以应用为目的，建立起一整套符合上海实际、拥有规范要求、具有推广价值的统计核算体系，不仅为上海市水务管理部门推进水资源统计核算工作、建立现代化水务统计体系和实施国家最严格水资源管理制度提供了基础信息支撑和统计示范，也为全国其他地区和相关部门开展水资源核算工作，进而促进并服务于绿色国民经济核算体系提供了借鉴和参考。

该研究在以下6个方面取得了突破性和创新性进展：①在国内率先建立了地区水资源统计和核算体系，成为全国和太湖流域水资源统计和核算的示范；②在国内首次制定和实施了涉水对象分类名称及代码，统一了上海市各行业的水量数据统计分类标准，提高了水资源统计数据的科学性、准确性和适用性；③研究和建立了上海市水资源统计核算的基础调查、综合统计、核算分析三级报表系统，并通过信息化平台的搭建，实现了统计和核算的规范化、信息化和制度化；④结合上海市特点开展了混合和经济账户技术规范研究，并以此为基础在国内首次完整编制了水资源混合经济账户，拓展了我国水资源经济核算的深度和广度，为其他地区提供了范例；⑤以统计和核算成果为基础，研究建立了上海市水资源评估体系，为实行最严格的水资源管理制度提供了技术支撑；⑥从水资源社会循环的全过程，应用水资源物质流和价值流的分析方法，整合水资源统计和核算成果，揭示和反映了上海市水资源社会循环中的“取—供—用—耗—排”特征和价值驱动特征。

（六）自然资源资产负债表编制试点工作

2015年11月，为贯彻落实党中央、国务院决策部署，由国家统计局牵头负责，联合国土资源、环保、水利、农业、林业等自然资源主管部门启动“编制自然资源资产负债表试点”工作。这是目前政府部门准备正式开展的资源核算工作。下面我们专门介绍其相关情况。

根据自然资源的代表性和有关工作基础，确定在内蒙古自治区呼伦贝尔市、浙江省湖州市、湖南省娄底市、贵州省赤水市、陕西省延安市、北京怀柔区、天津蓟县（现为蓟州区）和河北省全省开展编制自然资源资产负债表试点工作。试点工作旨在通过探索编制自然资源资产负债表，推动建立健全科学规范的自然资源统计调查制度，努力摸清自然资源资产的家底及其变动情况，为推进生态文明建设、有效保护和永续利用自然资源提供信息基础、监测预警和决策支持。

根据自然资源保护和管控的现实需要，先行核算具有重要生态功能的自然资源。我国自然资源资产负债表的核算内容主要包括土地资源、林木资源和水资源。土地资源资产负债表主要包括耕地、林地、草地等土地利用情况，耕地和草地质量等级分布及其变化情况。林木资源资产负债表包括天然林、人工林、其他林木的蓄积量和单位面积蓄积量。水资源资产负债表包括地表水、地下水资源情况，水资源质量等级分布及其变化情况。试点地区可结合当地实际，探索编制矿产资源资产负债表。

自然资源资产负债表反映自然资源在核算期初、期末的存量水平，以及核算期间的变化量。核算期为每个公历年度 1 月 1 日至 12 月 31 日。在自然资源核算理论框架下，以自然资源管理部门统计调查数据为基础，编制反映主要自然资源实物存量及变动情况的资产负债表。

自然资源资产负债表的基本平衡关系是：期初存量+本期增加量−本期减少量＝期末存量。期初存量和期末存量来自自然资源统计调查和行政记录数据，本期期初存量为上期期末存量。核算期间自然资源增减变化的主要影响因素有两类：一是人为因素，如林木的培育和采伐引起的林木资源资产变化；二是自然因素，如降水和蒸发等引起的水资源资产变化。由于自然属性差别较大，与经济体关系不尽相同，各种自然资源都有其特有的增加、减少方式及原因。按照自然资源变动因素，依据行政记录和统计调查监测资料，建立自然资源增减变化统计台账，及时填报相关指标。

自然资源资产负债表核算内容包括土地资源资产账户、林木资源资产账户和水资源资产账户。

1. 土地资源资产账户

根据《土地利用现状分类标准》（GB/T 21010—2007）和第二次全国土地调查的实际情况，土地资源分为耕地、园地、林地、草地、城镇村及工矿用地、交通运输用地、水域及水利设施用地、其他土地 8 类。鉴于湿地的重要生态功能及其与耕地、园地、林地、草地、水域用地等有交叉，将其作为土地资源总量的“其中”数列示。设计土地资源存量及变动表、耕地质量等级及变动表和草地质量等级及变动表。

土地资源存量及变动表反映土地资源在年初、年末的存量水平和年内的变化量。主栏包括年初存量、年末存量及年内变化量。存量变动因素分为人为因素和自然因素。人为因素主要包括土地综合整治、农业结构调整、建设占用、生态退耕等。自然因素主要包括土地荒漠化、林地的自然延伸、降雨量自然变化导致的水域面积变化等。宾栏将土地资源分为耕地、园地、林地、草地、水域及水利设施用地等。

耕地质量等级及变动表反映各质量等别耕地资源在年初、年末的存量水平及年内变化量。表的主栏根据《农用地质量分等规程》（GB/T 28407—2012）将耕地质量等级划分为 15 等；有条件的地方再根据《耕地地力调查与质量评价技术规程》（NY/T 1634—2008）将耕地质量等级划分为 10 等。表的宾栏包括 4 个指标：年初存量、本年增加、本年减少和年末存量。

草地质量等级及变动表反映各质量等级草地资源在年初、年末的存量水平及年内变化。表的主栏根据《天然草原等级评定技术规范》（NY/T 1579—2007）将草地质量等级划分为 8 级。表的宾栏包括 4 个指标：年初存量、本年增加、本年减少和年末存量。

（1）土地资源存量及变动表

年末存量=年初存量+存量增加–存量减少

合计=耕地+园地+林地+草地+城镇村及工矿用地+交通运输用地+水域及水利设施用地+其他土地

（2）耕地资源质量等级及变动表

年末存量=年初存量+本年增加–本年减少

平均质等=Σ 各等级耕地面积×各等级耕地面积权重

（3）草地资源质量等级及变动表

年末存量=年初存量+本年增加–本年减少

合计=1 级+2 级+…+8 级

资料来源：国土资源、农业和林业部门有关统计调查和行政记录资料。

2. 林木资源资产账户

根据《森林资源规划设计调查技术规程》（GB/T 26424—2010）和林业管理实际，林木资源分为天然林、人工林和其他林木。天然林、人工林根据森林分类经营管理的需要，划分为公益林和商品林。设计的林木资源资产账户分为林木资源存量及变动表和森林资源质量及变动表。

林木资源存量及变动表主栏包括年初存量、年末存量及年内变化量。存量变化因素分为人为因素和自然因素。人为因素主要包括造林、采伐等活动造成的林木蓄积量的变化；自然因素主要包括自然生长、退化和病虫害等造成的林木蓄积量变化。宾栏划分为天然林、人工林和其他林木。

森林资源质量及变动表反映天然林、人工林的质量及年内变动，主栏为单位面积蓄积量年初、年末水平及年内变动量，宾栏划分为天然林和人工林。

（1）林木资源存量及变动表

林木=天然林+人工林+其他林木

天然林/人工林=公益林+商品林

年末存量=年初存量+存量增加–存量减少

（2）森林资源质量及变动表

年末水平=年初水平+年内变动

资料来源：林业部门有关统计调查和行政记录资料。

3. 水资源资产账户

水资源资产账户核算范围包括试点地区辖区内的所有水体，由内陆水体中的淡水和微咸水组成，不包括海洋和大气中的水。水资源存量是指在特定时点上（核算期初和期末）拥有的水资源量，包括地表水（包括水库、湖泊、河流等）、地下水资源量。根据《地表水环境质量标准》（GB 3838—2002），依据水域环境功能和保护目标，地表水质量分为 5 类（Ⅰ～Ⅴ类）。根据《地下水质量标准》（GB/T 14848—93）（该方案依据的是已废止标准，现有标准为 GB/T 14848—2017），我国地下水质量也划分为 5 类。设计的水资源资产账户包括水资源存量及变动表和水环境质量及变动表。

水资源存量及变动表反映水资源在年初、年末的存量及年内的变化量。主栏包括年初和年末存量、存量变动的各种因素。宾栏按水库、湖泊、河流、地下水分列。

水资源质量及变动表主栏包括年初存量、年末存量及年内的变化量。宾栏按水质不同划分为Ⅰ类、Ⅱ类、Ⅲ类、Ⅳ类、Ⅴ类、劣Ⅴ类6类。

（1）水资源存量及变动表

年末存量=年初存量+存量增加−存量减少

存量增加=降水形成的水资源+流入+经济社会用水回归量

流入=从区域外流入+从区域外调入

经济社会用水回归量≥灌溉水回归量+废污水处理后入河排放量

存量减少=取水+流出+河湖生态天然耗水量

流出=流向区域外+流向海洋+调出区域外

（2）水资源质量及变动表

年末存量=年初存量+年内变化

合计=Ⅰ类+Ⅱ类+Ⅲ类+Ⅳ类+Ⅴ类+劣Ⅴ类

资料来源：国土资源、环保、水利部门有关统计调查和行政记录资料。

三、中国生态文明统计核算存在的问题与建议

（一）中国生态文明统计核算存在的问题

1. 缺乏完整的环境经济核算制度

SEEA-2012 作为一项国际标准发布之后，部分国家已经在此基础上展开了探索构建国家环境经济核算框架的工作。环境经济核算实践走在国际前列的加拿大统计局和澳大利亚统计局分别于1997年和2014年发布了《加拿大环境和资源账户体系》(*Canadian System of Environmental and Resource Accounts*）和《澳大利亚环境经济账户》（*Australian Environmental-Economic Accounts*）。我国的生态文明统计核算体系也应该建立在环境经济核算体系的基本框架之下，当然在此基础上还要结合我国的实际情况。但是，到目前为止，我国并未制定一套较为完善和统一的环境经济核算制度。由于缺乏完善的环境经济核算制度，尚未对环境经济进行较为全面、系统性的核算工作。一些部门从不同方面对不同的主题进行过尝试。例如，2015 年国家统计局启动了“编制自然资源资产负债表”的试点工作；国家林业局和国家统计局组织的“中国森林资源核算研究”项目组对中国森林资源核算问题进行了研究；2005 年联合国统计司与我国水利部和国家统计局合作开展“中国水资源统计核算”项目，并选取上海和北京作为行政区试点。但是，由于缺乏统一的核算框架，这些分主题或分区域核算在一致性和协调性方面均存在一定的问题。

2. 部门之间统计制度方法有待协调

环境经济核算账户的编制需要大量翔实的环境资产数据。这些基础数据分散在国土、水利、林业、农业、环保等部门，并未真正实现标准统一和信息共享，恰恰相反，

标准不一、数据封锁的现象还比较严重。例如，湿地资源数据涉及林业、农牧、水利、国土等部门，而且各部门均掌握部分相关数据，同一指标统计口径不一；农业部和国土资源部分别基于各自的业务需求和管理目标制定了不同的耕地质量划分标准等。部门之间存在的统计制度框架的不一致，导致指标和数据在定义、范围、口径、来源、方法等方面存在差异。国际经验表明，构建环境经济核算体系的重要一环是部门之间充分沟通和信息综合一体化。而我国部门数据之间存在的差异导致在编制环境经济核算账户时出现数据不规范、整合困难的情况。因此，建立部门间环境信息协调机制、统一部门间数据标准、协调处理部门间数据矛盾是编制环境资产账户一项必需且非常重要的工作。

3. 统计核算范围有待拓展

从统计范围看，虽然我国目前已经开始自然资源资产账户的试点编制工作，但是范围仅限于土地、林木、水资源的实物量资产账户。根据《SEEA-2012：中心框架》的内容，全面的核算还应该包括矿产和能源、土壤、水生资源、其他生物资源等。核算内容不仅应包括实物量账户，还要逐渐拓展到价值量账户。而价值量账户的编制需要完善的估价理论和方法作为支撑。在这一方面我们还存在较大的研究缺口。

（二）完善我国生态文明统计体系的建议

1. 建立和完善与 *SEEA-2012* 接轨的环境经济核算制度

生态文明统计是一项复杂的系统工程，为了与国际统计核算体系接轨，我国应该在当前数据基础上尽快建立符合经济发展需求和生态管理需求，同时又尽量与 *SEEA-2012* 接轨的环境经济核算制度。这套制度包括一整套法律、法规、办法、措施和管理模式等，其核心是构建中国环境经济核算体系的基本框架。环境经济核算体系包括核算原则、概念界定、账户设置、数据收集、指标构建、方法选择、质量控制等内容，是从顶层设计层面指导今后编制和完善环境经济核算账户的总体框架，同时对于完善环境资源统计具有指导作用。构建这一框架的基本原则是：第一，广泛参照国际经验，尽量与 *SEEA-2012* 对接，同时要适应中国现实，依托中国环境经济核算已经取得的实际经验，体现中国经济和环境特征，保持与中国现有统计和核算基础的衔接；第二，体现开放性，以期不断吸收新的内容、方法，丰富中国环境经济核算的内容。

2. 开展不同类型自然资源的估价研究

实物量核算是环境经济核算的第一步，可以充分利用资源环境统计数据，使其与经济核算数据相匹配，直观地显示环境与经济之间的关系；价值量核算则是在实物量核算的基础上通过估价进行的综合性核算，由于国民经济核算基本是一个价值量核算体系，在现实市场经济框架中，只有价值量核算才能使环境体系和经济体系按照同一计量单位合为一体，获得相应的总量指标，对发展过程和结果做出综合性的评价，因此，价值量的环境经济核算是不可或缺的，代表了环境经济核算的最终目标。

然而，对于任何一个国家来说，资源环境的估价均是一项困难的工作，尤其对于我国这样一个资源类型丰富、分布广泛的资源大国，对自然资源进行估价的难度和重要性不言而喻。我国在资源环境估价方面的研究较为滞后，目前只有针对林木资源的估价探索。我国构建环境经济核算体系的工作任重而道远，应抓紧开展不同类型自然资源的估价研究，为建立环境经济核算的价值量账户提供技术支撑。

3. 健全生态文明统计核算组织机构

针对目前各政府部门之间统计制度不衔接的现状，建议由国家统计局牵头，会同国家发展和改革委员会（以下简称国家发展改革委）、财政部、国土资源部、环境保护部、水利部、农业部、林业局、国家海洋局等生态环境和自然资源管理部门，成立生态文明统计核算协调小组，其目的是在研究生态文明建设现实需求的基础上，结合各部门已有的统计核算基础，就生态文明统计核算体系框架进行顶层设计。具体职责包括：超越各主管部门的管理目标，构建统一的生态文明统计核算框架，对各部门负责的生态统计进行整合；针对某些主管部门统计业务存在重叠交叉和制度方法不一致的情况进行协调，规范统计标准、口径和方法，化解部门之间数据冲突矛盾的问题；建立各部门之间的实时沟通机制和渠道，实现各类生态统计数据的共享和衔接；对于目前缺失的重要生态统计，研究相应的统计调查制度，建立常规统计或通过补充调查弥补数据缺口。

（三）中国生态文明统计体系框架设计

1. 生态文明统计指标体系

完整的“生态文明统计指标体系”应该既能够反映环境介质的数量和质量、自然现象和社会经济活动对生态环境的影响，又能够反映生态文明建设的相关活动状况。本研究构建的生态文明统计指标体系覆盖环境资产、环境质量和环境活动三个方面的内容。

（1）环境资产

环境资产是地球上自然出现的生命和非生命成分，它们共同构成为人类提供惠益的生物物质环境。环境资产包括矿产和能源资源、土地资源、土壤资源、林木资源、水生资源、水资源6类。在环境资产的统计体系中，每种环境资产的统计指标可以分为流量指标和存量指标两种。流量指标用于测度核算期内环境资产的流动情况，如资产的投入、耗减、增加或者类型的转变；存量指标反映各类环境资产期初和期末存量。根据每项指标数据获取情况的不同，又可分为实物量数据和价值量数据。通常来说，实物量数据较易获得，如果能够对环境资产进行估价，则能在实物量数据基础上得到环境资产的价值量数据。

（2）环境质量

环境质量反映环境污染和环境事件情况。环境污染主要反映农业、工业及城镇生活向环境排出有害物质的情况，包括废水排放、废气排放、固体废物排放等。其中，废水排放情况可针对工业废水、农业化学物质排放、城镇生活污水的排放进一步细化；废气排放可针对工业、城镇生活所产生的二氧化硫、氮氧化物、烟（粉）尘排放等具体排放物进行细化统计；固体废物排放分为一般工业废物排放和危险废物排放。环境事件指由于污染物排放或自然灾害、生产安全事故等因素，污染物或放射性物质等有毒有害物质进入大气、水体、土壤等环境介质，造成生态环境的破坏，需要采取紧急措施予以应对的事件，包括地质、地震、海洋、森林灾害、环境污染与破坏事故等。

（3）环境活动

环境活动的范围包括那些主要目的是减少或消除环境压力，或者有效利用自然资源的经济活动。环境活动包括环境保护和资源管理两大类。环境保护指各种以预防、减少和消除污染，以及其他环境退化问题为主要目的的活动，可具体分为环境监测和环境治理。环境监测指监测自然环境的质量，包括对空气、水、土壤、噪声等的监测；环境治理活动指为减少有害物质向自然界的排放而进行的活动，包括对废水、废气、固体废弃物排放的处理，以及治理和投资。资源管理活动指以保护和维护自然资源存量，从而防止其耗减为主要目的的活动。这些活动包括自然资源存量的恢复，如造林、除涝和水土保持，以及维护自然环境的特定功能或质量而进行的活动，如自然保护区的建立、生态区域建设等。

我们建议的具体统计指标体系如表 4-4 所示。

表 4-4 生态文明建设统计指标体系

第一层次	第二层次	第三层次		具体指标
A.环境资产	A.1 矿产和能源资源[1]	流量指标（实物量、价值量）		开采量/生产量（分行业）；消费量（分部门、行业）等
		存量指标（实物量、价值量）		储量等
	A.2 土地资源[2]	流量指标（实物量、价值量）		土地变更面积（分土地利用类型）等
		存量指标（实物量、价值量）		土地面积；土地价值（分土地利用类型、所有权）等
	A.3 土壤资源	流量指标（实物量）		面积；体积（分类型）等
		存量指标（实物量）		面积；体积（分类型）等
	A.4 林木资源[3]	流量指标（实物量、价值量		自然生长量；人工培育量；自然损失量；砍伐量；灾害损失量等
		存量指标（实物量、价值量）		面积；蓄积量；价值等
	A.5 水生资源[4]	流量指标（实物量、价值量）		自然增长；养殖增长；自然损失；捕捞量；灾害损失等
		存量指标（实物量、价值量）		数量；价值等
	A.6 水资源[5]	流量指标（实物量）		降水量；流出量；流入量；供应量（分行业）；使用量（生活/工业/农业/生态环境补水）；排放量（分部门、行业）等
		存量指标（实物量）		地表水资源量（湖泊、河流、水库）；地下水资源量等
B.环境质量	B.1 环境污染	废水排放	废水排放量	工业废水、城镇生活污水、集中式治理设施污水排放量等
			化学需氧量排放量	工业废水、农业化学物质、城镇生活污水、集中式治理设施化学需氧量排放量等
			氨氮排放量	工业废水、农业化学物质、城镇生活污水、集中式治理设施氨氮排放量等

续表

第一层次	第二层次	第三层次		具体指标
B.环境质量	B.1 环境污染	废气排放	二氧化硫排放量	工业、城镇生活、集中式治理设施二氧化硫排放量等
			氮氧化物排放量	工业、城镇生活、机动车、集中式治理设施氮氧化物排放量等
			烟（粉）尘排放量	工业、城镇生活、机动车、集中式治理设施烟（粉）尘排放量等
		固体废物排放	一般工业固体废物	一般工业固体废物产生量；一般工业固体废物倾倒丢弃量等
			危险废物	危险废物产生量；危险废物倾倒丢弃量等
	B.2 环境事件	地质灾害		发生次数；人员伤亡；受灾面积；直接经济损失等
		地震灾害		发生次数；震级；人员伤亡；直接经济损失等
		林业灾害	森林火灾	发生次数；级别；火场总面积；受灾森林面积；损失林木蓄积量；伤亡人数等
			森林病虫害	发生面积；防治面积；防治率等
		海洋灾害		发生次数；死亡、失踪人数；直接经济损失等
		突发环境事件		发生次数；伤亡人员；直接经济损失等
C.环境活动	C.1 环境保护	环境监测	水质监测	地表水（河流、湖泊、水库）水质状况监测；海水（近岸海域、全海域）水质评价等
			大气质量监测	PM_{10}浓度；$PM_{2.5}$浓度；二氧化硫浓度；二氧化氮浓度；空气质量达到以及好于二级的天数等
			土壤监测	土壤质量等别等
			噪声监测	道路交通噪声监测；区域环境噪声监测等
		环境治理	废水治理	工业废水处理量；城市污水处理量（率）等
			废气治理	工业废气处理量等
			固体废物处理	一般工业固体废物综合利用量（率）；一般工业固体废物处置量（率）；危险废物综合利用量（率）；危险废物处置量（率）；生活垃圾无害化处理量（率）等
			治理成本和投资	工业废水治理设施运行费用；工业废气治理设施运行费用；危险废物集中处置厂运行费用；城市污水处理厂运行费用；矿山环境恢复治理资金；工业企业污染防治本年完成投资等
	C.2 资源管理	造林		森林覆盖率；湿地面积；造林面积；林业投资完成额；城市建成区绿化覆盖率；人均公园绿地面积等
		除涝和水土保持		除涝面积；水土流失治理面积；水土保持及生态项目完成投资等
		自然保护		保护区个数（国家级、省级）；保护区面积（国家级、省级）；地质公园个数；自然保护区建设投资；地质公园建设投资等
		生态区域建设		生态市、县建设数等

注：1. 矿产和能源资源包括石油、天然气、煤炭、金属矿产、非金属矿产；2. 土地包括农用地和建设用地；3. 林木资源包括天然林木资源和培育性林木资源；4. 水生资源包括野生水生资源和养殖水生资源；5. 水资源包括地表水和地下水

2. 生态文明核算框架

构建生态文明核算框架的目标，一方面是借助资源环境核算反映我国生态文明建设

进程，另一方面是通过将资源环境核算和国民经济核算整合在统一框架中，分析自然资源、生态环境与国民经济之间的相互关联和影响，探寻“既要金山银山，也要绿水青山”的和谐发展模式。构建生态文明核算框架是一项长期的、复杂的系统性工作，建议以我国已开展的相关工作为基础，遵循从简单到复杂、从重点到全面、从单一到综合的思路，实施“三阶段”策略，逐步完善我国生态文明核算框架。

（1）第一阶段：编制自然资源资产负债表

编制自然资源资产负债表是全面进行生态文明核算的第一步。党的十八届三中全会提出探索编制自然资源资产负债表的要求，目前国家统计局已经开展实物型自然资源资产负债表编制的试点工作。该项工作是对土地资源、林木资源和水资源进行的存量及变动情况的统计，由于没有反映负债情况，因此更类似环境经济核算中的资产账户。为了更好地服务于生态文明建设，自然资源资产负债表不应只侧重于反映资产状况，还应反映负债情况，即要同时涵盖生态责任主体所拥有的环境资产和所承担的生态环境负债。因此，下一步应该在以下两个方面完善自然资源资产负债表：一是增加环境负债核算。负债方应该记录人类在开发利用自然资源全过程中涉及的按照权责发生制原则应予以确认计量的环境保护责任、资源管理责任和可能承担的自然现象责任。二是扩展环境资产核算范围。将现有的三类环境资产核算扩展到包含矿产和能源资源、土地资源、土壤资源、林木资源、水生资源和水资源 6 类环境资产。通过编制自然资源资产负债表，不仅能够反映某一时点上自然资源资产的“家底”，而且对核算期内资产变动原因进行分类设置，能够准确把握经济主体对自然资源资产的占有、使用、消耗、恢复和增值活动情况，全面反映经济发展的资源消耗、环境代价和生态效益，从而为环境与发展综合决策、政府生态环境绩效评估考核、生态环境补偿等提供重要支撑。

（2）第二阶段：编制价值量环境资产账户

自然资源资产负债表中的环境资产一般通过实物单位记录。实物量环境资产账户的优势是能够对环境资产进行分类管理和监控，但由于不同的环境资产实物量记录单位不同，因此无法将不同种类环境资产统一起来，也无法与采用货币单位计量的国民经济核算体系进行整合。因此，在实物量环境资产账户基础上形成价值量资产账户很有必要。价值量环境资产账户与实物量环境资产账户的结构大体一致，主要区别是使用货币作为记录单位，需要针对每一类环境资产进行价值量核算。实际上，并非所有的环境资产均能核算其价值量，价值量核算范围应该只限于能够提供并且测度经济利益的环境资产。例如，由于不存在土壤资源的交易市场，其价值量就很难测度，只编制其实物量资产账户即可。对于能够进行价值量核算的环境资产，编制价值量资产账户的关键和难点是环境资产的估价。国际上推荐的估价方法包括市场价格法、未来收益净现值法等，需要根据不同资产类别选择合适的估价方法。价值量环境资产账户通过将环境资产货币化，可以进行不同资产之间的横向比较及加和，并在此基础上进行国家和机构部门的财富测算，同时也为下一阶段与国民经济核算账户的整合作准备。

（3）第三阶段：完成环境资产账户与国民经济核算账户之间的关联和整合，形成完整统一的生态文明核算体系

为反映自然资源和国民经济发展之间的内在关联，可以进行以下四个方面的整合。一是实物量和价值量供应使用表的整合。将实物量供应使用表（自然投入、产品、残余

物）和价值量供应使用表（产品）合并，以展现如下流程：自然投入从环境系统流入经济系统，经济系统内部生产产品和残余物，最终残余物从经济系统流向环境系统。二是资产账户和供应使用表的整合。例如，自然资源开采量既代表资产存量减少，又代表自然资源投入使用量，因此应同时体现在环境资产账户和自然投入供应使用表项目中。三是创建经济账户序列。除了供应使用表和资产账户记录的信息，还有一系列其他交易和流量信息也非常重要，如为开采自然资源而支付的租金、环境税缴纳，以及政府单位为资助环境保护活动而向其他经济单位提供的补贴和赠款。这些流量信息计入经济账户序列，以货币为计量单位，以此展示所有与环境有关的交易和流量信息。四是创建功能账户。该类账户以货币单位记录与环境有关的经济活动，包括环境保护和资源管理两类。通过环保服务的供求，以及旨在预防环境退化而采取的生产和消费行为，来识别和测算全社会对环境压力的反应，包括环保服务生产账户、环保服务供应与使用表、国民环保总支出和国民环保总支出融资。通过以上四个方面的整合，不仅能够全面充分地揭示环境与经济之间的相互影响路径，即环境资产对经济的贡献和经济活动对生态环境的影响，而且能够特定地分析环保活动对经济的贡献，进行环境控制机制的成本-效益分析。除此之外，将各种环境和经济数据与就业、人口等其他资料联合起来，可以进一步拓展生态文明核算的应用范围。例如，将环保活动与从业人数相结合，将大气排放量与健康状况数据相结合，可对某一特定问题进行分析（图 4-3）。

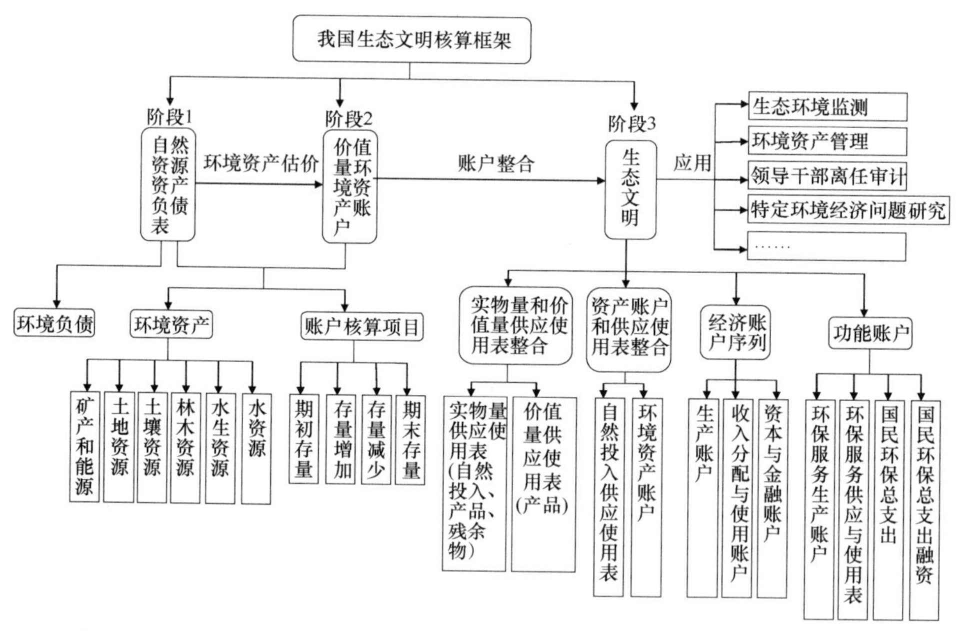

图 4-3　生态文明统计体系框架

第五章　环境承载力与经济社会发展布局研究

一、大气环境污染物环境容量与最大允许排放限值研究

（一）研究方法

大气环境污染物环境容量研究是以环境质量控制为目标，利用空气质量模型推演环境容量，分析超载情况，为实现大气环境质量目标提出经济、能源消费、产业结构及污染控制的政策建议。本课题首先在确定2020年和2030年空气质量目标的基础上，以2013年为基准年，确定以往研究成果中所采用的基本能够实现2020年和2030年空气质量目标的未来能源消费及大气污染控制技术的情景；利用GEO-chem模型系统对2020年及2030年的情景进行模拟；通过分析环境质量达标情况，确定全国及重点省市（京津冀、西北五省及内蒙古）大气环境容量，并对未来产业布局及能源消费情况提出政策建议。

（二）核算结果

1. 未来空气质量的预测

未来空气质量的预测与未来年的气象场及未来年的大气污染物的排放量相关。迄今为止的研究表明近年气象场中，2012年的气象场具有代表性，所以将2012年的气象场作为未来年的气象场。大气污染与能源利用密切相关。未来主要大气污染物的排放量取决于能源消费量和大气污染控制技术与对策。通常通过情景分析法设置不同的能源消费情景和大气污染物控制情景，确定未来主要大气污染物的排放量。本研究依据只针对能够实现2020年和2030年空气质量目标的能源消费情景和污染控制情景，进行2020年和2030年的空气质量预测。

（1）2020年空气质量预测结果

全国各省区$PM_{2.5}$平均浓度2020年与2013年的对比情况，在京津冀地区中，北京市和河北省$PM_{2.5}$较2013年下降35%左右，天津市下降超过40%，京津冀地区整体可实现2020年空气质量目标。长三角地区各省市均可实现$PM_{2.5}$较2013年下降30%的目标，其中上海和江苏的降幅达到40%以上。我国东部其他省市亦达到并超过降低目标，其中最大降幅接近45%，但是西部地区下降幅度较低。

（2）2030年空气质量预测结果

2030年全国大部分地区空气质量浓度将达到40μg/m^{3}以下，平均浓度将低于35μg/m^3，与2013年相比空气质量有很大改善。

2. 空气质量控制目标

“大气十条”提出的具体指标是，到2017年全国地级及以上城市可吸入颗粒物浓度比2012年下降10%以上，优良天数逐年提高；京津冀、长三角、珠三角等区域细颗粒物浓度分别下降25%、20%、15%左右，其中北京市细颗粒物年均浓度控制在60μg/m^{3}左右。随后，各省、市、地区相继发布各自《大气污染防治行动计划》与实施细则，《京津冀协同发展生态环境保护规划》制定了2017年各地方的大气环境质量目标（表5-1）。

表5-1　2012～2017年各省市大气质量目标和相应控煤计划

省（自治区、直辖市）	大气质量目标（2012～2017年）	控煤计划
北京	$PM_{2.5}$：年均浓度应控制在73μg/m^{3}左右	到2017年煤炭消费总量控制在1000万t以内，占能源消费比重下降到10%以下；
天津		煤炭消费总量到2017年净削减1000万t
河北		到2017年，全省煤炭消费量比2012年净削减4000万t
山西	$PM_{2.5}$：下降20%	煤炭消费总量实现零增长
山东		到2017年年底，煤炭消费总量力争比2012年减少2000万t
上海		煤炭消费总量负增长
江苏		煤炭占能源消费总量比重降低到65%以下
浙江		2017年，力争实现煤炭消费总量负增长
广东	$PM_{2.5}$：下降15%	—
重庆		煤炭消耗总量比2012年下降5个百分点，洁净煤使用率达到90%以上
内蒙古	$PM_{2.5}$：下降10%	—
河南	PM_{10}：下降15%	到2017年全省煤炭占能源消费总量比重降低到70%左右
陕西		逐步削减燃煤总量
青海、新疆		—
甘肃	PM_{10}：下降12%	2017年，全省煤炭占能源消费总量比重进一步降低，煤炭总量下降
湖北		—
湖南	PM_{10}：下降10%	2017年年底前，煤炭占能源消费总量比重降低到65%以下
宁夏		2014年年内减少220万t标准煤消耗量
四川、辽宁、安徽		—
福建	PM_{10}：下降5%	到2015年，煤炭占一次能源消费比重下降到52.2%
广西、江西、贵州、黑龙江		—
海南、西藏、云南	持续改善	—

注：—表示没有此项

2020年我国大气污染防治目标既要延续2017年全国及各省市的控制目标，又要作为2030年全国进一步达到35μg/m^{3}目标的阶段性目标。设定我国大气污染防治目标，主要依据国务院“大气十条”、世界卫生组织（WHO）“空气质量准则（2005年更新版）”、国家发展改革委、环境保护部2015年年底发布的《京津冀协同发展生态环境保护规划》、工程院和环保部"中国环境宏观战略研究"等相关规划和报告，并参考发达国家和地区的空气质量改善历程。本研究从空气质量改善的角度出发，依据《环境空气质量标准（GB 3095—2012）》，对 2017 年、2020 年和 2030 年全国及京津冀、长三角、珠三角等重点地区提出适合我国的空气质量改善目标——2020 年全国地级及以上城市 $PM_{2.5}$ 浓度应比 2012 年下降 15%以上，京津冀区域、长三角区域 $PM_{2.5}$ 浓度应分别下降 35%、30%以上，珠三角区域 $PM_{2.5}$ 年均浓度达标，北京市 $PM_{2.5}$ 年均浓度控制到 50μg/m^3；2030 年全国绝大多数的地级及以上城市 $PM_{2.5}$ 年均浓度达标。具体数据如表 5-2 所示。

表 5-2 我国中长期大气污染防治目标

年份	全国目标	重点区域目标
2017	全国地级及以上城市 PM_{10} 浓度比 2012 年下降 10%以上	京津冀 $PM_{2.5}$ 年均浓度应控制在 73μg/m^3 左右，长三角、珠三角等区域 $PM_{2.5}$ 浓度分别下降 20%、15%左右，北京市 $PM_{2.5}$ 年均浓度约为 60μg/m^3
2020	全国地级及以上城市 $PM_{2.5}$ 浓度比 2012 年下降 15%以上	京津冀 $PM_{2.5}$ 年均浓度应控制在 64μg/m^3 左右，长三角区域 $PM_{2.5}$ 浓度下降 30%以上，珠三角区域 $PM_{2.5}$ 年均浓度达标，北京市 $PM_{2.5}$ 年均浓度约 50μg/m^3
2030	全国绝大多数的地级及以上城市 $PM_{2.5}$ 年均浓度达标	全国绝大多数的地级及以上城市 $PM_{2.5}$ 年均浓度达标

3. 大气环境容量核算结果

（1）2020 年大气污染物排放量

根据模拟结果，本研究将能够达到 2020 年的空气质量控制目标的大气污染物的排放量作为 2020 年最大允许排放量，2020 年全国、京津冀地区、西部地区及内蒙古的 $PM_{2.5}$ 浓度及排放量如表 5-3 所示，数据表明除甘肃、青海和新疆不能达到 2020 年 $PM_{2.5}$ 空气质量目标要求以外，其他区域能够达到空气质量目标要求。2020 年西部地区 PM_{10} 浓度模拟结果如表 5-4 所示，表明甘肃和新疆不能达到目标要求。用来模拟 2020 年空气质量的大气污染物排放量大于 2020 年最大允许排放量，2020 年全国最大允许排放量应该小于表 5-3 中的排放量。本研究关注区域为京津冀、西北五省和内蒙古，如考虑全国各区域空气质量达标情况，2020 年最大允许排放量会发生变化。

表 5-3 2020 年 $PM_{2.5}$ 浓度及主要污染物排放量

地区	2013 年环境质量浓度（μg/m^3）	2020 年环境质量浓度（μg/m^3）	浓度下降比例（%）	SO_2（10^4t）	一次 $PM_{2.5}$（10^4t）	VOC（10^4t）	NO_x（10^4t）	NH_3（10^4t）
全国	—	—	—	1578	782	2016	1648	1831
北京	89.5	50.9	43	8	5	30	13	8
天津	96	56.0	42	18	7	28	19	10
河北	108	57.7	47	88	58	110	106	106
陕西	104.2	71.9	31	51	20	38	38	40
甘肃	67.1	58.9	12	20	14	20	27	25
青海	63.2	58.8	7	3	3	5	7	8
宁夏	43.7	33.6	23	15	5	6	15	10
新疆	85.2	82.6	3	42	17	28	42	40
内蒙古	57.4	39.9	30	76	30	44	67	59

表 5-4　2020 年西北五省 PM_{10} 浓度

地区	2013 年环境质量浓度（μg/m³）	2020 年环境质量浓度（μg/m³）	浓度下降比例（%）
陕西	108	83.3	23
甘肃	92	87.5	5
青海	150	71.6	52
宁夏	88	57.0	35
新疆	147	137.7	6

注：—表示无数据；VOC. 挥发性有机化合物。后同

（2）2030 年大气污染物排放量

根据设定的 2030 年的空气质量控制目标，全国大部分地区 $PM_{2.5}$ 浓度达到大气污染物排放量空气质量控制目标，即是大气环境容量。2030 年全国、京津冀地区、西部地区及内蒙古的 $PM_{2.5}$ 浓度及排放量如表 5-5 所示，2030 年西部地区及内蒙古的 PM_{10} 浓度模拟结果如表 5-6 所示，表明本研究所关注区域除天津的 $PM_{2.5}$ 浓度不达标以外，其他区域均能达到环境质量标准，且西部地区的浓度值远低于环境质量标准。上述分析表明，本研究用来模拟 2030 年空气质量的大气污染物排放量小于全国的大气环境容量，即全国大气环境容量应该大于表 5-5 中的排放量。因为本研究关注的区域为京津冀、西北五省和内蒙古，如果考虑全国各区域的空气质量达标情况，全国的大气环境容量还会发生变化。

表 5-5　2030 年 $PM_{2.5}$ 浓度及主要污染物排放量

地区	2013 年环境质量浓度（μg/m³）	2030 年环境质量浓度（μg/m³）	浓度下降比例（%）	SO_2（10^4t）	一次 $PM_{2.5}$（10^4t）	VOC（10^4t）	NO_x（10^4t）	NH_3（10^4t）
全国	—	—	—	1151	505	1613	1240	961
北京	89.5	30.7	66	6	3	24	7	5
天津	96	40.8	58	13	5	23	14	5
河北	108	30.0	72	62	39	85	79	63
陕西	104.2	22.1	79	40	12	29	29	21
甘肃	67.1	8.8	87	16	8	16	21	17
青海	63.2	10.3	84	3	2	4	5	8
宁夏	43.7	13.4	69	12	4	5	12	4
新疆	85.2	5.7	93	31	12	23	33	25
内蒙古	57.4	7.5	87	54	20	31	51	37

表 5-6　2030 年西北五省 PM_{10} 浓度

地区	2013 年环境质量浓度（μg/m³）	2030 年环境质量浓度（μg/m³）	浓度下降比例（%）
陕西	108	34.0	69
甘肃	92	33.8	63
青海	150	36.7	76
宁夏	88	46.2	47
新疆	147	56.9	61

（三）区域最大允许排放限值

根据上述分析，全国大气环境容量应该是介于 2020 年和 2030 年的大气污染物排放

量数据之间，如表 5-7 所示。由于天津在 2030 年的 $PM_{2.5}$ 未能达到空气质量标准，所以天津的大气环境容量应该小于 2030 年的大气污染物的排放量；而宁夏却因为 2020 年的排放量已经能够达到空气质量的要求，所以其大气环境容量就是 2020 年大气污染物的排放量。

表 5-7 大气环境容量 （单位：10^4t）

地区	SO_2		一次 $PM_{2.5}$		VOC		NO_x		NH_3	
	2020 年	2030 年	2020 年	2030 年	2020 年	2030 年	2020 年	2030 年	2020 年	2030 年
北京	8	6	5	3	30	24	13	7	8	5
天津	—	13	—	5	—	23	—	14	—	5
河北	88	62	58	39	110	85	106	79	106	63
京津冀	109	81	68	47	163	132	133	100	119	73
陕西	51	40	20	12	38	29	38	29	40	21
甘肃	20	16	14	8	20	16	27	21	25	17
青海	3	3	3	2	5	4	7	5	8	8
宁夏	15	—	5	—	6	—	15	—	10	—
新疆	42	31	17	12	28	23	42	33	40	25
西北五省	131	105	59	39	97	78	129	103	123	81
内蒙古	76	54	30	20	44	31	67	51	59	37
全国	1578	1151	782	505	2016	1613	1648	1240	1831	961

（四）2013 年大气环境超载分析

通过 2013 年污染物排放量与其环境容量的比值衡量环境承载力状况，结果如表 5-8 所示，可见西北五省总体超载情况与京津冀地区基本相当，无论全国层面还是京津冀、西北五省及内蒙古，一次 $PM_{2.5}$ 和 NO_x 的超载状况比其他几种污染物更为严重，超载率达 150%以上。

表 5-8 2013 年大气环境承载力超载状况 （单位：%）

地区	超载率									
	SO_2		一次 $PM_{2.5}$		VOC		NO_x		NH_3	
	2020 年	2030 年	2020 年	2030 年	2020 年	2030 年	2020 年	2030 年	2020 年	2030 年
北京	150	200	120	200	117	146	138	257	100	160
天津	—	185	—	220	—	139	—	243	—	200
河北	114	161	150	223	135	174	142	191	100	168
京津冀	125	168	153	221	132	163	153	203	100	170
陕西	143	18	180	300	145	190	176	231	100	190
甘肃	140	175	157	275	135	169	137	176	100	147
青海	200	200	200	300	120	150	171	240	100	100
宁夏	140	—	180	—	150	—	127	—	100	—
新疆	221	300	165	233	136	165	202	258	100	160
西北五省	169	210	171	259	139	173	171	214	100	152
内蒙古	147	207	157	235	148	210	172	225	100	159
全国	147	201	155	241	120	150	155	207	100	191

大气环境超载情况可以通过大气污染物的减排措施得以缓解，如表 5-9 所示。给出了全国、京津冀、西北五省、内蒙古大气环境不超载情况下所对应的相对于 2013 年的减排率，表明各种大气污染物削减比例的下限为 30%左右，上限为 50%左右。

表 5-9　大气污染物削减比例　（单位：%）

地区	SO_2		一次 $PM_{2.5}$		VOC		NO_x		NH_3	
	2020 年	2030 年	2020 年	2030 年	2020 年	2030 年	2020 年	2030 年	2020 年	2030 年
北京	33	50	1	50	14	31	28	61	0	38
天津	—	46	—	55	—	28	—	59	—	50
河北	12	38	33	55	26	43	30	48	0	41
京津冀	20	40	35	55	24	39	34	51	0	41
陕西	30	45	44	67	31	47	43	57	0	48
甘肃	29	43	36	64	26	41	27	43	0	32
青海	50	50	50	67	17	33	42	58	0	0
宁夏	29	—	44	—	33	—	21	—	0	—
新疆	55	67	39	57	26	39	51	61	0	38
西北五省	41	52	42	61	28	42	41	53	0	34
内蒙古	32	52	36	57	32	52	42	56	0	37
全国	32	50	36	58	17	33	36	52	0	48

二、基于重点流域水环境功能达标的水环境容量确定

（一）研究方法

重点流域地表水水环境容量核算的研究思路是：首先，通过已有水环境容量核算模型的对比选择和改进，筛选出适合本研究任务的一套或几套流域地表水水环境容量核算方法；其次，根据经济社会特征和水环境特征，解析出需要进行水环境容量核算的重点流域和目标污染物；再次，在重点流域根据核算单元的水文水质条件和核算污染物选择合适的计算方法进行水环境容量核算；最后，根据不同层面的水环境容量结果、污染物入河量和陆上污染排放进行关联分析，给出最大允许污染排放限制。

（二）全国地表水环境容量

全国地表水环境容量以长江（COD 容量 370 万 t，氨氮容量 37.8 万 t）和珠江（COD 容量 231 万 t，氨氮容量 8.2 万 t）最大，西南诸河（COD 容量 15 万 t，氨氮容量 1.1 万 t）和西北诸河（COD 容量 25 万 t，氨氮容量 0.8 万 t）最小。环境容量的利用率则以海河流域超载最为严重（COD 容量利用率 173%，氨氮容量利用率 376%），西北诸河流域利用最不充分（COD 容量利用率 19%，氨氮为 41%）（表 5-10）。

表 5-10 全国地表水环境容量

流域	COD			氨氮		
	容量（10^4t）	入河量（10^4t）	容量利用率(%)	容量（10^4t）	入河量（10^4t）	容量利用率（%）
松花江区	90	43	48	6.1	5.3	86
辽河区	34	29	87	1.8	4.4	250
海河区	13	22	173	0.7	2.5	376
淮河区	29	32	114	1.9	3.7	196
黄河区	114	59	52	5.2	6.8	130
长江区	370	271	73	37.8	31.5	83
太湖区	46	51	109	2.5	6.2	248
珠江区	231	119	52	8.2	11.2	136
东南诸河区	120	89	74	5.7	6.4	113
西南诸河区	15	11	73	1.1	1.1	95
西北诸河区	25	5	19	0.8	0.3	41
总计	1086	732	67	71.9	79.5	111

（三）京津冀地区的地表水环境容量与最大允许排放限值

1. 京津冀地区的环境容量

京津冀地区纳入全国重要江河湖泊水功能区划的一级水功能区共 117 个（其中开发利用区 61 个），区划河长 5130km，区划湖库面积 1178km^2。水功能区类型以开发利用区最多，占功能区总数量的 52%，占功能区总河长的 60%，占功能区总湖库面积的 12%；其次是缓冲区，占功能区总数量的 26%，占功能区总河长的 20%；保护区和保留区占功能区总数量的 22%，占功能区总河长的 20%，占功能区总湖库面积的 82%。水质目标主要是Ⅱ类、Ⅲ类、Ⅳ类，分别占 26%、36%、33%（表 5-11）。

表 5-11 京津冀地区一级控制区的水功能区基本情况

主体功能区	一级控制区	数量		范围		水质目标			
		个数	比例（%）	河流长度(km)	湖库面积(km^2)	Ⅱ	Ⅲ	Ⅳ	Ⅴ
优化开发区	唐山、秦皇岛区	6	5	338	0	0	3	3	0
	北京、天津、廊坊区	18	15	707	0	1	4	11	2
	沧州区	8	7	311	17	1	1	5	1
	小计	32	27	1356	17	2	8	19	3
重点开发区	承德区	1	1	71	0	0	1	0	0
	张家口区	2	2	119	0	0	1	1	0
	冀中南（保定、石家庄、邢台、邯郸）区	6	5	329	69	1	2	2	1
	衡水区	6	5	233	75	0	2	4	0
	小计	15	13	752	144	1	6	7	1
农产品主产区	黄淮海平原缺水区	18	15	1068	360	1	7	10	0
	小计	18	15	1068	360	1	7	10	0

续表

主体功能区	一级控制区	数量		范围		水质目标			
		个数	比例（%）	河流长度（km）	湖库面积（km^2）	Ⅱ	Ⅲ	Ⅳ	Ⅴ
重点生态功能区	燕山地区丰水区	34	29	1118	431	18	14	1	1
	燕山地区欠水区	7	6	331	89	1	4	2	0
	太行山地少水区	11	9	506	137	8	3	0	0
	小计	52	44	1955	657	26	21	3	1
总计		117	100	5130	1178	31	42	39	5

水功能区在一级控制区的分布主要以优化开发区和重点生态保护区居多。优化开发区有水功能区 32 个，占京津冀地区的 27%，河长 1356km；湖库面积 17km^2，水质目标以Ⅳ类水体为主。重点开发区有水功能区 15 个，占京津冀地区水功能区总数的 13%，河长 752km；湖库面积 144km^2，水质目标以Ⅳ类水体为主。农产品主产区有水功能区 18 个，占京津冀地区的 15%，河长 1068km；湖库面积 360km^2，水质目标以Ⅲ、Ⅳ类水体为主。重点生态保护区有水功能区 52 个，占京津冀地区的 44%，河长 1955km。湖库面积 657km^2，水质目标以Ⅱ类、Ⅲ类水体为主。

京津冀地区主要水功能区的 COD 容量总计为 57 467t。从水功能区性质的分布来看，94%的 COD 容量分布在利用开发区，其他 6%分布在保留区和缓冲区；从水质目标分布来看，Ⅲ类、Ⅳ类、Ⅴ类水质目标水体以 COD 容量为主，分别占 43%、36%和 18%，Ⅱ类水质目标的水体仅占 3%；从水体达标的分布来看，未达标水体的 COD 容量（60%）略高于达标水体（40%）（表 5-12）。

表 5-12　京津冀水功能区环境容量现状　（单位：t）

容量类型	功能区类型				水质目标				达标情况		总计
	保护区	保留区	缓冲区	利用区	Ⅱ	Ⅲ	Ⅳ	Ⅴ	否	是	
COD	242	1 840	1 454	53 932	1 722	24 612	20 649	10 484	34 310	23 157	57 467
氨氮	7	65	66	2 668	52	1 324	966	463	1 533	1 272	2 805

京津冀地区主要水功能区的氨氮容量总计为 2805t。从水功能区性质的分布来看，95%的氨氮容量分布在利用区，其他 5%分布在保留区和缓冲区；从水质目标分布来看，以Ⅲ类、Ⅳ类、Ⅴ类水质目标水体的氨氮容量为主，分别占 47%、34%和 17%，Ⅱ类水质目标的水体仅占 2%；从水体的达标程度和分布面积来看，未达标水体的氨氮容量（55%）略高于达标水体（45%）（表 5-12）。

2. 京津冀地区的容量超载情况与成因分析

控制区的 COD 容量以优化开发区域最高，其次是重点开发区域和重点生态保护区，农产品主产区最少。而 COD 入河量以重点开发区域最多，超标倍数最高，超标水功能区比例最大（67%）；优化开发区域位居其次，COD 入河量总量超标 0.4 倍，超标水功能区比例为 22%；重点生态保护区和农产品开发区的 COD 入河总量仍有部分盈余，但 COD 入河量超出容量的功能区数量也达到了 20%（表 5-13）。

表 5-13 京津冀控制区的水功能区环境容量与污染物入河情况

一级功能区	二级功能区	COD				氨氮			
		环境容量（t）	现状入河量（t）	入河量总量超标倍数	入河量超标功能区比例（%）	环境容量(t)	现状入河量(t)	入河量总量超标倍数	入河量超标功能区比例（%）
优化开发区	唐山、秦皇岛区	18 257	17 988	–0.0	33	908	1 048	0.2	17
	北京、天津、廊坊区	4 998	11 343	1.3	17	198	2 983	14.0	28
	沧州区	3 128	7 199	1.3	25	152	1 154	6.6	25
	小计	26 382	36 529	0.4	22	1 257	5 185	3.1	25
重点开发区	承德区	3 411	3 608	0.1	100	151	1 656	10.0	100
	张家口区	3 098	4 082	0.3	100	147	327	1.2	100
	冀中南（保定、石家庄、邢台、邯郸）区	6 411	10 608	0.7	83	306	1 841	5.0	83
	衡水区	2 948	13 393	3.5	33	131	1 392	9.6	33
	小计	15 869	31 690	1.0	67	735	5 215	6.1	67
农产品主产区	黄淮海平原缺水区	3 593	4 325	0.2	22	169	488	1.9	22
	小计	3 593	4 325	0.2	22	169	488	1.9	22
重点生态保护区	燕山地区丰水区	5 674	8 428	0.5	24	313	828	1.6	26
	燕山地区欠水区	4 715	1 674	–0.6	14	217	533	1.5	43
	太行山地少水区	1 235	1 281	0.0	18	114	103	–0.1	9
	小计	11 623	11 383	–0.0	21	644	1 463	1.3	25
总计		57 467	83 927	0.5	27	2 805	12 352	3.4	30

控制区的氨氮容量以优化开发区和重点开发区最高，其次是重点生态保护区，农产品主产区最少。氨氮入河量与 COD 区域分布相似，超标情况则更严重。重点开发区的氨氮入河量最多，超标倍数最高（6.1 倍），超标水功能区比例最大（67%）；优化开发区位居其次，氨氮入河量总量超标 3.1 倍，超标水功能区比例为 25%；重点生态保护区和农产品开发区的氨氮入河总量也没有盈余，氨氮入河量超出容量的功能区数量 20%以上，总量超标倍数分别为 1.3 和 1.9。

在优化开发区的 3 个二级功能区中，唐山、秦皇岛区环境容量最大，污染物入河量基本处于环境容量最高值，氨氮略有超标，北京、天津、廊坊区氨氮入河量超标严重（达到 14.0 倍）。重点开发区中以衡水区超标最为严重，COD 入河量超标 3.5 倍，氨氮超标 9.6 倍；承德区的氨氮超标较突出，超标倍数为 10 倍；冀中南区的氨氮超标也较严重，超标倍数为 5 倍。重点生态保护区以燕山地区丰水区环境容量较大，但相对超标倍数也较高，COD 超标 0.5 倍，氨氮超标 1.6 倍。COD 盈余分布在燕山地区欠水区和太行山地少水区。氨氮盈余仅存在于太行山地少水区。

京津冀地区的 COD 排放以农业为主，氨氮排放以城镇生活为主，工业比例都较低。空间分布上，农产品主产区、京津冀核心区是陆上污染物排放量最大的区域。在 COD 排放出现拐点的情况下，氨氮将成为优化开发区治理的重点和难点。COD 在绝对量上，农业排放最高，主要区域为唐山、秦皇岛区；城镇生活 COD 排放最高的区域为京津冀核心区、农产品主产区；工业 COD 排放量以冀中南城市带和农产品主产区为主。氨氮在绝对量上，城镇生活最高，主要区域为京津冀核心区；农业氨氮排放最高的区域为京津冀核心区、农产品主产区；工业氨氮排放以冀中南（保定、石家庄、邢台、邯郸）区为主。

工业的行业分析显示，从工业产值、废水排放和污染物排放的比例来看，石化、造纸、食品、纺织、制药、皮革属于京津冀地区需要重点关注的6大行业。这6大行业占废水排放量63%，COD排放量70%，氨氮排放量73%。工业COD排放的主要关注产业是造纸、石化和食品行业，分别占工业COD总排放量的21%、16%和14%；工业氨氮排放的主要关注产业是石化、造纸和食品行业，分别占工业氨氮总排放量的35%、11%和10%（表5-14）。

表5-14 京津冀地区的主要工业行业情况

序号	行业名称	废水排放量		直排入地表水的比例(%)	COD排放		氨氮排放	
		总量（10^4t）	比例（%）		总量（t）	比例（%）	总量（t）	比例（%）
1	石化	19 648	17	55	27 487	16	5 023	35
2	造纸	19 270	17	77	35 202	21	1 596	11
3	食品	11 454	10	68	22 554	14	1 491	10
4	纺织	10 171	9	59	14 035	8	1 035	7
5	制药	5 200	5	16	9 414	6	1 054	7
6	皮革	5 129	5	44	8 791	5	491	3
总计		70 872	63	—	117 483	70	10 690	73

优化开发区主要污染工业是造纸行业和食品行业。重点开发区主要污染工业是滨海开发区的化工行业；冀中南区主要污染工业是造纸行业和制药行业；衡水区主要污染工业是皮革行业。农产品主产区各行业均有分布。

（四）西北五省地表水环境容量与最大允许排放限值

1. 西北五省的环境容量

基于西北五省的水功能区划和水质目标计算得到各水功能区的环境容量，与本研究划分的控制单元叠加，得到各级控制单元的地表水水环境容量。一二级控制区的水功能区数量、水质目标和以此为基础的环境容量如表5-15所示。重点开发区共95个水功能区单元，水质目标以Ⅲ类水质为主，COD容量为605 123t/a，氨氮容量为27 168t/a；农产品主产区共123个水功能区单元，水质目标在Ⅱ类、Ⅲ类、Ⅳ类中平均分布，COD容量为220 324t/a，氨氮容量为12 492t/a；重点生态保护区共142个水功能区单元，水质目标以Ⅱ类水质为主，COD容量为146 893t/a，氨氮容量为5167t/a。

地表水环境容量数据显示，COD和氨氮环境容量最大的是重点开发区-黄河-甘肃黄河干流单元（A0410）、重点开发区-黄河-内蒙古单元（A0407）、重点开发区-黄河-宁夏单元（A0408）、农产品主产区-新疆-伊犁河内流单元（B0821）。

2. 西北五省的环境容量利用情况

西北五省地表水环境容量的总体利用程度不高，COD容量利用率仅为38%，氨氮容量利用率达到87%。从主体功能区的环境容量利用情况（表5-16）来看，重点开发区环境容量利用率高于农产品主产区和重点生态保护区。大部分指标仍有一定的利用空间，仅重点开发区的氨氮排放（2.72 万 t）已经超过地表水的环境容量（2.68 万 t），需要在管理上加以约束，在结构上进行调整。

表 5-15 西北五省各主体功能区和控制区的地表水环境容量

功能区	水功能区数量					环境容量	
	总数	II	III	IV	V	COD 容量（t）	氨氮容量（t）
重点开发区（A）	95	21	51	22		605 123	27 168
黄河发展区（A04）	86	15	48	22		600 465	26 797
新疆发展区（A09）	9	6	3			4 658	371
农产品主产区（B）	123	39	46	36	2	220 324	12 492
内蒙古农产品主产区（B02）	93	26	32	33	2	67 962	7 067
新疆农产品主产区（B08）	30	13	14	3		152 361	5 426
重点生态保护区（C）	142	78	51	7		146 893	5 167
内蒙古东北生态保护区（C01）	59	30	23	6		54 926	2 631
内蒙古中部生态保护区（C03）	4	1	3			0	0
河西内流生态保护区（C05）	14	4	9	1		41 623	868
青藏高原生态保护区（C06）	32	18	11			16 211	798
塔里木盆地生态保护区（C07）	13	8	4			1 923	82
天山以北生态保护区（C10）	20	17	1			32 210	788
总计	360	138	148	65	2	972 340	44 827

表 5-16 西北五省各主体功能区和控制区的地表水环境容量利用情况

区域	COD 超排量（万 t/a）	COD 容量利用率（%）	氨氮超排量（t）	氨氮容量利用率（%）
重点开发区域（A）	–35.0	42	426	102
黄河发展区（A04）	–35.0	42	426	102
新疆发展区（A09）	0.0	100	0	100
农产品主产区（B）	–14.4	35	–5298	58
内蒙古农产品主产区（B02）	–2.4	64	–1924	73
新疆农产品主产区（B08）	–12.0	21	–3374	38
重点生态保护区（C）	–11.0	27	–1059	81
内蒙古东北生态保护区（C01）	–2.9	48	378	114
内蒙古中部生态保护区（C03）	0.0	100	0	100
河西内流生态保护区（C05）	–3.7	11	–202	77
青藏高原生态保护区（C06）	–1.2	25	–283	65
塔里木盆地生态保护区（C07）	0.3	276	–15	81
天山以北生态保护区（C10）	–3.6	3	–937	19
总计	–60.5	38	–5932	87

地表水 COD 容量利用的空间分布情况如下所述。容量利用率在 50%以下的控制单元在各省、各主体功能区均有分布，可以加快发展符合主体功能规划的经济产业，以充分利用环境容量；容量利用率为 80%～100%的控制单元主要分布在新疆、内蒙古和青海的部分生态保护区，环境容量接近满载，需要进一步调整原有经济结构，为后续发展

留下空间；容量利用率为 100%～150%的控制单元主要是重点开发区-黄河-甘肃渭河单元（A0409），COD 超排 2653t，应采取措施减少排放，以保证水功能区能够自然可逆恢复；容量利用率为 150%～280%的控制单元为重点控制单元，主要为农产品主产区-内蒙古-内蒙古内流单元（B0204）和重点生态保护区-塔里木盆地-塔里木河内流单元（C0719），利用率分别为 189%和 276%，分别超排 3053t 和 5316t，需要采取工程治理措施恢复水功能目标。

地表水氨氮容量利用的空间分布情况如下所述。相对于 COD，氨氮利用率在 50%以下的控制单元较少，主要分布在内蒙古东北部、新疆北部的重点生态保护区；大部分控制单元的氨氮容量利用率为 80%～100%，在各省、各主体功能区均有分布；氨氮容量利用率为 100%～150%的控制单元主要分布在宁夏和内蒙古地区的黄河干流区，重点发展区-黄河-内蒙古单元（A0407）、重点发展区-黄河-宁夏单元（A0408）、重点生态保护区-青藏高原-甘肃黄河干流单元（C0614），氨氮分别超排 3005t、2260t、18t；氨氮容量利用率为 150%～280%的控制单元为重点控制单元，主要为重点发展区-黄河-甘肃渭河单元（A0409）、重点发展区-黄河-青海黄河干流单元（A0411），分别超排 1652t 和 1229t，需要采取工程治理措施恢复水功能目标。

从陆上污染源排放的分析看，污染物排放在主体功能区类型的分布上以重点开发区为主，从排放源来看，COD 以农业排放为主（56%），氨氮以城镇生活排放为主（54%）（表 5-17）。城镇生活排放是需要重点关注的领域，尤其是全部区域的氨氮和重点开发区的 COD 削减。

表 5-17　西北五省各主体功能区的 COD 和氨氮排放类型

主体功能区	COD 排放				氨氮排放			
	农业占比（%）	城镇占比（%）	工业占比（%）	排放总量（t）	农业占比（%）	城镇占比（%）	工业占比（%）	排放总量（t）
重点开发区	45	30	25	935 870	15	58	27	80 651
农产品主产区	60	14	26	532 087	26	48	27	34 356
重点生态保护区	69	19	13	626 036	23	49	27	38 386
总计	56	23	22	2 093 993	20	54	27	153 394

在空间分布上，COD 排放关注重点为内蒙古东北部的重点生态保护区和农产品主产区（农业 COD 排放比例平均达 77%）以及黄河发展区。COD 超排严重的区域重点关注农产品主产区-内蒙古-内蒙古内流单元（B0204）和重点生态保护区-塔里木盆地-塔里木河内流单元（C0719）（COD 容量利用率分别为 189%和 276%），农业 COD 排放比例达到 87%和 79%，是这两个地区的重点减排领域。

在空间分布上，以黄河发展区的氨氮排放总量最高（城镇生活氨氮排放比例 58%），也是氨氮超排严重的重点区域：重点发展区-黄河-甘肃渭河单元（A0409）、重点发展区-黄河-青海黄河干流单元（A0411）（氨氮容量利用率分别为 572%和 194%），城镇氨氮排放占比达到 73%和 80%，城镇生活是这两个地区的重点减排领域。

从工业产值、废水排放和污染物排放的比例来看，金属冶炼、采矿业、石化、化工、食品、造纸属于 6 大重点关注工业行业，这 6 大行业占工业总产值的比例为 73%、废水排放量为 87%、COD 排放量为 92%、氨氮排放量为 95%。其中，工业 COD 排放的主要关注行业是化工、食品和造纸行业，分别占工业 COD 总排放量的 36%、26%和 15%。工业氨氮排放主要关注行业是化工、石化、食品行业和金属冶炼行业，分别占工业氨氮总排放量 45%、16%、13%和 12%（图 5-1）。

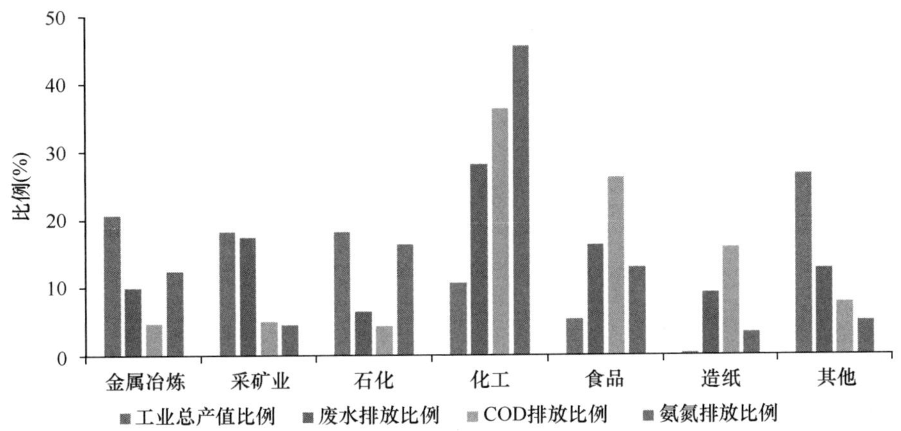

图 5-1　西北五省主要工业行业产值和污染排放情况（彩图见封底二维码）

从工业 COD 排放的空间分布来看，化工产业的重点关注区域是新疆农产品主产区（8.2 万 t）和重点开发区（6.2 万 t）（COD 容量利用率 38%），食品行业的重点关注区域是黄河发展区（6.8 万 t）、内蒙古农产品区（2.6 万 t）、河西内流生态保护区（1.8 万 t，COD 容量利用率 42%），造纸行业的重点关注区域是黄河发展区（4.5 万 t，COD 容量利用率 42%）。

从工业氨氮排放的空间分布来看，化工产业的重点关注区域是新疆农产品主产区（11 002t）、黄河发展区（9310t）、河西内流重点生态保护区（7010t）、内蒙古农产品主产区（3481t，氨氮容量利用率 87%），石化产业的重点关注区域是塔里木盆地重点生态保护区（3996t）、黄河发展区（6213t，氨氮容量利用率 102%），金属冶炼行业的重点关注区域是黄河发展区（13 910t）和内蒙古中部重点生态保护区（2639t，氨氮容量利用率 102%），食品行业的重点关注区域是黄河发展区（6482t）。

（五）太湖水环境容量与最大允许排放限值

1. 太湖水环境功能分区及水质目标

根据江苏省政府批准实施的《江苏省地表水（环境）功能区划》，目前太湖水体环境功能区分为五里湖、竺山湖、梅梁湖、贡湖、胥湖以及太湖湖心区 6 个功能区域（其中，太湖湖心区分属无锡、苏州两个行政区域管理）。除五里湖外，其余功能区域具体分区情况见表 5-18。

为了更好地进行水环境容量的计算，有必要细化功能区边界，进一步实施以污染带控制为基础的水环境容量计算。通过对太湖流域西岸主要入湖河道污染物通量与入湖污染物纵向扩散距离进行研究，选取污染物入湖最大通量作为最不利条件，计算该条件下的污染物纵向扩散距离，作为功能区边界划分依据（图 5-2）。湖泊水体分区方法概念如下。

表 5-18　江苏省太湖地表水（环境）功能区划表

湖区	水功能区	重点控制城镇	起止位置	面积（km^2）	功能区类型	控制断面	2010 年	2020 年
太湖湖心区	太湖湖体保护区	无锡、苏州	无锡、苏州	774	饮用水源	拖山等	Ⅱ	Ⅱ
梅梁湖	太湖梅梁湖饮用水源、景观用水区	无锡市区、滨湖区	乌龟山、拖山、白芍山一线-东北湖岸	180.4	饮用水源、景观娱乐	梅园水厂、小湾里水厂、月亮湾、闾江口、中桥水厂、长桥	Ⅲ	Ⅲ
竺山湖	太湖竺山湖渔业用水区	无锡	无锡		渔业用水		Ⅳ	Ⅲ
胥湖	太湖胥湖饮用水水源、景观娱乐用水区	苏州	苏州		饮用水源、景观娱乐		Ⅲ	Ⅲ
贡湖	贡湖饮用水水源保护区	无锡	无锡市	148	饮用水源		Ⅲ	Ⅲ

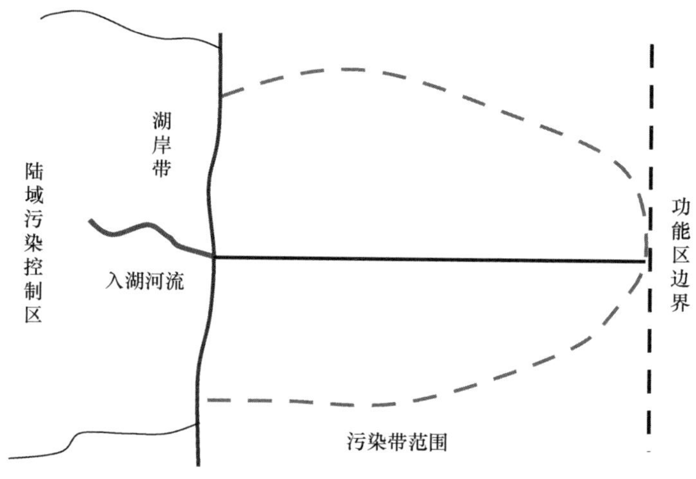

图 5-2　水功能区边界优化核定图

最大日通量的计算采用最不利条件，即流量选取最大日流量，污染物浓度选取水质监测资料与功能区水质指标中较大的数据进行计算。COD 最大日通量排在前三位的分别是太滆南运河、苕溪和大浦港，横塘河的最小；氨氮最大日通量排在第一位的依然是太滆南运河，接着是官渎港和乌溪港，横塘河的最小；对于总氮（TN）最大日通量来说，太滆南运河仍然占据第一位，社渎港和官渎港紧随其后，分列第二、第三位，横塘河的依旧最小；总磷（TP）最大日通量排名和 COD 一样。各污染物最大日通量最大值和最小值都在太滆南运河和横塘河，COD、氨氮、TN 和 TP 最大日通量最大值分别是 1496.66t/d、32.93t/d、41.91t/d 和 2.77t/d；最小值分别是 50.25t/d、2.51t/d、6.28t/d 和 0.50t/d。

主要入湖河道流入湖体之后的污染物混合扩散过程采用太湖水量水质模型进行模拟计算，并对主要入湖河道污染物通量和污染带纵向扩散距离的相关关系进行了研究。通过污染物通量与污染带纵向扩散距离的研究，选取最不利条件下（即污染物最大通量与最不利太湖风场作用）的纵向扩散距离，优化核定功能区边界。优化前和优化后的功能区边界如图 5-3 和图 5-4 所示。

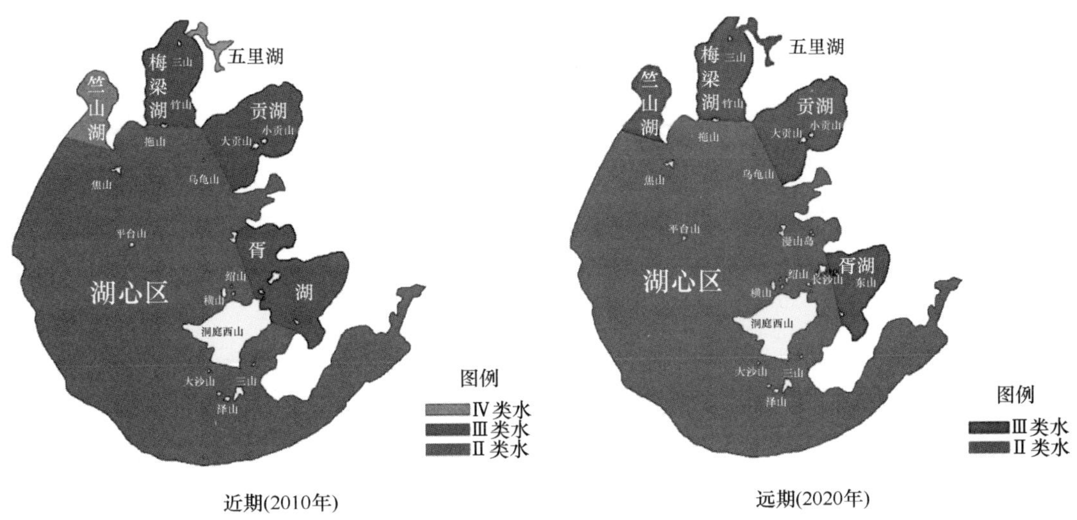

图 5-3 太湖水环境功能区划图（边界优化前）（彩图见封底二维码）

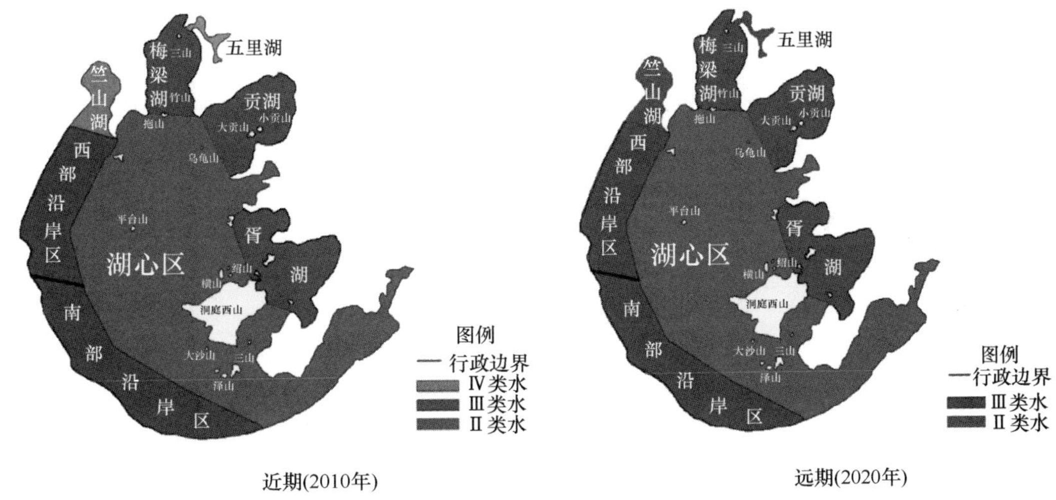

图 5-4 太湖水环境功能区划图（边界优化后）（彩图见封底二维码）

2. 太湖水环境容量计算结果

太湖流域入湖污染负荷现状见表 5-19。按照最终的水质目标 TN 浓度 1.0mg/L、TP 浓度 0.05mg/L，水环境容量为 13 690t/a 和 1102t/a。与当前污染负荷相比，主要污染物 TN、TP 入湖负荷量已超太湖水环境承载能力。入湖量分别超出承载力的 27.5%、15.8%。

根据入湖污染物贡献比重，其排序分别为 TN 工业＞＞城镇生活＞＞农村生活＞＞养殖＞＞种植；TP 农村生活＞＞城镇生活＞种植≈养殖。

通过风向频率加权平均计算得到太湖流场中的污染带的分布，得到的太湖流域水环境容量计算结果见表 5-20。由表 5-20 可见，在 TN 浓度 2.0mg/L、1.5mg/L 和 1.0mg/L

的阶段性水质目标下，其水环境容量分别为 24 156t/a、18 520t/a、13 690t/a；在 TP 浓度 0.07mg/L、0.05mg/L、0.05mg/L 的阶段性水质目标下，其水环境容量分别 1748t/a、1102t/a、1102t/a。

表 5-19 太湖流域入湖污染负荷现状与水环境容量比对表 （单位：t/a）

污染源类别	COD	氨氮	TN	TP
工业	36 219	1 620	5 792	295
城镇生活	18 005	2 032	4 353	229
农村生活	22 737	2 596	3 899	329
养殖业	4 721	356	897	209
种植业	2 455	609	2 524	214
合计	84 137	7 213	17 465	1 276
水环境容量（按III类）			13 690	1 102

表 5-20 太湖水环境容量计算结果 （单位：t/a）

湖区	总氮			总磷			COD			氨氮		
	2015 年	2020 年	2030 年	2015 年	2020 年	2030 年	2015 年	2020 年	2030 年	2015 年	2020 年	2030 年
	2.0mg/L	1.5mg/L	1.0mg/L	0.07mg/L	0.05mg/L	0.05mg/L	4.5mg/L	4.0mg/L	4.0mg/L	0.46mg/L	0.45mg/L	0.45mg/L
梅梁湖	1 463	1 140	903	106	66	66	7 741	7 034	7 034	525	511	511
五里湖	73	54	30	6	4	4	722	627	627	39	37	37
贡湖	2 162	1 684	1 334	156	99	99	19 277	17 515	17 515	776	756	756
竺山湖	5 860	4 265	2 411	424	268	268	57 193	49 630	49 630	3 154	2 915	2 915
胥湖	51	40	32	4	2	2	858	780	780	18	18	18
西部沿岸区	7 987	6 224	4 930	578	364	364	57 623	52 358	52 358	2 866	2 793	2 793
南部沿岸区	3 912	3 049	2 415	283	178	178	21 353	19 403	19 403	1 403	1 368	1 368
湖心区	2 648	2 064	1 635	191	121	121	6 883	6254	6 254	475	462	462
合计	24 156	18 520	13 690	1 748	1 102	1 102	171 650	153 601	153 601	9 256	8 860	8 860

三、水资源对区域社会经济发展的支撑能力

（一）研究方法

在历史资料搜集和社会调查基础上，综合考虑区域自产水和上游来水条件，定量描述我国区域水资源短缺程度，表征水资源条件对区域社会经济发展的支撑能力；通过构建全国评价模型，探讨我国区域水资源支撑能力空间格局，分析其与人口、GDP 指标的关系以及对区域产业结构及规模的约束。

（二）全国水资源与社会经济发展现状分析以及协调性评价

由于我国水资源空间分布的不平衡性和全国人口、耕地、生产力布局分布的差异性，造成许多地区水资源支撑能力的不足，本次研究在区域水资源发展特性分析的基础上，

选取了若干水资源及区域社会经济评价指标对全国水资源支撑能力进行定量分析，针对全国 72 个水资源一级区，以省域为单位进行了评价，得到了各区域发展指标对水资源的协调度以及综合协调度（详见丛书第二卷）。

1. 总体结果

整体而言，水资源与区域经济综合协调度空间分布趋势基本一致。总体协调度分布情况如图 5-5 所示。

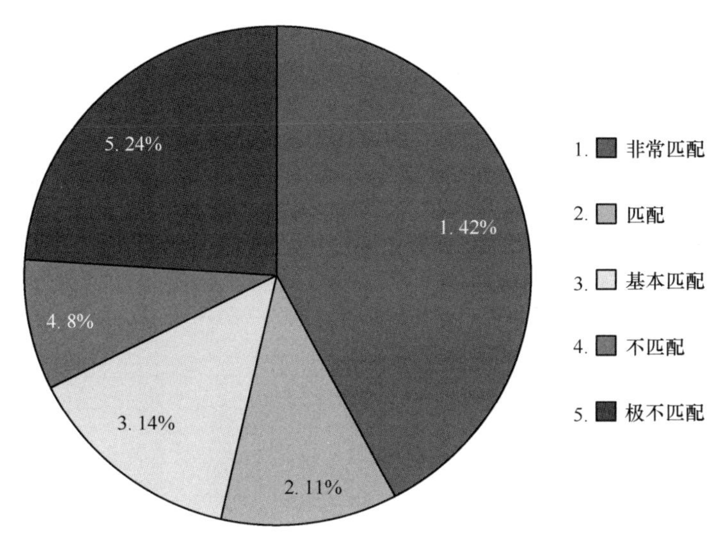

图 5-5　综合协调度评价结果总体情况

其中，综合协调度为“极不匹配”的单元有 17 个，占全部评价单元的 24%。大部分位于黄河流域（6 个）、海河流域（6 个）以及辽河流域（2 个），个别单元位于西北诸河流域（2 个）及淮河流域（1 个），涵盖天津、河北、河南、山东、辽宁、内蒙古、山西、陕西、甘肃以及宁夏 10 个省（自治区、直辖市）。这 17 个单元水资源与社会经济发展极不协调，单元所在区域人口密集、社会经济发展程度高，但水资源极度匮乏，供需矛盾十分尖锐，区域的持续发展将受到水资源的制约，区域发展所新增的水资源需求需要通过调水才能得以满足。其中，综合协调度排名最后的 5 个单元分别为黄河流域-宁夏、黄河流域-内蒙古、黄河流域-陕西、黄河流域-山西、西北诸河流域-内蒙古。

“不匹配”的单元有 6 个，占全部评价单元的 8%。分别为松花江流域-吉林、黄河流域-甘肃、长江流域-江苏、长江流域-河南、海河流域-北京，这些单元所在区域当前的发展已受到水资源不足的影响，未来的发展将逐步受到水资源的制约。

“基本匹配”的单元有 10 个，占全部评价单元的 14%。其中长江流域 1 个，淮河流域 3 个，辽河流域 2 个，松花江流域 2 个，西北诸河流域 2 个，区域水资源基本能够支撑社会经济发展，但是潜力较小。

“匹配”的单元有 8 个，占全部评价单元的 11%。其中长江流域 5 个，黄河流域 1 个，淮河流域 1 个，松花江流域 1 个。这些地区发展基本不受水资源的制约，水资源对其发展具有较大支撑能力，社会经济发展空间大。

“非常匹配”的单元为30个，占全部评价单元的42%。这些单元水资源与社会经济匹配度处于理想状态，水资源对社会经济支撑能力极强。该类型单元大部分位于南方（包括长江流域、西南诸河流域、东南诸河流域以及珠江流域）。其中综合协调度排名前5的单元都位于西藏、青海，分别为长江流域-西藏、西北诸河流域-西藏、西南诸河流域-青海、西南诸河流域-西藏、长江流域-青海，该部分区域水资源较充足，但人烟稀少，社会经济发展相对滞后，且水资源开发利用成本较高，但在经济发展到一定水平时，可以认为这些地区具有支付其较大的开发成本的经济实力。

2. 区域分布

从区域上看，我国水资源对区域社会经济发展的综合支撑能力南方整体优于北方，而北方又以华北和西北最差（图5-6）。

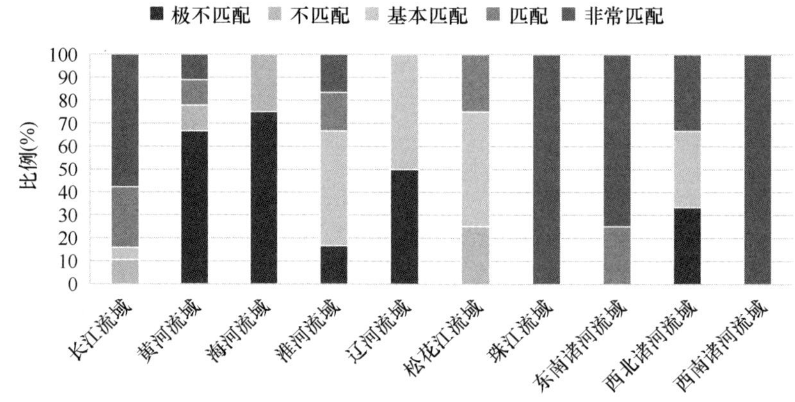

图5-6 综合协调度评价结果分流域情况

从流域上看，辽河、黄河和海河流域水资源支撑能力最差，这些流域水资源本底条件差，水资源开发利用程度高，人口密集，生产力布局集中，流域大部分区域水与社会经济协调程度处于“极不匹配”状态和“不匹配”状态，其中海河流域单元评价结果均为“极不匹配”和“不匹配”，黄河流域、辽河流域评价结果为“极不匹配”和“不匹配”的单元占到78%和50%，西北诸河、淮河流域和松花江流域次之，协调程度为“基本匹配”、“不匹配”情况普遍，部分地区甚至出现“极不匹配”情况。其中，西北诸河流域虽然水资源匮乏，但是流域许多地区，如新疆、西藏人口密度小，因此评价结果显示社会经济发展与水资源不协调程度较辽河、黄河和海河流域稍好，但需要特殊说明的是，区域部分地区，如西北诸河-新疆维吾尔自治区虽然整体人口密度较小，综合协调度评价结果为基本匹配，但是由于区内气候干旱，生态用水需求较大，实际供需矛盾十分尖锐；淮河流域和松花江流域虽然水资源相对充足，但是社会经济发展程度高，因此水资源支撑能力稍显不足。长江、西南诸河、东南诸河以及珠江流域由于水资源禀赋条件好，水资源支撑能力较强，大部分地区协调程度达到“匹配”或“非常匹配”，比例分别为84%、100%、100%和100%。

就行政区而言，北京、天津、河北、山西、宁夏、甘肃、辽宁、山东、河南、陕西、内蒙古等省份水资源支撑能力最弱，大部分区域综合协调度为“极不匹配”；新疆、吉林、安徽、江苏和黑龙江次之，水资源对区域经济发展支撑能力有限；其他省份水资源支撑能力较好，但局部地区（如上海）水资源与社会经济发展部分指标（GDP、工业增加值）协调度较低。

3. 分指标分析

总体而言，水资源与工业增加值协调度较好的单元最多，匹配和非常匹配的单元共41个，占57%，不匹配和极不匹配的单元共24个，占33%（图5-7）；水资源与GDP协调程度次之，匹配和非常匹配的单元共37个，占51%，不匹配和极不匹配的单元共25个，占35%（图5-8）；水资源与耕地协调程度最差，不匹配和极不匹配的单元共30个，占42%，匹配和非常匹配的单元共34个，占48%（图5-9）。

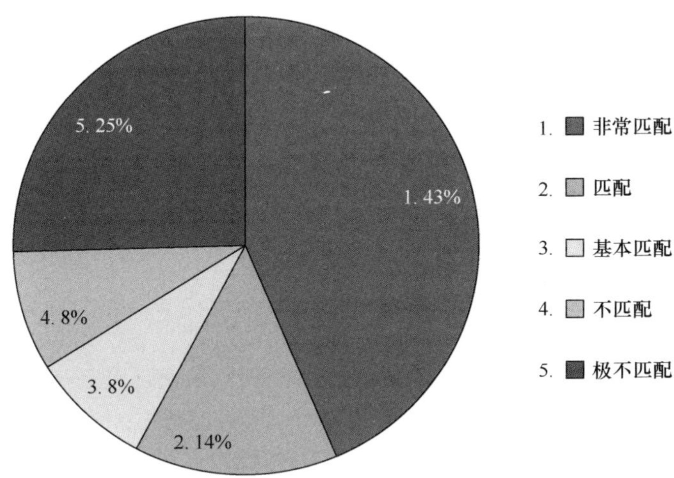

图5-7　水资源与工业增加值协调度评价结果总体情况

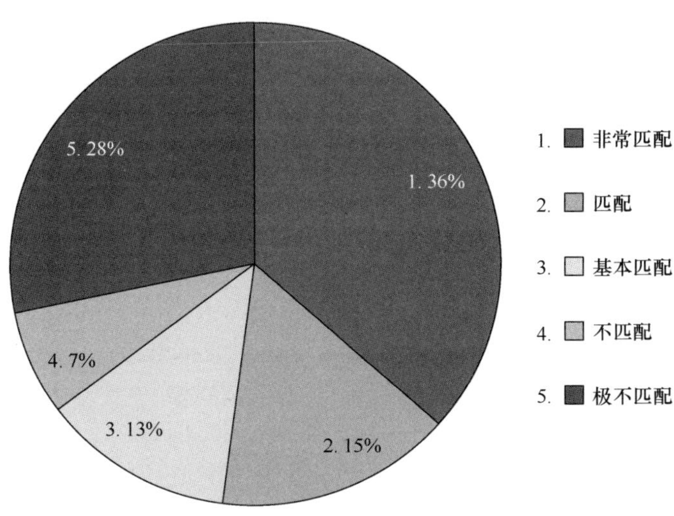

图5-8　水资源与GDP协调度评价结果总体情况

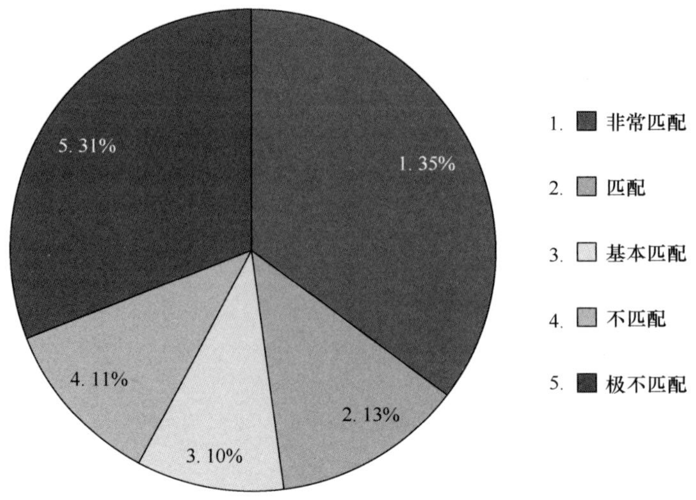

图 5-9　水与耕地协调度评价结果总体情况

从区域分布看，GDP、工业增加值与水资源协调度跟综合协调度分布情况基本一致，整体呈现南方优于北方的趋势。矛盾最突出的仍然是辽河、黄河、海河三大流域，而西北流域、淮河流域次之。但在长三角地区（长江流域-江苏、长江流域-上海、长江流域-浙江 3 个单元），由于区域人口和生产力高度集中，且水资源较西南、中南地区不够充沛，因此虽然水资源与社会经济发展整体基本匹配，但是水资源与 GDP、工业增加值极不匹配。耕地与水资源协调度与综合协调度分布差异较大。黄河、海河、淮河、西北诸河矛盾十分突出，辽河流域、松花江流域次之，而长江流域、珠江流域、东南诸河流域、西南诸河流域匹配程度最高，在一些水资源条件不强、耕地面积较大、一产比重相对较大的地区（如新疆），水资源与社会经济发展协调程度基本匹配，但是水资源与耕地却极不匹配，农业水资源供需矛盾十分突出（表 5-21）。

表 5-21　水资源与社会经济发展协调度评价结果

一级区	省份	指标相对数					指标协调度				综合评价
		人均水资源量	单位面积水资源量	人均GDP	人均工业增加值	人均耕地面积	GDP	工业增加值	人均耕地面积	综合协调度	
松花江	内蒙古	3.97	0.40	1.27	0.91	4.32	1.72	2.41	0.51	1.56	匹配
松花江	辽宁	1.27	0.69	0.73	0.81	1.92	1.34	1.21	0.51	1.05	基本匹配
松花江	吉林	0.70	0.66	1.08	1.22	2.35	0.63	0.55	0.29	0.50	不匹配
松花江	黑龙江	1.03	0.60	0.81	0.68	3.44	1.01	1.20	0.24	0.84	基本匹配
辽河	河北	0.36	0.23	0.25	0.14	1.35	1.16	2.18	0.22	1.18	基本匹配
辽河	内蒙古	0.44	0.18	0.99	0.76	3.09	0.31	0.41	0.10	0.28	极不匹配
辽河	辽宁	0.38	0.80	1.33	1.44	1.04	0.44	0.41	0.57	0.47	极不匹配
辽河	吉林	0.76	0.93	0.74	0.76	1.85	1.14	1.12	0.46	0.93	基本匹配
海河	北京	0.09	0.67	2.00	0.86	0.21	0.19	0.44	1.80	0.75	不匹配
海河	天津	0.05	0.46	2.10	2.33	0.33	0.12	0.11	0.76	0.31	极不匹配
海河	河北	0.13	0.38	0.84	0.94	0.91	0.30	0.27	0.28	0.29	极不匹配
海河	山西	0.19	0.28	0.76	0.70	1.36	0.30	0.33	0.17	0.27	极不匹配
海河	内蒙古	0.44	0.18	0.83	1.04	4.13	0.37	0.29	0.07	0.26	极不匹配

续表

一级区	省份	指标相对数					指标协调度				综合评价
		人均水资源量	单位面积水资源量	人均GDP	人均工业增加值	人均耕地面积	GDP	工业增加值	人均耕地面积	综合协调度	
海河	辽宁	0.40	0.45	0.81	0.71	0.86	0.52	0.60	0.49	0.53	不匹配
海河	山东	0.12	0.45	0.91	0.94	1.18	0.31	0.31	0.24	0.29	极不匹配
海河	河南	0.11	0.62	0.87	1.12	0.72	0.42	0.33	0.51	0.42	极不匹配
黄河	山西	0.14	0.24	0.74	0.89	1.19	0.26	0.22	0.16	0.22	极不匹配
黄河	内蒙古	0.32	0.13	2.05	3.03	2.57	0.11	0.07	0.09	0.09	极不匹配
黄河	山东	0.12	0.53	1.37	1.26	0.73	0.24	0.26	0.45	0.31	极不匹配
黄河	河南	0.16	0.52	0.84	1.04	0.90	0.41	0.33	0.38	0.37	极不匹配
黄河	四川	12.69	0.91	0.41	0.05	0.35	16.44	131.69	19.42	51.91	非常匹配
黄河	陕西	0.20	0.30	1.05	1.22	1.38	0.23	0.20	0.18	0.21	极不匹配
黄河	甘肃	0.34	0.30	0.52	0.44	2.03	0.61	0.72	0.16	0.51	不匹配
黄河	青海	2.09	0.47	0.67	0.54	1.03	1.91	2.36	1.24	1.84	匹配
黄河	宁夏	0.08	0.07	0.84	0.73	1.89	0.09	0.10	0.04	0.08	极不匹配
淮河区	江苏	0.23	1.04	0.92	0.77	0.83	0.69	0.82	0.76	0.75	基本匹配
淮河区	安徽	0.32	1.14	0.51	0.51	1.22	1.43	1.44	0.60	1.18	基本匹配
淮河区	山东	0.16	0.74	1.26	1.35	0.81	0.36	0.33	0.56	0.41	极不匹配
淮河区	河南	0.22	0.97	0.67	0.68	0.97	0.88	0.88	0.61	0.80	基本匹配
淮河区	湖北	1.19	1.32	0.53	0.55	0.83	2.37	2.27	1.51	2.08	非常匹配
长江	上海	0.06	1.51	1.93	1.52	0.15	0.40	0.52	5.21	1.88	匹配
长江	江苏	0.17	1.19	2.38	2.61	0.49	0.29	0.26	1.39	0.61	不匹配
长江	浙江	0.40	2.31	1.92	2.27	0.55	0.71	0.60	2.46	1.20	基本匹配
长江	安徽	0.85	2.15	0.93	1.12	0.85	1.62	1.34	1.76	1.58	匹配
长江	福建	1.86	4.29	1.30	1.14	0.41	2.36	2.69	7.48	4.00	非常匹配
长江	江西	1.68	3.20	0.69	0.74	0.70	3.56	3.31	3.49	3.46	非常匹配
长江	河南	0.35	0.88	0.71	0.80	1.10	0.87	0.77	0.56	0.75	不匹配
长江	湖北	0.87	1.90	0.92	0.90	0.90	1.51	1.55	1.55	1.53	匹配
长江	湖南	1.22	2.71	0.79	0.77	0.63	2.48	2.55	3.11	2.69	非常匹配
长江	广东	2.11	2.45	1.26	1.07	0.50	1.81	2.12	4.56	2.73	非常匹配
长江	广西	3.55	4.01	0.70	0.40	1.07	5.42	9.47	3.54	6.07	非常匹配
长江	重庆	0.93	2.35	0.92	0.80	0.84	1.78	2.05	1.95	1.91	匹配
长江	四川	1.55	1.88	0.70	0.73	0.82	2.46	2.35	2.09	2.32	非常匹配
长江	贵州	1.29	2.01	0.54	0.45	1.38	3.04	3.71	1.20	2.69	非常匹配
长江	云南	1.24	1.33	0.66	0.50	1.13	1.95	2.59	1.14	1.90	匹配
长江	西藏	24.08	1.22	0.30	0.01	1.16	42.40	1903.84	10.87	591.37	非常匹配
长江	陕西	1.64	1.44	0.52	0.41	0.65	2.98	3.72	2.38	3.02	非常匹配
长江	甘肃	1.59	4.80	0.21	0.09	2.15	5.91	2.53	0.58	3.30	非常匹配
长江	青海	42.56	0.38	0.40	0.18	0.41	53.25	117.13	52.24	72.11	非常匹配
东南诸河	浙江	0.95	3.21	1.37	1.30	0.35	1.52	1.60	5.90	2.86	非常匹配
东南诸河	安徽	3.02	3.85	0.82	0.65	0.56	4.18	5.30	6.10	5.09	非常匹配
东南诸河	福建	1.45	3.22	1.28	1.33	0.38	1.82	1.75	6.09	3.08	非常匹配

续表

一级区	省份	指标相对数					指标协调度				综合评价
		人均水资源量	单位面积水资源量	人均GDP	人均工业增加值	人均耕地面积	GDP	工业增加值	人均耕地面积	综合协调度	
东南诸河	江西	1.19	0.09	0.52	0.37	0.41	1.24	1.72	1.57	1.48	匹配
珠江	福建	2.64	3.40	0.66	0.57	0.53	4.56	5.28	5.73	5.13	非常匹配
珠江	江西	2.91	2.81	0.39	0.17	0.56	7.31	17.34	5.08	9.65	非常匹配
珠江	湖南	2.35	3.12	0.60	0.49	0.66	4.57	5.52	4.13	4.73	非常匹配
珠江	广东	0.84	3.55	1.26	1.30	0.30	1.75	1.69	7.41	3.43	非常匹配
珠江	广西	1.39	2.29	0.51	0.36	0.80	3.59	5.06	2.31	3.65	非常匹配
珠江	海南	1.68	3.10	0.76	0.27	0.91	3.15	8.84	2.64	4.70	非常匹配
珠江	贵州	4.92	2.13	0.88	0.61	3.81	4.02	5.79	0.93	3.62	非常匹配
珠江	云南	2.13	2.76	0.72	0.77	1.29	3.41	3.18	1.89	2.88	非常匹配
西南诸河	广西	1.56	2.64	0.27	0.3	1.72	7.92	7.00	1.22	5.64	非常匹配
西南诸河	云南	3.33	2.16	0.33	0.13	1.80	8.22	20.74	1.52	9.97	非常匹配
西南诸河	西藏	73.46	2.50	0.58	0.11	1.39	65.06	335.27	27.31	134.80	非常匹配
西南诸河	青海	44.04	1.00	0.39	0.02	0.75	58.05	1285.55	30.06	417.90	非常匹配
西南诸河	新疆	—	—	—	—	—	—	—	—	—	—
西北诸河	河北	0.57	0.30	0.49	0.31	5.04	0.89	1.41	0.09	0.80	基本匹配
西北诸河	内蒙古	0.69	0.03	1.31	1.11	3.33	0.27	0.32	0.11	0.24	极不匹配
西北诸河	西藏	47.38	0.13	0.46	0.02	0.22	51.23	1378.43	107.63	466.31	非常匹配
西北诸河	甘肃	0.44	0.06	0.75	0.30	1.88	0.34	0.83	0.13	0.42	极不匹配
西北诸河	青海	11.48	0.13	2.01	3.48	1.45	2.89	1.67	3.99	2.85	非常匹配
西北诸河	新疆	1.79	0.17	0.80	0.66	2.03	1.23	1.48	0.48	1.08	基本匹配

注：水资源数据根据《全国水资源综合规划》成果，为多年平均数据（1956～2000年）；其他数据为2013年统计数据、各省市2014年统计年鉴数据

（三）京津冀地区水资源支撑能力评价

1. 现状与挑战

京津冀地区大部分位于海河流域，包含北京、天津、河北3个省市，人口密集，经济发达，是我国经济创新活力最强、开放程度最高、人口最为密集的区域之一，区域内水资源与经济社会发展矛盾也十分突出。京津冀地区以占全国0.9%的水资源量，提供了占全国4%的供水量，支撑了占全国8%的人口和8%的灌溉面积，产出占全国8.2%的GDP，该区域为公认的“资源型”严重缺水地区，多年平均条件下，人均水资源量仅为236m^3，即使加上南水北调中线一期水量，区域平均人均水资源量也只有279m^3，仅为全国平均的13%，远低于国际公认的人均水资源量（500m^3）的严重缺水线。

在京津冀一体化战略的推动下，京津冀地区将是城市快速发展地。2008年以来，京津冀三地城镇人口年均增加257万人，其中北京年均增加73万人，年均增加生活用水量2800万m^3。如果人口增加仍然按照这一幅度，到2020年，仅仅考虑人口增加一项因素，南水北调中线一期调水量和北京本地水资源量仅能够维持基本供需平衡，到2030

年年度缺水将达到 3 亿 m^3 以上，届时如果没有外来水源保证，仍然只能依靠超采地下水来解决，必将陷入新一轮的生态破坏期。

同时，京津冀地区高耗水产业又相对集中，产业布局与水资源不相适配现象仍然十分突出，既加剧了水资源紧张状况，又限制了水资源利用效率的进一步提升。例如，河北省钢铁、化工、火电、纺织、造纸、建材、食品七大高耗水工业用水量占工业用水总量的 80%以上。在农业播种面积中，小麦播种灌溉用水比例仍然较大。

与京津冀水资源供需严峻情势相对应的是京津冀用水效率和水资源利用程度已经达到很高水平的基本现状，这也给未来水资源供需保障带来很大难度。2013 年，京津冀地区水资源总量利用率达到 70%以上，水资源开发利用程度很高。用水效率方面，全国省级行政区用水效率比较（图 5-10），可以看出，无论是用人均用水量、万元 GDP 用水量、万元工业增加值用水量、亩均灌溉用水量还是用灌溉水有效利用系数等指标评价用水效率，京津冀地区所在省份整体均领先于国内其他区域。从国际上比较来看（图 5-11），可分为两个梯次，第一梯次（北京、天津）已经接近或达到发达国家水平，第二梯次（河北）水资源利用效率优于发展中国家水平，但离发达国家还有一定距离，是未来水资源挖潜关键区域。

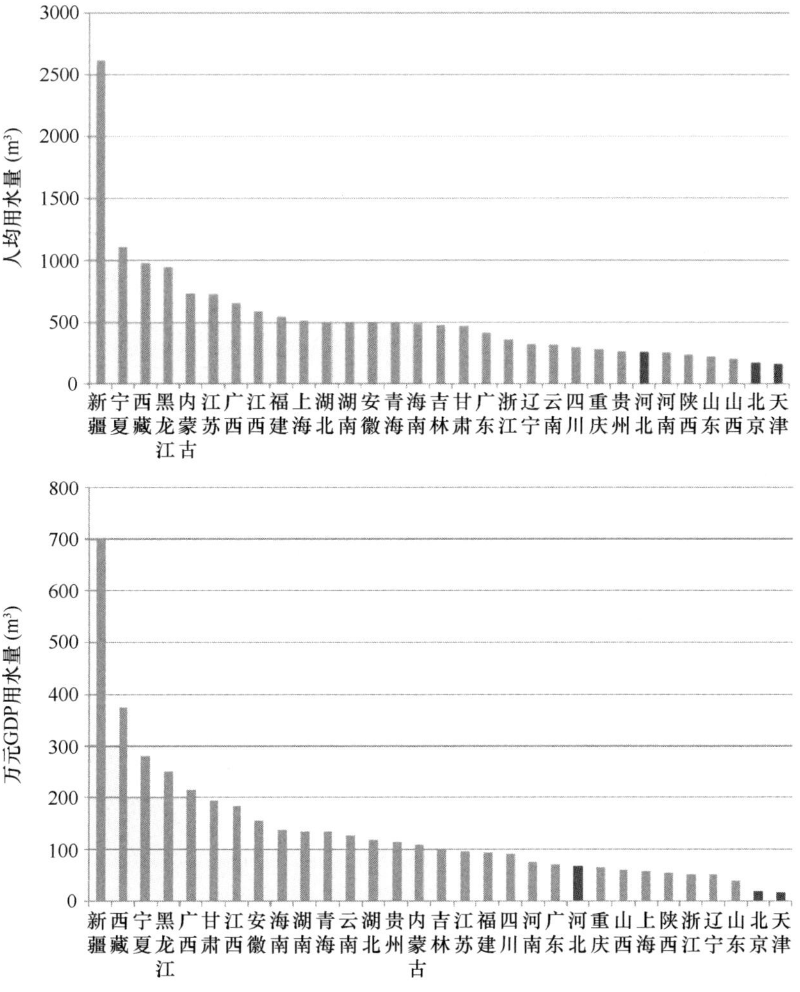

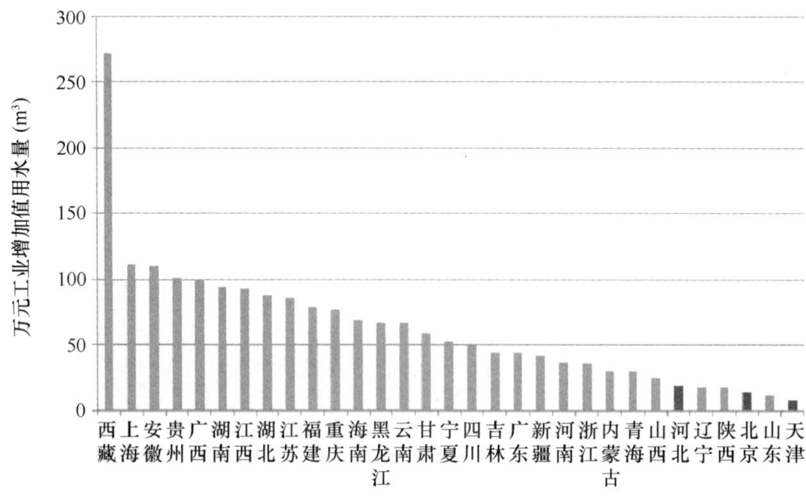

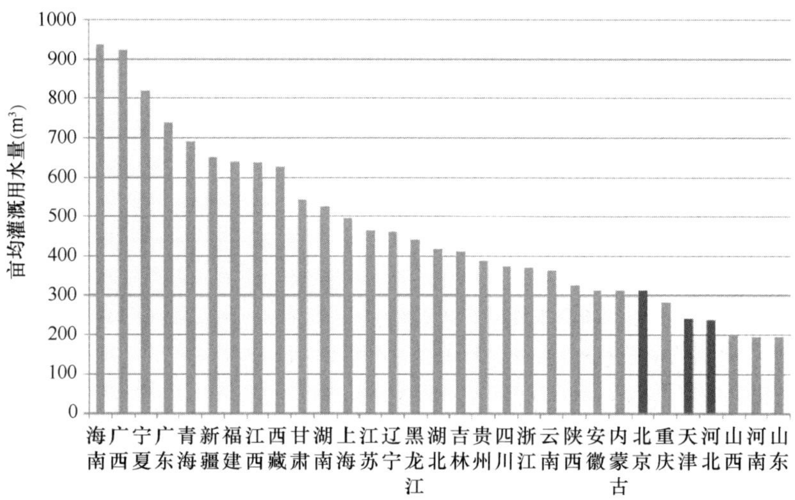

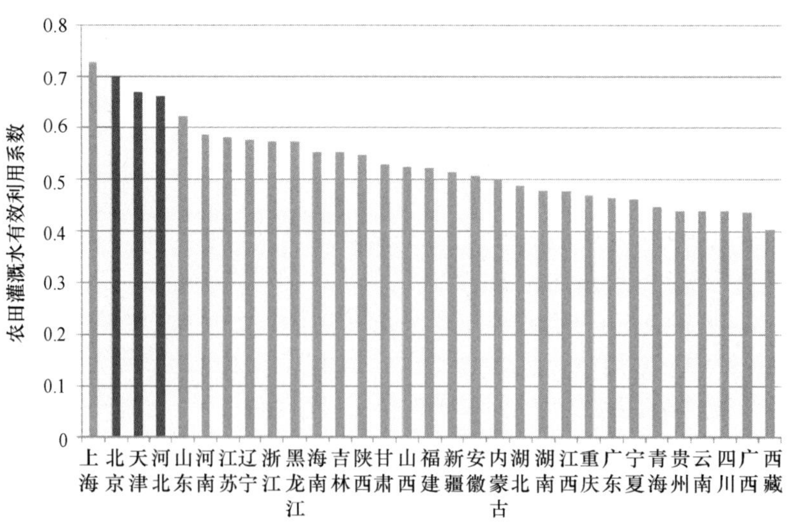

图 5-10 全国省级行政区用水效率比较

深色为京津冀地区包含的省市

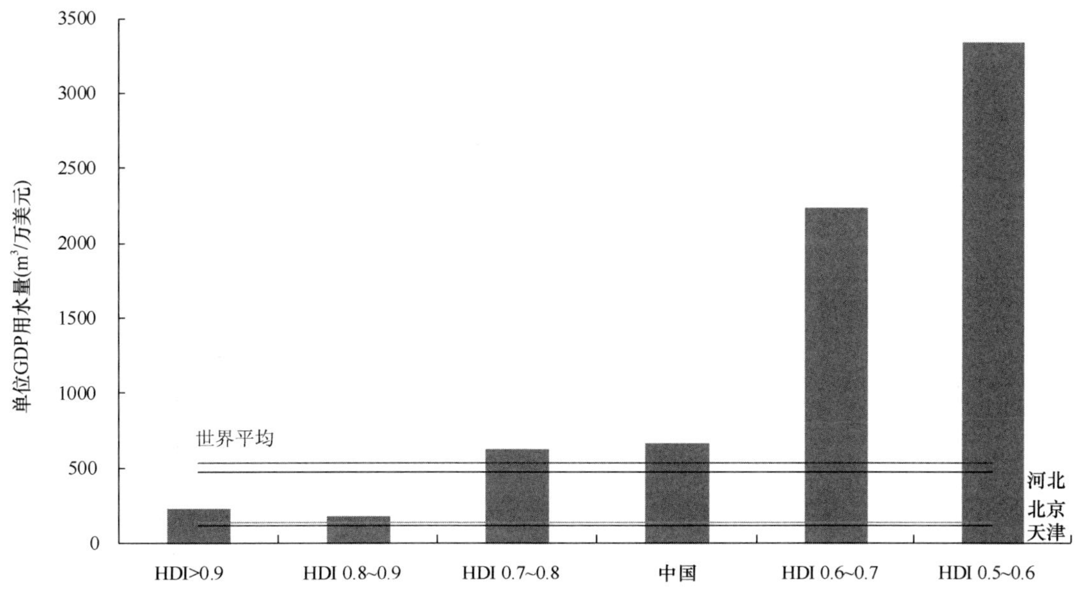

图 5-11 京津冀地区与不同发展水平国家万美元 GDP 用水效率比较

图中 HDI 为人类发展指数，HDI 大于 0.9 的国家多为发达国家，HDI 为 0.5～0.8 国家多为亚洲、非洲、拉丁美洲的发展中国家，HDI 小于 0.5 的国家多为亚洲、非洲的欠发达国家

2. 京津冀地区节水潜力与未来供需匹配分析

从京津冀地区开发利用现状和用水水平可以看出，京津冀地区整体水资源开发利用程度高，同时用水效率也已达到较高水平，仅在部分区域农业、工业和城镇生活等方面存在一定的节水潜力。第一梯队地区为北京和天津，水资源利用率水平整体达到或接近发达国家水平，虽然存量节水潜力有限，但水资源短缺仍将是其长期面对的基本水情，尤其是北京市和天津市，需要大力实施深度节水战略，充分挖掘各行业节水潜力，适度控制需求规模，推进京津冀一体化战略，稀释人口、城镇化带来的刚性需求，继续增强社会节水意识、完善节水体制机制，遏制奢侈用水和浪费用水的现象；第二梯队地区为河北省，由于地下水长期超采以及经济社会发展导致的用水刚性需求增加等因素，生态环境用水历史欠账较多，高耗水、大污染的工业比重高，需要继续优化产业结构。本次研究以 2030 年为未来水平年，从节约用水潜力角度评估京津冀地区未来供需平衡状态，分析水资源对该地区社会经济的支撑能力。

（1）节水潜力分析

农业节水潜力：由于各省市特点和定位不同，京津冀地区不同省市农业节水应采取不同的适宜性对策措施，主要包括结构节水、农艺节水以及管理节水三个方面。

挖掘结构节水潜力的措施主要有以下几个方面。调整农业产业结构、转变发展方式，构建与区域定位相一致的农业产业模式和规模；渠系工程配套与渠系防渗、管道化输水、喷灌、微喷、滴灌等；土地精细平整和畦块整理、良种化和平衡施肥以及深耕、深松、免耕栽培、地膜覆盖、秸秆覆盖等保墒措施；制定合理农业灌溉水价、水资源统一管理、节水灌溉政策法规、组织管理、经济机制、宣传教育和科学灌溉等。最终应达到《节水灌溉工程技术规范》（GB/T 50363—2018）的规定，“灌溉水利用系数，应符合下列规定：

大型灌区不应低于 0.55；中型灌区不应低于 0.65；小型灌区不应低于 0.75；全部实行井渠结合的灌区，渠灌时的渠系水利用系数可在上述范围内降低 0.10；部分实行井渠结合的灌区可按井渠结合灌溉面积占全灌区面积的比例降低。”假定到 2030 年区域全面达到规范目标，根据区域不同类型灌区面积比例和发展目标，结合相关研究不同类型灌区灌溉节水与资源节水的比例关系，区域农业资源节水潜力约为 6.7 亿 m^3（表 5-22）。

表 5-22　京津冀地区各省市供用水情况

省市	灌溉面积（万亩）	2013 年灌溉用水量（亿 m^3）	2013 年灌溉水有效利用系数	2030 年灌溉水有效利用系数	节水潜力（亿 m^3）
北京市	348	9	0.7	0.76	0.4
天津市	483	12	0.67	0.72	0.3
河北省	6524	138	0.66	0.74	6.0

工业节水潜力：京津地区工业节水重点在于现有工业，新兴工业原则上应符合当时的节水标准。提升工业用水效率的方向主要在于调整产业结构，限制高耗水工业规模；提高管理水平，加强计划用水，严格控制废污水的排放；改造工业设备和生产工艺，更新换代用水装置、改进生产工艺、推广节水器具；促进工业内部循环用水，提高水的重复利用率。工业节水潜力评价首先是分析科学技术进步和节水型工业结构调整对节水的影响，在此基础上，综合采取各类节水措施，提高工业用水重复利用率，进一步降低工业用水定额，提高工业用水效率。2030 年区域工业节水潜力为 3.9 亿 m^3（表 5-23）。

表 5-23　京津冀地区各省市工业供用水情况

省市	2013 年			2030 年				
	工业增加值（亿元）	万元工业增加值用水量（m^3）	工业用水量（亿 m^3）	结构调整和科技进步		管理措施、工艺设备节水		节水潜力（m^3）
				万元工业增加值用水量（m^3）	工业需水量（亿 m^3）	万元工业增加值用水量（m^3）	工业需水量（m^3）	
北京市	3537	14	5	10.1	3.6	9	3.2	0.4
天津市	6679	8	5	5.8	3.9	5.2	3.4	0.4
河北省	13195	19	25	11.7	15.4	9.3	12.3	3.1

城镇生活节水潜力：城镇生活用水需求取决于城镇人口规模、节水器具推广应用和节水意识提升情况等。根据《建筑给水排水设计规范》（GB 50015—2003）和《室外给水设计规范》（GB 50013—2006）规定的居民生活用水定额标准，结合京津冀地区现状用水定额的实际情况以及今后各区域发展的差异，预测京津冀地区城镇生活用水需求量。在此基础上，通过节水宣传与提高水价、推广使用节水器具、中水利用和管网改造减少输水漏失等途径，进一步促进城镇生活节水。预计到 2030 年，区域城镇生活节水潜力可达到 7.7 亿 m^3（表 5-24）。

表 5-24　京津冀地区各省市供用水情况

省市	城镇人口（万人）	城市化率（%）	2030 年城镇人口（万人）	2030 年需水定额［L/（人·d）］	2030 年节水定额［L/（人·d）］	节水潜力（亿 m^3）
北京市	1825	86	2000	260	242	1.3
天津市	927	63	1176	160	132	1.2
河北省	3528	48	4477	170	138	5.2

（2）未来供需匹配分析

1）需求层面。根据《全国水资源综合规划配置阶段关键成果》，充分考虑节水对压缩用水需求的作用，2030 年京津冀地区社会经济需水总量将增加到 317.1 亿 m³，其中各行业节水对降低需求增量的贡献为 18.3 亿 m³，但水资源需求总量仍比 2013 年实际用水量净增 65.5 亿 m³。2030 年以后，由于城镇化水平已经很高，同时各行业用水效率提升空间较小，未来需水增长主要是社会经济发展带来的刚性增长。

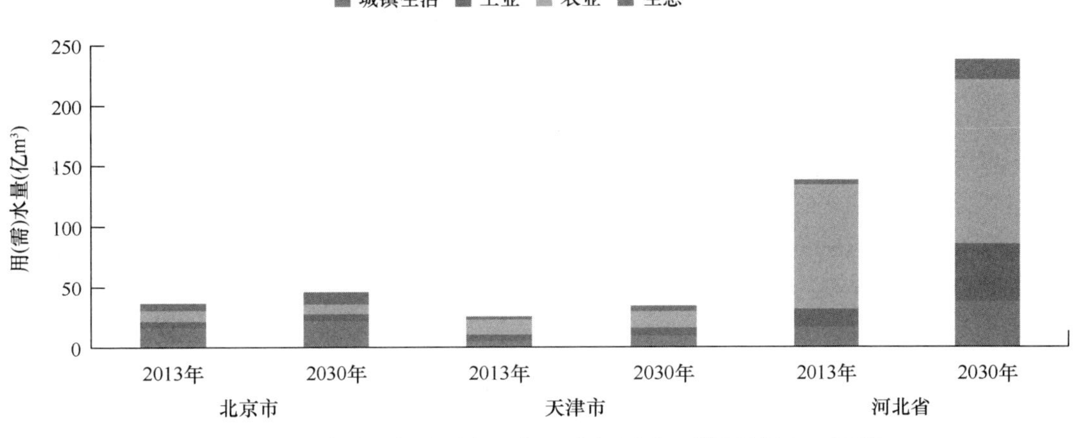

图 5-12 京津冀地区各省用水现状及需水预测（彩图见封底二维码）

2）供给层面。根据《全国水资源综合规划配置阶段关键成果》，依据京津冀地区本底水资源条件和水生态环境状态，按照地表供水基本维持现状、地下水严格控采并保持适当修复、再生水和海水淡化等非常规水源大力发展、充分利用南水北调东中线一期调水量的原则，评估 2030 年受水区供水潜力，2030 年京津冀地区可供水量约 302.9 亿 m³，基本结果如图 5-13 所示。

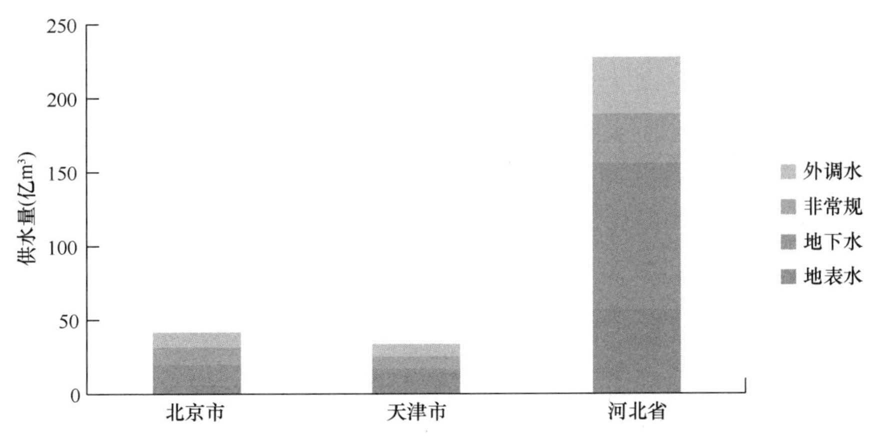

图 5-13 京津冀地区各省 2030 年供水量（彩图见封底二维码）

3）供需匹配分析。2030 年京津冀地区供需平衡评估结果见表 5-25。供给方面，根据区域本底水资源条件和水生态环境状态，按照地表供水基本维持现状，充分利用区域内南水北调一期工程和引黄水调入水量 56.3 亿 m³，增加非常规水源利用量 53.3 亿 m³，并控制地下水超采及适当恢复地下水。需求方面充分挖掘节水潜力 18.3 亿 m^3，同时考虑支撑区域快速城镇化带来的城镇生活用水的刚性增加，综合平衡分析，2030 年京津冀地区仍然缺水约 14.2 亿 m^3，而且缺口主要以城镇生活和工业刚性需求为主，主要位于河北省，缺水威胁尚未彻底消除。为了保障京津冀地区水资源安全，修复受水区水生态环境，促进京津冀地区未来社会经济的可持续发展，从水资源角度而言，应该“内部挖潜，外部调水”，充分挖掘用水潜力、高效利用外调水、必要补充外调水。

表 5-25　2030 年京津冀地区供需平衡表　（单位：亿 m^3）

省市	需水量	供水量	缺水量
北京市	45.6	41.8	3.8
天津市	34.0	33.7	0.3
河北省	237.5	227.4	10.1
合计	317.1	302.9	14.2

四、环境容量对煤油气资源开发的约束

（一）研究方法

分析我国煤油气资源开发现状及其造成的环境污染，利用情景分析法分析未来煤油气资源开发的污染排放与环境容量及水资源需求的关系，明确不同区域环境容量的差异对我国煤油气资源开发的约束。

（二）环境容量对煤炭开发的约束

1. SO_2 环境容量对我国煤炭开发及消费的约束

（1）SO_2 环境容量

煤炭开发及利用过程中排放了大量的污染物，成为大气污染的重要来源之一。根据环境保护部相关研究，“十三五”末全国 SO_2、NO_x 的排放约束目标为：SO_2 1880 万 t，NO_x 1200 万 t，据此测算出“十三五”末各地区的排放目标，与 2013 年排放量相比较，中东部地区的排放已超环境容量，全国仅内蒙古、黑龙江、海南、四川、云南、西藏、甘肃、青海、新疆还有排放容量（表 5-26）。

根据中国工程院《中国煤炭清洁高效可持续开发利用战略研究》，我国煤炭消费二氧化硫排放控制目标见表 5-27。

（2）煤炭生产二氧化硫排放

我国煤炭采选业二氧化硫近几年排放情况见表 5-28。根据 2013 年全国平均排放因子 0.32 万 t/亿 t 产煤，测算 2020 年、2030 年各地区排放数据见表 5-29。

（3）煤炭消费 SO_2 排放

1）按煤炭消费量测算。假定京津冀煤炭消费结构维持现有比例，西北五省煤炭消费结构参照国家结构调整，用煤行业 SO_2 去除率参照有关规划。

表 5-26 各地区 SO_2 排放量及至 2020 年排放容量 （单位：10^4t）

地区	SO_2 排放量（2013 年）	SO_2 排放目标（2020 年）	至 2020 年 SO_2 排放容量
北京	8.7	3.27	−5.43
天津	21.68	2.32	−19.36
河北	128.47	36.73	−91.74
山西	125.54	30.49	−95.05
内蒙古	135.87	230.16	94.29
辽宁	102.7	28.58	−74.12
吉林	38.15	36.46	−1.69
黑龙江	48.91	88.48	39.57
上海	21.58	1.23	−20.35
江苏	94.17	19.96	−74.21
浙江	59.34	19.81	−39.53
安徽	50.13	27.16	−22.97
福建	36.1	23.62	−12.48
江西	55.77	32.55	−23.22
山东	164.5	30.57	−133.93
河南	125.4	32.22	−93.18
湖北	59.94	36.17	−23.77
湖南	64.13	41.21	−22.92
广东	76.19	34.98	−41.21
广西	47.2	46.05	−1.15
海南	3.24	6.89	3.65
重庆	54.77	16.03	−38.74
四川	81.67	94.22	12.55
贵州	98.64	34.28	−64.36
云南	66.31	74.57	8.26
西藏	0.42	238.99	238.57
陕西	80.62	40.04	−40.58
甘肃	56.2	88.27	32.07
青海	15.67	140.53	124.86
宁夏	38.97	12.92	−26.05
新疆	82.94	323.92	240.98
全国	2043.92	1872.68	−171.24
京津冀	158.85	42.32	−116.53
西北五省	274.4	605.68	331.28

表 5-27 我国煤炭消费二氧化硫控制目标 （单位：10^4t）

用煤行业名称	2020 年	2030 年
电力行业	700	500
工业锅炉及炉窑	600	450
煤化工	15	10
合计	1315	960

数据来源：中国工程院《中国煤炭清洁高效可持续开发利用战略研究》

表 5-28　我国煤炭采选业 SO_2 排放情况

年份	各行业排放总量（万 t）	煤炭采选业排放（万 t）	占比（%）
2004	1746.25	15.21	0.87
2005	1980.47	21.04	1.06
2006	2041.8	14.50	0.71
2007	1972.23	17.53	0.89
2008	1839.18	14.87	0.81
2009	1694.06	14.99	0.88
2010	1705.45	16.03	0.94
2011	1896.46	12.93	0.68
2012	1775.82	12.49	0.70
2013	1689.23	12.62	0.75

数据来源：历年的中国环境统计年鉴

表 5-29　各地煤炭行业生产 SO_2 排放测算　（单位：万 t）

产煤省区	2013 年		2020 年		2030 年	
	产量	SO_2 排放	产量	SO_2 排放	产量	SO_2 排放
河北	7 739	0.25	8 600	0.28	7 000	0.22
北京	500	0.02	400	0.01	0	0.00
天津	0	0	0	0	0	0
京津冀	8 239	0.26	9 000	0.29	7 000	0.22
陕西	50 323	1.61	50 000	1.60	47 600	1.52
宁夏	8 800	0.28	10 000	0.32	9 300	0.30
甘肃	4 521	0.14	8 000	0.26	7 200	0.23
新疆	14 204	0.45	30 000	0.96	28 300	0.91
青海	3 128	0.10	2 200	0.07	2 000	0.06
西北五省	80 977	2.59	100 200	3.21	94 400	3.02
全国	397 432	12.72	420 000	13.44	380 800	12.19

表 5-30　用煤行业 SO_2 去除率　（单位：%）

行业	二氧化硫去除率		
	2013 年	2020 年	2030 年
电力行业	90	95	95
非电力行业	60	80	80

2）煤炭发电。国务院办公厅《关于印发能源发展战略行动计划（2014—2020 年）的通知》（国办发〔2014〕31 号）提出采用最先进节能节水环保发电技术，重点建设锡林郭勒、鄂尔多斯、晋北、晋中、晋东、陕北、哈密、准东、宁东 9 个千万千瓦级大型煤电基地。初步测算 9 个煤电基地主要资源消耗量和排放量见表 5-33。

3）煤化工。根据 2014 年国家发改委发放路条项目，初步预测西北五省煤化工项目二氧化硫排放数据见表 5-34。

表 5-31 煤炭消费 SO_2 排放测算

地区	2013 年			2020 年			2030 年		
	煤消费（万 t）	发电供热占比（%）	SO_2 排放（万 t）	煤消费（万 t）	发电供热占比（%）	SO_2 排放（万 t）	煤消费（万 t）	发电供热占比（%）	SO_2 排放（万 t）
北京	2 019	56.9	7.13	900	56.9	1.59	0	56.9	0.00
天津	5 279	76.7	13.37	4 200	76.7	5.32	3 200	76.7	4.05
河北	31 663	35.3	146.34	26 500	35.3	61.24	2 400	35.3	5.55
京津冀	38 961	41.7	166.84	31 600	41.7	68.15	5 600	41.7	9.60
陕西	17 248	24.1	89.43	17 500	34.1	40.96	18 000	39.1	39.86
甘肃	6 541	60.4	21.94	6 500	70.4	9.26	6 500	75.4	8.44
青海	2 073	22.6	10.91	2 000	32.6	4.76	2 000	37.6	4.51
宁夏	8 534	56.2	30.46	8 500	66.2	13.03	9 000	71.2	12.66
新疆	14 206	67.3	42.70	14 500	77.3	18.14	15 000	82.3	16.87
西北五省	48 602	44.2	195.44	49 000	54.2	86.15	50 500	59.2	82.34
全国	432 216	44.7	1 791.79	421 300	55.0	764.24	389 200	60.0	656.97

表 5-32 煤电基地测算基础数据

名称	单位	指标	备注
年运行	h	5000	参照目前水平
煤耗	g/（kW·h）	300	《能源发展战略行动计划（2014—2020 年）》目标值
水耗	m^3/（s·GW）	0.1	空冷大机组
SO_2	mg/Nm^3	≤50	《火电厂大气污染物排放标准》（GB 13223—2011）
NO_x	mg/Nm^3	≤100	《火电厂大气污染物排放标准》（GB 13223—2011）
烟尘	mg/Nm^3	≤20	《火电厂大气污染物排放标准》（GB 13223—2011）

表 5-33 煤电基地排放测算

地区	基地	规模（万 kW）	煤耗（万 t）	水耗（万 t）	SO_2（万 t）	NO_x（万 t）
内蒙古	锡林郭勒	3 104	6 518	5 587	5.62	9.13
	鄂尔多斯	4 600	9 660	8 280	8.33	13.52
山西	晋北	1 760	3 696	3 168	3.19	5.17
	晋中	2 200	4 620	3 960	3.98	6.47
	晋东	3 560	7 476	6 408	6.44	10.47
陕西	陕北	4 200	8 820	7 560	7.60	12.35
新疆	哈密	1 600	3 360	2 880	2.90	4.70
	准东	4 750	9 975	8 550	8.60	13.97
宁夏	宁东	1 600	3 360	2 880	2.90	4.70
小计		27 374	57 485	49 273	49.55	80.48

资料来源：煤电基地环评及规划资料

（4）排放分析

1）情景一。根据煤炭消费量预测初步测算 2020 年、2030 年我国煤炭生产、消费排放二氧化硫的情况，见表 5-35。从表 5-35 中看出，天津、宁夏煤炭开发、消费产生的二氧化硫排放量在总指标量中的占比将上升，需要重点关注。

表 5-34 规划煤化工项目二氧化硫排放预测数据 （单位：t）

名称	二氧化硫预计排放	
	2020 年	2030 年
新疆	19 110	36 468
陕西	641	1 282
宁夏	1 543	2 483
甘肃	532	1 064
青海	0	0
西北五省	21 826	41 297
全国	54 996	125 491

表 5-35 煤炭开发利用排放 SO_2 情景一

地区	2013			2020			2030			煤炭开发利用排放占环境容量比（%）		
	煤炭生产（万 t）	煤炭消费（万 t）	小计（万 t）	煤炭生产（万 t）	煤炭消费（万 t）	小计（万 t）	煤炭生产（万 t）	煤炭消费（万 t）	小计（万 t）	2013 年	2020 年	2030 年
北京	0.02	7.13	7.15	0.01	1.59	1.6	0	0	0	59.58	20.00	0.00
天津		13.37	13.37		5.32	5.32		4.05	4.05	55.71	29.56	31.15
河北	0.25	146.34	146.59	0.28	61.24	61.52	0.22	5.55	5.77	146.59	69.91	9.31
京津冀	0.27	166.84	167.11	0.29	68.15	68.44	0.22	9.60	9.82	122.88	60.03	12.13
陕西	1.61	89.43	91.04	1.6	40.96	42.56	1.52	39.86	41.38	124.71	83.45	103.45
甘肃	0.14	21.94	22.08	0.26	9.26	9.52	0.23	8.44	8.67	78.86	47.60	54.19
青海	0.1	10.91	11.01	0.07	4.76	4.83	0.06	4.51	4.57	183.50	161.00	152.33
宁夏	0.28	30.46	30.74	0.32	13.03	13.35	0.3	12.66	12.96	146.38	89.00	108.00
新疆	0.45	42.7	43.15	0.96	18.14	19.1	0.91	16.87	17.78	46.40	45.48	57.35
西北五省	2.58	195.44	198.02	3.21	86.15	89.36	3.02	82.34	85.36	89.60	68.21	83.69
全国	12.72	1791.79	1804.51	13.44	764.24	777.68	12.19	656.97	669.16	78.02	49.28	58.14

2）情景二。在 2012 年排放值的基础上，考虑煤电基地和煤化工项目排放增加，初步测算 2020 年、2030 年煤炭开发利用产生的二氧化硫排放量见表 5-36。表中天津尽管煤炭消费总量下降，产生的二氧化硫排放量占总排的比例仍上升；陕西、甘肃、宁夏如不降低现有煤炭消费，煤电基地、煤化工项目建成后煤炭开发利用产生的二氧化硫排放占比将上升。

表 5-36 煤炭开发利用排放 SO_2 情景二

地区	2013 年	2020 年			2030 年			煤炭排放占环境容量比（%）		
	煤炭排放（万 t）	煤电基地（万 t）	煤化工（万 t）	小计（万 t）	煤电基地（万 t）	煤化工（万 t）	小计（万 t）	2013 年	2020 年	2030 年
北京	7.13			3.18			0	59.42	39.75	0.00
天津	13.37			10.64			8.11	55.71	59.11	62.38
河北	146.34			122.48			11.09	146.34	139.18	17.89
京津冀	166.84			136.30			19.20	122.68	119.56	23.70
陕西	89.43	3.8	0.06	88.24	7.6	0.13	92.11	122.51	173.02	230.28
甘肃	21.94		0.05	57.3		0.11	57.36	78.36	286.50	358.50

续表

地区	2013 年	2020 年			2030 年			煤炭排放占环境容量比（%）		
	煤炭排放（万 t）	煤电基地（万 t）	煤化工（万 t）	小计（万 t）	煤电基地（万 t）	煤化工（万 t）	小计（万 t）	2013 年	2020 年	2030 年
青海	10.91			15.39			15.39	181.83	513.00	513.00
宁夏	30.46	1.45	0.15	42.26	2.9	0.25	43.81	145.05	281.73	365.08
新疆	42.7	5.75	1.91	87.27	11.5	3.65	94.76	45.91	207.79	305.68
西北五省	195.44	11	2.18	290.47	22	4.13	303.42	88.43	221.73	297.47
全国	1791.79	24.78	5.5	2147.91	49.55	12.55	2179.73	77.47	136.12	189.38

2. 水资源对煤电基地装机规模的限制

（1）水资源情况

我国煤炭资源与水资源在地理上呈逆向分布，而且分布极不均衡，南北差异很大。南方地区水资源丰富，但煤炭储量少，开采条件差；北方富煤地区煤炭储量和开采量占全国的 2/3 以上，水资源只占全国的 1/3。尤其是煤炭资源富集的山西、陕西、内蒙古、宁夏、新疆、甘肃等地区煤炭保有储量占全国的 79%，煤炭产量占全国的 90%，而水资源总量仅占全国的 10%左右。

按照相关部门的初步估算，若《煤炭工业发展“十二五”规划》发展目标全部实现，按照现有的耗水量指标，2015 年国家 14 个煤炭基地采煤需水量将达 66.47 亿 m^3，煤电需水量将达到 22.18 亿 m^3，煤化工的需水量为 12.22 亿 m^3，全国大型煤炭开发利用基地共动用的水资源量将达到 100 亿 m^3，或者按目前的建设进度到 2020 年将达到 100 亿 m^3 的需水量。

综合考虑煤炭资源储量、水资源、生态环境以及区域经济社会发展，将全国煤炭开发划分为晋陕蒙宁甘、新疆、冀鲁豫皖、云贵川渝、东北和两湖一江六大区域。针对以上研究区域，根据《2013 年中国环境年鉴》，整理出以上六大区域各省区 2012 年水资源用量情况，并对 2020 年的水资源需求情况进行预测，具体内容见表 5-37。

表 5-37　主要产煤省区水资源使用情况及预测　（单位：亿 m^3）

区域		水资源总量	供水总量	用水总量	2020 年可用水资源量	增量空间	其中工业可用水量
晋陕蒙甘宁	山西	106.2	73.4	73.4	79.6	6.2	15.5
	陕西	390.5	88	88	95.5	7.5	13.3
	内蒙古	510.3	184.4	184.4	200.1	15.7	23.5
	宁夏	10.8	69.4	69.4	75.3	5.9	4.9
	甘肃	267	120.2	120.2	130.4	10.2	12.8
	小计	1 284.8	535.4	535.4	580.9	45.5	70
新疆	新疆	900.6	590.1	590.1	640.2	50.1	12.4
	小计	900.6	590.1	590.1	640.2	50.1	12.4
云贵川渝	云南	1 689.8	151.8	151.8	164.7	12.9	27.8
	贵州	974	91.5	91.5	99.3	7.8	25
	四川	2 892.4	245.9	245.9	266.8	20.9	54.7

续表

区域		水资源总量	供水总量	用水总量	2020 年可用水资源量	增量空间	其中工业可用水量
云贵川渝	重庆	476.9	82.9	82.9	89.9	7.0	39.4
	小计	6 033.1	572.1	572.1	620.7	48.6	146.9
东北	辽宁	547.3	142.2	142.2	154.3	12.1	23
	吉林	460.5	129.8	129.8	140.8	11.0	27.1
	黑龙江	841.4	358.9	358.9	389.4	30.5	41.7
	小计	1 849.2	630.9	630.9	684.5	53.6	91.8
冀鲁豫皖	河北	235.5	195.3	195.3	211.9	16.6	25.2
	山东	274.3	221.8	221.8	240.6	18.8	28.1
	河南	265.5	238.6	238.6	258.9	20.3	60.5
	安徽	701	289.3	289.3	313.9	24.6	97.5
	小计	1 476.3	945	945	1 025.3	80.3	211.3
湘鄂赣	湖南	1 988.9	328.8	328.8	356.7	27.9	94.5
	湖北	813.9	304.3	304.3	330.1	25.8	101.4
	江西	2 174.4	242.5	242.5	263.1	20.6	58.7
	小计	4 977.2	875.6	875.6	949.9	74.3	254.6
总计		16 521	4 149.1	4 149.1	4 501.4	352.3	787

注：总供水量主要包括地下水、地表水、调水量和再生水量等；总用水量主要包括农业用水、工业用水、生活用水、生态需水等。在用水方面，首先要保证城镇生活用水、生态用水和农业用水

从表 5-37 中可知各省区在现有水资源情况下每年用水增量空间不大，这将对各区域的煤炭资源开发及利用产生明显的约束，尤其是水资源相对匮乏而煤炭资源富集的晋陕蒙宁甘和新疆地区。

（2）煤炭生产用水情况

目前，我国相关政府部门及行业协会尚未系统的对煤炭开采过程中的用水量进行统计，参照《清洁生产标准 煤炭采选业》（HJ 446—2008）中对原煤生产水耗二级指标≤0.2m^3/t 的要求，根据煤炭产量预测数据初步分析煤炭生产用水量，见表 5-38。

表 5-38 京津冀、西北五省煤炭生产用水量预测 （单位：万 t）

产煤省区	用水量		
	2013 年	2020 年	2030 年
河北	1 548	1 720	1 400
北京	100	80	0
天津	0	0	0
京津冀	1 648	1 800	1 400
陕西	10 065	10 000	9 520
宁夏	1 760	2 000	1 860
甘肃	904	1 600	1 440
新疆	2 841	6 000	5 660
青海	626	440	400
西北五省	16 196	20 040	18 880
全国	79 488	84 000	76 160

（3）煤炭消费用水情况

1）发电。国家规划的 9 个煤电基地用水量见表 5-39。

表 5-39　9 个规划煤电基地用水量

地区	基地	规模（万 kW）	水耗（万 t）
内蒙古	锡林郭勒	3 104	5 587
	鄂尔多斯	4 600	8 280
山西	晋北	1 760	3 168
	晋中	2 200	3 960
	晋东	3 560	6 408
陕西	陕北	4 200	7 560
新疆	哈密	1 600	2 880
	准东	4 750	8 550
宁夏	宁东	1 600	2 880
小计		27 374	49 273

资料来源：煤电基地环评及规划资料

2）煤化工。根据国家发改委 2014 年路条项目初步统计，西北五省煤化工项目水资源消耗量见表 5-40。

表 5-40　2020 年、2030 年规划煤化工项目水资源消耗预测　（单位：万 t）

名称	2020 年	2030 年
新疆	17 049	36 195
陕西	1 348	2 696
宁夏	3 385.6	5 586
甘肃	924	1 848
青海	0	0
西北五省	22 706.6	46 325
内蒙古	22 862	59 105
全国	63 039	150 433

（4）用水分析

初步测算新增煤炭开采、煤电基地、煤化工项目用水量见表 5-41。从表 5-41 中可看出，新疆、陕西、宁夏煤炭开发利用新增用水数量较大，需要重点关注。

表 5-41　新增用水量表　（单位：万 t）

地区	水资源量	2013 年用水	2020 年新增				2030 年新增			
			开采	煤电	煤化	小计	开采	煤电	煤化	小计
北京	24.80	36.40	0.00			0	–0.01			–0.01
天津	14.60	23.80				0				0
河北	175.90	191.30	0.02			0.02	–0.01			–0.01
京津冀	215.30	251.50	0.02			0.02	–0.02			–0.02

续表

地区	水资源量	2013 年用水	2020 年新增				2030 年新增			
			开采	煤电	煤化	小计	开采	煤电	煤化	小计
陕西	353.80	89.20	–0.01	0.38	0.13	0.5	–0.05	0.76	0.27	0.98
甘肃	268.90	122.00	0.07		0.09	0.16	0.05		0.18	0.23
青海	645.60	28.20	–0.02			–0.02	–0.02			–0.02
宁夏	11.40	72.10	0.02	0.14	0.34	0.5	0.01	0.29	0.56	0.86
新疆	956.00	588.00	0.32	0.57	1.70	2.59	0.28	1.14	3.62	5.04
西北五省	2 235.70	899.50	0.38	1.09	2.26	3.73	0.27	2.19	4.63	7.09
全国	27 957.80	6 183.50	0.45	2.46	6.30	9.21	–0.33	4.93	15.04	19.64

（三）环境容量对油气开发的约束

1. 大气污染物环境容量对我国油气开发及消费的约束

（1）SO_2 排放

1）油气开发。原油开发排放 SO_2 采用排放系数法测算，测算结果见表 5-42。排放系数采用 2013 年全国平均水平（0.58t SO_2/10^4t 原油）。

表 5-42　京津冀、西北五省原油开发 SO_2 排放测算

地区	2013 年		2020 年		2030 年	
	产量（万 t）	SO_2 排放（t）	产量（万 t）	SO_2 排放（t）	产量（万 t）	SO_2 排放（t）
北京	0	0	0	0	0	0
天津	3 045	1 766	3 172	1 840	3 211	1 862
河北	591	343	619	359	605	351
京津冀	3 636	2 109	3 791	2 199	3 816	2 213
陕西	3 688	2 139	3 886	2 254	3 655	2 120
甘肃	73	42	796	462	72	42
青海	215	124	227	132	212	123
宁夏	6	4	0	0	2	1
新疆	2 793	1 620	2 791	1 619	2 768	1 605
西北五省	6 774	3 929	7 701	4 466	6 710	3 892
全国	20 992	12 175	21 400	12 412	21 500	12 470

采用排放系数法测算各地天然气开采二氧化硫排放量数据见表 5-43。排放系数取自《2010 年工业源污染物排放系数手册》。

2）原油加工。根据原油加工量初步测算各地原油加工排放二氧化硫数据见表 5-44。原油加工量根据现状和石化产业规划数据进行预测，二氧化硫排放因子取中国石化 2013 年平均排放因子 12.9t SO_2/万 t 原油。

3）油气开发、消费二氧化硫排放。油气开发、消费二氧化硫排放汇总数据见表 5-45。从表中可看出，京津冀、陕西、宁夏未来油气开发利用二氧化硫排放占总指标量比例上升，需要关注。

表 5-43 京津冀、西北五省天然气开发二氧化硫排放预测

地区	2013 年	2020 年		2030 年	
		基准（t）	技术进步（t）	基准（t）	技术进步（t）
天津	169	325	293	488	395
河北	140	155	139	232	188
北京	0	0	0	0	0
京津冀	309	480	432	720	583
陕西	3 354	6 446	5 802	9 670	7 832
青海	615	1 182	1 063	1 772	1 436
新疆	2 563	7 376	6 638	7 376	5 975
甘肃	0	0	0	0	0
宁夏	0	0	0	0	0
西北五省	6 531	15 004	13 503	18 818	15 242
全国	10 905	20 506	18 455	27 071	21 927

表 5-44 原油加工 SO_2 排放测算

地区	2013 年		2020 年		2030 年	
	原油消费（万 t）	SO_2 排放（t）	原油消费（万 t）	SO_2 排放（t）	原油消费（万 t）	SO_2 排放（t）
北京	871	11 236	871	11 236	871	11 236
天津	1 759	22 691	1 759	22 691	1 759	22 691
河北	1 386	17 879	1 836	23 684	3 836	49 484
京津冀	4 016	51 806	4 466	57 611	6 466	83 411
陕西	2 231	28 780	2 231	28 780	2 231	28 780
甘肃	1 576	20 330	1 576	20 330	1 576	20 330
青海	146	1 883	146	1 883	146	1 883
宁夏	463	5 973	463	5 973	463	5 973
新疆	2 561	33 037	3 461	44 647	3 461	44 647
西北五省	6 977	90 003	7 877	101 613	7 877	101 613
全国	48 875	630 488	58 325	752 393	73 175	943 958

（2）氮氧化物排放

1）油气开发。根据《中国环境统计年鉴（2014）》数据，2013 年我国油气开采排放氮氧化物约 2.4 万 t，按 2013 年油气当量产量 3.06 亿 t 测算，单位排放因子约 $0.784t/10^4t$ 油气。据此测算 2013 年、2020 年、2030 年我国油气生产排放氮氧化物数据见表 5-46。

2）原油加工。原油加工氮氧化物排放数据测算见表 5-47。排放因子参考 2013 年中国石化集团 2013 年实际综合排放数据（9.13t 氮氧化物/万 t 原油加工）。

3）油气消费。**成品油消费** 成品油消费与经济增长有着紧密的关联，随着我国经济步入新常态，经济增长从高速转为中高速，成品油需求增长也随之放缓。另外，新能源对成品油的影响也在逐渐加大，国务院 2013 年印发《大气污染防治行动计划》，提出要大力推广新能源汽车，并采取直接上牌、财政补贴等措施鼓励个人购买，表明国家对更加环保的新能源日益重视。此外，京津冀等环境重点区域汽车限行和限购措施也对该地区油品消费产生负面影响。从表 5-48 可看出，京津冀地区汽柴油消费出现拐点；

表 5-45　油气生产消费二氧化硫排放

地区	2013 年（t）				2020 年（t）				2030 年（t）				占总环境容量比例（%）		
	原油开发	天然气开发	原油加工	小计	原油开发	天然气开发	原油加工	小计	原油开发	天然气开发	原油加工	小计	2013 年	2020 年	2030 年
北京			11 236	11 236			11 236	11 236			11 236	11 236	22.47	22.47	22.47
天津	1 766	169	22 691	24 626	1 840	325	22 691	24 856	1 862	488	22 691	25 041	20.52	20.71	20.87
河北	343	140	17 879	18 362	359	155	23 684	24 198	351	232	49 484	50 067	4.17	5.50	11.38
京津冀	2 109	309	51 806	54 224	2 199	480	57 611	60 290	2 213	720	83 411	86 344	8.89	9.88	14.15
陕西	2 139	3 354	28 780	34 273	2 254	6 446	28 780	37 480	2 120	9 670	28 780	40 570	10.71	11.71	12.68
甘肃	42		20 330	20 372	462		20 330	20 792	42		20 330	20 372	12.73	13.00	12.73
青海	124	615	1 883	2 622	132	1 182	1 883	3 197	123	1 772	1 883	3 778	8.74	10.66	12.59
宁夏	4		5 973	5 977	0		5 973	5 973	1		5 973	5 974	4.98	4.98	4.98
新疆	1 620	2 563	33 037	37 220	1 619	7 376	44 646	53 642	1 605	7 376	44 647	53 628	12.01	17.30	17.30
西北五省	3 929	6 531	90 003	100 463	4 466	15 004	101 613	121 083	3 892	18 818	101 613	124 323	10.69	12.88	13.23
全国	12 175	10 905	630 488	653 568	12 412	20 506	752 393	785 311	12 470	27 071	943 958	983 499	5.96	7.16	8.97

表 5-46　油气开采氮氧化物排放测算

地区	2013年				2020年				2030年			
	原油产量（万t）	天然气产量（亿m^3）	油气当量产量（万t）	NO_x排放（万t）	原油产量（万t）	天然气产量（亿m^3）	油气当量产量（万t）	NO_x排放（万t）	原油产量（万t）	天然气产量（亿m^3）	油气当量产量（万t）	NO_x排放（万t）
北京		7.5	59.76	0.00			0.00	0.00			0.00	0.00
天津	3 044.5	18.73	3 193.74	0.25	3 172	36	3 458.85	0.27	3 211	54	3 641.28	0.29
河北	591	15.58	715.14	0.06	619	17	754.46	0.06	605	26	812.17	0.06
京津冀	3 635.5	41.81	3 968.65	0.31	3 791	53	4 213.31	0.33	3 816	80	4 453.45	0.35
陕西	3 688	371.65	6 649.35	0.52	3 886	714	9 575.24	0.75	3 655	1 072	12 196.83	0.96
甘肃	72.8	0.17	74.15	0.01	796		796.00	0.06	72		72.00	0.01
青海	214.5	68.06	756.81	0.06	227	131	1 270.82	0.10	212	196	1 773.75	0.14
宁夏	6.1		6.10	0.00			0.00	0.00	2		2.00	0.00
新疆	2 792.5	283.98	5 055.29	0.40	2 791	545	7 133.63	0.56	2 768	817	9 277.96	0.73
西北五省	6 773.9	723.86	12 541.71	0.98	7 700	1 390	18 775.70	1.47	6 709	2 085	23 322.55	1.83
全国	20 992	1 208.58	30 622.12	2.40	21 018	2 000	36 954.25	2.90	21 500	3 000	45 404.38	3.56

表 5-47　原油加工氮氧化物排放测算　（单位：万 t）

地区	2013年		2020年		2030年	
	原油消费量	NO_x排放	原油消费量	NO_x排放	原油消费量	NO_x排放
北京	871	0.80	871	0.80	871	0.80
天津	1 759	1.61	1 759	1.61	1 759	1.61
河北	1 386	1.27	1 836	1.68	3 836	3.50
京津冀	4 016	3.67	4 466	4.08	6 466	5.90
陕西	2 231	2.04	2 231	2.04	2 231	2.04
甘肃	1 576	1.44	1 576	1.44	1 576	1.44
青海	146	0.13	146	0.13	146	0.13
宁夏	463	0.42	463	0.42	463	0.42
新疆	2 561	2.34	3 461	3.16	3 461	3.16
西北五省	6 977	6.37	7 877	7.19	7 877	7.19
全国	48 875	44.62	58 325	53.25	73 175	66.81

表 5-48　京津冀、西北五省汽柴油消费预测　（单位：万 t）

地区	汽柴油消费										
	2005年	2006年	2007年	2008年	2009年	2010年	2011年	2012年	2013年	2020年	2030年
北京	376	456	517	568	604	609	631	632	618	618	618
天津	344	363	395	439	485	539	583	632	537	537	537
河北	666	748	782	743	734	931	1 102	1 140	1 148	1 148	1 148
京津冀	1 386	1 567	1 694	1 750	1 822	2 078	2 316	2 403	2 303	2 303	2 303
陕西	480	490	567	663	742	787	853	874	743	1 088	1 365
甘肃	202	206	202	219	236	267	281	324	498	1 098	1 378
青海	75	77	91	100	110	116	131	136	144	253	318
宁夏	93	101	107	117	120	129	125	135	138	196	246
新疆	409	459	503	459	454	495	529	588	755	1 290	1 619
西北五省	1 259	1 332	1 470	1 558	1 661	1 793	1 920	2 056	2 278	3 925	4 925
全国	15 827	17 078	18 016	19 678	19 929	21 520	23 031	25 107	26 517	31 788	39 883

注：2005～2013 年数据取自《中国能源统计年鉴》

西北五省汽柴油消费仍呈增长趋势。因此，本报告预测 2020 年、2030 年京津冀汽柴油消费维持目前水平；西北五省汽柴油消费 2020 年前维持现有年均增长速度，2020～2030 年按全国年均增长水平考虑。

我国汽柴油主要用于机动车消费。根据环保部《中国机动车污染防治年报（2014）》，2013 年我国机动车共排放氮氧化物 640.6 万 t，碳氢化合物 431.2 万 t，一氧化碳 3439.7 万 t，颗粒物 59.4 万 t。据此初步预测京津冀、西北五省氮氧化物排放数据见表 5-49。

表 5-49　汽柴油消费氮氧化物排放预测　　（单位：万 t）

地区	氮氧化物排放		
	2013 年	2020 年	2030 年
北京	14.8	14.8	14.8
天津	12.9	12.9	12.9
河北	27.6	27.6	27.6
京津冀	55.3	55.3	55.3
陕西	17.8	26.1	32.8
甘肃	12.0	26.4	33.1
青海	3.5	6.1	7.6
宁夏	3.3	4.7	5.9
新疆	18.1	31.0	38.9
西北五省	54.7	94.2	118.2
全国	640.6	762.9	957.2

天然气消费　天然气消费主要的排放污染物为 NO_x。根据国家工业锅炉、燃机新排放标准和《第一次污染物普查生活污染源产排污系数手册》确定的天然气 NO_x 排放系数见表 5-50。根据 2013 年各地天然气消费结构（表 5-51）测算京津冀、西北五省天然气消费排放 NO_x，具体见表 5-52。

表 5-50　NO_x 排放系数　　（单位：t/亿 m^3）

名称	NO_x	备注
工业炉	120	新排放标准
燃机	78.5	新排放标准
居民	1000	《第一次污染物普查 生活污染源产排污系数手册》

4）油气生产、消费氮氧化物排放测算。油气生产、消费氮氧化物排放测算见表 5-53。表 5-53 中 2020 年、2030 年各地区氮氧化物排放总量数据取自《主体功能区环境容量约束力指标内涵及地区分解方案研究（第二稿）》（环境保护部环境规划院，2013 年 1 月）。从表 5-53 中可以看出，西北五省油气开发利用氮氧化物排放占指标总量比例均上升，需要关注。

表 5-51　2013 年各地天然气消费结构

地区	单位	天然气消费	供电热	工业	生活
北京	亿 m^3	98.81	44.17	42.7	11.94
比例	%		44.7	43.2	12.1
天津	亿 m^3	37.27	1.15	31.23	4.89
比例	%		3.1	83.8	13.1
河北	亿 m^3	49.3	3.01	38.49	7.8
比例	%		6.1	78.1	15.8
京津冀	亿 m^3	185.38	48.33	112.42	24.63
比例	%		26.1	60.6	13.3
陕西	亿 m^3	69.56	1.1	54.73	13.73
比例	%		1.6	78.7	19.7
甘肃	亿 m^3	23.14	0.42	19.17	3.55
比例	%		1.8	82.8	15.3
青海	亿 m^3	41.56	4.94	31.85	4.77
比例	%		11.9	76.6	11.5
宁夏	亿 m^3	19.57	1.03	16.65	1.89
比例	%		5.3	85.1	9.7
新疆	亿 m^3	127.21	20.94	97.3	8.97
比例	%		16.5	76.5	7.1
西北五省	亿 m^3	281.04	28.43	219.7	32.91
比例	%		10.1	78.2	11.7
全国	亿 m^3	1648.07	258.75	969.07	420.26
比例	%		15.7	58.8	25.5

表 5-52　各地天然气消费氮氧化物排放

地区	2013 年		2020 年		2030 年	
	天然气消费（亿 m^3）	氮氧化物（万 t）	天然气消费（亿 m^3）	氮氧化物（万 t）	天然气消费（亿 m^3）	氮氧化物（万 t）
北京	99	2.05	175	3.64	220	4.57
天津	38	0.88	120	2.81	283	6.63
河北	50	1.28	128	3.29	240	6.16
京津冀	186	4.22	423	9.73	743	17.36
陕西	70	2.06	94	2.75	154	4.51
甘肃	23	0.59	56	1.42	106	2.70
青海	42	0.90	60	1.30	80	1.73
宁夏	20	0.40	40	0.81	70	1.42
新疆	127	2.23	187	3.28	222	3.89
西北五省	282	6.18	437	9.56	632	14.25
全国	1648	55.69	3232	109.20	5205	175.87

表 5-53　油气生产消费氮氧化物排放测算

地区	2013 年（万 t）					2020 年（万 t）					2030 年（万 t）					占总环境容量比例（%）		
	油气开发	原油加工	成品油消费	天然气消费	小计	油气开发	原油加工	成品油消费	天然气消费	小计	油气开发	原油加工	成品油消费	天然气消费	小计	2013 年	2020 年	2030 年
北京	0	0.8	14.8	2.05	17.7	0	0.8	14.8	3.64	19.3	0	0.8	14.0	4.57	19.4	98.33	148.46	277.14
天津	0.25	1.61	12.9	0.88	15.6	0.27	1.61	12.9	2.81	17.6	0.29	1.61	12.1	6.63	20.6	45.88	92.63	147.14
河北	0.06	1.27	27.6	1.28	30.2	0.06	1.68	27.6	3.29	32.6	0.06	3.5	25.9	6.16	35.6	20.00	30.75	45.06
京津冀	0.31	3.67	55.3	4.22	63.5	0.33	4.08	55.3	9.73	69.4	0.35	5.9	52.0	17.36	75.6	31.28	50.29	75.6
陕西	0.52	2.04	17.8	2.06	22.5	0.75	2.04	26.1	2.75	31.7	0.96	2.04	30.8	4.51	38.3	33.58	83.42	132.07
甘肃	0.01	1.44	12.0	0.59	14.0	0.06	1.44	26.4	1.42	29.3	0.01	1.44	31.1	2.7	35.3	37.84	108.52	168.10
青海	0.06	0.13	3.5	0.9	4.5	0.1	0.13	6.1	1.3	7.6	0.14	0.13	7.2	1.73	9.2	37.50	108.57	184.00
宁夏	0	0.42	3.3	0.4	4.1	0	0.42	4.7	0.81	5.9	0	0.42	5.5	1.42	7.3	21.58	39.33	60.83
新疆	0.4	2.34	18.1	2.23	23.1	0.56	3.16	31.0	3.28	38.0	0.73	3.16	36.6	3.89	44.4	27.18	90.48	134.55
西北五省	0.98	6.37	54.7	6.18	68.2	1.47	7.19	94.2	9.56	112.4	1.83	7.19	111.3	14.25	134.6	31.00	87.13	134.60
全国	2.4	44.62	636.4	55.69	739.1	2.9	53.25	762.9	109.2	928.3	3.56	66.81	901.4	175.87	1147.6	28.85	56.33	92.55

2. 煤制油、煤制气

（1）煤化工项目规划情况

根据2014年国家发改委核发路条情况初步统计，全国各地煤化工项目规划情况见表5-54。

表5-54　我国煤化工项目规划统计

名称	煤制气（亿 m^3）			煤制油（万t）			煤制烯烃（万t）			甲醇制烯烃（万t）			煤制乙二醇（万t）		
	2015年	2020年	2030年	2015年	2020年	2030年	2015年	2020年	2030年	2015年	2020年	2030年	2015年	2020年	2030年
内蒙古	17	196	496	126	226	1046	106	240	474	0	60	120	20	65	110
新疆	14	245	435	0	0	540	0	0	0	0	0	0	5	15	25
陕西	0	0	0	0	50	100	0	35	70	0	0	0	0	0	0
宁夏	0	0	0	0	200	400	52	52	52	0	0	0	0	0	0
甘肃	0	0	0	0	0	0	0	35	70	0	10	20	0	0	0
青海	0	0	0	0	0	0	0	0	0	0	0	0	0	0	0
辽宁	0	40	40	0	0	0	0	0	0	0	0	0	0	0	0
山西	0	40	200	21	111	801	0	0	100	0	15	30	0	15	30
安徽	0	22	22	0	0	0	0	0	0	0	0	0	0	5	10
贵州	0	0	0	0	100	200	0	30	60	0	0	0	0	15	30
云南	0	0	0	0	150	300	0	0	0	0	0	0	0	0	0
黑龙江	0	0	0	0	0	0	0	30	60	0	0	0	0	20	40
河南	0	0	0	0	0	0	0	30	60	20	20	20	100	110	120
浙江	0	0	0	0	0	0	0	0	0	60	90	120	5	5	5
江苏	0	0	0	0	0	0	0	0	0	30	45	60	0	0	0
山东	0	0	0	0	0	0	0	0	0	0	35	70	0	0	0
湖北	0	0	0	0	0	0	0	0	0	0	0	0	20	20	20
上海	0	0	0	0	0	0	0	0	0	0	0	0	0	0	0
全国	31	543	1193	147	837	3387	158	452	946	110	275	440	150	270	390
西北五省	14	245	435	0	250	1040	52	122	192	0	10	20	5	15	25

（2）煤化工项目对环境影响

根据目前国内煤化工项目煤耗、水耗和主要污染物排放标准，参考实际项目运行指标，初步测算2020年、2030年规划煤化工项目煤耗、水耗及主要污染物排放数据见表5-55～表5-57。

表5-55　2020年规划煤化工项目主要消耗和排放预测数据

名称	煤（万t）	水（万t）	CO_2（t）	SO_2（t）	NO_x（t）	COD（t）	氨氮（t）
内蒙古	10 063	22 862	13 721	19 890	18 459	4 243	646.5
新疆	7 939	17 049	11 595	19 110	17 885	4 655	710.5
陕西	559	1 348	635	641	569.5	90.5	13.5
宁夏	1 535	3 385.6	1 748	1 543.2	1 336.4	247.6	36.4

续表

名称	煤（万 t）	水（万 t）	CO_2（t）	SO_2（t）	NO_x（t）	COD（t）	氨氮（t）
甘肃	338	924	408	532	491.5	46.1	7.12
辽宁	1 288	2 760	1 880	3 120	2 920	760	116
山西	2 048	4 314	2 809.4	3 830.7	3 528.4	860.8	130.61
安徽	726	1 567	1 061	1 716	1 606	418	63.8
贵州	850	1 928	989.5	818	711	129	19
云南	840	1 650	960	705	585	135	19.5
黑龙江	307	876	376	348	321	39	6
河南	727	1 992	1 039	600	555	40.2	6.24
浙江	546	1 182	863.5	1 134	1 053	5.4	1.08
江苏	265	567	418.5	567	526.5	2.7	0.54
山东	206	441	325.5	441	409.5	2.1	0.42
湖北	67	192	106	0	0	0	0
上海	1	1.44	0.795	0	0	0	0
全国	28 304	63 039	38 936	54 996	50 957	11 674	1 777
西北五省	10 372	22 707	14 386	21 826	20 282	5 039	768

表 5-56　2030 年规划煤化工项目主要消耗和排放预测数据

名称	煤（万 t）	水（万 t）	CO_2（t）	SO_2（t）	NO_x（t）	COD（t）	氨氮（t）
内蒙古	26 687	59 105	35 971	50 615	46 763	10 989	1 671
新疆	17 115	36 195	24 034	36 468	33 861	8 751	1 332
陕西	1 119	2 696	1 270	1 282	1 139	181	27
宁夏	2 655	5 586	3 028	2 483	2 116	428	62
甘肃	676	1 848	816	1 064	983	92	14
辽宁	1 288	2 760	1 880	3 120	2 920	760	116
山西	12 001	25 557	15 864	20 903	19 145	4 653	704
安徽	742	1 615	1 088	1 716	1 606	418	64
贵州	1 700	3 856	1 979	1 636	1 422	258	38
云南	1 680	3 300	1 920	1 410	1 170	270	39
黑龙江	613	1 752	752	696	642	78	12
河南	1 000	2 772	1 362	948	876	79	12
浙江	722	1 560	1 143	1 512	1 404	7	1
江苏	353	756	558	756	702	4	1
山东	412	882	651	882	819	4	1
湖北	67	192	106	0	0	0	0
上海	1	1	1	0	0	0	0
全国	68 829	150 433	92 422	125 491	115 569	26 972	4 094
西北五省	21 565	46 325	29 148	41 297	38 099	9 452	1 435

表 5-57 西北五省煤化工主要消耗和排放预测

名称	2015 年	2020 年	2030 年
煤（万 t）	875	10 372	21 565
水（万 t）	2 182	22 707	46 325
CO_2（万 t）	1 141	14 386	29 148
SO_2（t）	1 676	21 826	41 297
NO_x（t）	1 560	20 282	38 099
COD（t）	329	5 039	9 452
氨氮（t）	50	768	1 435

五、基于资源环境承载力的空间布局战略对策建议

（一）问题与挑战

1. 主要问题分析

当前我国东部、中部、西部经济社会区域发展差距趋于缩小，但各区发展不协调的基本格局尚未发生实质性转变，无论是经济总量、人均国内生产总值、民生质量方面东部地区都是最优越的区域；区域产业结构得到一定程度优化，但产业布局非均衡状况仍十分明显，仍保持“二三一”的分布特征，产业结构均不尽合理；城镇化水平和居民人均可支配收入增长迅速，但各区域间差距仍十分突出。

在区域资源环境空间布局方面，资源利用效率有所提高，但各区域资源利用效率差异仍较为明显，对比我国东部、中部、西部以及东北地区，各区域的资源消耗和利用率也存在较大不同。基本呈现中部、东部消耗资源量较大，但单位产值能耗相对较小；而东北和西部消耗资源量相对较少，但单位产值能耗比较大的特点；各区域污染物减排效果较为明显，但排放总量仍然较大，大部分区域污染物的排放量高于环境容量。

2. 主要挑战分析

在经济发展方面除了北京、上海、广东等发达地区外，我国大部分地区经济发展还处在工业化中后期阶段。产业结构调整升级缓慢，重化工业所占比重仍然较高，经济增长对资源能源消耗量较大，对生态环境的破坏程度较为严重，经济发展与生态环境之间的矛盾仍很突出，伴随着城镇化水平的提高，交通与资源环境面临较大压力。

在资源环境方面，用水效率逐步提高，用水结构逐步优化，但用水总量仍将不断上涨，水资源供需矛盾十分突出；能耗强度逐步降低，能耗结构逐步优化，但能源消费总量仍居高不下，西部地区增幅最为明显；主要污染物排放总量将持续降低，减排重心自东向西转移，环境质量达标压力依然存在；环境质量改善的复杂性突出，难度加大。

（二）经济社会与资源环境协调发展的空间布局战略和对策

1. 基于环境承载力的全国产业合理布局

1）大气和水容量超载形势严峻，重点整治高能耗重污染低效益产业。无论是大气

环境容量还是水环境容量，东部地区的超载率要明显高于西部地区，西北地区的水资源承载力较低。目前重污染产业比重过高是东部地区环境超载率高的重要原因。

2）根据环境容量利用/超载情况进行产业调整和特别污染排放限值管理。环境容量利用率不足50%的地区，在满足行业排放标准的情况下适度发展有本地优势的产业；对于环境容量利用率为 80%～100%的控制单元，及时进行预警并做出产业调整引导方案或行业排放标准方案，为后续发展预留空间。

3）运用行业排放标准推进产业技术进步和绿色化水平。对于优化开发区域和重点开发区域，稳步推进产业超低排放标准，如建议直接排入自然水体的污水氨氮排放标准调整为 1.5mg/L；对于农产品主产区和重点生态功能区，重点提高畜禽养殖的污染排放标准。

4）农业布局应综合考虑水资源承载力和水资源效率。农业水资源配置与布局是我国水资源配置的关键问题。农业布局应以农牧业与水土资源之间的匹配为前提。农业水资源主要配置思路应集中于调整农业结构、转变农业增长方式、调整种植结构、提高水分生产效率与推进生物节水战略。

2. 基于环境承载力的能源资源产业布局

（1）环境容量约束下的煤炭开发利用

加强西部地区水资源和水系统建设，保障西部地区煤炭产能。根据西部地区水资源、生态环境的容量约束，应重点建设一批大型、特大型矿井群，优先建设优质动力煤煤矿、特大型现代化露天煤矿、煤电和煤炭转化一体化项目，在水权配置上应对中西部煤炭资源开发予以保证，在用水政策上予以倾斜，为合理开发水资源短缺区煤炭资源提供机制保障；在中西部煤炭资源开发地区加强水资源和水系统建设的同时，完善矿区（尤其是西北地区）管水、用水、节水的法律法规和标准，规范矿区取水、用水行为，从水资源保护、水资源配置、矿井水处理与综合利用等方面制定严格的准入条件，鼓励通过水权置换来增加用水量。

发展绿色开采技术与装备，推进西北地区煤炭科学开发。各煤炭主产区应根据科学开发的主要制约因素，发展有针对性的技术和装备，重点发展保水开采、充填开采、地表沉降区治理等绿色开采技术与装备。推进西北五省重点区域的科学发展，坚持煤炭丰富地区优先发展的原则，统筹考虑煤炭资源、水资源和环境条件、区域经济发展等因素，加强煤炭产业基地的建设。根据各地区水、大气等环境容量，资源赋存条件，工业与社会发展现状及趋势，科学合理进行煤炭生产布局，实现煤炭由“以需定产”转变为“以环境容量定产”。

输煤输电各有优势，应统筹协调发展。煤炭产需的逆向分布，形成了我国“北煤南运、西煤东调”的格局，随着煤炭开发战略重心逐渐西移，输煤输电距离在不断加大，煤炭运输成为影响煤炭供需的关键因素。考虑西北地区受水资源限制条件，以及远距离铁路输送煤炭在能力和效率上较输电具有优势，煤炭外送应是主要方式，应加强铁路运煤和港口运煤能力建设。但考虑负荷中心的环境容量和成本，输电通道建设周期短、易于实现，有利于当地经济发展等因素，发展输电也有必要，尤其是低热值煤炭和煤矸石更适宜就地发电。煤炭输配应遵循“低质煤本地消费、优质煤远距离输配”和“提质后再输配”的原则，减少煤炭资源的无效运输。

发展现代煤化工必须坚持量水而行，环保优先，科学布局，绿色和可持续发展。发展现代煤化工产业能够部分替代我国石油和天然气的消费量，促进石化行业原料多元化，为国家能源安全提供战略支撑，为石油安全提供应急保障。但是，我国发展煤化工必须在水资源许可的地区开展项目建设，根据可供水资源量的潜力分析和评估，合理规划现代煤化工产业的发展规模。坚持严格环保标准，在废水排放方面，制定分区域的环保管理标准，对于缺少纳污水体或纳污水体不能接受废水排放的，要严格落实水功能区域限制纳污红线管理的要求，做到工艺废水全部回收利用；对于有纳污水体条件的，要严格执行污水达标排放标准。统筹考虑资源条件、环境容量、生态安全、交通运输、产品市场等因素，科学合理布局示范项目。根据资源承载能力和环境容量安排发展速度，按照能源保障、运输和加工能力安排资源开发规模和产业布局，推进园区化、基地化可持续发展模式。

降低区域煤炭总量，实施煤炭消费等量替代，严格煤炭利用的污染物排放限值。一是控制煤炭消费总量：为了达到城市或区域空气质量改善目标、污染物总量控制目标及节能目标，在一定的污染治理水平和能源效率水平下，控制煤炭最大允许消费量。二是优化煤炭消费布局：基于污染物扩散、稀释、自净能力的空间差异性，来约束、控制煤炭消费的区域分布、重点耗煤行业的分布，从而有效指导耗煤产业的空间布局，确保区域大气环境使用功能达到空气质量限值要求；河北的钢铁企业（河北钢铁）和水泥企业（冀东水泥股份有限公司）应该布局到曹妃甸区域。三是调整煤炭消费结构：考虑到不同行业的煤炭利用效率、污染物排放控制水平与监管条件等方面的差异，调整煤炭消费总量在不同行业之间的分配。四是提高煤炭利用水平：通过提高燃煤技术水平、污染物排放控制技术与管理水平，降低生产单位产品的煤炭消费强度与污染物排放强度。

（2）环境容量约束下的油气开发利用

提高油气勘探开发环保标准，规范企业行为。国家相关部门应该根据形势需要，加大对环保工作的落实力度，完善相应法规条例，提高与油气勘探开发有关的环保要求与技术标准，为石油天然气勘探开发企业在污染防治方面提供政策指导和行动指南。随着我国高含硫油气田的开发、LNG 的引进、国家环境保护要求的提高，不仅急需制定一批新的技术标准，而且石油行业现有的部分技术标准也需要修订完善。要紧密结合资源节约型和环境友好型企业的建设，加强清洁生产技术、节能降耗和环境保护标准的制定，只有切实打牢标准规范这个基础，企业才能不断深化管理，真正建立起自我约束、不断完善的长效机制，规范自身的行为，实现清洁发展和节约发展。

完善管理体制，健全法规体系，加强对企业行为的监督。鉴于我国环境污染问题较为严重，在出台和完善、提高环境保护工作标准和技术要求的基础上，国家有关部门应加大对石油天然气企业生产行为的监督和管理力度，严格按照法规条例要求管理生产企业。在环境敏感区进行石油天然气勘探、开采的，要在开发前对生态、环境影响进行充分论证，并严格执行环境影响评价文件的要求，积极采取缓解生态压力、环境破坏的措施。高度重视污染源普查，建立污染源动态管理档案。结合国家正在进行的第一次全国污染源普查和过去对污染源管理取得的成果，从源头、过程、末端等制订污染源监测计划，对中国石油企业在油气生产过程中的废水、废气、噪声、固体废物等进行全面监测，摸清污染源产生和排放的特征、规律等，建立污染源管理动态体制，为环境管理、污染物减排提供科学依据。随着海洋油气资源的进一步开发，出于防范油气生产事故造成海洋污染，需要更新现行海洋环境法律规范，保障合理制度安排。海洋环境法律制度更新应当注意为保护海洋环境、发展海洋环境产业提供充分合理的，特别是符合时代发展特点的法律制度，并构造科学的海洋环境管理制度体系。

落实《石油天然气开采业污染防治技术政策》要求，鼓励企业对污染进行防治和修复。目前国内石油企业以及主要油气生产区不同程度存在水污染、土壤污染以及大气污染。“十三五”时期按照国家经济结构调整以及重视发展质量的基本要求，油气行业需着手考虑污染治理和修复问题。贯彻和执行《石油天然气开采业污染防治技术政策》，对已造成的环境问题出台及时、合理的措施，强调污染及时治理，有效地进行石油污染检测和高效开展石油污染的降解和修复，预防石油污染源的扩散。税收方面做相应调整，对于企业的治污行为政府应通过财税政策予以支持。完善我国石化企业排污收费的法律制度，重新制定排污费的收费标准，避免出现因排污费用较低而出现的宁肯缴费也不投资石油污染治理的现象。同时加强征收的严肃性和强制性，依法征收。

加大科技研发力度，大力发展石油污染防治技术。设立科技专项开展油气勘探开发、污染形成机制与防治技术研究，鼓励企业开展石油污染治理技术研究，鼓励研究、开发、推广以下技术：①环境友好的油田化学剂、酸化液、压裂液、钻井液，酸化、压裂替代技术，钻井废物的随钻处理技术，提高天然气净化厂硫回收率技术；②二氧化碳驱采油技术，低渗透地层的注水处理技术；③废弃钻井液、井下作业废液及含油污泥资源化利用和无害化处置技术，石油污染物的快速降解技术，受污染土壤、地下水的修复技术。

科学合理推进七大石化基地建设。根据 2014 年 9 月《石化产业规划布局方案》，预计到 2020 年全国炼油综合加工能力 79 000 万 t，乙烯、芳烃生产能力分别为 3350 万 t、3065 万 t，2025 年炼油、乙烯、芳烃生产加工能力分别为 85 000 万 t、5000 万 t 和 4000 万 t。重点建设七大石化产业基地，包括大连长兴岛（西中岛）、河北曹妃甸、江苏连云港、上海漕泾、浙江宁波、广东惠州、福建古雷，七大基地中除江苏连云港和福建古雷为重点开发区域外，其余皆位于优化功能区，势必兼顾大气和水环境影响，稳步推进环境友好型的石化基地势在必行。

3. 基于环境承载力的重点区域产业发展布局

（1）京津冀地区

1）环境容量约束下的产业布局设想。京津冀地区环境容量约束作为产业布局主控因素，改善能源消费结构，减少大气和地表水污染及地表水资源的索取量，构建北京科技研发、天津先进制造业、河北材料装备物流的产业格局。

在大气环境容量的约束下，建议京津冀优化开发区域做以下几个方面调整：工业方面，能源进行整体优化调整，鼓励和推荐企业利用天然气和电力等能源，严格推行企业实施技术减排举措，限制高污染产品数量。钢铁、水泥以及非金属已经成为工业中的主要污染产业，钢铁和水泥方面建议采取“促减控整”措施，非金属方面改善工艺，逐渐降低产能。民用方面，增强民用能源基础设施建设，改善民用基础设备，增加煤炭高污染能源获取难度，增强煤制气和天然气的利用和供给量。交通方面，持续鼓励新能源汽车，严格控制汽车数量增长速度，严格督导汽车尾气减排设备的配置，提升汽油和柴油的品质。发电方面，继续鼓励火电厂大气污染技术减排，不再增加大型火电厂。供热方面，继续对供热设备进行大气污染物技术改造，增设天然气集中供热厂。冀中南重点开发区域采取优化传统产业、发展新型产业的调整思路：重点发展开发太阳能和生物能等新能源，发展新型智能化装备制造业，培育电子信息、生物制药和新型材料等产业，削减或者剥离钢铁和建材等高耗能高污染的传统产业。

水环境容量方面：京津冀地区 COD、氨氮入河量超载严重，分别是环境容量的 1.5 倍和 4.4 倍，工业行业是重要的污染源，主要污染排放产业为化工、造纸、食品、纺织、制药、皮革六大行业，该六大行业的 COD 排放量占工业排放总量的 70%，氨氮排放量占 73%，而 GDP 仅占京津冀地区工业 GDP 的 15%，根据亿元 GDP 的污染物排放量，最不协调的印染纺织、皮革和造纸 3 个产业（COD 49～66t/亿元，氨氮 2.2～4.9t/亿元）采取整个行业关闭转移的政策，化工、食品和制药行业（COD 10～15t/亿元，氨氮 1～2t/亿元）相对而言也可以采取整个行业关闭转移的政策，或者进行行业化清洁生产改造、污水处理工艺改进等措施，尤其是污水直接排入地表水比例仅为 16%的制药行业，进行行业化清洁生产改造、污水处理工艺改进是重要的发展方向。

水资源方面：根据用水效率，京津冀地区可以大致分为两个梯队。

第一梯队地区为北京和天津，水资源利用效率水平整体达到或接近发达国家水平，北京市未来用水控制以生活用水为主，天津以农业用水为主，工业用水效率较高，未来应以规模控制为主要调控手段。

第二梯队为河北省。河北省未来需要进行产业结构调整以实现水资源与经济的可持续发展：①在第一、第二、第三产业层面，大力发展第三产业，调整和提高第二产业，限制第一产业；②在农业内部应调整种植结构，发展旱作农业，改目前普遍的冬小麦、夏玉米一年两熟制为种植玉米、棉花、花生、油葵、杂粮等农作物一年一熟制，并结合畜牧养殖业发展，支持发展青贮玉米、苜蓿等作物；③工业内部应支持电子信息、电气等知识、技术密集型的新兴行业发展，限制并转移石化、冶金等传统工业行业发展；④对第三产业内部各行业的发展可以不予限制，但要注意促进向高级化发展，由批发零售、餐饮等传统的服务行业为主转向技术性、知识性强的金融保险、科学研究等现代服务业和通信业为主。

2）京津冀地区产业布局建议。按照主体功能区划和环境承载力要求，坚持供给侧管理，优化区域产业空间布局，淘汰落后产能，推动区域产业转型升级，从源头减轻京津冀地区污染问题。京津冀地区整体应成为转变经济发展方式的先行区。根据环境承载力要求，河北省应积极承接京津先进制造业转移，承接战略性新兴产业、高端产业制造环节和一般制造业整体转移；借力发展战略性新兴产业。要加强供给侧管理，加快区域落后产能、过剩产能淘汰力度，积极推动京津冀及周边地区有关省（区、市）制定钢铁、水泥（熟料）、非热电联产燃煤机组、焦炭等行业产能淘汰计划，并不再审批钢铁、水泥、电解铝、平板玻璃等产能过剩行业新增产能项目。

加快调整区域能源结构，发展清洁能源产业。根据京津冀大气环境承载能力，明确区域煤炭最大允许消费量，增加外输电、天然气供应，加快发展分布式能源、可再生能源，逐步降低煤炭消费比重。发展改革等部门加大区域清洁能源供应的协调力度。加强对区域天然气、LNG、优质清洁煤、国五标准车用油品的供应保障；加快可再生能源开发利用和清洁能源替代力度；加快风电、光伏发电的发展和消纳；加快推动天然气分布式能源示范项目实施，因地制宜地推动风能、太阳能、地热能供热示范项目建设；加快京津冀区域输电通道建设，提升区域外调电比例。建设全密闭煤炭优质化加工和配送中心，构建洁净煤供应网络，加强煤炭质量管理，全面取消劣质散煤的销售和使用。

加强污染源深度治理，推进污染行业全面达标排放。加快推进区域环保标准统一，推动京津冀现有污染行业逐步实施特别排放限值，强化重点行业主要污染物治理。加快电力、钢铁、水泥、平板玻璃、有色等企业以及燃煤锅炉脱硫、脱硝、除尘改造工程建设，确保按期达标排放。在有机化工、医药、表面涂装、塑料制品、包装印刷等行业实施挥发性有机物综合整治，在石化行业开展“泄漏检测与修复”技术改造。坚决取缔“十小”企业，全面排查装备水平低、环保设施差的小型工业企业。专项整治造纸、焦化、氮肥、有色金属、印染、农副食品加工、原料药制造、制革、农药、电镀十大重点行业。新建、改建、扩建上述行业建设项目实行主要污染物排放等量或减量置换。

（2）西北五省及内蒙古地区

1）环境容量约束下的产业布局设想。西北地区以水资源为主要约束条件，主要用水控制集中于农业用水，推广农业节水，压缩农业用水比例，以农业用水的压缩保证生态用水、工业用水；工业应采用节水工艺，适度发展；大气和地表水环境污染作为重要控制条件，控制污染行业，通过技术提升减少污染排放。

大气环境方面：根据西北五省及内蒙古地区大气污染物排放容量及地广人稀的特点，建议产业结构做以下几个方面的调整：工业方面，充分利用当地天然气改善能源结构，督促企业增设技术减排设备，限制高耗能低产值产品数量。水泥行业为该地区的重要污染行业，采取严格提升工艺降低产能措施；煤化工和炼焦等污染凸显，缓慢推进煤化工行业的进程，严格控制煤炼焦产量。民用方面，采用降低民用减排型燃煤设备价格和补助等措施进行燃煤减排，逐步增加煤制气和天然气消费占比。交通方面，严格执行燃油车的国家和地方标准，推广天然气和新能源汽车。发电方面，对老旧火电厂进行技术改造，逐步控制火电厂规模和数量，在天然气富余地区增设天然气电厂对外输电，增加太阳能电厂和风电厂来减小外输供电压力。供热方面，对供热设备进行技术改造，增加天然气供热厂，鼓励采用太阳能、地热等采热。

地表水环境容量方面：西北五省的地表水环境容量总体利用程度不高，COD 容量利用率仅为38%，氨氮容量利用率达到87%，仅有重点开发区域的黄河发展区的氨氮排放（2.72 万 t）略超过地表水的环境容量（2.68 万 t），因此，西北五省及内蒙古的产业调整建议主要是产业发展意见和限制发展建议两部分。该区域的主要排污行业是金属冶炼、采矿业、石化、化工、食品、造纸六大行业，该六大行业占总工业产值的73%，COD 排放量占区域总量的92%，氨氮排放量占区域总量的95%。根据亿元 GDP 的污染物排放量，化工、食品和造纸 3 个产业采取整个行业关闭或转移的政策，尤其是在环境容量超载区域；金属冶炼和石化行业可以采取行业化清洁生产改造、污水处理工艺改进等措施，尤其是在环境容量利用不足的区域。重点生态保护区可以加快发展符合主体功能规划的经济产业，如采矿业，以实现不破坏生态环境的前提下更快地发展经济。

水资源承载能力方面：为支撑未来西北煤电基地开发，并保持区域生态环境不受破坏，必须压缩农业用水比例，发展节水、高效的特色农业，提高用水效率，严格控制灌溉面积的无序扩张。此外，陕北、鄂尔多斯工业用水所占比例较高，未来需要进行产业结构调整，清退转移能源行业外其他高耗水行业，严格管控能源行业发展，同时需进一步强化能源生产节水，积极采用先进的用水工艺。

2）西北五省及内蒙古产业布局建议。大力推动经济发展方式转变，优化发展路径。发挥西北五省及内蒙古地区的特色和潜力，加快转变经济发展方式，促进工业化、信息化、城镇化和农业现代化同步发展。按照环境承载能力，合理确定区域内城镇体系规模结构、等级结构和职能结构。集约利用空间资源，促进循环发展、生态园区与产业集群相结合。加大对区域内节能、节水、综合利用的循环经济试点工作力度，规划建设一批循环经济园区和生态工业园区，如煤化工生态工业示范基地，尽快形成示范效应。积极发展风能、太阳能、水能等清洁能源，积极推进特色农牧业及加工、特色旅游及文化产业等特色优势产业的培育壮大，坚定不移地走绿色发展之路。

以环境容量确定产业布局，以资源优势优化产业结构。在区域产业结构优化选择上，西北五省及内蒙古地区要转变传统的经济发展模式，以环境容量确定产业布局，以资源优势优化产业结构。针对区域内丰富的矿产和能源资源，应做好统筹部署，支持生态环境条件允许的区域进行有规模、合理的开发利用。根据亿元 GDP 的污染物排放量，化工、食品和造纸等产业应采取关闭或转移的政策，尤其是在环境容量超载区域；金属冶炼和石化行业可以采取行业化清洁生产改造、污水处理工艺改进等措施，尤其是在环境容量利用不足的区域。重点生态保护区可以加快发展符合主体功能规划的经济产业，如采矿业，以实现不破坏生态环境的前提下更快地发展经济。

制定严格的环境准入制度，推动产业转型和结构升级。在西北五省及内蒙古国土开发强度较高的区域，应该严格限制工业用地，制定严格的行业准入环境标准，通过关闭、整顿高污染行业，鼓励低耗节能行业的发展，使污染物排放量不断下降，环境质量逐步趋于好转。陕北、鄂尔多斯等地区工业用水所占比例较高，未来需要清退转移能源行业外其他高耗水行业，严格管控能源行业发展，同时需进一步强化能源生产节水，积极采用先进的用水工艺。建立统一协调的区域联防联控工作机制，加强技术减排力度。在区域内严格执行环保法律法规和各项标准，完善节能减排投入机制，新建项目做好环评工作。

第六章　固体废物分类资源化利用战略研究

一、固体废物分类资源化利用的潜力和潜在效益

（一）固体废物总体情况

1. 工业固体废物

（1）工业固体废物产生量与经济增长呈正相关

从历史趋势来看，工业固体废物产生量与工业增加值保持正相关（图 6-1）。2004～2014 年，我国工业固体废物产生量年平均增长率为 17.3%，“十二五”以来年产生量超过 30 亿 t，2014 年产生量达到 32.56 亿 t（含工业危险废物产生量 3633.5 万 t）。“十二五”以来，工业固体废物的产生强度呈现减弱趋势。从产生总量来看，工业固体废物产生量远远高于城市生活垃圾产生量，2014 年全国工业固体废物产生量达到城市生活垃圾清运量的 18.2 倍。但由于资源深加工产业相对滞后，我国工业危险废物产生量相对较小，仅占工业固体废物总产生量的 1%，远小于发达国家 10%的平均水平。

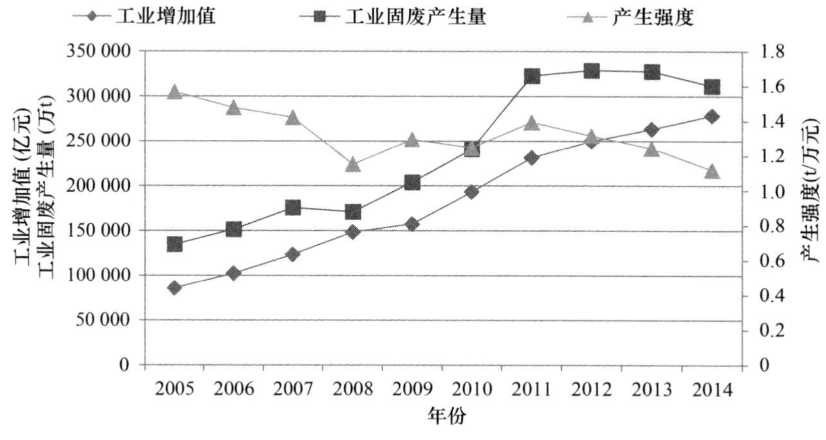

图 6-1　我国工业固体废物产生量与工业增加值呈正相关

数据来源：国家统计局和环境保护部，2006～2015

（2）工业固体废物集中产生特征明显

产生类别集中。2014 年重点调查企业产生的尾矿、煤矸石、粉煤灰、冶炼渣、炉渣、脱硫石膏六大类一般工业固体废物总量超过 26 亿 t，占总产生量的 83.7%，是我国一般工业固体废物管理的重点类别。产生量较大的危险废物种类为废碱（608.2 万 t）、石棉废物（561.7 万 t）、废酸（549.4 万 t）、有色金属冶炼废物（391.3 万 t）、无机氰化物废物（246.8 万 t）、废矿物油（152.9 万 t）。工业危险废物产生量逐年增加，随着统计范围

的扩大，2011 年有了突跃式的增长，近几年统计数据约在 3500 万 t。

产生行业集中。根据环境统计数据分析，煤炭、钢铁、有色金属工业三大行业对一般工业固体废物产生量贡献率超过 3/4。其中，钢铁、有色金属生产加工活动对工业固体废物的总贡献率为 44.6%，煤炭生产和消费相关活动贡献率超过 39.1%。化工、非金属矿采选、有色、造纸四大行业对工业危险废物贡献率超过 70%。2014 年，化学原料和化学制品制造业、有色金属冶炼和压延加工业、非金属矿采选业、造纸和纸制品业产生的危险废物分别占重点调查工业企业危险废物产生量的 23.8%、16.1%、15.5%和 13.5%。

钢铁行业固体废物产生量最大。2013 年黑色金属采选业产生的一般固体废物量占当年全国总产生量的 22%。其中铁矿石开采及其下游的钢铁冶炼固体废物产生量比重最大。2014 年，我国铁矿石产量约 15.14 亿 t，产生铁尾矿 5.7 亿 t，占黑色金属采选业尾矿量的 84%，平均每生产 1t 铁矿石产生 2.66t 铁尾矿。钢铁冶炼过程中产生的冶炼渣约 3.0 亿 t，平均每生产 1t 粗钢产生钢铁冶炼渣 0.37t。

有色行业工业固体废物产生强度高、类别复杂。2014 年我国十种有色金属产量 4417 万 t，产生有色金属尾矿 3.5 亿 t、冶炼渣 2560.9 万 t，平均每生产 1t 有色金属产生 7.92t 有色金属尾矿和 0.58t 冶炼渣。有色金属行业生产特点是矿石成分复杂、生产工艺流程长、产品种类多、涉及危险废物种类多。有色金属在采矿、洗矿、冶炼、加工等过程中都会产生成分极其复杂的危险废物。例如，铜冶炼过程中产生的铅砷阳极板泥中，化学成分有十多种，其中金、银、铜、硒、碲等具备回收技术条件，其他则仍然留在固体废物中需要进行处置。

铝工业固体废物问题较为突出。我国铝产量和消耗量仅次于钢铁，在我国现有的 124 个行业中，有 113 个使用铝产品。目前，全国 21 个省（自治区、直辖市）电解铝企业有 8 个氧化铝企业，有 24 个再生铝企业。赤泥是氧化铝生产产生的固体废弃物，平均每生产 1t 氧化铝产生 1.0～1.8t 赤泥。按目前产量计算，我国每年产生赤泥 5000 万～9000 万 t。另外，我国电解铝工业每年产生的危险废物（包括电解槽废槽衬、铝灰渣和阳极炭渣等）高达 180 万～250 万 t，其中废槽衬（大修渣）含有较高浓度的氟化物和氰化物。

煤炭开采、消费活动产生的固体废物影响广泛。我国与燃煤开采、消费相关的工业固体废物产生量占工业固体废物产生总量的 39.1%左右。2014 年，我国共生产原煤 38.74 亿 t，平均每生产 1t 原煤，将产生 0.2t 的煤矸石。按此估算，我国每年约产生煤矸石 7.7 亿 t，其中约 48%（3.7 亿 t）集中于重点环境管理的生产企业。

电力行业燃煤问题最为突出。我国 95%的煤炭用于工业生产活动，其中 50%的煤炭用于火力发电（约 17 亿 t）。我国洁净煤使用比例较低，导致燃煤过程粉煤灰、脱硫石膏、炉渣等固体废物产生量高。环境统计数据表明，2014 年，仅环境统计范围内的重点工业企业产生的粉煤灰就高达约 4.6 亿 t，其次为炉渣 3.0 亿 t、脱硫石膏 0.84 亿 t，分别占全国同类废物产生总量的 83%、88%、54%。

资源深加工活动是危险废物产生的集中行业。在我国，危险废物主要来源于化学原料和化学制品制造业、有色金属冶炼和压延加工业、非金属矿采选业、造纸和纸制品业四大行业。2014 年，这四大行业危险废物产生量占我国工业危险废物总产生量的 68.9%。其中，除非金属矿采选行业的石棉废物、造纸行业的造纸黑液影响范围有限外，化学原料和化学制品制造业、有色金属冶炼和压延加工业等资源深加工环节的制造业，其危险废物产生情况十分复杂。

（3）工业固体废物产生量集中于资源型工业基地

我国工业固体废物聚集与资源区域分布特征基本一致。山西、内蒙古、辽宁等矿产资源分布集中地区，以及江苏、山东、湖南等制造业比例较高的资源消费集中地区工业固体废物产生量显著高于其他地区。在 2014 年全国 244 个发布了固体废物产生情况的城市中，一般工业固体废物产生量达 19.2 亿 t，产生量排在前 10 位的城市产生的一般工业固体废物占全部信息发布城市产生总量的 23.4%。特别需要注意的是，排名在前 10 的城市中，有 9 个是资源型城市。

尾矿、冶炼渣等分布与金属矿产资源分布基本一致。我国铁矿资源主要集中在京津冀地区，有色金属矿产资源主要分布在中部、西南等地区。与之对应，这些地区是各类金属尾矿、冶炼渣的集中区域。例如，河北、辽宁、四川、内蒙古、山西五个地区铁矿石产量占全国总产量的 77%左右，其中河北省产量达到 40%。2014 年河北、辽宁两省重点调查企业尾矿产生量占到全国环境统计调查企业的 34%。而河北、江苏、辽宁、山东、山西等金属冶炼活动集中区域，冶炼渣的产生量占全国调查企业的 49.6%，仅河北省冶炼废渣产生量就占全国 19.6%。

煤炭生产、消费产生的固体废物分布差异明显。我国“北煤南调、西煤东运”格局长期存在。我国 74%的煤炭资源集中在山西、陕西、内蒙古、新疆等西部地区，煤矸石的产生量也集中在这些地区。环境统计显示，2014 年山西省煤矸石产生量占到全国调查企业总量的 35.5%。煤炭消费主要集中在东南部地区，粉煤灰、脱硫石膏、炉渣等的产生量集中。2013 年华东、华中、华南地区的煤炭消费量占全国总量的 50%，2014 年环境统计调查中这三个地区粉煤灰的产生量占全国粉煤灰产生量的 44.5%。其中，山东、内蒙古、山西、河南、江苏 5 省粉煤灰产生量占全国重点调查企业的 42%。

经济发达地区工业固体废物产生强度较低。我国各地在产业结构、工业发展程度、社会经济发展程度等方面差异巨大，导致对固体废物减量化、资源化等方面投入存在明显差异。东部地区在产业结构、资源利用效率、环境污染治理投入等方面领先于全国，单位国内生产总值（GDP）的工业固体废物产生强度大约是全国平均水平的一半。相对而言，西部地区技术能力相对滞后，资源开发利用效率较低，工业固体废物产生强度约是全国平均水平的 1.5 倍，是东部地区的 3 倍。从京津冀、长三角、珠三角地区和长江经济带四大经济区发展情况来看，经济总量相对较低的京津冀地区的产生强度高于全国平均水平，而珠三角地区、长江经济带和长三角地区的产生强度低于全国平均水平。

2. 城市矿山

（1）生活垃圾产生情况

我国住房和城乡建设部数据显示，2014 年我国城市生活垃圾清运量为 17 860.2 万 t。城市生活垃圾的组成成分与城市化程度相关，越是经济发达的城市，城市垃圾中可燃物以及可堆腐物所占比例越高。垃圾的含水率、有机质、碳氮比、热值随着垃圾产生种类的不同而不同，其中市场垃圾、商业垃圾含水率较高，居民垃圾含水率略低，垃圾含水率最高可达 50%左右。

近年来，我国城市生活垃圾构成有以下变化趋势：①有机物增加；②可燃物增多；③可回收利用物增多；④可利用价值增大。由于中国垃圾产量巨大，将面临围城的困境，混合处理造成了严重的环境污染和大量资源浪费。目前，我国大部分城市生活垃圾的分类按照可回收垃圾、餐厨垃圾和其他垃圾分三类。

（2）再生资源回收利用情况

国内回收利用量持续增长。2009～2014 年我国废钢铁、废有色金属、废弃电器电子产品等八大类“城市矿山”资源回收利用总量持续增长（图 6-2）。截至 2014 年我国 10 类主要城市矿产种类开发回收总量达到 2.45 亿 t，实现产值 6446.9 亿元。

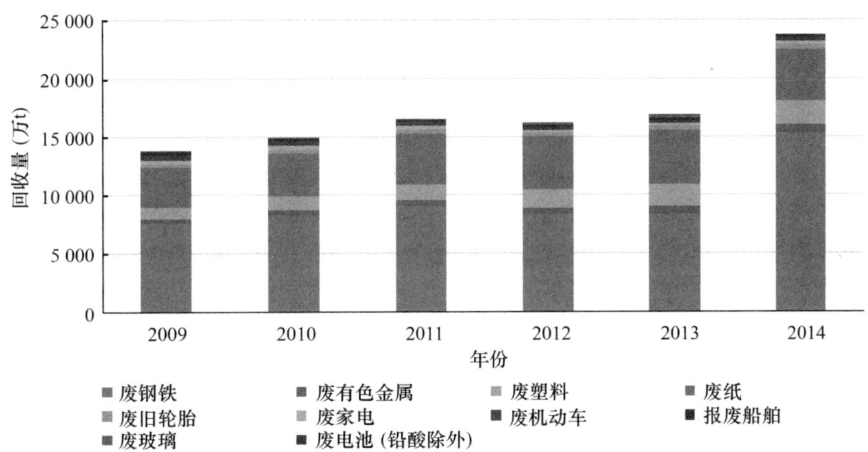

图 6-2　2009～2014 年我国主要“城市矿山”回收利用现状（彩图见封底二维码）

数据来源：商务部统计数据

再生资源进口规模总体增长。近年来，我国经济社会发展对资源和原材料的需求量逐步增大，进口量呈逐年增长的趋势，2008 年达到顶峰 5600 多万吨。近两年，受我国经济发展下行的影响，进口量有下降的趋势，如图 6-3 所示。从进口来源地看，主要来自美国、日本、英国、欧盟、我国香港（转口）等发达国家和地区。

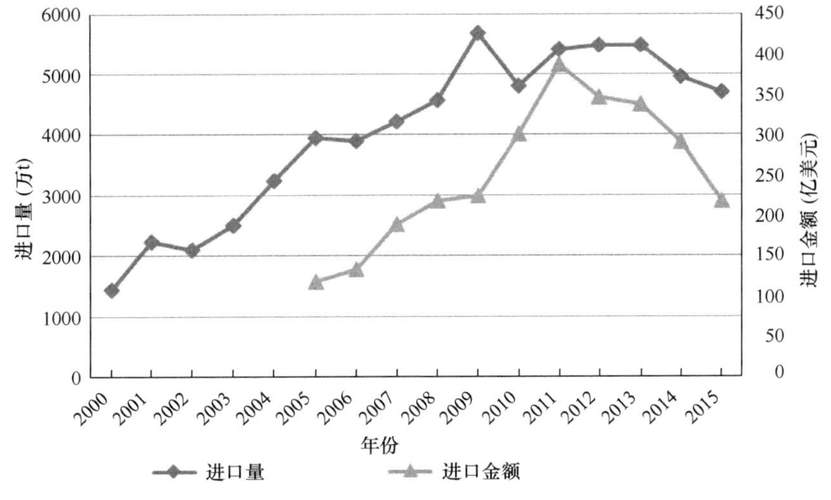

图 6-3　2000～2015 年我国废物进口量及进口金额

数据来源：商务部统计数据

2014 年我国进口废物 4960 万 t，前八位的品种依次为废纸（57.1%）、废塑料（17.1%）、废五金（11.3%）、氧化皮（5.2%）、铝废碎料（3.8%）、铜废碎料（2.0%）、废船（1.8%）和废钢铁（0.8%），合计占实际进口废物总量的 98.8%。进口废物加工利用企业主要分布在东南沿海地区：广东、浙江、江苏、山东、天津五省市，合计 1800 家，占全国加工利用企业总数的 77.7%，五省合计进口量占全国的 80%。

（3）建筑垃圾的产生情况

由于缺乏全国建筑垃圾年产量的统计数据，因此根据因果模型，通过计算历史各年的房屋建筑面积核算我国历年建筑垃圾产生量和累计产量（图 6-4）。目前我国每年建筑垃圾的产量已经达到 26.4 亿 t，在不考虑资源化处理的情况下，历史各个年份所积累的建筑垃圾量已将近 215 亿 t。

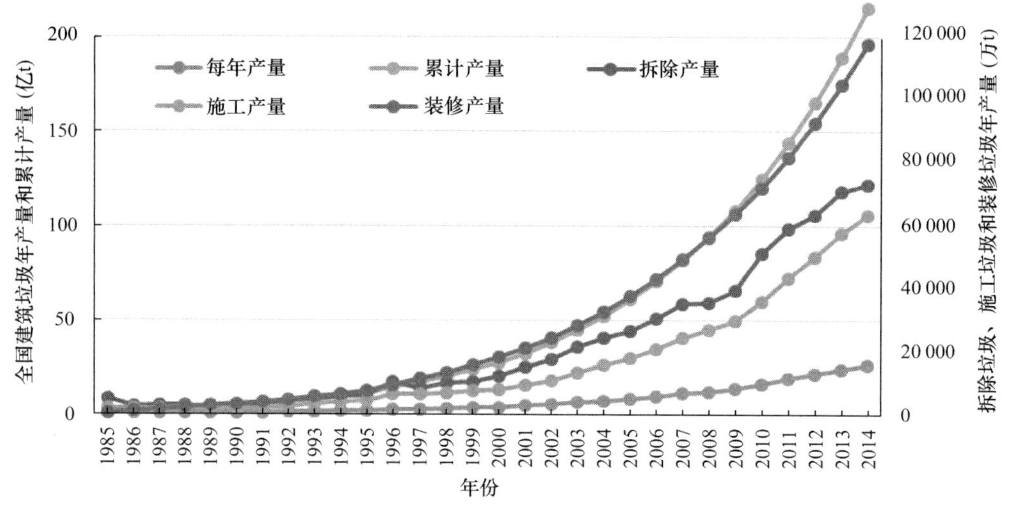

图 6-4　1985～2014 年我国建筑垃圾年产量和累计产量（彩图见封底二维码）

数据来源：中国建筑设计研究院，青岛市建筑节能与墙体材料革新办公室. 2014. 建筑垃圾回收回用政策研究

（4）“城市矿山”资源的区域分布特征

从我国“城市矿山”资源的区域分布来看，“城市矿山”资源量自东向西、自南向北减少，沿海地区的资源量高于内陆地区。资源量主要集中于珠江三角洲、长江三角洲和黄河下游地区。由此可以看出“城市矿山”的资源量与区域的经济发展水平和人口密度是正相关的关系。

区域整体分布不均衡，与区域经济发展水平和人口密度密切相关，受到产业、物流以及回收体系建设等因素的影响，我国的重点“城市矿山”资源量主要集中在东南沿海等经济发达地区，而在西部地区资源量较少。其中广东省的垃圾清运量最多，为 2092.11 万 t。2014 年，244 个大、中城市生活垃圾产生量为 16 816.1 万 t，处置量 16 445.2 万 t，处置率 97.8%。各省（自治区、直辖市）大、中城市发布的 2014 年城市生活垃圾产生情况见图 6-5。其中，产生量最大的是上海市，产生量为 742.7 万 t，其次是北京、重庆、深圳和成都。前 10 位城市产生的城市生活垃圾总量为 4818.1 万 t，占全部信息发布城市产生总量的 28.7%。

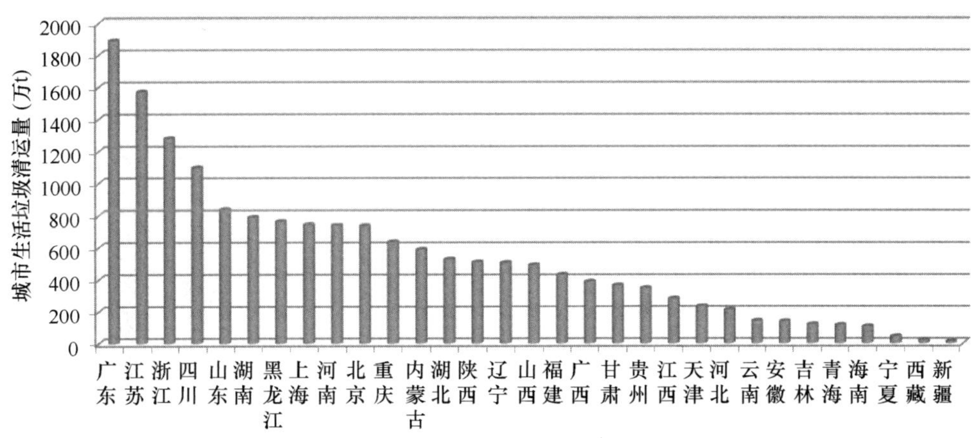

图 6-5　2014 年我国各省（自治区、直辖市）城市生活垃圾产生情况

数据来源：《2015 年全国大、中城市固体废物污染环境防治年报》

广义的扩散化与相对的积聚化。随着社会的发展，一方面全国各地的“城市矿山”资源量均处于快速增长阶段，而随着国家循环经济战略的发展，各地政府均十分重视再生资源产业的发展，正加大在此方面的投入，推进对再生资源在本地进行回收利用。各地“城市矿山”资源本地化的特点明显，即广义上的分散化。广东、山东、江苏等沿海省市具有较好的再生资源加工利用产业基础，且物流、回收网络体系以及技术水平相对较高，使得这些地区的“城市矿山”资源蓄积量较大，且对于废弃电器电子产品、废手机、稀贵金属等资源附加值高，相对而言技术水平要求也较高的资源种类，更是相对集中于具备良好的产业发展和技术基础的地区，即相对的积聚化。

以废旧物资交易市场的发展为先导，形成了聚集大量资源的区域性中心。各种类别的废旧物资交易市场得到快速发展，如河北保定、浙江永康、湖南汨罗、山东临沂、四川新津、河南长葛、广东南海和重庆等废旧物资交易市场。此外，一些专业化的园区，如安徽界首的再生铅、江西丰城的再生铝、湖南永兴的贵金属、江西贵溪的再生铜市场也在加速建设发展，以这些市场为中心，其周边聚集了大量的资源再生利用企业，形成了不同的区域性中心。

进口资源主要集中于沿海地区的园区。我国的进口资源主要集中在广东、浙江、福建等沿海地区。进入 21 世纪以来，进口再生资源加工园区在全国各地蓬勃发展起来，目前在建或建成的进口再生资源加工园区已达 15 家，年处理废金属占我国进口总量的 50%以上。

“城市矿山”资源量迅速增加，中西部地区增长快速。我国的重点“城市矿山”资源量均处于快速增长的阶段，全国各省、自治区、直辖市的资源量均出现了快速的增长。且随着社会经济发展，西部地区所占比重有所增加，未来 10 年中，虽然东部沿海地区仍将占有优势，但是“城市矿山”资源分布有逐步向中西部地区发展的趋势。

3. 乡村废物

（1）农村生活垃圾

目前，对农村生活垃圾还没有统计数据，只能根据农村人口及人均排放量估算每年的产生量。随着城市化的发展，我国农村人口数量不断下降，在 2011 年被城市人口反超。1995～2015 年，我国农村生活垃圾年产生量从 1.35 亿 t 减少到 0.95 亿 t 左右（图 6-6）。农村生活垃圾主要由厨余垃圾、废弃塑料、废纸等可回收垃圾以及灰渣等组成。农村生活垃圾中有机物平均含量 30%左右，热值要低于城市生活垃圾（5000～6300kJ/kg），取热值 4000kJ/kg 估算，2015 年农村生活垃圾储存的能源量约达到 1300 万 t 标准煤。

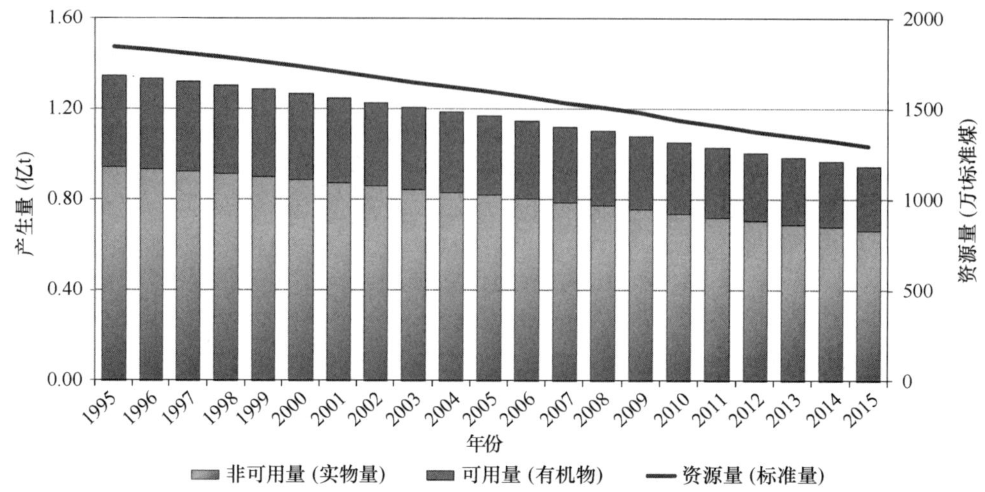

图 6-6 1995～2015 年我国农村生活固体废物产生量及资源量（彩图见封底二维码）

数据来源：国家统计局 2016 年数据

在地域分布上，广东省的农村生活垃圾产生量为全国最多，产生量超过 500 万 t 的其他省份有山东、河南、河北、江苏、四川和湖南等。这 7 个省份乡村人口占全国乡村人口的 45%，产生的生活垃圾占 47%。西藏、青海、宁夏、海南、北京、天津和上海等地乡村废物产生量较少（图 6-7）。

（2）农业废物

随着我国农业生产规模的持续提高，农作物秸秆总产量总体呈增长趋势（图 6-8）。2014 年全国各类农业废物产生量达到 10 亿 t，其中玉米、水稻和小麦等大宗作物秸秆量占 77.4%，是秸秆主要作物类型。其他蔬菜残余物占 7.6%、棉秆占 5.7%、油料秸秆占 4.9%、糖料副产物占 3.9%、其他占 0.5%。按各类作物秸秆热值折算标准煤，2014 年总量约达到 4.8 亿 t 标准煤。

农业废物产生量集中在粮食主产区，并与当地种植结构一致。产生量排在前三的地区为河南、黑龙江和山东，年产生量分别达到 8607 万 t、8546 万 t 和 7668 万 t。其中，河南省以小麦、玉米等谷物秸秆为主，花生秧壳和蔬菜剩余物占比较大；黑龙江省以玉米、水稻等谷物秸秆为主，大豆秸秆以及蔬菜残余物也较多；山东省以小麦、玉米秸秆为主，蔬菜剩余物所占比例较高。另外，新疆是我国棉花高产地，2014 年棉秆产生量达到 3383 万 t，占全国产生量的 54%。由于南北方农业的差异，广西、云南、广东和海南等地产生大量的甘蔗副产物，约占全国的 92%。

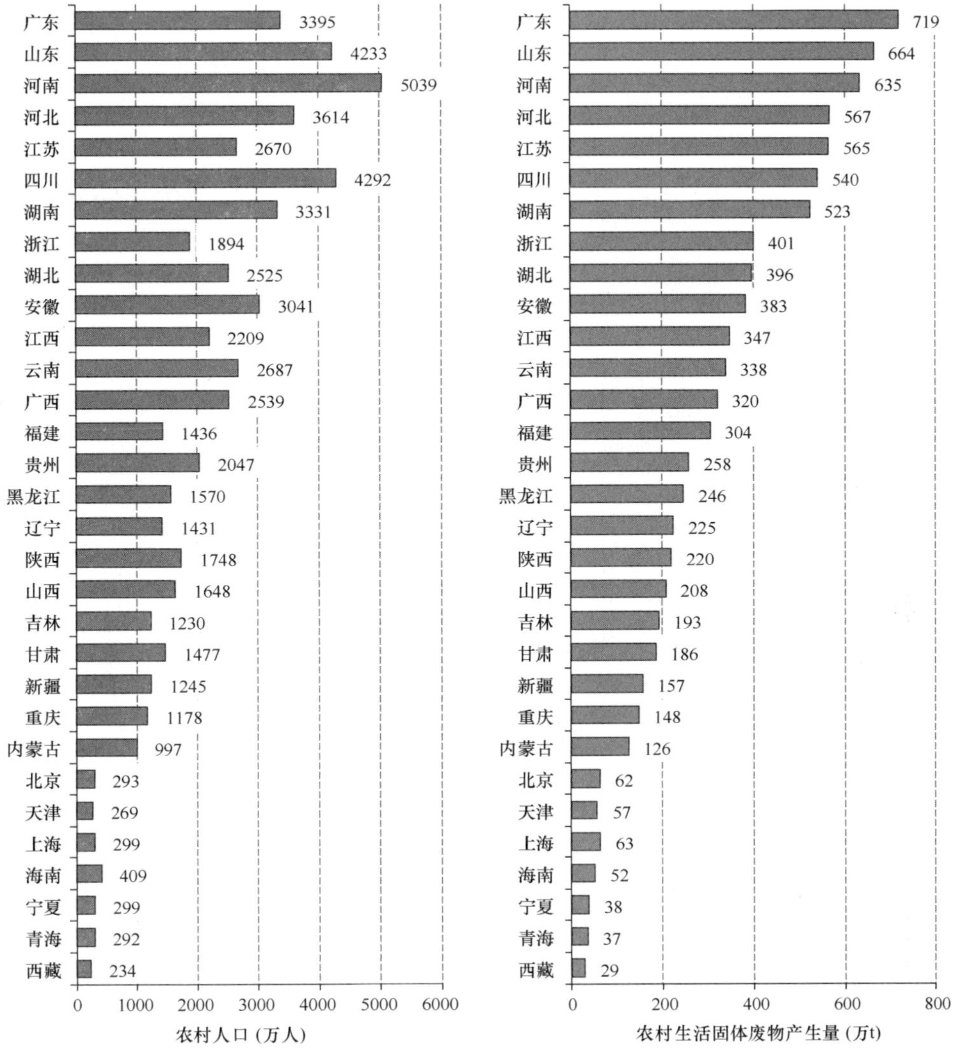

广东 3395
山东 4233
河南 5039
河北 3614
江苏 2670
四川 4292
湖南 3331
浙江 1894
湖北 2525
安徽 3041
江西 2209
云南 2687
广西 2539
福建 1436
贵州 2047
黑龙江 1570
辽宁 1431
陕西 1748
山西 1648
吉林 1230
甘肃 1477
新疆 1245
重庆 1178
内蒙古 997
北京 293
天津 269
上海 299
海南 409
宁夏 299
青海 292
西藏 234
0 1000 2000 3000 4000 5000 6000
农村人口（万人）
广东 719
山东 664
河南 635
河北 567
江苏 565
四川 540
湖南 523
浙江 401
湖北 396
安徽 383
江西 347
云南 338
广西 320
福建 304
贵州 258
黑龙江 246
辽宁 225
陕西 220
山西 208
吉林 193
甘肃 186
新疆 157
重庆 148
内蒙古 126
北京 62
天津 57
上海 63
海南 52
宁夏 38
青海 37
西藏 29
0 200 400 600 800
农村生活固体废物产生量（万t）

图 6-7　2015 年我国各省份农村人口与农村生活固体废物产生量

数据来源：国家统计局，2016

12
10
8
6
4
2
0
各类农业废物产生量（亿t）
1995 1996 1997 1998 1999 2000 2001 2002 2003 2004 2005 2006 2007 2008 2009 2010 2011 2012 2013 2014 2015
年份
蔬菜残余物 烟秆 麻秆 棉秆 糖料副产物 油料秸秆 薯类藤蔓 豆类秸秆 谷类秸秆

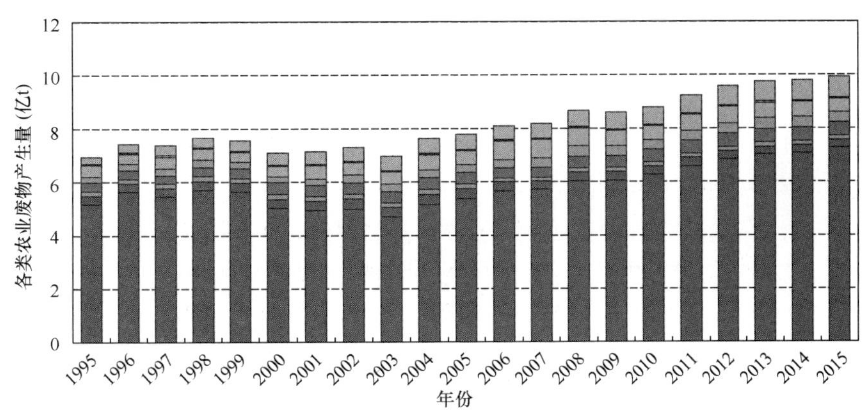

图 6-8　1995～2015 年我国各类农业废物产生量（彩图见封底二维码）

数据来源：国家统计局，2016

（3）林业废物

生物质原料资源的林业剩余物，包括森林采伐剩余物、木材加工剩余物及育林剪枝所获得的薪材量，统称林业“三剩物”。采伐剩余物和加工剩余物的产生量估算结果如表 6-1 所示。

表 6-1　1991～2015 年我国采伐剩余物及加工剩余物的估算值（国务院，2016）

期间	年份	采伐方式			采伐量合计	采伐剩余物	加工剩余物	采伐剩余物及加工剩余物合计	
		主伐	抚育采伐	其他					
		万 m^3	万 m^3	万 m^3	万 m^3	万 m^3	万 m^3	万 m^3	万 t
九五	1996～2000	11 152	4 634	10 866	26 652	10 356	6 518	16 875	10 125
十五	2001～2005	8 452	6 053	7 805	22 310	9 138	5 269	14 407	8 644
十一五	2006～2010	11 744	5 624	7 448	24 816	9 737	6 032	15 768	9 461
十二五	2011～2015	14 119	6 965	6 022	27 105	10 649	6 582	17 232	10 339

注：①取木材平均体积密度为 0.6g/cm^3；②原木加工成木材成品剩余物比例取 40%

据测算，扣除薪炭林的薪柴，全国每年产生薪柴 5000 万 t 左右。云南、四川、广西西南三省（自治区）及西藏地区约占全国薪柴总产生量的 40%。“十二五”期间，每年约产生的采伐、加工剩余物和薪材量为 38 亿 t，折合成标准煤约为 8000 万 t。

2014 年全国各地林业面积与林业废物产生情况：林业废物产生量超过 1000 万 t 的地区有云南、广西两地。这些地区主要是因为国家规定的采伐限额定的高，使得采伐和加工剩余物大量的产生。超过 500 万 t 的其他地区有内蒙古、福建、江西、广东、湖南、四川和黑龙江等地。内蒙古和黑龙江等地区虽然采伐限额低，但因林地面积大，使薪材产生量较多。

（4）畜禽粪便

粪便排放量的估算是按不同种类畜禽的日排粪便量及存栏数算出实物量，再按粪便收集系数获得可开发量。2013 年我国畜禽养粪便排放实物量达到 40.64 亿 t，其中家猪、牛、羊及马驴骡、家禽等分别产生 18.38 亿 t、16.13 亿 t、2.52 亿 t、0.92 亿 t 及 2.68 亿 t 等。按照不同畜种粪便产热值计算干物质标准量，2013 年可达到 4.16 亿 t 标准煤（图 6-9）。

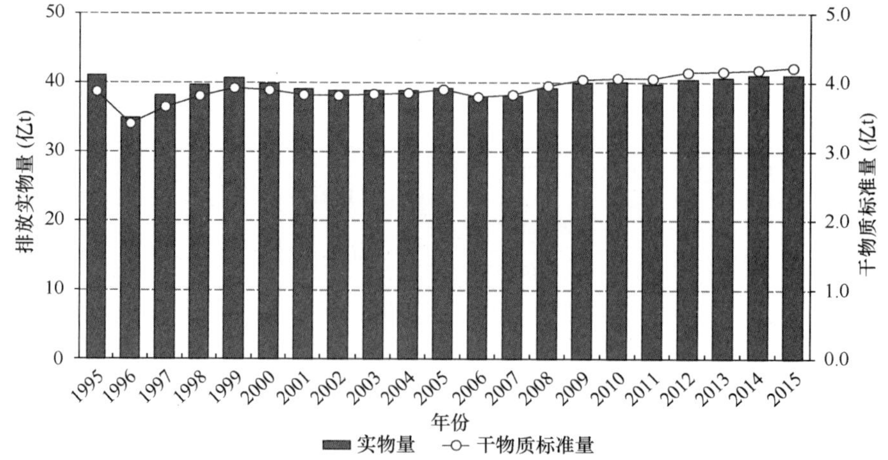

图 6-9　1995～2015 年我国畜禽粪便排放实物量与干物质标准量

数据来源：国家统计局，2016

从地区的产生量来看，四川和河南两个地区居前两位，年产生畜禽粪便分别为3.75亿t和3.49亿t。其次，山东、湖南和云南三地的年产生量也超过了2.3亿t。从排放结构来看，上述5个地区的猪和牛粪便排放量分别占畜禽粪便排放量的90.5%、87.2%、76.6%、94.1%和90.7%。

（二）固体废物分类资源化利用的潜力评价

1. 开发潜力预测

（1）工业固体废物

总体来看，工业固体废物产生量预计2020年前后达到峰值，与工业增加值及第二产业国内生产总值相关性将逐步减弱，并最终实现脱钩。参照发达国家发展历程分析，在我国全面完成工业化之前，工业固体废物仍将保持较高水平的增长。未来，大量产生和堆存的工业固体废物将成为制约经济发展的影响因素之一。按照未来我国经济发展趋势，我国将在“十三五”末期初步完成工业化，东部等地区将进入后工业化时期。按现有工业发展趋势及管理情景分析，“十三五”时期，工业固体废物产生最大的三个行业的发展将受到制约。首先，对于工业固体废物产生量的贡献率占到近40%的煤炭开采和消费活动将受到煤炭消费总量控制政策限制。2020年前，我国煤炭消费量达到峰值，届时煤矸石、粉煤灰等固体废物产生量将保持稳定；其次，钢铁、有色行业兼并重组、优化升级将在很大程度上减少尾矿的产生量。

工业固体废物增长路径可以有不同模式。在现有技术管理条件不变的惯性增长模式下，我国工业固体废物产生量将在“十三五”期间突破40亿t规模。而在目前我国能源战略和产业结构调整发展总体安排的情形下，“十三五”期间以煤炭、钢铁等产业结构调整为契机，2020年我国煤炭消费控制在27.2亿t，原煤产量控制在36.3亿t；钢铁产能控制在粗钢产量7亿t、铁矿石原矿9.8亿t的情况下，工业固体废物的增长可进入低速有限增长通道，届时环境统计调查企业和全行业工业固体废物产生量为31亿～39亿t。未来，如果按照全社会煤炭、钢铁、有色金属等实际消费需求控制、限制工业固体废物的增长，既将粗钢表观消费量控制在8亿t，有色金属消费量控制在5000万t规模，并充分提高资源综合利用总量，则我国有望在“十三五”期间扭转工业固体废物总体增长态势，并在2030年以后初步将工业固体废物产生量控制在30亿t以下。

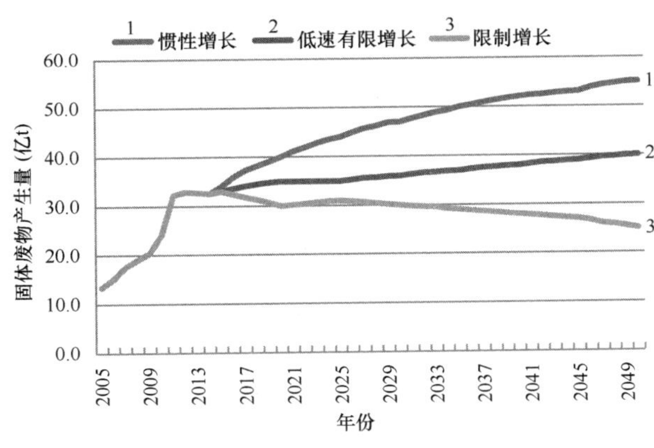

图6-10　我国工业固体废物产生利用预测

未来工业固体废物资源化利用仍有较大空间。参照发达国家发展历程，随着技术能力和产业发展的进步，在完成工业化和城镇化后，我国工业固体废物的产生量可望保持平稳。在提升综合利用率总体水平的潜力方面（表 6-2），我国在矿产资源开采冶炼过程中的有色金属回收率、固体废物综合利用率仍然存在较大发展空间，电力行业产生的粉煤灰、脱硫石膏等固体废物综合利用也可进一步提升。而对于尾矿、冶炼渣等特殊类别固体废物，通过自主研发和引进先进技术，可以取得重大突破。

表 6-2　我国部分行业工业固体废物分类资源化利用的差距分析（单位：%）

类别	我国现阶段水平（2014 年环境统计数据）	对照国家或地区	对照国家或地区水平
工业固体废物综合利用率	60	我国台湾地区	80
钢铁行业废物综合利用率	91	日本	99
有色金属回收率	50	世界先进水平	70～80
有色金属冶炼行业废物综合利用率	71	日本	90
电力行业废物综合利用率	85	日本	97
尾矿综合利用率	20	发达国家平均水平	60

（2）城市矿山

1）生活垃圾。从预测结果来看，全国城镇生活垃圾产生量将逐年增加，年均增长率约为 2.4%。到 2020 年和 2030 年，全国城镇生活垃圾产生量将分别达到 3.6 亿 t 和 4.2 亿 t（图 6-11）。到 2020 年和 2030 年，城镇生活垃圾无害化处理量将达到 3.0 亿 t 和 3.8 亿 t。以 2020 年预测结果为例，填埋、焚烧和其他处理方式处理所占比例分别为 46.8%、41.4%和 11.9%。

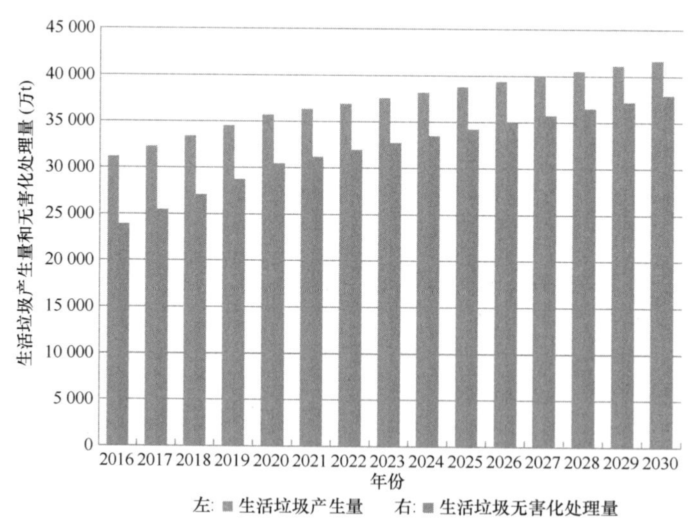

图 6-11　2016～2030 年我国生活垃圾产生利用量预测

2）废钢铁潜力分析。根据历史数据将我国钢铁资源消费分为建筑、交通、机械、耐用消费品和其他共 5 个行业，根据资源代谢模型预测 2015～2030 年我国 5 个行业钢铁资源报废量如图 6-12 所示。到 2030 年，建筑、交通、机械、耐用消费品和其他行业将分别产生 11 200 万 t、14 300 万 t、15 406 万 t、6857 万 t 和 6228 万 t，总计 53 991 万 t。

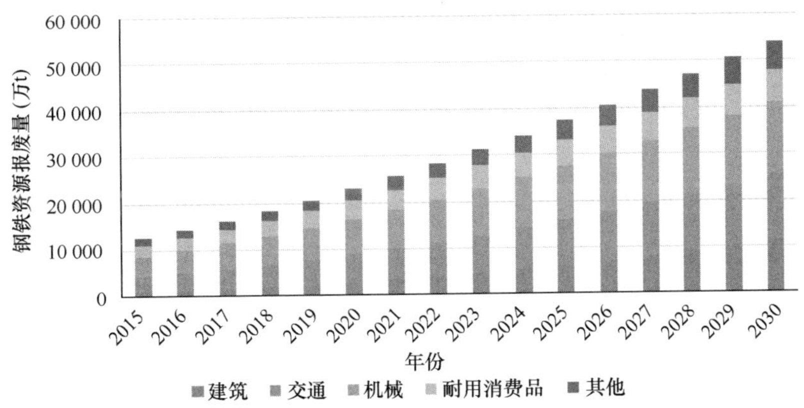

图 6-12　2015～2030 年我国钢铁资源报废量预测（彩图见封底二维码）

3）废有色金属潜力分析。铜资源代谢及报废潜力分析：根据资源代谢模型核算框架和历史数据，将我国铜资源主要消费行业分为电力、家用电器、交通、电子、建筑和其他共 6 个行业，根据资源代谢模型预测 2015～2030 年我国 6 个行业铜资源报废量如图 6-13 所示。到 2030 年，电力、家电、交通、电子设备、建筑和其他行业分别报废铜资源 237 万 t、124 万 t、83 万 t、147 万 t、14 万 t、174 万 t，总计约 779 万 t。

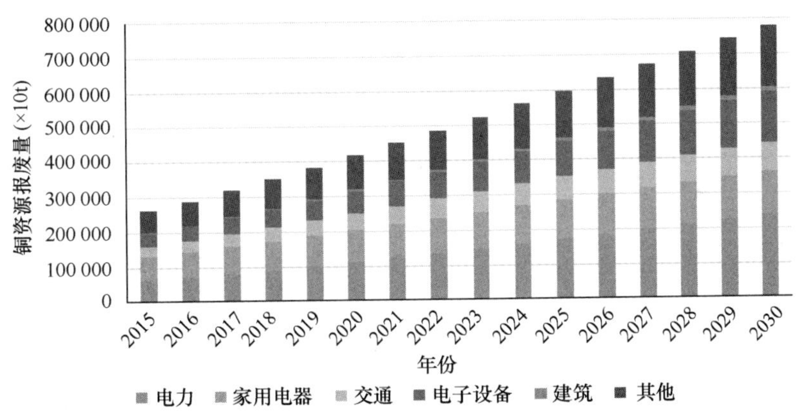

图 6-13　2015～2030 年我国铜资源报废潜力分行业预测（彩图见封底二维码）

铝资源代谢和报废潜力分析：根据资源代谢模型核算框架和历史数据，将我国铝资源主要消费行业分为交通、机械、电力电子、建筑、包装、耐用消费品和其他共 7 个行业，根据资源代谢模型预测 2015～2030 年我国 7 个行业铝资源报废量如图 6-14 所示。包装一直是铝的最大使用行业，也是报废量最大的行业，2030 年可达 4618 万 t，废铝总产生潜力达 6701 万 t。

铅资源代谢及报废潜力分析：根据资源代谢模型核算框架和历史数据，将我国铅资源主要消费行业分为电池、颜料、金属制品、化学品和其他共 5 个行业，根据资源代谢模型预测 2015～2030 年我国 5 个行业铅资源报废量如图 6-15 所示。电池行业是铅使用量最大的行业，也是报废量最大的行业，2030 年可达 1444 万 t。总报废量达 1613 万 t。

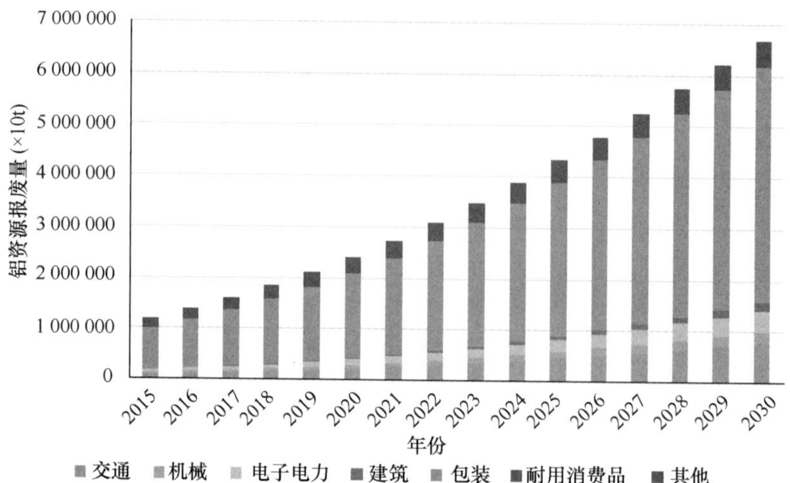

图 6-14　2015～2030 年我国铝资源报废潜力分行业预测（彩图见封底二维码）

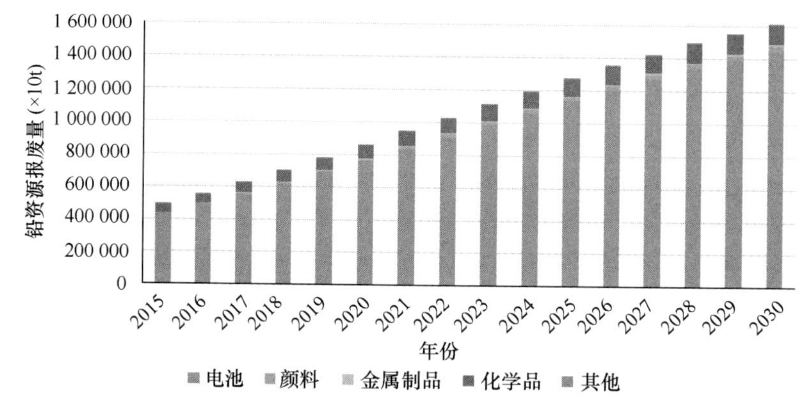

图 6-15　2015～2030 年我国铅资源报废潜力分行业预测（彩图见封底二维码）

4）废橡胶潜力预测。关于废橡胶的回收，统计数据非常有限，而废橡胶的最大组成部分是废旧轮胎，因此以废旧轮胎的回收量来说明我国废橡胶的回收情况。对我国废旧轮胎的回收量历史数据进行线性拟合，预测 2015～2030 年我国废轮胎回收量，结果如图 6-16 所示。到 2020 年，我国废轮胎的回收量将达到 723.6 万 t，2030 年回收量将达 1544.0 万 t。

5）电子废物潜力分析。根据表观消费量与生命周期方法，以全国统计年鉴中的每百户家庭的家用电器拥有率以及手机普及率为基础，计算可得未来我国报废电器电子产品的产生量，如图 6-17 所示。全国报废电器电子产品的数量将呈现持续快速增长的态势，至 2030 年将达到 1516.2 万 t，其中电视机 8278.5 万台、冰箱 8771.3 万台、洗衣机 7239.7 万台、空调 13 435 万台、电脑 8666.7 万台、手机 48 177.4 万部。

6）报废汽车产生量预测。随着我国经济发展和人民生活水平的提高，我国居民对汽车的需求量不断增长，从而带动了整个汽车产业的繁荣。过去 10 多年间，我国汽车保持了持续的增长，年增长率约 24%。其中轿车产量的增长尤为快速，从 2001 年占全部汽车生产量的 30%增长到 2014 年的 52.6%。对于汽车的使用寿命，统一按照 12 年进行计算。报废汽车未来产生量预测结果如图 6-18 所示，我国未来报废汽车产生量增长迅速，2020 年将达到年废弃量 1827 万辆。

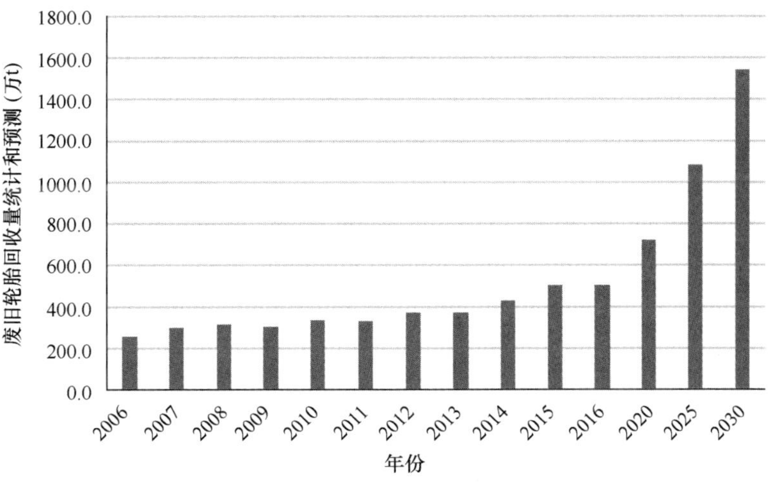

图 6-16　2006～2030 年我国废旧轮胎回收量统计和预测

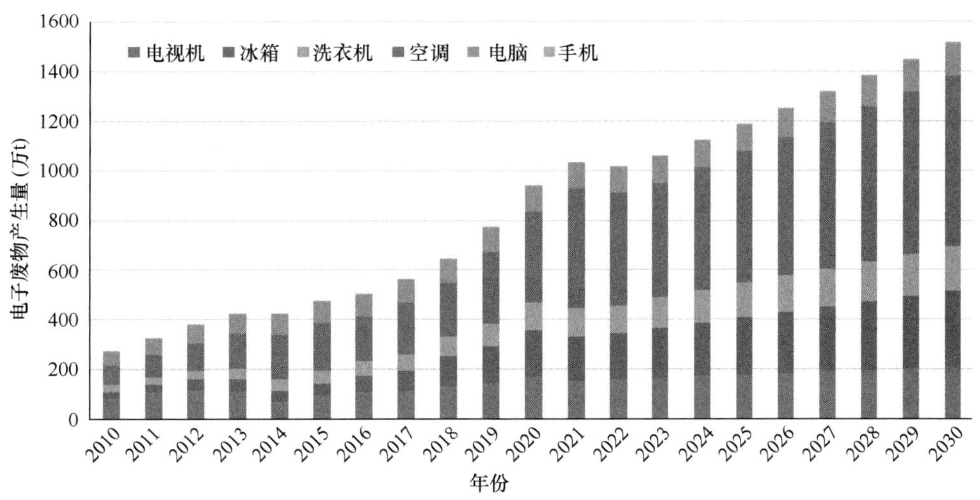

图 6-17　2010～2030 年我国电子废物产生量统计和预测（彩图见封底二维码）

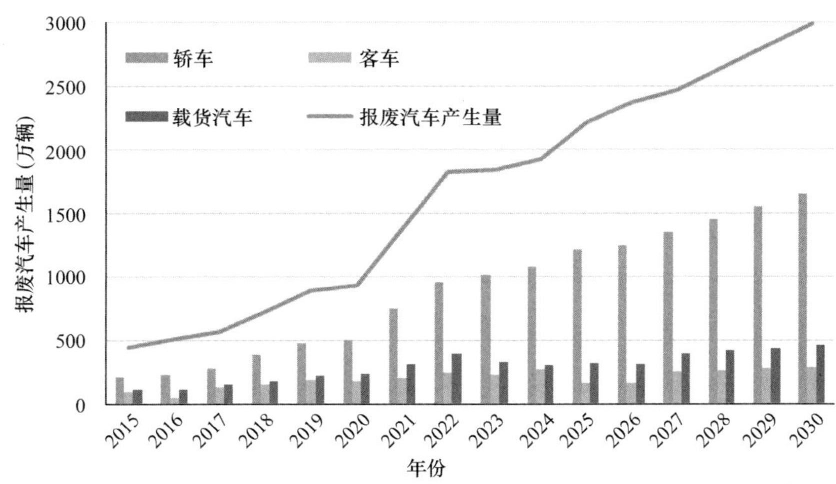

图 6-18　2015～2030 年我国报废汽车产生量统计和预测（彩图见封底二维码）

7）建筑废物。根据历史数据，我国建筑业房屋建筑面积的竣工率始终保持在 40%以上，假定 2015～2030 年全国每年建筑施工面积的增长速度为 5%（建筑业的发展增速低于国民经济发展增速），据此可测算未来几年的建筑垃圾产量，如图 6-19 所示。

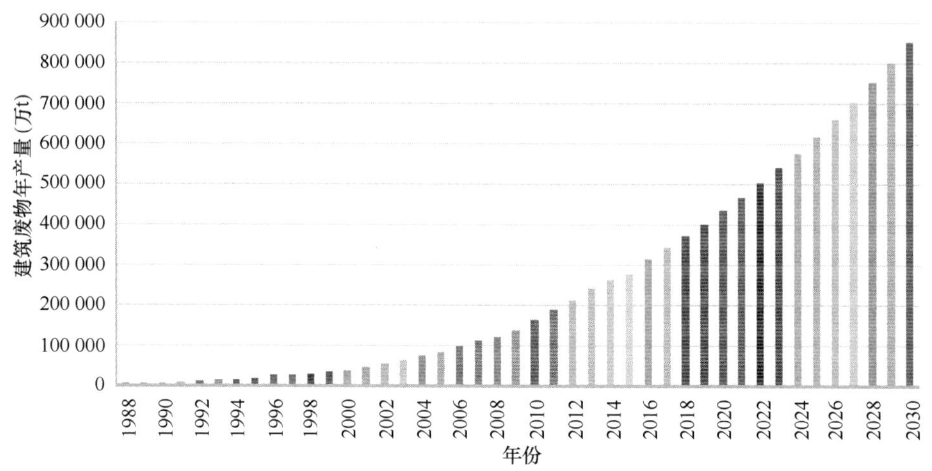

图 6-19　1988～2030 年我国建筑废物年产量统计和预测

（3）乡村废物

1）农村生活垃圾。农村生活垃圾未来产生量主要受农村人口数量变化及人均产生量两个因素的影响。根据相关预测，随着我国城市化发展，城市化率预计到 2020 年和 2030 年分别提高到 60%和 70%，届时农村人口会下降至 5.68 亿和 4.35 亿左右。按现在经济条件中等水平的人均排放量 0.438kg/d 来估算，预计农村生活垃圾产生量在 2020 年、2025 年和 2030 年产生量分别为 0.89 亿 t、0.79 亿 t 和 0.68 亿 t 左右，其储存的能源量分别为 0.12 亿 t 标准煤、0.108 亿 t 标准煤和 0.092 亿 t 标准煤（图 6-20）。

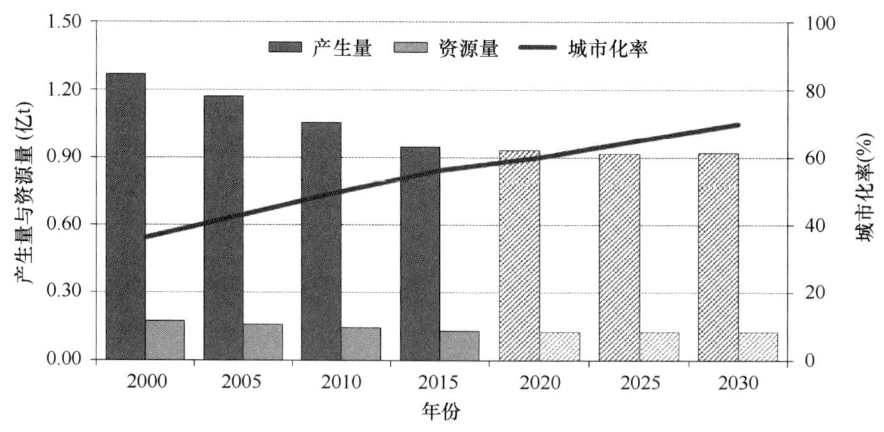

图 6-20　2000～2030 年我国农村生活垃圾产生量与资源量统计和预测

2）农业废物。根据相关研究，预测我国粮食产量的研究较多，且预测效果较为准确。相比蔬菜、油料产品及糖料产品产量的预测报道则很少，很难从总体上预测整个农作物产品的产量。根据粮食产量与由粮食产生的秸秆的谷草比的线性关系，推算到我国在 2020 年、2025 年和 2030 年所产生的农作物废物量分别达到 10.38 亿 t、10.47 亿 t 和

10.55 亿 t 左右。按农作物综合折标系数 0.52 计算，2020 年、2025 年和 2030 年资源量分别达到 5.40 亿 t 标准煤、5.44 亿 t 标准煤和 5.49t 标准煤（图 6-21）。

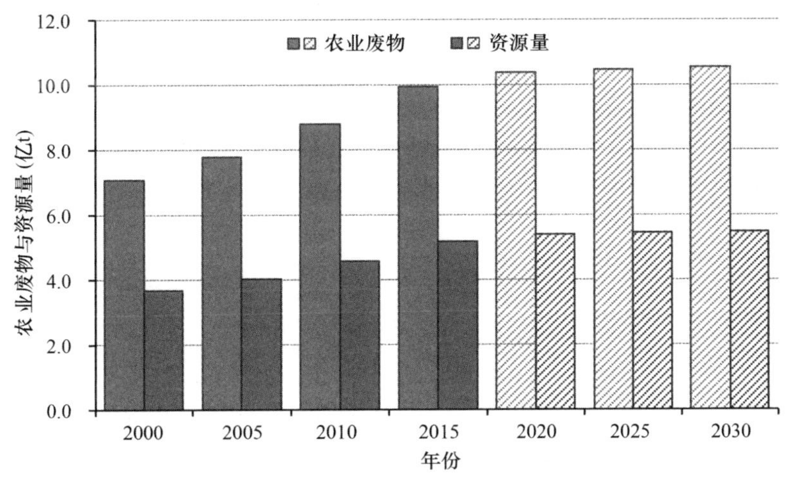

图 6-21　2000～2030 年我国农业废物产生量与资源量统计和预测

3）林业废物。为应对全球气候变化，国际上将进一步强化对生态资源的保护，严格林木的采伐限额，林业废物的产生量可能一直与现在水平相当，每年产生的采伐、加工剩余物以及薪材等林业废物为 1.4 亿 t 左右，资源量保持在 8000 万 t 标准煤左右。

4）畜禽粪便。未来至 2030 年畜禽粪便产生量的估算是按照历年肉类、蛋和奶等产品的实际产量与同年产生的粪便量之比，再根据“畜禽养殖业可持续发展战略研究”报告中对 2020 年和 2030 年的肉类、蛋类和奶类产品的预测产量推算得到。2020 年和 2030 年粪便产生量分别达到 41.76 亿 t 和 43.38 亿 t，按照历年折标系数 0.1 去推算，资源量分别达到 4.18 亿 t 标准煤和 4.34 亿 t 标准煤。

2. 固体废物分类资源化利用的能源与环境效益评估

以再生资源量与资源消费量之比作为再生资源替代比例，以进口的原生和废物资源量之和与资源消费量之比作为对外依存度。2010 年，除铅以外，我国资源再生比例较低，3 种大宗金属资源替代比例不到 30%，对进口资源依赖性强，铜为 72.0%，铁为 51.2%，铝为 47.9%。

结合物质流核算，预测基准情景下 4 种矿产资源的主要代谢指标如表 6-3 所示，再生资源替代总体效益显著，资源对外依存度逐步下降。2010～2030 年，钢铁资源替代比例增加了 40.1 个百分点，对外依存度下降了 17.9 个百分点；铜资源替代比例增加了 18.7 个百分点，对外依存度下降了 25.8 个百分点；铝资源和铅资源的资源替代比例分别增加了 5 个百分点和 10.2 个百分点。

比较低资源消费情景和强化回收利用情景下矿产资源代谢主要指标可得：低资源消费措施通过减少源头资源需求量改变资源代谢特征，减少资源进口需求量和资源再生量，然而从长期角度看却不能减少资源对外依赖程度。强化回收情景通过增加资源再生量来改变资源代谢特征，随着资源报废量增长资源替代效益显著（表 6-4）。

表 6-3 基准情景下典型金属资源关键指标

资源名称	年份	资源需求量	进口需求量	资源再生量		再生替代比例（%）		对外依存度（%）
				城市矿山	工业固体废物	城市矿山	工业固体废物	
钢铁（百万 t）	2020	756.5	438.8	223.49	36.44	26.9	4.8	52.8
	2030	806.8	295.4	471.74	58.28	53.2	7.2	33.3
铜（万 t）	2020	916.5	525.5	330.5	25.5	34.1	2.8	54.2
	2030	1246.9	608.8	607.8	40.8	46.1	3.3	46.2
铝（万 t）	2020	4829.3	3441.1	930.4	—	13.3	—	49.2
	2030	8055.2	5374.9	2472.6	—	21.2	—	46.1
铅（万 t）	2020	1030.8	678.4	549.3	—	40.4	—	49.9
	2030	1714.8	1029.5	1012.9	—	44.8	—	45.5

表 6-4 低资源消耗情景、强化回收利用情景与基准情景关键指标对比

情景模式	资源名称	年份	资源需求量	进口需求量	资源再生量	再生替代比例（%）	对外依存度（%）
低资源消耗情景	钢铁（百万 t）	2020	–60.6	–61.7	–4.6	1.7	–3.5
		2030	–70.6	–57.9	–19.4	2.7	–4.0
	铜（万 t）	2020	–71.5	–65.2	–7.9	2.0	–2.7
		2030	–129.9	–88.3	–44.6	1.6	–2.1
	铝（万 t）	2020	–648.9	–638.4	–45.2	1.3	–2.9
		2030	–1329.2	–1080.1	–315.0	1.0	–2.0
	铅（万 t）	2020	–90.7	–69.1	–38.9	0.8	–0.8
		2030	–284.4	–180.1	–158.6	0.5	–0.5
强化回收利用情景	钢铁（百万 t）	2020	0.0	–10.4	10.4	1.2	–1.2
		2030	0.0	–33.3	33.3	3.8	–3.8
	铜（万 t）	2020	0.0	–16.1	16.1	1.7	–1.7
		2030	0.0	–73.4	73.4	5.6	–5.6
	铝（万 t）	2020	0.0	–108.5	106.1	1.5	–1.6
		2030	0.0	–904.7	884.6	7.6	–7.8
	铅（万 t）	2020	0.0	–38.6	38.6	2.8	–2.8
		2030	0.0	–217.8	217.8	9.6	–9.6

对我国固体废物分类资源化潜在效益分析如表 6-5 所示，预计到 2020 年我国主要工业固体废物和城市矿产的资源化价值约为 198 982.9 亿元，可吸纳就业 3400 万人；到 2030 年，我国主要工业固体废物和城市矿产的资源化价值可达约 230 306.3 亿元，可吸纳就业 8000 万人。再生钢铁资源替代比例为 26.9%，对外依存度为 52.8%；再生铜、再生铝、再生铅的资源替代比例分别为 34.1%、13.3%、40.4%，对外依存度分别为 54.2%、49.2%、49.9%。

表 6-5　固体废物分类资源化潜在效益分析

年份	固体废物类型	资源名称	产生量预测（万 t）	市场潜力（城市矿山，亿元）	资源需求量(万 t)	进口需求量(万 t)	资源再生量(万 t)	再生替代比例（%）	对外依存度（%）	可吸纳就业人数(万人)
2020	城市矿山	钢铁	23 007.24	3451.09	75 648.8	43 882.4	22 349.4	26.9	52.8	3400
		铜	417.24	1502.07	916.5	525.5	330.5	34.1	54.2	
		铝	2411.14	2507.59	4829.3	3441.1	930.4	13.3	49.2	
		铅	857.20	977.21	1030.8	678.4	549.3	40.4	49.9	
	工业固体废物	尾矿	104 103.38	36 436.18 万 t	钢铁 75 648.8，铜 916.5，铝 4829.3，铅 1030.8，非金属矿产资源 1 600 000	钢铁 43 882.4，铜 525.5，铝 3441.1，铅 678.4	钢铁 3643.6，铜 25.5，非金属矿产 154 108.4	钢 4.8，铜 2.8	钢铁 8.3，铜 4.9	
		冶炼渣	37 000	31 450 万 t						
		煤矸石	72 600.00	58 080 万 t						
		粉煤灰	37 536	33 782.4 万 t						
		脱硫石膏	6890.26	5856.5 万 t						
		炉渣	24 758.36	22 282.52 万 t						
		报废工业装备	5314.68	2657.34 万 t						
	乡村废物	农业废物	0.89×10^4	0.12 亿 t 标准煤						
		林业废物	14 000	8000 万 t 标准煤						
		畜禽粪便	41.76×10^4	4.18 亿 t 标准煤						
2030	城市矿山	钢铁	53 991.29	8098.69	80 677.4	29 539.6	47 174.0	53.2	33.3	8000
		铜	778.78	2803.61	1246.9	608.8	607.8	46.1	46.2	
		铝	6701.46	6969.52	8055.2	5374.9	2472.6	21.2	46.1	
		铅	1613.31	1839.17	1714.8	1029.5	1012.9	44.8	45.5	
	工业固体废物	尾矿	116 557.65	58 278.83 万 t	钢铁 80 677.4，铜 1246.9，铝 8055.2，铅 1839.2，非金属矿产资源 1 680 000	钢铁 29 539.6，铜 608.8，铝 5374.9，铅 1029.5	钢铁 5827.9，铜 40.8，非金属矿产 152 316.5	钢铁 7.2，铜 3.3	钢铁 19.7，铜 6.7	
		冶炼渣	31 450.00	28 305 万 t						
		煤矸石	60 000.00	51 000 万 t						
		粉煤灰	35190	33 430.5 万 t						
		脱硫石膏	6459.62	5813.66 万 t						
		炉渣	23 210.96	22 050.41 万 t						
		报废工业装备	13 784.91	11 716.91 万 t						
	乡村废物	农业废物	0.68×10^4	0.092 亿 t 标准煤						
		林业废物	14 000	8000 万 t 标准煤						
		畜禽粪便	43.38×10^4	4.34 亿 t 标准煤						

二、固体废物分类资源化利用的战略方针及目标路线

（一）战略方针

从“十三五”开始，我国将进入全面建成小康社会，逐步实现“两个一百年”奋斗目标的决胜阶段。为实现经济发展绿色转型和生态文明建设，需要将固体废物分类资源化作为国家资源环境战略的重要组成部分，以“政府引领、产业支撑，源头减量、处置限制，精细分类、充分循环”作为指导方针，将固体废物分类资源化逐步打造为支撑我国可持续发展的重要战略性新兴产业。

1. 政府引领，产业支撑

以资源的全生命周期管理为主线，统筹资源战略、环境战略、工业发展战略，努力构建环境影响最小、资源效率最大、经济成本最优的“资源-废物-资源”的综合管理系统，尽快完善符合我国国情的生产者责任制度、多渠道回收制度、集中利用处置制度等配套制度体系，建立多部门统筹协调的综合管理机制。

实现政府宏观引导与市场资源配置相互协调，合理分配资源化利用过程相关方责权利，形成“谁回收、谁受益”“谁利用、谁受益”的多方效益共享共赢的长效机制，培育产业市场内生动力。以科技创新引领产业发展，大力推进具有自主知识产权的高附加值的清洁生产、有价资源提取、规模化利用技术工艺的产业化，保障二次资源有效生产能力和供应能力。

2. 源头减量，处置限制

统筹我国经济社会发展总体战略，以降低全社会资源消耗和废物产生强度。以降低生产过程和产品全生命周期环境影响、提高资源回收利用效率为目标，逐步降低金属矿产资源开采强度，限制非金属矿产资源开采活动，推进工业生态设计、产品生态设计、绿色供应链建设，大力发展清洁生产、循环经济、生态工业园区，促进传统工业全产业链绿色转型，从源头减少固体废物产生量和提高可资源化利用量，扩大绿色产品供给规模。限制可资源化、能源化利用的固体废物进入填埋、焚烧等最终处置，倒逼固体废物资源化。

3. 精细分类，充分循环

统筹我国资源供给能力和战略需求，对固体废物按资源禀赋情况实施精细分类管理，优先提取铁、十种有色金属等对经济发展有支撑性作用的战略资源，对含有重要战略资源（如稀散金属、稀土元素等）的固体废物实施战略储备，着力提高再生资源回收能力，逐步提高固体废物对非金属矿产资源、能源的替代比例。积极参与国际资源循环，充分利用国际优质进口矿产资源和再生资源。

（二）战略目标

变革发展理念，将线性经济发展模式向循环经济发展模式转变是实现我国“两个一

百年”奋斗目标和中华民族伟大复兴的根本途径。为此，在未来一段时间内，我国需要在生态文明建设过程中，努力改变工业、农业生产模式和社会生活消费方式，提高资源利用效率，减少、回收和充分利用各类固体废物，努力实现资源在全生命周期过程中的最大化循环利用，努力将固体废物的产生量和对生态环境影响降到最小，努力建设一个可持续发展的、“无废物”的国家，并成为世界经济循环发展的引领者。

但是，在全面完成工业化和城镇化之前，我国需要客观面对资源能源的巨大消耗和继续快速增长的固体废物产生量，以及不断累积的环境风险，科学规划固体废物资源化发展路径。

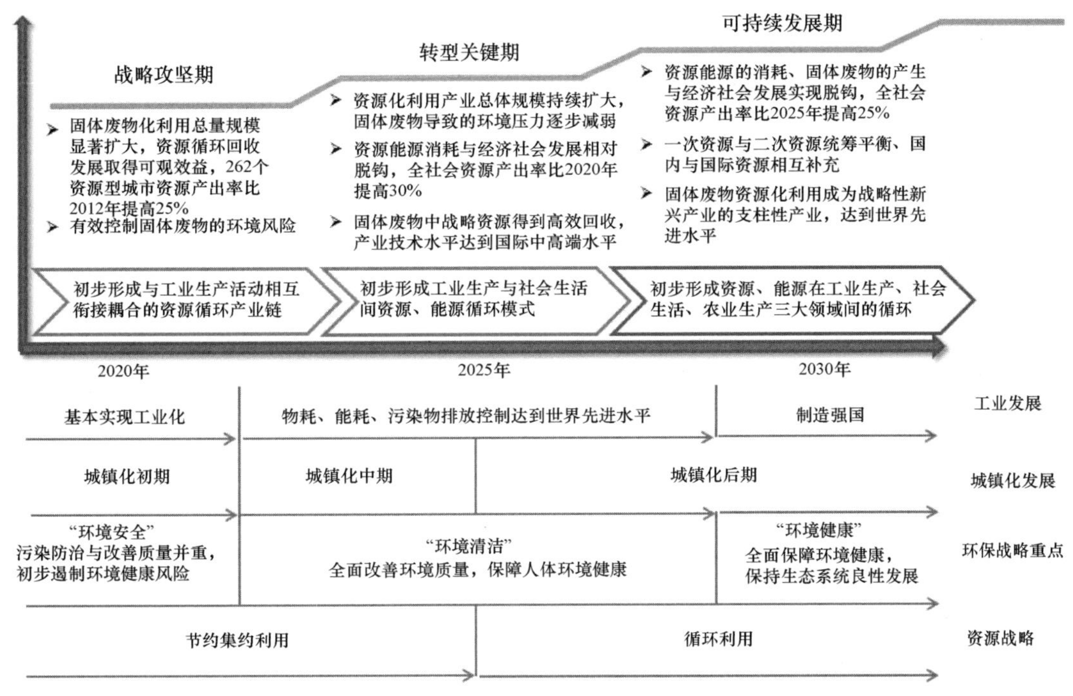

图 6-22 我国固体废物资源化发展路线图

数据来源：环境保护部环境规划院提供

1. 战略攻坚期（2020 年）

宏观形势：“十三五”期间，我国将进入工业化后期，完成初步城镇化，但粗放发展惯性仍未消除，环境质量难以从根本上得到改善，环境风险高企态势难以遏制，人民群众对环境健康风险的关注日益提高。固体废物长期堆积将成为影响我国整体环境质量改善和导致环境健康风险的突出问题。固体废物产生量高位运行、综合利用能力相对较低对经济稳定运行和产业绿色转型的负面影响将进一步凸显。工业固体废物资源化仍将是第一要务，同时需要高度关注随着人口增加和城镇化率逐步提高而激增的城市矿山类固体废物，并逐步推进农村固体废物的资源化工作。

战略目标：在全面建成小康社会时，固体废物资源化利用总量规模显著扩大，资源循环回收发展取得可观效益，有效控制固体废物对环境质量和人居生态环境的不利影响和潜在风险。262 个资源型城市资源产出率比 2012 年提高 25%。

奋斗指标：初步形成促进固体废物分类资源化的管理制度体系。工业固体废物产生量与工业增加值增长实现稳定相对脱钩。工业固体废物资源化利用总体规模超过每年 30 亿 t。以废钢铁、废有色金属为重点，二次金属资源占工业金属资源消费的比重达到 25%。农村生活垃圾治理初见成效。

重点任务：以建成固体废物分类资源化体制机制为重点，开展基本法律及其制度体系的制定与修订，落实生产者责任，初步形成“经济调节和技术规范为主、行政管理为辅”的产业市场发展长效激励机制，充分释放综合利用产业市场活力，促进固体废物合理有序资源化。

在工业领域，以产品生态设计和绿色供应链设计为重点，降低工业固体废物产生量，提高资源利用效率，262 个资源型城市资源产出率比 2012 年提高 25%。以生态利用和规模化利用为重点，显著扩大工业固体废物资源综合利用（含利用历史堆存固体废物）规模，工业固体废物资源化利用总体规模超过 30 亿 t，比 2014 年提高 50%，工业固体废物对建材类矿山资源的替代比例达到 30%；环境统计重点企业综合利用率达到 70%，其中尾矿综合利用率达到 35%。工业危险废物综合利用量比 2015 年提升 30%，达到 3000 万 t，危险废物处置保障能力大幅提升。再制造成为“绿色制造”的重要内容，报废石油管线、矿山机械等再制造率达到 70%，再制造产业规模显著扩大。

提高生活垃圾资源能源回收能力，促进生活垃圾清运、再生资源回收两网融合，地级以上城市（2014 年共 288 个地级以上城市）生活垃圾分类收集覆盖率达到 50%。提高生活垃圾中再生资源、二次资源的分类收集能力，生活垃圾回收利用率达到 30%。

治理农村突出环境问题，促进农村生活垃圾、秸秆、畜禽养殖废物综合利用，基本建成覆盖主要乡镇的分散式、小型化农村生活垃圾收集处理体系；推广生态农业模式，促进秸秆、养殖废物等生物质就地资源化，秸秆综合利用率达到 85%，养殖废弃物综合利用率达到 75%以上。

2. 转型关键期（2025 年）

宏观形势：“十四五”期间，我国将基本完成工业化，并进入城镇化后期，经济社会发展将进入摆脱资源能源消耗依赖路径的调整过渡阶段，环境质量开始改善，环境风险得到初步遏制，人民群众环境权益诉求进一步提高。随着产业结构调整的深入和我国制造强国战略的实施，一方面，深加工产业比重的提升将进一步拉动对稀缺资源的需求，另一方面，我国固体废物的构成将发生变化，危险废物、废弃消费产品、生活垃圾等占固体废物的比重会进一步提升，我国稀缺资源相对短缺和固体废物环境风险提升的矛盾将进一步加剧，我国固体废物资源化将迎来从扩大利用总量规模向提高资源利用质量的转型关键期。

战略目标：资源化利用产业总体规模持续扩大，固体废物产生及堆存导致的环境压力逐步减弱；固体废物中战略资源得到高效回收，产业发展达到国际中高端水平；初步形成资源高效循环的经济发展模式，资源能源消耗与经济社会发展相对脱钩。全社会资源产出率比 2020 年提高 30%。

奋斗指标：工业固体废物产生量与工业增加值增长绝对脱钩，并开始逐步下降。形成灵活配置的固体废物资源化产业市场，以废钢铁、废有色金属为重点，二次金属资源占工业金属资源消耗量的比重达到35%。农村生活垃圾资源化、农业废物能源化体系初具规模。

重点任务：工业固体废物资源化利用总量超过35亿t，环境统计重点企业尾矿综合利用率达到40%，其中提取有价值组分占综合利用量的比例提升5%，尾矿及冶炼渣中有色金属回收率提升20%；含有稀贵金属、稀散金属、稀土等重要战略资源的工业固体废物得到合理储备；工业固体废物对建材类矿山资源的替代比例达到40%；高风险固体废物堆场环境污染得到初步治理。重点机械设备装备再制造率超过75%，机电产品再制造产业初具规模。

提高再生资源回收率，促进城镇废弃的主要耐用消费品回收，地级以上城市生活垃圾分类收集覆盖率达到65%；生活垃圾回收利用率达到45%；城市生活垃圾分类水平显著提高。

改善农村生态环境、推广生态农业，建立基本覆盖行政村的农村生活垃圾分散式、小型化收集处置体系；秸秆、畜禽养殖废物、农林废物等生物质资源基本得到就地资源化或能源化，国家现代农业示范区和粮食主产县基本实现区域内农业资源循环利用，秸秆综合利用率达到90%，养殖废弃物综合利用率达到80%以上。

3. 可持续发展期（2030年）

宏观形势：到2030年，我国基本完成工业化和城镇化建设，经济发展进入稳定期，人口总量达到峰值，资源能源消耗与社会经济发展基本达到平衡，全社会固体废物总量和构成将逐步达到稳定，资源、环境、社会发展趋于平衡。

战略目标：资源能源的消耗、固体废物的产生与经济社会发展实现脱钩，全社会资源产出率比2025年提高25%。一次资源与二次资源统筹平衡、国内与国际资源相互补充，固体废物资源化利用、固体废物分类资源化达到世界先进水平，固体废物资源化利用成为战略性新兴产业的支柱性产业。

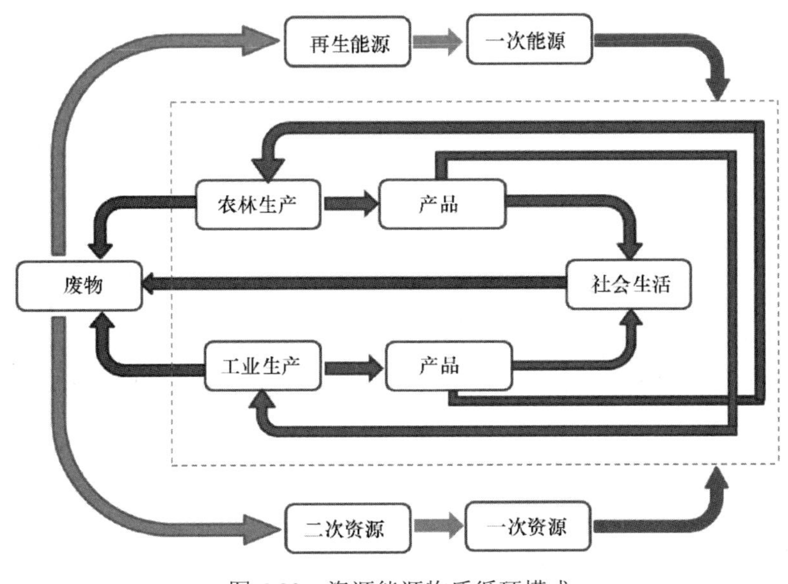

图6-23　资源能源物质循环模式

奋斗指标：二次资源占工业资源消费量的比重达到40%～50%，成为支撑国民经济发展的"新型矿山"，固体废物资源化利用产业产值达到5万亿～6万亿元，带动750万～1000万个就业岗位。

重点任务：工业固体废物资源化利用量超过40亿t，综合利用水平接近国际先进水平，环境统计重点企业尾矿综合利用率达到50%，重点工业装备再制造率超过85%。地级以上城市生活垃圾分类收集覆盖率达到90%，生活垃圾回收利用率达到60%。农村废物资源利用高效、区域环境良好，全国基本实现农业废弃物趋零排放，秸秆综合利用率达到95%以上，养殖废弃物综合利用率达到90%以上。

（三）发展路线图

1. 优化制度体系与市场机制，促进资源闭环循环

整合和完善固体废物资源化法制体系，形成有利于资源化产业发展的外部政策环境。以《固体废物污染环境防治法》为主体，完善其与《循环经济促进法》和《清洁生产促进法》的法律定位及部门分工。强化和细化废物产生者减量化、资源化、无害化法律责任和义务。从原料开采、加工、制造、消费、废弃、利用处置全生命周期考虑，对有毒有害物质实施全生命周期过程控制，将固体废物污染控制、资源化利用要求前置于产生源及全过程。

优化财税激励机制，培育资源化产品发展内生动力。将资源环境效益内部化，强化资源税、环境税对固体废物源头减量和可利用固体废物焚烧、填埋处置的约束作用，促进精细分类、充分资源化。扩大固体废物综合利用产品税收优惠、绿色采购、产品限制淘汰、政府补贴等覆盖范围，建立灵活的资源化利用和无害化处置价格调节机制，提高可利用废物的处置成本，建立"谁利用、谁受益""谁回收、谁受益"的市场环境。

健全技术标准体系，引领和促进资源化产业健康发展。建立健全资源化利用过程污染控制标准体系、综合利用产品质量控制标准体系，推动综合利用产品顺利进入消费市场。建立工业副产品鉴别标准及质量标准体系，从产生源头控制固体废物品质，促进可利用固体废物充分资源化。建设重点行业产品生态设计标准、绿色供应链建设标准，建立重点工业装备再制造技术规范及再制造产品标准体系。

2. 推动工业发展绿色转型，提高资源产出率

以大宗工业废物、工业危险废物相关的钢铁、煤炭、有色金属等行业为重点，深化绿色矿山、绿色制造、清洁能源战略，以降低工业固体废物产生强度、有利于后端资源利用和再制造为目标，提高全产业链清洁生产水平和固体废物精细化分类水平，从源头解决工业固体废物导致的环境污染和环境风险。

统筹绿色矿山建设，以生态红线为指导，统筹矿产资源开发和环境功能区划保护等空间规划，推进尾矿、废石等矿山固体废物减量化、就地生态利用和生态环境恢复，限制尾矿库审批建设。

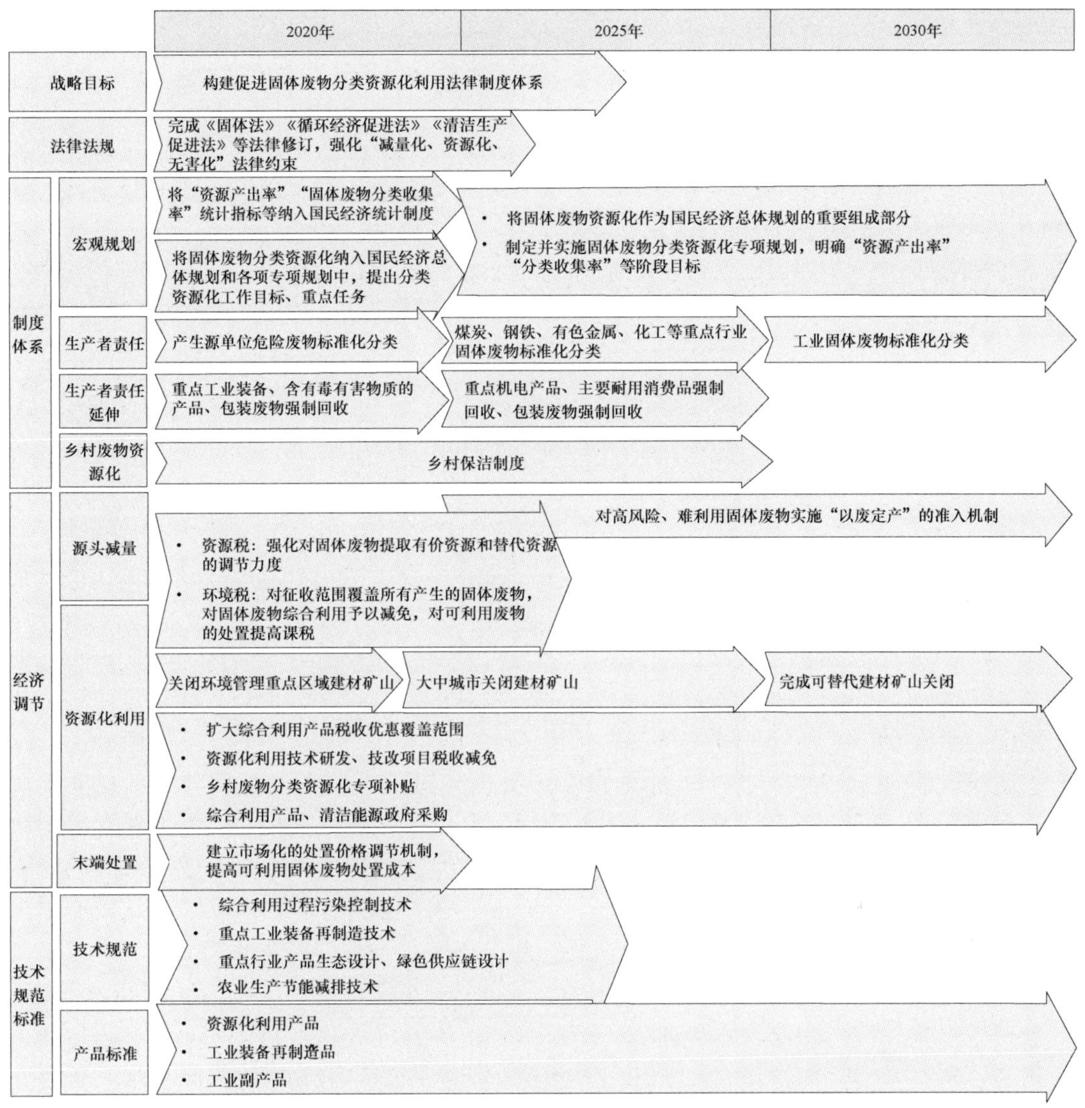

图 6-24　我国固体废物分类资源化利用管理机制建设路线图

统筹绿色制造战略，推动固体废物减量化技术产业化应用，提高资源循环利用效率。对于产生强度高、环境风险大、经济效益差、综合利用难度大的赤泥、铬渣、锰渣等危险废物和Ⅱ类工业固体废物，逐步实施“以废定产”，变“被动利用”为“主动促进”，降低综合利用难度。推广钢铁、有色金属等主要工业产品和主要耐用消费品生态设计和绿色供应链设计。统筹清洁能源战略，提高洁净煤使用比例，减少煤炭生产消费过程产生的固体废物。进一步优化国外优质矿产资源、能源进口管理机制，提高二次资源使用比例。

在优化工业布局方面，根据经济活动中物质流动规律，合理布局固体废物资源化产业，推进生态工业园区建设和现有园区循环化、生态化改造，打造固体废物资源化利用的企业微循环、园区小循环、区域中循环和国家大循环，推进企业间、行业间、产业间共生耦合，形成循环链接的产业网络，促进固体废物就近综合利用，鼓励产业集聚发展。

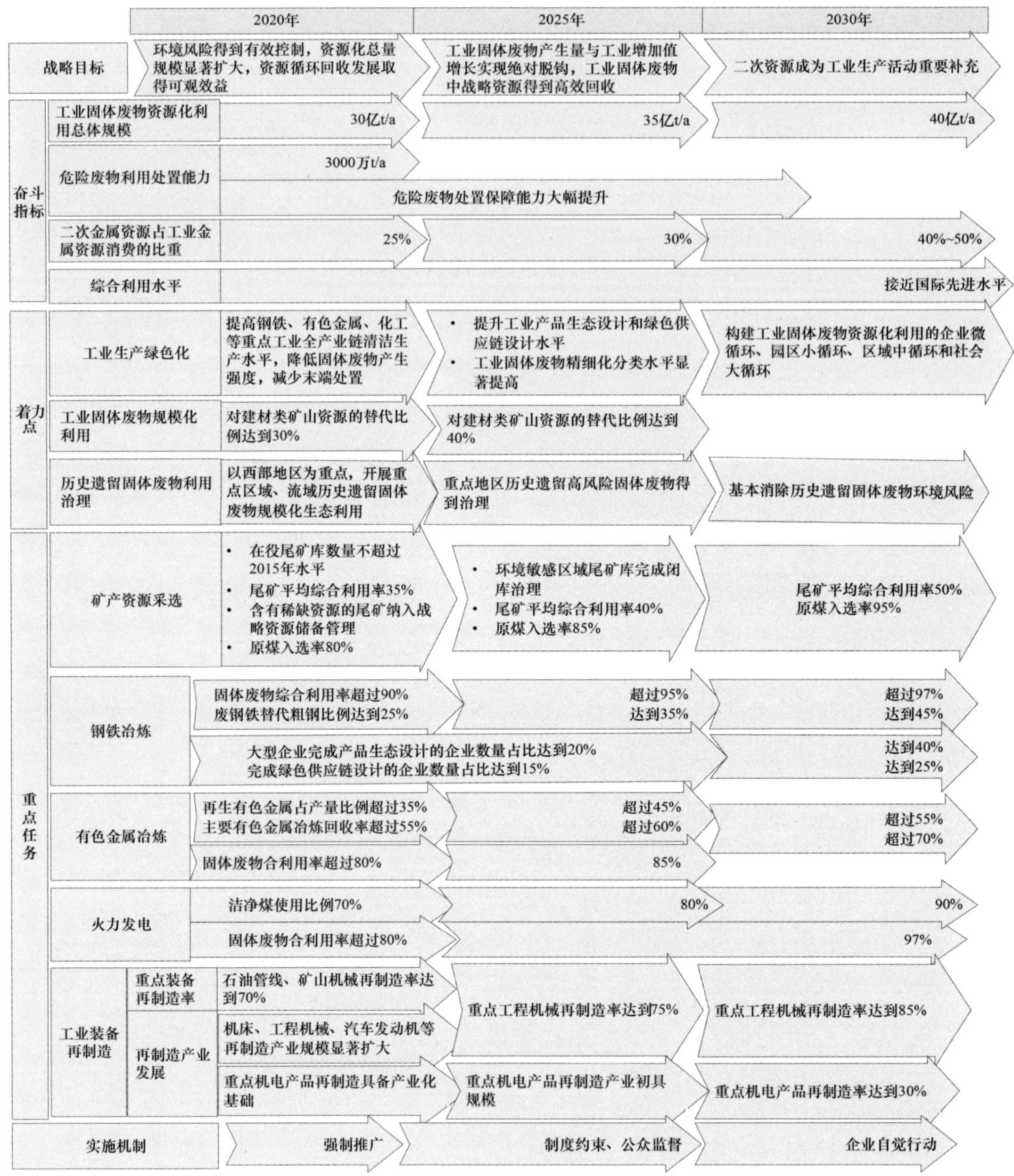

图 6-25　我国工业固体废物分类资源化发展路线

3. 促进绿色消费模式，促进城市矿山开发

着力构建多渠道分类回收体系，推进城镇地区再生资源回收与垃圾清运处理网络体系“两网合一”，提高生活垃圾、再生资源、建筑废物等的精细化分类回收效率和分类收集能力。推动落实生产者延伸责任，建立和完善含有毒有害物质废弃产品的强制回收体系，构建工业装备、机电产品、电器电子产品等生产逆向物流体系，为再制造、资源化利用等提供稳定原料供应。结合绿色建筑、绿色建材产业战略，推动建筑垃圾资源化利用。推广绿色生活方式和消费模式，在全社会树立新的资源观，减少不必要的废物产生。

4. 推动生态农业生产模式，促进乡村废物资源化

改进农业生产生活模式，推广生态农业建设，促进以能源、有机质回收为主的农业生产废弃物、生活垃圾等就近资源化利用和协同资源化，开发农业剩余物多联产系统、林业剩余物资源化与能源化利用系统、畜禽粪便能源化工系统，提升乡村废物资源化利用率。2020年全面消除农村垃圾乱扔乱放、农林生物质废物露天焚烧、畜禽养殖废水随意排放现象，农业主产区基本实现区域内农业资源循环利用；到 2025 年农村生活垃圾基本得到无害化治理；2030年乡村废物基本实现就近资源化；全国基本实现乡村废物趋零排放。

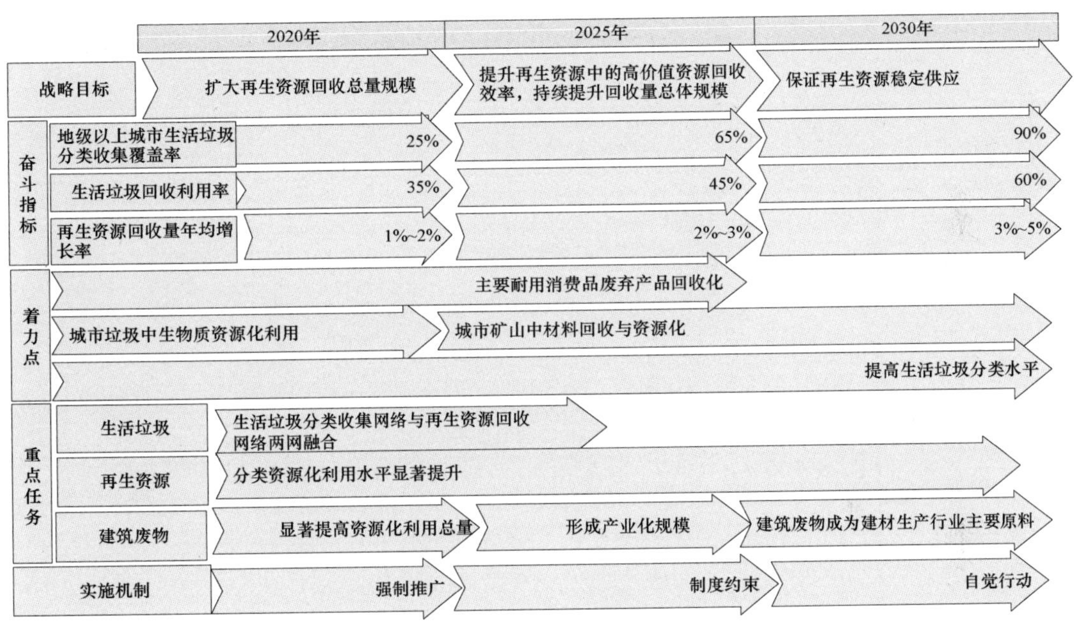

图 6-26　“城市矿山”开发战略路线图

三、固体废物资源化利用技术发展方向及重大工程

（一）国外固体废物资源化利用技术发展趋势

1. 工业固废资源化利用发展趋势

发达国家针对工业固废资源化利用，增加研发投入，充分发挥其关键核心作用，积极开发循环经济技术。其中，资源有效利用技术已列入欧盟2020地平线（Horizon 2020）研发重点优先领域，将为欧盟循环经济提供强有力的技术支撑。研发创新模式包括：改变原有的原材料从生产、消费、丢弃线性模式到创新型的循环模式；创新回收材料市场及其商务模式；大力发展绿色设计和升级循环（Upcycle）设计；积极开发“零废弃”工业生产模式。欧盟在 2014 年 7 月和 9 月分别通过了《循环经济发展战略》《走向循环经济：欧洲零废弃物计划》，将循环经济行动方案贯穿在整个产业链，并为废弃物资

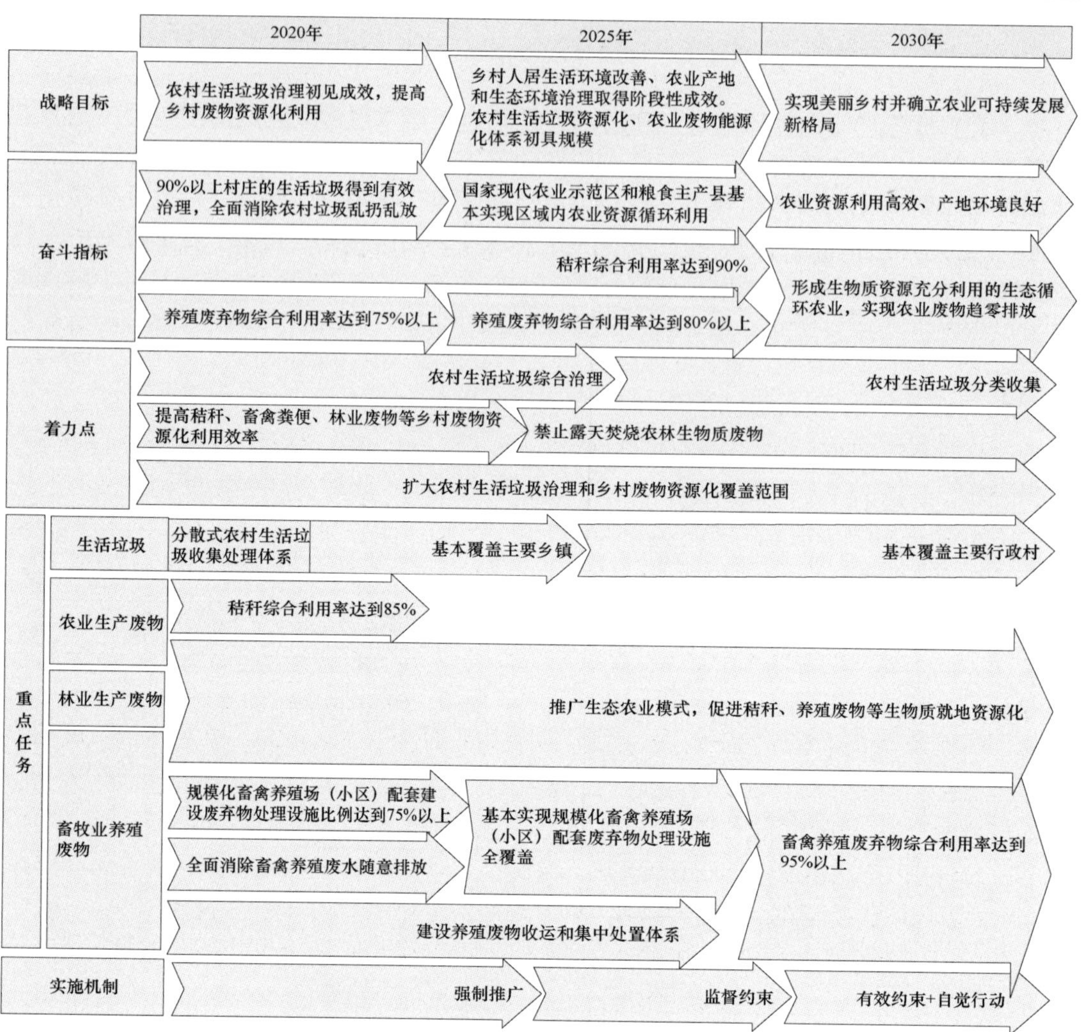

图 6-27　乡村废物分类资源化战略路线

源利用制定了相关目标。例如，2030 年之前城市垃圾再利用和再循环率至少达到 70%；2030 年之前包括特殊材料的包装废物再循环率提高到 80%，中期目标是 2020 年之前达到 60%，2025 年之前达到 70%；2025 年之前禁止填埋可循环使用的塑料、金属、玻璃、纸、硬纸板和可生物降解的废弃物，2030 年之前成员国应该尽力消除垃圾填埋场等。日本在 2013 年发布了《建立循环经济基本法则》，鼓励发展废物高效利用的高质量企业，并促进建立静脉物流体系建设。

2. 城市矿山开发利用技术趋势

发达国家率先将信息技术、生物技术、先进制造等高科技手段引入固废减量化、资源化领域，完成了传统产业技术的绿色升级，固废实现大幅度源头减排与循环利用，支撑构建了以循环型社会为目标的固废全生命周期管理与法律体系。例如，美国将激光无损探测、表面纳米修复等先进技术应用于机电设备零部件再制造，引领了高科技再制造成套技术与装备快速发展，成功应用于航空航天、舰船汽车、医疗卫生、风电能源等领域。当前，针对固废源头减量与高值利用，发达国家已经深入到微纳米尺度构效关系研究，将固废产生过程工艺优化与固废特性在线调控高度耦合，从源头实现固废原材料化生产，催生了固废生产过程与材料利用一体化、原生矿产与再生矿产加工一体化、智能拆解与高端制造一体化等系列重大原创性技术体系与专属装备。美国、欧盟、日本均将固废资源化技术创新列入国家高新技术研发计划，如美国的“先进制造业国家战略计划”，欧盟的“绿色创新行动计划”（EcoAP），日本专项部署了“循环型社会推进创新计划”等。

3. 乡村废物资源化利用发展趋势

发达国家针对农业废物的特性，非常重视应用先进工程技术，提升农业废弃物的肥料化、饲料化、能源化、基质化及工业原料化水平，使技术向机械化、无害化、资源化、高效化、综合化发展，产品向廉价化、商品化、高质化、多样化和多功能化靠拢，以达到物尽其用、变废为宝、消除污染、改善农村生态环境、促进农业可持续发展、高效利用废弃物的目标。具体技术方向有开发集储装备技术，以适用于以农作物秸秆为原料的规模化饲养、工业化发电以及液化、气化等新兴技术发展的需要；微生物强化堆肥技术基本上达到了规模化和产业化水平，但堆肥设施运行成本偏高；开发高效干法厌氧发酵技术，提高产气率的同时降低成本；利用第二代生物燃料，如麦秆、草和木材等农林废弃物为主要原料的纤维素转化技术生产乙醇燃料技术；进一步开发生物质燃料发电、供热等能源化利用。

在技术发展目标方面，美国计划到2025年生物燃料替代中东进口原油的75%，2030年生物燃料替代车用燃料的30%；德国预计到2020年沼气发电总装机容量达到950万kW；日本计划在2020年前车用燃料中乙醇掺混比例达到50%以上；另外印度、巴西、欧盟分别制定了“阳光计划”、“酒精能源计划”和“生物燃料战略”，加大生物质燃料的应用规模。到2020年，欧盟生物质能需求量比2010年至少增加44%，世界生物质燃料市场规模有望增长到2010年的3倍以上，实现950亿美元销售额，生物质能容量增至13 152万kW左右；预计到2035年，生物质燃料将替代世界约一半以上的汽柴油，经济环境效益显著。

（二）我国固体废物资源化利用技术发展方向

1. 总体思路

工业固废的资源化将推进工业生态设计、产品生态设计、绿色供应链建设，从源头减少固体废物产生量和提高可资源化利用量，扩大绿色产品供给规模，促进传统工业全产业链绿色转型；城市矿山的资源化开发利用将信息技术、生物技术、先进制造等高科技手段引入固废减量化、资源化领域，实现传统产业技术的绿色升级，支撑构建了以循环型社会为目标的固废全生命周期管理与法律体系；乡村废物的资源化利用将以“现代化需求牵引、系统化规划设计、工业化手段实施、市场化模式运行”，强化农业废弃物的能源化、资源化转化技术水平，实现资源化、无害化、高效化和综合化发展。

2. 我国工业固废资源化利用技术发展方向

尾矿资源化利用技术。开展矿山采空区尾矿胶结充填、膏体充填技术规模化应用，减少尾矿、废石等排放量，实施规模化生态利用，消除矿区地质灾害。提高矿产资源综合利用率，提高含共伴生金属元素的铁矿、铅锌矿、金矿、磷矿等尾矿综合利用率，提高可回收金属及非金属资源回收效率。部分尾矿二次选矿技术，钒钛磁铁矿资源、铁-稀土多金属共伴生资源、镍铜多金属共伴生资源、锡和铅锌铟等复杂多金属共伴生资源等我国特有矿产资源综合利用技术研究和产业化前景广阔。结合绿色建材产业建设，开展低风险尾矿对建材资源的替代技术应用，利用不含有毒有害物质的尾矿生产多类别建材产品，尤其是高标号水泥、混凝土，高附加值耐火材料、微晶玻璃、无机保温材料等建筑材料，可快速提升资源化利用量及产品附加值。

冶炼渣综合利用产业技术。我国高炉渣制备超细微粉、矿棉等基本实现产业化，钢渣制备人工渔礁、制备路基材料等已有工业实践，但是钢渣膨化处理技术的工业应用及钢渣大规模利用仍然存在技术瓶颈，需要技术突破；未来冶炼渣应采取分类资源化利用技术，重点促进钢铁冶炼渣再选后制备微粉、生产高性能水泥和混凝土等的产业化应用，推广历史堆存冶炼渣作为道路建设、市政基础建设充填材料、路面材料等规模化应用；推动多渠道利用历史堆存赤泥、锰渣、电解铝大修渣等高风险冶炼渣进行替代水泥、制备建材产品等技术产业化。

煤矸石规模化资源化利用及减量化技术。废石是我国产生量、堆存量最大，侵占土地最多的一类固体废物，技术上由于废石堆场一般位于远离建筑材料终端市场，运输成本相对较高，是制约其规模化推广和普遍替代建材矿山产品的关键因素。未来在废石资源化利用方面应优先推动“井下分选”“坑口矸石电厂”等减量化技术，推广废石、煤矸石生产建筑砂石料的低成本资源化利用技术及装备的产业化应用。

粉煤灰资源化利用技术。该技术包括粉煤灰多途径综合利用、历史堆积粉煤灰等混合固体废物生态利用、粉煤灰提取有价元素技术等。未来粉煤灰资源化利用应优先在燃煤电厂集中区域推广充填，在油田生产地区推广堵水调剖等规模化生态利用；促进高附加值的多途径综合利用产品实现规模化生产；对于高铝粉煤灰等含有有价资源但暂不具备提取技术且经济可行的粉煤灰，优先进行分类储存处置，为未来开发保留条件。

工业副产石膏高价值资源化技术。目前我国利用脱硫石膏、磷石膏生产石膏板材、砌块等在部分地区实现了产业化，未来如果能够加强对产生环节的工艺控制，产生的脱硫石膏、磷石膏等完全可以替代天然石膏用于石膏产品生产。应优先强化生产过程工业副产石膏品质控制要求，提高高价值资源化产品产业化率。

工业装备再制造技术。目前我国用于工程机械表面再制造的零部件剩余寿命评估技术、无损拆解与分类回收技术、绿色清洗技术、纳米表面工程技术、快速成形再制造技术，以及虚拟再制造技术等已进入实用化阶段，但是离产业化应用还有一定的距离；工程装备在役再制造研发取得较好进展，但离产业化应用还有一定距离。未来应大力推广石油管线、重点工业机械装备再制造技术产业化应用，推动在役再制造技术工业化实践。

多类别固体废物协同利用技术。基于多种固废协同作用的地下胶结充填采矿技术，特别是膏体胶结充填采矿技术，可使胶结剂的成本比普通硅酸盐水泥成本降低 30%～

50%，固化砷和重金属的能力提高 5 倍，未来具备广泛推广价值；协同利用固体废物，如尾矿、废石、煤矸石、粉煤灰、冶炼渣、工业副产石膏等，经合理配比后可大大提高其中有效组分在水泥、混凝土、功能性建材中的协同作用，生产高性能建筑材料规模化发展前景良好。

3. 我国“城市矿山”开发利用技术发展方向

产品生态设计与再生组织性能调控原理。针对当前废弃产品成分复杂、拆解分选难度大、再生材料质量难以保证等关键问题，开展产品生态识别、生态诊断、生态设计基础研究；开展产品全生命周期环境影响科学评估，识别产生环境影响的主要类型和关键环节；开展替代数据模拟、替代方案比较方法研究，为产品生态设计提供科学依据。突破典型废旧产品分析检测与评估方法，探索自动化精细拆解、多级破碎与智能分选、材料化和再制造过程组织性能调控新原理，揭示回收利用过程中有价元素富集分离规律与毒害元素迁移转化规律，为建立典型“城市矿山”回收利用关键技术与装备提供基础支撑。

废旧新能源装备可循环拆解与清洁利用技术。针对废旧新能源装备涉及面宽，结构集成度高、利用残值可观等特点，以动力电池、光伏电池、储能电池、风电装备、智能电网发电及配电装备为主要对象，重点突破动力锂电池可循环拆解、旧件检测与梯级制备微型锂电技术；锂、钴、镍稀有金属湿法冶金强化分离与再生利用技术；光伏电池多晶硅片清洁回收与银浆绿色分离技术；铅酸电池可循环智能拆解、免冶炼清洁再生与废酸除杂回用技术；风电装备无损拆解与电机组件直接利用技术。形成废旧新能源装备及其核心部件可循环拆解与清洁利用技术体系与标准。

废旧便携电子产品精细拆解与稀贵金属回收技术。针对废旧便携电子产品种类繁多、组成复杂、复合程度高及更新换代快等特点，以废旧手机、笔记本电脑、平板电脑、液晶显示器件、移动存储终端等为主要对象，重点突破储存信息安全擦除与防泄漏技术；机器人辅助精细拆解、电子元器件自动检测与直接再利用技术；液晶绿色分离、铟锡高效回收、深度提纯与清洁再生技术；内置荧光灯或 LED 微组件精细拆离、稀土稀散金属回收提纯与汞二次污染协同控制技术；内置集成线路板的多级粉碎与涡流分选技术、稀贵金属无氰回收与提纯技术。形成废旧便携电子产品全量化高效利用成套装备。

废旧机电关键零部件及成套系统再制造技术。针对废旧机电装备个性化强、服役环境差异大、再制造基础条件不一等问题，研发大型机电设备柔性拆解、再制造产品声磁多参量综合检测与可靠性评价、智能化高能束柔性再制造成形及数字化加工、基于机器人的高能束能场纳米复合快速增材再制造、废旧电机磁体纳米修复再制造等关键共性技术；突破大型船舶和重型汽车动力系统再制造升级、风电设备/医疗设备智能拆解及成系统再制造等成套技术装备；加快技术集成示范与推广应用，形成系列再制造产品标准与应用推广的商业模式，满足再制造产业深入发展的技术需求。

废旧复合材料智能分选与高效回收技术。针对废旧产品中多种复合材料应用和淘汰更新不断加快，而有效回收技术手段缺乏等新问题，重点突破铝镁合金外壳、铝镁塑料外壳、废旧铜铝线缆、废弃铝塑基材等多种复合材料的光谱识别、智能分选、深度提纯与综合利用关键技术，研究航空复合板材、风机复合叶片等大型复合材料的精细拆解、分类回收技术与装备；研发复合绝缘塑料精细分选和电气性能保级再生技术、多种有机树脂类危废再生制备复合材料技术等材料化高值利用技术。形成废弃复合材料智能分选与多途径高值利用技术组合体系。

基于互（物）联网的固废监管与回收系统构建技术。针对区域或行业的固废收运和资源化利用，突破智能型标签技术与设备、便携式自动检测与传感识别设备、废旧商品自动分拣与回收设备等关键技术与装备，开发基于用户终端和互联网的废旧产品回收交易平台，探索回收体系与财税、金融市场机制融合的商业模式；针对不同来源固体废物，开发移动式车载计量和监控一体化固废收运装备，以及系统回收利用大数据采集与管理决策分析技术。依托工业园区循环化改造、“城市矿产”基地和循环经济示范区，加快基于互（物）联网的固废回收利用平台集成示范、推广应用，提升固废回收利用效率和经济效益。

全生命周期固废精细化管理体系构建技术。针对固废全生命周期管理需求，研究固废分类方法与收运机制、废弃产品环境责任分担机制、典型产品生产者责任延伸制度、废弃产品回收产业基金等市场化制度；研究固废回收利用成本效益分析方法、资源循环利用经济激励政策，探索固废回收新型商业化模式；研究固废资源化技术标准体系框架，加快构建资源循环利用产业标准化体系，促进技术-标准-政策的有效衔接和成套标准整体实施；支撑初步构建适合我国国情的固废全生命周期管理模式，符合生态文明建设的制度创新要求。

资源循环利用综合评价及决策支撑技术。针对生态文明建设对资源循环利用的总体要求，以固废资源化为重点，研究构建循环经济特征评价指标体系及支撑方法，重点开展资源产出率、循环利用率等指标统计测算方法研究，以及不同区域层面的应用示范与推广；研究循环经济鼓励技术评价筛选方法和基于市场化的推广机制，研究适应新常态的区域循环经济发展模式评估机制，分析区域或跨行业循环经济产业链的形成机制、保障制度和运行机制。选择典型大型城市群，以促进循环发展为目标，探索政策法规、商业市场、技术创新、资源供给多方位融合模式与机制，开展综合示范，为促进循环经济大规模发展提供范式。

资源循环利用体系构建系统分析方法。以固废资源化为核心，针对我国生产、生活领域，研究再生金属资源及生物质燃气的理论蕴藏量和大尺度时空分布，开展资源循环利用对国家资源安全保障潜力综合评估；研究区域尺度原生、再生资源一体化供给保障机制及统筹优化战略，形成资源安全保障的全新理论与发展战略，探索构建原生与再生资源融合的新资源观；开展循环发展的协同效益综合评价，研究典型固废物质流、经济流、生态流耦合的分析方法，优化提出资源循环利用综合管理措施；研究资源国际大循环体系的模拟预测方法与模型、固废进口风险-效益评估及决策机制，以及国际贸易政策变化对资源循环利用产业发展的影响与应对；为国家资源循环利用重大决策提供关键支撑。

城市生活垃圾收集布点 GIS 技术。采用最短路径分析原理研究城市生活垃圾收集布点问题。第一，对收集到的空间环境资料进行数据矢量化，将矢量化生成的 Shape 文件转存入地理信息系统空间网络数据库；第二，对网络数据库进行拓扑除错，保证网络分析功能的正常使用；第三，在进行最短路径分析之前，对矢量化处理后的研究区环境地理信息数据进行缓冲分析，包括河流、水域、水源地等，即在这些敏感目标周围设置为禁止生活垃圾收集点的区域，从而进一步排除无效备选点；最后利用 Arcgis 软件的位置分配功能和 Dijkstra 算法，对其余生活垃圾收集备选点进行短路径分析和资源分配，得出最优化结果。

城市生活垃圾的高值化与多样化利用。城市生活垃圾分类与分选技术，可采用如下方法：①分类收集；②在混合收集的情况下，垃圾分选一般包括人工分选和机械分选。各地区可以根据本地区的垃圾属性进行相关配套的垃圾分选系统；生活垃圾和污泥联合堆肥技术。利用厨余、果蔬等多种易腐有机成分，再添加污泥、粪便等其他有机固体废物进行联合厌氧发酵。由联合厌氧发酵产生的沼气可用于燃烧发电或提纯后制天然气，用于内燃机发电。此外，沼气发电机组发电产生的余热，还可循环利用，用于沼气发酵过程的增温、保温；水泥生产协同处理生活垃圾技术。该类技术以在水泥回转窑旁建垃圾焚烧炉为基础，利用水泥回转窑联合处理生活垃圾。垃圾燃料进入水泥窑可采用固体直接入窑和燃料气入窑；生活垃圾气化熔融处理技术。将垃圾在 450～600℃温度下的热解气化和灰渣在 1300℃以上熔融两个过程有机地结合起来。含碳灰渣在 1300℃以上的高温下熔融燃烧，能扼制二噁英类毒性物质的形成，熔融渣被高温消毒可实现再生利用，最大限度地实现垃圾减容、减量。

4. 我国乡村废物资源化利用技术发展方向

农村生活垃圾移动式前处理系统。针对农村垃圾分散且收集困难等问题，将干式自动分选系统改成车载移动式生活垃圾自动分选。通过破袋、一级对辊筛选和一级分选筛选可将可燃杂物、塑料类和纸片进行筛选分离，厨余混杂物可利用磁选将残余金属去除，达到前处理效果。

农林废物能源化工系统。根据农林废弃物能源化利用不同技术方式，分为 6 种能源化利用技术模式。①生物质发电（热电联产）利用技术模式。②生物质成型燃料替代燃煤技术模式。生物质成型燃料“原料收集-成型加工（颗粒、压块燃料）-用户使用（炉具、锅炉、窑炉）”产业链。③生物质热裂解炭汽油联产技术模式。包括适于自然村生物质热解气炭联产技术模式、适于村镇或园区使用的生物质热电炭肥联产技术模式。④秸秆沼气利用技术模式。目前主要采用村镇集中供气模式，秸秆沼气采用完全混合式厌氧反应器、竖向推流式厌氧反应器、序批式固态厌氧反应器等技术。⑤生物质制备液体燃料利用技术模式。建立纤维素热化学转化制高品位液体燃料，农林废物制生物柴油、纤维素混合醇、合成液体燃料等能源转化应用模式。⑥高附加值化学品及生物质基材料技术模式。开发生物质化学转化制备高附加值化学品、生物质基纳米材料等高附加值产品技术应用模式。

农村生活固废综合利用系统。①垃圾填埋气体发电、热能利用、提纯天然气利用技术模式，即“垃圾收集分选+填埋产气+发电、热能利用、提纯天然气”模式；②有机废弃物厌氧发酵沼气利用技术模式；③有机废弃物堆肥技术模式，即“有机废弃物收集+堆肥发酵+还田肥料”模式；④垃圾焚烧发电利用技术模式。一般为“垃圾收集分选+焚烧发电+渗滤液污水处理”，焚烧发电可采用直燃模式也可采用与煤或生物质混烧模式。

多种乡村废物协同处置与多联产系统。主要是利用农林废物、畜禽粪便和水果蔬菜边角料等作为原料，通过厌氧发酵产生沼渣、沼液及沼气等中间体，再利用这些制作有机肥、叶面肥及甲烷、二氧化碳等产品应用于果蔬和农作物的种植及制作化工原料。

特色农林废物资源化系统。①农林废弃物板材加工利用技术模式；②农林废弃物饲料利用技术模式；③农林废弃物基料利用技术模式。实现农林废弃物基料化利用，可采用“农林废弃物+食用菌+有机肥”模式或“农林废弃物→食用菌→饲料→粪便→回田”模式。

畜禽粪便能源化工系统。畜禽粪便能源化利用主要是以沼气、有机肥为纽带的生态农业模式，可分为 3 种模式：①农户小循环技术利用模式，即“菜（果、粮）+畜禽粪便和人粪尿+沼气（炊事）+菜（果、粮）”模式，面向居住分散、户用炊事供气工程，形成“四位一体”循环利用技术模式。②村镇级中循环技术利用模式。“种植业+养殖业+集中供气+有机肥+种植业”模式，建立面向新型村镇化建设的村镇集中供气工程。③产业化循环技术利用模式，即“多元有机废弃物处理（畜禽粪污、污泥、秸秆、果蔬和餐厨垃圾、食品加工残渣、有机废水、能源植物等）+燃气生产与利用+生态利用（有机肥料）”模式，面向区域城乡一体化的大型生物燃气工程，燃气可直接作为民用燃气，可上网发电，也可提纯并网天然气或用作车用燃料，能够保证大规模工业化生产和普遍化推广。

（三）我国固体废物资源化利用优先发展重大工程

1. 工业固废资源化和产业化工程

重点行业工业固体废物减量化工程。开展“无尾矿山”关键技术及装备研发，研发矿山固体废物环境无害化高效充填技术，开展采选一体化等技术及重大装备研发，降低尾矿、废石产生量和堆存量。开展钢铁、有色、化工等重点行业固体废物减量化及产品替代工程，降低冶炼渣、危险废物产生量及环境危害性。开展有利于固体废物品质控制的清洁生产技术集成，提高工业副产石膏、冶炼渣、危险废物等分类资源化。开展石油化工、机械加工、矿山机械等重点领域重大工业装备退役再制造及在役再制造关键技术及装备研发，延长工业装备使用寿命，降低工业装备报废率。

重点行业生态设计。围绕钢铁、有色、化工及装备制造等重点行业，强化产品全生命周期绿色管理，支持企业推行绿色设计，建设绿色工厂，发展绿色工业园区，全面推行循环生产方式，实现工业固废污染治理全面达标。在钢铁冶炼行业，研发高比例废钢利用技术，降低冶炼渣产生量，加强资源化利用关键技术、工艺、装备的研发、产业化应用和推广；在铝工业，开展冶炼渣和烟气中稀贵金属和硫等无机元素在线回收技术装备研发和产业化；在化工行业，开展高风险固体废物产生工艺及替代产品研发，打造“绿色化工”产业；在工业装备制造业，开展有利于报废后拆解、回收的产品生态设计技术研发。围绕装备全生命周期理论，积极研发再制造适用的拆解、清洗、无损检测、表面工程、增材制造、寿命预测评估等技术及装备产业化。

工业固废深度资源化利用产业提升工程。低风险工业固体废物规模化生态利用关键技术研发，提高金属尾矿再选过程中矿产资源二次回收率、降低贫化率。大力推动共伴生矿和尾矿综合利用。推动赤泥、锰渣等废弃物的处置利用。充分利用低品位、共伴生矿产资源，重点加强有色金属、贵金属、稀有稀散元素矿产等共伴生矿产采选回收。扩大固体废物资源化绿色建材产品结构，研发和推广天然矿产资源制备建材的替代技术及产品。推动多种工业固废协同利用、全产业链协同利用和跨行业综合利用先进适用技术产业化。重点突破煤矸石、粉煤灰、钢渣、尾矿等杂质深度脱除、组成调控与结构重构技术，固废材料强化成型等关键技术。大宗固废大规模协同利用、生态利用过程风险控制等关键技术。以长江经济带大型有色金属矿产基地为重点，开展金属冶炼渣中有害元素去除及有价元素提取技术、装备研发。将危险废物集中处置设施纳入当地公共基础设施建设，合理制定并实施危险废物集中处置设施建设规划。

历史遗留工业固体废物规模化利用工程。在京津冀及其周边地区、长三角地区、珠三角地区，以及重点流域，开展历史堆存的环境风险较低、可提取资源量少的一般工业固体废物用于废弃矿山治理、建筑工程充填等规模化利用工程，消除固体废物堆存对环境敏感区域的不良影响。在长江经济带及西南地区有色金属共伴生尾矿集中区域，开展老旧尾矿库、废石等工业固体废物二次矿产资源勘查评估，研发有价资源提取关键技术及装备，促进盘活历史堆存的高价值资源。在四川攀枝花、内蒙古包头、江西等稀土、钒钛战略资源生产基地，开展有利于后续开发利用的战略资源储备技术研究及应用，为我国未来工业经济发展开展战略资源保护。

2. “城市矿产”示范基地建设与技术创新工程

“城市矿产”示范基地扶持和激励项目。发挥“城市矿产”示范基地对区域城市的环境服务和静脉消化的功能。加强对再生资源环境外部性研究，在定量化表征再生资源的环境外部效益的基础上，制定能够体现再生资源与原生资源环境外部效应区别的价格机制；合理规划空间布局和产能规模，提高新申请“城市矿产”示范基地的准入门槛，建立“城市矿产”示范基地的年度考核制度，建立合法经营、有序竞争、环境友好的产业政策环境。支持地方政府因地制宜推动省级“城市矿产”示范基地建设，以补充和优化国家级“城市矿产”示范基地的布局。

建立“城市矿山”开发利用技术创新项目。以区域和行业固废环境管理的实际需求为导向，按照基础研究-技术突破-工程示范-技术推广的创新链条，发挥跨部门、跨区域一体化的组织保障功能。实行多元化的资金投入保障机制，针对典型“城市矿山”资源化技术研发，推动采用“后补助”资助方式，扶持和加快资源循环利用产业的快速健康发展。针对固废来源广、种类多、跨行业、跨部门等特点，发挥高校科研院所突破基础研究与关键技术的优势，依托骨干企业的成果转化和工程示范能力，激发产业协会的市场推广作用，按照创新链上的各个环节建立新型的产学研技术创新机制。强化与发达国家的国际合作，提升我国固废资源化技术研发与管理决策的创新能力。针对“城市矿山”资源化与安全处置，探索建立国家科技成果共享平台，提升技术转化的市场化服务水平。建立一批资源循环利用示范园区，充分利用第三方环境服务治理，将“城市矿山”资源化技术纳入示范区产业升级及配套政策中，加快先进适用技术成果的推广转化。落实科技成果使用处置和收益改革政策，调动社会各界从事科技成果转化应用的积极性。推动物联网、“互联网+”和大数据技术在“城市矿山”开发利用方面的应用，利用信息化手段优化和监测开发利用过程的物流系统、信息与控制系统、综合服务系统和综合管理系统，鼓励“互联网+”在“城市矿山”分类回收以及资源、产品和装备交易方面的应用，构建高效的“城市矿山”公共信息服务平台。

3. 乡村废物资源化和综合利用工程

畜禽粪便资源化利用项目。推动规模化养殖业循环发展，切实加强饲料管理，支持规模化养殖场、养殖小区建设粪便收集、储运、处理、利用设施。积极探索建立分散养殖粪便储存、回收和利用体系，在有条件的地区，鼓励分散储存、统一运输、集中处理；推广工厂化堆肥处理、商品化有机肥生产技术；利用畜禽粪便因地制宜发展集中供气沼气工程，鼓励利用畜禽粪便、秸秆等多种原料发展规模化大型沼气发电工程、生物天然气工程，推进沼渣沼液深加工生产适合种植的有机肥；在污染严重的规模化生猪、奶牛、肉牛养殖场和养殖密集区，按照干湿分离、雨污分流、种养结合的思路，建设一批畜禽粪污原地收集储存转运、固体粪便集中堆肥或能源化利用、污水高效生物处理等设施和有机肥加工厂。在畜禽养殖优势省区，以县为单位建设一批规模化畜禽养殖场废物处理与资源化利用示范点、养殖密集区畜禽粪污处理和有机肥生产设施。到 2020 年和 2030 年养殖废弃物综合利用率分别达到 75%和 90%以上，规模化养殖场畜禽粪污基本资源化利用，实现生态消纳或达标排放。

农业废物和农产品副产物综合利用项目。实施秸秆机械还田、青黄贮饲料化利用，实施秸秆气化集中供气、供电和秸秆固化成型燃料供热、材料化致密成型等项目。配置秸秆还田深翻、秸秆粉碎、捡拾、打包等机械，建立健全秸秆收储运体系，实现秸秆综合利用。全面禁止秸秆露天焚烧，推进秸秆全量化利用，到 2030 年农业主产区农作物秸秆得到全面利用。采取连片整治的推进方式，综合治理农村环境，建立村庄保洁制度，建设生活垃圾、粪便等处理和利用设施设备，保护农村饮用水水源地。实施沼气集中供气，推进农村省柴节煤炉灶炕升级换代，推广清洁炉灶、可再生能源和产品；鼓励综合利用企业与合作社、家庭农场、农户有机结合，促进种养业主体调整生产方式，使副产物更加符合循环利用要求和加工原料标准，把副产物制作成饲料、肥料、微生物菌、草毯、乙醇和沼气等，构建资源—产品—副产物—资源的闭合式循环模式，实现综合利用、转化增值、改良土壤和治理环境。推进加工副产物的高值化利用，支持企业进行技术改造，充分开发加工副产物的营养成分，提高产品附加值。建立副产物收集、处理和运输的绿色通道，推进加工副产物向高值、梯次利用升级，提高加工副产物的有效供给和资源化利用水平，减少废弃物排放。

大力实施秸秆机械还田、青黄贮饲料化利用；推广秸秆气化集中供气、供电和秸秆固化成型燃料供热、材料化致密成型等产业化项目，建立完整的农业废弃物能源化利用产业链；加快生物质基液体燃料制备技术的产业化示范推广，研制一批核心技术和成套设备，升级和建设一批体现技术特色、区域特色和产品特色的示范工程，建成一批万吨级生物质液体燃料示范生产线；推进生物质制备高附加值化学品、生物质基纳米材料等高技术应用研发及示范生产，大幅提高秸秆综合利用的经济性。到 2020 年和 2030 年农业废物和农产品副产物综合利用率分别达到 85%和 95%以上，实现农业主产区农作物秸秆及农产品加工副产物得到全面高效综合利用。

四、固体废物分类资源化利用对策建议

（一）问题与挑战

1. 缺乏基于全生命周期管理的顶层设计

国家在制度设计上按照生产环节、生活环节和循环利用环节管理职能划分，未能从物质流动的客观规律进行统筹设计。法律制度“重末端、轻源头、弱循环”现象特征明显。例如，我国固体废物环境管理确定了“减量化、资源化、无害化”原则。其中，源头减量的工作主要基于《中华人民共和国清洁生产促进法》，资源化主要基于《中华人民共和国循环经济促进法》，但这两部法律是鼓励法，而不是约束法，操作性不强，调整对象主要是生产企业，调整环节主要是生产、流通、消费等领域，在资源利用的客观约束、自然资源的生态价值、产废单位的环境责任等方面未做规定，减量化与资源化的力度受到影响。无害化主要基于《中华人民共和国固体废物污染环境防治法》，其配套法规、标准和政策以末端处置过程的污染控制要求为主，对废物减量化、资源化的要求不具体，对于资源化利用过程污染控制及其产品环境风险控制缺少制度要求。

2. 制度体系尚未完善，调节措施不足

我国目前关于固体废物分类资源化利用的法律制度体系还存在着一定的缺陷，法律关系主体的权利义务，以及违反法律义务应当承担的民事责任、行政责任乃至刑事责任尚不明确。对固体废物资源化没有具体要求，危险废物强调一味管制，导致转移不容易、利用不容易、处置成本高的问题，影响了市场的活力，增加了管理的行政成本；而固体废物自行利用的环境管理长期缺位。

在制度落实方面，减量化和资源化的主管部门分别是工信部门和发改部门，环保部门参与不足，而工信部门和发改部门在产生源管理过程中对后续利用处置关注不足。相关部门管理边界并不清晰，在思想认识、工作职能等方面也存在较大差异。在缺少宏观战略指导的情况下，部门间协调沟通不充分、管理措施不协调，令出多门的现象比较突出，制约了工业固体废物源头减量和资源化环节的管理工作效率。《“城市矿产”示范基地实施方案》、生产者责任延伸制度等只有原则性要求，缺少可操作的配套政策。

缺少规范的统计指标体系，难以支撑管理决策。环保、工信等部门根据各自需求分别统计，统计口径不一致，统计信息难以全面反映综合利用情况。例如，环境统计调查工业固体废物产生利用数据来源于一般工业固体废物产生量大于 10 000t 的企业，以及危险废物产生单位；而工信部门的综合利用信息主要来自于行业统计调查，两者在调查范围、调查方法上存在较大差异，导致宏观统计数据差异，进而导致在确定宏观综合利用工作目标时难以决策。

经济调节政策方面，缺少惩罚性财税制度，难以约束“资源大出大进”的粗放式生产模式；而现行排污税费制度对固体废物的产生缺少约束。已出台的工业固废综合利用政策，由于限制条件较多，导致优惠政策受益面小，未能有效发挥对固体废物资源化的

引导和激励作用。例如，综合利用产品增值税优惠制度中，对利用比例和技术要求都有严格的限定，综合利用的认定程序也较为复杂。此外，缺少有效的投融资也极大地限制了企业的资源化技术投入。

3. 政府主体角色不突出，产业规模较小

固体废物资源化利用公益性强，市场的自我调节能力薄弱，发达国家均采取了政府主导的发展模式。政府作为管理者、决策者和仲裁者，最主要的职能是提供公共产品、弥补市场失灵、校正外部性、完善市场，但我国政府在制定法律规范、监督法律实施、规范自身行为、倡导发展循环经济等方面还有很多不足之处。

市场发展缺乏政府资金引领。近年来，我国对污染治理投资、财政转移支付以及政府绿色采购的规模不断扩大，对环境治理、固体废物分类资源化利用等起到一定作用，但环境保护特别是固体废物资源化利用财政支出在财政支出中占比相对较低，发挥作用十分有限。在投资来源方面，社会资本投入远远高于国有和集体资本，每年社会资本投入约是国有资本、集体资本投资之和的 3.5 倍。

市场激励机制不足，产业缺乏内生动力。我国现有资源综合利用企业起步较晚，以民营资本居多，技术、资金保障能力薄弱。但资源综合利用产业现有税收、政府补贴等覆盖范围非常有限，企业投融资渠道较少，不利于企业扩大规模、整合资源，控风险能力非常薄弱，社会资本进入固体废物利用与处置行业积极性不高。2012 年，我国与固体废物利用与处置相关的上市企业仅约 14 家，仅占 400 家环保上市公司的 3.5%。从事固体废物综合利用的企业以中小型为主，其中大宗工业固体废物综合利用企业平均产值不到 2000 万元。

回收体系不健全，产业原料供应缺乏保障，是制约产业发展的短板。再生资源广泛分布于家庭，大部分回收渠道被走街串巷的游商小贩占据，正规处理企业却难以获得这些资源。我国的垃圾分类推行不力，直接导致收购层次低、分类不细，使得后续资源回收难度较大。信息化手段虽然逐步应用在“城市矿山”开发利用中，主要盈利点还不清晰。已有平台涵盖“城市矿山”资源的种类有限；重视在“城市矿山”产业链前端（即回收环节）的应用，而对在其中后端（即拆解、粗加工、循环再造）的应用关注不够，缺乏针对整个产业链的整体应用设计；聚焦于如何通过信息化手段扩大“城市矿山”开发利用规模和降低开发利用成本，而对如何降低其开发利用过程的环境影响考虑不多。

4. 技术储备不足，产业发展缺乏支撑

工业固废综合利用过程二次污染控制不足，二次污染问题较为突出。尾矿、冶金渣中有价资源的高效利用十分有限，我国现有技术无法有效解决其中毒害成分与有价元素高效解离与安全回收问题，难以有效回收其中的稀散金属。燃煤固体废物多元化利用技术缺乏。粉煤灰、煤矸石、铁尾矿、钢渣等的铁、镁、钙、硅及其他硅酸盐类矿物共性结构未能充分利用。

在“城市矿山”开发利用领域缺乏针对我国固废量大、成分复杂特点的重大原创性核心技术和成套集成装备，尚未形成从源头到末端全过程减排增效的重大集成技术和产品体系，以及跨产业的固废协同利用技术，整体上与国际先进水平相差 10～15 年，主导性工艺基本处于跟跑地位，特别是在固废源头减量化重大技术方面差距更为明显。

乡村废物资源化利用技术在以下几个方面仍未突破：一是研究手段单一，缺少多元化提升或研发新的农业废弃物的生态技术；二是研发方式上技术升级与系统集成不足，缺少高新技术对传统技术与产品进行升级改造以及技术系统集成；三是研发技术上机械化、规模化、专业化不足。

从产业发展总体而言，我国现行的固体废物分类标准过粗，欠缺资源化利用过程环境污染防治和环境风险控制技术规范，综合利用产品缺少基于环境健康风险的质量控制标准，导致固体废物资源无法充分有效利用，综合利用过程环境问题突出，公众对综合利用产品认可程度低，市场推广难度大。

5. 资源化利用意识不足，社会参与度不高

固体废物分类资源化利用与民众生活生产息息相关，民众广泛参与是推动固体废物正确分类、管理与监督的有效途径。但长期以来，政府和企业对于固体废物分类收集、利用与处置相关信息公开不够，加上利用处置过程污染防治水平不高，公众对固体废物资源化认识不足，导致“邻避效应”凸显。以生活垃圾为例，一方面民众对于生活垃圾源头分类支持度不高，导致垃圾减量化低，循环利用率低，最终焚烧或填埋处置量高；另一方面民众对于生活垃圾利用处置设施存在广泛的抵触情绪，制约利用处置项目落地运行。充分发挥除政府机关外，企业、社区、家庭、中介组织和个人等社会力量，培养其参与的积极性，调动各种社会资源，形成规范、健全的多个参与主体的管理体系，是我国政府和社会各界面临的共同课题。

（二）政策建议

结合生态文明建设、城乡一体化发展、城镇化发展、美丽乡村建设、新农村建设、产业转型升级等国家重大战略与需求，固体废物分类资源化利用是一项关系到国家经济发展、生态环境保护及广大人民民生的大事，是我国实现现代化必须迈过的一道坎。“十三五”是我国大力发展固体废物分类资源化利用产业的合适时机，要深入贯彻落实“创新、协调、绿色、开放、共享”的五大发展理念，通过政策、管理、模式、技术的组合拳来大力推动产业化进程。

1. 夯实政策基础，构建健康市场环境

整合和完善固体废物分类资源化法律法规体系，形成有利于资源化产业发展的政策环境。抓紧推动修订《中华人民共和国固体废物污染环境防治法》、《中华人民共和国循环经济促进法》和《中华人民共和国清洁生产促进法》及其配套制度，从原料开采、加工、制造、消费、废弃、利用处置的全生命周期管理需求考虑，将固体废物污染控制、规范分类、资源化利用、再制造等要求前置于产生源及全过程，明确和强化政府、企业和公众对固体废物尤其是危险废物的减量化、资源化、无害化等方面的法律责任和义务。针对现行制度体系中的监管盲区，明确固体废物相关产业源头准入控制、回收、综合利用等环节相关方法律责任和管理要求，推进生产、消费责任延伸制度建设，即“谁生产、谁负责，谁消费、谁负责”，建立资源化利用市场退出机制，不断优化市场结构，提升

资源化利用整体水平。针对现行制度体系中妨碍固体废物资源化利用正常市场活动的“堵点”，优化固体废物资源化利用管理机制，取消不合理的行政审批，实施精细化、差异化管理，促进固体废物进入资源化利用生产，充分释放市场活力。

强化经济调节杠杆作用，强化政府引导带动，培育资源化产品发展内生动力。强化国家财政专项资金、政府性投资等直接投入对市场的带动作用，加大国家财政预算在历史遗留固体废物资源化、城市生活垃圾分类、农村生活垃圾治理、农业生产废物资源化等公益性领域的投入，引导社会资本进入资源化利用产业市场。加大财税优惠力度，扩大综合利用产品税收优惠、绿色采购、产品限制淘汰、政府补贴等优惠政策覆盖范围，提高政策实施的差异化，建立灵活的资源化利用和无害化处置价格调节机制，建立“谁利用、谁受益”“谁回收、谁受益”的市场环境；优化再生资源、优质矿产资源等进口关税政策，对国内不能生产的、国家鼓励引进的工业固废资源化技术、装备，减免进口关税。创造良好的投融资渠道，充分发挥政策的引导和激励作用，构建“政府主导、市场运作、全社会参与”的固体废物分类回收和资源化产业模式，努力将固体废物分类资源化利用培育成为支持我国经济社会绿色、创新发展的支柱产业。推进税制改革，将资源开发及固体废物利用处置的综合成本纳入资源开发、利用、消费的全过程，强化资源税、环境税对固体废物源头减量和可利用固体废物焚烧、填埋处置的限制作用，促进精细分类、充分资源化。

健全技术标准体系，引领和促进资源化产业健康发展。建立健全资源化利用过程污染控制标准体系、综合利用产品质量控制标准体系，推动综合利用产品顺利进入消费市场。建立工业副产品鉴别标准及质量标准体系，从产生源头控制固体废物品质，促进可利用固体废物充分资源化。制定和完善重点行业产品生态设计标准、绿色供应链建设标准。完善重点工业装备再制造技术规范及再制造产品标准体系。推进再制造产品认定，规范再制造产品生产，引导再制造产品消费，推动建立再制造产品认定国际互认机制。

建立部门联合监管惩戒机制，清理整顿资源化产业市场。根据资源化利用产业市场发展基本规律，以解决“部门墙”制约为重点，合理配置不同部门的管理责权，形成分工明确、相互衔接、充分协作的联合监管工作机制。以强化部门间信息共享、执法联动、联合行动为重点，建立环保、公安、质检、商务、工信、金融等多部门联合惩戒机制，对固体废物非法抛弃、转移、利用、处置等行为保持高压打击态势，提高企业和公众守法自觉性。

2. 加强顶层设计，实施综合管理战略

贯彻落实国家“创新、协调、绿色、开放、共享”五大发展理念，基于全生命周期分析，结合国家宏观战略，系统开展固体废物分类资源化利用战略研究。工业固体废物分类资源化战略与产业结构调整、绿色制造、战略性新兴产业战略目标相统筹。对于高风险、难利用，以及重要的战略资源、稀缺资源实施“以废定产”战略。将危险废物产生量大、毒性高、处理难的行业纳入产业结构调整范围；根据国家和地区对相应工业固体废物的利用和处置能力确定产能规模。开展重点行业产品生态设计、绿色供应链建设和工业园区循环化改造。将再制造产品纳入绿色产品范畴。以“弥补国内资源短缺，尤其是战略资源短缺，无害化利用进口废物，防范进口废物污染环境”为原则，统筹国内

外两种废物资源，完善固体废物进口管理制度措施，建立有利于支持再制造的废物进口管理机制。“城市矿山”开发战略与城镇化发展目标相统筹，乡村废物分类资源化与美丽乡村建设目标相统筹，合理规划城乡生活垃圾、再生资源、建筑废物分类收集和资源化体系建设，提升城乡废物分类资源化利用水平。将乡村废物资源化与改进农业生产、提升农村生活环境质量、精准扶贫工作要求相结合。固体废物能源化利用与国家清洁能源战略相衔接，将城市生活垃圾新兴发电技术、生物质废物能源化作为分布式能源发展重点内容，促进生物质能源化利用率与促进工业固体废物的能源替代。

衔接与生态红线、国土空间规划，统筹一次资源、二次资源开发战略。以生态红线为限制，从空间布局角度，科学管控一次矿山资源开发活动。对位于生态红线以内的矿山资源实施保护战略，禁止开发，有序退出现有矿山企业，恢复生态环境；限制开发可使用固体废物作为替代资源的非金属矿山、建材类矿山；以提高资源“储采比”为重点，加强优势资源的储备与保护，将具有开发价值的含稀土元素、放射性元素等稀缺资源的固体废物纳入战略储备资源管理。位于生态红线外的矿产资源，强化矿产资源规划管控，严格实施分区管理、矿山总量控制和开采准入制度，引导小型矿山兼并重组，关闭技术落后、破坏环境的矿山，提高矿产资源开采率、选矿回收率和综合利用率。

统筹二次资源开发利用产业布局，引导资源深加工产业向传统资源聚集区域聚集。以工业生态设计为指导，以区域资源环境承载力条件和产业基础为前提条件，资源型地区在传统资源型产业基础上，统筹规划布局工业固废资源化产业，配套建设综合利用项目，依托优势产业需求，发展再制造产业，构建工业固废就地利用转化的工业生态网络，支持资源枯竭城市发展资源深加工产业，集约化、特色化、差异化的产业发展格局。以京津冀及周边地区铁矿资源生产基地为重点，推进尾矿、冶炼渣、废石等工业固体废物生态利用和钢铁、矿山行业工业装备再制造。以长江经济带为重点，发展有色金属尾矿中共伴生元素，冶炼废渣、工业污泥中有价资源提取等深加工产业。

提升全民资源环境意识水平，构建有效的社会监督机制。加强领导干部的培训教育，强化对固体废物分类资源化的大局意识和主体责任认识。加强企业宣传，提高企业开展有利于固体废物分类资源化的自觉性，提高企业守法意识。将固体废物分类资源化纳入国民教育体系工作内容，在全社会培育和树立“人人做循环经济主人”的意识，提高全社会对固体废物资源化利用紧迫性的认识，普及资源循环理念知识，促进每个公众生活方式的绿色化。构建企业信息公开机制，建立固体废物减量化、分类资源化和无害化处置的公众监督机制，促进企业提高自觉意识。

3. 改革发展模式，促进资源充分循环

改革生产模式，构建资源正逆向流动相互耦合的生态产业链，改变资源依赖型发展路径。构建企业资源微循环体系，以开展企业产品生态设计、绿色供应链设计、工业生态设计为重点，提升企业资源利用效率，促进企业实施固体废物在线资源化利用，促进工业装备充分再制造，促进传统重工业企业绿色化改造。构建区域层面资源循环的工业生态网络，以园区循环化改造、生态工业园区建设、生态城市试点为重点，根据区域产业特征定位、固体废物资源化实际需求和产业基础，开展资源循环利用产业补链设计，合理引进促进综合利用产业，促进企业间资源能源梯级利用和相互转化利用。大力发展工业固体废

物分类回收、分类资源化的专业服务体系，形成固体废物资源化、能源化区域循环。

引导生活模式改革，树立绿色消费意识，努力提高全社会资源产出效率。结合国家供给侧改革总体部署，增加固体废物分类资源化利用的绿色产品供应，积极推广生态设计产品、综合利用产品消费。在公共服务供给方面，优先提供固体废物分类资源化基础设施体系建设和分类收集服务，优先提供可再生能源、清洁能源供应。在市政工程建设等公共基础设施建设领域，实施综合利用产品政府采购，引导全社会购买使用分类资源化利用产品。

构建固体废物资源多级循环模式，逐步实现固体废物在工业生产、农业生产、城市和农村生活三大体系间的衔接循环。以促进资源能源有序流动为重点，在城乡发展过程中，科学评估工业固体废物、"城市矿山"、乡村废物的资源、能源平衡，促进"城市矿山"开发、乡村废物能源化工产业发展等对工业资源消费的供给，促进工业能源、生物质能源对城市生活和农村生活能源需求的供给，逐步构建全社会固体废物分类资源化循环体系，努力实现全社会资源能源消耗最小化、资源利用最大化，最终实现具有我国特色的循环经济社会发展模式。

4. 强化科技支撑，提速产业高端发展

设立国家科技计划（专项），加强固体废物资源化利用科技支撑能力建设，提高资源化利用的水平。重点支持开展固体废物分类资源化利用关键共性技术和重点设备装备研发；支持资源高效提取、工艺自动控制等关键技术、装备的引进集成和自主创新。针对工业固体废物、城市矿山、农林废物的资源化和能源化利用三大产业链，鼓励并支持前瞻性关键技术的产学研用联合攻关和技术储备，有序安排先进适用技术装备集成及其产业化示范，带动产业高端发展。支持固体废物分类资源化利用高附加值新产品研发，稀贵金属提取、复合材料分离回收、废弃产品精细拆解等先进技术及装备研发；加强再制造技术创新，提高在役再制造、先进再制造技术研发；加强陈旧垃圾填埋场资源化再生利用技术创新；提高生活垃圾填埋场废气、废物的能源化和资源化利用，促进新型生活垃圾处置系统建设；加强农林废物（农业、林业、养殖废物）能源化工及多联产技术创新。支持固体废物智能化管理信息技术研发。

强化科技支撑能力建设。以工程实验室、产学研平台、产业孵化器、标准实验室等为依托，建设分行业固体废物分类资源化利用过程及产品的污染防治技术、标准研究，构建先进适用技术评估验证、资源化产品质量评估、危害评价与风险评估等科技支撑体系，为开展固体废物分类资源化利用产业技术政策研究和管理决策提供技术支撑条件。

加强信息技术与固体废物分类资源化利用的深度融合，推进固体废物分类资源化市场配置的智慧管理。依托云计算、"互联网+"、物联网等现代化信息技术手段，构建固体废物综合管理和公共信息服务体系，并纳入智能城市建设体系，加强固体废物产生、回收、资源化利用的信息采集、数据分析、流向监测，合理配置利用处置资源市场，促进固体废物进入规范回收利用渠道。提升固体废物环境管理信息化水平，加强固体废物收集、转移、利用处置等环节的远程监管，提升固体废物分类资源化过程环境风险防控水平；提高申报登记、行政审批等管理工作信息化服务水平，提高工作效率，促进固体废物资源快速有序流动。

第七章　农业发展方式转变与美丽乡村建设研究

一、美丽乡村建设思路、路径选择与重点任务

（一）发展思路

按照“创新、协调、绿色、开放、共享”的发展理念，转变农业发展方式，发展标准高、融合深、链条长、质量好、方式新的精致农业，走资源节约型、环境友好型农业发展之路，深入开展农村环境综合整治，推进农村垃圾、污水处理和土壤修复，解决农村生态环境污染问题，教育和引导农民养成健康、低碳、环保的现代生产生活方式，让乡村“天蓝、地净、水清、山绿”，让乡村宜业、宜居、宜游。转变美丽乡村创建形态，建立城乡要素平等交换机制，选好特色产业，发展新型集体经济，促进农村基础设施建设和农村景观升级，更加关注生态环境资源的有效利用，更加关注人与自然和谐相处，更加关注农业发展方式转变，更加关注农业功能多样性发展，更加关注农村可持续发展，更加关注保护和传承农业文明，真正把建设美丽乡村作为提升农业产业、缩小城乡差距、推进城乡一体化的重要载体和抓手，形成“内生式”发展路径。

（二）重点任务

1. 加强农村综合规划与治理

加强农村山水林田路等综合规划与治理，综合处理农村生活污水，开展农村生活垃圾分类、收集和处理，建立农村生活污染治理设施长效运行机制。加快农村饮用水水源保护区或保护范围划定工作，加大农村饮用水水源地环境监管力度，搞好农村饮用水水源地周边环境整治，健全农村饮水工程及水源保护长效机制。开展规模化畜禽养殖场（小区）、散养密集区的污染治理，划定畜禽养殖禁养区，严格畜禽养殖业环境监管，强化畜禽养殖污染物减排，鼓励养殖小区、养殖专业户和散养户适度集中，对养殖废弃物统一收集和处理。加强农业面源污染防治监管和评估，重点研究制定化肥、农药等农用化学品使用的环境安全标准；加强粮食主产区和国家水污染防治重点流域、区域的农业面源污染监测与评估，开展农业面源污染防治监管试点；推广秸秆综合利用技术和测土配方施肥技术；开展农村地区历史遗留工矿污染排查和整治。研究村庄适宜性规划和基础设施建设策略。

2. 口粮生产紧抓不放

按照国家粮食安全战略的总体要求，一是做到“谷物基本自给”，保持谷物自给率在95%以上；二是做到“口粮绝对安全”，稻谷、小麦的自给率能达到98%以上；三是

推进绿色、低碳、清洁的种植方式。整合各方面力量和资源，形成部门联动、上下配合、合力推进粮食生产的工作格局。按照 2015 年国务院发布的《关于建立健全粮食安全省长责任制的若干意见》精神，强化省级人民政府的粮食安全责任意识。加强耕地保护，既要坚守耕地数量红线，又要提升耕地质量，实现“藏粮于地、藏粮于技”。加强耕地质量建设，采取综合措施提高耕地基础地力。继续大规模开展粮食高产创建，抓好整乡整县整建制推进，集成推广先进实用技术，扎实开展粮食增产模式攻关，促进大面积均衡增产。继续落实好农业“四补贴”（种粮农民直接补贴、农资综合补贴、农作物良种补贴、农机具购置补贴）政策，新增农业补贴重点向种粮大户、家庭农场、农民合作社等新型经营主体倾斜，实现多生产粮食者多获补贴。加快完善主产区利益补偿机制，继续加大对产粮大县的奖励力度，调动主产区生产积极性。加快构建以农户家庭经营为基础、合作与联合为纽带、社会化服务为支撑的立体式复合型现代农业经营体系。

3. 大力发展农牧结合

优化调整种养业结构，大力推广农牧结合、种养结合的生态循环技术和生产模式。一是构建农牧结合的耕作制度，东北冷凉区，实行玉米大豆轮作、玉米苜蓿轮作、小麦大豆轮作等生态友好型耕作制度；北方农牧交错区，重点发展节水、耐旱、抗逆性强的作物和牧草；西北风沙干旱区，以水定种，改种耗水少的杂粮杂豆和耐旱牧草；南方多熟地区，发展禾本科与豆科、高秆与矮秆、水田与旱田等多种形式的间作、套种模式。二是加强示范推进，结合高效生态农业示范园区建设、沃土工程、测土配方、畜禽养殖场排泄物治理和农村能源建设工程等项目，扩大农牧结合、生态畜牧业发展的试点范围，重点支持粮食主产区发展畜牧业，推进“过腹还田”，积极发展草牧业，支持苜蓿和青贮玉米等饲草料种植，开展粮改饲和种养结合型循环农业试点。三是加大培训和扶持力度。加强对农民有关农牧结合、循环农业等知识的培训力度，提高农民的科技素质。

4. 积极推进农村一二三产业融合发展

按照习近平总书记“要加快建立现代农业产业体系，延伸农业产业链、价值链，促进一二三产业交叉融合”的精神，积极有序地推进农村一二三产业融合发展。一是培育多元化产业融合主体，鼓励和支持家庭农场、龙头企业、专业合作社、协会、农业社会化服务组织以及工商企业，开展多种形式的农村一二三产业融合发展。二是建立农村一二三产业融合发展的利益协调机制，鼓励有条件的地区开展土地和集体资产股份制改革，将农村集体建设用地、承包地和集体资产确权分股到户，支持农户与新型经营主体开展股份制或股份合作制，打造农业产业技术创新和增值提升战略联盟；鼓励农商双向合作，强化“农超对接”。三是大力发展农业新兴业态，探索“互联网+现代农业”的业态形式，扎实推进信息进村入户和现代农业大数据工程建设，完善配送及综合服务网络，推进现代信息技术应用于农业生产、经营、管理和服务，鼓励对大田种植、畜禽养殖、渔业生产等进行物联网改造，鼓励发展多种形式的创意农业、景观农业、休闲农业、农业文化主体公园、农家乐、特色旅游村镇；利用生物技术、农业设施装备技术与信息技术相融合的特点，发展工厂化农业。

（三）路径选择

以促进农业产业发展、农民增收致富、人居环境改善为目标，以农村环境综合整治为突破口，拓展和提升新农村建设内涵，发展农业生产和农村新兴产业，改善农村人居环境，传承生态文化，培育文明新风，建立与资源环境保护相协调的生产生活方式，全面推进现代农业发展、生态文明建设、农村社会管理和绿色化发展，建设"生产高效、生活美好、生态宜居、人文和谐"的美丽乡村。

1. 推动农业一二三产融合，建立新型农业产业体系

转变农业发展方式，提高农业供给体系质量和效率，真正形成结构合理、保障有力的农产品有效供给，降低生产成本，提高农业效益和竞争力，树立"大农业、大食物观念"，以产业链思维横向或者纵向整合，促进农业一二三产融合，提升整体效率。加强农业基础设施建设，发展现代农业园区，建设高标准农田，集中推广区域性、标准化高产高效模式，着力提高农业综合生产能力，保障粮食安全和重要农产品有效供给。大力发展生态农业、循环农业、有机农业，扩大"三品一标"的生产规模和范围，提升农产品质量安全水平。深入推进"一村一品""一乡一业"，加快发展农产品储藏、运输、保鲜、包装、加工业，推进农产品加工业由规模数量扩张向质量提升和结构优化方向转变，由资源简单消耗向技术升级和品牌竞争方向转变，由分散无序发展向产业化和集聚区方向转变。

2. 注重美丽乡村建设与建立新型产业发展相结合

围绕农业生产过程、农民劳动生活和农村风情风貌，统筹顶端设计，强化特色创意，打造一批功能多元、环境优美、景色迷人的美丽田园，创建一批主导产业突出、环境友好、文化浓郁的休闲农业优势产业带和产业群。坚持以农业为基础、农民为主体、农村为场所兴办休闲农业，注重与生态建设、美丽乡村建设、农业生产布局相结合。支持返乡农民工创办特色规模种养业，产地初加工业，休闲农业，农村生活性、生产性服务业和农村民族民俗传统工艺产业，着力培育一批产业特色突出、品牌优势明显的专业乡（村），增加农民收入。大力培育新型农业经营主体，支持对农民就业增收带动力强的龙头企业、与农民利益联结紧密的农民专业合作社。鼓励和支持承包土地向专业大户、家庭农场、农民合作社流转，开展农村土地股份合作，加快发展多种形式的适度规模经营，发展壮大集体经济。

3. 推进农村基础设施建设与构建长效机制的结合

加强组织领导，着力构建"政府主导、农民主体、社会帮扶、市场运作"的美丽乡村建设工作格局。强化各级政府的主体责任，着力发挥统筹谋划、整合资源、政策支持、督促考核的作用。尊重农民的主体地位，把群众认同、群众参与、群众满意作为基本要求，充分调动农民的积极性、主动性和创造性，引导农民用自己的力量和智慧建设美好家园。搭建市场化运作的平台，推广政府和社会资本合作模式，积极为工商企业、民间资本参与美丽村庄建设提供便捷渠道和有利条件。扩大农村公共服务运行维护机制试点，鼓励将村级保洁员工资纳入财政保障范围，通过购买服务、多元化筹资等方式建立

政府支持与市场运营相结合的农村环境管护长效机制。

4. 防控农业面源污染，改善农村生态环境

积极探索农牧结合、粮经结合、农渔结合、农机农艺结合等新型高效生态农作模式，大力推广应用节能减排降耗和循环利用资源的农业技术和生产方式。推进农村垃圾、污水、粪便的资源化利用，治理农村脏乱差；大力推进农村沼气建设，因地制宜发展户用沼气和大中型沼气工程，增加农村清洁能源供应，解决畜禽养殖污染问题，提升农民生活质量；加大农作物秸秆综合利用，建立完善秸秆收储运体系，推进秸秆的饲料化、肥料化、能源化、基料化利用，防止秸秆露天焚烧造成环境污染；大力推广农业清洁生产技术，加快开展畜禽养殖污染治理，积极防治农业面源污染；开展农产品产地环境污染监测与治理，加大农产品产地环境监管力度，从源头防治农产品污染；开展农村改水改厕、农房整修、沟渠清淤、绿化亮化，推进村庄绿化美化；构建农村环境卫生服务体系，改善农村人居环境。

5. 加强规划引领，保护农业传统文化与文明

把规划摆在更加突出的位置，高站位、高起点地进行科学设计，为将来发展留出空间。提高村庄规划水平，从各地实际出发制定村庄建设和人居环境治理统一的村级总体规划，重点加强宅基地和农村集体建设用地的规划和管理，节约村庄建设用地；加强公共基础设施的配套和完善，做到布局合理、功能齐全；加强交通组织和建筑布局，做到村容村貌整洁有序、住宅美观舒适、交通出行便利快捷。制定专门规划，启动专项工程，加大有历史文化价值和民族、地域元素的传统村落和民居的保护力度。保持传统乡村风貌，传承农耕文化，加强重要农业文化遗产发掘和保护，扶持建设一批具有历史、地域、民族特点的特色景观旅游村镇。推进农村重点文化惠民，建立农村文化投入保障机制，加强生态文明知识普及教育，提高农民群众生态文明素养，建设农村生态文明新风尚。

6. 加强部门联合和资源整合，共同推动美丽乡村建设

党中央、国务院提出美丽乡村建设之后，各部门都积极响应，调查发现，围绕着美丽乡村建设，不同部门分别推行本部门的行动计划，造成美丽乡村建设过程中的名称混乱，如政府部门的“文明村”、环保部门的“生态村”、宣传部门的“生态文明村”、建设部门的“美丽村庄”、林业部门的“美丽林场”等。而且，这些部门都在建设自己的示范村，有的与美丽乡村示范村一致，有的则不一致。这些行动计划是美丽乡村建设的重要组成部分，并且是与美丽乡村相通的。鉴于此，建议围绕美丽乡村建设，自上而下统一管理机构，便于开展工作，各个部门推行的项目都围绕美丽乡村建设，不再设立其他名称。此外，各部门之间应建立协调机制，共同推动美丽乡村建设。

二、种植发展方式转变与美丽乡村建设

（一）总体思路

贯穿“五大”发展理念，转变种植业发展方式，在稳步提升粮食综合生产能力的前

提下，以提高农产品质量安全、效益为突破口，以资源节约、环境友好为基本要求，以促进农业增效、农民增收为根本任务，面向国内外市场，依靠科技进步和机制创新，实施“藏粮于地、藏粮于技”战略，确保“谷物基本自给、口粮绝对安全”，推进种植业供给侧结构性改革，实现区域化布局、专业化生产，促进粮经饲统筹、农牧渔结合、种养加一体、一二三产业深度融合发展，按照“一控、两减、三基本”的要求，加强农业生态环境保护与治理，推进清洁种植、绿色种植、循环种植，适度调整种植制度，提升种植效益、农产品质量和市场竞争力，促进种植业持续稳定发展。

（二）基本原则

坚持自主战略，确保粮食安全。种植业发展方式转变要立足我国国情和粮情，集中力量把最基本、最重要的保住，守住“谷物基本自给、口粮绝对安全”的战略底线。加强粮食主产区建设，建立粮食生产功能区和重要农产品生产保护区，巩固提升粮食产能。

坚持市场导向，推进产业融合。发挥市场配置资源决定性作用，引导农民安排好生产和种植结构。以关联产业升级转型为契机，推进农牧结合，发展农产品加工业，扩展农业多功能特性，实现农业一二三产业融合发展。

坚持突出重点，做到有保有压。根据资源禀赋及区域差异，做到保压有序、取舍有度。优化品种结构，重点是保口粮、保谷物，兼顾棉油糖菜等生产，发展适销对路的优质品种。优化区域布局，发挥比较优势，巩固提升优势区，适当调减非优势区。优化作物结构，建立粮经饲三元结构，推进种养结合。

坚持创新驱动，注重提质增效。推进科技创新，强化农业科技基础条件和装备保障能力建设，提升种植业结构调整的科技水平。推进机制创新，培育新型农业经营主体和新型农业服务主体，发展适度规模经营，提升集约化水平和组织化程度。

坚持生态保护，促进持续发展。树立尊重自然、顺应自然、保护自然的理念，节约和高效利用农业资源，推进化肥农药减量增效，秸秆综合利用，建立耕地轮作制度，实现用地养地结合，促进资源永续利用、生产生态协调发展。

（三）战略重点

1. 推进供给侧结构性改革，提高种植业发展质量

推进粮经饲协调发展的作物结构。适应农业发展的新趋势，建立粮食作物、经济作物、饲草作物三元结构。加强粮食主产区建设，建设一批高产稳产的粮食生产功能区，强化基础设施建设，提升科技和物质装备水平，不断夯实粮食综合生产能力；稳定棉花、油料、糖料作物种植面积，建设一批稳定的商品生产基地；稳定蔬菜面积，发展设施生产，实现蔬菜均衡供应；按照以养带种、以种促养的原则，积极发展优质饲草作物。

推进适应实现需求的品种结构。消费结构升级，需要农业提供数量充足、品质优良的产品。发展优质农产品，优先发展优质稻米、强筋弱筋小麦、“双低”油菜、高蛋白大豆、高油花生、高产高糖甘蔗等优质农产品。发展专用农产品，积极发展甜糯玉米、加工型早籼稻、高赖氨酸玉米、高油玉米、高淀粉马铃薯等加工型专用品种，发展生物

产量高、蛋白质含量高、粗纤维含量低的苜蓿和青贮玉米。发展特色农产品，因地制宜发展和传承农耕文明、保护特色种质资源的水稻，有区域特色的杂粮杂豆，风味独特的小宗油料，有地理标识的农产品。培育知名品牌，扩大市场影响，为消费者提供营养健康、质量安全的放心农产品。

推进生产生态协调的区域结构。综合考虑资源承载能力、环境容量、生态类型和发展基础等因素，确定不同区域的发展方向和重点，分区施策、梯次推进，构建科学合理、专业化的生产格局。提升主产区，重点是发展东北平原、黄淮海地区、长江中下游平原等粮油优势产区，新疆内陆棉区，桂滇粤甘蔗优势区，发展南菜北运基地和北方设施蔬菜，加强基础设施建设，稳步提升产能。建立功能区，优先将水土资源匹配较好、相对集中连片的小麦、水稻田划定为粮食生产功能区，特别是将非主产区的杭嘉湖平原、关中平原、河西走廊、河套灌区、西南多熟区等区域划定为粮食生产功能区。建立保护区，加快将资源优势突出、区域特色明显的重要农产品优先列入保护区，重点是发展东北大豆、长江流域“双低”油菜、新疆棉花、广西“双高”甘蔗等重要产品保护区。

推进用地养地的耕作制度。根据不同区域的资源条件和生态特点，建立耕地轮作制度，促进可持续发展。东北冷凉区，实行玉米大豆轮作、玉米苜蓿轮作、小麦大豆轮作等生态友好型耕作制度，发挥生物固氮和养地肥田作用。北方农牧交错区，重点发展节水、耐旱、抗逆性强等的作物和牧草，防止水土流失，实现生态恢复与生产发展共赢。西北风沙干旱区，依据降水和灌溉条件，以水定种，改种耗水少的杂粮杂豆和耐旱牧草，提高水资源利用率。南方多熟地区，发展禾本科与豆科、高秆与矮秆、水田与旱田等多种形式的间作、套种模式，有效利用光温资源，实现永续发展。此外，以保障国家粮食安全和农民种植收入基本稳定为前提，在地下水漏斗区、重金属污染区、生态严重退化地区开展休耕试点。禁止弃耕、严禁废耕，鼓励农民对休耕地采取保护措施。

2. 强化科技创新，促进种植业生产方式转变

加快推进种业科技创新。配合种子管理部门，加快推进种业领域科研成果权益分配改革，积极探索科研成果权益分享、转移转化和科研人员分类管理机制，激发种业创新活力。组织科研单位和种子企业开展联合育种攻关，加快培育一批高产稳产、附加值高、适宜机械作业及肥水高效利用的新品种。围绕“粮改饲”、粮豆轮作等，加快选育专用青贮玉米、高蛋白大豆、高产优质高抗苜蓿等品种。主动沟通协调，积极推进西北、西南、海南等优势种子繁育基地建设。

集成推广绿色高产高效技术模式。推进机制创新，高起点谋划、高标准创建、高质量推进，扎实开展绿色高产高效创建，打造绿色增产模式攻关的升级版，引领农业生产方式的转变。以绿色生态环保、资源高效利用、提高生产效率为目标，开展跨学科、跨区域、跨行业协作攻关，集中力量攻克影响单产提高、品质提升、效益增加和环境改善的技术瓶颈，集成组装区域性、标准化、可持续高产高效技术模式。

推进种植业信息化水平。推进“互联网+”现代种植业，应用物联网、大数据、移动互联等现代信息技术，推进种植业全产业链改善升级。加快现代信息技术在病虫统防统治、肥料统配统施等服务中的运用，催生跨区域、线上线下等多种服务，在时间和空间上创新服务形式、拓展服务内容。以大数据为基础，利用相关数据分析工具，把生产

管理、科技创新、农资监管、技术推广服务等环节有机衔接起来，形成指挥调度、生产管理、科技推广、监管服务一体化综合服务平台，提升种植业综合管理和服务能力。

推进化肥农药减量技术推广运用。创新技术模式，改进施肥方式，推广新肥料新技术，加快高效缓释肥、水溶性肥料、生物肥料、土壤调理剂等新型肥料的应用，集成推广种肥同播、机械深施、水肥一体化等科学施肥技术，实施有机肥替代，推进秸秆养分还田，因地制宜种植绿肥，鼓励引导农民增施有机肥，提高有机肥资源利用水平。推进病虫统防统治减量，重点在小麦、水稻、玉米等粮食主产区和病虫害重发区，扶持一批装备精良、服务高效的病虫防治专业化服务组织，扩大统防统治覆盖范围，提高防治效果。推进病虫绿色防控减量，建立一批农作物病虫专业化统防统治与绿色防控融合推进和蜜蜂授粉与病虫害绿色防控技术集成示范基地，集成推广一批绿色防控技术模式，培养一批技术骨干，加快应用物理防治、生物防治等绿色防控替代化学防治，减少化学农药用量。推进精准施药减量，以新型农业经营主体、病虫防治专业化服务组织为重点，推广高效低风险农药和高效大中型施药机械，提高农药利用率。

3. 推进产业融合，促进种植业产业体系转变

推进产业纵向延伸，完善产业链条。按照现代化大生产的要求，在纵向上推行产加销一体化，将农业生产资料供应，农产品生产、加工、储运、销售等环节连接成一个有机整体，实现“小农户”与“大市场”、城市和乡村、现代工业和农业的有效联结，打造现代农业产业体系。重点推动农产品加工业转型升级，促进主产区农产品加工业加快发展；支持农业龙头企业建设稳定的原料生产基地，支持合作社发展加工流通和直供直销；完善跨区域农产品冷链物流体系，降低农产品物流成本；促进农村电子商务加快发展，加强农产品品牌建设。通过一系列积极行动，健全完善农业的产业链、就业链、价值链，提高农业产业的综合竞争力和效益。

推进横向拓展，挖掘农业价值创造潜力。种植业除了提供食物等基本功能，还具有生态涵养、观光休闲和文化传承等多功能。因此需要对种植业非传统功能进行挖掘，最大限度地提升农业的价值创造能力。采取以奖代补等多种方式扶持休闲农业与乡村旅游业发展，扶持农民发展休闲旅游业合作社，支持有条件的地方通过盘活农村资源资产发展休闲农业和乡村旅游。通过支持和引导，培育发展一批繁荣农村、富裕农民的新业态新产业，农村的绿水青山将会变成农民的“金山银山”。

推进深度融合，提升农业产业整体发展水平。高度重视促进农业产业深度融合，将农业作为一个整体来谋划，提高产业发展的统一性、协调性。深入推进农业结构调整，推动粮经饲统筹、农林牧渔结合、种养加一体化；着眼于农业可持续发展，统筹考虑产业布局与环境保护，将产业与生态有机结合起来；创新体制机制，采取政策扶持、PPP等多种方式，充分调动各方主体投入农业、加强合作的积极性；促进产业集群集聚发展，提高产业融合的规模效应；利用互联网平台，促进产业之间的线上融合，增进经济效率。通过不同方面、不同层次的共同努力，为农村一二三产业融合发展注入强大动力，让农业焕发勃勃生机，成为发展前景广阔的朝阳产业。

推进创新制度，让农民成为共享利益的主体。完善农业产业链与农民的利益联结机

制，让农民共享产业融合发展的增值收益。按照中央1号文件的要求，支持供销社创办领办合作社，引领农民参与产业融合发展；创新发展订单农业，密切企业与农民的利益关系；积极发展股份合作，建立农民入股参与农业经营、合理分享收益的长效机制；探索有效办法，实现财政支农资金帮助农民稳定分享产业链利益。把实现好、发展好、维护好农民利益作为推进产业融合的出发点和立足点，充分体现农民的主体地位，赢得农民的真心支持和广泛参与，为产业发展奠定坚实的基础。

4. 构建新型农业经营体系，促进种植业经营方式转变

推进多种形式的适度规模经营。立足家庭联产承包责任制，发展农业适度规模经营，并使之与当地农村劳动力转移程度相协调，与工业化、城镇化发展水平相适应。积极探索农业经营新模式，促进公司化、园区化的农业实验区发展，利用新型农业经营主体的规模优势，降低农业生产成本，提高土地资源利用效率。积极稳妥推进土地流转制度改革。农业规模化经营是发展新型农业经营方式的前提。应制定合理的土地流转制度，使土地由分散化经营向规模化经营转变，提高组织化程度。应分步稳妥地进行土地承包经营确权、土地流转监督、规模化组织和服务体系建设以及优惠政策实施等，以此实现土地规模经营的适度推进和新型农业经营方式的发展。

培育壮大新型农业经营主体。对于现有农业产业化龙头企业，按照扶优、扶大、扶强的原则，加强政策引导，发挥其对相关产业的带动作用；对于发展中的农民合作社，创新政府资金支持形式，加快培育一批管理规范、效益明显的示范社，因地制宜地发展多样化的农民合作社。从建立适当规模的土地合作农场入手，逐步实现由松散的合作农场向专业化的合作社过渡；从维护农户利益出发，尊重农户意愿，逐步实现农户利益的增加和农场整体效益的最大化。与此同时，应加快培育职业农民。加强现有务农人员培训，使之尽快实现由传统农民向新型农民转变。吸引外部人才，在完善“大学生村官”“三支一扶”等优惠政策的基础上，加大政策创新力度，吸引高素质人才投身新型农业经营体系建设。

完善种植业社会化服务体系。健全生产性服务，以农机服务为抓手，积极探索建立以农机股份合作公司、农机合作社等专业服务组织为龙头，农机大户为主体，农机户为基础，农机中介组织为纽带的农机中介服务体系，形成以市场为导向，以服务为手段，集示范、推广、服务为一体的新型多元化农机服务机制。完善农业信息服务，加快农村信息网络建设，尽早实现县乡联网，并逐步联网到村；开办专门的农业信息服务网站，提供农产品市场行情、农业科技成果、国家惠农政策、招商引资等方面的信息服务，实现信息资源共享；打造农业信息电子商务平台，通过合作社体验式发展示范推动。改善农村商品流通服务，加强农产品批发市场等流通领域技术设施建设，实现公益性和市场化双重目标；支持流通企业做大做强，推动商品交易市场和商业企业转型升级，大力发展第三方物流，提高流通集约化水平；加快流通网络化、数字化、智能化建设，促进线上线下融合发展，积极发展农村电子商务。加强农业金融保险体系建设，深化农村金融改革，鼓励地方政府和大型企业出资建立担保基金，同时，引导新型农业经营主体积极参与农业保险，提高保费补贴比例，降低农业生产面临的自然环境、市场变动等风险。

（四）重点问题解决路径探索

1. 化学投入品减量增效路径

（1）大田作物精准施肥

精准农业是现代农业的发展方向，精准施肥是精准农业中最成熟、应用最广泛的主要技术。精准施肥是以不同田块的产量数据与土壤情况、病虫草害、气候等多项数据的综合分析为依据，以作物生长规律、作物营养专家系统为支持，以高产、优质、环保为目的的施肥技术。精准施肥提倡根据种植的作物和土壤情况，进行氮、磷、钾和有机肥的合理配方，使得肥料的施放能够适应特定的土壤，从根本上改变了传统农业大面积、大样本平均投入的资源浪费做法，对作物栽培管理实施定位，按需变量投入。试验表明，同等产量条件下，精准施肥可使多种作物平均增产幅度达 8.2%～19.8%，最高可达 30%，总成本降低 15%～20%，化肥使用量减少 20%～30%。

（2）设施作物水肥一体化

水肥一体化技术是将施肥与灌溉结合在一起的农业新技术。它通过压力管道系统与安装在末级管道上的灌水器，将肥料溶液以较小流量均匀、准确地直接输送到作物根部附近的土壤表面或土层中的灌水施肥方法，可以把水和养分按照作物生长需求，定量、定时直接供给作物。其特点是能够精确地控制灌水量和施肥量，显著提高水肥利用率，又降低地表水蒸发及肥料消耗，减轻对环境的污染。其中，膜下滴灌施肥技术（即滴灌方式与地膜覆盖农业相结合的技术）被认为是最适用于设施蔬菜栽培的一项先进节水施肥技术。地膜覆盖栽培可有效地提高地温、保水、保肥，防止土壤表层盐分累积、抑制杂草生长、减少病害发生，所以在农业生产上应用广泛。当前，水肥一体化技术已经由过去的局部试验、示范发展，成为现在的大面积推广应用，辐射范围从华北、华东地区扩大到西北旱区、东北寒温带和华南亚热带地区等，覆盖设施栽培、无土栽培、果树栽培，以及蔬菜、花卉、苗木、大田经济作物等多种栽培模式和作物，特别是西北地区膜下滴灌施肥技术处于世界领先水平。全国水肥一体化应用面积仅为 5000 万亩左右。从全国农技中心旱作区水肥一体化技术示范的实验结果可知：蔬菜、果树等经济作物采用水肥一体化技术，可节水 70%以上，节肥 30%以上，可提高肥料利用率 50%以上，蔬菜、果树、棉花、玉米、马铃薯分别增产 15%～28%、10%～15%、10%～20%、25%～35%和 50%以上。

（3）农药统防统治与绿色防控技术融合

为降低农药过度使用对环境造成的危害，实现 2020 年农药零增长目标，转变农业发展方式，农业部深入推进绿色防控与统防统治融合计划。从 2016 年开始在全国创建 600 个农作物病虫专业化统防统治与绿色防控融合示范基地，充分发挥新型农业经营主体、病虫防治服务组织和农药生产企业的积极作用，集聚资源，集中力量，集成示范病虫综合治理、农药减量控害技术模式，促进绿色防控技术措施与统防统治组织方式有机融合、集中示范，辐射带动大面积推广应用。

统防统治，即“统一防治时间、统一防治农药、统一防治技术”。统防统治是近年来兴起的农作物植保方式，比起“代防代治”（农民自己买药，然后花钱雇佣机防队员进行防治）、“阶段性防治”（当突发严重的病虫害时，农民请人防治）具有很大的优越性，能切实实现减量控害。绿色防控，是指按照“绿色植保”理念，采用农业防治、物理防治、生物防治、生态调控及科学、合理、安全使用农药的技术，达到有效控制农作物病虫害的目的，确保农作物生产安全、农产品质量安全和农业生态环境安全。统防统治是病虫防治组织方式的创新，绿色防控是病虫防治技术体系的创新。两者融合推进就是在统防统治过程中，广泛采用物理防治、生物防治、生态控制等绿色防控措施；在绿色防控过程中，充分发挥统防统治组织和新型农业生产经营主体的作用，统一组织实施，有效提升病虫害防控组织化程度和科学化水平，降低化学农药用量，保障农业生产、农产品质量和生态环境安全，促进农业可持续发展。

2014 年，农业部在全国 31 个省区，组织开展水稻、小麦、玉米、蔬菜、水果等 10 种作物病虫害统防统治与绿色防控融合推进试点。从各地情况看，试点效果十分明显。一是集成一批技术模式。各地因地制宜集成了适宜不同作物、经济实用、简便易行、可操作性强的病虫害综合治理模式，为大面积推广应用奠定了基础。二是农药减量控害显著。示范区降低化学农药用量 20%～30%，农田生态环境明显改善，天敌种群数量明显上升。三是节本增效显著。示范区亩增产 8%以上，节本增效 150～200 元，农产品质量符合食品安全国家标准。四是示范带动效应显著。2014 年建立示范区 538 个，示范面积 920 万亩，辐射带动 7160 万亩。

2. 秸秆资源化循环利用路径

秸秆是种植业重要的产出物，是种植业乃至养殖业实现可持续发展的重要物质基础。加快推进秸秆资源循环利用，实现秸秆资源化、商品化，变废为宝，化害为利，对于提高农业综合生产能力，促进农业和农村经济的可持续健康发展，增加农民收入，减少污染，加快建设美丽乡村具有十分重要的意义。

近年来，随着科学技术的不断发展和革新，秸秆循环利用技术日趋完善成熟，秸秆综合利用率不断提高。一大批以秸秆肥料化、饲料化、新型能源化、基料化为目标的实用新技术的推广应用，如秸秆机械还田、快速腐熟还田和秸秆保护性耕作、秸秆青贮和微贮、秸秆压块饲料和膨化饲料加工、秸秆沼气（生物气化）和秸秆热解气化、秸秆固化（炭化）成型、秸秆养殖食用菌等等，极大地提高了我国秸秆的资源化利用水平。另外，不少以秸秆为原料替代木材造纸、生产建材和包装材料，以及秸秆发电等企业的兴起，有效地推进了秸秆资源循环利用的产业化进程。据农业部和国家发展改革委组织各地开展的秸秆综合利用中期评估结果推算，2013 年全国秸秆利用量约 6.22 亿 t，综合利用率达到 76%，较 2008 年增长 7.3 个百分点。其中，肥料化利用量 2.36 亿 t，约占秸秆可收集利用量的 29%；饲料化利用量 2.20 亿 t，约占 27%；燃料化利用量 1.08 亿 t，约占 13%，且以效率很低的秸秆直接燃用为主；原料化利用量 3400 万 t（其中造纸用秸秆 2500 万 t），约占 4%，基料化利用量 2400 万 t，约占 3%。但近年秸秆综合利用也存在秸秆收储运体系发展滞后、秸秆还田机械不配套、政府激励和投入不足、农户积极性不高等一系列问题。

3. 海河流域“两年三季”耕作制度探索

农作物熟制是影响我国秸秆收集利用的一项重要影响因素。在多熟制的粮食主产区和经济发达地区，由于茬口过紧，秸秆便捷处理设施不配套，农民收集处理秸秆的难度大，焚烧秸秆现象时有发生，且屡禁不止。实践表明，在适宜的地区通过适当调整农作物熟制，既可解决由于茬口过紧造成的秸秆焚烧问题，又可有效减少耕作对水资源和土壤肥力的消耗，具有良好的生态环境效益。本研究拟以一年两熟制的海河流域为例，从耕作制度改革的角度，探讨在该地区实行两年三熟制对于提高秸秆资源利用率、土地休耕、节水等方面的可行性。

海河流域位于我国北方半干旱、半湿润气候区，海河流域的农作物熟制经过演变，基本上稳定了以一年两熟为主体的熟制体系。以河北省为例，其熟制类型在 1949 年以来经历了由一年一熟向两年三熟、两年三熟向一年两熟的变化过程。海河流域是我国农业生产中面临各种效益冲突的典型区域，有限的水、肥、耕地资源能否可持续利用直接关系到该区乃至全国农业的可持续发展。从资源合理高效利用和可持续发展角度考虑，尝试在该区域开展两年三熟制改革，探索构建资源节约、高效利用的种植制度。河北、河南、山东是海河流域的粮食主产区，也是水资源最为紧缺的地区，其耕作制度调整对海河流域粮食生产、资源环境的影响至关重要。

以河北、河南、山东为例测算耕作制度变化对我国粮食安全、水资源利用的影响。该区域小麦、玉米产量占全国的比重分别为 9%、15%和 12%，小麦灌溉用水量分别为 $2934m^3/hm^2$、$3026m^3/hm^2$ 和 $2319m^3/hm^2$，秸秆资源量均在 4000 万 t 以上（表 7-1）。假设在其他条件不变的情况下，部分推行两年三熟种植制度，探讨不同情形下推行两年三熟制度对粮食安全、资源节约和农民收入的影响。

表 7-1 海河流域粮食主产区主要粮食生产、资源量及农民收入基本情况

区域	小麦播种面积（10^3hm^2）	单产（kg/hm^2）	玉米播种面积（10^3hm^2）	单产（kg/hm^2）	小麦、玉米产量占全国的比重（%）	小麦灌溉用水量（m^3/hm^2）	小麦秸秆资源量（万 t）	玉米秸秆资源量（万 t）	农民人均收入（元）
河北	2336.7	6107	3170.9	5269	9	2934	2201	2009	5682
河南	5406.7	6157	3283.9	5274	15	3026	3655	2258	4627
山东	3740.2	6053	3126.5	6360	12	2319	2267	2360	7232

数据来源：农业部

情形一：假设调减 25%小麦播种面积实行两年三季，耕作方式为“冬小麦-夏玉米-春玉米”，同时，调减后春玉米单产提高 5%。

该情形下影响评估结果见表 7-2：一是该区域小麦玉米产量变化为 5%左右，产量占全国的比重变化不到 1%，可见该种植制度下对粮食安全的影响甚微。二是由于小麦种植需要大量灌溉用水，调减 25%的小麦播种面积后，可以节约水资源，尤其是对河北地下水超采有一定的缓解，河北节水 8.57 亿 t，河南节水 20.45 亿 t，山东节水 10.84 亿 t。三是该情形下，减少了小麦播种，秸秆资源量减少（260 万～450 万 t），同时，由于种植间隔时间拉长，有利于秸秆有效还田，增加了土壤有机质，避免了秸秆焚烧问题。四是该情况下，根据现行政策，休耕补贴为 500 元/亩，下一季玉米产量提高能够适当增加农民收入，同时，调减小麦种植减少了投入成本，还可以外出打工增加工资性收入等，有利于促进农民增收，根据测算农民人均增收150～250元。

表7-2　情形一状态下粮食产量、资源量及农民收入变化

区域	小麦、玉米产量变化（%）	产量占全国比重变化（%）	节水量（亿t）	秸秆资源量变化（万t）	农民人均收入增加（元）
河北	–5.42	–0.43	8.57	–263	145
河南	–8.01	–1.38	20.45	–443	243
山东	–6.36	–0.35	10.84	–269	221

注：农民收入变化主要包括两个方面，一是小麦休耕补贴500元/亩；二是第二年玉米产量提高获得的收入，价格按照1元/斤[①]计算。因不种小麦而使投入成本减少和外出打工等工资性收入未计算在内。下同

情形二：假设调减50%的小麦播种面积实行两年三季，耕作方式为“冬小麦-夏玉米-春玉米”，同时，调减后春玉米单产提高5%。

该情形下影响评估结果见表7-3：一是该区域小麦玉米产量变化为10%左右，产量占全国的比重变化为1%～2%，可见该种植制度下对粮食安全的影响不大。二是由于小麦种植需要大量灌溉用水，调减50%的小麦播种面积后，可以节约水资源，尤其是对河北地下水超采有一定的缓解，其中河北节水17.14亿t，河南节水40.89亿t，山东节水21.68亿t。三是该情形下，减少了小麦播种，秸秆资源量减少（500万～900万t），同时，由于种植间隔时间拉长，有利于秸秆有效还田，增加了土壤有机质，避免了秸秆焚烧问题。四是该情况下，根据现行政策，休耕补贴为500元/亩，下一季玉米产量提高能够适当增加农民收入，同时，调减小麦种植减少了投入成本，还可以外出打工增加工资性收入等，有利于促进农民增收，根据测算，农民人均增收300～500元。

表7-3　情形二状态下粮食产量、资源量及农民收入变化

区域	小麦、玉米产量变化（%）	产量占全国比重变化（%）	节水量（亿t）	秸秆资源量变化（万t）	农民人均收入增加（元）
河北	–10.84	–0.92	17.14	–525	290
河南	–16.02	–2.57	40.89	–886	486
山东	–12.72	–1.14	21.68	–537	443

注：数据测算依据同上

情形三：假设调减25%的小麦播种面积实行两年三季，耕作方式为“冬小麦-夏玉米-春玉米”，同时，调减后春玉米单产提高10%。

该情形下影响评估结果见表7-4：一是该区域小麦玉米产量变化为5%左右，产量占全国的比重变化为0.32%～1.35%，可见该种植制度下对粮食安全的影响很小。二是由于小麦种植需要大量灌溉用水，调减25%的小麦播种面积后，可以节约水资源，尤其是对河北地下水超采有一定的缓解，河北节水8.57亿t，河南节水20.45亿t，山东节水10.84亿t。三是该情形下，减少了小麦播种，秸秆资源量减少（250万～430万t），同时，由于种植间隔时间拉长，有利于秸秆有效还田，增加了土壤有机质，避免了秸秆焚烧问题。四是该情况下，根据现行政策，休耕补贴为500元/亩，下一季玉米产量提高能

① 1斤=500g，下同。

够适当增加农民收入，同时，调减小麦种植减少了投入成本，还可以外出打工增加工资性收入等，有利于促进农民增收，根据测算，农民人均增收 150～250 元。

表 7-4　情形三状态下粮食产量、资源量及农民收入变化

区域	小麦、玉米产量变化（%）	产量占全国比重变化（%）	节水量（亿 t）	秸秆资源量变化（万 t）	农民人均收入增加（元）
河北	–5.08	–0.40	8.57	–250	149
河南	–7.80	–1.35	20.45	–429	250
山东	–6.07	–0.32	10.84	–254	228

注：数据测算依据同上

情形四：假设调减 50%的小麦播种面积实行两年三季，耕作方式为“冬小麦-夏玉米-春玉米”，同时，调减后春玉米单产提高 10%。

该情形下影响评估结果见表 7-5：一是该区域小麦玉米产量变化为 10%～16%，产量占全国的比重变化为 0.86%～2.50%，可见该种植制度下对粮食安全的影响不大。二是由于小麦种植需要大量灌溉用水，调减 50%的小麦播种面积后，可以节约水资源，尤其是对河北地下水超采有一定的缓解，河北节水 17.14 亿 t，河南节水 40.89 亿 t，山东节水 21.68 亿 t。三是该情形下，减少了小麦播种，秸秆资源量减少（500 万～850 万 t），同时，由于种植间隔时间拉长，有利于秸秆有效还田，增加了土壤有机质，避免了秸秆焚烧问题。四是该情况下，根据现行政策，休耕补贴为 500 元/亩，下一季玉米产量提高能够适当增加农民收入，同时，调减小麦种植减少了投入成本，还可以外出打工增加工资性收入等，有利于促进农民增收，根据测算，农民人均增收 300～500 元。

表 7-5　情形四状态下粮食产量、资源量及农民收入变化

区域	小麦、玉米产量变化（%）	产量占全国比重变化（%）	节水量（亿 t）	秸秆资源量变化（万 t）	农民人均收入增加（元）
河北	–10.17	–0.86	17.14	–500	298
河南	–16.59	–2.50	40.89	–857	500
山东	–12.14	–1.07	21.68	–508	457

注：数据测算依据同上

三、畜牧发展方式转变与美丽乡村建设

（一）总体思路和基本原则

1. 总体思路

坚持“创新、协调、绿色、开放、共享”的发展理念，按照高产、优质、高效、生态、安全的要求，始终坚持转变畜牧业发展方式“一条主线”，紧紧围绕“保供给、保安全、保生态”三大任务，持续推进畜禽标准化规模养殖、大力推进种养结合绿色循环发展、稳步扩大“粮改饲”试点、促进草食畜牧业增收增绿协调发展、加强饲料和畜产品质量安全保障、不断增强畜牧业综合生产能力和可持续发展能力，实现畜牧业现代发

展，创新推动畜牧业一二三产业融合发展，增加农牧民收入，努力实现畜禽养殖业与美丽乡村建设互促互带和谐发展。

2. 基本原则

坚持宏观布局，微观优化。宏观层面，以市场为导向，大力调整优化畜牧业产业结构和空间布局，突出支持主产区和优势区发展，稳定非主产区生产能力。微观层面，以生态休闲为目标，以美丽乡村建设为统领统筹布局养殖区和生活居住区，实现增收、添景发展。

坚持转变方式，提质增效。以解决问题为导向，转变养殖观念，创新养殖模式，大力发展适度规模养殖，提高标准化、集约化、机械化、自动化水平，实现数量增长向数量质量效益绿色并重转变，服务于美丽乡村建设。秉持资源节约、优化利用理念，构建粮饲兼顾、农牧结合、循环发展的新型种养结构。充分利用种养业资源和产品可循环利用的特点，推行种养结合的产业发展模式，促进种养业副产品的资源化利用，推进多种形式的产业链连接和绿色循环发展，实现畜牧生产与自然生态和谐发展。

坚持科技支撑，创新驱动。不断深化科技创新转化体制、激活微观创新机制，突破制约畜牧业发展的技术和人才瓶颈，进一步提高良种化水平、饲料资源利用水平、生产管理技术水平和疫病防控水平，为现代畜牧业发展注入强大动力。

坚持市场主导、政府引导。充分发挥市场在资源配置中的决定性作用，充分发挥市场对生产服务体系的选择和激励作用，通过价格体系实现畜产品优质优价经营目标。充分发挥政府统筹布局、多规合一功能，引导激励畜牧业生产布局和美丽乡村建设和谐共进，加大良种繁育体系建设、适度规模标准化养殖、基础母畜扩群、农牧结合模式创新等关键环节的政策扶持，优化公平竞争环境、加强质量安全监管，更好地发挥政府的引导作用。

坚持重点突破、示范推广。落实农业“供给侧”改革，在畜禽养殖结构、种养结合、农牧林牧结合、草食畜牧、循环绿色养殖、粮改饲等重点领域因地制宜地创建示范工程，创新突破畜牧养殖和美丽乡村建设互融发展的机制体制障碍，重点创建一批畜牧养殖和美丽乡村建设互融发展的示范村，以点带面，引导发挥示范辐射带动作用。

（二）战略构想与目标

1. 创新培养新型生产经营主体

支持专业大户、家庭牧场等建立农牧结合的养殖模式，合理确定养殖规模和数量，提高养殖水平和效益，促进农牧业循环发展。鼓励养殖户成立专业合作组织，采取多种形式入股，形成利益共同体，提高组织化程度和市场议价能力。推动农牧业一二三产业深度融合发展。引导产业化龙头企业发展，整合优势资源，创新发展模式，发挥带动作用，推进精深加工，提高产品附加值。完善企业与农户的利益联结机制，通过订单生产、合同养殖、品牌运营、统一销售等方式延伸产业链条，实现生产与市场的有效对接，推进全产业链发展。鼓励电商等新型业态与草食畜产品实体流通结合，构建新型经营体系。

2. 加快发展循环绿色畜牧业

按照减量化优先、资源化利用原则，推动规模化养殖业循环发展。推进土地、水资源集约高效利用。构建畜牧业循环经济产业链。推进种养结合，农牧结合，养殖场建设与农田建设有机结合，按照生态承载容量，合理布局畜禽养殖场（小区），推广农牧结合型生态养殖模式；培育构建“种植业-秸秆-畜禽养殖-粪便-沼肥还田、养殖业-畜禽粪便-沼渣/沼液-种植业”等循环利用模式。支持集成养殖深加工模式，发展饲料生产、畜禽水产养殖、畜禽和水产品加工及精深加工一体化复合型产业链。推进畜禽粪便资源化利用。切实加强饲料管理，支持规模化养殖场、养殖小区建设粪便收集、储运、处理、利用设施；积极探索建立分散养殖粪便储存、回收和利用体系，在有条件的地区，鼓励分散储存、统一运输、集中处理；利用畜禽粪便因地制宜发展集中供气沼气工程，鼓励利用畜禽粪便、秸秆等多种原料发展规模化大型沼气。加快推动农副资源饲料化利用。组织开展重要农副饲料资源调查，完善饲料原料目录。组织实施农业综合开发农副资源饲料化利用项目，推动农副资源产业化开发、农牧循环利用。

3. 推进建设饲料和畜产品质量安全保证体系

充分发挥市场对畜牧业的决定作用，顺应消费结构升级趋势，满足多元化消费需求，完善价格形成机制，实现优质优价。加强生鲜乳收购站和运输车辆的许可管理，推动生鲜乳收购站标准化建设。大力实施饲料和生鲜乳质量安全监测计划，扩大监测范围，提高监测频次，对重点环节和主要违禁物质开展全覆盖监测。加快制定和实施畜牧、饲料质量安全标准；加强检验检测、安全评价和监督执法体系建设，强化监管能力，提高执法效能；全面实施畜禽标识制度和牲畜信息档案制度，完善畜产品质量安全监管和追溯机制。

到 2020 年，畜牧业生产方式转变有较大成效，综合生产能力显著增强，规模化、标准化、产业化程度进一步增强，种养结合的循环绿色养殖模式基本成型，实现畜产品优质优价的价格体系基本形成，质量安全保障体制基本建成，饲料产业增效明显，草牧业取得一定进展，草原生态逐步转好。建设和推广一批具有示范引领作用的循环绿色养殖示范企业和先进适用技术、组织实施一批畜牧养殖业和美丽乡村建设融合发展的示范工程，总结凝练一批可借鉴、可复制、可推广、具有自我持续发展的现代畜牧养殖模式，推动畜牧业稳定、协调、绿色、高效发展。

（三）战略选择

1. 绿色养殖，科技引领

实践证明，发展绿色养殖成为破解目前制约我国养殖业可持续发展的食品安全、成本天花板和环境污染等问题的主要路径，也是增强我国畜牧业内在竞争力的最终选择。

例如，农业部饲料工业中心丰宁动物试验基地（中国农业大学丰宁实验站）在全面建成小康社会决胜阶段，在京津冀协同发展的大背景下，作为建设美丽乡村的重要组成部分和京津冀协同发展的一个缩影，丰宁动物试验基地遵照“十三五”规划“绿色发展”理念，转变畜牧业发展方式，充分利用中国农业大学农业部饲料工业中心技术与人才优势，借助河北省承德市区位优势与土地资源，在理论与实践结合的过程中，逐步形成了养猪业绿色发展技术示范模式。饲料成本占养猪成本的 70%以上。我国猪饲料常用的饲料原料玉米、豆粕和麸皮消化能的变异都在 1MJ/kg 以上，一些非常规饲料原料的变异更大。利用饲料工业中心研究的实时配料技术，与现有数据库相比，饲料配方中有 30% 的饲料原料的消化能提高 0.5MJ/kg，每吨全价饲料可以节约 30kg 的玉米。一个年生产 100 万 t 的猪饲料企业可以节约 1 万 t 的玉米，按目前玉米历史较低价 2000 元/t 计算，相当于节约成本 2000 万元，不仅节约大量的饲料资源，而且降低养猪成本，提高市场竞争力。在养殖生产过程中，注重学科交叉，尊重自然规律与畜牧业发展特点，以“人、动物与环境协调”为最终目标，学习国际先进理念，研究探讨适合我国北方地域气候特点与场址条件的规划、设计与生产工艺技术，并通过改进工艺技术设计、借助先进设备改善管理、使用清洁的能源和环保消毒药等，降低生产过程中污染物和温室气体的产生，以减轻对人类和环境的危害，实现绿色生产，生产绿色放心产品，赢得消费信心。

2. 粮改饲，统筹种养

为深入推进农业结构调整，2015 年中央一号文件要求，加快发展草牧业，支持青贮玉米和苜蓿等饲草料种植，开展粮改饲和种养结合模式试点，促进粮食、经济作物、饲草料三元种植结构协调发展。农业部下发了《关于扎实做好 2015 年农业农村经济工作的意见》，要求推动农业结构调整，加快发展草食畜牧业，探索“粮改饲”种植结构调整和种养结合的农牧业发展新途径。农业部选择华北、东北和西北等 10 个省的 30 个县区开展“粮改饲”试点。大力推进粮改饲，以玉米种植结构调整为重点，推进粮食作物种植向饲草料作物种植方向转变，实行草畜配套。

大力推进粮改饲，一是实现“改土增粮”。引饲草饲料入田，可以改良中低产田，使土壤有机质含量提高 20%左右，粮食产量提高 10%～18%。二是可以实现“节粮增效”。草食家畜肉类比重每提高 5 个百分点，可节约粮食 1400 万 t 左右，大约是 0.44 亿亩耕地的粮食产量。三是可以实现“增草增畜”。发展粮改饲等同于发展营养体农业，同样的水土资源，如果生产牧草（饲用作物），生物产量可增加 30%以上，可收获能量比谷物多 3～5 倍，蛋白质比谷物多 4～8 倍。因此，发展粮改饲，将种植和养殖、草和畜、产品安全和环境安全紧密结合起来，符合生态、经济和社会效益相统一原则，对我国国民经济的发展具有重要意义。

在“粮改饲”的推进过程中，应结合本地的区位优势、市场条件、资源禀赋、生态环境等因素，统筹玉米与其他作物生产、种植业与畜牧业结合、生产与生态并进，有序推进，开辟农业结构优化的新途径。“粮草兼顾、农牧结合、循环发展”应该是未来种养结合道路上需要遵循的原则，应因地制宜，积极探索“以农载牧、以牧富民”，促进种养结构调整，提升养殖效益和农民效益，做到经济、社会和生态效益的统一。

（四）重点问题解决路径选择

1. 种养结合

种养结合，作为我国大中型养殖场畜禽粪尿污水处理的主要方式，是指养殖场固体粪便通过自然堆放或堆肥处理后就近或异地农田利用，污水与部分固体粪便进行厌氧发酵或者经过氧化塘处理后，就近应用于蔬菜、果树、茶园、林木、大田农作物等。湖北省安陆市安源生态农业开发有限公司生态农业园、江西绿丰生态农业园有限公司猪场和甘肃华瑞农业有限公司奶牛场等一大批农牧企业，通过自有或流转土地的方式，采用种养结合模式，将粪污还田利用，发展生态农业、变“废”为“宝”，不仅提高了畜禽粪污综合利用率，而且改善了土壤结构，降低种养成本，实现种养生态平衡，为破解养殖业环保之困找到了一条可行的模式。种养结合模式适用于远离城市、周围农田集中连片、区域环境承载能力较大的大中型养殖场，然而，为了避免粪污肥效低难利用、使用过量、养分变异大及氨气排放和重金属累积等风险，可以借鉴美国“畜禽粪便综合养分管理计划”和丹麦“粪肥管理制度”等成功经验，因地制宜，从粪尿污水收集、储存、输送、无害化处理、安全利用技术与设备各环节，科学统筹，转变畜牧业发展方式，以种定养，以养促种，制定养殖废弃物高效、安全使用的配套政策，推动种植业和养殖业的无缝衔接。

2. 清洁回用

清洁回用包括回用和清洁两个方面，是目前国内部分大中型养殖场采用的一种粪尿污水处理利用模式。2012 年 7 月 1 日起正式实施的《中华人民共和国清洁生产促进法》为我国养殖业清洁生产提供了依据。养殖业清洁生产是指采用先进的养殖生产工艺、养殖技术与设备，提高饲料利用效率，减少浪费，从源头削减畜禽粪尿总量与氮、磷、重金属等排放；控制生产用水，通过雨污分离和固液分离，在生产过程中降低污水总量及其污染负荷，实现过程减排。通过中水回用与粪便回用，液体养殖污水经处理达中水标准，再经消毒后，用于冲洗养殖场粪沟与圈栏等；以牛粪和奶牛床沙为代表的养殖固体废弃物通过堆肥发酵、晾干或经清洗再晾干后，作为垫料回用。其他包括用畜禽粪便生产蘑菇、养殖蚯蚓和蝇蛆等也属清洁回用模式。清洁回用模式适用于环境敏感区、水源地外围或水资源短缺的养殖场，但污水最后必须经过深度处理或膜生物反应器处理后，才能达到回用中水标准，同时养殖场用水还需要满足生物安全要求。

3. 集中处理

集中处理，是指依托大中型养殖场或专门的粪污处理中心，对周边养殖密集区内养殖小区和养殖大户的粪便或污水进行收集、输送并集中处理利用。湖北等地都有成功的案例。集中处理技术关键在于组织形式，各地实践探索的主要形式是公私合营模式（PPP 模式），PPP 模式将部分政府责任以特许经营权方式转移给社会主体（企业），政府与社会主体建立起“利益共享、风险共担、全程合作”的共同体关系，政府的财政负担减轻，社会主体的投资风险减小。PPP 模式比较适用于公益性较强的包括废弃物处理或其中的某一环节，如养殖业废弃物收集、运输、处理等环节。

4. 达标排放

达标排放，主要是指采用工业化污水处理模式，将养殖污水通过厌氧、缺氧-好氧或厌氧-好氧等工艺，以及物化、氧化塘和人工湿地等深度处理，出水水质达到国家排放标准和总量控制的要求。这种模式主要适用于地处城市近郊、经济发达、土地资源局限、土壤营养过剩、沼液难被消纳地区的大型养殖场。达标排放具有占地面积较小，处理效果较稳定的优点。这一末端治理是控制污染最重要的手段，对保护环境起到重要的作用，但这一污染控制模式的弊端明显，诸如处理设施投资较大，运行费用高，管理复杂，且往往不能从根本上消除污染，还可能造成潜在的二次污染和资源浪费，是一种被动的模式。

5. 绿色经济

一直以来，畜禽养殖这一低效益行业对于废弃物的处理利用望而生畏，做到兼顾改善养殖生态环境、节约资源、增加农牧综合效益，杜绝农畜产品质量污染，确保食品安全与民生健康是该行业的发展目标，农业部饲料工业中心丰宁动物试验基地进行科研与生产实践的结合，在处理利用养殖粪尿污水与病死畜方面，摒弃废弃物的观念，以低投入、低成本的资源化高效利用为目标，采用系统集成创新技术，研究示范在我国特别是在北方地区养殖场可借鉴、可推广、可复制的“厌氧发酵+微生物处理+综合利用”绿色经济处废模式。

厌氧发酵：采用大型储气一体化 HDPE 黑膜沼气池，发酵猪粪尿污水，生产沼气清洁能源，去除 80%～90%的有机物。此种工艺处理量大、低温发酵（18℃）、停留时间较长（62 天）、减少臭气扩散，建设投资少，保温性能好，且易管理。在冬季，沼气优先供应沼气热水器对沼气池供暖，解决冬季正常运行困难的问题。

微生物处理：遵循食物链理论，在厌氧发酵能源化的基础上，借鉴活性污泥法的原理，以复合微生物制剂为核心，通过集成创新形成三级净化槽法，解决活性法等无法直接处理高浓度污水的缺点，利用特定复合生物制剂氧化分解沼液，循环处理，进一步去除 COD_5、BOD 和重金属等，生成可与水分离的微生物细胞质和无机物沉淀，水质达 V 类水以上标准，进而代替传统高浓度污水的深度化学处理模式。此复合微生物循环处理系统建设投入少、处理成本低，时间较短、效率高，处理效果较好，且抑制病菌、不产生臭气等二次污染。

综合利用：发酵产生的沼渣与预处理病死猪一起配料，接种微生物后，在单向阀门呼吸膜的厌氧袋中发酵生产高效有机肥，用于种植各类绿色蔬菜和玉米饲料作物等。小部分沼液经过滤处理稀释后，泵入滴灌系统作为液态肥在周边农田施肥用；沼液经微生物分解处理达到至少 V 类水标准、消毒后，灌溉周边农田、菜地、树林，用于景观用水、冲洗猪舍粪沟或养鱼。发酵生产的沼气净化后作为燃料用于沼气发电机组发电，电能用于供应部分生产用电、供暖、炊事，其中发电机组余热收集用于沼气池升温。

四、适应村镇美化建设的乡村土地规划研究

（一）总体思路

以提升村镇美化建设为首要任务，以乡村土地规划为切入点，以提高土地利用效率和完善基础设施建设为重要内容，以资源节约、文明生态为基本要求，以提高农民收入、改善农民生活为根本任务，找准战略定位、坚持规划引领，整合各方资源、建立长效机制，坚持政府主导、倡导公众参与，创新乡村规划编制体系、深化农村土地制度改革、

健全基础设施建设机制。借助规划手段，优化土地利用结构，进行人地协调土地综合整治和环境治理，加快完善农村基础设施，助力美丽乡村建设。

（二）战略构想

1. 构筑村镇建设新格局，打造“四位一体”国土新空间

新型城镇化背景下，亟须在理论与战略上重新定位村镇建设格局。村镇建设格局是指乡村地区县城、重点镇、中心镇、中心村的空间布局、等级关系及其治理体系。村镇建设格局包括村镇人居空间、产业空间、生态空间和文化空间，立足村镇地域空间，以促进产业培育、生态保育、服务均等、文化传承作为村镇建设的核心目标。塑造村镇发展新主体、新动力、新制度，推进形成中国特色的“城市、村镇、农业、生态”四位一体国土空间新格局。

构筑村镇建设新格局，既是夯实农村发展基础，搭建统筹城乡发展新平台的需要；是集聚乡村人口产业，促进城乡要素平等交换的需要；又是优化乡村空间重构，推进城乡公共资源均衡配置的需要；也是优化城乡地域系统，实现“城市病”“乡村病”两病同治的需要。加快构筑村镇建设新格局，是构建城乡发展一体化新格局的根本要求，亦是打破城乡二元结构、破解“三农”问题的现实途径。良好的村镇建设格局能凸显绿水青山之美、安居乐业之福，是产城融合、城乡协调发展和美丽乡村建设不可或缺的空间载体。

2. 深化耕地保护综合研究，创新耕地保护制度改革

确立耕地全要素保护机制。保证耕地数量和质量，实现耕地产能稳定提升；优化空间格局，实现耕地资源空间最优配置；统筹安排利用时序，实现耕地资源的优化利用，形成耕地保护用途管制、整治提质、产能提升、空间规划、流转增值、权益保障的多元融合机制。

完善耕地占补平衡制度。建立补充耕地质量建设与后续管理机制，耕地占补平衡与生态协调发展机制，耕地经济补偿机制，增强地方政府和农民对占补平衡补充耕地的责任心。

创新耕地保护价值补偿制度。充分考虑耕地保护主体多元性，健全建设过程中尽量避开耕地、提高集约用地水平的奖惩制度，建立有利于增加耕地、改善耕地质量、提升耕地产能的经济激励与投入长效机制。

创新区域耕地保护补偿模式。加大对重要粮食主产区和商品粮基地的耕地保护补偿力度。开展粮食调入省份或地区应对粮食调出区域进行价值补偿，以及建立建设占用地区对补充耕地区的利益补偿等机制。

3. 完善土地流转保障体系，促进土地流转模式创新

加强农村土地流转法制建设。一是完善土地管理的相关规定；二是增订农村土地征用和征收的专门法律法规。运用法律的公正性与权威性，来有效地界定与规范不同行为主体的决策与选择行为，保障不同产权主体特别是土地经营主体的正当权益。

完善农村土地产权管理制度。保障农民土地流转的经济收益，创造条件让农民拥有更多的财产性收入；赋予农民享有农村土地的经济所有权，如占有支配权、经营使用权、自主决策权、收益占有权、合理处分权、产权继承权等。

推动农村土地流转的机制创新。引导农村土地进入市场，依法、自愿、有偿的流转，在市场机制和政府宏观调控的共同作用下，实现农地资源合理配置。在保证农村土地承包经营权和收益权的前提下，因地制宜，允许农民采取多种方式进行农村土地流转。建立健全农村土地交易所的监管制度。

健全农村土地流转的服务体系。加强农村土地流转的登记制度建设，建立农村土地承包和流转的仲裁机构，配合司法部门协调处理和仲裁农村土地流转过程中出现的各种矛盾和纠纷。

4. 构建乡村绿色基础设施循环网络及生态化建设体系

建立完整的乡村绿色基础设施规划生命支撑网络。构建乡村绿色基础设施的循环网络，重点突出生态环境的背景依托、生产活动的自然属性、生活场所的乡村风貌，保证人类生存的大环境以及“人-地”关系的可持续发展。

从生产、生活、生态方面提出乡村规划新视角。以乡村绿色基础设施作为主线，深度挖掘乡村生活、生产、生态的三元共生关系，从建立乡村生命系统支撑网络的角度对乡村人居、农业生产、生态保护等方面提出乡村规划的新视角。

加大资金、科技和人才投入，保障生态化建设。乡村绿色基础设施及生态化建设是一项复杂、系统、难度较大的工程，需要专业人才、科技工程研发等的支撑，国家应加大资金投入力度来保障乡村绿色基础设施建设。

5. 统筹布局基础设施建设，健全长效投入保障机制

新建基础设施须在既有的基础设施廊道内进行布局，避免对土地完整性的破坏，保证村镇组团的整合性发展。基本型基础设施在各村镇均衡布局，保证各地居民能就近平等完善地享受各类设施；享受型基础设施在镇域内经论证后根据有关条件布局，镇域内集中设置，采取有力措施，避免重复建设。

进一步加大公共财政对农村基础设施建设的投入力度，建立现代农村金融体系，积极引导社会资本参与农村公益性基础设施建设、管护和运营。放宽农村金融准入政策，加大对农村金融发展的政策支持力度，拓展农业发展银行支农领域，扩大邮政储蓄银行涉农业务范围，推动村镇银行的发展；拓宽融资渠道，引导更多信贷资金和社会资金投向农村基础设施建设。

（三）农村基础设施建设和村庄整治路径

1. 统筹规划基础设施建设时序，综合考虑远期发展

在规划和建设方案中，应当具有分阶段、分步骤的目标体系和建设要求，使得乡村基础设施规划与乡村近远期发展相适应。面向远期进行统筹规划和布局，避免反复规划和建设带来的浪费，从规划层面做好统筹安排和时序区分，体现基础设施规划的动态性

与弹性。同时，制定合理的规划建设时序，指导实际操作的资金分配方案，保障资金划拨和使用实现经济高效。

2. 引入有限干预理念，倡导“统建”与“自建”相结合

乡村基础设施的建设不仅应当在规划层面予以合理安排、科学布局，更应当在具体的建设层面进行新的实施方式设计。一方面，乡村基础设施由政府统筹规划、政府统筹建设，便于管理、推动迅速，整体实施效果好。另一方面，为解决缺乏公众参与、忽视村民感受、政府资金压力巨大、后期资金投入无法保障、缺乏长远管理意识等问题，乡村基础设施建设应当引入“有限干预”建设理念和方式。政府主导规划方案的编制，同时村民充分表达各自的意见，提出对于规划方案的相应修正建议，在此之后，政府进行投资建设时应当适当引入农民参与，以“出钱出力”的形式共同参与建设，甚至由村集体统一安排村民进行建设，既分担政府投资压力，又增强了村民的主体性和责任感，更符合村民的实际需求，做到一举多得的“统建”与“自建”相结合。

3. 加大政策扶持，扩宽融资渠道，保障资金投入

各级财政加大扶持力度，增加村镇资金投入，整合相关资源，推进基础设施建设，采用先进设备技术，推动城乡基础设施一体化建设，逐步缩小城乡差距，将村镇建设向更深入、更具体、更完善的方向推进。此外，加强对基础设施的管理。把对基础设施的管护放在与建设同等重要的位置，切实解决农村基础设施长期存在的“有人建、有人用、无人管”的问题，充分发挥基础设施的使用效益。

4. 倡导公众参与，尊重村民意愿，体现村民利益诉求

实现规划中参与主体、参与方式和参与深度向以农民为主体的乡村规划建设体系转变，每个过程都加强公众参与的力度和深度，使公众利益得到最大体现。一方面，要丰富公众参与的主体与形式。建立代表不同社会阶层、多视角的村镇规划公众参与机构，加强交流，并综合运用多种媒介，拓宽村镇居民参与村镇建设管理的渠道，使村镇民众能够真正地参与到村镇建设管理中来。另一方面，规划各个环节都应当有公众的参与。在前期调研阶段，可以通过调查问卷、座谈会等收集公众意见，确定规划的原则和目标；在方案修改过程中要注意根据民意调查公众的满意度，适时修改方案；在修改方案的公示阶段，通过路演、展览等活动向公众告知并征集意见；在规划实施前期、中期、后期，要强化农民自治监督意识和规划实施管理主管部门信息公开和透明化，通过农民监督来制衡规划的各环节中各利益主体的博弈，确保自身利益不受侵害。

5. 发掘地域传统营建智慧，进行绿色基础设施引导

对于乡村这种独特的地理聚落而言，其发展经历了漫长的岁月，村民世代沿袭的传统与技艺是历史积淀下来的宝贵文化遗产，稍加改良和转化就能够成为为现代生活服务的生态技艺。对于乡村中存在的传统技艺和生态设施，应当结合地区实际和村民的生活习惯，合理进行保留和改造，探索地区范围内可以推广和具有地域适应性的传统生态技艺。

（四）适应村庄建设的乡村土地规划

1. 借助“多规合一”优化调整土地结构

“多规合一”的重心在于土地规划，核心是解决建设用地的供给来源与农村同步发展和农民顺利进城就业这对矛盾。通过“多规合一”规划方法，使村镇文化、经济、建筑、景观特色得到科学规划，统筹协调村镇在各系统、各层面、各类型之间的关系。借助“多规合一”，统一规划区范围和用地规模与标准，调整优化土地利用结构。例如，各类村镇发展规划所涉及的范围一致，村镇规划、土地利用规划等应当与禁建、限建、适建范围一致；建设用地应当在符合土地利用总体规划总量目标和保护耕地需求的前提下，根据国民经济和社会发展规划提出的城镇化发展和产业发展的要求，同时要满足村镇发展和建设的需要，统一确定建设用地标准。

2. 深入开展乡级土地利用规划编制

根据上级土地利用规划的编制要求，结合各乡镇自然条件和社会条件，对辖区内的土地利用进行合理的安排，对用地的矛盾进行协调，确定各类用地的规模。重点安排好耕地、环境保护用地以及生态建设用地，对于其他工业用地以及基础设施建设，要在保证总耕地面积的情况下，合理规划。要确定好乡镇建设用地和土地的整理、复垦和开发的范围，加强对用地结构和布局的引导。

3. 加强乡村人地协调土地综合整治

土地整治的重点是对农村的山、水、林、田、路、村以及工业建设用地进行综合整治，土地综合整治，就是通过提高土地承载能力，为生态建设提供更多空间，实现资源与人类社会的永续发展。

进行人地协调的土地综合整治需要从以下两个方面入手。一要坚持科学发展观，确保土地综合整治可持续发展，土地综合整治必须立足生态，确保土地资源的永续利用，生态与经济的协调发展，树立生态环境保护的观念。二要构建生态环境安全格局，实施差别化土地综合整治，针对不同区域社会经济发展和土地利用总体战略，围绕构建生态环境安全格局，实施差别化土地综合整治。

4. 因地制宜地促进土地流转模式创新

目前我国农村比较典型的土地流转模式有土地互换、土地出租、土地股份合作、土地入股、土地转包、宅基地换住房、承包地换社保等模式。各地也积极探索新的模式，如重庆地票交易流转模式、成都确权流转模式、浙江土地股份合作社流转模式及天津宅基地换房模式等较为典型。土地流转是未来土地制度改革的重要方向，土地流转模式的创新显得尤为重要，需要根据各地实际情况，选择适合自身的土地流转模式。可以借鉴以上创新模式的成功经验，根据地方实际，创造出有地方特色、高效率的土地流转模式。

5. 加强相关监督管理和保障制度设计

加强土地利用占补平衡、增减挂钩以及确权相关监督管理和保障制度的制定。第一，有关部门要对增减挂钩组织开展专项检查，加强对农村土地整治和增减挂钩的监管，充分利用农村土地整治监测监管系统，加快实现对增减挂钩试点情况的网上监管。第二，完善现有的挂钩周转指标的考核、激励机制，尤其是对于耕地复垦整理做法、耕地保护机制，亟须进一步建立和健全。第三，完善农村土地确权工作相关政策法规。第四，鼓励和扶持新型农业规模经营主体开发利用荒废土地，实现荒废土地的集约化利用。第五，注重土地确权中新技术、新方法的运用，在地籍调查、核实、审核的过程中，应注重新技术、新方法的运用，如“3S”技术。第六，严格执行土地权证的登记发放程序。调整土地权证登记发放机构，成立专门的农村土地确权协调小组；明确土地确权国土、财政、农业及乡镇工作人员的岗位职责，严格规范其行为准则；土地确权工作必须严格按照申请、调查、审核、公告、审批、下达等步骤进行。

五、加快农业发展方式转变与美丽乡村建设建议

（一）问题与挑战

我国是个农业大国，农业关乎国家粮食安全、资源安全和生态安全。近年来，我国农业发展取得巨大成就，粮食生产实现历史性的“十二连增”，农民增收实现“十二连快”。然而，长期粗放式经营积累的深层次矛盾逐步显现，农业持续稳定发展面临的挑战也前所未有，水土资源约束日益趋紧，农业面源污染加重，农业生态系统退化明显，农村的“脏、乱、差”问题没有得到根本改观，传统的农业生产方式已难以为继。

1. 农业资源环境硬约束日益严重

我国人均耕地仅为 0.1hm^2，人均水资源仅占世界人均水量的 1/4。农田灌溉水有效利用系数比发达国家平均水平低 0.2。农业用水有效利用率只有 50%左右，大水漫灌、超量灌溉等现象仍比较普遍，我国每立方米灌溉水生产 1kg 粮食，每亩每毫米降水生产 0.5kg 粮食，只有发达国家的一半。我国每公顷土地使用的化肥是世界平均水平的 4 倍以上。化肥作用于作物生长的比重不到 30%。我国每年使用的农药为 180 万 t 左右，每年遗留在土地里的农膜有 100 万 t 以上。畜禽粪污有效处理率不到一半，秸秆焚烧现象严重。全国水土流失面积达 295 万 km^2，年均土壤侵蚀量 45 亿 t，沙化土地 173 万 km^2，石漠化面积 12 万 km^2，草原超载过牧问题依然突出。

2. 农村“三化”问题严峻，农村发展缺乏内生动力

随着工业化、城镇化进程的不断加快，农村优质生产要素大量流向城市，而农村产业盲目实现跨越式发展，农村正面临着传统农业逐渐衰弱、农村逐渐边缘化和空心化、真正从事农业生产的农民数量逐渐减少、农村逐渐没落等问题，主要表现为村庄空心化、农业产业空洞化和农村劳动力老龄化“三化”问题。我国农村空心化正处于快速上升发展期，外扩内空、人走屋空现象有加速趋势，还出现了一户多宅、建新不拆旧、新房无人住的现象。伴随着农村大量劳动力的流失，农村资金也出现了大量外流，农村经济发展非常缓慢甚至停滞不前，没有经济的增长点，村民收入低且来源单一，农村劳动力老

龄化等问题越来越突出。

3. 农业增效、农民增收难度加大，面临供给侧改革的压力

我国农业生产成本在快速的上升，特别是生产性服务费用的支出，年均增幅达到8%～9%，农业生产成本“地板”在向上抬升。面临着国际国内农产品价格倒挂的压力，谷物的价格如果按批发价来算，国内外的价格大概每吨差距在 400～800 元，即国内的谷物价格大概要比国际市场价格贵 400～800 元。由于农业生产成本“地板”抬升和农产品价格“天花板”封顶的两重压力，相当于天花板在往下压，地板在向上升，于是中间的空间就越来越小，直接导致农业增效、农民持续增收难度加大。

4. 农村一二三产业连接不够紧密，农村基础设施薄弱

我国农村一二三产业连接不够紧密，农业产业整体发展水平不高，如农业产-加-销仍未形成高效完整的产业链条。农产品加工业起步晚、基础差、技术装备落后、加工转化率低。农产品流通方式落后，运输流通成本高、损失大。农业生产规模小，组织化程度低等，农业多功能性远未发挥。基础设施和公共服务设施严重欠缺，现有文化设施利用率低下，土地资源浪费严重。特别是村级规划缺乏，导致建房选址随意性大，普遍存在占用耕地建房、沿路建房、建新不拆旧等突出问题，呈现“有新房无新村，有新村无新貌”的特点。

5. 体制机制尚不健全，创建美丽乡村建设的制度体系任务艰巨

农业资源市场化配置机制尚未建立，特别是反映水资源稀缺程度的价格机制没有形成；生态循环农业发展激励机制不完善，种养业发展不协调，农业废弃物资源化利用率较低；农业生态补偿机制尚不健全，农业污染责任主体不明确，监管机制缺失，污染成本过低；全面反映经济社会价值的农业资源定价机制、利益补偿机制和奖惩机制缺失和不健全等。城乡要素平等交换、有效配置机制尚待完善，美丽乡村建设的动力机制尚未完全构建。

（二）重大科技工程措施

1. 高标准农田建设工程

实施“藏粮于地”战略，配合发改、财政、国土等部门，开展粮食生产功能区划定，优先将水土资源匹配较好、相对集中连片的小麦、水稻田划定为粮食生产功能区。探索建立棉油糖果菜茶等重要农产品生产保护区。支持粮食主产区建设核心区，在粮食主产区优先建设高标准口粮田。抓好东北黑土地退化区、南方土壤酸化区、北方土壤盐渍化区综合治理，保护和提升耕地质量。加强农田基础设施建设，大力推进高标准农田建设，以高标准农田建设为平台，整合新增建设用地土地有偿使用费、农业综合开发资金、现代农业生产发展资金、农田水利设施建设补助资金、测土配方施肥资金、大型灌区续建配套与节水改造投资、新增千亿斤粮食生产能力规划投资等，统筹使用资金，集中力量开展土地平整、农田水利、土壤改良、机耕道路、配套电网林网等建设，统一上图入库，

到2020年建成8亿亩高标准农田。有计划分片推进中低产田改造，改善农业生产条件，增强抵御自然灾害能力。探索建立有效机制，鼓励金融机构支持高标准农田建设和中低产田改造，引导各类新型农业经营主体积极参与。

2. 精准施肥推进工程

以减少农业面源污染、农业提质增效、农民增收为落脚点，以配方肥推广和施肥方式转变为重点，因地制宜统筹安排取土化验、田间试验示范等基础工作，通过实施精准耕作，在尽量不减产的情况下，降低农业生产成本，有效避免资源浪费，降低因施肥除虫对环境造成的污染。根据不同区域、不同作物的生产实际和施肥需求，推进精准施肥。创新实施方式，深入推进测土配方施肥行动，提高肥料利用率，减少化肥用量；大力推广先进适用技术，积极推进施肥方式转变，防止养分流失，减少化肥用量；加大新肥料新技术应用，集成高效施肥技术，减少化肥用量；充分利用有机肥资源，增施有机肥，减少化肥用量。

3. 高效节水灌溉工程

持续推进农田水利设施建设，发展节水灌溉，进一步完善农田灌排设施，加快大中型灌区续建配套与节水改造、大中型灌排泵站更新改造，推进新建灌区和小型农田水利工程建设，扩大农田有效灌溉面积。大力发展节水灌溉，全面实施区域规模化高效节水灌溉行动。分区开展节水农业示范，改善田间节水设施设备，积极推广抗旱节水品种和喷灌滴灌、水肥一体化、深耕深松、循环水养殖等技术。实施东北四省区节水增粮行动，推进西北节水增效、华北节水压采、南方节水减排等前期工作。在西南五省区结合“五小水利”工程建设，推进集雨节灌工程建设。水稻主产区在推广“浅、薄、湿、晒”控制灌溉技术的同时，因地制宜推广管道输水灌溉。

4. 农业废弃物综合利用示范工程

秸秆综合利用。围绕秸秆肥料化、饲料化、基料化、原料化和燃料化等领域，实施秸秆综合利用试点示范，大力推广用量大、技术含量和附加值高的秸秆综合利用技术，实施秸秆机械还田、青黄贮饲料化利用，实施秸秆气化集中供气、供电和秸秆固化成型燃料供热、材料化致密成型等项目，通过产业化发展拓宽秸秆利用渠道，推行秸秆机械化还田作业和留茬高度等标准，促进秸秆就地还田或应收尽收。探索建立有效的秸秆田间处理、收集、储存及运输系统模式。加快建立以市场需求为引导，企业为龙头，专业合作经济组织为骨干，农户参与，政府推动，市场化运作，多种模式互为补充的秸秆收集储运管理体系。积极扶持秸秆收储运服务组织发展，建立规范的秸秆储存场所，促进秸秆后续利用；支持秸秆代木、纤维原料、清洁制浆、生物质能、商品有机肥等新技术的产业化发展，完善配套产业及下游产品开发，延伸秸秆综合利用产业链。力争到2020年全国秸秆综合利用率达到85%以上。

残膜和农药包装回收利用。开展区域性残膜回收与综合利用，扶持建设一批废旧农膜回收加工网点，鼓励企业回收废旧农膜。在农膜覆盖量大、残膜问题突出的地区，加快可降解农膜的研发和应用，集成示范推广农田残膜捡拾、回收相关技术，建设废旧地膜回收网点和再利用加工厂，建设一批农田残膜回收与再利用示范县。在农药使用量大的农产品优势区，设立回收网点，制定回收管理办法，有条件的地方，依托农药经销商设立农药包装废弃物回收站，统一有偿回收使用过的农药包装废弃物，加快建立农药包装废弃物无害化处理网络和管理平台。

畜禽粪污综合利用。在污染严重的规模化生猪、奶牛、肉牛养殖场和养殖密集区，按照干湿分离、雨污分流、种养结合的思路，建设一批畜禽粪污原地收集储存转运、固体粪便集中堆肥或能源化利用、污水高效生物处理等设施和有机肥加工厂。在畜禽养殖优势省区，以县为单位建设一批规模化畜禽养殖场废弃物处理与资源化利用示范点、养殖密集区畜禽粪污处理和有机肥生产设施。

针对规模化养殖场特别是养猪场，开展有机废弃物种养结合处理及利用关键接口技术和工程处理技术研究，包括养殖废物排放口固液分离技术、不同规模养殖场固体废弃物快速堆肥技术及装置、厌氧干发酵及多原料共发酵技术、沼液膜处理及养分浓缩技术、沼液灌溉配套技术等。在畜禽养殖优势区域因地制宜开展畜禽粪便大中型沼气工程和沼液农田利用工程建设，依托大型养殖场，发展以畜禽粪便为原料的大型沼气工程，沼气发电、固体粪便生产有机肥、沼液还田利用，实施热-电-肥联产，所产沼气用于发电、养殖场自用或并入电网；在全国生猪、奶牛、肉牛等养殖优势区域内，针对规模化养殖场或散养密集区畜禽粪便集中、量大、种养分离等问题，在一定区域内建设畜禽粪便收集无害化处理站，收集、储存和堆肥处理 10km 范围内中小规模养殖场或散养密集区内畜禽粪便，堆肥后就地还田利用或转运至集中处理中心进行有机肥加工，实现畜禽粪便高效处理利用；在猪牛羊养殖和粮食产量大县，开展生猪、奶牛等规模化养殖废物处理示范场建设，养殖场粪便高温堆肥无害化处理生产有机肥设施设备，养殖废水经氧化塘等处理为肥水浇灌农田等设施设备，如固体粪便强制通风好氧堆肥系统，污水防渗、防漏氧化塘等净化储存一体化设施，肥水输送设备，肥水田间储存池、管网等农田利用配套设施。推广种养结合新型农牧经营模式，鼓励规模养殖场配套一定规模的种植用地，用于就近消化畜禽粪污。

5. 农牧结合与畜牧业清洁生产示范工程

将污染预防战略应用于养殖生产全过程，在全国各地布置畜禽养殖清洁生产示范工程项目。系统深入评价饲料原料生物效价与安全，创建我国自主的饲料原料大数据库平台并用于生产实践，实现精准供给与科学饲养，提高畜禽生产水平，改善饲料转化效率，从而减少饲料粮的浪费。从源头减轻畜牧业环境污染，粪污“减量化”的有效技术途径，加大非常规饲料资源的开发；研究探讨适合我国不同地域气候特点与场址条件的牧场多样性规划、畜禽舍设计与生产工艺，加速国际先进装备技术的国产化，用以改善并提升中国畜牧养殖业机械自动化水平，实现在畜牧生产全过程有效控制污染源。鼓励发展种养结合循环农业，实施“农业生态循环工程”。谋划实施互联网+畜牧业工程，创新畜产品生产、加工、销售与流通方式。

6. 乡村整治与土地利用规划编制示范工程

加强“3S”技术在乡级土地利用规划编制中的使用。GPS 全球定位系统的使用可以很精确地将土地使用的位置进行定位；RS 可以实现全天候、实时性的远程监控，对乡级土地的变更情况进行精确监测；GIS 能非常方便地对数据进行采集、存储、更新、分析以及输出等操作，通过人机交互以及可视化模式进行数据和属性信息操作。“3S”技术在乡村土地利用规划编制中的使用，对乡镇土地的变更进行实时的跟踪监测，使乡镇土地管制制度得到很有效的实施。

围绕低效、退化及未利用土地综合整治，探索土地资源可持续利用与土地工程化实践的工程技术创新方案，协调社会经济发展对土地资源开发、利用与管理在多宜用途、地域空间、权益保障、流转增值、产能提升、整治提质等多方面目标，实现土地资源理论、工程与管理的系统化、集约化、工程化、信息化，促进土地资源结构优化、质量提升、利用增效。土地资源研究与土地整治工程重在探讨工程技术的优化组合方案，服务于土地资源的合理开发、利用与管理。具体涉及土地资源的勘探、调查、规划、设计、开发、建设、保护、评估与管理等相关工程技术措施。

7. 农村基础设施推进与示范引导工程

规划先行，统筹发展，对农村的水、电、路、气及公用设施等基础设施统一规划。加强农村基础设施建设，实现硬化道路到户、上下水分流和废弃物三化处置，推进农村垃圾、污水处理、裸房旧房、村庄绿化和土壤环境等集中连片综合治理，创建一批宜居环境示范县（市、区）；实施新一轮的美丽乡村建设工程；完善农村沼气建管机制；继续实施农村电网改造升级和宽带入乡进村工程。创新农村住宅用地新模式，与农村产业创新、农村环境治理有机地结合起来。在农村基础设施的研发上，要注重低投入和适应性，保证村民用得起、好操作、易实施。

8. 新型职业农民培训工程

大力培育新型职业农民，解决农村劳动力“乏力”的问题，加快建立教育培训、规范管理和政策扶持“三位一体”的新型职业农民培育体系。建立公益性农民培养培训制度，深入实施新型职业农民培育工程，推进农民继续教育工程。加强农民教育培训体系条件能力建设，深化产教融合、校企合作和集团化办学，促进学历、技能和创业培养相互衔接。鼓励进城农民工和职业院校毕业生等人员返乡创业，实施现代青年农场主计划和农村实用人才培养计划。

（三）重大政策建议

1. 科学规划布局，因地制宜地开展乡村基础设施建设

建立行之有效、完善的从宏观到微观的村庄规划编制体系，把规划放在更加突出的位置，高站位、高起点地进行科学设计，为将来发展预留空间。对村庄分类分级，因地制宜，分类指导，分级控制，形成村庄建设指南。提高村庄规划水平，从各地实际出发制定村庄建设和人居环境治理统一的村级总体规划，重点加强宅基地和农村集体建设用地的规划和管理，节约村庄建设用地；加强公共基础设施的配套和完善，做到布局合理、功能齐全；加强交通组织和建筑布局，做到村容村貌整洁有序、住宅美观舒适、交通出

行便利快捷。村庄规划尊重村民意愿，因地制宜，突出地域特色；村庄建设注重优化生态环境，改善人居生活，繁荣传统文化。优化村庄空间布局、按照功能定位和满足群众生活需求，适度开展基础设施和公共服务设施建设。

2. 推进美丽乡村建设与建立新型产业相结合

统筹顶端设计，强化特色创意，打造一批功能多元、环境优美、景色迷人的美丽田园，推动农牧结合，促进一二三产业深度融合，创建一批主导产业突出、环境友好、文化浓郁的休闲农业优势产业带和产业群。以促进农业生产发展、人居环境改善、文明新风培育为目标，发展农业生产和农村新兴产业，改善农村人居环境，传承生态文化，培育文明新风，建立与资源环境保护相协调的生产生活方式，全面推进现代农业发展、生态文明建设和农村社会管理，建设“生态宜居、生产高效、生活美好、人文和谐”的美丽乡村。

3. 优化农业功能分区，尽快制定绿色种养业结合发展规划

加快落实主体功能区规划，健全全国农业空间规划体系，划定生产、生活、生态空间开发管制界限，落实用途管制，形成合理的农林牧用地结构。重点在农业资源的节约与高效利用、农业废弃物的资源化利用、农业产业链延伸过程中的清洁生产等方面，提出种养业绿色发展的思路、途径、目标和模式，及相关的工程措施、重点支持领域与保障体系。编制节水、节地、节肥、节劳、节本与农业资源综合利用、典型地区农业种植制度调整等专项规划，提出发展目标、重点和政策措施，并纳入长期农业发展规划。推进生态循环种养和废弃物综合利用，重点支持农牧业一体化发展的配套基础设施建设。

4. 构建农村基础设施建设的长效机制

加强组织领导，着力构建“政府主导、农民主体、社会帮扶、市场运作”的美丽乡村建设工作格局。强化各级政府的主体责任，着力发挥统筹谋划、整合资源、政策支持、督促考核的作用。尊重农民的主体地位，把群众认同、群众参与、群众满意作为基本要求，充分调动农民的积极性、主动性和创造性，引导农民用自己的力量和智慧建设美好家园。搭建市场化运作的平台，推广政府和社会资本合作模式，积极为工商企业、民间资本参与美丽村庄建设提供便捷渠道和有利条件。扩大农村公共服务运行维护机制试点，鼓励县级将村级保洁员工资纳入财政保障范围，通过购买服务、多元化筹资等方式建立政府支持与市场运营相结合的农村环境管护长效机制。建立完善鼓励生产和使用节约农业资源和环保型产品的财政税收政策，扶持绿色产业和农业资源节约型、环境友好型企业发展。

5. 加大绿色农业与农村发展技术的集成与示范

加大力度在农业产业链整合、农业清洁化生产技术链接、绿色生产技术和农业资源多级转化、资源节约高效利用与废弃物的资源化技术、循环农业技术标准规范、农村生态小城镇建设技术、农村生活消费绿色技术等层面，开展整合与集成研究，建立完善地推动农业发展的技术创新体系与技术示范推广体系，因地制宜地建设一批农业一二三产业融合、生态循环农业、绿色乡村示范。

第八章　生态文明示范创建的典型模式

本章从生态空间、生态经济、生态环境、生态生活、生态文化、生态制度等多个领域，对浙江省湖州市、广东省深圳市、广东省珠海市、四川省成都市、江苏省张家港市生态文明示范区的创建历程及创建成效等进行分析和研究。

一、注重理念引领的湖州模式

湖州市位于浙江省北部、太湖南岸，是连接长江三角洲地区和我国中部地区的重要节点城市，境内森林覆盖率50.9%，常年提供60%的入太湖自然径流量，是太湖流域和长三角地区重要生态涵养区和生态屏障。“行遍江南清丽地，人生只合住湖州”，这是元代诗人戴表元写下的千古佳句。生态环境是湖州最宝贵的资源，生态优势是湖州最大的优势。

湖州以习近平总书记关于“绿水青山就是金山银山，湖州要充分认识并发挥好生态这一最大优势”的理念为引领，认真贯彻落实中央“五位一体”建设的总体布局和浙江省委、省政府建设美丽浙江、创造美好生活的战略部署，瞄准“建设现代化生态型滨湖大城市”的战略目标，以创建国家生态市为抓手，全力实施“生态立市”方略，坚定不移举生态旗、打生态牌、走生态路，先后作出了建设生态市、打造美丽湖州、创建全国生态文明建设示范区等一系列工作部署，努力为全省乃至全国生态文明建设探索经验、作出示范。目前，全市80%的县（区）通过国家生态县（区）的现场验收或技术评估，80%的乡镇是国家级生态乡镇，生态环境质量公众满意度连续6年位居浙江省前列，省级绿色企业53家、省级绿色学校88所、省级绿色社区49个。

（一）遵循“两山”重要思想，打造“生态+”先行地

湖州是“两山”重要思想的诞生地。2005年8月15日，时任浙江省委书记的习近平同志在湖州市安吉县余村考察时，首次提出了“绿水青山就是金山银山”的重要论述。2006年8月，习近平同志调研南太湖开发时，再次强调：“绿水青山就是金山银山，湖州要充分认识并发挥好生态这一最大优势”；2015年2月11日，习总书记在会见2015年军民迎新春茶话会代表时，叮嘱湖州要“照着绿水青山就是金山银山这条路走下去”。十多年来，湖州市坚持把“绿水青山就是金山银山”作为总引领、总要求，融入发展的各方面、工作的全过程。

湖州遵循“两山”重要思想，积极打造“生态+”先行地。和“互联网+”一样，“生态+”正在成为当前推动发展模式转变的革命性力量。湖州坚持把“生态+”作为打开科学发展的“金钥匙”，作为推进绿色发展的大逻辑，不断加大探索力度，努力率先走出一条经济生态化、生态经济化融合发展的新路子。

坚持纲举目张，牢固树立“绿水青山就是金山银山”的发展理念。湖州市深刻地认识到，良好的生态环境是湖州最宝贵的资源，不把生态环境保护好、建设好，就等于自毁前程、自断生路；同时，也深刻认识到，生态文明是一个“经济强、百姓富”与“生态优、环境好”相统一的文明形态，殷实富裕但环境恶化不是生态文明，绿水青山但生活贫困也不是生态文明。湖州始终把生态建设放在与经济发展同等重要的位置来抓，决不以牺牲生态环境为代价换取一时一地发展，实现了从“用绿水青山换金山银山”，到“既要金山银山也要绿水青山”，再到“绿水青山就是金山银山”的转变跨越。湖州市自觉把生态文明理念贯穿于发展的全过程、各方面。

（二）建设美丽乡村，依托绿水青山致力惠民富民

党的十八大提出“美丽中国”建设目标。2013 年中央一号文件作出了建设“美丽乡村”部署。美丽乡村建设，不仅要改善农村环境，更要促进农民致富。

湖州是中国美丽乡村建设的发源地，近年来推动串点成线、连线成片，建成美丽乡村示范带 16 条，全市美丽乡村覆盖率超过 60%。2015 年 5 月，习总书记到浙江考察，他说，全国很多地方都在建设美丽乡村，一部分是吸收了浙江的经验。而湖州正是浙江最早开展美丽乡村建设的地方，湖州主导制定的《美丽乡村建设指南》，已经被认定为国家标准。湖州的美丽乡村建设，是“美丽中国”最鲜活的细胞、最生动的实践之一，围绕科学规划布局美、创业增收生活美、村容整洁环境美、乡风文明素质美、管理民主和谐美和宜业宜居宜游“五美三宜”的总要求，坚持“全域规划、示范带动、以点扩面”，扎实开展市、县区、乡镇、村“四级联创”，打响了美丽乡村建设品牌。

在发挥绿水青山优势促进农民增收致富上，湖州很重要的一条路径是发展生态旅游产业，探索“生态+文化”“景区+农家”“农庄+游购”“洋式+中式”等乡村度假模式。以湖州市安吉县余村为例。20 世纪 90 年代，凭借丰富的石灰岩资源兴办砖厂、水泥厂，村里集体经济收入上百万元，列全县之首，但生态环境遭到了严重破坏。2003 年，余村响应建设生态省、生态市的号召，对矿山进行了关停，但村集体经济收入迅速降低，2005 年 8 月，习近平同志到余村考察，在余村提出了“绿水青山就是金山银山”的思想，鼓励余村大力发展生态旅游产业，坚定了余村转型发展的决心，目前，全村大力发展生态工业区，聚集绿色企业，发展旅游景区及“农家乐”，余村集体经济收入及村民人均纯收入翻了近 4 倍，村子发生了翻天覆地的变化。再如，湖州德清县避暑胜地莫干山脚下的劳岭村。2007 年，一位南非客商在该村的三九坞自然村开办了首家民宿，迅速带动了当地民宿产业的发展，村里的老房子乃至废弃的猪圈都成了香饽饽，村民用“山下一张床、赛过城里一套房”来形容民宿经济经营收入。

充分发挥生态优势，发展乡村生态旅游新格局，“一县一品、一区一特”，通过乡村旅游新模式的探索培育，形成以德清环莫干山等为代表的十大乡村旅游集聚示范区，打响生态旅游的湖州品牌，依托绿水青山致力惠民富民。

（三）坚持“生态立市”战略，提升经济绿色化水平

生态文明建设关键要构建科技含量高、资源消耗低、环境污染少的产业结构，走绿

色、循环、低碳发展之路。近年来，湖州一直把产业转型升级作为经济发展主旋律，努力把产业结构调高，经济形态调绿，发展质量调优。

湖州市加快推进产业结构战略性调整，加大腾笼换鸟力度，提高项目准入门槛，严格执行项目、总量和空间“三位一体”的准入制度。大力发展新兴产业，战略性新兴产业、高新技术产业、装备制造业增加值增速位居浙江省前列，支持发展低碳循环经济，着力从根本上减少污染物排放。全力推进蓄电池、印染、化工等高耗能、重污染行业的整治提升，对全市蓄电池行业实施两轮整治提升，实现了“脱胎换骨”。

积极发展生态农业，围绕“高产、优质、高效、生态、安全”的目标，加快发展稻鳖共生、桑基鱼塘等种养结合的生态循环农业，培育区域农业龙头企业，建设无公害农产品基地，发展现代农业园，加大农业面源污染治理，对生猪、温室龟鳖养殖实行养殖规模和污染排放“双控”。在全省农业现代化发展水平综合评价中名列首位，成为继无锡之后全国第二个进入基本实现农业现代化阶段的地级市。

湖州市安吉县是“中国竹乡”。竹产业一直是安吉的支柱产业。早些年，主要是把毛竹廉价卖给建筑工地做脚手架。后来，在党委、政府的扶持下，竹产业不断转型升级，形成了从竹产业粗加工到精加工的完整产业链，竹资源得到了充分利用、综合利用和高效利用。竹笋加工成各种休闲食品，竹竿用来做地板，竹梢用来编工艺品，竹根做成根雕，竹叶提取竹叶黄酮后制成饮料，利用竹纤维制成竹毛巾、竹床单等日常生活用品。把一根竹子吃干榨尽，利用率从原来的30%提高到了现在的100%。安吉以不到全国2%的竹资源，创造了全国20%的竹产值。

（四）综合治理南太湖流域，保护浙江生态屏障

太湖的保护与开发一直是社会各界关注的焦点，浙江历届省委、省政府都高度重视。2006年8月，时任省委书记的习近平同志调研南太湖保护开发工作，强调“绿水青山就是金山银山，太湖就是浙江的生态屏障，对整个浙江的生态起着很重要的支撑作用，要利用好太湖、开发好太湖，做好南太湖综合治理开发的文章”。

湖州市常年提供60%入太湖自然径流量，伴水而生、因水而兴，抓治水就是优环境、惠民生、促发展。早在1998年“聚焦太湖”零点行动中，湖州就对列入治污“黑名单”的73家企业进行了强制治理，后来又逐步关停搬迁了太湖沿岸的工业涉污企业，实施太湖渔民上岸工程，改造运输船舶“三废”收储处置系统，减少直排太湖污水。目前，湖州在全市大力推进并落实“河长制”，全力实施“五水共治”，以治水倒逼经济转型升级。2015年，启动了总投资近100亿元太湖流域水环境综合治理四大骨干水利工程。目前，全市水环境质量稳中趋好，地表水水质符合Ⅱ-Ⅲ类标准的断面达到90%以上，8个主入湖口水质全部为Ⅲ类以上。同时，湖州对太湖进行了保护性开发，将湖州境内65km太湖岸线作为一个整体，统一规划设计，建设一系列高品位、高质量的生态休闲旅游项目，以月亮酒店为标志的黄金湖岸已经成为湖州的“会客厅”。

（五）健全生态文明体制机制，提升社会生态意识

生态文明建设内涵丰富，涉及面很广，是一项庞大的系统工程，需要良好的机制保

障。在体制机制建设方面，湖州市主要抓住源头严防、过程严管、后果严惩三个关键环节，健全生态文明体制机制。

一是建立健全严格管控机制。落实最严格的耕地保护制度、水资源管理制度，严格执行项目、总量、空间“三位一体”的环境准入机制，建立新上项目专家预评估、环评“一票否决”“6+X”联审等制度，从源头上杜绝不符合环保要求的新增建设项目。

二是建立健全激励约束机制。深化资源要素配置市场化改革，实行差别化电价、水价、地价政策，探索建立水源地保护生态补偿、矿产资源开发补偿、排污权有偿使用和交易等制度，全市 1000 多家企业实施了排污权有偿使用和交易；开展企业环境信用等级评价，探索健全环境保护市场化机制，设立政府引导资金，鼓励社会资本参与污水处理厂、垃圾焚烧发电厂等环保设施建设。制定出台环境保护司法联动机制、区域性联防联控机制。严厉打击环境违法行为，建立全民参与机制，将生态建设与环境保护作为干部教育必修课，纳入中小学素质教育课程，加强对干部群众生态文明观的教育。扎实推进生态博物馆、专题馆和生态村落建设，构筑生态集中展示、教育、宣传的主平台。发挥民间环保组织作用，开展“认捐爱心鱼、洁净太湖水”等系列环保活动，引导社会公众关注生态文明、参与环境保护。

三是建立健全考核问责机制。发挥考核“指挥棒”作用，将“绿色 GDP”纳入对县区和市级部门考核指标体系，生态文明建设内容占县区党政实绩年度考核的比重上升到了 30%；实行领导干部生态环境保护“一票否决制”和环境损害责任终身追究制度。2015 年 9 月中央发布的《生态文明体制改革总体方案》，明确在湖州等 5 个城市开展自然资源资产负债表编制和领导干部自然资源资产离任审计试点。

二、强化创新驱动发展的深圳模式

建设生态文明贵在创新，这是党中央十八大提出的重大战略思想和全新战略任务。深圳是一个经济大市、产业大市、人口大市，同时也是一个资源小市、空间小市和环境容量小市，深圳更是一个敢于创新的城市。从一个小渔村到经济总量位居中国大中城市第四位，深圳以“敢闯敢试”精神、用“深圳速度”缔造了城市发展的奇迹。同时，作为一个年轻的城市，深圳包容性强，市场化程度高，强调公平竞争，契约精神强，崇尚创新，追求成功，宽容失败。深圳市提出要实现“有质量的稳定增长和可持续的全面发展”，在“深圳速度”的基础上，着力打造“深圳质量”“深圳标准”。

在生态文明建设方面，深圳也是一直勇于探索。早在 2005 年就出台了生态控制线有关规定；2009 年以来出台互联网、生物医药、新能源、节能环保等七大战略新兴产业规划和政策。始终坚持最严格的产业准入标准，推动绿色生产、绿色制造和绿色消费。近年来，深圳在保持经济快速增长的同时，万元 GDP 能耗、水耗、建设用地、污染物排放强度均处于全国最低水平，以最小的资源环境成本实现了有质量、可持续的发展，为生态环境改善提供了根本的保障。

（一）创新生态文明体制机制，先行探索督政措施

一是召开环境形势分析会。市委市政府坚持把生态建设摆在与经济建设同等重要的

位置，2012年起在全国创新性地建立环境形势分析会制度，定期分析环境形势，着力解决突出矛盾和问题，全力推进环境保护和生态文明建设。2013年第二次环境形势分析会聚焦大气污染治理问题。2014年第三次环境形势分析会重点研究部署水环境治理工作。召开环境形势分析会，对于加快转变发展方式，创造“深圳质量”，实现有质量的稳定增长和可持续的全面发展，加快建设现代化国际化先进城市具有重要的意义。

二是实施生态文明建设考核。作为改革开放的前沿城市，深圳市2007年启动环境保护工作实绩考核，2012年十八大后，在全国率先将环保实绩考核升级为生态文明建设考核，成为唯一一个列入市委常委会议题的专项考核。近年来，先后制定出台了《深圳市环境保护实绩考核试行办法》和《深圳市生态文明建设考核制度（试行）》，每年结合实际存在的问题和生态文明建设的最新要求，及时优化调整考核方案。市委市政府高度重视，给党政干部戴上绿色“紧箍咒”。成立生态文明建设考核领导小组，市领导牵头挂帅，组织部、人居环境委等部门具体落实；考核结果作为领导干部年度考核、选拔任用及“五好”班子评选的重要依据，对不合格领导进行诫勉谈话、亮“黄牌”、两年内不提拔重用。考核指标设置动态化、科学化、精细化，树立严肃性和权威性，尽量采取用数据说话的方式，最大限度地减少主观人为因素的影响。引入考核“陪审团”，接受党代表、人大代表、政协委员、生态环保专家以及辖区居民代表等组成评审团现场打分。深圳市8年来的实践说明，生态文明建设是名副其实的“第一考”，如果生态环境考核得分低，全年实绩考核将大受影响；如果生态环境考核不合格，全年的工作就会被一票否决。生态文明建设考核有效地促进了深圳市环境质量改善和生态文明建设全面提升。

三是搭建治污保洁工程平台。深圳市从2004年开始启动、2005年全面部署治污保洁工作，成立了由市长任组长的领导机构（2010年起调整为由常务副市长任组长），调动了全市各区、相关政府职能部门、国有集团公司及重点企业的力量，先后制定了治污保洁工程实施方案、五年行动计划和年度目标任务，将治污保洁工程打造成全市环境污染综合整治的平台。先后建立了部署筹划、会议协商、信息交流、项目协调、服务推进、资金保障、督查督办、任务调整、调研评估、考核表彰、约谈等十一个机制和配套的九项章程，实现了规划目标、行动方案、工程实施的有机衔接，形成了举全市之力加快环境建设和生态保护的有利局面，逐步构筑起了深圳“大环保”的格局。治污保洁工程已成为具有深圳特色的提升城市环境质量的综合平台和长效手段，是生态文明建设的重要抓手。

（二）产业链、价值链高端化，促进产业转型升级

注重顶层设计。发布了《中共深圳市委深圳市人民政府关于加快转变经济发展方式的决定》《深圳市人民政府关于优化空间资源配置促进产业转型升级的意见》等文件，指导产业优化布局工作；不断更新《深圳市产业结构调整优化和产业导向目录》，引导产业结构调整和投资方向。深圳市成立了产业转型升级工作领导小组，全市每年统筹20亿元专项资金，用以解决产业转型升级工作的重点难点问题，并对各区产业转型升级工作进行考核。

大力推进绿色低碳发展。深圳市始终坚持“环境是生产力也是竞争力”“决不以牺

牲环境换取一时的发展”的原则，提出深圳质量、深圳标准理念，确立“有质量的稳定增长，可持续的全面发展”战略，将绿色低碳作为城市发展新特质，下大力气促进产业转型升级。始终将环境保护放在经济社会发展大局和城市发展战略中考虑，大力实施增量优质、存量优化“双优工程”。陆续出台生物、互联网、新能源、新材料、文化创意、新一代信息技术、节能环保七大战略性新兴产业振兴发展规划和政策，战略性新兴产业对经济增长的贡献率接近 50%。大力发展现代服务业，现代服务业占服务业的比重达到 67.6%。服装、家具、黄金珠宝等传统产业加速向产业链、价值链高端迈进。前瞻布局生命健康、海洋经济、航空航天、机器人、可穿戴设备和智能装备等未来产业。梯次型现代产业体系的形成，不仅增强了产业的竞争力和可持续性，而且对资源的占用、对环境的影响也大幅度降低。

狠抓低端产业的淘汰和转型升级。淘汰转型低端落后企业，严格实施规划环评和项目环评，从源头有效控制新增污染，并促进产业合理布局。关停淘汰龙岗河、坪山河、观澜河、茅洲河流域电镀、印制线路板等重污染企业，助推流域转型发展。推进近千家企业实施清洁生产，3000 多家企业参加鹏城减废，推动企业从源头削减废物产生、末端减少污染排放、促进资源循环利用；积极扶持环保产业发展，既提高了环境治理水平，也形成了新的经济增长点。

（三）大力整治环境污染，提升区域环境质量

建章立制，完善大气污染防治政策体系。制定实施比国家要求更为严格的《深圳市大气环境质量提升计划》，提出严格控制新建项目污染排放、加强机动车排气污染控制等十大类共 40 项工作措施。发布《深圳市加快淘汰黄标车工作方案》，制定出台财政补贴政策，通过经济手段推动大气污染治理。编制《深圳市大气重污染应急预案》，通过建立健全高效快速的应急反应机制，及时、有效应对污染天气。

统筹推进，落实各项大气污染治理措施。提高新车排放标准，推进油品升级。全面推广应用国 V 车用汽油，对机动车注册登记全面执行国 IV 排放标准；积极协调推广应用新能源汽车，成为全球应用规模最大的城市之一。严格新建项目环保审批，开展全市挥发性有机物排放普查。提升电厂、锅炉等工业燃烧源污染治理水平。在全国率先开展港口船舶污染治理，初步形成了深圳市港口船舶岸电设施和船用低硫油使用补贴办法、推广方案，组织开展港口船舶岸电设施和低硫油使用情况调查。出台扬尘污染整治工作方案，组织各部门开展全市扬尘整治联合执法。加强合作，区域联动机制不断完善。签署深莞惠区域合作协议，有效控制大气污染物排放，提升区域环境空气质量，加强深港港口船舶污染控制合作和跨境污染信息互通。

制定了《鹏城水更清行动计划》等一系列治水方案，逐步在全市推行“河长制”；大力加强污水处理厂及污水管网设置，基本形成了污水收集处理骨干系统。印发实施《深圳市大气环境质量提升计划》等一系列大气污染治理文件；稳步推进电厂脱硝降氮工作；推进港口码头废气治理工作，完成蛇口港码头岸电改造，完成一批码头设备“油改电”“油改气”改造；大力推动机动车污染防治，淘汰黄标车。先后制定《深圳市餐厨垃圾管理办法》等政策文件，稳步推进固体废物规范化管理；探索试行住宅小区“定时定点

相对集中投放”垃圾减量分类方式，大力推进垃圾转运站、粪渣处理设施建设。开展重点道路降噪改造，完成新洲路等 11 条道路降噪改造；严格施工及商业噪声管理，加大对违反噪声污染防治法规建筑施工单位的管理和查处力度，将其纳入企业不良行为记录。

深圳市生态环境质量在经济社会快速发展的情况下保持稳定并呈现向好的态势，空气质量与经济社会发展走出了两条“背道而驰”的曲线，$PM_{2.5}$ 在全国 19 个副省级以上城市中处于最低水平，灰霾天数大量减少；深圳河等 14 条主要河流水质有不同程度改善，福田河、龙岗河等主要河流消除黑臭现象，部分河段实现水清岸绿；主要饮用水源水质达标率为 100%。

（四）加强生态保护与建设，打造宜居城市硬环境

2005 年开始，深圳在国内率先划定基本生态控制线，将约占全市面积 50%的土地划为基本生态控制线，限制城市开发建设，严格保护自然生态环境；全市建成 1 个国家级自然保护区和 3 个市级自然保护区，保护区规划面积 228.32km²，占深圳国土总面积的 11.5%；打造“公园之城”，全市公园总数达 889 个，基本形成了功能多样、覆盖全面的“森林（郊野）公园-综合公园-社区公园”三级公园体系；全市建设绿道 2400km，建设里程与密度在珠三角各城市中名列前茅；全市绿化覆盖面积从 97 598hm^2 增加到 98 805.26hm^2，人均公园绿地面积从 16.3m^2 增加到 16.84m^2，森林覆盖率从 39.7%增加到 41.5%。

大力推进重点片区更新改造，通过多种改造方式逐步实现空间潜力增加、用地结构调整、土地效益提升；提升城区绿色品质，出台《深圳市绿色建筑促进办法》，在国内率先以政府立法形式要求新建建筑全面推行绿色建筑标准。大力发展绿色交通，500m 公交站点覆盖率提高到 90%以上，日均公交客流量突破千万人次。

（五）强化宣传教育，营造生态文明建设良好氛围

开展人居环境科普教育，创新宣传教育的载体和形式，组织丰富多彩的公众环境教育和宣传活动。通过建立舆情快报和新闻披露制度，宣传保护生态的正面典型，公开曝光破坏生态的不良行为。通过市内外媒体及政务微博、新闻发布会、网站论坛，解答群众关心的热点难点问题。通过聘请环保协管员、环保义工、开通环保热线等渠道，强化对重点区域、流域环境污染的社会监督。利用世界环境日等主题宣传活动，组织开展“深圳市民环保奖”评选活动，鼓励和引导公众参与生态建设的公益性活动，拓展公众参与环保的途径与方式。全社会生态文明意识得到进一步提高。

三、创新路径机制的珠海模式

珠海市在实现经济发展水平相对较高的同时，生态环境质量相对较好，与同等城市相比，在一定程度上实现了经济发展与生态环境状况的相对协调发展。目前，珠海正处于经济发展转型期，面临未来经济更加快速发展的要求，为了又好又快的实现经济社会

与生态环境的协调发展，珠海市在生态文明路径与机制研究方面做了许多有益的探索。

（一）坚持“生态立市”的发展路径

珠海市始终坚持“生态优先”的发展理念，从注重污染治理等具体生态环保工作，到全面推进生态文明建设的系统谋划，珠海市进行了城市生态文明建设在保护中发展、在发展中保护的探索与实践，留住了蓝天白云、青山绿水，为我国城市发展环境治理提供了一个可资借鉴的路径模式——生态文明建设的珠海模式。

坚持以生态优先作为立市之基：从环境保护“八个不准”、城市管理“八个统一”，到“三严方针”，再到建设“生态文明新特区、科学发展示范市”，30 多年来，珠海历届市委、市政府始终坚持生态优先战略理念，并明确指出要从“健全国土空间开发、资源节约利用、生态环境保护体制机制”出发，通过“实施严格的源头保护、环境治理、生态修复、损害赔偿和责任追究制度”，努力将珠海建设成为“资源节约型、环境友好型、人口均衡性社会”。

以生态控制线构建生态安全格局：通过划定生态控制线，形成由北部山系、南部海岸构成生态屏障，基本农田保护区和山体生态保育区为生态绿核，纵横水网为生态廊道，海岛湿地为特色景观的生态安全格局。并通过未来 50 年生态控制线、永久农用地保护线、城市空间边界线的划定，落实以人为本、生态优先的理念，建设城市空间有机增长、低冲击开发的国际生态宜居城市。划定珠海市生态控制线范围规模约 1000km^2，占珠海市陆域总面积的 58%。未纳入生态控制线的其他生态开敞空间，超过 300km^2。全市生态开敞空间用地占比在 70%以上。不断强化自然保护区的建设管理，全市保护区面积达到 624km^2，占全市陆域面积的 36.2%。

以生态补偿加大资源环境保护力度：珠海市引入招商引资环境保护预评估机制，建立全市统一的项目评估指标体系和评估程序，组建专家库，对项目清洁技术水平、生态环境和能耗指数、经济社会效益等方面进行量化评价，严格项目准入门槛、从源头保证产业高端化，着力构建绿色产业体系。推动落实生态补偿工作，制定了《珠海市饮用水源保护区扶持激励办法》和《珠海市基本农田保护经济补偿办法》，每年全市财政安排约 8500 万元补偿水源保护区居民，安排约 3800 万元基本农田补偿资金。其中莲洲镇作为全市重要的饮用水源保护区和基本农田保护区，按照“因地制宜，分类考核”、“谁受益，谁补偿”和“补偿与激励相结合”三大原则，市、区财政每年补助 2800 万元作为生态保护补偿资金。其中莲洲镇莲江村在整合旧村落和生态环境资源基础上，通过打造“十里莲江”生态旅游项目，提高了莲江村村民收入，让生态成果惠及普通百姓。

（二）推进“法治生态”的发展机制

珠海自建市以来，坚持以法治保障为主线，大力推进生态环境建设，实现了环境保护与经济发展双赢，走出了一条法治生态的可持续发展道路，并在生态环境法治保障的实践过程中，取得了有效的成果及经验。珠海市在“法治生态”的主要做法如下。

坚持把依法治市作为发展之本：利用特区立法权和较大市立法权，出台生态环境及相关领域的地方性法规共17件，有效发挥了立法的重要引领和推动作用。其中，《珠海经济特区生态文明建设促进条例》是十八大后全国首部生态文明建设地方性法规，明确提出了划定生态保护红线，实施主体功能区制度，依法建立不动产统一确权登记制度，形成归属清晰、权责明确、监管有效的自然资源资产管理体系，建立和完善生态补偿机制，将生态文明纳入政绩考核体系，建立全社会参与机制、完善生态文明市场机制等生态文明制度建设要求。

积极探索环境综合执法改革：珠海市环境保护局主动适应新常态，加快推进环境综合执法改革，探索市监控预警、区主体负责、镇（街）执法监督的"三级执法"架构，强化市区镇村"四级监督"，提高环保执法效能。强化行政执法与刑事司法的衔接互动，推动环保与公检法和城管部门的"五方联动"。与市中级人民法院共同推进设立广东省首个环境资源合议庭，由环保专家参与陪审，该庭专门负责涉环境资源民事案件的审判工作，为生态文明建设提供优质高效的司法保障与服务。

（三）探索"五规合一"的规划机制

珠海市将原有的《珠海生态市建设规划》与生态文明建设要求相融合，制定了《珠海市生态文明建设规划》并经市人大审议通过、市政府颁布实施。规划中提出从生态经济、生态环境、生态文化、生态安全、生态人居和生态工程六个方面推动生态文明建设工作。为保护生态环境和保证规划的高效实施，珠海在国民经济和社会发展规划、城市总体规划、土地利用总体规划"三规合一"的基础上，积极实施将生态文明建设规划要求体现在国民经济和社会发展、城市建设、土地利用、主体功能区等规划中，推动"五规融合"，搭建"五规融合"综合信息管理平台，建立起"一张图"管理机制，克服多规多图，难以统一实施的毛病。在以往的发展中，"五规合一"的机制设计对于协调珠海市经济社会与生态环境之间的关系发挥了重要作用。

（四）紧握"示范创建"的重要抓手

以生态文明考核促进创建工作力度：在行政管理上实施生态文明考核，作为珠海的"第一考"。为保障考核的公平性，根据各单位承担的创建任务量和工作难度分为三类考核单位，共对全市8个区和17个职能部门进行生态文明考核。考核程序上除进行自评和测评外，还进行公众对其履行生态文明建设满意率的调查、实绩陈述和实绩工作测评等环节。实绩工作测评由环保部、省环保厅和市环境宜居委员会委员三级专家实施资料及现场核查，市委组织部、市委督查室和市府督办室进行全程督查。公众满意率调查由"北京大学生态文明珠海研究院"实施。同时将考核结果与干部选拔任用挂钩，初步形成了以生态制度管人的环保治理新常态。

以生态环境指数倒逼创建工作进程：珠海市率先发布生态环境指数，该指数开全国先河，将生态环境状况量化为指数形式，具体由空气环境、水环境、公众投诉等6项内容组成，采取"绿、蓝、橙、红"四色标示来反映生态环境的"优秀、良好、基本平稳、预警"等状况。生态环境指数作为对珠海市各辖区生态环境质量状况的重要评价方式，每周由主要媒体向社会公布，让公众及时了解生态环境现状，也有利于公众参与、监督对本地区生态环境的评价。同时有助于珠海市及下辖各区政府及时发现本辖区内生态环境保护的薄弱环节，及时预警影响公众健康和人居环境的突出问题，并依据法规完善相关管理制度，倒逼辖区政府加快推进生态文明建设。

以生态示范创建提升环境质量水平：珠海市以生态示范创建为载体，统筹推进“天更蓝”“水更清”“城更美”“环境更安全”四大生态工程，成效显著。从 2015 年统计数据来看，$PM_{2.5}$、PM_{10} 年均浓度降至 31μg/m^3 和 51μg/m^3，降幅分别为 8.8%和 3.8%，区域大气环境质量不降低并达到了考核要求，优良天数比例为 90%，超过 85%的考核要求，并且，辖区内严重污染天数基本消除；各主要河流、饮用水水源地水质、近岸海域水质保持 100%稳定达标。国家和省重点企业全部实现环保在线监控。淇澳红树林湿地公园面积发展到 449hm^2。深入实施新农村建设“六大工程”，209 个村居实现规划全覆盖，200 人以上自然村全部实现公路硬底化，新建成 100 个村居污水处理点，新增 8 个农村垃圾分类试点，209 个村居告别“垃圾围城”。

同时，珠海市积极推进生态创建细胞工程“市区镇村”四级联创，巩固深化生态文明创建成果。目前珠海市已通过“国家生态市”命名前公示，全市行政区已全部通过“国家生态区”命名前公示，其中香洲区 2014 年已获得“国家生态区”命名，先后建成国家级生态乡镇（村）13 个，广东省生态示范乡镇（村、社区）25 个，市生态示范村（社区）271 个，为推进生态文明建设奠定了良好的基础。

（五）发挥“专门团队”的推进作用

以机构设置推进生态文明建设：成立“生态文明建设领导小组”，下设生态文明创建办公室，负责协调推进生态文明建设各项具体工作，办公室又下设环境综合组、生态文化组、生态经济组、生态人居组、考核监督组 5 个工作小组，明确各小组及相关职能部门职责，有效推进生态文明创建工作的开展。成立珠海市“环境宜居委员会”，该委员会作为珠海市人民政府进行生态环境宜居建设决策的议事机构，受市政府委托就生态环境宜居建设事项吸收公众意见并进行审议，最终向市政府提出审议意见，这为加强珠海市生态文明建设民主决策提供了重要平台。成立“北京大学生态文明珠海研究院”，研究院全面系统地开展生态文明建设重大项目研究，在生态文明理论体系研究与实践探索，以及珠海市绿色产业体系构建、环境和生态规划与管理、生态文化建设等领域为珠海市委、市政府推进生态文明建设工作提供科学依据及智力支持。

以理论研究指导生态文明建设实践：十八大后召开全国首次生态文明研讨会——中国生态文明研究与促进会珠海年会，共有 18 名副部级及以上领导、11 名院士和来自中办、国办、中组部、中编办等多个部委领导与代表出席会议并作重要发言，得到了全国各省市高度关注，积极响应，参会人数达到 650 余人。年会贯彻十八大关于“生态文明建设”的精神，以“生态文明重在践行”为主题，以生态文明与理念创新、生态文明与持续推进、生态文明与企业责任、生态文明与生态旅游 4 个分会形式进行交流讨论。年会发布了《生态文明•珠海宣言》，并印发《珠海市创建生态文明示范城市实践探索集》。与北京大学环境科学与工程学院合作，进行“珠海市建设生态文明示范市制度研究”，指出了珠海市在生态文明建设中存在的制度问题，提出珠海市生态文明建设的机制创新应以红线机制、市场机制和补偿机制为核心，以考核机制和社会治理机制为保障，以科学支撑决策机制为支撑，推进生态文明建设的全面实施，并提出了珠海市生态文明应重点建设的十大专项制度：①进一步理顺生态文明建设职能；②进一步完善生态文明政绩考核体系；③划定珠海生态红线；④建立珠海地区的自然资产账户；⑤建立事业单位的资源环境账户；⑥建立环境资源的市场交易制度；⑦建立社会风险评估制度；⑧建立产业准入综合门槛/产业发展综合评估制度；⑨修订现有相关法律，健全多部门联合执法；⑩将生态文明建设项目纳入财政年度部门预算予以保障。

（六）注重“生态文化”的引导作用

珠海市积极推动以生态文化引导生态文明行为自觉，环境保护局与教育局在2012年率先共同研究并编制了中小学生生态文明教材，在中小学普及生态文明教育课程。在电视台设立文化大讲堂和生态文明讲堂，定期邀请国内外专家，讲授生态文明知识。先后建成各级“绿色学校”165所、“绿色社区”61个、生态环境教育基地16个，形成了从学校到社区、从家庭到社会全覆盖的生态文明教育网络，构建出人人关心、家家参与、户户支持的生态文明建设新常态。

充分发挥生态文明建设统筹协调作用，带动各部门实施生态民心工程，推行绿色采购、绿色办公、绿色行政、绿色公共建筑。督促企业自觉履行节能减排责任，广泛采用新技术、新工艺，清洁生产持续提升，资源消耗水平持续下降。市民积极响应号召，厉行节约，绿色出行，自觉选用环保建材和节能电器，主动参与全民绿化等生态环境建设。充分培育壮大环保志愿者队伍，已有148个绿色社团和超过7万名志愿者积极参与生态文明建设，环保活动蔚然成风，为生态文明建设营造了良好的社会氛围。

四、施行四态合一的成都模式

党的十八大以来，成都市牢固树立“形态、业态、文态、生态”四态合一理念，始终把生态文明建设放在突出的战略位置，以建设国家生态市为抓手，积极探索生态、和谐、可持续的发展之路，逐渐形成了经济科学发展、生态不断优化、民生同步改善的良性互动格局。

（一）理清思路，主动适应生态建设和环境保护新常态

成都把主动适应新常态作为当前和今后一段时期生态文明建设和环境保护工作的基本要求，坚持把环境保护放在优先位置，按照城市生态转型升级的要求，强调严守生态保护红线，尊重生态系统的整体性，从生产、流通、分配、消费、再生产全过程来防范环境污染和生态破坏。

（二）规划引领，用生态的理念加快推进产业转型升级

一是着力将生态的理念融入经济社会发展规划工作中，积极推进“多规合一”，建

立了统一衔接、功能互补、相互协调的规划体系。二是落实主体功能区规划，坚持高端、高效的产业发展方向，严格按照生产、生活、生态空间开发管制界限，根据不同功能分区的资源状况和环境承载力制定差异化发展战略，构建起了宜居宜业的生活空间格局。三是综合成都市水体分布的现状、地形因素和生态安全评价结果，基本完成划定全域生态红线，防止城镇无序扩张，形成生态核心资源保护的大格局。四是优化产业布局，初步形成电子信息、汽车、航空航天、生物医药等 11 大产业集群，实现战略性新兴产业规模以上工业增加值占全市规模以上工业比重达 30%以上。五是实现了绿色产业发展转型升级，把节能环保产业纳入了全市战略性新兴产业发展规划之中，建成了金堂节能环保产业基地，高新、成华节能环保产业服务业基地和锦江区现代节能环保产业园区，为绿色发展、循环发展、低碳发展提供强有力的支撑。

（三）全面统筹，努力建设人与自然和谐相处的生态家园

一是全面夯实环境基础设施建设。全面建立了“户集、村收、镇运、县处理”的农村垃圾集中收运体系，处理率达 95%以上。基本建成了中心城区餐厨废弃物统一收运系统；实现中心城区、郊区市（县）、乡镇（街道）生活污水处理设施全覆盖；综合利用黑臭河渠整治、工业结构调整、末端治理、中水回用等措施，努力改善了出境断面水质；建成九江、祥福、万兴 3 个垃圾焚烧发电厂，垃圾资源化利用率达 50%；建成成都市危险废物处置中心并投入试运行，实现了环境保护、经济优化、社会效益三赢的可持续发展之路。二是构建城市生态体系，划定了环城生态区生态红线，开展了全域生态红线划定工作，初步构建起“两环两山两网六片”的生态保护格局，“六湖八湿地”环城生态区建设初见成效。三是努力展现美丽乡村风貌。深化统筹城乡综合配套改革，全面推进农村环境连片整治，建成了 54 个“小规模、组团式、生态化”的新农村综合体。四是扎实推进生态文明示范建设，全市共有新都区、温江区等 10 个县（区、市）成功创建国家生态县（区、市），168 个乡镇（街道）被环保部命名为国家级生态乡镇，建成了 16 个生态环保教育基地，市民的环保意识不断增强。

（四）深化改革，着力完善生态文明建设的体制机制

一是坚持改革创新，创新基层环保管理模式，在全市 317 个乡镇（街道）设立环保机构并延伸到村（社区）。建立健全了全市一体、标准一致的基层环境保护工作机制，成为全国第一个在全域实现环境保护管理网格化、标准化、系统化、全覆盖的副省级城市，真正实现了环保工作在基层“落地生根”。对生态有偿使用和生态补偿制度进行了有益探索，实行跨界断面水质超标资金扣缴制度，设立了饮用水源生态补偿基金，实施生态脆弱地区生态移民计划。二是坚持法治保障，相继制定出台了《成都市环城生态区保护条例》《成都市饮用水水源保护条例》《成都市大气污染防治管理规定》等一系列地方法规和政府规章，构建起地方生态保护法规体系，用最严格的法律制度保护生态环境，强化了生产者环境保护的法律责任，大幅度提高违法成本，提升了环境监管法制化水平。

（五）标本兼治，切实解决群众反映强烈的环境问题

一是大力实施大气环境综合治理，建立大气污染源清单，健全重污染天气应急机制，建成大气复合污染综合观测站和空气质量预报预警系统，积极开展重点行业重点领域专项治理。二是深入推进水环境治理，启动了中小河流整治三年行动计划，现已完成 213 条河渠治理，流域水质持续改善。联合德阳市深入实施沱江流域水污染综合治理，探索建立水污染治理跨市域联防联控机制。三是扎实抓好工业和农村环境治理，认真做好危废、核辐射、农村面源污染防治工作，不断夯实环境风险防范基础，坚持“不达标就停产、整治无望就关闭”的原则，开展了打击违法排污企业专项行动，严厉打击各类环境违法行为，市域环境质量得到不断提升。

五、打造绿色新格局的张家港模式

张家港是苏南一座港口城市，是唯一荣获全国文明城市“四连冠”的县级市。在经济社会发展进程中，张家港市较早面临资源禀赋不足、环境容量瓶颈等挑战，也倒逼其在生态建设上较早起步。1996 年，张家港市建成全国首家环保模范城市，2006 年成为首批国家生态市，2008 年被确定为首批国家生态文明建设试点地区。近年来，张家港市深入学习贯彻习总书记关于生态文明建设的重要讲话精神，践行“五位一体”总体布局要求，注重顶层设计、空间管制、转型升级、环境改善及人文实践，全面打造生态文明建设新格局。

（一）注重顶层设计，推动决策部署科学化

始终坚持生态优先战略，在理念导向上，秉持“既要金山银山，又要绿水青山”发展理念，全面落实环保工作“三个一”做法（即环境保护“一把手”亲自抓、负总责，建设项目环保“第一审批权”，评先创优环保“一票否决权”）。多年来，历届党政领导始终将生态文明建设贯穿于经济社会发展全过程，落实到决策管理执行各环节，重视环保、建设生态的决心和态度从未动摇。在规划引领上，2009 年，国内首份生态文明建设规划——《张家港市生态文明建设规划》通过环保部组织的专家论证。根据规划，市委、市政府先后出台 2009～2011 年、2012～2014 年生态文明建设工作意见和 2013～2015 年、2016～2018 年生态文明建设三年行动计划，成为阶段性推进生态文明建设的“任务书、路径图”。在机制创新上，坚持“绿色 GDP”考核机制，严格实行经济指标和环境指标“双重考核”；作为生态规划的一部分，把常阴沙现代农业示范园区和双山岛旅游度假区确定为“不开发区”，着力发展生态农业和观光旅游。为进一步形成生态文明建设的“制度红利”，着力构建包括科学决策、市场运作、考核审计、公众参与等生态文明制度体系。生态文明绩效考核方面，专门出台《生态文明建设绩效考核实施办法（试行）》，将新兴产业、腾笼换凤、节能减排等生态环境指标纳入年度区镇千分制、部门百分制考核体系，持续加大考核权重、定期通报考核结果，使“绿色元素”成为科学决策

考量的关键因素。生态环境责任监督方面，张家港市在全国县域城市中首家推行镇（区）党政主要领导生态环境责任制，出台《镇（区）党政主要领导生态环境责任审计办法（试行）》，以环境治理、资源节约、生态效益、群众评价为重点，对相关领导生态环境履职情况进行任中和离任审计。凡是发生严重破坏生态红线、造成恶性环境事件等情况的，坚决实行“一票否决”。审计结果归入领导干部个人档案，作为评先创优、选拔任用的重要依据。

（二）注重空间管控，推动城乡建设一体化

始终秉持城乡统筹发展战略，在市域规划上，按照独具特色的“整体城市、一城四区”城市总体框架，实施经济社会发展、土地利用模式、生态环境保护等规划的“多规合一”，强化主体功能区定位，构建“层次分明、相互衔接、完整统一”的城镇规划体系，使有限城乡资源实现集中整合。在城镇建设上，按照“发展新市镇、繁荣新街道、建设新社区”的总体思路，中心城区城北绿色科教新城、城西生态宜居新城、城南中央商务新城初显成效。集镇依托产业、人文、资源等特色，辅之街景改造、环境整治，新老街区融为一体、城镇形象大为改观。整合空间布局、产业发展、土地利用等要素，推进“三集中”（农业向规模经营集中、工业向园区集中、居住向新型社区集中），着力打造一批具有江南水乡特色、体现节地节水节材的各类载体和集中居住区。全市农田规模经营比重93%、企业进区入园率95%、农民集中入住率62%。在空间管控上，按照“珍爱自然、修复生态”原则，一方面严守城市边界、耕地利用、生态保护“三条红线”，对基本农田雷打不动加以保护，把境内仅有的香山、凤凰山等自然资源划定为自然风景名胜区；另一方面推进市域空间“增绿、护山、活水、造景”，把废弃窑洼地建成景致宜人的张家港公园，把高速公路集中取土低洼地建成风光旖旎的暨阳湖生态园，把市区东郊高岗地建成生物多样性森林公园——梁丰生态园，把昔日被称为“龙须沟”的城区小城河建成如今市民休闲的“城市会客厅”等，同时，加强城乡绿地系统和水循环体系建设，市域范围初步形成林地、绿地、湿地“三地融合”的生态基础空间和东部、中部、西部三大水循环体系。

（三）注重转型升级，推动经济发展绿色化

始终把加快转型升级作为生态文明建设重中之重。在项目准入上，从严把握建设项目环境准入门槛。近些年全市先后否决或劝阻各类工业污染项目600多个，其中包括投资上百亿的超大型项目。在产业转型上，着力构建以新兴产业为主导、先进制造业为主体、现代服务业为支撑、都市生态农业为基础的现代产业体系：工业方面，以创新驱动覆盖传统产业和新兴产业。针对传统产业，通过“信息化、品牌化、引进战略合作”等方式促进提档升级。沙钢集团引进铸轧一体等国际先进技术，有效降低大气污染物排放60%左右；永钢集团与宝钢合作，实现由普钢向特钢转型，通过产品改进升级，有效削减40%的污染物排放量。持续实施“关闭不达标企业、淘汰落后产能、改善生态环境”专项行动计划，2011年以来关停淘汰落后企业460多家，置换土地2万多亩，70%用于

先进制造业和现代服务业发展。针对新兴产业，大力培育新材料、新能源、新装备三大战略性新兴产业集群发展，近五年全市新兴产业投资占比上升 30%、产值占比提高 19.4%。服务业方面，积极助推以互联网+港口物流为主的现代服务业提速增效。农业方面，基本形成优质稻米、高效畜禽、名特水产、苗木花卉、蔬菜瓜果五大类特色优势产业，主要农产品中"三品"种植面积占比达 90%以上，现代农业发展水平全省领先。此外，深入实施科技创新，推进人才项目与本土企业嫁接融合，累计引进博士人数突破 1000 名、每年新增超亿元科技型企业 20 家左右，为绿色发展注入活力。在资源利用上，作为江苏省循环经济试点城市，着力构建企业内部"小循环"、园区工业"中循环"和经济社会"大循环"的循环经济空间布局。沙钢集团钢铁生产流程由"资源—产品—废料"的单向直线型转为"资源—产品—再生资源"的圆周循环型，形成煤气、蒸汽、炉渣、废水和焦化副产品回收利用的五大循环圈，使循环经济产生效益占企业总效益的 20%以上。张家港保税区以循环化链条为纽带，着力打造精细化工、棕榈油、有机硅等多条产业链，园区半数以上工业企业进入循环经济圈，成为国家级生态工业示范园区。华东地区首个国家再制造产业示范基地引进了德国西马克、英国 ATP 等一批再制造标杆企业，成为国家循环化改造示范试点园区，3～5 年内预计可形成 300 亿元产业规模，实现节能 60%、节材 70%，减排污染物 80%以上。

（四）注重环境改善，推动幸福家园宜居化

始终坚持把改善环境质量作为生态文明建设第一要务。一是强化污染减排。2006 年起，累计投入 70 亿元，连续实施以大气污染防治、水环境综合整治、污染企业关停淘汰为重点的三轮环保"三三三"工程，城乡环境质量明显改善：环境空气优良天数逐年增多，2015 年 $PM_{2.5}$ 浓度较基准年（2013 年）下降 13.85%；饮用水源地水质达标率保持 100%，主要河流水质优于Ⅲ类水标准比例达到 70%。二是开展环境整治。通过定期开展"环境信访面对面""环境问题大接访"等活动，广泛听取民意、体察民情、了解民怨，及时化解一批群众关注的环境问题，有效提升环境案件调处率和政府部门公信力，近几年环境信访处理率达 100%、结案率达 90%以上；大力实施城乡环境综合整治、积极推进村庄环境整治行动，全市林木覆盖率 19.07%、城镇绿化覆盖率 41.92%，在江苏省率先实现村庄环境整治 100%达标，一批康居乡村和美丽镇村示范点脱颖而出。三是均享公共服务。在城乡社区全覆盖基础上，在全省率先建成"行政办事、医疗保障、文化活动、商贸服务、警备治安"五大中心，有效构建一套包括"社会福利、医疗卫生、计划生育、法律维权、文体娱乐"等八大类 72 个项目的社区公共服务体系，成功打造城乡之间"15 分钟交通圈""15 分钟文化圈""15 分钟健康服务圈"，满足了群众对"健康舒适、便利快捷、文化娱乐、个性发展"需求，成为首批"全国农村社区建设实验全覆盖示范单位"。

（五）注重人文实践，推动生态创建全民化

始终坚持以弘扬生态文化为生态文明建设之根基，一是强化意识熏陶。一方面把生

态文化教育纳入国民教育体系，对党政干部，定期组织生态文明专门培训；对中小学生，以“美丽学校”创建为载体，全力打造“生态课堂”；对骨干企业，以开展“校企合作”的生态公益活动为契机，着力培育“责任关怀示范企业”。另一方面以重大环境节日主题宣传为重点，城乡联动开展全民参与的生态文明宣传活动，使绿色人文理念深入人心、家喻户晓。二是培育特色品牌。一方面将生态文明理念融入“全国文明城市”同创共建活动中，着力培育一批生态村、绿色社区、绿色学校、环境教育基地等生态细胞工程，逐步实现农民群众向文明市民、社会大众向“低碳达人”嬗变。另一方面以每年举办“长江文化艺术节”和两年一届“县域生态文明建设高层研讨活动”为平台，不断拓展生态文明与长江流域文化资源的整合共享，着力打造张家港生态文化特色品牌。三是崇尚绿色生活。以生活方式的“绿色化”带动生产方式的绿色变革，通过构建“绿色采购、绿色建筑、绿色交通”等生态链条，引导市民从衣、食、住、行、游等各方面主动选择绿色生活方式。在政府层面，健全政府绿色采购机制，形成稳定的绿色产品供应渠道；在社区层面，开展“低碳小区”建设，引导居民入住绿色建筑、选购环保产品、使用节能器具，分类收集垃圾；在交通层面，倡导居民“绿色出行”，城区实现公共自行车服务网点“全覆盖”，清洁能源公交车占比 40%以上。

第九章　典型地区生态文明建设经验与对策

一、福建省生态文明先行示范经验与建议

福建省是南方地区重要的生态屏障，山海资源丰富，具有得天独厚的生态资源优势。2001年，习近平总书记任福建省省长时前瞻性地提出了建设生态省的战略构想。十多年来，福建省委、省政府始终把建设生态省作为生态文明建设的重要载体和科学发展观在福建的具体实践，将目标任务贯彻到经济社会发展的各方面，扎实推进生态省建设。福建在经济发展速度超过“亚洲四小龙”高速发展时期的发展阶段，污染物排放和资源消耗大幅下降，呈现资源能源节约、生态环境质量维持全优的良好态势，提前六年实现了《福建省生态省建设总体规划纲要》确定的主要经济发展和环境保护目标，涌现了一批可复制、可推广、可借鉴的绿色发展经验，走出了一条人与自然和谐的生态文明建设新路。

（一）福建省生态文明先行示范建设基本情况

1. 坚持“富裕福建”建设，经济快速增长实现百姓富裕

生态文明建设绝不是制约发展，而是通过生态文明建设增强发展协调性，实现人与自然和谐发展。自2000年以来，福建省GDP总量由3764.54亿元增加到2014年的24 055.76亿元，增加量5.4倍，人均GDP由11 039.7元增加到63 204.8元，增加了4.7倍，分别排全国第11位和第7位。自2000年起，全省人均GDP用5年时间从1333美元增加到2000美元，10年跨越6000美元，2014年达到10 333美元，远高于全国平均水平（7590美元）。福建省仅用10年时间完成人均GDP突破1万美元，与中国台湾（12年）、韩国（11年）、日本（13年）和新加坡（14年）跨越相同经济增长阶段相比，福建省经济发展成效明显高于四小龙。全省城乡居民人均可支配收入由4190.8元提高到23 331元，增加了4.5倍，比全国水平高15.5%。单位建设用地GDP由106.5亿元/hm^2提高到292.1亿元/hm^2，仅次于各直辖市和广东省，土地节约集约利用经济成效明显。

2. 坚持“清新福建”建设，环境质量始终保持全国前列

在经济快速发展的同时，福建省全力推进环境质量改善，连续多年主要污染物排放呈下降趋势，水、气环境质量保持38年全优水平。2014年，全省环境空气优良比例达到99%，在全国第一阶段实施新空气质量标准的74个城市中，福州、厦门空气质量排名分别为第7、第8，仅次于海口、舟山、拉萨等城市；全省12条主要水系水质状况为优，水域功能达标率为98.1%，比2000年提高了24个百分点，Ⅰ～Ⅲ类水质的比例为95.2%，远高于全国水平（71.2%）；近岸海域海水水质监测达标率为64.5%，比2000年提高了16个百分点；2000～2014年，福建省万元地区生产总值能耗从1.4t标准煤/万元

下降到 0.575t 标准煤/万元，下降了 58.9%，下降速度高于全国水平（50%），主要污染物 SO_2 和 COD 排放强度比 2000 年分别下降了 76%和 68%，COD、SO_2、氨氮和氮氧化物减排总量分别为 17.9 万 t、2.3 万 t、12.3 万 t 和 13.4 万 t，4 项指标减排累计进度名列全国第九。全省市县污水处理率达 88.7%，比 2000 年提高了 66 个百分点；生活垃圾无害化处理率 97.9%，比 2000 年提高了 35 个百分点，比全国水平高 10 个百分点；“生态省建设总体规划纲要”确定的 2020 年主要经济和环境发展目标提前 6 年实现，形成了经济发展与生态文明建设相互促进的良好局面，“清新福建”成为福建环境竞争力的金字招牌。

3. 坚持“生态福建”建设，以绿水青山铸就金山银山

福建“八山一水一分田”，山清水秀，海域面积广阔，海岸线居全国第二，森林资源丰富，全省森林覆盖率从 2000 年的 60.5%提高到目前的 65.9%，连续 37 年居全国第一，福建以仅占全国 1.28%的国土面积，保护了全国 4.4%的森林面积。全省森林蓄积量达 6.08 亿 m^3，约占全国的 4.016%，人工林面积和蓄积量均居全国第一，竹林面积约占全国的 1/5，森林生态功能等级达到中等以上的面积占 95%。2000～2010 年，全省每万人占用城镇用地从 1.1km^2增加到 2.9km^2，增加了 1.7 倍，增速仅高于重庆、上海、海南、云南，土地节约利用显著，有效保障了有限的土地资源。经测算，2010 年福建省生态系统生产总值（GEP）为 7000 亿元。其中，全省生态系统固碳功能从 2000 年的 1310 万 t 提高至 2010 年的 1800 万 t，增长了 37.4%，占全国碳汇总量的 17.65%，能够抵消 2010 年全国工业碳排放总量的 0.59%，按碳潜力估算，未来福建固碳潜力将可吸收 2010 年全国工业碳排放量的 18%。生态资源资产已经成为福建省的最优势资源。

4. 坚持“宜居福建”建设，构建和谐优美的人居环境

围绕“城市让生活更美好、乡村让环境更宜居”的目标，福建省坚持以人为本，优化城乡人居环境。2000～2010 年，福建省城镇化率从 41.6%提高到 57.1%，增速明显，截至 2014 年达到 61.8%，高于全国平均水平 8 个百分点。全省城市建成区绿化覆盖率达 42.8%、人均公园绿地面积 12.6m^2，位居全国前列，主要城市实现“四季皆绿、四季有花、四季变化”。全省建成 5 个国家文明城市，15 个“国家园林城市（县城）”，厦门、泉州、福州通过国家级生态市评估，建成国家级生态县 5 个，全省 75%的乡镇、84%的村达到国家生态示范区要求。

（二）福建省生态文明示范区建设经验

福建省建设生态省以来，涌现出一批特色鲜明、成效显著的生态文明创建典范，包括生态与经济和谐共荣的长泰、城乡综合整治的泰宁、绿色瓷都发展的德化、创新传统茶业致富的安溪、石业循环经济发展的南安、生态治水的永春、水土流失治理的长汀、精准扶贫典范的宁德等，主要经验包括如下几方面。

1. 坚持顶层设计，推进生态文明建设

福建省坚持规划先行、强化组织领导、完善法制保障，做好生态文明建设的顶层设

计。第一，确立生态省战略之初，时任省长习近平同志就指出："任何形式的开发利用都要在保护生态的前提下进行，使八闽大地更加山清水秀，使经济社会在资源的永续利用中良性发展。"他亲自指导和推动编制了《福建省生态省建设总体规划纲要》，明确了生态省建设目标和任务。福建省委、省政府共同印发实施，将规划纲要贯彻到国民经济和社会发展规划中，通过各部门的联动，落实到经济社会发展各方面。第二，强化组织领导，成立省委书记为组长的生态文明建设领导小组，将生态文明建设指标落实到领导干部考核机制中，引导各级党委、政府牢固树立"绿色导向"的政绩观和行动力。第三，完善生态文明建设法治保障，2010 年，福建省人大率先发布《关于促进生态文明建设的决定》，是国内首个生态文明建设地方法规，并陆续出台了《福建省环境保护条例》《福建省海洋环境保护条例》《厦门经济特区生态文明建设条例》等地方法规，基本形成了多领域、多层次、较完备的生态文明建设法规体系。

2. 坚持绿色引领，加快转变发展方式

实施生态省战略以来，福建省各地始终坚持生态优先于产业发展，加快调结构转方式，努力实现绿色转型与包容性增长。一是严守生态环境底线，坚持产业发展有所为有所不为。素有"南方林海""福建粮仓"之称的南平市，宁可短期发展速度慢一点，也绝不以牺牲环境为代价，勇于舍弃与环境不相容的项目，有矿产而不盲目开发，有森林而不大量砍伐，良好的生态环境对精密制造、旅游养生、种养等行业形成了持久的吸引力，青山绿水所带来的后发优势不断显现。二是大力发展战略新兴产业和现代服务业，2014 年，高新技术产业增加值占 GDP 比重达到 14.3%，形成了物联网、移动通信、LED 及太阳能光伏、节能环保等多个千亿级产业集群；节能环保产业以高于 20%的增速发展，2000 年全省环保产业产值 67 亿元，2011 年突破 1000 亿元，2015 年上半年已超过 1500 亿元，约占全省工业增加值比重的 10%，培育了龙净环保、三维丝、威士邦膜科技、三大膜科技等一大批拥有自主知识产权和核心竞争力的节能环保龙头企业。三是大力提升改造传统优势产业，"中国品牌之都"泉州率先向"数控一代"迈进，推动"泉州制造"向"泉州智造""泉州服务"转型，成为"中国制造 2025"的首个地方试点；曾经省内最大的国家级贫困县安溪，依托茶业特色产业发展，跻身全国经济百强县，全面退出石板材传统产业，在崩岗整治地上崛起了全省最大的电商产业园和华东最大的互联网数据中心，电商企业 3000 多家，从业人数超七万人；智能制造、互联网+等为传统产业创新发展、绿色发展提供了强大动力。

3. 坚持真抓实干，全面改善环境质量

优美的生态环境是自然的恩赐，更是全省干部群众长期以来真抓实干、共同维护的成果。建设生态省以来，福建省市县污水处理率从 2000 年的 22.2%提高到 2014 年的 88.7%以上；建立了较为完备的"村收集、镇中转、县处理"城乡一体化垃圾处理模式，生活垃圾无害化处理率从 63%提供到 98%，其中投运的生活垃圾焚烧发电厂 16 座，处理能力 1.3 万 t/d，是国内生活垃圾焚烧资源化处理能力最高的省份；累计完成植树造林面积近 300 万 hm^2，累计完成水土流失区域综合治理面积 183 万 hm^2，水土流失面积占土地面积比重控制在 10%以内。全面提升全省城乡环境基础设施能力，是实现青山绿水、碧海蓝天的基础。

4. 深化体制改革，支撑生态文明建设

福建省将生态建设与经济社会发展目标有机统一，努力构建保障生态文明建设的制度体系，着手从调整干部绩效考核、生态保护财力转移支付和生态补偿、林业改革制度切入，探索生态文明建设体制机制创新。一是建立“绿色导向”的干部政绩考核机制，将生态文明建设列入各级政府绩效考核，2014 年，福建取消了 34 个县（市）的 GDP 考核，在全国率先开展了林业“双增”目标年度考核，启动了自然资源资产责任审计试点；二是建立生态保护财力转移支付制度，将限制开发区域补助资金分为生态保护资金和生态保护激励资金两部分，鼓励其采取措施改善好生态环境；三是率先出台重点流域生态补偿办法，建立与地方财力、保护责任、收益程度等挂钩的生态长效补偿机制；四是率先深化集体林权制度改革，率先开征森林资源补偿费，并提高公益林补偿标准，逐步完善森林生态补偿机制，成为全国林改一面旗帜。

（三）福建省加快生态文明建设的政策建议

1. 存在问题

（1）未来发展的资源环境约束依然巨大

“十三五”期间，福建省经济发展和城镇化率将进一步提高，资源环境约束依然巨大。一是土地资源短缺，全省人均耕地 0.55 亩，仅为全国平均水平的 36%，而适宜规模城镇开发的土地不到 10%，未来城镇和工业用地资源压力巨大；二是闽东南沿海城镇带存在地域性缺水，一旦遇到降水不均或枯水年份，厦门、莆田一带缺水的潜在危险就更大；三是福建省无油、无天然气，少煤，常规能源短缺，能源对外依存度高。当前能源结构仍以煤炭为主，对大气环境质量影响大，能源的天花板作用明显。

（2）与生态文明相适应的制度体系尚需健全

制度创新是推进生态文明建设的重要举措，摸清自然资源资产家底是建立生态文明制度的前提，是实施生态补偿、干部离任审计和生态文明绩效考核的基础。福建省的自然资源资产离任审计仍处于试点起步阶段，自然资源资产的核算方法尚不成熟，全省自然资源资产家底数不清，生态资源资产尚未列入核算范围；保障绿色青山转化成金山银山的制度体系尚未健全。另外，福建省的生态补偿制度尚存诸多不足。一是未明确生态补偿的方式、途径和标准，缺乏统一的专项资金渠道，多采用生态保护规划、工程建设项目等形式，因此现有生态补偿多是阶段性、临时性的政策措施，存在政策到期后能否延续，如何延续的问题。二是生态补偿多头实施、分散管理，如重点流域生态补偿、生态保护财力转移支付、生态公益林补偿等，不利于地方政府总体考虑保护需求统筹安排经费使用。三是生态补偿标准与资金投入偏低，不足以系统性地解决福建省生态保护与污染治理问题。

（3）产业结构重型化带来的环境风险巨大

福建省大力推动新型工业化发展，工业经济对经济增长的贡献越来越重要。2014 年，福建省的工业增加值达到 12 515.36 亿元，占全省 GDP 比重从 2002 年的 40.5%提升至2014年的52.0%，第三产业增加值维持在40%左右，产业重化趋向明显。2014年，福建全省石化产业实现炼油能力超过2900万t/a，实现工业产值超过4000亿元。然而，钢铁、石化等高污染行业临海布局，增加了污染物排放，加剧了环境质量维持压力，由此带来的围海造地，导致自然岸线丧失，生态环境风险和安全风险有加剧的趋势。如果再考虑环境质量管理目标持续加严等因素，临海工业聚集区环境质量持续改善的压力将更为巨大。

（4）温室气体减排压力大，适应气候变化能力有待加强

未来一段时期，福建省的温室气体减排压力巨大。一是能源生产总量和消费总量持续增长，福建省2014年的能源消费总量为12 109.72万t标准煤，是2000年的4.1倍；二是能源结构高碳化，煤炭在能源消费中的比例为维持在50%以上。三是温室气体排放持续增长，与全国人均碳排放量的优势缩小。虽然福建省人均CO_2排放量远低于全国水平，但2005年和2010年全国人均CO_2排放量4163kg和5440kg，增长1.31倍，而福建省增长了1.44倍，近年来差距有缩小的趋势，预计福建省的温室气体排放量仍将持续增加，到2020年将达4.5亿t二氧化碳当量。经济社会发展与减排间的矛盾将更加突出。同时，福建作为山洪、风暴潮等灾害多发的滨海省份，气候变化对全省经济布局、农业生产和生态环境等不利影响已逐步显现，综合防灾减灾能力和适应气候变化能力有待加强。

（5）闽西闽北山区加快发展与生态保护面临挑战

由于地理区位、生产要素、产业关联等原因，福建省区域经济发展不平衡，全省大部分财力在闽东南沿海地区，厦漳泉和福州两大都市区的地区生产总值约占全省经济总量的70%，闽西北在人均GDP、城乡居民收入等方面与闽东南差距明显，区域差异影响着福建省经济发展的协调性和发展后劲。另外，闽西闽北山区是福建省最重要的生态屏障，林业生态资源丰富，但受地理环境和交通条件限制，整体经济水平落后于沿海地区。虽然福建较早开展了山海协作联动发展工作，对缩小山海发展差距，促进区域经济协调发展发挥了重要作用，但至今仍有尚未脱贫的73.5万贫困人口，他们多数处在属于限制开发区的偏远山区，交通基础设施差，发展相对较慢。挖掘山区生态优势，推进特色产业发展，支持和帮助贫困地区和贫困群众尽快脱贫致富奔小康，将是福建省扶贫攻坚战的重点。

2. 政策建议

（1）强化绿色发展理念，以理念创新引领生态文明建设

在福建省的生态立省过程中，保护优先原则已经得到干部群众的普遍认可，但是长期受固有传统观念的影响，在具体经济工作中，许多干部仍然难以摆脱以GDP为中心的观念，具体表现为希望依靠重工业发展、希望增加环境容量带动经济发展等行为。建议省委省政府继续强化绿色发展理念，使保护优先原则深入人心。一是树立“生态优势是核心竞争力”的观念，改变仅以GDP作为社会发展唯一衡量因素的思想，将生态产品生产能力作为衡量区域发展的重要指标。二是树立“环境质量反降级”观念，在发展过程中坚持保护优先原则，不再允许为经济发展而牺牲环境质量。三是树立“坚守生态环境底线”观念，将生态功能保障基线、环境质量安全底线和自然资源利用作为发展的

刚性约束。四是树立环境治理“保护-修复-功能提高”观念，改变“先污染、后治理”的传统思想。

（2）深化绿色发展模式，将生态优势转化为发展优势

推动第二产业的轻型化低碳化发展。制定和完善落后产能界定标准，淘汰落后产能；加快工业化和信息化深度融合，推进相关服务企业和服务平台的开放和发展；推进能效“领跑者”制度，推动传统产业向绿色化方向发展。

探索扶持以环保产业为代表的新的经济增长点。培育壮大以龙净环保为代表的环保产业发展，力争使其成为福建省的主导产业。以宁德菌乡、安溪茶乡等特色农产品基地为中心，发展生物制药、农副产品加工等行业，促进农副产品生产与高新产业的深度融合。打造福建旅游独特整体形象，打响“清新福建”品牌，提升福建旅游在海内外的知名度和美誉度，推动旅游业的发展壮大。挖掘山区生态优势，推进特色产业发展，将生态产品生产和旅游业作为产业扶贫的重要内容，支持和帮助贫困地区和贫困群众尽快脱贫致富，率先实现全面小康。

（3）创新管理机制体制，率先实施生态文明制度改革

加大生态文明制度创新力度，完善相关机制体制。一是创新生态补偿制度，改变原有生态补偿投入多头实施、分头管理的现状，整合原有各项生态保护投入资金，形成统一集中的生态补偿专项基金。二是创新激励约束机制，构建综合考虑区域经济发展和生态资源资产状况的区域发展衡量指数，替代原有单纯的 GDP 考核指标；以生态资源资产负债表为基础，率先实现领导干部离任生态审计。三是形成完善的市场调节机制，实现资源合理配置，以生态环境资产价值为基础，发挥经济杠杆作用，形成涵盖生态环境资产交易、使用补偿与破坏赔偿的市场调节机制。

（4）摸清生态资产家底，把绿水青山转化成金山银山

任何一种人类文明的发展都离不开标志性新兴产业的推动和支撑。作为第一产业，农业的发展带来了农业文明的兴盛。工业革命后第二产业的崛起使人类社会进入工业文明，第三产业的兴起造就了后工业时代的来临。生态文明同样也离不开与之相对应的新兴产业，生态文明时代的标志性新兴产业就是生态产品生产。生态产品生产没有纳入到国民经济统计核算体系是造成生态环境问题的根本原因之一。建议福建省政府试点将生态产品生产作为第四产业列入国民经济统计核算体系，形成县级行政区域生态产品生产的核算统计业务化能力；以县域为单位按生态系统要素开展生态产品清查核算工作，摸清生态资产家底；在以上工作的基础上，建立生态资源资产账户，编制相应的自然资源资产负债表，并将其纳入干部离任审计、区域发展绩效考核等生态文明制度改革的具体工作中。

（5）创新生态补偿模式，建立政府购买生态产品机制

福建省已经在闽江、九龙江、敖江等重点流域建立生态补偿机制，投入了大量补偿资金。但是这种生态补偿方式还不能充分调动老百姓主动开展生态保护的积极性，一是原有这种生态补偿方式是补贴性质的，仅依靠生态补偿并不能解决生计问题；二是原有这种生态补偿是被动式的，生态补偿的科目标准均由政府确定，农民只能被动地接受；三是原有这种生态补偿是义务式的，对农民的生态保护责任要求不明确，生态补偿绩效监管没有正常开展。这就造成大部分人一方面接受国家的生态补偿；另一方面仍以原有不合理的方式开展经营，使生态补偿的绩效大打折扣。

因此建议根据福建省生态资源资产核算结果，创新生态补偿机制，由原有补贴式、被动式和义务式的生态补偿方式，转变为政府主动购买生态产品的方式，将重要生态功能区的生态资源资产的生产经营变成人民收入提高的另外一个来源，通过调整生态生产关系，将会极大地调动人们主动开展生态保护的积极性。具体建议包括：一是建立与生态环境质量挂钩的生态产品价格标准，以生态资源资产价值核算结果作为依据，综合考虑人民生活水平提高和原有生态补偿补贴情况，使人们在合理开发的情况下通过自主经营改善生态质量，可以使收入水平高于原有生活水平；二是建立政府购买生态产品的机制，制定具体的生态与产品的购买办法与相关制度，明确政府购买生态产品的业务程序、责任部门和具体操作方式，由人们每年在规定时间内定期申报，政府部门上门勘察生态质量，金融机构按质拨付；三是开展政府购买生态产品的试点示范，在闽北山区将原有各种生态补偿经费统一使用，作为购买生态产品的资金，经 2～3 年试点试验成功后全面推广。

（6）着力调整能源结构，率先践行应对气候变化承诺

优化能源消费结构，促进能源利用的洁净化。福建省是少油缺气贫煤省份，能源自给率较低，但可再生能源蕴藏丰富，人均水资源是全国人均量的近一倍，福建沿海拥有较大规模的潮汐能，具有良好的太阳能和风能（海陆地 10m 高度风能及近海风能资源）等新能源开发条件。另外，沼气和林业生物质能源都具有很大的发展空间，应该大力发展林业和农业生物质能源。

发展绿色低碳战略性新兴产业，抢占制高点。要尽量淘汰高碳或者高耗能的产业，限制高碳产业的发展，发展具有低碳特征的产业。例如，农业可以突破变为发展粮食产业和发展农业生物质能源并重；提高智能电网、燃料电池、节能汽车、节能建筑和绿色物流等能源的效率化与低碳化消费；推进碳排放权交易服务、绿色金融等低碳型服务。应在这些新兴产业领域的发展抢占制高点，创造新的经济增长点。

发展绿色低碳经济，扎实推进生态文明建设。应树立低碳、环保、绿色发展理念，大力推进清洁生产，加快低碳技术的研发应用，强化节能降耗减排，发展循环经济。大力发展低碳产业，建设绿色低碳城市，倡导低碳消费观念和行为。应该把握建设生态强省和城乡统筹的良好机遇及海西经济区生态建设需求，扎实推进生态省建设，构建符合生态文明要求的生产方式和消费模式。

（7）转变农业发展方式、建设美丽乡村新路径

优化农业功能分区，形成合理的农林牧用地结构。在闽西北等农产品主产区因地制宜发展特色生态产业，发展林下经济；推动农牧结合，促进产业深度融合。重点打造茶叶、蔬菜、水果、畜禽、水产、林竹、花卉苗木 7 个全产业链年产值超千亿元的优势特色产业，种养结合，稳畜增禽；稳步推进“三品一标”工作，推进农产品品牌化建设，指导农业经营主体争创知名品牌，加快无公害农产品、绿色食品、有机食品认证步伐，加强农产品地理标志登记保护工作，实现“三品一标”认证位居全国前列。加强农村基础设施建设，推动美丽乡村建设。实现硬化道路到户、上下水分流和废弃物三化，深化集中连片综合治理；加强农田水利基础设施建设，实施农村电网改造升级，大力推动农村电商发展。

（8）强化重要生态功能区保护，构建国土生态安全格局

福建省拥有世界同纬度带现存面积最大、保存最完整的中亚热带森林生态系统及地

带性常绿阔叶林群落，它们主要集中于闽江、九龙江、汀江源头和以武夷山-玳瑁山山脉为核心区的22个县，这里还是闽南山地水源涵养重要区、浙闽山地生物多样性保护与水源涵养重要区和武夷山-戴云山生物多样性保护重要区，对这一地区的生态保护不仅对于福建省的生态安全具有举足轻重的作用，对全国的生态保护也有较大影响，新修编的《全国生态功能区划》已将其列为国家重要功能区。建议将这22个县同步增列为国家重点生态功能区，在重点生态功能区中央财政生态保护转移支付，以及生态补偿等方面予以大力扶持。

武夷山地处福建和江西两省交界处，两省也分别设立了国家级自然保护区管理机构，但在管理机制、保护力度、开发思路等方面存在较大差距。建议国家将武夷山地区整体纳入国家公园体制试点，探索跨省界生态功能重要区的整体保护和管理的有效途径。

二、三江源区基于生态资源资产核算的生态文明建设政策建议

三江源区位于青藏高原腹地，是长江、黄河、澜沧江的发源地，生态战略地位极为重要，是重要的生态功能调节区、气候变化敏感区和生物多样性高度集中区。2011年国务院批准实施的《青海三江源国家生态保护综合试验区总体方案》中三江源国家生态保护综合试验区的范围总面积39.5万km^2，占青海省国土面积的54.74%。行政区域辖玉树、果洛、海南和黄南州4个藏族自治州的21个县和格尔木市管辖的唐古拉山乡。随着气候变化及人类活动的干扰，三江源区的生态保护与恢复越来越被社会各界所重视。

十八大及十八届三中全会对新时期生态保护提出了更高要求，开展生态资源资产评估及价值核算是建设生态文明的具体举措。十八大报告提出“要实施重大生态修复工程，增强生态产品生产能力”，“建立反映市场供求和资源稀缺程度、体现生态价值和代际补偿的资源有偿使用制度和生态补偿制度。”十八届三中全会提出“健全自然资源资产产权制度和用途管制制度”，“探索编制自然资源资产负债表，对领导干部实行自然资源资产离任审计”，“实行资源有偿使用制度和生态补偿制度”。生态资源资产作为自然资源资产的必不可少的重要组成部分，开展三江源生态资源资产核算，构建生态资源资产相关制度的研究具有十分重要的现实意义。

（一）三江源生态资源资产核算方法

1. 生态资源资产的概念内涵

“自然资源资产”是党的十八届三中全会提出的概念。自然资源的内涵非常广泛，一切对人类有利用价值的自然环境因素都可以称为自然资源，既包括太空资源、气候资源、海洋资源等非稀缺性自然资源，也包括矿产资源、能源资源等已经在市场中得到定价并纳入国民经济统计体系的稀缺性自然资源，还包括未在市场中得到定价的森林、草地、湿地、湖泊等生态资源。生态破坏和环境污染的产生主要是由于稀缺性的生态资源未在市场中定价造成的，因此在生态文明建设中应关注的自然资源资产应该是生态资源资产。

生态资源资产是自然资源资产中必不可少的组成部分，是自然资源资产中生态系统通过生物生产而带给人类有用的服务和产品。将生态资源资产与自然资源资产区分开的本质特征是稀缺价值、生物生产和持续服务三个特点。从资产构成上看，生态资源资产包括三个部分。第一种生态资源资产是生态用地，是指一切具有生物生产能力的土地，是生态系统存在的载体，具体包括森林、草地、湿地、农田、荒漠等土地类型及其上附着的土壤、水分和生物要素。第二种生态资源资产是生态服务，是生态系统在生产过程中给人类带来的间接使用价值，主要包括水源涵养、土壤保持、物种保育、生态固碳、气候调节、防风固沙、科研文化、休闲旅游等。第三种生态资源资产是生态产品，是指生态系统生产出的可以供人类直接利用的物质，包括干净水源、清新空气、农畜产品等。

从生态资源资产的时间属性上看，生态资源资产又可以划分为存量资产和流量资产，其中生态用地是生态资源存量资产，而生态服务和生态产品则是生态资源流量资产。生态用地是生态系统在相当长的历史过程中发展演化而来，积累蓄积形成土壤、水分和生物等要素，是生态服务和生态产品生产的基础。生态服务和生态产品是生态系统依托于存量资产通过生态生产过程每年为人类所产生的价值，只要生态资源存量资产存在，生态系统就会每年产生生态资源流量资产。因此，生态资源存量资产类似于经济资产概念中的“家底”或“银行本金”，我们可以形象地将其概括成“生态家底”，而生态资源流量资产则类似于银行资产所产生的利息，与经济生产中的“GDP”相对应，也被生态学家称为“GEP”（生态系统生产总值）。一般情况下，生态资源存量资产在一段时间内是稳定不变的，而生态流量资产是随时间变化的。生态资源存量资产越大，其每年所产生的生态资源流量资产也就越大。

2. 方法与技术路线

本项目基于文献资料、实际调研、遥感与地面监测数据，调查与分析三江源区生态系统状况，确定三江源区主导生态系统服务功能和生态产品。通过定量评估模型的选取和模型参数的率定，对三江源区生态存量和生态服务的物质量进行评估。借助于一系列的定价机制和能值理论，对三江源区生态资产进行价值量评估。在核算的基础上，项目组研究构建生态资产快速核算模型；评估三江源区生态保护与建设成本以及为保护生态环境所损失的机会成本，以进行生态保护的效益分析。本项目的技术路线见图 9-1。

本项目的定价原则概括如下，具有明确市场价格（可以直接交易）的生态产品，采用市场价格直接核算；对于没有明确价格（不能或难以直接交易）的生态系统服务，采用替代成本法等方法进行核算。

（二）三江源区生态资源资产核算结果

三江源区生态资源资产核算范围为三江源国家生态保护综合试验区，包括黄南、海南、果洛、玉树 4 个藏族自治州的 21 个县和格尔木市的唐古拉山乡。评估基准年为 2000 年，评估时间为 2010 年。三江源区生态资源资产核算主要基于地面生态监测数据、卫星遥感影像和统计口径数据，通过生态模型测算出各类生态资源资产的物理量，再以替代市场价格法估算生态资源资产的经济价值。

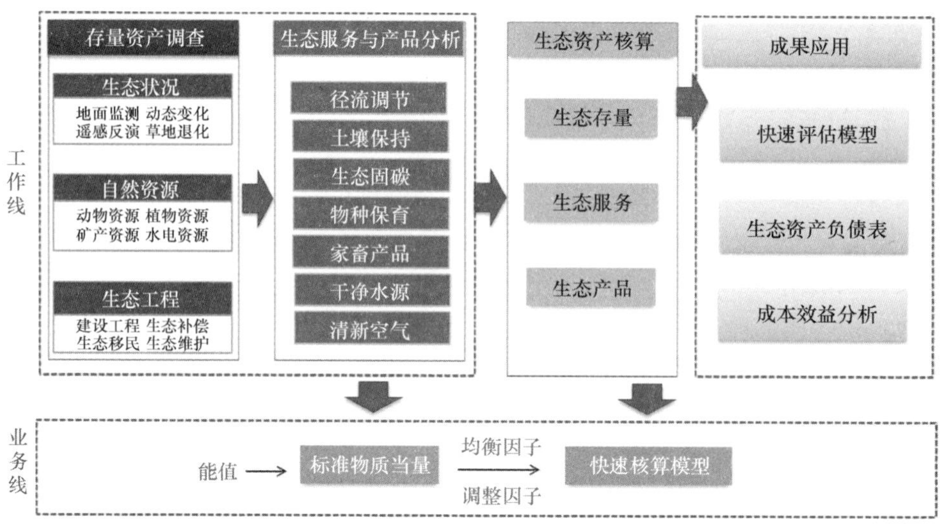

图 9-1　三江源生态资源资产评估技术路线

1. 三江源区生态资源资产价值

2010 年三江源区生态资源资产价值总量约为 14.5 万亿元，其中生态资源资产存量经济价值总量约为 14.0 万亿元，当年生态资源资产流量价值约为 4918 亿元。

生态资源存量资产。三江源区生态资源存量价值为 14.0 万亿元。其中水分要素、土壤要素和生物要素的价值量分别为 3.24 万亿元、9.62 万亿元、1.14 万亿元。水分要素中冰川、土壤和地下共储水 2.06 万 m^3。土壤要素中土壤碳储量为 34.1 亿 t，氮储量为 1.6 亿 t，磷储量为 0.7 亿 t，钾储量为 18.1 亿 t。生物要素中野生维管束植物有 2238 种，动物 370 多种。

生态资源流量资产。生态资源流量资产核算仅考虑了三江源区最为重要且能核算出明确物理量的生态服务和生态产品。生态服务核算了径流调节、土壤保持、生态固碳、气候调节、物种保育 5 项三江源区主导生态功能，生态产品评估了农畜产品、干净水源、清新空气三项内容。三江源区 2010 年生态资源流量资产的价值很高，其中生态服务价值 3013.5 亿元，生态产品价值 1907.2 亿元。具体包括：每年径流调节总量 154.68 亿 m^3，约相当于 15 个中型水库的库容，价值 1096.3 亿元；每年减少土壤侵蚀量 2.43 亿 t，保持土壤总价值 129.9 亿元；每年生态碳汇量为 32.9 Tg C，生态固碳价值为 360.9 亿元；根据三江源区生境保育价值和 17 种明星物种的种群数量计算得出物种保育价值 1426.4 亿元；农畜产品价值 155.2 亿元；空气质量常年保持优，按照疾病成本法计算得出大气污染改善的健康效应价值为 653 亿元，河流水系水质全部优于 III 类，按照治理成本法计算得出干净水源价值为 1099 亿元。

各县生态资源流量资产状况。从空间分布看，三江源区生态资源流量资产西北部各县的价值较大，而东北部各县生态资源流量资产的价值较低，区域差异较明显。其中，治多县、唐古拉山乡、曲麻莱县等的生态资源流量资产价值最高，分别为 786.4 亿元、523.4 亿元、479.8 亿元，而尖扎、贵德、同仁三县生态资源流量资产价值较低，分别为 24.1 亿元、40.8 亿元、48.0 亿元。

生态资源流量资产动态变化。2000～2010 年，三江源区生态资源流量资产的价值增长了 688.35 亿元，增长率为 17.45%。三江源区 2010 年人均生态资源流量资产的价值为 33.73 万元，较 2000 年增长了 5.01 万元；单位面积生态资源流量资产的价值为 95.92 万元/km^2，较 2000 年增长了 14.25 万元/km^2。

对比分析可以发现，生态资源资产是三江源区最重要的资产，其经济价值远远超过经济生产价值。2010 年三江源区生态资源存量资产价值大约是当年我国经济发展最好的广东、江苏、山东、浙江四省 GDP 的总和，生态资源流量资产 GEP 是同期青海 GDP 的 3.6 倍，三江源区人均 GEP 是青海人均 GDP 的 16 倍。以三江源区典型生态系统高寒草甸为例，其单位面积生态资源流量资产的价值为 1592.5 元/亩，而其发展畜牧生产可以获得的经济收益大约为 17.6 元/亩。因此，如果将 GEP 纳入国民经济统计核算体系，青海省将不再是一个生产发展落后的省份。

2. 三江源区的发展机会成本

三江源区不仅拥有丰富的生态资源资产，还拥有丰富的矿产资源、水电资源等其他非生态自然资源资产，如果开发利用将给三江源区带来巨大的经济利益。通过类比其他具有相似资源禀赋地区的经济发展情况，测算出三江源区矿产资源、水电资源开发、工业发展以及减牧压畜每年可以带来的机会成本共计 369.7 亿元。三江源区矿产资源丰富，矿种 26 种，主要矿种为煤、铜、铅、锌、金、钴、钼等。按矿产品市场价格并类比内蒙古自治区的矿产资源开发模式计算，三江源区每年放弃矿产资源开发的经济收益约 187.2 亿元/a；三江源区水电资源可装机容量 9612.83MW，按可装机容量和 309.46 亿 kW·h 的年发电量，并类比怒江水电工程计算，三江源区每年放弃水电开发的经济收益约 49.2 亿元/a；依托以上这些资源可以带来工业发展，以具有相似资源地区的工业发展类比，三江源区每年放弃工业发展的经济收益约为 104.7 亿元；为保护生态资源资产三江源区减牧压畜力度非常大，实际载畜量和理论最大载畜量之差就是放弃畜牧发展的机会成本。据测算三江源区理论载畜量约 1452.47 万个羊单位，实际载畜量为 2742 万个羊单位，假设进行减牧压畜，三江源区放弃畜牧发展的机会成本每年约为 28.6 亿元。

3. 三江源区生态保护与恢复的成本

三江源区生态退化的根本原因是“人-草-畜”关系失衡。三江源区草地退化面积比例仍达到 60%以上，在高寒严酷条件下草地生态恢复绝非一朝一夕可以完成。三江源区载畜量超过承载能力 1290 个羊单位，按近几年减牧压畜量来看，要使三江源区草畜平衡还需要 6 年。按照三江源区牧民达到全国农牧民平均生活水平计算，三江源区适宜牧业人口为 31.8 万人，现状牧业人口约为 65 万人，需转产牧业人口约 34 万人。依据国家和青海省相关生态保护与建设标准，结合实地调研数据，假设三江源区以一两代人教育成长的时间实现由国家“输血式”生态补偿向自身“造血式”发展，2010～2030 年三江源区需要国家投入的生态保护恢复总成本约 2771.8 亿元，年均需投入 129.72 亿元。其中，生态保护与建设成本 72.94 亿元/a，农牧民生产生活水平改善成本 12.24 亿元/a，基本公共服务能力提升成本 44.54 亿元/a。通过以上生态保护与恢复的投入，将实现三江源区农牧民生活水平在 2020 年接近或达到青海省农牧民平均生活水平，2030 年接近或达到全国农牧民平均生活水平、植被覆盖度提高30～35个百分点、义务教育全面普及、社保覆盖全部农牧区、基础服务能力接近全国水平。

综上所述，三江源区为了保护国家重要的生态资源资产，每年放弃了约369.7亿元的发展机会成本。为实现生态资源资产的保值增值，三江源区每年约需投入129.72亿元进行生态保护恢复。

（三）依托生态资产核算结果开展相关制度建设建议

1. 建立三江源区生态补偿国家专项资金

三江源区现有生态补偿缺乏稳定常态化资金渠道，生态补偿没有明确的资金科目和预算，多采用生态保护规划、工程建设项目、居民补助补贴的形式，并且各相关国家部委多头实施和管理，不利于地方政府总体考虑三江源区生态保护需求统筹安排生态补偿经费使用，有些项目难以通过生态补偿资金实施，致使有些地方政府不得不采用变通的方法挤占或挪用生态补偿资金，使生态补偿资金没有能够集中力量办大事，分散使用使生态补偿的效果大打折扣。

建议国家改变原有生态补偿投入多头实施、分头管理的现状，推进一体化的补偿方式，提高生态补偿资金的使用效率。一是建立专门的三江源区生态补偿专项基金。整合国家各部委原有各项生态保护投入资金，把三江源区生态补偿纳入到国家财政预算，形成统一集中的三江源区生态补偿专项基金，国家各部委不再单独以生态保护项目的方式对三江源区开展生态补偿。三江源区生态补偿资金根据生态保护工作的需要，由三江源区生态保护责任部门统筹规划分配使用，统一由专项基金按年度预算下拨补偿资金，逐步实现三江源区补偿资金以专项资金投入替代项目资金补偿，提高生态补偿资金的使用效率。二是完善资金使用管理。严格生态补偿资金使用范围，确保生态补偿资金主要用于生态保护与修复，以及保护区域居民的生计替代。建立生态补偿资金绩效考核机制。三是建立三江源区生态补偿绩效监管体系。建立专门机构对生态补偿绩效进行监管，强化三江源生态环境动态监测、加强生态建设监管、监督生态补偿资金使用，确保生态保护和恢复成效，提高执行效率。

2. 将生态产品服务生产纳入国民经济统计核算体系

任何一种人类文明的发展都离不开标志性新兴产业的推动和支撑。作为第一产业，农业的发展带来了农业文明的兴盛。工业革命后第二产业的崛起使人类社会进入工业文明，第三产业的兴起造就了后工业朝代。生态文明同样也离不开与之相对应的新兴产业，生态文明时代的标志性新兴产业就是生态产品服务生产。支撑人类社会发展的有两类生产系统：一类是人类的经济生产系统；另一类是生产生态产品服务的自然生态系统。生态产品服务生产没有纳入到国民经济统计核算体系是造成生态环境问题的根本原因之一。

建议省委省政府以三江源区为试点，将生态生产作为服务业后的第四产业加以培育发展。一是省委省政府正式发文将生态产品服务生产作为第四产业列入国民经济统计核算体系，建立生态产品服务统计核算技术体系，形成县级行政区域生态产品服务生产的核算统计业务化能力；二是以县域为单位开展第四产业的业务统计核算，由省政府牵头，组织统计、国土、环保、林业、农业、水利等相关部门，按生态系统要素开展生态产品服务清查核算工作，摸清森林湿地、草地农田、水土资源等生态存量资产和生态服务、环境产品等生态流量资产的家底状况；三是在以上工作的基础上，形成三江源区生态资源资产构成清单，建立省、市、县四级生态资源资产账户，编制相应生态资源资产负债表。

3. 以政府购买生态服务产品的方式创新生态补偿机制

国家和青海省自 2000 年开始已经投入了大量的生态补偿资金用于改善三江源区牧民生活。但是这种生态补偿方式还不能充分调动起牧民主动开展生态保护的积极性，一是原有这种生态补偿方式是补贴性质的，牧民仅依靠生态补偿并不能解决生计问题；二是原有这种生态补偿是被动式的，生态补偿的科目标准均由政府确定，牧民只能被动地接受；三是原有这种生态补偿是义务式的，国家对牧民的生态保护责任要求不明确，生态补偿绩效监管没有正常开展。因此，这种生态补偿方式对三江源区牧民的身份定位仍然是经济生产，这就造成大部分牧民一方面接受国家的生态补偿，另一方面仍以原有不合理的方式开展牧业经营。这样就造成了一方面国家投入巨额生态补偿资金用于改善农牧民生活，而另外一方面，生态补偿的绩效大打折扣。

因此建议青海省委省政府根据三江源区生态资源资产核算结果，创新生态补偿机制，由原有补贴式、被动式和义务式的生态补偿方式，转变为政府主动购买生态服务产品的方式，将三江源区生态资源资产的生产经营变成牧民收入提高的另外一个来源，使牧民的身份定位由原来单纯的牧业生产转变为牧业和生态产品双生产，这样通过调整生态生产关系，将会极大地调动牧民主动开展生态保护的积极性。具体建议包括：一是建立与草地质量挂钩的生态服务产品价格标准，以三江源区生态资源资产价值核算结果作为依据，综合考虑牧民生活水平提高和原有生态补偿对牧民生活补贴情况，使牧民在合理放牧的情况下通过自主经营改善草场质量，可以使收入水平高于原有生活水平；二是建立政府购买生态服务产品的机制，制定具体的生态服务与产品的购买办法与相关制度，明确政府购买生态服务产品的业务程序、责任部门和具体操作方式，由牧民每年在规定时间内定期申报，政府部门上门勘察草场质量，金融机构按质拨付；三是开展政府购买生态服务产品的试点示范，选择三江源区具有典型性的玛多等县，将原有发放给牧民的各种生态补偿经费统一使用，作为购买生态服务产品的资金，经 2～3 年试点试验成功后在三江源区推广。

4. 探索完善生态文明绩效评价考核和责任追究制度

绿水青山就是金山银山，摸清生态资源资产的家底就等于是在金山银山和绿水青山之间架起了相互衡量的桥梁，也为实施探索中央《生态文明体制改革总体方案》、生态文明绩效评价考核、生态环境损害责任追究制度、自然资源资产产权制度和用途管制制度、资源有偿使用制度和生态补偿制度奠定了基础。

建议青海省委省政府积极推进与生态资源资产相关的生态文明制度建设。除以购买生态服务产品的方式探索新型生态补偿长效机制外，将生态资源资产作为三江源区资源占用的重要依据；建立以生态资产为核心的新型绩效考评机制，构建综合考虑区域经济发展和生态资源资产状况的区域发展衡量指数，作为表征区域生态文明发展水平的指标，替代原有单纯的 GDP 考核指标；以生态资源资产负债表为基础，开展县乡领导干部离任审计试点，将生态资源资产作为重要内容实施干部离任审计。

5. 改变移民方式控制三江源区牧业人口规模

解决三江源区生态问题的关键在于控制过多的牧业人口。从近年来的实践经验来看，单纯采用移民方式转移牧业人口存在后续产业发展艰难、移民生活水平下降、返牧现象普遍等问题，建议青海省委、省政府综合采用统筹区域发展、鼓励计划生育、大力发展教育、引导劳务输出、培育后续产业等各种方式，引导牧业人口转移。一是统筹三江源区与区域协调发展，加快青海工业化、城市化进程。以西宁市为中心，格尔木市为副中心，加快青海省工业化、城镇化、农业现代化的发展进程。组织三江源区劳务输出，推动三江源区劳务经济，解决三江源区搬迁牧民就业问题，统筹考虑三江源区与青海省其他区域之间协调发展。二是完善计划生育奖励扶助。将计划生育同生态补偿挂钩，并积极给予计划生育户在子女义务教育、夫妻双方技能培训和就业、养老补助等方面的优惠、照顾或奖励。二是大力发展普及教育转移牧业人口。提高义务教育补助，用 10～15 年的时间普及“1+9+3”义务教育。在长江、黄河中下游经济发展较好的受益地区，开展教育补偿，建设三江源中学（三江源班），在高校设置三江源班独立招生，接收来自三江源区的学生，将三江源区学生输送到教学条件和教学质量相对较好的地区。

三、新疆生态文明建设的重点任务与政策建议

新疆在“丝绸之路”经济带中的地理位置与战略地位极为重要，是我国辐射“丝绸之路”经济带沿线国家的战略支点。新疆生态系统类型多样，有着非常重要的生态系统服务功能，是保障我国生态安全的重要屏障。新疆生态文明建设发展水平将直接影响到我国丝绸之路经济带战略的成功与否。十八大以来，新疆各级政府和各族人民群众生态文明建设热情高涨，努力建设美丽新疆、安定新疆、福祉新疆。但是新疆维吾尔自治区，特别是南疆地区，空气环境质量问题仍然十分突出，耕地开垦造成的生态系统动态变化相当剧烈，水资源利用效率低且配置不合理，工业化、城镇化、农业现代化的发展方式还亟待转型升级，新疆生态文明建设正面临着战略抉择。

新疆维吾尔自治区高度重视生态环境保护工作，于 2016 年 7 月组织开展了中国工程院环境与轻纺工程学部院士新疆行活动，围绕南疆地区沙尘治理、新疆纺织业绿色发展及准东经济技术开发区生态环境保护等内容开展了为期 7 天的深入考察调研。通过调研充分认识到新疆在丝绸之路经济带中战略地位的重要性，也看到了全疆上下生态文明建设的迫切愿望和取得的成效，发现了新疆生态文明建设中存在的一些问题，提出了新疆生态文明建设主要任务，并建议中央将新疆建设成为“丝绸之路”经济带国家战略高地。

（一）新疆生态文明建设基本情况

1. 新疆在“丝绸之路”经济带中的战略地位

（1）新疆是“丝绸之路”经济带的战略核心区

新疆地处亚欧大陆地理中心，与哈萨克斯坦等 8 个国家接壤，是连接我国与中亚、

西亚和欧洲的重要陆上交通枢纽；新疆拥有喀什、霍尔果斯两个经济特区和 17 个对外开放的一类口岸，是国内产品流向中亚、西亚地区的重要出口，也是中东及中亚地区石油、矿产、木材等能源资源向我国运输的战略通道；新疆作为“一带一路”战略的核心区、“中巴经济走廊”的起点，是我国向中亚、西亚各国辐射的桥头堡，其地理位置和战略地位极为重要。

（2）新疆是保障我国生态安全的重要屏障

新疆生态系统类型多样，绿洲、森林、湿地、草原、荒漠等生态系统均有分布；新疆拥有塔里木河荒漠化防治生态功能区等 3 个国家重点生态功能区，在水源涵养、生物多样性保护、土壤保持、防风固沙、调节气候等方面具有非常重要的生态系统服务功能；但是由于干旱的气候条件和生态系统的脆弱性，新疆生态系统一旦遭到破坏，恢复难度极大，将会对新疆乃至我国造成较为严重的生态影响。

（3）新疆是维护国家安全统一的战略屏障

新疆安全稳定关系全国改革发展稳定大局，关系祖国统一、民族团结、国家安全。维护社会稳定和长治久安是以习近平同志为总书记的党中央审时度势、运筹帷幄，着眼党和国家事业发展全局，统筹国内国际两个大局，作出的重大战略决策，承前启后、继往开来，具有划时代、标志性、里程碑意义；社会稳定和长治久安的总目标是引领新疆工作的旗帜和方向，这一总目标是党中央根据国际国内形势作出的重大战略判断，是党中央对新疆工作的科学定位，是党中央治疆方略的核心要义，是党中央对新疆各族人民的亲切关怀；新疆的所有工作都紧紧围绕这个总目标，服从服务于这个总目标。

（4）新疆是我国实现全面小康的重点攻坚区

以南疆为例，南疆是少数民族聚集区，少数民族占总人口的 90%，其中维吾尔族占 80%；南疆也是贫困人口集中分布的区域，共有贫困人口 242 万，占南疆总人口的 1/5，占新疆贫困人口总数的 92.78%；南疆共有县市 42 个，其中 21 个是国家级贫困县，占整个新疆 27 个国家级贫困县的 78%；按照全面建设小康社会的要求，未来五年内南疆地区贫困人口收入需翻两番，脱贫任务重、难度大。

2. 新疆生态文明建设取得的成效

（1）坚持“美丽新疆”建设，全疆生态文明建设热情高涨

一是坚守绿水青山就是金山银山的理念。按照新疆维吾尔自治区提出的“加强生态环境保护，努力建设美丽新疆”的重大部署，坚持生态保护第一，强化生态环保理念，牢固树立保护生态环境就是保护生产力、绿水青山就是金山银山的理念。加强生态保护建设，切实加强污染防治，严格水资源管理，落实生态环境保护责任，确保新疆天蓝地绿水清。二是全疆上下生态文明建设热情高涨。自治区加快推进生态文明建设理论创新和实践创新，各地州积极响应自治区号召，把生态环境保护放在突出地位。

（2）坚持“安定新疆”建设，加强扶贫工作改善民族关系

一是开展“访、惠、聚”活动。2014～2016 年，全疆调集近 20 万余名干部下乡，“访民情、惠民生、聚民心”，强化基层组织，多层次、多形式了解基层热点难点问题。二是扶贫工作成效显著。2015 年年末，南疆四地州贫困人口 5 年减少 135 万人，贫困发生率由 46.8%下降到 22.7%；全疆 94%的贫困村通上了自来水，96%用上了电，92%通

了路，98%通了广播电视。三是促进民族间和谐团结。为加强民族交流交融，推动建立各民族相互嵌入式的社会结构和社区环境，至 2015 年年底和田市团结新村已有近 533 户维吾尔族、汉族、回族等民族群众入住，改善了民族关系。

（3）坚持“福祉新疆”建设，切实提高全疆人民生活水平

一是经济发展加快实现百姓增收。2010～2015 年，新疆地区生产总值由 5437 亿元增加到 9324.80 亿元，年均增长 10.7%，增速由全国第 29 位跃升至前列，人均生产总值由 25 034 元增加到 41 063 元，人民生活水平大幅提高。二是城乡基础设施建设步伐加快。通过交通、河道改造、旧城区改造等工程的实施，新疆城市面貌发生巨大变化，至 2015 年年底，新疆喀什老城区危旧房改造 43 943 户，惠及 22 万旧城居民，库尔勒实施了“三河贯通”工程，人居条件得到显著改善。三是坚持绿色发展模式。产业结构不断优化，电子商务、现代物流等现代服务业加快发展，旅游业实现较快增长，第三产业比重十几年来首次超过第二产业，对经济增长贡献率超过 55%；建设清洁低碳现代能源体系，“十二五”期间新疆风电、光伏发电投产规模分别达到 1300 万 kW 和 550 万 kW。

（二）新疆生态文明建设存在的问题及任务

1. 存在的问题

新疆生态文明建设取得巨大成效，但同时也面临着巨大的问题与挑战。根据本次针对南疆地区大气环境、准东生态环境保护及纺织业绿色发展等方面的调研，新疆维吾尔自治区，特别是南疆地区，生态文明建设还存在以下主要问题。

（1）耕地开垦导致的生态系统变化剧烈

南疆地区生态系统状况变化剧烈，生态系统服务功能明显下降，综合变化率为 –17.31%，在 25 个全国重点生态保护区中变化最为剧烈；塔里木河流域土地利用变化主要表现为农田面积的增加和自然生态系统面积的减少，其中农田面积增加 8083.5km^2，占绿洲面积的 8%，自然生态系统面积减少 1078.8km^2，占绿洲面积的 1%；自然绿洲面积的变化导致南疆地区起沙量增加，经模型估算在相同天气条件下新疆东南部起沙量增加幅度为 0.5mg/(m^2·s)左右，其防风固沙功能 10 年间降低了 7.85%。

（2）水资源利用效率低且配置不合理

南疆地区水资源利用效率低，农业综合亩均灌溉水量 770m^3，万元工业增加值用水量 49m^3，均高于全疆平均水平，万元 GDP 用水量为 834m^3，是全国平均水平的 5.6 倍；水资源配置不合理，南疆地区农业用水占每年总用水量的 97%，工业用水占 0.96%，生活用水占 1.45%，农业用水比例过高；生态需水量得不到保障，南疆地区生态需水总量 122 亿 m^3，缺口达 31 亿 m^3。

（3）空气环境质量问题十分突出

南疆地区是全国乃至亚洲大陆沙尘天气事件发生最频繁的区域，塔里木盆地腹地和南部边缘地带每年发生沙尘天气 200 天以上。沙尘天气对空气环境质量造成巨大影响，和田、喀什、克州（克孜勒苏柯尔克孜自治州）空气环境质量差，在全国 337 个城市空气质量排名中均在 300 名以后；2015 年，南疆 5 地州 PM_{10} 年均浓度 246.4μg/m^3，

超标 2.52 倍，$PM_{2.5}$ 年均浓度 98μg/m^3，超标 1.8 倍，和田地区 SO_2 年均浓度超过国家 II 级标准；影响城市空气质量的既有自然因素也有人为因素，除受沙尘天气自然条件的影响外，人类经济活动因素也不容忽视。

（4）发展方式还较为粗放、亟待转型升级

总体上看，新疆经济发展仍然处于工业化中前期阶段。产业结构是以农牧、矿产及其初加工为主的资源型产业结构。主要依靠石油、电力、煤炭、建材、棉花等少数几个产业，产业结构相对单一，产业链条延伸不足，资源在本地利用程度低，对本地的经济发展贡献小；作为新疆支柱产业的纺织业低端化现象比较明显，纺织原料较为单一，纺织企业规模小，缺乏领军企业，纺织产品以家用为主，而具有巨大发展潜力的产业用纺织品发展相对滞后，尤其符合新疆发展需求的污染处理、生态恢复等领域用纺织品产业亟待布局；准东经济开发区是世界级煤炭资源综合利用产业聚集区，有条件建设成为世界最为先进的能源基地绿色发展样板。但是目前准东经济开发区的企业所采用的工艺技术水平及其清洁生产、资源利用效率和污染物排放等与世界一流相比还有很大差距，随着产能扩大，污染物产生量增加，环境基础设施处理能力缺口加大，将持续形成对环境质量保护的压力。

综上所述，新疆生态环境敏感脆弱，生态环境质量低下既有自然因素也有人为因素的原因。南疆地区空气环境质量问题只是众多生态环境问题中一个突出的外在表现，除自然因素外，其直接原因是土地利用方式的转变，深层次的原因涉及水资源的配置等问题，更深层次的原因则是由于经济社会发展方式造成的人与自然关系的失衡。这些生态环境问题产生的原因环环相扣，紧紧相连。所以，要解决南疆地区生态环境问题，不能仅仅只从具体的环境问题着眼入手，必须以生态文明建设为引领统筹新疆经济、社会、政治与文化发展。

2. 新疆加快生态文明建设的任务

（1）以生态功能区划和生态红线优化发展格局

按照“以水定地，以地定人，以人定城”的原则，依据自然生态环境条件、资源能源禀赋，确定南疆地区人口总量上限、生态保护红线、耕地最大面积、人工绿洲规模四条红线。综合考虑水-地-人间关系，确定区域最大适宜人口规模，制定人口发展战略；以资源环境承载力为基础，将重要的生态功能调节区作为重点生态功能区划定生态保护红线；制定矿产资源开采区划，明确优化发展区、限采区、禁采区，对于在生态脆弱区或可能造成较大生态损失的采矿活动考虑关停或者采用井工开采；以南疆地区水资源承载力为基准，确定最大耕地面积，加大耕地盐渍化改造，严格禁止新开耕地；对红线区采取最严格的管控措施，对跨越红线的发展采用“一票否决”制。

（2）以保障生态产品供给为目标实施重大生态环境恢复工程

开展新疆生态资源资产核算工作，全面摸清新疆生态资源资产家底，将生态资源资产纳入国民经济统计核算体系；以“自然恢复为主，减少人为干扰”为原则，在沙漠绿洲过渡带、撂荒区等关键地区，开展防沙治沙专项工程；在南疆地区开展河流生态健康修复工程及胡杨林保护工程，修复流域生态健康；加强垃圾处理、大气污染治理、水环境治理及中水利用等环境基础设施的建设；开展重大生态工程绩效审计，将生态工程建设绩效纳入地方领导干部考核和离任审计的重要内容。

（3）以保障生态用水为核心科学合理配置水资源

针对新疆生态环境脆弱、地均水资源不足的实际情况，统筹生态、生活和生产用水、河流上下游间用水及人工绿洲、自然绿洲间的用水关系，将淡水、微咸水、中水等统一纳入水资源规划，形成新的水资源观念；实施退地减水战略，采取高效节水等措施减少农业用水量，有效保障最低生态用水；加强农业节水、生活用水多级利用、企业排水再利用，在全国率先建成生态节水型自治区；跨流域调水需慎重开展可行性论证。

（4）以绿色循环理念统领“黑、白、红”三色经济

创新新疆发展模式，以“绿色、低碳、循环”理念引领以石油、煤炭为主的黑色经济、以棉花为主的白色经济和以枸杞、番茄为主的红色经济。以乌（乌鲁木齐）-昌（昌吉）地区为重点打造黑色经济基地。高标准建设准东经济开发区，全面采用煤电化热一体化发展模式，提高企业工艺技术水平、资源能源利用效率和污染处理设施要求，将准东经济开发区打造成为具有世界领先水平的国家战略能源基地；以石河子、阿克苏和喀什等地区为重点打造白色经济基地。加强纺织工程技术人才引进培养、纺织科技创新，提高纺织原料品质，构建多元化的纺织原料体系，加快发展和培育产业用纺织品，优化提升纺织全产业链发展，加快培育本地纺织产业领军企业，形成品牌竞争力；以和田、巴州、昌吉州、博州等地区为重点打造红色经济基地。大力发展有机农业、设施农业，大力培育玫瑰、枸杞、葡萄等新疆特色农产品。

（5）加强南疆地区生态环境科技支撑

分析水土资源条件，研究区域内合理的人工绿洲和耕地规模以及生态需水量，阐明区域最大人口承载力，为划定区域生态红线提供科学依据；在现有沙尘对空气质量影响研究的基础上，尽快开展以水资源为驱动力的土地利用变化下起沙机制和沙尘来源研究，阐明自然因素和人为因素对起沙量的贡献率，推动建立科学合理的环塔区域空气质量评价方法；以生态良好区、脆弱区为重点针对开荒、开矿开展生态监管，建设天地空一体化的生态环境监测网络体系。

（三）关于扶持新疆加快生态文明建设的政策建议

新疆在“丝绸之路”经济带中的地理位置与战略地位极为重要，是我国辐射“丝绸之路”经济带沿线国家的战略支点。新疆生态文明建设发展水平将直接影响到我国“丝绸之路”经济带战略的成功与否。建议中央将新疆维吾尔自治区生态文明建设纳入国家战略，通过政策、财政、技术创新等措施扶持新疆建设“丝绸之路”经济带国家战略高地，使之成为我国向“丝绸之路”经济带沿线国家示范生态文明发展模式的样板，使之成为我国输出高新技术、产品、生态服务和技术标准的国家战略高地。

1. 将新疆重点地区列为国家生态文明建设试验区

选择新疆经济社会发展和生态环境保护的重点地区开展绿色发展示范，将伊犁州作为生态保护重点区、南疆作为生态修复重点区、乌（乌鲁木齐）—昌（昌吉）和准东（昌吉准东经济技术开发区）地区作为绿色发展重点区的国家生态文明建设试验区，形成“一带三点”的战略布局。

2. 对新疆资源能源开发利用给予政策支持

一是建议中央通过出台税收、金融、财政等优惠政策，鼓励石油、煤炭等开发企业提高资源能源在新疆本地的利用率，延伸资源能源加工转化的产业链，促进加快推进新疆的工业化进程；二是从在新疆资源能源开发利用企业缴纳税款中中央分享的部分拿出一定比例建立“新疆生态保护基金”，专项用于新疆生态恢复、环境治理、生态补偿、节能减排技术升级改造等；三是建议中央以准东经济开发区等资源能源开发基地为重点率先开展环境保护税征收试点研究，改变针对煤矿、能源行业现行排污费制度存在的执法刚性不足、行政干预较多、强制性和规范性较为缺乏等问题；四是通过出台税收优惠、贴息贷款、财政补贴等经济杠杆政策，支持新疆新能源、新材料、先进装备制造、生物、信息、节能环保等战略性新兴产业的发展。

3. 加大中央财政资金对新疆生态环境改善和产业发展支持力度

从“丝绸之路”经济带建设的战略高度，除进一步加大财政转移支付力度外，考虑在中央财政资金渠道内加大对新疆生态文明建设的支持力度。一是国家《江河湖库水系综合整治专项》资金优先安排支持开展塔里木河流域生态修复和环境整治；二是国家《水质较好湖泊生态环境保护专项》资金将塔里木河流域湿地、湖泊群等重要生态湿地纳入予以保护的湖泊；三是将新疆纺织业纳入《中国制造 2025》中智能制造工程和绿色制造工程，推进新疆纺织业绿色改造升级提高资源利用效率。

4. 针对南疆探索建立特殊区域的空气质量评价技术方法

南疆是少数民族聚集区，各族人民对环境质量改善愿望迫切，改善环境质量对于维护民族地区稳定非常重要。建议科技部在大气污染防治专项设置《南疆荒漠绿洲沙尘对空气质量的影响及水土资源耦合生态调控机制》科研专项，阐明荒漠绿洲过渡带水-土-生-气耦合关系和生态系统演变规律，提出沙尘防治的生态调控措施；二是建议由环境保护部牵头，针对南疆地区探索建立特殊区域空气质量评价方法，区分影响空气质量人为因素和自然因素；三是国家提供专项资金支持在南疆开展沙尘天气监测能力建设，完善预警预报系统。

第十章 中国生态文明建设主要任务

一、生态文明建设存在的问题

（一）绿色转型的资源环境硬性约束仍将高位运行

一是资源约束趋紧将持续存在。资源分布区域差异大，水资源格局与能源生产格局、土地分布格局、粮食生产格局、人口分布格局、经济格局严重不匹配，“十三五”我国环境承载力仍将处于严重超载阶段。二是产业结构调整压力大。重工业产值占工业总产值的比重保持在70%左右。三是资源消耗总量大，环境承载力严重超载。我国已成为世界上能源、钢铁、氯化铝、铜、铅、锌、水泥等战略资源消耗最大的国家，能源消耗从1990年的9.9亿t上升到2015年的43亿t。四是资源利用效率低。2015年我国主要资源产出率为5994元/t，在国际上处于下游水平（国际水平为500～3500美元/t）。2016年我国单位GDP能耗约是全球平均水平的2.5倍。

（二）生态环境质量与人民群众需求仍有明显差距

2015年我国城镇化率达到56.1%，但雾霾、垃圾围城等“城市病”依然突出，生态环境质量与人民群众需求之间仍有明显差距。2016年，全国仍有75.1%的城市环境空气质量超标，32个城市重度及以上污染天数超过30天。部分水体趋于恶化，121个国控断面持续为劣Ⅵ类，15.4%的地下水型水源地水质未达标。全国土壤监测点位监测数据显示总超标率为16.1%，长三角、珠三角、东北老工业基地等部分区域土壤污染问题较为突出。2016年我国位于全球环境指数排行榜第109位，虽然相比往年有所提升，但总体上排名靠后，且仍有超过50%的人暴露在各种超标的污染物（如粉尘、可吸入颗粒物）中。

（三）政府生态文明治理能力与现代化要求不匹配

中央环保督查发现一些地方仍然重竞技发展、轻环境保护，对环境保护工作的重视程度和工作力度与中央要求和群众期盼仍有较大差距，生态文明体制机制尚不健全。生态文明建设的一些中央领域和管理制度还存在明显的立法空白，有关资源利用和环境保护的法律规定基本滞后于社会主义市场经济改革进程，立法层级低、立法冲突、违法成本低等问题依然突出。独立、统一、高效的生态文明机制仍未建立，职能分割、职能交叉等深层次体制性问题的解决方案还处于试点起步阶段，生态环境领域执法力量薄弱。

（四）生态文明全社会行动体系尚未建立

生态文明建设的社会行动机制需要完善，公众生态文明意识虽然已经觉醒，但是生态文明参与度不高，生态文明法治观念淡薄，对政府依赖较为严重，邻避现象突出。政府、企业和社会公众的主体责任不够明确和清晰，公众参与形式较为单一，环境保护民间公益组织的作用未得到充分发挥。生态文明建设的市场机制目前尚处于起步和试点阶段，市场经济手段运用不足，环境产权制度尚未建立。

（五）绿水青山转化为金山银山的有效模式依然缺乏

我国生态文明实践仍处于初级阶段，虽然已经在三个省开展试验区建设，但由于我国地域广阔、区域差异巨大，绿水青山转化为金山银山的有效模式和路径仍然缺乏。支撑我国绿色、循环、低碳发展的核心科技创新能力仍不足，生态文明领域科技投入占科技总投入的比重不高，现有生态环境治理领域的科技工作思路与生态文明建设的内在要求存在偏差，缺乏资源-环境-生态-社会-民生之间的顶层设计和生态建设全过程的统筹安排。

二、生态文明建设主要经验

近 20 年来，生态文明示范创建以鼓励先进和典型示范为主要手段激发动力，以顶层设计和基层创新相结合为主要途径进行实践探索，取得了显著的先行成效，概括起来，有以下几个方面的经验，可为后续生态文明建设提供借鉴。

（一）坚持六大体系协调同步

按照“将生态文明建设融入经济、政治、文化、社会建设各方面和全过程”的要求，保障生态空间、生态经济、生态环境、生态生活、生态制度、生态文化六大体系协同发展。

1. 优化生态空间

国土空间是生态文明建设的空间载体，各地应按照全国及地方主体功能区划的定位，以环境容量和资源环境承载力为基础，确定区域的复合生态功能，通过划定主体功能区、严格控制开发强度，明确生态空间红线、保障区域生态安全，优化生产空间布局、增强产业集聚效应，引导生活空间开发、构建新型城乡格局等，构建科学合理的生态、生产、生活格局，最终实现人口资源环境相均衡、经济社会生态效益相统一。

2. 发展生态经济

随着工业化的深入发展和城镇化的加快推进，“唯 GDP 论英雄”曾经一度成为一些领导干部的主流政绩观，粗放的发展方式，对生态环境的忽视，对重污染企业的纵容，导致我国在经济社会发展的同时确实付出了并且仍在付出较大的环境代价，因此，高效的生态经济体系是生态文明建设的必然要求。各地应结合当地实际情况，下决心改变不合理的产业空间布局、产业结构、生产方式，积极以资源约束和环境污染倒逼产业结构调整和能源结构调整，以发展生态产业和推动科技创新提高资源能源节约集约利用效率，着力建设绿色经济、循环经济和低碳经济体系。

3. 保护生态环境

良好的生态环境体系是生态文明建设的核心目标，解决经济发展与生态环境保护之间的矛盾，正是生态文明建设的难点所在。各地应积极促使地方领导干部，特别是党政一把手，牢固树立“生态优先、绿色发展”的根本理念，认真处理好保护和发展的关系，摒弃把发展与保护对立起来的思维束缚，把生态环保作为发展的机遇而不是“包袱”。各地应结合当地实际情况，采取“重点突破、整体推进”的基本策略，加强环境污染治理基础设施建设，全面推进水、大气、固废和土壤污染防治；加强重点领域的环境风险防范体系建设，强化环境监管执法工作，提升环境风险应急水平；积极开展农村面源污染防治，全面改善农村环境状况；不断加强自然生态保护和生态修复，全力保障区域和流域生态安全。

4. 践行生态生活

生态生活是生态文明的前提和基础，生态文明是生态生活的目的和归属。各地应积极打造适宜的生态生活体系，通过加快城乡环境综合整治、建设城镇生态绿地、生态化改造市政设施、大力推广绿色建筑、打造绿色交通网络等措施，健全公共服务设施等，促进人居环境改善；同时，引导居民生活方式和消费模式向勤俭节约、绿色低碳、文明健康方向转变，力戒奢侈浪费和不合理消费，推动生活方式的绿色化。

5. 完善生态制度

结合中共十八届三中全会《中共中央关于全面深化改革若干重大问题的决定》，中共中央、国务院《关于加快推进生态文明建设的意见》《生态文明体制改革总体方案》等相关文件要求，建议各地从源头保护、过程严管、后果严惩、经济政策及市场运行机制 4 个方面，建立并完善生态文明制度体系，如建立自然资产产权管理和用途管制制度；制定资源环境承载能力监测预警机制；开展国土空间动态监测，建立应急管理机制；完善环评制度在政府工作中的作用，将规划环评、战略环评真正的纳入到综合决策中，通过环评工作为政府决策提供支撑。健全生态环境保护和治理体系；完善资源总量管理和全面节约制度；开展生态文明建设统计监督及执法监督；完善信息公开制度；健全企业及公众参与机制；建立生态文明建设评价考核体系；探索编制自然资源资产负债表；建立资源资产离任审计制度；建立损害责任终身追究制度；严格实行生态环境损害赔偿制度；建立环境公益诉讼制度；健全资源有偿使用和生态补偿制度；完善第三方管理制度；健全市场交易制度；建立绿色金融体系等，为建设保驾护航。

6. 弘扬生态文化

生态文化是推进生态文明建设的强大动力，是传承中华民族优秀传统文化与生态智慧，融合现代文明成果与时代精神，促进人与自然和谐共存的重要文化载体；是提升国家软实力、实现中华民族复兴的驱动力。《中共中央　国务院关于加快推进生态文明建设的意见》明确提出：“坚持把培育生态文化作为重要支撑。将生态文明纳入社会主义核心价值体系，加强生态文化的宣传教育，倡导勤俭节约、绿色低碳、文明健康的生活方式和消费模式，提高全社会生态文明意识。”各地应积极从培育生态文明意识、普及生态文明知识、鼓励公众参与等方面出发，形成人人、事事、时时崇尚生态文明的社会新风尚，为生态文明建设奠定坚实的社会、群众基础。

（二）完善生态文明建设的保障措施

从生态文明示范创建的发展历程可以看出，生态文明示范创建工作始终以党和国家提出的发展战略为指导，各地在推动生态文明建设过程中，应当坚持“科学规划、统筹推进”的基本要求；发挥“目标导向、严格考核”的有效驱力；落实“工程带动、项目管理”的重要抓手；强化“分类指导、规范管理”的组织保障，以此推动生态文明示范创建的有效开展。

1. 坚持“科学规划、统筹推进”的基本要求

科学编制生态文明示范创建规划是综合推进不同领域协调发展的重要前提，也是生态文明示范创建的基本条件。各创建地区在规划编制阶段，主动衔接地方发展总体规划和各专项规划，努力消除条块分割、职能交叉、相互掣肘的管理体制弊端；在规划审批环节，通过地方人大常委会审批，确立生态文明示范创建规划的法律地位，确保地方领导能够一届接着一届推，常抓不懈；在规划实施过程中，发挥自身资源、地缘、区位等优势，在生态产业上开发、推进，在生态环境上优化、提高，在生态人居上探索、突破，在生态文化上扬弃、创新；在考核验收时，必须开展生态文明示范创建规划实施情况评估，为生态文明示范创建成效评价提供依据。

2. 发挥“目标导向、严格考核”的有效驱力

生态文明示范创建本身就是一种制度上的创新，通过设定创建目标指标体系，注重顶层设计，为各地查找自身差距提供依据，激发其改进、提升的动力；通过严格考核程序，鼓励基层创新，给予“含金量高”的地区一一命名的奖励，激发基层获取荣誉的动力。其中，严格考核程序主要包括：建立了生态省、生态市、生态县、生态乡镇、生态村之间4个80%的体系要求，自下而上推动；鼓励公众参与，要求公开生态文明示范创建过程，并在验收环节进行公示，主动接受社会监督；即便已经获取生态文明示范创建命名的地区，也必须定期开展复核，以便有关领域继续保持领先水平等等。

3. 落实“工程带动、项目管理”的重要抓手

生态文明示范创建的要求不能停留在理念和口号上，生态文明示范创建的任务也不能只是描绘在规划文本上，而是必须落实到实际行动上。生态文明示范创建多年来的实践经验表明，各地必须坚持问题导向，着力解决当地突出生态环境问题，系统谋划、集中治理。确定一批重点项目和工程，通过多渠道筹集资金，集中人力、物力和财力，把创建任务具体化、时限化、责任化，转化为实实在在的社会行动，做到创建工作远期有目标，近期有行动，届终、年终有成效，才能确保规划目标的实现。

4. 强化“分类指导、规范管理”的组织保障

我国地域辽阔，各地情况千差万别，在生态文明示范创建中必须坚持从实际出发、分类指导。针对不同层级的地区，《国家环保总局关于加强生态示范创建工作的指导意见》（环发〔2007〕12 号）提出了分类指导：生态省建设主要突出宏观性、战略性和指导性，着力完善推进机制，在法规、政策体系建设、制度创新、目标责任制考核等方面不断探索；指导资源开发和配置，引导产业发展和生产力布局等。生态市、生态县建设要突出实践性，重在过程。针对不同类型的地区，2003 年试行、2007 年修订的“生态县、生态市、生态省建设指标”针对经济发达或经济欠发达地区、不同地貌（山区、丘陵区、平原地区）设定了不同的标准。针对不同行业，2006 年，原国家环保总局发布了《行业类生态工业园区标准（试行）》（HJ/T 273—2006）、《综合类生态工业园区标准（试行）》（HJ/T 274—2006）和《静脉产业类生态工业园区标准（试行）》（HJ/T 275—2006），引导三类生态工业园区的建设，也为生态工业园区的管理和验收提供了依据等等。

（三）强化生态文明建设主体力量

生态文明示范创建，特别是生态省、生态市、生态县建设，从一开始就定位为促进区域全面协调和可持续发展的一种具体实践和探索，是破解环境保护与经济发展主要矛盾的根本途径。而破解环境保护与经济发展的主要矛盾不仅仅是某一个部门的责任，也不只是依靠某一任领导推动就能完成的，必须健全“党政主导、社会参与”工作机制，生态文明示范创建必须得到社会各界的普遍关注和重视。

1. 加强政府领导的主体作用

以生态省建设试点为例，绝大部分生态省建设均由省人民政府提出申请，经国家环境保护行政主管部门审批同意后，列为全国生态省建设试点地区；海南、黑龙江、浙江、山东、江苏、安徽、河北、四川等省份还做出了关于建设生态省的决定或关于加快生态省建设的意见；各地均成立了党委政府主要领导挂帅、环保部门监督协调、有关部门共同参加的建设领导小组，下设专门办公室；建立了综合决策机制和目标责任制，将阶段性目标具体化、时限化、责任化，与各地市、各部门签订责任状，纳入各级领导干部责任考核，并定期组织检查考核；建立了生态文明示范创建引导或奖励资金，提高各级领导干部的创建积极性。

2. 发挥人民群众的主体作用

明确公众参与环保的权利和义务，使公民真正参与到与自己利害相关的环境事务中，表达自己的利益诉求，并对行政权力起到良好的监督及制衡作用。制定公众参与环境保护工作相应的奖励制度，安排专项资金，设立环境保护奖项，对积极参与环保工作的个人或单位给予公开表扬或授予荣誉称号，对举报企业环境污染等行为进行奖励。建立生态文明建设决策咨询、听证制度，拓展公众参与渠道，保障公众知情权、参与权和监督权。在建设项目审批上实行先公示、后审批和审批时请群众代表参与的制度，对一

些建设项目，特别是一些污染较大和环境敏感的项目，在项目的立项、环评和验收阶段都邀请群众代表参与，听取群众意见，形成环保部门、企业、公众“三位一体”把关机制，让老百姓真正参与到环保工作中来。

3. 强化企业、社区的主体作用

在开展政府机构生态文明考核的基础上，积极构建重点企业、社区生态责任考核评价体系，从环保法律法规执行情况、环保体系建设、环保设施运行管理、总量控制指标、清洁生产等多方面构建重点企业、社区相应的目标责任考核办法，明确其环境保护年度责任目标，编制和发布生态责任报告。政府针对重点企业、社区生态文明考核制定相应的激励、奖励措施，激发企事业单位参与生态文明建设的积极性。

（四）增强科技力量，建立生态文明技术创新机制

1. 加快生态文明技术的开发

将资源节约、替代、循环利用、污染治理和生态修复等先进适用技术的开发，纳入地区中长期科技发展规划。加强产学研合作，充分发挥高校、科研院所、骨干企业的科研优势，共同研究解决资源节约与循环利用、污染治理与生态修复等关键技术问题。建立健全知识产权保护体系，加大保护知识产权的执法力度，保护企业自主开发节能环保技术和产品的积极性，引导企业研发节能环保实用技术。

2. 加强生态文明技术的示范与推广

重点支持节能减排、再制造、共伴生矿产资源和尾矿综合利用、废物资源化利用、有毒有害原材料替代、循环经济产业链接、污染治理、生态修复等关键技术和装备的产业化示范。通过举办生态文明博览会等形式，展示节能环保产品、技术与装备，积极开展生态文明建设的交流与合作。

3. 建立生态文明技术咨询服务体系

依托科研院所、高校、行业协会以及企业，开展生态文明法规政策研究和技术开发，为企业、园区、城市提供生态文明规划制定、问题诊断等方面的咨询服务。以再生资源回收体系为基础，建立区域性的废弃物交易中心、再生产品交易中心、危废处理中心。定期举办区域性的生态文明博览会，推动节能环保技术、装备、产品的交易。

三、生态文明建设重点任务

（一）培育生态产品生产成为新兴产业形态

新时代社会主义生态文明的标志性新兴产业就是生态产品生产产业的崛起。一是将生态资源资产纳入国民经济统计核算体系，建立生态资源资产统计核算业务化方法体系，构建综合衡量区域经济发展和生态资源资产状况的区域发展指数，实现国内生产总

值与生态系统生产总值双核算；二是加大对生态资源资产的投资，实施一批生态资源资产培育工程和生态系统修复工程，培育生态生产产业成为新兴产业形态和经济发展引擎，实现生态资源资产的绿色储蓄，藏富于绿水青山，推动生态资源资产与经济发展的协同增长；三是建立生态资源资产市场作用机制，创新基于生态资源资产的金融信贷政策，实现生态资源资产的资本化，让生态资源资产所有者能够通过转让、租赁、抵押、入股等形式交易生态资产使用权，使其获得稳定收益，扩大生态生产产业的就业。

（二）坚持绿色驱动产业的生态化转型

以绿色发展为引领驱动产业生态化转型，一是基于资源环境承载能力优化产业发展布局，强化京津冀、长江经济带等重点区域的资源环境承载力约束；对于环境容量未超载地区，要严控增量，优化存量，保持环境质量不下降；对于环境容量超载地区，继续强化削减总量，提升行业排放标准，推进产业技术进步和绿色化，切实降低环境负荷；二是将生态理念贯彻到产业转型升级发展过程中，大力发展生态工业、生态农业、生态服务业，推动传统产业的生态化转型升级；三是加大污染治理投资力度，完善节能环保产业社会化投融资机制，规范和开发环保市场，培育行业龙头骨干企业，提高行业整体创新意识与自主研发能力，将节能环保产业打造成为新兴的支柱产业。

（三）补齐农村短板建设生态宜居城乡

农村是实现全面小康社会和新时代社会主义生态文明的短板，补齐农村生态文明建设的短板，一是要深化土地改革，实现城乡要素平等交换的重大突破，为农村发展注入新动力，科学规划农村土地整理，全面建设农村基础设施，加强农村公共服务设施，打造功能多元、环境优美、生态宜居的美丽乡村；二是促进一二三产业深度融合，使用“互联网+”工具，促进城乡广泛参与的社会化农业，打造现代农业升级版，实现中国特色农业现代化；三是发展农村代谢共生产业，以农村废弃物以及废弃物资源化的产品为控制因素，设计、规划养殖、种植、人居规模耦合的区域，实现废弃物的近零排放与资源最大化利用，构建生产-生活-生态-生命一体化协调发展的“四位一体”农村发展模式，构筑具有循环社会特征的农村社会。

（四）提升生态效率建设零碳无废社会

破解工业文明社会的高碳排放和高资源消耗的难题，实现低碳循环发展是开创新时代社会主义生态文明的重要基石。一是将建设零碳无废社会作为远景目标，提高到国家战略高度，将资源产出率、资源循环利用率等量化指标作为生态文明建设评价和政府绩效考核的重要指标，开展“无废城市”“近零碳排放区”试点，形成具有中国特色的低碳循环经济发展模式；二是坚持节能优先，继续强化节能降耗指标约束，形成能源绿色低碳发展倒逼机制，推动能源生产和消费的革命，加快能源生产由黑色、高碳向绿色、低碳转变，加快能源消费由粗放、低效向节约、高效转变，推动化石能源的洁净利用与总量控制，强化高碳能源的低碳化利用技术，大力发展非化石能源，增加可再生能源和核能等低碳能源在总能源中的比重达到一半以上，实现能源结构性变革；三是构建循环型产业体系，推行企业循环式生产、园区循环化发展、产业循环式组合，促进生产和生活系统的循环链接，构建全社会固体废物分类资源化循环体系，推动再制造产业规模化发展，提高生产和消费领域的循环发展水平。

（五）培育全民生态文化自觉和绿色生活方式

生态文明首先是人的文明，提高公众生态文明素养、培育全民生态文化自觉是开创新时代社会主义生态文明的基石。一是制定出台《全民生态文化发展纲要》，将生态文明融入社会主义核心价值观体系，传承中华传统文化中敬畏天地、道法自然、天人合一的生态伦理，构建以人与自然和谐共生为核心价值观的生态文化，把生态文明教育纳入国民教育和领导干部培训体系；二是加强基本道德素养的培育，加强社会公德、职业道德、家庭美德、个人品德教育，弘扬我国优秀传统文化，全面提高国民道德素质；三是提高全民科学文化素养，在全社会形成崇尚科学精神的氛围，激发全社会创新创造活力，为实施创新驱动发展战略和生态文明建设提供有力支撑；四是将生态文化转化为社会和公众的自觉践行绿色低碳的消费模式，提倡适度消费、精品消费和精致生活，引导群众扩大非物质领域消费，引导社会公众自觉选择资源节约型、环境友好型的消费模式，实现消费方式和生活方式绿色化转变。

（六）健全保障生态资源资产增值的法制体系

健全保障生态资源资产增值、实现绿水青山就是金山银山的法制体系，是开创新时代的社会主义生态文明根本保障。一是将生态文明入宪，为全面衔接和协调生态文明体制改革的党内法规和国家法律法规奠定基础，推动生态文明建设法制化和程序化；二是建立反降级的刚性约束，不再允许为经济发展牺牲环境质量，在无法满足要求的地区，有必要降低经济发展速度，对质量降级的地区，必须严格问责，实现保护-提升-再保护-再提升的良性发展；三是健全保障生态资源资产为核心的生态文明制度体系，从源头上健全建立自然资源资产产权制度和监管体制，从过程上加强资源有偿使用制度、生态补偿制度等，从后果上实施生态环境损害责任终身追究制、损害赔偿、领导干部自然资源资产离任审计等，构建体系更全面、手段更丰富、责任更明确的新型生态环境管理体系。

（七）引领全球治理共同构建人类命运共同体

中国作为打造人类命运共同体的倡导者和实践者，引领全球绿色治理，构筑尊崇自然、绿色发展的全球生态体系是新时代社会主义生态文明的重要使命。一是积极引领生态环境保护国际谈判和国际规则制定，主动承担与自身能力相匹配的国际责任，维护全球生态安全；二是提升绿色制造、信息技术、新能源技术、生态产业等重点领域的国际标准转化率，以标准助力全球绿色发展；三是积极推广我国生态文明建设理念和模式，为世界特别是广大发展中国家的可持续发展提供中国智慧与中国方案，共同提高人类福祉。

（八）实施绿色科技创新工程支撑生态文明建设

以科技创新实现生态效率的革命性提升，是开创新时代社会主义生态文明的强大驱动力。一是制定实施国家绿色科技中长期发展战略规划，优先安排制约区域或行业发展的重大和共性技术研发，实施一系列绿色科技创新工程，解决生态文明建设的科技难题；二是实施生物工程、纳米科技、人工智能等基础科技创新工程；三是实施绿色制造、在役再制造、智能制造、工业强基等中国制造发展促进工程；四是实施低成本光伏发电、生物质高质化转化、快中子堆、受控核聚变新型核电等绿色新能源科技工程；五是实施“城乡矿山”开发利用、山水林田湖生态修复等资源循环和生态建设工程。

课 题 研 究

课题一

国家生态文明建设指标体系研究与评估

中国特色社会主义已经进入新时代，生态文明建设作为中华民族永续发展的千年大计，是破解社会主要矛盾、建设美丽中国、创造良好生产生活环境、维护全球生态安全的重大举措。2015 年中国工程院启动“生态文明建设若干战略问题研究”（二期）项目，其中课题一“国家生态文明建设指标体系研究与评估”设置了五个研究内容：一是完善国家生态文明建设指标体系，开展我国生态文明建设成效评估；二是剖析国家生态文明统计与核算方法方面存在的突出问题，并提出建立健全国家生态文明指标统计体系的策略建议；三是开展生态文明发展国际比较研究，为构建中国特色生态文明建设模式提供策略建议；四是通过对典型地区生态文明建设的调研，提出区域生态文明建设路径；五是总结生态文明示范创建经验，为优化生态文明示范创建活动提供对策建议。

一、中国社会主义生态文明建设发展水平评估

为全面客观地反映和描述我国生态文明发展水平，项目结合我国生态文明建设总体目标，构建了包含绿色环境、绿色生产、绿色生活、绿色治理 4 个领域的指标体系，采用双基准目标渐进法赋分，以 2015 年为评估年，以全国 337 个地级及以上城市（不含香港、澳门、台湾及海南三沙）为单元，根据主体功能定位，从国家、省、市三个层次开展评估。经评估，2015 年我国生态文明发展水平平均分值为 61.16 分，其中浙江、福建、海南三省生态文明发展水平处于相对领先地位。337 个地级市中，仅黄山一市的生态文明发展水平为优秀，占城市总数量的 0.30%。

（一）评估指标体系

1. 指标体系构建原则

继承性原则：既要充分体现党和国家在生态文明发展的目标、任务的政策性部署，也要体现国际可持续发展目标的新趋势，充分借鉴国内外可持续发展评估、绿色发展评估相关研究成果，形成科学、客观的生态文明发展指标体系。

导向性原则：指标体系要体现生态文明发展的规律和特点，能够适时进行调整和完善，适应国家政策的变化及数据可得性的变化，具有导向性和前瞻性，能够对生态文明发展具有超前的指导作用。

系统性原则：指标体系具有层次性，各指标要有一定的逻辑关系，从不同的侧面反映生态文明建设五位一体的部署和要求，各指标之间相互独立，又彼此联系，共同构成一个有机统一体。

分异性原则：考虑到我国不同区域自然资源禀赋、生态环境条件、经济社会发展等差异较大，指标体系既要体现生态文明发展水平的一般要求，也要反映区域的自然地理条件、经济社会目标差异，能够综合体现不同区域生态文明发展水平的分异特征。

权威性原则：指标的选取要以权威机构发布的统计资料为基础，部分引用权威机构的评价指标。

可操作性原则：考虑数据获取和统计评估上的可行性，指标在数量上要体现少而精，在实际应用过程中要方便、简洁，具有广泛的实用性。

2. 指标体系

本研究结合我国生态文明建设的总体目标，从领域、指数和指标三个层次构建评估评价指标体系（课题表 1-1）。具体框架如下所述。

课题表 1-1　中国市域生态文明发展水平评价指标体系

领域层	指数层	指标层		单位
绿色环境	生态质量指数	1	生态用地质量	—
	环境质量指数	2	环境空气质量	—
		3	地表水环境质量	—
绿色生产	产业优化指数	4	人均 GDP	元
		5	第三产业增加值占 GDP 比重	%
	产业效率指数	6	单位建设用地 GDP	万元/km^2
		7	主要水污染物排放强度	kg/万元
		8	主要大气污染物排放强度	kg/万元
		9	单位种植面积化肥施用量	t/ hm^2
绿色生活	城乡协调指数	10	城镇化率	%
		11	城镇居民人均可支配收入	元
		12	城乡居民收入比例	%
	城镇人居指数	13	人均公园绿地面积	hm^2/万人
		14	建成区绿化覆盖率	%
	绿色消费指数	15	人均生态足迹	hm^2/万人
绿色治理	污染治理指数	16	城市生活污水处理率	%
		17	城市生活垃圾无害化处理率	%
	建设绩效指数	18	自然保护区面积占比	%
		19	单位 GDP 能耗下降率	%
调节指标		20	突发环境风险指数	—

注：—表示无量纲

领域层：包括绿色环境、绿色生产、绿色生活和绿色治理 4 个领域。

指数层：整体上反映各领域的综合发展状况，根据各领域的特征共划分为 10 个指数。

指标层：评估各项指数的具体指标，共包括 20 项指标。

（二）评估指标权重和方法

1. 权重选取

为充分体现绿水青山就是金山银山的理念，反映我国主体功能定位的差异化，突出不同主体功能类型发展特点与要求，体现生态环境质量的核心地位。本研究在确定指标体系的基础上，参考《国家主体生态功能区划》对不同类型的主体功能定位，在征求专家意见的基础上结合层次分析法（AHP）针对各主体功能区特点分别确定差异化权重系数。市域生态文明发展评价指标体系指标层权重见课题表 1-2。

课题表 1-2 中国市域生态文明发展评价指标体系指标层权重表

序号	指标层	优化开发区	重点开发区	农产品主产区	重点生态功能区
1	生态用地质量	1	1	1	1
2	环境空气质量	0.50	0.50	0.50	0.50
3	地表水环境质量	0.50	0.50	0.50	0.50
4	人均 GDP	0.50	0.50	0.50	0.50
5	第三产业增加值占 GDP 比重	0.50	0.50	0.50	0.50
6	单位建设用地 GDP	0.30	0.30	0.20	0.20
7	单位 GDP 水污染物排放强度	0.25	0.25	0.20	0.30
8	单位 GDP 大气污染物排放强度	0.25	0.25	0.20	0.30
9	单位农作物种植面积化肥施用量	0.20	0.20	0.40	0.20
10	城镇化率	0.30	0.40	0.30	0.30
11	城镇居民人均可支配收入	0.30	0.30	0.30	0.30
12	城乡居民收入比例	0.40	0.30	0.40	0.40
13	人均公园绿地面积	0.45	0.45	0.50	0.50
14	建成区绿化覆盖率	0.55	0.55	0.50	0.50
15	人均生态足迹	1	1	1	1
16	城市生活污水处理率	0.50	0.50	0.50	0.50
17	城市生活垃圾无害化处理率	0.50	0.50	0.50	0.50
18	自然保护区面积占比	0.40	0.40	0.60	0.60
19	单位 GDP 能耗下降率	0.60	0.60	0.40	0.40

2. 评估基准选择

为使得指标数据具有可比性，对数据进行标准化及同向化处理，常用的有“极差标准化”、“Z-score 标准化”和“按小数定标标准化”等。本研究首次采用双基准渐进法（课题图 1-1）对评价指标赋分，对每个指标分别设定 A、C 两个基准值，其中 A 值为优秀值，即指标通过标准化后可获得 90 分时所对应的数值；C 值为达标或合格值，即指标通过标准化后可获得 60 分时所对应的数值。指标赋分计算公式及原理图如下：

$$A_{ij}=(X_{ij}-S_{C(X_{ij})})\times\frac{(S_A-S_C)}{(S_{A(X_{ij})}-S_{C(X_{ij})})}+S_C$$

式中，当 A_{ij}<0 时，A_{ij} 取值为 0；当 A_{ij}>100 时，A_{ij} 取值为 100；A_{ij} 为第 i 年的第 j 个评价指标数据标准化后的值；X_{ij} 为第 i 年的第 j 个评价指标的原始值；$S_{A(X_{ij})}$ 为第 i 年的第 j 个评价指标标准值 A 值；$S_{C(X_{ij})}$ 为第 i 年的第 j 个评价指标标准值 C 值；S_A 为此评价指标标准值 A 值对应分数（90 分）；S_C 为此评价指标标准值 C 值对应分数（60 分）。

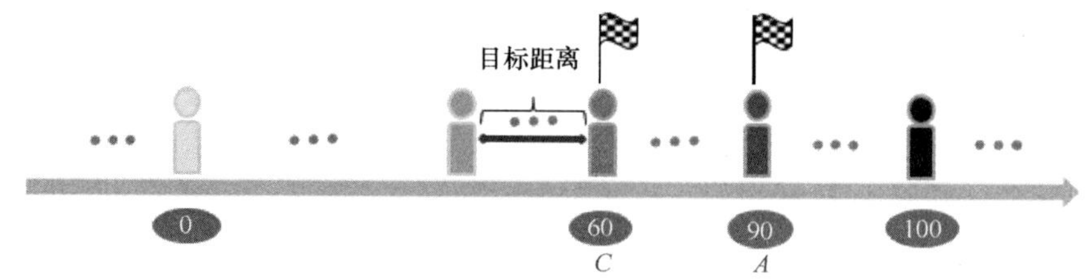

课题图 1-1　双基准渐进法图示

基准值确定优先依据国家或部门行业标准、国家相关规划或其他要求、国内外城市的类比值。对于没有确切的参考依据的部分指标，采用该指标数据的统计学分布特征的数值作为基准值（课题表 1-3）。

课题表 1-3　指标基准的确定标准

序号	指标	单位	基准值	选取依据
1	生态用地质量	无量纲	*A* 值：80 *C* 值：50	统计学分布特征
2	环境空气质量	无量纲	*A* 值：50 *C* 值：100	《环境空气质量标准》(GB 3095—2012)（空气质量为“优”时 AQI 为 0～50；“良好”时 AQI 为 51～100）
3	地表水环境质量	无量纲	*A* 值：1 *C* 值：5	《地表水环境质量标准》(GB 3838—2002)（Ⅲ类水浓度标准限值，并根据数据统计学分布特征划定 *A*、*C* 值）
4	人均 GDP	元	*A* 值：60 000 *C* 值：20 000	根据世界银行划分 5 类区域及经济体。以小康水平人均 GDP 数值（800～3 000 美元）取整划定 *C* 值；以中高等收入国家人均 GDP（8 000 美元）取整划定 *A* 值
5	第三产业增加值占 GDP 比重	%	*A* 值：60 *C* 值：40	以工业化后期第三产业占比为 *C* 值；以 2015 年中高等收入国家第三产业占比划定 *A* 值
6	单位建设用地 GDP	万元/km^2	*A* 值：520 *C* 值：270	统计学分布特征
7	主要水污染物排放强度	kg/万元	*A* 值：0.015 *C* 值：0.04	统计学分布特征
8	主要大气污染物排放强度	kg/万元	*A* 值：0.2 *C* 值：0.5	统计学分布特征
9	单位种植面积化肥施用量	t/hm^2	*A* 值：0.18 *C* 值：0.45	参考农业部《到 2020 年化肥使用量零增长行动方案》，以 2015 年中国化肥施用量为 0.466t/hm^2 划定 *C* 值；以 2015 年中高等收入国家 0.175t/hm^2 化肥施用量划定 *A* 值
10	城镇化率	%	*A* 值：80 *C* 值：60	以《中华人民共和国国民经济和社会发展第十三个五年规划纲要》中 2020 年目标值（60%）划定 *C* 值；参考 2015 年世界银行高收入国家 81.16%城镇化率划定 *A* 值
11	城镇居民人均可支配收入	元	*A* 值：100 000 *C* 值：18 000	以《全面建成小康社会的基本标准》中关于城镇居民人均可支配收入的规定划定 *C* 值；以中高等收入国家人均国民收入划定 *A* 值
12	城乡居民收入比例	%	*A* 值：1.8 *C* 值：2.2	统计学分布特征
13	人均公园绿地面积	hm^2/万人	*A* 值：13 *C* 值：7.5	以《城市园林绿化评价标准》(GB 50563—2010）中Ⅱ级标准划定 *C* 值；以《国家生态文明建设示范市指标（试行）》中关于城镇人均公园绿地面积的要求划定 *A* 值
14	建成区绿化覆盖率	%	*A* 值：40 *C* 值：36	以《城市园林绿化评价标准（GB 50563—2010）中的Ⅰ级标准划定 *A* 值；以Ⅱ级标准划定 *C* 值

续表

序号	指标	单位	基准值	选取依据
15	人均生态足迹	hm^2/万人	*A* 值：1 *C* 值：2	统计学分布特征
16	城市生活污水处理率	%	*A* 值：95 *C* 值：85	以《国家新型城镇化规划（2014—2020 年）》中 2020 年目标值及《国家生态文明建设示范市指标（试行）》中关于城市污水处理率的要求划定 *A* 值；以"十二五规划"目标值划定 *C* 值
17	城市生活垃圾无害化处理率	%	*A* 值：95 *C* 值：85	以《国家新型城镇化规划（2014—2020 年）》中 2020 年目标值划定 *A* 值、*C* 值
18	自然保护区面积占比	%	*A* 值：20 *C* 值：12	以《国家生态文明建设示范市指标（试行）》中受保护地区占国土面积比例划定 *A* 值；以 2014 年中高等收入国家平均受保护区面积占比划定 *C* 值
19	单位 GDP 能耗下降率	%	*A* 值：9 *C* 值：3.9	以《2014—2015 年节能减排低碳发展行动方案》工作目标划定 *C* 值；以数据统计学分布特征划定 *A* 值

3. 等级划分

生态文明发展评价等级的划分是为了对生态文明建设不同发展阶段的综合指数的相对大小进行比较，也为了便于城市之间的定量对比，体现绿色环境、绿色生态、绿色生活和绿色治理对生态文明发展指数的影响程度。

基于生态文明发展指数的计算结果，参考国内外相关研究，采用聚类分析法把中国生态文明发展水平划分为优秀、良好、一般和较差 4 个等级，等级量度值范围见课题表 1-4。生态文明发展指数越高，表明建设效果越好。

课题表 1-4　生态文明发展评价等级及其标准化值

等级划分	得分	标准说明
优秀	$K \geqslant 80$	生态文明发展水平整体优秀，各个领域均能位于我国的领先水平，或能够达到世界先进水平，没有明显的短板或制约因素
良好	$80 < K \leqslant 70$	生态文明发展水平整体良好，各领域发展较为均衡协调，大部分指标能够达到我国先进水平，但部分方面还存在明显不足和制约因素
一般	$70 < K \leqslant 60$	生态文明发展水平整体达标，各个领域基本能够达到国家相关要求，但各个领域发展还不均衡，部分指标还存在较大差距
较差	$K < 60$	生态文明发展整体水平还有较大差距，各个领域中存在突出短板或较多制约因素

（三）评估结果

1. 生态文明发展水平整体不容乐观

2015 年，中国生态文明发展水平平均分值为 61.16 分（课题表 1-5），总体属于一般水平。337 个地级市中，仅黄山一市的生态文明发展水平为优秀，占城市总数量的 0.30%；达到良好级别的城市为 43 个，占城市总数量的 12.76%；150 个城市评估分值为一般水平，约占城市总数量的 44.51%；值得注意的是还有 143 个城市的生态文明发展水平较差，约占城市总数量的 42.43%，这一结果表明我国存在大量生态文明建设方面落后的地区，整体情况不容乐观。

课题表 1-5　中国生态文明发展水平整体情况

领域	分值	数量/比例	优秀	良好	一般	较差
绿色环境	57.17	数量（个）	16	69	72	180
		比例（%）	4.75	20.47	21.36	53.41
绿色生产	63.38	数量（个）	39	39	109	150
		比例（%）	11.57	11.57	32.34	44.51
绿色生活	64.48	数量（个）	12	104	115	106
		比例（%）	3.56	30.86	34.12	31.45
绿色治理	63.30	数量（个）	24	93	103	117
		比例（%）	7.12	27.60	30.56	34.72
综合评估	61.16	数量（个）	1	43	150	143
		比例（%）	0.30	12.76	44.51	42.43

2. 生态文明发展水平空间分布不平衡情况显著

在空间上，生态文明发展水平在良好以上的城市主要集中分布在我国东部和南部地区；发展一般的城市分布比较分散；而生态文明发展水平较差的城市则在华北、西北地区较为集中，东部、中部、西部地区的生态文明发展水平的平均得分依次为 63.47 分、60.93 分和 59.53 分（课题表 1-6）。从领域上来看，西部地区的绿色环境分值最高；东部地区在绿色生产、绿色生活及绿色治理方面都远高于其他地区。

课题表 1-6　东部、中部、西部地区生态文明发展水平状况

领域	分值	数量/比例	优秀	良好	一般	较差
东部地区	63.47	数量（个）	0	24	49	29
		比例（%）	0	23.53	48.04	28.43
中部地区	60.93	数量（个）	1	11	48	44
		比例（%）	0.96	10.58	46.15	42.31
西部地区	59.53	数量（个）	0	8	53	70
		比例（%）	0	6.11	40.46	53.44
综合评估	61.16	数量（个）	1	43	150	143
		比例（%）	0.30	12.76	44.51	42.43

3. 绿色环境是我国生态文明发展的突出短板

在 4 个领域的评估结果中，绿色环境分值最低，仅为 57.17 分，总体属于较差水平，成为我国生态文明发展的突出短板。绿色环境等级优秀的城市共 16 个，占总数的 4.75%，绿色环境最好的城市是黄山市，分值为 89.95 分；达到良好级别的城市为 69 个，占总数量的 20.47%；72 个城市评估分值为一般水平，约占总数量的 21.36%；180 个城市评估分值为较差水平，约占总数量的 53.41%。

绿色生产评估分值为 63.38 分，总体属于一般水平：评估优秀的城市共 39 个，占总数的 11.57%；达到良好级别的城市 39 个，占总数量的 11.57%；109 个城市评估分值为一般水平，约占总数量的 32.34%；150 个城市评估分值为较差水平，约占总数量的

44.51%。

绿色生活评估分值为 64.48 分，总体属于一般水平：评估优秀的城市共 12 个，占总数的 3.56%；达到良好级别的城市 104 个，占总数量的 30.86%；115 个城市评估分值为一般水平，约占总数量的 34.12%；106 个城市评估分值为较差水平，约占总数量的 31.45%。

绿色治理评估分值为 63.30 分，总体属于一般水平，表明近年来我国在生态环境治理方面力度较强。绿色治理等级优秀的城市共 24 个，占总数量的 7.12%，达到良好级别的城市为 93 个，占总数量的 27.60%；103 个城市评估分值为一般水平，约占总数量的 30.56%；117 个城市评估分值为较差水平，约占总数量的 34.72%。

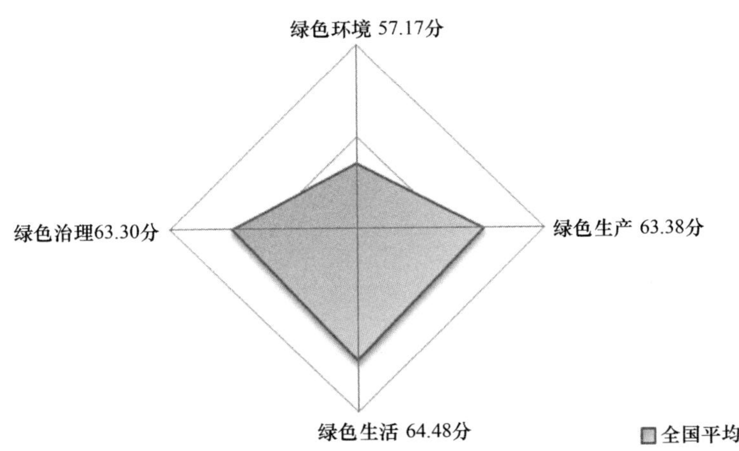

课题图 1-2　中国生态文明发展水平领域层雷达图

4. 农产品主产区生态文明发展水平滞后于其他功能区

从不同主体功能类型来看，生态文明发展水平在良好以上的城市主要集中分布在优化开发区；而生态文明发展水平较差的城市主要集中在农产品主产区，优化开发区、重点开发区、农产品主产区和重点生态功能区的生态文明发展水平的平均得分依次为 64.94 分、63.41 分、58.21 分和 61.06 分（课题表 1-7）。

课题表 1-7　主体功能区类型生态文明发展水平状况

领域	分值	数量/比例	优秀	良好	一般	较差
优化开发区	64.94	数量（个）	0	6	15	5
		比例（%）	0	23.08	57.69	19.23
重点开发区	63.41	数量（个）	0	15	54	29
		比例（%）	0	15.31	55.10	29.59
农产品主产区	58.21	数量（个）	0	5	38	62
		比例（%）	0	4.76	36.19	59.05
重点生态功能区	61.06	数量（个）	1	17	42	48
		比例（%）	0.93	15.74	38.89	44.44
综合评估	61.16	数量（个）	1	43	149	144
		比例（%）	0.30	12.76	44.21	42.73

二、生态文明建设的国际比较

（一）指标体系与评价方法

1. 生态文明国际指标体系框架

由于国际比较数据的可获取有限以及国与国之间更大的差异性，生态文明建设国际比较指标体系有别于我国国家生态文明发展水平评价体系。该指标体系的设立，以生态文明的内涵与特点为理论基础，构建有“总指标-考察领域-具体指标”三层框架，紧扣生态文明建设中生态状况、环境质量、社会发展、资源利用四大核心领域，选取具有显示度的、权威性的、连续性的具体指标，组成有 4 项二级指标和 10 项三级指标的指标体系。该指标体系对各经济体生态文明发展情况的评价，全部采用世界银行发布的权威数据，以 2015 年为评价基准年，以 1990 年为对比年，测算获得各经济体生态文明指数 ECI 2015 和生态文明进步指数 2015。具体指标见课题表 1-8。

课题表 1-8　生态文明建设国际比较指标体系框架 2015

一级指标	二级指标	三级指标	权重分	权重值	指标属性	数据来源	数据年份
生态文明指数	生态状况（25%）	森林覆盖率（%）	6	15.00	正指标	世界银行	2015
		自然保护区面积占国土面积比重（%）	4	10.00	正指标	世界银行	2012
	环境质量（25%）	$PM_{2.5}$ 年均浓度（$\mu g/m^3$）	3	8.33	逆指标	世界银行	2013
		PM_{10} 年均浓度（$\mu g/m^3$）	2	5.56	逆指标	世界银行	2011
		化肥施用强度（kg/hm^2）	4	11.11	逆指标	世界银行	2013
	社会发展（20%）	人均 GDP（2010 年不变价，美元）	5	12.50	正指标	世界银行	2015
		人均预期寿命（岁）	3	7.50	正指标	世界银行	2014
	资源效率（30%）	能源利用效率（购买力平价美元 GDP/kg 石油当量）	5	11.54	正指标	世界银行	2013
		水资源利用效率（2005 年不变价，美元 GDP/m^3）	4	9.23	正指标	世界银行	2014
		单位 GDP 二氧化碳排放量（kg/2010 年美元 GDP）	4	9.23	逆指标	世界银行	2011

注：本章原始数据如无特别注明，均来自世界银行数据库 http：//data.worldbank.org/

2. 评估及分析方法

由于生态文明建设是一个渐进过程，生态文明国际比较各项指标目标值的确定尚有困难，因此，国际比较的量化评价中采用的是相对评价法。

生态文明建设水平和速度的国际比较均采用统一的 Z 分数（标准分数）方式，将三级指标原始数据转换为 Z 分数；然后，根据各指标权重，加权求和，计算出二级指标、一级指标的 Z 分数；最后，将二级指标、一级指标的 Z 分数分布转换为 T 分数，实现对各国生态文明发展状况的量化评价。

数据标准化：对三级指标数据无量纲化，采用了统一的 *Z* 分数（标准分数）处理方式，避免数据过度离散可能导致的误差。

特殊值处理：在原始数据中，存在个别国家单个数据缺失的情况，部分缺失数据已经用最相近年份的数据填补。若已有数据年份过于久远，或个别经济体实在没有数据时，在国际比较评价中采取赋予平均 *Z* 分数的办法进行处理。

权重赋值：三级指标权重的确定采用德尔菲法（Delphi method）。选取 50 余位生态文明相关研究领域专家，发放加权咨询表，让专家根据自身认识的各指标重要性，分别赋予 6、5、4、3、2、1 的权重分，最后经统计整理得出各三级指标的权重分和权重。

（二）中国生态文明发展与典型发达国家对比分析

1. 中国与美国、日本比较分析

与美国、日本对比结果显示，中国在生态文明建设方面存在较大差距。但按照目前的发展速度，中国的人均 GDP 有望在 10 年左右超越日本，在 20 年左右超越美国。中国的人均 GDP 将在 2028 年超过日本，在 2035 年超过美国。中国人口预期寿命将在 2036 年超过美国，在 2080 年超过日本。在能源利用效率方面，中国将在 2027 年超过美国，2031 年超过日本。中国淡水资源利用效率将在 2032 年超过美国，在 2038 年超过日本。在单位 GDP 二氧化碳排放量方面，中国将在 2038 年优于日本，在 2053 年优于美国。

2. 中国与欧盟对比分析

与欧盟对比结果显示，中国与欧盟国家的森林覆盖率差距较大，但发展趋势非常相似，中国的森林覆盖率可能在 2086 年时赶超欧盟。从环境质量方面来看，中国与欧盟国家的差距很大，要赶超欧盟国家的空气质量还有一段很长的路要走。从社会发展方面来看，中国与欧盟的人均 GDP 水平相差较大，在 2040 年左右，有望超过欧盟。从资源利用效率来看，中国有望在 2042 年左右赶超欧盟，GDP 单位能耗约达到 10.61 购买力平价美元 GDP/kg 石油当量。中国水资源利用效率远低于欧盟国家，1996 年以后水资源利用效率显著提高，如果按照此速度发展，中国有望在 2026 年左右赶超欧盟，水资源利用效率达到 20.87 美元 GDP/m^3。

（三）中国生态文明发展与 G20 国家比较

在 G20 经济体中，中国的生态文明建设整体水平并不领先，排名靠后。受到环境质量较差、资源效率较低的影响，中国在 G20 经济体中生态文明水平的整体优势不明显，仍有较大上升空间（课题表 1-9）。

中国的 ECI 2016 得分为 41.47 分，在 G20 经济体中排名第 19 位，排在南非（41.95 分）之后，印度（41.16 分）之前，与得分第一的德国（58.24 分）相差 16.77 分。ECI 2016 得分排行榜前三名分别为德国、法国（56.75 分）和澳大利亚（56.73 分）。金砖五国中，巴西（51.87 分）排名最为靠前，名列第 10 位；俄罗斯（49.11 分）为第 12 位。

课题表 1-9 2016 年 G20 经济体生态文明指数得分及排名

国家和地区	ECI	排名	生态状况	排名	环境质量	排名	社会发展	排名	资源效率	排名
德国	58.24	1	61.67	2	47.95	12	59.00	5	63.45	2
法国	56.75	2	54.02	6	50.09	9	58.52	6	63.39	3
澳大利亚	56.73	3	44.60	16	71.72	1	63.04	1	50.13	9
英国	56.32	4	46.49	14	51.13	8	57.63	7	67.96	1
日本	56.09	5	59.61	3	48.28	11	60.34	3	56.83	6
欧盟	54.68	6	54.96	5	48.95	10	55.33	9	58.80	5
意大利	53.84	7	51.53	9	47.44	13	56.08	8	59.60	4
加拿大	52.82	8	48.70	12	57.59	4	61.25	2	46.67	13
美国	52.27	9	50.19	10	54.03	6	60.06	4	47.33	12
巴西	51.87	10	61.88	1	46.39	15	43.65	15	53.57	7
阿根廷	49.42	11	39.68	19	66.35	2	44.98	12	46.39	14
俄罗斯	49.11	12	53.86	7	63.82	3	41.32	17	38.07	20
墨西哥	48.95	13	49.71	11	52.75	7	44.40	13	48.17	10
韩国	48.47	14	56.04	4	41.18	17	52.80	10	45.36	15
印度尼西亚	46.57	15	53.21	8	45.83	16	38.01	18	47.35	11
土耳其	45.92	16	39.77	18	46.84	14	44.21	14	51.43	8
沙特阿拉伯	43.48	17	44.84	15	38.61	19	47.10	11	43.98	16
南非	41.95	18	38.93	20	54.88	5	32.66	20	39.88	18
中国	41.47	19	46.85	13	38.50	20	42.80	16	38.58	19
印度	41.16	20	43.47	17	40.99	18	36.82	19	42.27	17

从生态文明建设的 4 个主要领域来看，中国在生态状况、环境质量、社会发展和资源效率建设领域的水平并不均衡。总的来看，中国的生态状况处于中游水平，在 20 个经济体中排名第 13 位，也最接近 G20 的平均水平，社会发展处于中下游水平，在 G20 中排名第 16 位，与我国经济发展水平相当，较为接近 G20 平均水平；环境质量和资源效率表现最差，分别位列倒数第一和倒数第二位，距 G20 平均水平有一定差距（课题表 1-10）。

课题表 1-10 中国与 G20 经济体生态文明指数得分水平比较

项目	ECI	生态状况	环境质量	社会发展	资源效率
中国	41.47	46.85	38.50	42.80	38.58
G20 最小值	41.16（印度）	38.93（南非）	38.50（中国）	32.66（南非）	38.07（俄罗斯）
G20 最大值	58.24（德国）	61.88（巴西）	71.72（澳大利亚）	63.04（澳大利亚）	67.96（英国）
G20 平均值	49.08	50.00	50.67	50.00	50.46
中国得分占 G20 平均得分比重（%）	84.49	93.70	75.98	85.60	76.46

中国的生态状况得分为 46.85 分，在 G20 中的排名为 13，中国的森林覆盖率较高，达到 22.19%，中国的自然保护区面积占国土面积比重在 G20 中排名相对靠前，居第 8 位，处于中上游水平，彰显了中国在野生动物多样性保护、自然生态系统保护等方面取得的成绩。

从环境质量领域来看，G20 中排名前三的经济体是澳大利亚（71.72 分）、阿根廷（66.35 分）和俄罗斯（63.82 分）。得分最为靠后的三个经济体分别是中国（38.50 分）、沙特阿拉伯（38.61 分）和印度（40.99 分）。从 $PM_{2.5}$ 和 PM_{10} 年均浓度的数据看，中国的空气质量不容乐观。中国的 $PM_{2.5}$ 和 PM_{10} 年均浓度在 20 个经济体中分别排名倒数第一和倒数第三，且大大高于世界卫生组织标准。土壤环境质量方面，中国的化肥施用强度在 G20 中最高，远远超出平均值水平。中国 2013 年的化肥施用强度为 364.38kg/ hm^2，是公认上限（225kg/ hm^2）的 1.62 倍。

从社会发展水平领域来看，G20 中得分最高的经济体为澳大利亚（64.04 分）、加拿大（61.25 分）和日本（60.34 分），中国的得分在 G20 中已经达到中下游水平。中国经济总量高，但中国人均 GDP 为 6416.18 美元，仅为 G7 经济体平均值的 14.61%，低于金砖国家的平均水平（7599.01 美元）。中国 2014 年人均预期寿命已经达到 75.78 岁，在 G20 中排名第 13 位，是 G20 的中等水平。

从资源利用效率领域来看，英国（67.96 分）、德国（63.45 分）和法国（63.39 分）雄踞前三甲。中国表现不佳，能源利用效率、水资源利用效率和单位 GDP 二氧化碳排放量排名均靠后，中国的能源利用效率为 1kg 石油当量产生 5.48 美元生产总值，即每消耗 1kg 石油当量能源只能创造 5.48 美元的 GDP。这个能耗水平为 G7 经济体平均水平的 52.76%，金砖国家平均水平的 79.46%。就淡水资源的利用来看，中国水资源利用效率在 G20 中排名第 17 位，2014 年，中国每消耗 $1m^3$ 的淡水资源，能创造 9.51 美元 GDP，而英国 $1m^3$ 的淡水资源可创造 247.14 美元 GDP。从二氧化碳排放强度来看，中国 2011 年的单位 GDP 二氧化碳强度排名最后，中国单位 GDP 二氧化碳强度为 1.36kg/2010 年美元 GDP，为 G7 经济体平均水平的 6.06 倍，高出金砖国家平均水平 34.7%。

从发展速度来看，以 1990 年为对比年，中国生态文明建设水平的提升速度在 G20 中位列第一。1990～2015 年，中国在生态文明建设各方面都取得了长足的进步，进步指数达到 210.28%。其中社会发展建设幅度最大，进步指数为 493.54%；其次为资源利用建设，进步指数为 354.32%；生态状况建设进步指数为 28.97%。值得警惕的是，环境质量建设不进反退，发展指数得分为–7.87%，需要遏制继续退步的趋势。

三、中国生态文明指标统计核算体系

（一）生态文明统计核算的国际经验

国际上有关生态文明核算成效突出的主要有国际统计标准发布的环境经济核算体系 2012（*SEEA-2012*）、加拿大环境经济核算体系以及澳大利亚环境经济核算体系。课题总结了 *SEEA-2012* 核算体系涵盖了 3 个主要领域的测算：①经济体内部、经济与环境之间的物质与能源实物流量；②环境资产存量以及这些存量的变化；③与环境有关的经济活动和交易。*SEEA-2012* 中心框架将经济环境存量和流量信息编排并整合在一系列表格和账户中。具体包括：①实物型供给使用表和价值型供给使用表，显示自然投入、产品和残余物流量；②针对各项环境资产的实物型和价值型资产账户，显示核算期期初和期末的环境资产存量及其在此期间内的存量变化；③一套经济账户序列，显示经耗减调整后的各经济总量；④功能账户，记录用于环境目的的各种交易和其他经济活动信息。此外还可以将这些表格和账户与相关就业、人口和社会信息挂钩，扩展对这些数据的分析。

加拿大环境经济统计核算实践主要编制了自然资源的存量账户和实物流量账户。存量账户包括以实物量和价值量列示的矿产和能源储备、林木的价值型存量账户、水的实物型存量账户；流量账户包括能源使用的实物流量账户、温室气体排放的流量账户和水的使用流量账户。

澳大利亚环境经济统计核算实践已经开展了部分环境经济核算账户的编制工作，包括水的实物型和价值型供给使用表、能源的实物型和价值型供给使用表、渔业资源的实物型供给使用表、废弃物的实物型和价值型供给使用表（试验阶段）、矿产和能源资产账户、林木资源资产账户、土地资产账户（试验阶段），并对能源和温室气体排放进行了投入产出分析。除此之外，澳大利亚统计局是全球第一个公布基于 SEEA-EEA 框架的生态系统账户的统计机构。

（二）中国在环境资源核算方面的尝试

实际上，《中国国民经济核算体系—2002》已经包括了自然资源核算表，覆盖了森林、水、土地、矿产四类资源。尽管当时并没有全面地提供核算数据，但由此可以表明，中国国民经济核算体系已经考虑到了资源环境核算的某些问题，为我国的环境经济核算提供了一个基本的起点和基础。

中国的环境资源核算的尝试基本上是从分要素核算开始的。由政府部门牵头所进行的有一定影响的尝试主要包括以下几个方面。

1. 国家统计局与国家林业合作开展的森林资源核算

2004 年起，国家统计局和国家林业局首次联合开展了“中国森林资源核算及纳入绿色 GDP 研究”项目，提出了森林资源核算的理论和方法，构建了我国基于森林的绿色国民经济核算框架，并在此基础上测算了有关数据。2013 年，国家统计局和国家林业局再度联手启动了第二轮“中国森林资源核算及绿色经济评价体系研究”。

该研究在继承发展原有的研究成果的基础上，重点参考国际最新成果对核算方法做了进一步的改进。森林资源核算研究为完善国民经济核算体系进行了有益的探索，为完善我国国民经济核算体系和编制自然资源资产负债表提供了重要参考。2016 年 7 月，由国家统计局和国家林业局共同开展的新一轮“中国森林资源核算及绿色经济评价体系研究”项目启动。

2. 国家统计局与原国家环保总局合作开展的绿色国民经济核算研究项目

为了树立和落实全面、协调、可持续的发展观，建设资源节约型和环境友好型社会，加快实现环境保护的“三个转变”，2004 年 3 月，国家环境保护总局和国家统计局联合启动了《中国绿色国民经济核算研究》项目，并于 2005 年开展了全国 10 个省市的绿色国民经济核算和污染损失评估调查试点工作，该研究项目最终形成《中国绿色国民经济核算研究报告 2004》。报告内容由三部分组成。①环境实物量核算。运用实物单位建立不同层次的实物量账户，就 2004 年全国各地区和各产业部门的水污染、大气污染和固体废物污染的产生量、去除量（处理量）、排放量等实物量进行了核算。②环境价值量核算。在实物量核算的基础上，同时采用治理成本法和污染损失法的价值量核算方法，核算了虚拟治理成本和环境退化成本。③经环境污染调整的 GDP 核算。把经济活动的环境成本，包括环境退化成本和生态破坏成本从 GDP 中予以扣除，并进行调整，从而得出一组以“经环境调整的国内产出”为中心的综合性指标。

绿色国民经济核算是一项涵盖资源核算和环境核算的系统工程，《中国绿色国民经济核算研究报告 2004》并不是完整意义上的绿色 GDP 核算，仅仅涉及了其中环境核算的部分内容，没有包含资源核算。

3. 国家水利部与国家统计局合作开展的水资源核算项目

从 2005 年起，联合国统计司与我国水利部、国家统计局合作开展“中国水资源统计核算”项目。2007 年 7 月，上海市和北京市确定为全国开展水资源核算的试点核算行政区，这两个城市所在的太湖流域和海河流域确定为试点核算领域，完成了研究报告《上海市水资源统计和核算体系研究》。该研究在借鉴国内外水资源环境经济统计和核算的最新理论和技术进展的基础上，创造性地构建了以水务管理为基础的水资源的数据采集和统计体系，建立了包括水资源实物量账户、排放账户、混合和经济账户、资产账户、质量账户在内的上海市水资源核算体系；探索完成了作为账户核算技术辅助和水资源管理需求的涉水对象分类名称及代码、信息采集和应用体系、混合账户技术规程、水资源评估体系、水资源白皮书和信息支持系统；开展了 2005 年和 2007 年水资源统计核算。

4. 国家统计局开展的自然资源资产负债表编制试点工作

2015 年 11 月，为贯彻落实党中央、国务院决策部署，由国家统计局牵头负责，联合国土资源、环保、水利、农业、林业等自然资源主管部门开始启动“编制自然资源资产负债表试点”工作。这是目前政府部门准备正式开展的资源核算工作。试点根据自然资源保护和管控的现实需要，先行核算具有重要生态功能的自然资源，核算内容主要包括土地资源、林木资源和水资源。土地资源资产负债表主要包括耕地、林地、草地等土地利用情况，耕地和草地质量等级分布及其变化情况。林木资源资产负债表包括天然林、人工林、其他林木的蓄积量和单位面积蓄积量。水资源资产负债表包括地表水、地下水资源情况，水资源质量等级分布及其变化情况。试点地区可结合当地实际，探索编制矿产资源资产负债表。

（三）完善我国生态文明统计体系的建议

根据我国生态文明统计存在的主要问题，我们提出如下建议。

1. 建立和完善与 *SEEA-2012* 接轨的环境经济核算制度

生态文明统计是一项复杂的系统工程，为了与国际统计核算体系接轨，我国应该在当前数据基础上尽快建立符合经济发展需求和生态管理需求、同时又尽量与 *SEEA-2012*

接轨的环境经济核算制度。这套制度包括一整套法律、法规、办法、措施和管理模式等，其核心是构建中国环境经济核算体系的基本框架。环境经济核算体系包括核算原则、概念界定、账户设置、数据收集、指标构建、方法选择、质量控制等内容，从顶层设计层面指导今后编制和完善环境经济核算账户的总体框架，同时对于完善环境资源统计具有指导作用。

2. 将估价方法作为研究重点之一

实物量核算是环境经济核算的第一步，可以充分利用资源环境统计数据，使其与经济核算数据相匹配，直观地显示环境与经济之间的关系；价值量核算则是在实物核算基础上通过估价进行的综合性核算，由于国民经济核算基本是一个价值量核算体系，在现实市场经济框架中，只有价值核算才能使环境体系和经济体系按照同一计量单位合为一体，获得相应的总量指标，对发展过程和结果做出综合性的评价，因此，价值量的环境经济核算是不可或缺的，代表了环境经济核算的最终目标。

3. 健全生态文明统计核算组织机构

针对目前各政府部门之间统计制度不衔接、数据各自为政的现状，建议由国家统计局牵头，会同国家发展改革委、财政部、国土资源部、环境保护部、水利部、农业部、林业局、海洋局等生态环境和自然资源管理部门，成立生态文明统计核算协调小组，其目的是在研究生态文明建设现实需求的基础上，结合各部门已有的统计核算基础，就生态文明统计核算体系框架进行顶层设计。具体职责包括：超越各主管部门的管理目标，构建统一的生态文明统计核算框架，对各部门负责的生态统计进行整合；针对某些主管部门统计业务存在重叠交叉和制度方法不一致的情况进行协调，规范统计标准、口径和方法，化解部门之间数据冲突矛盾的问题；建立各部门之间的实时沟通机制和渠道，实现各类生态统计数据的共享和衔接；对于目前缺失的重要生态统计，研究相应的统计调查制度，建立常规统计或通过补充调查弥补数据缺口。

4. 我国生态文明统计体系框架设计

完整的“生态文明统计指标体系”应该既能够反映环境介质的数量和质量、自然现象和社会经济活动对生态环境的影响，又能够反映生态文明建设的相关活动状况。本研究构建的生态文明统计指标体系覆盖环境资产、环境质量和环境活动三个方面的内容。

环境资产：环境资产包括矿产和能源资源、土地、土壤资源、林木资源、水生资源、水资源6类。在其统计体系中，每种环境资产的统计指标可分为流量指标和存量指标两种。流量指标用以测度核算期内环境资产的流动情况，存量指标反映各类环境资产期初和期末存量。根据每项指标数据获取情况的不同，又可分为实物量数据和价值量数据。

环境质量：环境质量反映环境污染和环境事件情况。环境污染主要反映农业、工业以及城镇生活向环境排出有害物质的情况，包括废水排放、废气排放、固体废物排放等。其中，废水排放情况可针对工业废水、农业化学、城镇生活污水的排放进一步细化；废气排放可针对工业、城镇生活所产生的二氧化硫、氮氧化物、烟（粉）尘排放等具体排放物进行细化统计；固体废物排放分为一般工业废物排放和危险废物排放。环境事件是指由于污染物排放或自然灾害、生产安全事故等因素，导致污染物或放射性物质等有毒有害物质进入大气、水体、土壤等环境介质，造成生态环境破坏，需要采取紧急措施予以应对的事件，包括地质、地震、海洋、森林灾害、环境污染与破坏事故等。

环境活动：环境活动的范围包括那些主要目的是减少或消除环境压力或有效利用自然资源的经济活动。环境活动包括环境保护和资源管理两大类。环境保护是指各种以预防、减少和消除污染以及其他环境退化问题为主要目的的活动，可具体分为环境监测和环境治理。环境监测是指监测自然环境的质量，包括对空气、水、土壤、噪声等的监测；环境治理活动是指为减少有害物质向自然界的排放而进行的活动，包括对废水、废气、固体废弃物排放的处理以及治理和投资。资源管理活动是指以保护和维护自然资源存量、从而防止其耗减为主要目的的活动。

四、生态文明建设的主要经验与典型模式

近 20 年来，生态文明示范创建以鼓励先进和典型示范为主要手段激发动力，以顶层设计和基层创新相结合为主要途径进行实践探索，取得了显著的先行成效，通过调研生态文明示范创建的典型模式，总结归纳了相关经验。

（一）生态文明建设六大体系协调同步

按照“将生态文明建设融入经济、政治、文化、社会建设各方面和全过程”的要求，保障生态空间、生态经济、生态环境、生态生活、生态制度、生态文化六大体系协同发展。

1. 优化生态空间

国土空间是生态文明建设的空间载体，各地应按照全国及地方主体功能区划的定位，以环境容量和资源环境承载力为基础，确定区域的复合生态功能，通过划定主体功能区、严格控制开发强度，明确生态空间红线、保障区域生态安全，优化生产空间布局、增强产业集聚效应，引导生活空间开发、构建新型城乡格局等，构建科学合理的生态、生产、生活格局，最终实现人口资源环境相均衡、经济社会生态效益相统一。

2. 发展生态经济

结合实际情况，认真处理好保护和发展的关系，摒弃把发展与保护对立起来的思维束缚，把生态环保作为发展的机遇而不是“包袱”，下决心改变不合理的产业空间布局、产业结构、生产方式，积极以资源约束和环境污染倒逼产业结构调整和能源结构调整，以发展生态产业和推动科技创新提高资源能源节约集约利用效率，着力建设绿色经济、循环经济和低碳经济体系。

3. 保护生态环境

牢固树立“生态优先、绿色发展”的根本理念，认真处理好保护和发展的关系，摒弃把发展与保护对立起来的思维束缚，把生态环保作为发展的机遇而不是“包袱”。各地应结合当地实际情况，采取“重点突破、整体推进”的基本策略，加强环境污染治理基础

设施建设，全面推进水、大气、固废和土壤污染防治；加强重点领域的环境风险防范体系建设，强化环境监管执法工作，提升环境风险应急水平；积极开展农村面源污染防治，全面改善农村环境状况；不断加强自然生态保护和生态修复，全力保障区域和流域生态安全。

4. 践行生态生活

积极打造适宜的生态生活体系，通过加快城乡环境综合整治、建设城镇生态绿地、生态化改造市政设施、大力推广绿色建筑、打造绿色交通网络等措施、健全公共服务设施等，促进人居环境改善；同时，引导居民生活方式和消费模式向勤俭节约、绿色低碳、文明健康方向转变，力戒奢侈浪费和不合理消费，推动生活方式的绿色化。

5. 完善生态制度

从源头保护、过程严管、后果严惩、经济政策及市场运行机制四个方面，建立并完善生态文明制度体系，如建立自然资产产权管理和用途管制制度；制定资源环境承载能力监测预警机制；开展国土空间动态监测，建立应急管理机制；完善环评制度在政府工作中的作用，将规划环评、战略环评真正的纳入到综合决策中，通过环评工作为政府决策提供支撑。健全生态环境保护和治理体系；完善资源总量管理和全面节约制度；开展生态文明建设统计监督及执法监督；完善信息公开制度；健全企业及公众参与机制；建立生态文明建设评价考核体系；探索编制自然资源资产负债表；建立资源资产离任审计制度；建立损害责任终身追究制度；严格实行生态环境损害赔偿制度；建立环境公益诉讼制度；健全资源有偿使用和生态补偿制度；完善第三方管理制度；健全市场交易制度；建立绿色金融体系等，为建设保驾护航。

6. 弘扬生态文化

生态文化是推进生态文明建设的强大动力，是传承中华民族优秀传统文化与生态智慧，融合现代文明成果与时代精神，促进人与自然和谐共存的重要文化载体；要积极从培育生态文明意识、普及生态文明知识、鼓励公众参与等方面出发，形成人人、事事、时时崇尚生态文明的社会新风尚，为生态文明建设奠定坚实的社会、群众基础。

（二）完善生态文明建设的保障措施

1. 坚持“科学规划、统筹推进”的基本要求

科学编制生态文明示范创建规划是综合推进不同领域协调发展的重要前提，也是生态文明示范创建的基本条件。在规划编制阶段，主动衔接地方发展总体规划和各专项规划，努力消除条块分割、职能交叉、相互掣肘的管理体制弊端；在规划审批环节，通过地方人大常委会审批，确立生态文明示范创建规划的法律地位，确保地方领导能够一届接着一届推，常抓不懈；在规划实施过程中，发挥自身资源、地缘、区位等优势，在生态产业上开发、推进，在生态环境上优化、提高，在生态人居上探索、突破，在生态文化上扬弃、创新；在考核验收时，必须开展生态文明示范创建规划实施情况评估，为生态文明示范创建成效评价提供依据。

2. 发挥“目标导向、严格考核”的有效驱力

生态文明示范创建本身就是一种制度上的创新，通过设定创建目标指标体系，注重顶层设计，为各地查找自身差距提供依据，激发其改进、提升的动力；通过严格考核程序，鼓励基层创新，给予“含金量高”的地区一一命名的奖励，激发基层获取荣誉的动力。即便已经获取生态文明示范创建命名的地区，也必须定期开展复核，以便有关领域继续保持领先水平等。

3. 落实“工程带动、项目管理”的重要抓手

生态文明示范创建的要求不能停留在理念、口号和规划文本上，而是必须落实到实际行动上。通过坚持问题导向，着力解决突出生态环境问题，系统谋划、集中治理。确定一批重点项目和工程，通过多渠道筹集资金，集中人力、物力和财力，把创建任务具体化、时限化、责任化，转化为实实在在的社会行动，做到创建工作远期有目标，近期有行动，届终、年终有成效。

4. 强化“分类指导、规范管理”的组织保障

我国地域辽阔，各地情况千差万别，在生态文明示范创建中必须坚持从实际出发、分类指导。针对不同层级的地区，《国家环保总局关于加强生态示范创建工作的指导意见》（环发〔2007〕12 号）提出了分类指导：生态省建设主要突出宏观性、战略性和指导性，着力完善推进机制，在法规、政策体系建设、制度创新、目标责任制考核等方面不断探索；指导资源开发和配置，引导产业发展和生产力布局等。生态市、生态县建设要突出实践性，重在过程。

（三）强化生态文明建设主体力量

生态文明示范创建，特别是生态省、市、县建设，从一开始就定位为促进区域全面协调和可持续发展的一种具体实践和探索，是破解环境保护与经济发展主要矛盾的根本途径。而破解环境保护与经济发展的主要矛盾不仅仅是某一个部门的责任，也不只是依靠某一任领导推动就能完成的，必须健全“党政主导、社会参与”工作机制，生态文明示范创建必须得到社会各界的普遍关注和重视。

1. 加强政府领导的主体作用

以生态省建设试点为例，绝大部分生态省建设均由省人民政府提出申请，经国家环境保护行政主管部门审批同意后，列为全国生态省建设试点地区；各地均成立了党委政府主要领导挂帅、环保部门监督协调、有关部门共同参加的建设领导小组，下设专门办公室；建立了综合决策机制和目标责任制，将阶段性目标具体化、时限化、责任化，与各地市、各部门签订责任状，纳入各级领导干部责任考核，并定期组织检查考核；建立了生态文明示范创建引导或奖励资金，提高各级领导干部的创建积极性。

2. 发挥人民群众的主体作用

明确公众参与环保的权利和义务，使公民真正参与到与自己利害相关的环境事务

中，表达自己的利益诉求，并对行政权力起到良好的监督及制衡作用。制定公众参与环境保护工作相应的奖励制度，安排专项资金，设立环境保护奖项，对积极参与环保工作的个人或单位给予公开表扬或授予荣誉称号，对举报企业环境污染等行为进行奖励。建立生态文明建设决策咨询、听证制度，拓展公众参与渠道，保障公众知情权、参与权和监督权。在建设项目审批上实行先公示、后审批和审批时请群众代表参与的制度。

3. 强化企业、社区的主体作用

在开展政府机构生态文明考核的基础上，积极构建重点企业、社区生态责任考核评价体系，从环保法律法规执行情况、环保体系建设、环保设施运行管理、总量控制指标、清洁生产等多方面构建重点企业、社区相应的目标责任考核办法，明确其环境保护年度责任目标，编制和发布生态责任报告。政府针对重点企业、社区生态文明考核制定相应的激励、奖励措施，激发企事业单位参与生态文明建设的积极性。

（四）增强科技力量，建立生态文明技术创新机制

1. 加快生态文明技术的开发

将资源节约、替代、循环利用、污染治理和生态修复等先进适用技术的开发，纳入地区中长期科技发展规划。加强产学研合作，充分发挥高校、科研院所、骨干企业的科研优势，共同研究解决资源节约与循环利用、污染治理与生态修复等关键技术问题。建立健全知识产权保护体系，加大保护知识产权的执法力度，保护企业自主开发节能环保技术和产品的积极性，引导企业研发节能环保实用技术。

2. 加强生态文明技术的示范与推广

重点支持节能减排、再制造、共伴生矿产资源和尾矿综合利用、废物资源化利用、有毒有害原材料替代、循环经济产业链接、污染治理、生态修复等关键技术和装备的产业化示范。通过举办生态文明博览会等形式，展示节能环保产品、技术与装备，积极开展生态文明建设的交流与合作。

3. 建立生态文明技术咨询服务体系

依托科研院所、高校、行业协会以及企业，开展生态文明法规政策研究和技术开发，为企业、园区、城市提供生态文明规划制定、问题诊断等方面的咨询服务。以再生资源回收体系为基础，建立区域性的废弃物交易中心、再生产品交易中心、危废处理中心。定期举办区域性的生态文明博览会，推动节能环保技术、装备、产品的交易。

五、中国生态文明建设重点任务

（一）培育生态产品生产成为新兴产业形态

新时代社会主义生态文明的标志性新兴产业就是生态产品生产产业的崛起。一是将

生态资源资产纳入国民经济统计核算体系，建立生态资源资产统计核算业务化方法体系，构建综合衡量区域经济发展和生态资源资产状况的区域发展指数，实现国内生产总值与生态系统生产总值双核算；二是加大对生态资源资产的投资，实施一批生态资源资产培育工程和生态系统修复工程，培育生态生产产业成为新兴产业形态和经济发展引擎，实现生态资源资产的绿色储蓄，藏富于绿水青山，推动生态资源资产与经济发展的协同增长；三是建立生态资源资产市场作用机制，创新基于生态资源资产的金融信贷政策，实现生态资源资产的资本化，让生态资源资产所有者能够通过转让、租赁、抵押、入股等形式交易生态资产使用权，使其获得稳定收益，扩大生态生产产业的就业。

（二）坚持绿色驱动产业的生态化转型

以绿色发展为引领驱动产业生态化转型，一是基于资源环境承载能力优化产业发展布局，强化京津冀、长江经济带等重点区域的资源环境承载力约束；对于环境容量未超载地区，要严控增量，优化存量，保持环境质量不下降；对于环境容量超载地区，继续强化削减总量，提升行业排放标准，推进产业技术进步和绿色化，切实降低环境负荷。二是将生态理念贯彻到产业转型升级发展过程中，大力发展生态工业、生态农业、生态服务业，推动传统产业的生态化转型升级。三是加大污染治理投资力度，完善节能环保产业社会化投融资机制，规范和开发环保市场，培育行业龙头骨干企业，提高行业整体创新意识与自主研发能力，将节能环保产业打造成为新兴的支柱产业。

（三）补齐农村短板，建设生态宜居城乡

农村是实现全面小康社会和新时代社会主义生态文明的短板，补齐农村生态文明建设的短板，一是要深化土地改革，实现城乡要素平等交换的重大突破，为农村发展注入新动力，科学规划农村土地整理，全面建设农村基础设施，加强农村公共服务设施建设，打造功能多元、环境优美、生态宜居的美丽乡村；二是促进一二三产业深度融合，使用“互联网+”工具，促进城乡广泛参与的社会化农业，打造现代农业升级版，实现中国特色农业现代化；三是发展农村代谢共生产业，以农村废弃物以及废弃物资源化的产品为控制因素，设计、规划养殖、种植、人居规模耦合的区域，实现废弃物的近零排放与资源最大化利用，构建生产-生活-生态-生命一体化协调发展的“四位一体”农村发展模式，构筑具有循环社会特征的农村社会。

（四）提升生态效率，建设零碳无废社会

破解工业文明社会的高碳排放和高资源消耗的难题，实现低碳循环发展是开创新时代社会主义生态文明的重要基石。一是将建设零碳无废社会作为远景目标，提高到国家战略高度，将资源产出率、资源循环利用率等量化指标作为生态文明建设评价和政府绩效考核的重要指标，开展“无废城市”“近零碳排放区”试点，形成具有中国特色的低碳循环经济发展模式；二是坚持节能优先，继续强化节能降耗指标约束，形成能源绿色低碳发展倒逼机制，推动能源生产和消费的革命，加快能源生产由黑色、高碳向绿色、

低碳转变，加快能源消费由粗放、低效向节约、高效转变，推动化石能源的洁净利用与总量控制，强化高碳能源的低碳化利用技术，大力发展非化石能源，增加可再生能源和核能等低碳能源在能源总量中的比重达到一半以上，实现能源结构性变革；三是构建循环型产业体系，推行企业循环式生产、园区循环化发展、产业循环式组合，促进生产和生活系统的循环链接，构建全社会固体废物分类资源化循环体系，推动再制造产业规模化发展，提高生产和消费领域的循环发展水平。

（五）培育全民生态文化自觉和绿色生活方式

生态文明首先是人的文明，提高公众生态文明素养、培育全民生态文化自觉是开创新时代社会主义生态文明的基石。一是制定出台《全民生态文化发展纲要》，将生态文明融入社会主义核心价值观体系，传承中华传统文化中敬畏天地、道法自然、天人合一的生态伦理，构建以人与自然和谐共生为核心价值观的生态文化，把生态文明教育纳入国民教育和领导干部培训体系；二是加强基本道德素养的培育，加强社会公德、职业道德、家庭美德、个人品德教育，弘扬我国优秀传统文化，全面提高国民道德素质；三是提高全民科学文化素养，在全社会形成崇尚科学精神的氛围，激发全社会创新创造活力，为实施创新驱动发展战略和生态文明建设提供有力支撑；四是将生态文化转化为社会和公众自觉践行绿色低碳的消费模式，提倡适度消费、精品消费和精致生活，引导群众扩大非物质领域消费，引导社会公众自觉选择资源节约型、环境友好型的消费模式，实现消费方式和生活方式绿色化转变。

（六）健全保障生态资源资产增值的法制体系

健全保障生态资源资产增值、实现绿水青山就是金山银山的法制体系，是开创新时代社会主义生态文明的根本保障。一是将生态文明入宪，为全面衔接和协调生态文明体制改革的党内法规和国家法律法规奠定基础，推动生态文明建设法制化和程序化；二是建立反降级的刚性约束，不再允许为经济发展牺牲环境质量，在无法满足要求的地区，有必要降低经济发展速度，对质量降级的地区，必须严格问责，实现保护-提升-再保护-再提升的良性发展；三是健全保障生态资源资产为核心的生态文明制度体系，从源头上健全建立自然资源资产产权制度和监管体制，从过程上加强资源有偿使用制度、生态补偿制度等，从后果上实施生态环境损害责任终身追究制、损害赔偿、领导干部自然资源资产离任审计等，构建体系更全面、手段更丰富、责任更明确的新型生态环境管理体系。

（七）引领全球治理共同构建人类命运共同体

中国作为打造人类命运共同体的倡导者和实践者，引领全球绿色治理，构筑尊崇自然、绿色发展的全球生态体系是新时代社会主义生态文明的重要使命。一是积极引领生态环境保护国际谈判和国际规则制定，主动承担与自身能力相匹配的国际责任，维护全球生态安全；二是提升绿色制造、信息技术、新能源技术、生态产业等重点领域的国际标准转化率，以标准助力全球绿色发展；三是积极推广我国生态文明建设理念和模式，为世界特别是广大发展中国家的可持续发展提供中国智慧与中国方案，共同提高人类福祉。

（八）实施绿色科技创新工程支撑生态文明建设

以科技创新实现生态效率的革命性提升，是开创新时代社会主义生态文明的强大驱动力。一是制定实施国家绿色科技中长期发展战略规划，优先安排制约区域或行业发展的重大和共性技术研发，实施一系列绿色科技创新工程，解决生态文明建设的科技难题；二是实施生物工程、纳米科技、人工智能等基础科技创新工程；三是实施绿色制造、在役再制造、智能制造、工业强基等中国制造发展促进工程；四是实施低成本光伏发电、生物质高质化转化、快中子堆、受控核聚变新型核电等绿色新能源科技工程；五是实施“城乡矿山”开发利用、山水林田湖生态修复等资源循环和生态建设工程。

课题二

资源环境承载力与经济社会发展布局战略研究

生态文明建设必须符合可持续的国土空间管控，特别是主体功能区和生态环境空间要求。目前，环境承载力已经成为我国社会经济可持续发展的主要瓶颈，因此，产业发展布局必须考虑环境容量，特别是大气、水环境容量、水资源承载力，实现产业发展布局与环境保护的“双赢”。

一、基于大气容量的环境超载率分布

（一）大气环境容量及其超载评价

1. 全国城市空气质量状况

按 SO_2、NO_2、CO、O_3、PM_{10}、$PM_{2.5}$ 六项污染物年均值进行评价，2015 年全国 337 个地级以上城市中已有 72 个城市空气质量达标，占 21.6%；265 个城市超标，占 78.4%。按六项污染物的日均指标进行评价，各城市空气质量达标天数比例为 19.2%～100%，平均为 76.7%。

我国东部区域大气 $PM_{2.5}$ 和 O_3 污染十分严重，尤其以京津冀及周边、长三角和珠三角等重点城市群最为典型。京津冀 $PM_{2.5}$ 污染最重，其次是长三角，珠三角最轻；而京津冀和长三角臭氧日最大 8h 的高于 90%浓度大致相当，珠三角略低于京津冀和长三角。

自 2013 年实施《大气污染防治行动计划》以来，京津冀、长三角、珠三角区域平均 $PM_{2.5}$ 浓度超标率逐年下降，但臭氧最大 8h 平均浓度的超标率上升，长三角的增加趋势比较明显，见课题图 2-1。随着 $PM_{2.5}$ 污染程度逐渐下降，臭氧污染已成为不可忽视的污染问题，珠三角的臭氧超标频率已超过了 $PM_{2.5}$，成为珠三角影响空气质量的首要污染物。

2. 大气污染物排放情况

2013 年全国 SO_2、NO_x、一次 PM 和 VOC 排放量分别为 2309 万 t、2562 万 t、2631 万 t 和 2421 万 t，具体如课题表 2-1、课题表 2-2 所示。

3. 大气环境容量测算

根据 2030 年的空气质量控制目标设定 $PM_{2.5}$ 年均浓度为 $35\mu g/m^3$，全国各省 $PM_{2.5}$

浓度达到该目标下的大气污染物排放量即是大气环境容量。2030 年全国、京津冀地区、西部地区及内蒙古的 $PM_{2.5}$ 浓度及排放量如课题表 2-3 所示，表明本研究所关注区域的 $PM_{2.5}$ 浓度均能达到环境质量标准。

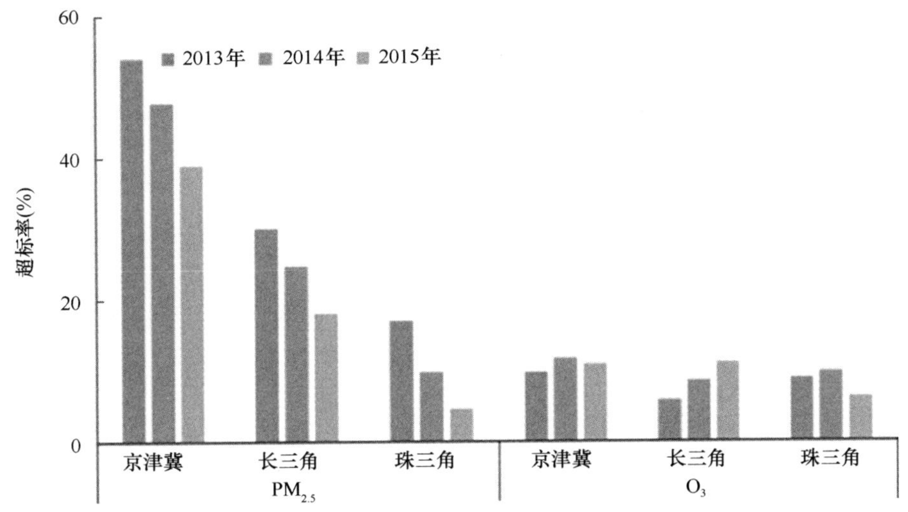

课题图 2-1　京津冀、长三角、珠三角区域 $PM_{2.5}$ 和 O_3 超标率的变化（彩图见封底二维码）

课题表 2-1　2013 年全国主要大气污染物排放量　（单位：万 t）

部门	电厂	供热	工业	民用	交通	其他	合计
SO_2	589	125	1196	296	94	9	2309
NO_x	595	112	967	109	725	53	2562
PM	119	51	1723	505	38	194	2631
$PM_{2.5}$	52	24	575	385	35	144	1215

课题表 2-2　2013 年全国 VOC 排放量　（单位：万 t）

部门	电厂	供热	工业	民用	交通	溶剂使用	燃料分配	其他	合计
2013	7	1	661	427	291	816	58	160	2421

课题表 2-3　全国及京津冀和西北地区 $PM_{2.5}$ 2013 年浓度及 2030 年模拟浓度

地区	2013 年 $PM_{2.5}$ 监测浓度（$\mu g/m^3$）	2013 年 $PM_{2.5}$ 模拟浓度（$\mu g/m^3$）	2030 年 $PM_{2.5}$ 模拟浓度（$\mu g/m^3$）	$PM_{2.5}$ 模拟浓度下降比例/%
北京	89.5	82.2	34.1	59
天津	96.0	93.5	34.9	63
河北	108.0	96.6	35.0	64
陕西	104.2	92.0	32.5	69
甘肃	67.1	57.8	23.7	65
青海	63.2	37.1	20.3	45
宁夏	51.5	47.7	30.9	35
新疆	85.2	62.7	28.0	55
内蒙古	57.4	57.4	19.2	67
全国	72.0	56.7	32.5	43

全国、京津冀以及西北五省的大气环境容量如课题表 2-4 所示。

课题表 2-4 主要大气污染物 2030 年环境容量 （单位：万 t）

地区	SO_2	$PM_{2.5}$	VOC	NO_x
北京	5	2	24	7
天津	12	4	23	12
河北	44	23	85	55
京津冀	61	29	132	74
陕西	32	9	29	23
甘肃	16	8	16	21
青海	3	2	4	5
宁夏	12	4	5	12
新疆	31	12	23	33
西北五省	94	35	77	94
内蒙古	54	20	31	51
全国	1097	470	1613	1172

4. 大气环境容量超载分析

通过 2013 年污染物排放量与其环境容量的比值衡量环境承载力状况的结果如课题表 2-5 所示，可见西北五省总体超载情况与京津冀地区基本相当。无论全国层面还是京津冀、西北五省及内蒙古，一次 $PM_{2.5}$ 和 NO_x 的超载状况比其他几种污染物更为严重，超载率为 150%～400%。课题表 2-6 给出了全国、京津冀、西北五省、内蒙古大气环境不超载情况下所对应的相对于 2013 年的减排率，表明各种大气污染物削减比例为 30%～75%。

课题表 2-5 2013 年大气环境承载力超载状况 （单位：%）

地区	SO_2	$PM_{2.5}$	VOC	NO_x
北京	240	300	146	257
天津	200	275	139	283
河北	227	378	174	275
京津冀	223	359	163	274
陕西	228	400	190	291
甘肃	175	275	169	176
青海	200	300	150	240
宁夏	175	225	180	158
新疆	300	233	165	258
西北五省	235	289	175	234
内蒙古	207	235	210	225
全国	210	259	150	217

课题表 2-6　主要大气污染物 2013 年削减比例　　（单位：%）

地区	SO_2	$PM_{2.5}$	VOC	NO_x
北京	58	67	31	61
天津	50	64	28	65
河北	56	74	43	64
京津冀	55	72	39	64
陕西	56	75	47	66
甘肃	43	64	41	43
青海	50	67	33	58
宁夏	43	56	44	37
新疆	67	57	39	61
西北五省	56	64	42	56
内蒙古	52	57	52	56
全国	52	61	33	54

（二）重点地区大气污染产业分析

根据大气污染来源，将行业划分为发电、供热、工业、民用、交通及其他部门，重点分析京津冀和西北五省及内蒙古的产业污染情况。

1. 京津冀地区

京津冀地区大气污染物中，主要污染行业的 $PM_{2.5}$ 排放量大小依次为：工业、民用、发电、交通和供热，其排放量及 2030 年的减排量见课题表 2-7；SO_2 排放量大小依次为：工业、民用、发电、交通、供热，其排放量及 2030 年的减排量课题表 2-8；VOC 排放量大小依次为：工业、民用、交通，其排放量及 2030 年的减排量见课题表 2-9；NO_x 排放量大小依次为：交通、发电、供热、工业、民用，其排放量及 2030 年的减排量见课题表 2-10。

课题表 2-7　京津冀一次 $PM_{2.5}$ 主要污染行业排放量及减排量　　（单位：万 t）

	部门	北京	天津	河北	京津冀
2013 年	发电	0.25	0.41	2.75	3.42
	供热	0.75	0.85	0.51	2.11
	工业	77.83	5.15	45.94	128.92
	民用	2.03	2.99	22.76	27.79
	交通	0.52	0.33	2.35	3.20
2030 年	发电	0.18	0.39	2.49	3.05
	供热	0.63	0.48	1.64	2.75
	工业	74.78	3.17	18.00	95.95
	民用	0.57	0.78	6.46	7.82
	交通	0.06	0.04	0.35	0.45
减排量	发电	−0.07	−0.03	−0.27	−0.37
	供热	−0.12	−0.37	1.13	0.64
	工业	−3.05	−1.98	−27.94	−32.97
	民用	−1.46	−2.21	−16.30	−19.97
	交通	−0.46	−0.29	−2.00	−2.75

课题表 2-8 京津冀 SO_2 主要污染行业排放量及减排量 （单位：万 t）

	部门	北京	天津	河北	京津冀
2013 年	发电	1.84	4.62	17.75	24.21
	供热	2.80	4.63	1.37	8.80
	工业	348.29	7.86	34.71	390.86
	民用	4.56	2.31	18.35	25.22
	交通	2.84	1.59	7.20	11.64
2030 年	发电	0.80	3.51	11.46	15.77
	供热	1.76	1.97	4.62	8.35
	工业	244.92	6.65	13.67	265.24
	民用	1.55	1.17	8.94	11.66
	交通	1.03	0.74	4.93	6.71
减排量	发电	–1.04	–1.11	–6.29	–8.45
	供热	–1.04	–2.66	3.26	–0.45
	工业	–103.37	–1.21	–21.04	–125.62
	民用	–3.01	–1.14	–9.41	–13.56
	交通	–1.81	–0.84	–2.27	–4.93

课题表 2-9 京津冀 VOC 主要污染行业排放量及减排量 （单位：万 t）

	部门	北京	天津	河北	京津冀
2013 年	民用	6.46	4.89	27.93	39.27
	工业	27.26	23.71	94.73	145.70
	交通	5.88	3.39	17.79	27.05
2030 年	民用	3.45	2.29	16.04	21.78
	工业	24.83	19.74	58.64	103.21
	交通	1.87	1.34	9.04	12.25
减排量	民用	–3.01	–2.60	–11.89	–17.50
	工业	–2.43	–3.97	–36.09	–42.49
	交通	–4.00	–2.06	–8.74	–14.80

课题表 2-10 京津冀 NO_x 主要污染行业排放量及减排量 （单位：万 t）

	部门	北京	天津	河北	京津冀
2013 年	发电	3.24	7.03	32.74	43.01
	供热	5.19	10.19	24.44	39.82
	工业	2.49	4.13	32.45	39.07
	民用	1.91	1.05	7.21	10.18
	交通	21.33	11.59	51.28	84.20
2030 年	发电	2.23	3.80	14.51	20.54
	供热	7.66	6.14	35.64	49.44
	工业	1.77	1.89	15.37	19.03
	民用	0.95	0.58	3.74	5.28
	交通	2.02	1.37	8.56	11.94
减排量	发电	–1.01	–3.23	–18.23	–22.47
	供热	2.47	–4.05	11.21	9.63
	工业	–0.72	–2.24	–17.08	–20.05
	民用	–0.96	–0.46	–3.48	–4.90
	交通	–19.31	–10.23	–42.73	–72.27

2. 西北五省及内蒙古

西北五省及内蒙古大气污染物中，主要污染行业的 $PM_{2.5}$ 排放量大小依次为：工业、民用、其他、发电、供热和交通，其排放量及 2030 年的减排量见课题表 2-11；SO_2 排放量大小依次为：发电、工业、民用、供热、交通和其他，其排放量及 2030 年的减排量见课题表 2-12；VOC 排放量大小依次为：工业、民用、交通及其他，其排放量及 2030 年的减排量见课题表 2-13；NO_x 排放量大小依次为：发电、交通、供热、工业、民用和其他，其排放量及 2030 年的减排量见课题表 2-14。为了在 2030 年达到预定目标，工业、发电和民用成为主要削减目标行业。

课题表 2-11 西北五省及内蒙古一次 $PM_{2.5}$ 主要污染行业排放量及减排量（单位：万 t）

	部门	内蒙古	陕西	甘肃	青海	宁夏	新疆	区域
2013 年	发电	2.66	2.19	0.88	0.27	1.49	4.54	12.02
	供热	0.91	0.81	0.40	0.04	0.93	2.71	5.79
	工业	15.91	22.46	13.56	6.04	5.35	14.55	77.87
	民用	20.80	15.86	9.35	1.93	1.49	8.28	57.70
	交通	1.18	0.98	1.05	0.22	0.28	0.74	4.45
2030 年	发电	1.96	1.96	0.90	0.11	1.34	2.10	8.38
	供热	0.77	0.84	0.64	0.05	0.78	1.43	4.50
	工业	5.99	6.97	5.48	3.47	2.11	5.71	29.73
	民用	7.80	4.46	2.79	0.66	0.49	2.54	18.74
	交通	0.12	0.11	0.10	0.03	0.03	0.09	0.47
减排量	发电	−0.70	−0.23	0.02	−0.16	−0.15	−2.43	−3.65
	供热	−0.14	0.03	0.24	0.01	−0.15	−1.28	−1.29
	工业	−9.92	−15.49	−8.08	−2.57	−3.24	−8.84	−48.14
	民用	−13.00	−11.40	−6.56	−1.27	−1.00	−5.74	−38.96
	交通	−1.06	−0.86	−0.95	−0.20	−0.25	−0.65	−3.98

课题表 2-12 西北五省及内蒙古 SO_2 主要污染行业排放量及减排量（单位：万 t）

	部门	内蒙古	陕西	甘肃	青海	宁夏	新疆	区域
2013 年	发电	36.80	18.17	3.83	0.63	6.65	51.02	117.10
	供热	4.85	5.32	0.85	0.04	2.86	12.64	26.56
	工业	34.59	12.76	19.46	5.68	4.53	16.43	93.45
	民用	35.77	15.27	3.71	0.61	1.25	5.33	61.94
	交通	2.61	2.59	1.87	0.46	0.64	1.71	9.89
2030 年	发电	16.35	15.12	2.79	0.15	5.11	9.81	49.33
	供热	3.20	2.88	1.00	0.06	1.15	3.15	11.43
	工业	13.98	6.11	7.51	3.58	2.53	7.85	41.56
	民用	18.11	7.46	1.97	0.36	0.68	3.09	31.66
	交通	1.95	2.19	1.62	0.40	0.45	1.46	8.06
减排量	发电	−20.45	−3.05	−1.03	−0.49	−1.54	−41.21	−67.77
	供热	−1.65	−2.44	0.14	0.02	−1.71	−9.49	−15.13
	工业	−20.61	−6.65	−11.95	−2.10	−2.00	−8.58	−51.89
	民用	−17.66	−7.81	−1.74	−0.25	−0.57	−2.24	−30.28
	交通	−0.67	−0.41	−0.25	−0.06	−0.19	−0.25	−1.82

课题表 2-13　西北五省及内蒙古 VOC 主要污染行业排放量及减排量（单位：万 t）

	部门	内蒙古	陕西	甘肃	青海	宁夏	新疆	区域
2013 年	民用	21.30	14.13	9.83	1.80	1.87	7.94	56.86
	工业	31.84	31.25	10.04	2.99	4.94	20.77	101.82
	交通	7.38	7.62	5.04	1.23	1.89	5.08	28.25
2030 年	民用	10.09	5.66	6.17	0.83	0.90	4.26	27.91
	工业	17.65	19.62	7.24	2.33	2.94	15.57	65.35
	交通	2.81	3.09	2.23	0.55	0.65	2.12	11.45
减排量	民用	−11.21	−8.48	−3.66	−0.97	−0.96	−3.68	−28.95
	工业	−14.19	−11.64	−2.80	−0.66	−2.00	−5.19	−36.47
	交通	−4.57	−4.53	−2.81	−0.68	−1.25	−2.97	−16.80

课题表 2-14　西北五省及内蒙古 NO_x 主要污染行业排放量及减排量（单位：万 t）

	部门	内蒙古	陕西	甘肃	青海	宁夏	新疆	区域
2013 年	发电	52.28	15.72	4.07	2.64	3.49	39.90	118.11
	供热	16.82	10.54	6.45	2.01	7.00	18.39	61.23
	工业	11.53	15.39	8.52	2.73	2.97	9.04	50.18
	民用	10.74	4.11	2.68	0.56	0.46	2.06	20.61
	交通	21.19	20.25	13.92	3.69	5.12	13.72	77.88
2030 年	发电	17.58	9.03	5.35	0.48	4.34	9.98	46.76
	供热	19.29	6.42	8.26	2.53	5.58	14.72	56.80
	工业	4.38	7.51	3.77	0.90	1.31	4.21	22.09
	民用	5.41	2.02	1.44	0.36	0.29	1.16	10.68
	交通	2.91	3.00	2.17	0.62	0.65	2.19	11.54
减排量	发电	−34.71	−6.69	1.27	−2.16	0.86	−29.92	−71.35
	供热	2.46	−4.12	1.81	0.52	−1.43	−3.67	−4.43
	工业	−7.15	−7.88	−4.75	−1.82	−1.66	−4.83	−28.09
	民用	−5.33	−2.08	−1.25	−0.20	−0.17	−0.90	−9.93
	交通	−18.28	−17.24	−11.75	−3.07	−4.47	−11.53	−66.34

二、基于水环境容量的环境超载率分布

（一）地表水环境容量及其超载评价

1. 全国基本情况

全国地表水环境的 COD 容量为 1087 万 t/a，排放量为 2278 万 t/a，COD 排放量为地表水容量的 2.1 倍；氨氮容量为 71.9 万 t/a，排放量为 236.8 万 t/a，氨氮排放量为地表水容量的 3.3 倍。从地表水环境容量在十大流域的分布来看，长江流域和珠江流域的环境容量最大，西南诸河流域和西北诸河流域的环境容量最小，见课题表 2-15。

课题表 2-15 全国地表水水环境容量

	COD			氨氮		
	容量（万 t/a）	入河量（万 t/a）	容量利用率（%）	容量（万 t/a）	入河量（万 t/a）	容量利用率（%）
松花江流域	90	43	48	6.1	5.3	87
辽河流域	34	29	85	1.8	4.4	244
海河流域	13	22	169	0.7	2.5	357
淮河流域	29	32	110	1.9	3.7	195
黄河流域	114	59	52	5.2	6.8	131
长江流域	370	271	73	37.8	31.5	83
太湖流域	46	51	111	2.5	6.2	248
珠江流域	231	119	52	8.2	11.2	137
东南诸河流域	120	89	74	5.7	6.4	112
西南诸河流域	15	11	73	1.1	1.1	100
西北诸河流域	25	5	20	0.8	0.3	38
总计	1087	731	67	71.8	79.4	111

对于环境容量的利用，海河流域污染物排放量超载最为严重，其 COD 和氨氮的排放量分别是容量的 19.1 倍和 30.7 倍；超载其次的是淮河流域，其 COD 和氨氮的排放量分别是容量的 11.2 倍和 18.0 倍；再次是辽河流域和西北诸河流域，其 COD 和氨氮的排放量分别是容量的 4 倍和 7 倍左右。

2. 京津冀地区

基于《全国重要江河湖泊水功能区划（2011—2030）》的水功能区和水质目标计算得到各水功能区的环境容量，与本研究划分的控制单元叠加，得到各级控制单元的地表水水环境容量。一二级控制区的水功能区数量、水质目标和以此为基础的环境容量如课题表 2-16 所示。

课题表 2-16 控制区的水功能区环境容量与污染物入河情况

一级功能区	二级功能区	COD				氨氮			
		环境容量（t/a）	入河量现状（t/a）	入河量总量超标倍数	入河量超标功能区比例（%）	环境容量（t/a）	入河量现状（t/a）	入河量总量超标倍数	入河量超标功能区比例（%）
优化开发区	唐山、秦皇岛区	18 257	17 988	−0.0	33	908	1 048	0.2	17
	北京、天津、廊坊区	4 998	11 343	1.3	17	198	2 983	14.0	28
	沧州区	3 128	7 199	1.3	25	152	1 154	6.6	25
	小计	26 382	36 529	0.4	22	1 257	5 185	3.1	25
重点开发区	承德区	3 411	3 608	0.1	100	151	1 656	10.0	100
	张家口区	3 098	4 082	0.3	100	147	327	1.2	100
	冀中南（保定、石家庄、邢台、邯郸）区	6 411	10 608	0.7	83	306	1 841	5.0	83
	衡水区	2 948	13 393	3.5	33	131	1 392	9.6	33
	小计	15 869	31 690	1.0	68	735	5 215	6.1	67
农产品主产区	黄淮海平原缺水区	3 593	4 325	0.2	22	169	488	1.9	22
	小计	3 593	4 325	0.2	22	169	488	1.9	22
重点生态功能区	燕山地区丰水区	5 674	8 428	0.5	24	313	828	1.6	26
	燕山地区欠水区	4 715	1 674	−0.6	14	217	533	1.5	43
	太行山地少水区	1 235	1 281	0.0	18	114	103	−0.1	9
	小计	11 623	11 383	−0.0	21	644	1 463	1.3	25
总计		57 467	83 927	0.5	27	2 805	12 352	3.4	30

京津冀地区主要水功能区的 COD 容量为 57 467t/a，COD 入河量为 83 927t/a，是环境容量的 1.5 倍；氨氮容量为 2805t/a，氨氮入河量为 12 352t/a，是环境容量的 4.4 倍。控制区的 COD 容量以优化开发区最高，但 COD 入河量以重点开发区最多。重点开发区 68%的水功能区均超载，超载倍数为 1.0 倍。优化开发区 COD 入河总量超标 0.4 倍，超标水功能区比例为 22%；重点生态功能区和农产品开发区的 COD 入河总量仍有部分盈余，但 COD 入河量超出容量的功能区数量也达到了 20%。控制区的氨氮容量以优化开发区和重点开发区最高，重点开发区的氨氮入河量最多，超载倍数最高（6.1 倍），超载水功能区比例最大（67%）。优化开发区氨氮入河总量超载 3.1 倍，超载水功能区比例为 25%；重点生态功能区和农产品开发区的氨氮入河总量也没有盈余，氨氮入河量超出容量的功能区数量 20%以上，总量超载倍数分别为 1.3 倍和 1.9 倍。

污染物入河超载的情况在二级控制区的表现有较大差异。优化开发区的三个区中，唐山、秦皇岛区污染物入河量与环境容量相近，而北京、天津、廊坊区的氨氮入河量超载倍数达到 14 倍。重点开发区中以衡水区超载最为严重，COD 入河量超载 3.5 倍，氨氮超载 9.6 倍。承德区的氨氮超载较突出，超载倍数为 10 倍。冀中南区的氨氮超载也较严重，超载倍数为 5 倍。重点生态功能区以燕山地区丰水区环境容量较大，但相对超载倍数也较高，COD 超载 0.5 倍，氨氮超载 1.6 倍。COD 盈余分布在燕山地区欠水区和太行山地少水区。氨氮盈余仅存在于太行山地少水区。

3. 西北五省及内蒙古地区

西北五省及内蒙古地区主要水功能区的 COD 容量为 97.2 万 t/a，氨氮容量为 44 827t/a。重点开发区共 94 个水功能区单元，水质目标以Ⅲ类水质目标为主，COD 容量为 605 123t/a，氨氮容量为 27 168t/a；农产品主产区共 123 个水功能区单元，水质目标在Ⅱ类、Ⅲ类、Ⅳ类中平均分布，COD 容量为 220 323t/a，氨氮容量为 12 493t/a；重点生态功能区共 136 个水功能区单元，水质目标以Ⅱ类水质目标为主，COD 容量为 146 893t/a，氨氮容量为 5167t/a。地表水环境容量的空间分布表现为，重点开发区的甘肃黄河干流单元（A0410）、内蒙古单元（A0407）、宁夏单元（A0408）、农产品主产区-新疆-伊犁河内流单元（B0821）的 COD 和氨氮环境容量最大。

西北五省及内蒙古地区地表水环境容量的总体利用程度不高，COD 容量利用率仅为 38%，氨氮容量利用率达到 87%，大部分指标仍有一定的利用空间，仅有重点开发区的氨氮排放（2.72 万 t/a）已经超过地表水的环境容量（2.68 万 t/a），需要进行约束和调整。

西北五省地表水 COD 和氨氮容量利用的空间分布情况如下所述。污染物入河超载区在 COD 和氨氮指标上有一定差异，COD 仅有 3 个控制单元超载，最高超载倍数为 2.8 倍；氨氮有 5 个控制单元超载，最高超载倍数为 5.7 倍。COD 超载 100%～150%的控制单元主要是重点开发区-黄河-甘肃渭河单元（A0409），COD 超排 2653t/a；超载 150%～280%的重点控制单元主要为农产品主产区-内蒙古-内蒙古内流单元（B0204）和重点生态功能区-塔里木盆地-塔里木河内流单元（C0719），利用率分别为 189%和 276%，分别超排 3053t/a 和 5316t/a。氨氮超载 100%～150%的控制单元主要分布在宁夏和内蒙古地区的黄河干流区，重点开发区-黄河-内蒙古单元（A0407）、重点开发区-黄河-宁夏单元

(A0408)、重点生态功能区-青藏高原-甘肃黄河干流单元(C0614)，氨氮分别超排3005t/a、2260t/a、18t/a；超载150%～280%的重点控制单元，主要为重点开发区-黄河-甘肃渭河单元（A0409）、重点开发区-黄河-青海黄河干流单元（A0411），利用率分别为572%和194%，分别超排1652t/a和1229t/a。

课题表2-17　西北五省各主体功能区和控制区的地表水水环境容量利用情况

	COD超排量（万t/a）	COD容量利用率	氨氮超排量（t/a）	氨氮容量利用率
重点开发区（A）	–35.0	42%	426	102%
黄河发展区（A04）	–35.0	42%	426	102%
新疆发展区（A09）	0.0	100%	0	100%
农产品主产区（B）	–14.4	35%	–5298	58%
内蒙古农产品主产区（B02）	–2.4	64%	–1924	73%
新疆农产品主产区（B08）	–12.0	21%	–3374	38%
重点生态功能区（C）	–11.1	27%	–1059	81%
内蒙古东北重点生态功能区（C01）	–2.9	48%	378	114%
内蒙古中部重点生态功能区（C03）	0.0	100%	0	100%
河西内流重点生态功能区（C05）	–3.7	11%	–202	77%
青藏高原重点生态功能区（C06）	–1.2	25%	–283	65%
塔里木盆地重点生态功能区（C07）	0.3	276%	–15	81%
天山以北重点生态功能区（C10）	–3.6	3%	–937	19%
总计	–60.5	38%	–5931	87%

（二）重点地区水污染产业分析

1. 京津冀地区

京津冀地区主要排污的工业行业为化工、造纸、食品、纺织、制药、皮革六大行业，见课题表2-18。该六大行业，占京津冀地区工业GDP的15%，而排放的废水占区域工业废水排放总量的63%，COD排放量占区域总量的70%，氨氮排放量占区域总量的73%。工业COD排放的主要关注产业是造纸、化工和食品行业，分别占COD工业总排放量的21%、16%和14%。工业氨氮排放的主要关注产业是化工、造纸和食品行业，分别占氨氮工业总排放量的35%、11%和10%。

六大主要排污行业在各控制区的分布如下所述。

优化开发区主要污染工业是造纸行业和食品行业。重点开发区主要是滨海开发区的化工行业；冀中南城市群是造纸和制药行业；衡水区的皮革行业。农产品主产区各行业均有分布。

化工行业的主要控制区域为重点开发区中的滨海开发区、承德开发区和冀中南城市群，以及重点生态保护区中的黄淮海平原缺水区，造纸行业的主要控制区域为优化开发区的唐山秦皇岛区、重点开发区的冀中南城市群；食品行业的主要控制区域为重点生态保护区中的黄淮海平原缺水区、优化开发区的唐山秦皇岛区；印染纺织行业的主要控制

课题表 2-18　京津冀地区的主要工业行业情况

序号	行业名称	废水排放量		直排入地表水的比例（%）	COD 排放		氨氮排放	
		总量（万 t/a）	比例（%）		总量（t/a）	比例（%）	总量（t/a）	比例（%）
1	化工	19 648	17	55	27 487	16	5 023	35
2	造纸	19 270	17	77	35 202	21	1 596	11
3	食品	11 454	10	68	22 554	14	1 491	10
4	纺织	10 171	9	59	14 035	8	1 035	7
5	制药	5 200	5	16	9 414	6	1 054	7
6	皮革	5 129	5	44	8 791	5	491	3
总计		70 872	63		117 483	70	10 690	73

区域为重点生态保护区中的黄淮海平原缺水区、重点开发区的冀中南城市群；制药行业的主要控制区域为重点开发区的冀中南城市群；皮革行业的主要控制区域为重点生态保护区中的黄淮海平原缺水区、重点开发区的衡水区。

2. 西北五省及内蒙古

西北五省及内蒙古地区的主要行业是金属冶炼、采矿业、石化、化工、食品、造纸六大行业，该六大行业占总工业产值的 73%，废水排放量占区域总量的 87%，COD 排放量占区域总量的 92%，氨氮排放量占区域总量的 95%，见课题表 2-19。工业 COD 排放的主要关注产业是化工、食品和造纸行业，分别占 COD 工业总排放量的 36%、26%和 16%。工业氨氮排放的主要关注产业是化工、石化、食品行业和金属冶炼，分别占氨氮工业总排放量的 46%、16%、13%和 12%。

课题表 2-19　西北五省及内蒙古地区主要污染物排放行业情况

行业	GDP		COD 排放			氨氮排放		
	总量(亿元)	比例(%)	总量（万 t/a）	比例（%）	（t/亿元 GDP）	总量（t/a）	比例（%）	（t/亿元 GDP）
采矿业	4 090	18	23 827	5	5.8	1 758	5	0.43
化工	2 376	11	171 578	36	72.2	17 645	46	7.43
金属冶炼	4 633	21	22 262	5	4.8	4 815	12	1.04
石化	4 061	18	20 555	4	5.1	6 329	16	1.56
食品	1 175	5	123 546	26	105	4 999	13	4.25
造纸	67	0	74 718	16	1 114	1 290	3	19.24
总计	16 402	73	436 487	92	26.6	36 837	95	2.25

西北五省的 COD 重点控制行业是：重点开发区主要是化工、食品和造纸行业，生态保护区主要是食品行业，农产品主产区主要是化工行业。西北五省的氨氮重点控制行业是：重点开发区的金属冶炼、化工、石化和食品行业。

在工业 COD 排放的空间分布上，化工产业的重点关注区域是新疆农产品主产区（8.2 万 t/a）和发展区（6.2 万 t/a）（COD 容量利用率 38%），食品行业的重点关注区域是黄河发展区（6.8 万 t/a）、内蒙古农产品区（2.6 万 t/a）、河西内流生态保护区（1.8 万 t/a）（COD 容量利用率 42%），造纸行业的重点关注区域是黄河发展区（4.5 万 t/a）（COD 容量利用率 42%）。

在工业氨氮排放的空间分布上，化工产业的重点关注区域是新疆农产品主产区（11 002t/a）、黄河发展区（9310t/a）、河西内流生态保护区（7010t/a）、内蒙古农产品主产区（3481t/a）（氨氮容量利用率 87%），石化产业的重点关注区域是塔里木盆地生态保护区（3996t/a）、黄河发展区（6213t/a）（氨氮容量利用率 102%），金属冶炼行业的重点关注区域是黄河发展区（13 910t/a）和内蒙古中部生态保护区（2639t/a）（氨氮容量利用率 102%），食品行业的重点关注区域是黄河发展区（6482t/a）。

三、水资源承载力和支撑力分布

（一）全国水资源与社会经济发展协调性评价

1. 全国水资源承载现状分析

我国水资源总量列世界的第 6 位，但人均和亩均水资源占有量均很低，水资源并不丰富。全国平均人均水资源量约为 2040m^3，仅为世界人均占有量的 28%；耕地亩均占有水资源量 1440m^3，约为世界平均水平的一半。

总体看，北方地区腹地大多数河流水资源开发利用潜力已十分有限，只有周边部分河流，如松花江区、辽河区周边跨界河流以及西北诸河区跨界河流目前水资源开发利用程度较低，尚有一定的潜力，南方地区水资源开发利用程度普遍较低，水资源支撑能力较强。北方地区除松花江区外，水资源开发利用程度均在 40%以上，其中海河区当地水源供水量已接近多年平均水资源量。海河区、黄河区、淮河区、西北诸河区和辽河区已超过或接近其水资源开发利用的极限，水资源超载严重，并已引发了一系列生态环境问题。南方流域水资源开发利用率则均低于 20%，西南诸河流域不到 5%，水资源支撑能力较强。见课题图 2-2。

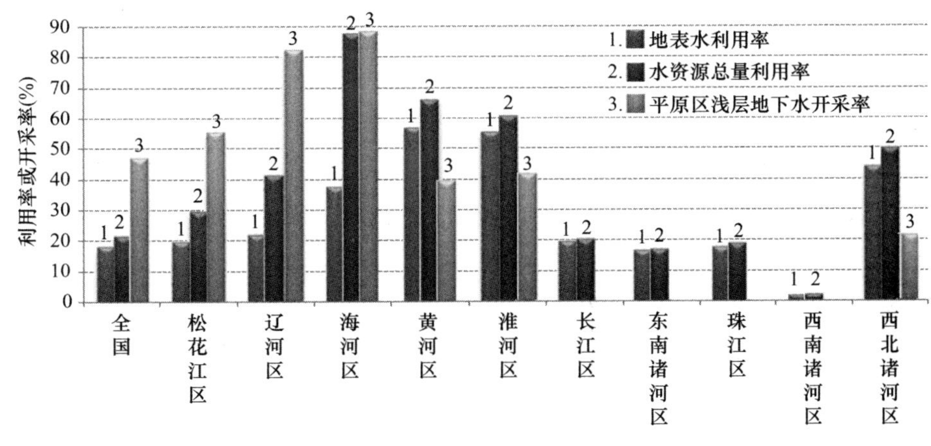

课题图 2-2　2012 年我国水资源一级区水资源开发利用程度示意图

2. 水资源与社会经济发展协调度评价分析

水资源与区域经济综合协调度评价分析显示：水资源综合支撑能力南方整体优于北方，而北方又以华北和西北最差。从流域上看，辽河流域、黄河流域和海河流域水资源支撑能力最差，大部分区域水与社会经济协调程度处于“极不匹配”状态。西北诸河流域、淮河流域和松花江流域次之，协调程度为“基本匹配”、“不匹配”情况普遍，部分地区甚至出现“极不匹配”情况。长江流域、西南诸河流域、东南诸河流域以及珠江流域由于水资源禀赋条件好，水资源支撑能力较强，大部分地区协调程度达到“匹配”或“非常匹配”。

分行业而言，在出现水资源与社会经济发展不匹配的北方 6 大流域中，西北诸河流域用水矛盾主要集中于农业用水，农业用水挤占生态用水严重，而在西部大开发和“一带一路”战略的背景下，未来区域城镇化和工业化发展将进一步加剧水资源超载的现状；黄淮海流域是我国重要的工业基地、能源基地和粮食基地，水资源与社会经济各行业发展均极不匹配，水资源严重超载，在未来人口增加、工业化程度提高、特别是城镇化和生活水平提高的影响下，水资源支撑难度较大；辽河流域工业化和城市化程度较高，水资源与社会经济各行业发展均不协调，其中与工业发展极不匹配，与农业发展不匹配；松花江流域除吉林、辽宁部分区域水资源与工业发展不匹配外，大部分区域水资源与社会经济发展各行业均基本匹配，但区域为我国未来重要的国家商品粮基地，未来社会经济用水占总用水比例将有大幅度增长，需要特别关注。

3. 产业发展布局建议

西北诸河区应以水为约束，通过合理规划和调配，逐步控制或减少灌溉面积，发展节水灌溉工程，大力促进农业节水，为工业提供生产用水，工业方面，严控高耗水工业发展，对已有工业进行产业升级，实现跨越式发展；黄淮海区工业化和城镇化程度高，用水效率较高，未来应实行深度节水战略，构建适水高效型的产业结构布局，农业进行种植结构调整，工业限制并转移传统高耗水产业，同时应注意恢复生态破坏；松辽区面临未来粮食主产区和国家“振兴东北老工业基地”战略的双重压力，未来农业发展重点在于提高用水效率，充分挖掘现有灌溉面积的节水增产潜力，发展旱作农业，合理规划，适当新增灌溉面积，尽量避免挤占生态用水，工业发展应以淘汰落后产能，进行产业升级为重点；南方四大流域水资源支撑能力良好，水资源问题主要是水质型缺水和工程型缺水，未来发展潜力较大，但需增加用水工程调控能力，同时注意控制高污染、高耗水产业发展。

（二）京津冀地区水资源支撑能力分析

1. 水资源承载现状分析

京津冀地区大部分位于海河流域，包含北京、天津、河北 3 个省（直辖市），人口密集，经济发达，是我国经济创新活力最强、开放程度最高、人口最为密集的区域之一。同时，区域内水资源与经济社会发展矛盾也十分突出，是公认的“资源型”严重缺水地区，多年平均条件下，人均水资源量仅为 236m^3，即使加上南水北调中线一期水量，区域平均人均水资源量也只有 279m^3，仅为全国平均水平的 13%，远低于国际公认的人均水资源量（500m^3）的严重缺水线。

从供给角度看，京津冀地区尤其北京市、天津市水资源重度短缺，水资源供需矛盾加剧。京津冀地区以占全国 0.93%的水资源量条件，提供了占全国 4%的供水量，支撑了占全国 8%的人口和 8%的灌溉面积，产出占全国 11%的 GDP。区域水资源严重超载，河北省 2013 年本地水资源总量约 205 亿 m^3，用水总量约 191.29 亿 m^3，北京市 2013 年本地水资源量为 37 亿 m^3，用水总量达 36.4 亿 m^3，两省（直辖市）水资源开发利用程度接近 100%；天津市 2013 年本地水资源总量约 16 亿 m^3，用水总量约 23.8 亿 m^3，水资源开发利用程度超过 100%。地下水是区域主要供水水源，占比达到 67%。地下水采补严重失衡，地下水位持续下降，平原地区 92%出现地下水超采，是未来地下水控采的最主要区域。

2. 未来供需情势分析

根据区域本底水资源条件和水生态环境状态，按照地表供水基本维持现状，充分利用区域内南水北调中线一期工程和引黄水调入水量，增加非常规水源利用量，并控制地下水超采以适当恢复地下水，需求方面充分挖掘各行业节水潜力，同时考虑支撑区域快速城镇化带来的城镇生活用水的刚性增加，综合平衡分析，在平水年条件下，2020 年，京津冀地区可供水量约 288.9 亿 m^3，需水量达 303.5 亿 m^3，仍然缺水约 14.6 亿 m^3，2030 年京津冀地区可供水量约 302.9 亿 m^3，需水量达 317.1 亿 m^3，仍然缺水约 14.2 亿 m^3，而且缺口主要以城镇生活和工业刚性需求为主，主要位于河北省，缺水威胁依然严峻。2030 年以后，由于城镇化水平已经很高，同时各行业用水效率提升空间较小，未来需水增长主要是社会经济发展带来的刚性增长，预计到 2050 年，需水总量将达到 340.5 亿 m^3。见课题表 2-20。

课题表 2-20　2020 年、2030 年及 2050 年京津冀地区需水预测　（单位：亿 m^3）

省（直辖市）	需水量		
	2020 年	2030 年	2050 年
北京市	43.0	45.6	50.6
天津市	31.2	34.0	38.5
河北省	229.3	237.5	251.4
合计	303.5	317.1	340.5

3. 重点产业识别与发展布局建议

根据用水效率，京津冀地区可以大致分为两个梯队。

第一梯队地区为北京和天津，水资源利用效率水平整体达到或接近发达国家水平，城镇化水平较高，存量节水潜力有限，但水资源短缺仍将是其长期面对的基本水情。用水行业方面，北京市由于产业结构优化，农业用水所占比例很低，生活用水比例所占比例较大，是未来用水控制的重点，天津市农业用水占总用水比例较大，是未来深度节水战略主要行业。两市工业用水占比较少且效率较高（已达到发达国家水平），优化空间较小，未来应以规模控制为主要调控手段，见课题图 2-3 和课题图 2-4。

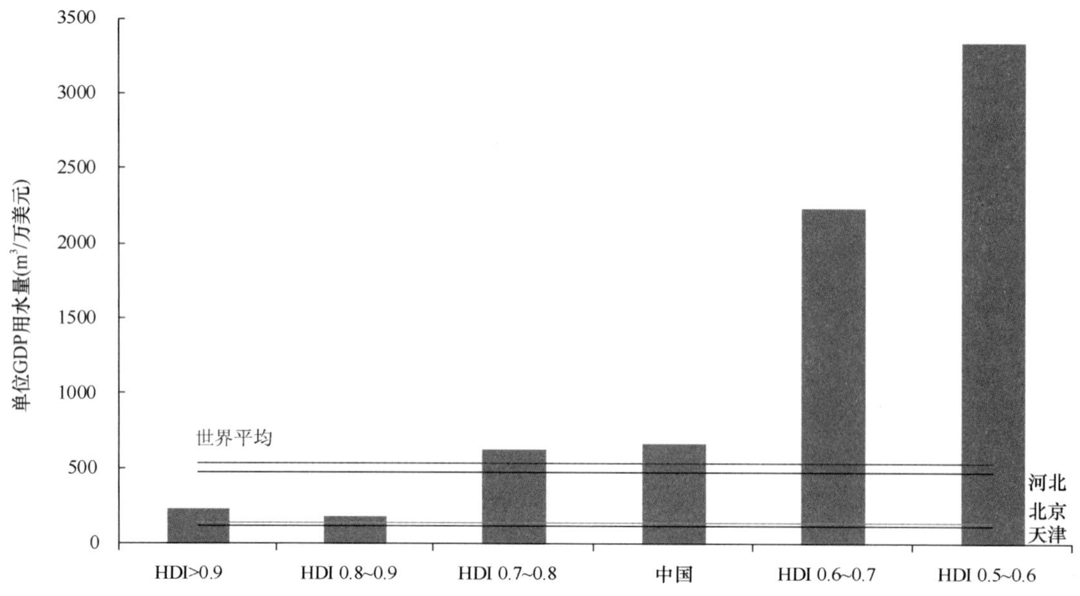

课题图 2-3　京津冀地区与不同发展水平国家用水效率比较

HDI 为人类发展指数，HDI 大于 0.9 的多为发达国家，HDI 介于 0.5～0.8 的多为亚洲、非洲、拉丁美洲的发展中国家，HDI 小于 0.5 的多为亚洲、非洲的欠发达国家

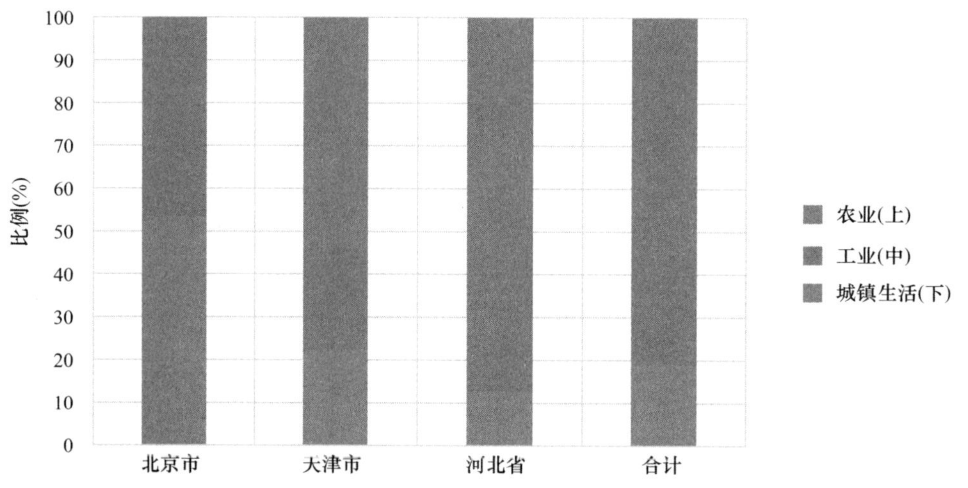

课题图 2-4　2013 年京津冀地区各省分行业用水比例（彩图见封底二维码）

第二梯队为河北省，水资源利用效率优于发展中国家水平，但仍远未达到发达国家水平。由于地下水长期超采以及经济社会发展导致的用水刚性需求增加等因素，生态环境用水历史欠账较多，用水结构中农业用水比重大，超过 70%，在农业播种面积中灌溉用水大的小麦播种比例达到 27%，部分地区还存在水稻等高耗水作物；工业用水所占比例虽然不大，但其中高耗水工业比重高。六大主要耗水工业（课题图 2-5）煤炭开采和洗选业，黑色金属矿采选业，黑色金属冶炼和压延加工业，电力、燃气及水的生产和供应业用水量，均为传统意义上的高耗水行业，2013 年用水量超过 80%，需要重点关注。

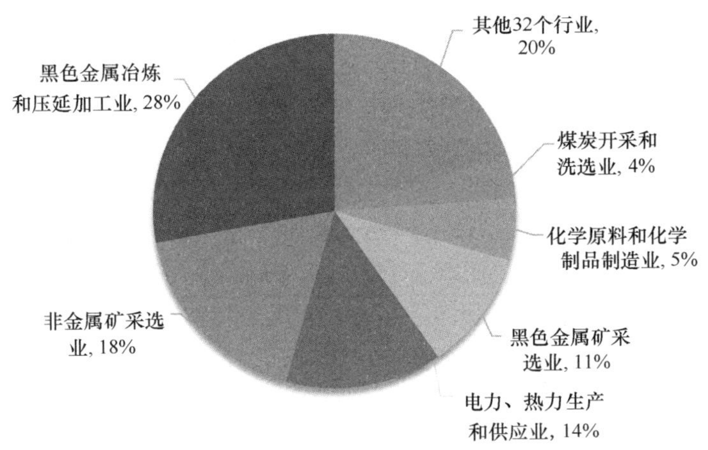

课题图 2-5 2013 年河北省工业行业用水比例

（三）西部地区的五大煤电基地支撑能力分析

1. 水资源承载现状分析

西部地区重点发展的五大煤电基地包括鄂尔多斯、陕北、宁东、哈密、准东，皆位于我国主体功能区中的重点开发区域。五大煤电基地全部都处于干旱或半干旱地区，多年平均降水量小于 600mm。煤电作为高用水产业受到水资源本底条件的极大制约。其中五大煤电基地平均人均水资源量仅为 853m^3，远低于全国平均水平，见课题图 2-6。五大煤电基地中，位于内蒙古自治区和新疆维吾尔自治区的鄂尔多斯煤电基地、准东煤电基地和哈密煤电基地，由于人口相对较少，使得人均水资源量超过了 1000m^3，其余位于宁夏回族自治区、陕西省的宁东和陕北煤电基地水资源本底条件差，建设发展的水资源约束更为显著。

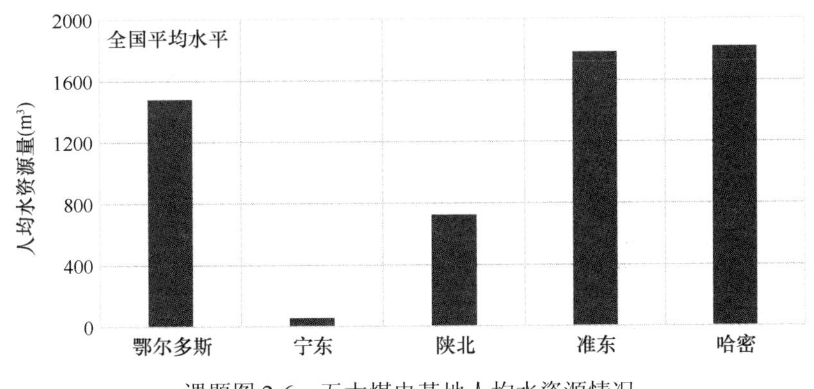

课题图 2-6 五大煤电基地人均水资源情况

2. 未来水资源对煤电开发供需情势分析

综合考虑各煤电基地所在区域用水红线控制指标增量、区域用水红线控制指标增量以及区域水权转让计划，得到 2020 年、2030 年可供水量增量，并根据未来煤电基地规划装机容量增量及火电取水定额指标得到 2020 年、2030 年新增煤电开发需水，成果如课题表 2-21、课题表 2-22 及课题图 2-7、课题图 2-8。

课题表 2-21　2020 年五大煤电基地供需情势　（单位：亿 m^3）

编号	基地名称	煤电基地可供水增量（较 2012 年）	新增煤电开发需水量增量（较 2012 年）	
			限定值	先进值
1	鄂尔多斯	2.74	1.68	1.05
2	宁东	3.23	2.17	1.14
3	陕北	7.19	1.06	0.84
4	准东	0.8	1.01	0.53
5	哈密	0.78	0.35	0.19
合计		14.74	6.27	3.75

课题表 2-22　2030 年五大煤电基地供需情势　（单位：亿 m^3）

编号	基地名称	煤电基地可供水增量（较 2012 年）	新增煤电开发需水量增量（较 2012 年）	
			限定值	先进值
1	鄂尔多斯	7.53	2.1	1.31
2	宁东	5.83	2.91	1.53
3	陕北	14.33	1.69	1.34
4	准东	1.6	1.23	0.65
5	哈密	1.31	0.54	0.29
合计		30.6	8.47	5.12

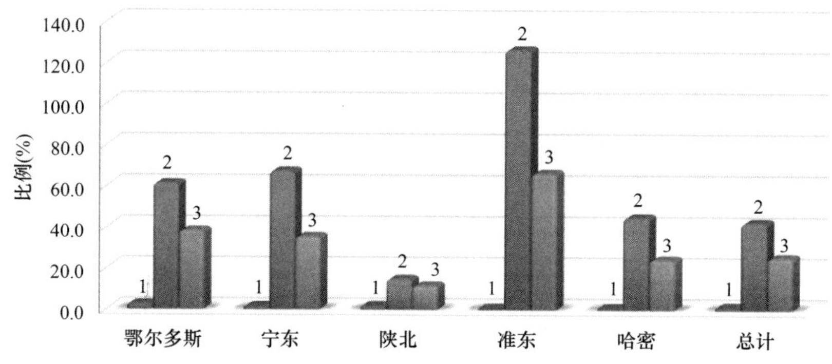

课题图 2-7　五大煤电基地现状及 2020 年新增煤电用水占可供水量增量比例

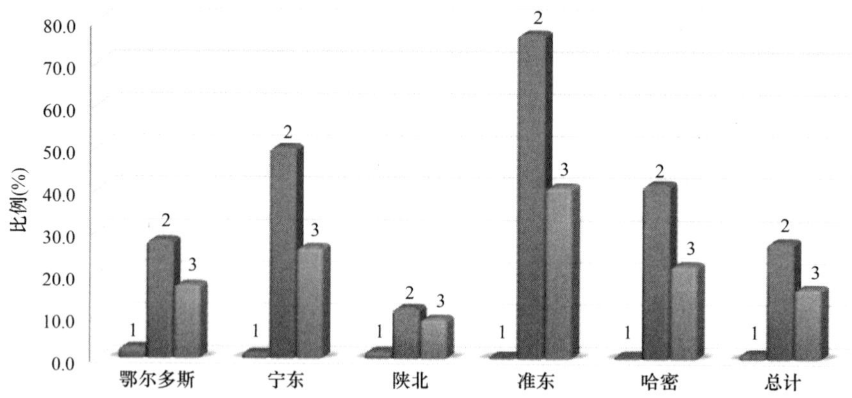

课题图 2-8　五大煤电基地现状及 2030 年新增煤电用水占可供水量增量比例

结果表明，2020年、2030年五大煤电基地可供水增量分别约14.74亿m^3和30.6亿m^3，新增煤电开发需水按限定标准新增水量约6.27亿m^3和8.47亿m^3，分别占可供水量增量的43%和28%，按节水先进值新增水量约3.75亿m^3和5.12亿m^3，占可供水量增量的25%和17%。无论限定值还是先进值，占可供水量增量的比例均远超现状煤电行业用水占比，尤其准东、宁东，若按限定值，煤电行业用水占可供水增量比例超过50%，2020年准东煤电行业用水占可供水增量甚至超过120%。因此，未来若想支撑煤电开发，必须压缩其他行业用水，并提高用水效率。2030年以后煤电基地开发基本饱和，因此2050年煤电开发需水量将基本保持不变。

西部地区五大煤电基地现状主要用水主要为农业用水（课题图2-9），尤其是宁东、准东、哈密，农业用水比例超过80%，准东、宁东甚至超过90%，农业用水挤占生态用水的情况十分普遍。此外，陕北、鄂尔多斯其他工业用水所占比例较高，需要特别关注。

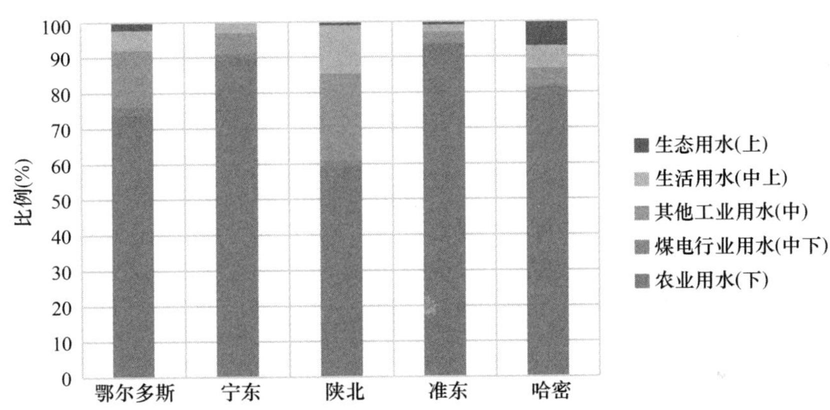

课题图2-9　五大煤电基地现状分行业用水比例（彩图见封底二维码）

四、环境承载力约束下的产业绿色布局策略

（一）基于环境承载力的全国产业合理布局

1. 大气和水容量超载形势严峻，重点整治高能耗重污染低效益产业

无论是大气环境容量还是水环境容量，东部地区的超载率要明显高于西部地区，西北地区的水资源承载力较低。目前东部地区重污染产业比重过高是东部地区环境超载率高的重要原因。为使2030年全国空气质量达标，主要污染物减排情况见课题图2-10。

2. 根据环境容量利用/超载情况进行产业调整和特别污染排放限值管理

环境容量利用率不足50%的地区，在满足行业排放标准的情况下适度发展有本地优势的产业；对于环境容量利用率为80%～100%的控制单元，及时进行预警并做出产业调整引导方案或行业排放标准方案，为后续发展预留空间。

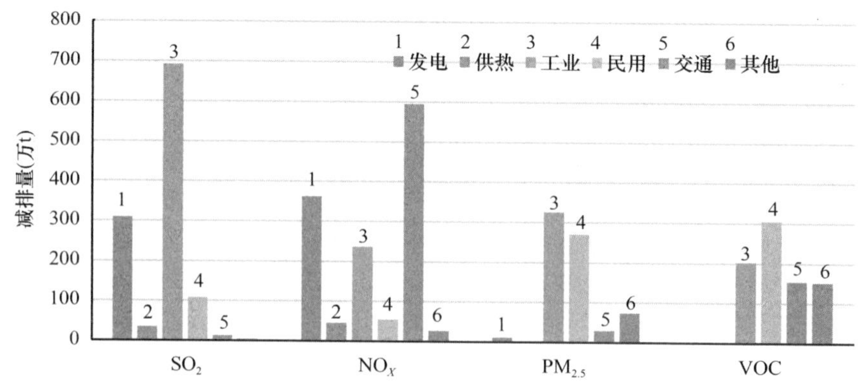

课题图 2-10　全国 2030 年空气质量达标所需减排量（彩图见封底二维码）

3. 运用行业排放标准推进产业技术进步和绿色化水平

对于优化开发区和重点开发区，稳步推进产业超低排放标准，如建议直接排入自然水体的污水氨氮排放标准调整为 1.5mg/L；对于农产品主产区和重点生态保护区，重点提高畜禽养殖的污染排放标准。

4. 农业布局应考虑水资源承载力和水资源效率

农业水资源配置与布局是我国水资源配置的关键问题。农业布局应以农牧业与水土资源之间的匹配为前提。农业水资源主要配置思路应集中于调整农业结构、转变农业增长方式、调整种植结构、提高水分生产效率与推进生物节水战略。

（二）基于环境承载力的能源资源产业布局

1. 环境容量约束下的煤炭开发利用

加强西部地区水资源和水系统建设，保障西部地区煤炭产能。根据西部地区水资源、生态环境的容量约束，应重点建设一批大型、特大型矿井群，优先建设优质动力煤煤矿、特大型现代化露天煤矿、煤电和煤炭转化一体化项目，在水权配置上应对中西部煤炭资源开发予以保证，在用水政策上予以倾斜，为合理开发水资源短缺区煤炭资源提供机制保障；在中西部煤炭资源开发地区加强水资源和水系统建设的同时，完善矿区（尤其是西北地区）管水、用水、节水的法律法规和标准，规范矿区取水、用水行为，从水资源保护、水资源配置、矿井水处理与综合利用等方面制定严格的准入条件，鼓励通过水权置换来增加用水量。

发展绿色开采技术与装备，推进西北地区煤炭科学开发。各煤炭主产区应根据科学开发的主要制约因素，发展有针对性的技术和装备，重点发展保水开采、充填开采、地表沉降区治理等绿色开采技术与装备。推进西北五省重点区域的科学发展，坚持煤炭丰富地区优先发展的原则，统筹考虑煤炭资源、水资源和环境条件、区域经济发展等因素，加强煤炭产业基地的建设。根据各地区水、大气等环境容量，资源赋存条件、工业与社会发展现状及趋势，科学合理进行煤炭生产布局，实现煤炭由“以需定产”转变为“以环境容量定产”。

输煤输电各有优势，应统筹协调发展。煤炭产需的逆向分布，形成了我国“北煤南运、西煤东调”的格局，随着煤炭开发战略重心逐渐西移，输煤输电距离在不断加大，煤炭运输成为影响煤炭供需的关键因素。考虑西北地区受水资源限制条件，以及远距离铁路输送煤炭在能力和效率上较输电具有优势，煤炭外送应是主要方式，应加强铁路运煤和港口运煤能力建设。但考虑负荷中心的环境容量和成本，输电通道建设周期短、易于实现，有利于当地经济发展等因素，发展输电也有必要，尤其是低热值煤炭和煤矸石更适宜就地发电。煤炭输配应遵循“低质煤本地消费、优质煤远距离输配”和“提质后再输配”的原则，减少煤炭资源的无效运输。

发展现代煤化工必须坚持量水而行，环保优先，科学布局，绿色和可持续发展。发展现代煤化工产业能够部分替代我国石油和天然气的消费量，促进石化行业原料多元化，为国家能源安全提供战略支撑，为石油安全提供应急保障。但是，我国发展煤化工必须在水资源许可的地区开展项目建设，根据可供水资源量的潜力分析和评估，合理规划现代煤化工产业的发展规模。坚持严格环保标准，在废水排放方面，制定分区域的环保管理标准，对于缺少纳污水体或纳污水体不能接受废水排放的，要严格落实水功能区域限制纳污红线管理的要求，做到工艺废水全部回收利用；对于有纳污水体条件的，要严格执行污水达标排放标准。统筹考虑资源条件、环境容量、生态安全、交通运输、产品市场等因素，科学合理布局示范项目。根据资源承载能力和环境容量安排发展速度，按照能源保障、运输和加工能力安排资源开发规模和产业布局，推进园区化、基地化可持续发展模式。

降低区域煤炭总量，实施煤炭消费等量替代，严格煤炭利用的污染物排放限值。一是控制煤炭消费总量：为了达到城市或区域空气质量改善目标、污染物总量控制目标及节能目标，在一定的污染治理水平和能源效率水平下，控制煤炭最大允许消费量。二是优化煤炭消费布局：基于污染物扩散、稀释、自净能力的空间差异性，来约束、控制煤炭消费的区域分布，重点耗煤行业的分布，从而有效指导耗煤产业的空间布局，确保区域大气环境使用功能达到空气质量限值要求；河北的钢铁企业（河北钢铁）和水泥企业（冀东水泥股份有限公司）应该布局到曹妃甸区域。三是调整煤炭消费结构：考虑到不同行业的煤炭利用效率、污染物排放控制水平与监管条件等方面的差异，调整煤炭消费总量在不同行业之间的分配。四是提高煤炭利用水平：通过提高燃煤技术水平、污染物排放控制技术与管理水平，降低生产单位产品的煤炭消费强度与污染物排放强度。

2. 环境容量约束下的油气开发利用

提高油气勘探开发环保标准，规范企业行为。国家相关部门应该根据形势需要，加大对环保工作的落实力度，完善相应法规条例，提高与油气勘探开发有关的环保要求与技术标准，为石油天然气勘探开发企业在污染防治方面提供政策指导和行动指南。随着我国高含硫油气田的开发、LNG 的引进、国家环境保护要求的提高，不仅急需制定一批新的技术标准，而且石油行业现有的部分技术标准也需要修订完善。要紧密结合资源节约型和环境友好型企业的建设，加强清洁生产技术、节能降耗和环境保护标准的制定，只有切实打牢标准规范这个基础，企业才能不断深化管理，真正建立起自我约束、不断完善的长效机制，规范自身的行为，实现清洁发展和节约发展。

完善管理体制，健全法规体系，加强对企业行为的监督。鉴于我国环境污染问题较为严重，在出台和完善、提高环境保护工作标准和技术要求的基础上，国家有关部门应加大对石油天然气企业生产行为的监督和管理力度，严格按照法规条例要求管理生产企业。在环境敏感区进行石油天然气勘探、开采的，要在开发前对生态、环境影响进行充分论证，并严格执行环境影响评价文件的要求，积极采取缓解生态、环境破坏的措施。高度重视污染源普查，建立污染源动态管理档案。结合国家正在进行的第一次全国污染源普查和过去对污染源管理取得的成果，从源头、过程、末端等制定污染源监测计划，对中国石油企业在油气生产过程中的废水、废气、噪声、固体废物等进行全面监测，摸清污染源产生和排放的特征、规律等，建立污染源管理动态体制，为环境管理、污染物减排提供科学依据。随着海洋油气资源的进一步开发，出于防范油气生产事故造成海洋污染，需要更新现行海洋环境法律规范，保障合理制度安排。海洋环境法律制度更新应当注意为保护海洋环境、发展海洋环境产业提供充分合理的，特别是符合时代发展特点的法律制度，并构造科学的海洋环境管理制度体系。

落实《石油天然气开采业污染防治技术政策》要求，鼓励企业对污染进行防治和修复。目前国内石油企业以及主要油气生产区不同程度存在水污染、土地污染以及大气污染。“十三五”时期按照国家经济结构调整以及重视发展质量的基本要求，油气行业需着手考虑污染治理和修复问题。贯彻和执行《石油天然气开采业污染防治技术政策》，对已造成的环境问题出台及时、合理的措施，强调污染及时治理，有效地进行石油污染检测和高效开展石油污染的降解和修复，预防石油污染源的扩散。税收方面做相应调整，对于企业的治污行为政府应通过财税政策予以支持。完善我国石化企业排污收费的法律制度，重新制定排污费的收费标准，避免出现因排污费用较低而出现的宁肯缴费也不投资石油污染治理的现象。同时加强征收的严肃性和强制性，依法征收。

加大科技研发力度，大力发展石油污染防治技术。设立科技专项开展油气勘探开发污染形成机制与防治技术研究，鼓励企业开展石油污染治理技术研究，鼓励研究、开发、推广以下技术。①环境友好的油田化学剂、酸化液、压裂液、钻井液，酸化、压裂替代技术，钻井废物的随钻处理技术，提高天然气净化厂硫回收率技术。②二氧化碳驱采油技术，低渗透地层的注水处理技术。③废弃钻井液、井下作业废液及含油污泥资源化利用和无害化处置技术，石油污染物的快速降解技术，受污染土壤、地下水的修复技术。

科学合理推进七大石化基地建设。根据 2014 年 9 月《石化产业规划布局方案》，预计到 2020 年全国炼油综合加工能力 79 000 万 t，乙烯、芳烃生产能力分别为 3350 万 t、3065 万 t，2025 年炼油、乙烯、芳烃生产加工能力分别为 85 000 万 t、5000 万 t 和 4000 万 t。重点建设七大石化产业基地，包括大连长兴岛（西中岛）、河北曹妃甸、江苏连云港、上海漕泾、浙江宁波、广东惠州、福建古雷，除江苏连云港和福建古雷位于重点开发区外，其余皆位于优化功能区，势必兼顾大气和水环境影响，稳步推进环境友好型的石化基地势在必行。

（三）基于环境承载力的重点区域产业发展布局

1. 京津冀地区环境容量约束下的产业布局

京津冀地区环境容量约束作为产业布局主控因素，改善能源消费结构，减少大气和地表水污染及地表水资源的索取量，构建北京科技研发、天津先进制造业、河北材料装备物流的产业格局。

（1）在大气环境容量方面

在大气环境容量的约束下，建议京津冀优化开发主体功能区域做以下几个方面的调整：工业方面，能源进行整体优化调整，鼓励和推荐企业利用天然气和电力等能源，严格推行企业实施技术减排举措，限制高污染产品数量。钢铁、水泥以及非金属已经成为工业中的主要污染产业，钢铁和水泥方面建议采取“促减控整”措施，非金属方面改善工艺，逐渐降低产能。民用方面，增强民用能源基础设施建设，改善民用基础设备，增加煤炭高污染能源获取难度，增强煤制气和天然气的利用和供给量。交通方面，持续鼓励新能源汽车，严格控制汽车数量增长速度，严格督导汽车尾气减排设备的配置，提升汽油和柴油的品质。发电方面，继续鼓励火电厂大气污染技术减排，不再增加大型火电厂。供热方面，继续对供热设备进行大气污染物技术改造，增设天然气集中供热厂。冀中南重点开发区域采取了优化传统发展新型产业的调整思路：重点发展开发太阳能和生物能等新能源，发展新型智能化装备制造业，培育电子信息、生物制药和新型材料等产业，削减或者剥离钢铁和建材等高耗能高污染的传统产业。

（2）水环境容量方面

京津冀地区 COD、氨氮入河量超载严重，分别是环境容量的 1.5 倍和 4.4 倍，工业行业是重要的污染物，主要污染排放产业为化工、造纸、食品、纺织、制药、皮革六大行业，该六大行业的 COD 排放量占工业排放总量的 70%，氨氮排放量占 73%，而 GDP 仅占京津冀地区工业 GDP 的 15%，根据亿元 GDP 的污染物排放量，最不协调的印染纺织、皮革和造纸 3 个产业（COD 49～66t/亿元，氨氮 2.2～4.9t/亿元）采取整个行业关闭转移的政策，化工、食品和制药行业（COD 10～15t/亿元，氨氮 1～2t/亿元）相对而言也可以采取整个行业关闭转移的政策，或者进行行业化清洁生产改造、污水处理工艺改进等措施，尤其是污水直接排入地表水比例仅为 16%的制药行业，进行行业化清洁生产改造、污水处理工艺改进是重要的发展方向。

（3）水资源方面

水资源方面根据用水效率，京津冀地区可以大致分为两个梯队。

第一梯队地区为北京和天津，水资源利用效率水平整体达到或接近发达国家水平，北京市未来用水控制以生活用水为主，天津以农业用水为主，工业用水效率较高，未来应以规模控制为主要调控手段。

第二梯队为河北省。河北省未来需要进行产业结构调整以实现水资源与经济的可持续发展：①在一二三产业层面，大力发展第三产业，调整和提高第二产业，限制第一产业。②在农业内部应调整种植结构，发展旱作农业，改目前普遍的冬小麦、夏玉米一年两熟制为种植玉米、棉花、花生、油葵、杂粮等农作物一年一熟制，并结合畜牧养殖业发展，支持发展青贮玉米、苜蓿等作物；③工业内部应支持电子信息、电气等知识、技术密集型的新兴行业发展，限制并转移石化、冶金等传统工业行业发展；④对第三产业内部各行业的发展可以不予限制，但要注意促进向高级化发展，由批发零售、餐饮等传统的服务行业为主转向技术性、知识性强的金融保险、科学研究等现代服务业和通信业为主。

2. 西北五省及内蒙古地区环境容量约束下的产业布局

西北地区以水资源为主要约束条件，主要用水控制集中于农业用水，推广农业节水，压缩农业用水比例，以农业用水的压缩保证生态用水、工业用水；工业应采用节水工艺，适度发展。大气和地表水环境污染作为重要控制条件，控制污染行业，技术提升减少污染排放。

（1）大气环境方面

根据西北五省及内蒙古地区大气污染物排放容量及地广人稀的特点，建议产业结构做以下几个方面的调整：工业方面，充分利用当地天然气改善能源结构，督促企业增设技术减排设备，限制高耗能低产值产品数量。水泥行业为该地区的重要污染行业，采取严格提升工艺降低产能措施；煤化工和炼焦等污染凸显，缓慢推进煤化工行业的进程，严格控制煤炼焦产量。民用方面，采用降低民用减排型燃煤设备价格和补助等措施进行燃煤减排，逐步增加煤制气和天然气消费占比。交通方面，严格执行燃油车的国家和地方标准，推广天然气和新能源汽车。发电方面，对老旧火电厂进行技术改造，逐步控制火电厂规模和数量，在天然气富余地区增设天然气电厂对外输电，增加太阳能电厂和风电厂来减小外输供电压力。供热方面，对供热设备进行技术改造，增加天然气供热厂，鼓励太阳能、地热等采热。

（2）地表水环境容量方面

西北五省及内蒙古地区的地表水环境容量总体利用程度不高，COD 容量利用率仅为 38%，氨氮容量利用率达到 87%，仅有重点开发区的黄河发展区的氨氮排放（2.72 万 t）略超过地表水的环境容量（2.68 万 t），因此西北五省及内蒙古的产业调整建议主要是产业发展意见和限制发展建议两部分。该区域的主要排污行业是金属冶炼、采矿业、石化、化工、食品、造纸六大行业，该六大行业占总工业产值的 73%，COD 排放量占区域总量的 92%，氨氮排放量占区域总量的 95%。根据亿元 GDP 的污染物排放量，化工、食品和造纸 3 个产业采取整个行业关闭或转移的政策，尤其是在环境容量超载区域；金属冶炼和石化行业可以采取行业化清洁生产改造、污水处理工艺改进等措施，尤其是在环境容量利用不足的区域。重点生态保护区可以加快发展符合主体功能规划的经济产业，如采矿业，以实现不破坏生态环境的前提下更快的发展经济。

（3）水资源承载能力方面

为支撑未来西北煤电基地开发，并保持区域生态环境不受破坏，必须压缩农业用水比例，采取“农业综合节水—水权有偿转换—工业高效用水”的模式，发展节水、高效的特色农业，提高用水效率，严格控制灌溉面积的无序扩张，以农业节水转换工业使用，保障工业发展。陕北、鄂尔多斯工业用水所占比例较高，未来需要进行产业结构调整，清退转移能源行业外其他高耗水行业，严格管控能源行业发展，同时需进一步强化能源生产节水，积极采用先进的用水工艺。

（四）产业绿色化布局

1. 全国产业绿色化布局

鼓励信息网络、国家电网、全国油气管路运输、生态环保、清洁能源、海陆空交通、油气及矿产资源保障。鼓励信息化物流和仓储业、先进技术装备制造业和计算机软硬件及服务业。鼓励发展节水高效现代农业、低耗水高新技术产业以及生态保护型旅游业。

严控高耗能、高污染行业新增产能，完成钢铁、水泥、电解铝、平板玻璃等重点行业落后产能淘汰。

七大重点流域干流沿岸，要严格控制石油加工、化学原料和化学制品制造、医药制造、化学纤维制造、有色金属冶炼、纺织印染等项目环境风险，合理布局生产装置及危险化学品仓储等设施。城市建成区内现有钢铁、有色金属、造纸、印染、原料药制造、化工等污染较重的企业应有序搬迁改造或依法关闭。

2. 京津冀地区产业绿色化布局

（1）坚持供给侧管理，优化产业布局和结构

按照主体功能区划和环境承载力要求，坚持供给侧管理，优化区域产业空间布局，淘汰落后产能，推动区域产业转型升级，从源头减轻京津冀地区污染问题。京津冀地区整体应成为转变经济发展方式的先行区。根据环境承载力要求，河北省应积极承接京津先进制造业转移，承接战略性新兴产业、高端产业制造环节和一般制造业整体转移；借力发展战略性新兴产业。要加强供给侧管理，加快区域落后产能、过剩产能淘汰力度，积极推动京津冀及周边地区有关省（自治区、直辖市）制定钢铁、水泥（熟料）、非热电联产燃煤机组、焦炭等行业产能淘汰计划，并不再审批钢铁、水泥、电解铝、平板玻璃等产能过剩行业新增产能项目。

（2）加快调整区域能源结构，发展清洁能源产业

根据京津冀大气环境承载能力，明确区域煤炭最大允许消费量，增加外输电、天然气供应，加快发展分布式能源、可再生能源，逐步降低煤炭消费比重。发改等部门加大区域清洁能源供应的协调力度。加强对区域天然气、LNG、优质清洁煤、国五标准车用油品的供应保障；加快可再生能源开发利用和清洁能源替代力度；加快风电、光伏发电的发展和消纳；加快推动天然气分布式能源示范项目实施，因地制宜地推动风能、太阳能、地热能供热示范项目建设；加快京津冀区域输电通道建设，提升区域外调电比例。建设全密闭煤炭优质化加工和配送中心，构建洁净煤供应网络，加强煤炭质量管理，全面取消劣质散煤的销售和使用。

（3）加强污染源深度治理，推进污染行业全面达标排放

加快推进区域环保标准统一，推动京津冀现有污染行业逐步实施特别排放限值，强化重点行业主要污染物治理。加快电力、钢铁、水泥、平板玻璃、有色等企业以及燃煤锅炉脱硫、脱硝、除尘改造工程建设，确保按期达标排放。在有机化工、医药、表面涂

装、塑料制品、包装印刷等行业实施挥发性有机物综合整治，在石化行业开展“泄漏检测与修复”技术改造。坚决取缔“十小”企业，全面排查装备水平低、环保设施差的小型工业企业。专项整治造纸、焦化、氮肥、有色金属、印染、农副食品加工、原料药制造、制革、农药、电镀十大重点行业。新建、改建、扩建上述行业建设项目实行主要污染物排放等量或减量置换。

3. 西北五省及内蒙古产业绿色化布局

（1）大力推动发展方式转变，优化发展路径

发挥西北五省及内蒙古地区的特色和潜力，加快转变经济发展方式，促进工业化、信息化、城镇化和农业现代化同步发展。按照环境承载能力，合理确定区域内城镇体系规模结构、等级结构和职能结构。集约利用空间资源，促进循环发展、生态园区与产业集群相结合。加大对区域内节能、节水、综合利用的循环经济试点工作力度，规划建设一批循环经济园区和生态工业园区，如煤化工生态工业示范基地，尽快形成示范效应。积极发展风能、太阳能、水能等清洁能源，积极推进特色农牧业及加工、特色旅游及文化产业等特色优势产业的培育壮大，坚定不移地走绿色发展之路。

（2）以环境容量确定产业布局，以资源优势优化产业结构

在区域产业结构优化选择上，西北五省及内蒙古地区要转变传统的经济发展模式，以环境容量确定产业布局，以资源优势优化产业结构。针对区域内丰富的矿产和能源资源，应做好统筹部署，支持生态环境条件允许的区域进行有规模地、合理地开发利用。根据亿元 GDP 的污染物排放量，化工、食品和造纸等产业应采取关闭或转移的政策，尤其是在环境容量超载区域；金属冶炼和石化行业可以采取行业化清洁生产改造、污水处理工艺改进等措施，尤其是在环境容量利用不足的区域。重点生态保护区可以加快发展符合主体功能规划的经济产业，如采矿业，以实现不破坏生态环境的前提下更快的发展经济。

（3）制定严格的环境准入制度，推动产业转型和结构升级

在西北五省及内蒙古国土开发强度较高的区域，应该严格限制工业用地，制定严格的行业准入环境标准，通过关闭、整顿高污染行业，鼓励低耗节能行业的发展，使污染物排放量不断下降，环境质量逐步趋于好转。陕北、鄂尔多斯等地区工业用水所占比例较高，未来需要清退转移能源行业外其他高耗水行业，严格管控能源行业发展，同时需进一步强化能源生产节水，积极采用先进的用水工艺。建立统一协调的区域联防联控工作机制，加强技术减排力度。在区域内严格执行环保法律法规和各项标准，完善节能减排投入机制，新建项目做好环评工作。

五、2020 年、2030 年和 2050 年环境治理路线图

（一）我国化石能源开发利用

我国煤炭生产情况将会持续减少，煤炭的生产量将在 30 亿 t 的高位；煤炭消费量也逐渐减少，预计到 2050 年煤炭消费量减少到 30 亿 t，实现国内煤炭供需平衡。

石油的生产量将会持续保持 2 亿 t，不会具有较大的波动；石油的消费量 2014～2030 年持续增长，2030 年将达到峰值，之后逐渐减少。

天然气生产量在 2030 年达到峰值，之后很长一段时间内都将保持 3000 亿 m^3 的生产量；天然气消费量会逐渐增加，2030 年以后由于资源减少会出现下降趋势，2050 年回到 2020 年的消费水平。

课题表 2-23　我国 2020 年、2030 年和 2050 年能源开发利用

年份	煤炭（亿 t）		石油（亿 t）		天然气（亿 m^3）	
	煤炭生产	煤炭消费	石油生产	石油消费	天然气生产	天然气消费
2014	38.7	41.1	2.1	5.1	1301	1867
2020	38.5	40.9	2.1	6.3	1650	4562
2030	38.1	38.9	2.15	7.32	3000	5205
2050	30	30	2	6	3000	4500

（二）大气环境污染物削减路线

1. 空气质量改善目标

2013 年发布的《大气污染防治行动计划》明确了 2017 年空气质量改善目标：2017 年全国空气质量总体改善，重污染天气较大幅度减少；京津冀、长三角、珠三角等区域空气质量明显好转。

从“十三五”开始，用三个 5 年规划时间，推进珠三角、长三角、京津冀依次达到 $PM_{2.5}$ 年均浓度 35g/m^3 的环境空气质量标准。2030 年全国绝大多数的地级及以上城市 $PM_{2.5}$ 年均浓度 35g/m^3 的环境空气质量标准。

《大气污染防治行动计划》的贯彻执行，环境空气质量标准逐步加严，未来将与世界卫生组织和发达国家的控制要求逐步接轨，到 2050 年，通过延续的大气污染综合防治，环境空气中各种污染物的浓度大幅度降低，城市和重点地区的大气环境质量得到明显改善，全面达到国家空气质量标准，基本实现世界卫生组织环境空气质量浓度指导值，满足保护公众健康和生态安全的要求。

2. 大气污染物总量控制减排

根据我国当前面临的严峻形势，除了环境空气质量目标约束外，尚需设定主要大气污染物排放量减排目标。以 2013 年作为基准年，2020 年、2030 年、2050 年主要大气污染物减排目标如课题表 2-24 所示。

课题表 2-24　2020 年、2030 年、2050 年大气污染物排放量 SO_2、NO_x、一次 $PM_{2.5}$ 和 VOC 减排目标

大气污染物	年份/单位	北京	天津	河北	内蒙古	陕西	甘肃	青海	宁夏	新疆
SO_2	2013/万 t	17	24	100	112	73	28	6	21	93
	2020/%	46	25	12	32	30	29	39	29	55
	2030/%	68	51	56	51	56	43	54	44	67
	2050/%	78	66	69	66	69	60	68	61	77

续表

大气污染物	年份/单位	北京	天津	河北	内蒙古	陕西	甘肃	青海	宁夏	新疆
NO_x	2013/万 t	34	34	151	115	67	37	12	19	85
	2020/%	30	44	30	41	44	26	44	24	50
	2030/%	81	63	63	56	66	41	58	36	61
	2050/%	86	73	72	67	74	56	68	52	71
一次 $PM_{2.5}$	2013/万 t	6	11	87	47	36	22	6	9	28
	2020/%	14	34	34	36	43	37	45	37	38
	2030/%	65	61	73	58	76	60	65	54	58
	2050/%	75	73	81	71	83	72	76	68	71
VOC	2013/万 t	35	32	148	65	55	27	6	9	38
	2020/%	10	14%	26	33	31	26	25	35	25
	2030/%	32	28%	42	52	48	41	41%	51	40
	2050/%	35	31%	45	54	51	44	44%	53	43

3. 政策和技术保障措施

主要大气污染物减排的技术路线如课题图 2-11 所示。

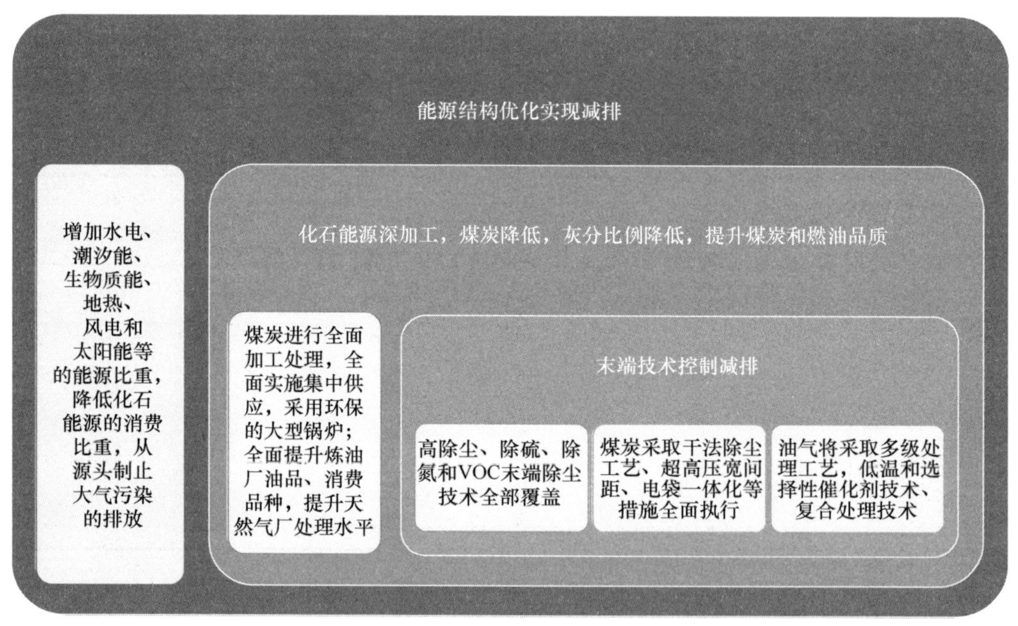

课题图 2-11 主要大气污染物减排技术路线

能源结构优化减排。2016 年 9 月签署的《巴黎协定》指出，2030 年左右 CO_2 排放量达到峰值，即化石能源消费总量达到峰值。2030 年能源消费 53 亿 t 标准煤，其中化石能源 45.17 亿 t 标准煤，占比 85.22%；2050 年能源消费 50.3 亿 t 标准煤，其中化石能源 35.99 亿 t 标准煤，占比 71.55%。水电、潮汐、太阳能、风电和地热等可再生能源比重从 2013 年的 12%上升到 2030 年的 15.1%；2050 年上升到 28.45%。

化石燃料加工转化和燃烧工艺改进减排。煤炭进行全面加工处理，对油品进行升级，提升天然气处理能力。推进集中供热、“煤改气”“煤改电”工程，推广高效节能环保型锅炉，集中建设热电联产机组，逐渐淘汰分散式燃煤锅炉。

末端控制技术减排。燃煤电厂、钢铁企业、有色金属冶炼、非金属冶炼等重点行业脱硫、脱硝和除尘改造工程，到了2030年所有末端控制技术基本全覆盖。到了2050年末端处理技术在覆盖和效率上基本达到发达国家水平，高除尘、脱硫、脱硝和VOC末端控制工艺技术在主要大气污染行业全面覆盖；高效率的干法除尘工艺、超高压宽间距、电袋一体化等措施全面执行；在石化行业将采取多级处理工艺，低温和选择性催化剂技术、复合处理技术能够有效应用，“泄漏检测与修复”技术改造基本完成。

（三）水环境污染物削减路线

2015年国务院印发《水污染防治行动计划》“水十条”全面控制工业污染和城镇生活污染。

国务院印发的《关于实行最严格水资源管理制度的意见》明确要求2020年和2030年全国重要江河湖泊水功能区水质达标率分别达到80%和95%以上，以《全国重要江河湖泊水功能区划（2011—2030年）》（国函〔2011〕167号）规定过的水功能区水质标准为2020年和2030年的水质标准，计算出2020年和2030年全国和京津冀及西北地区的COD和氨氮削减量。在2030年95%水质达标的基础上，2050年需根据水生态健康需求进一步提升水质标准，以新的水质标准确定水环境容量和污染物排放削减量。

课题表2-25　水环境COD削减量路线

地区	COD												
	容量（万t）	现状		2020年（水质标准不变）			2030年（水质标准不变）			2050年（提升水质标准）			
		排放量（万t）	达标率（%）	达标率（%）	限制排放量（万t）	削减量（万t）	达标率（%）	限制排放量（万t）	削减量（万t）	容量（万t）	达标率（%）	限制排放量（万t）	削减量（万t）
全国	1086	2278	59	80	1358	921	95	1143	214	<1086	95	<1086	>57
京津冀地区	6	8.4	29	75	8	0.7	95	6.1	1.6	<5.75	95	<5.75	>0
西北地区	97	37	86	82	119	–82	95	102	16	<97.2	95	<97.2	>5

课题表2-26　水环境氮氧污染物削减路线

地区	氨氮												
	容量（万t）	现状		2020年（水质标准不变）			2030年（水质标准不变）			2050年（提升水质标准）			
		排放量（万t）	达标率（%）	达标率（%）	限制排放量（万t）	削减量（万t）	达标率（%）	限制排放量（万t）	削减量（万t）	容量（万t）	达标率（%）	限制排放量（万t）	削减量（万t）
全国	71.9	236.8	59	80	90	147	95	76	14	<71.9	95	<71.9	>3.8
京津冀地区	0.3	1.2	29	75	0.4	0.9	95	0.3	0.1	<0.28	95	<0.28	>0
西北地区	4.5	3.8	86	82	5.5	–1.7	95	4.7	0.7	<4.48	95	<4.48	>0.2

（四）水资源承载力路线

1. 京津冀

供给方面，根据京津冀本底水资源条件，按照地表供水基本维持现状，充分利用区域外调水量，增加非常规水源利用量，并控制地下水超采。

需求方面，充分挖掘各行业节水潜力，同时考虑支撑区域快速城镇化带来的城镇生活用水的刚性增加，综合平衡分析，得到未来京津冀地区供需态势。

在平水年条件下，2020 年，京津冀地区需水量达 303.5 亿 m^3，缺水约 14.6 亿 m^3，2030 年需水量达 317.1 亿 m^3，缺水约 14.2 亿 m^3。

2030 年以后，由于城镇化水平已经很高，同时各行业用水效率提升空间较小，未来需水增长主要是社会经济发展带来的刚性增长，预计到 2050 年，需水总量将达到 340.5 亿 m^3，基本达到供需平衡。见课题表 2-27。

课题表 2-27　京津冀地区 2020 年、2030 年和 2050 年水资源供需（单位：亿 m^3）

省（直辖市）	2020 年		2030 年		2050 年（基本供需平衡）
	需水量	供水量	需水量	供水量	需（供）水量
北京市	43.0	41.7	45.6	41.8	50.6
天津市	31.2	30.84	34.0	33.7	38.5
河北省	229.3	216.4	237.5	227.4	251.4
合计	303.5	288.9	317.1	302.9	340.5

2. 西部地区煤电路线

根据未来西部地区各煤电基地所在区域用水红线控制指标增量以及区域水权转让计划，得到 2020 年、2030 年可供水量增量。

根据西部煤电基地规划装机容量增量及火电取水定额指标得到 2020 年、2030 年新增煤电开发需水。2030 年以后煤电基地开发基本饱和，因此 2050 年煤电开发需水量将基本保持不变。见课题表 2-28。

课题表 2-28　西部地区煤电基地建设水资源供需　（单位：亿 m^3）

编号	煤电基地名称	煤电基地总新增可供水量		2020 年新增需水总量（较 2012 年）		2030 年新增需水总量（较 2012 年）		2050 年新增需水总量（较 2030 年）
		2020 年	2030 年	限定值	先进值	限定值	先进值	
1	鄂尔多斯	2.74	7.53	2.1	1.31	2.1	1.31	基本不变
2	宁东	3.23	5.83	2.91	1.53	2.91	1.53	基本不变
3	晋北	7.19	14.33	1.69	1.34	1.69	1.34	基本不变
4	准东	0.80	1.60	1.23	0.65	1.23	0.65	基本不变
5	哈密	0.78	1.31	0.54	0.29	0.54	0.29	基本不变
	总计	14.74	30.60	8.47	5.12	8.47	5.12	基本不变

西部地区五大煤电基地 2020 年、2030 年可供水增量约 14.74 亿 m^3、30.60 亿 m^3，新增煤电用水无论按照限定值还是先进值，占可供水量增量的比例均远超现状煤电行业用水占比。

课题三

固体废物分类资源化利用战略研究

一、固体废物分类资源化利用面临的机遇与挑战

固体废物主要来源于工业生产、社会生活和农业生产，根据《中华人民共和国固体废物污染环境防治法》（以下简称《固体法》）规定，“固体废物，是指在生产、生活和其他活动中产生的丧失原有利用价值或者虽未丧失利用价值但被抛弃或者放弃的固态、半固态和置于容器中的气态的物品、物质以及法律、行政法规规定纳入固体废物管理的物品、物质。”在《固体法》中，同时采用了两种分类方法，一种是按产生源将固体废物分为工业来源和社会生活来源两类；另一种是按物质环境的危害程度将其分为一般固体废物和危险废物两类。在综合考虑《固体法》及我国固体废物来源的基础上，本课题将从工业固体废物、“城市矿山”、乡村废物三个方面开展固体废物分类资源化利用战略研究。

工业固体废物是工业生产活动中产生的固体废物，包括一般工业固体废物和工业危险废物。产生量较大的一般工业固体废物主要有尾矿、冶炼废渣、粉煤灰、炉渣、煤矸石、脱硫石膏、污泥、赤泥、磷石膏等。危险废物是指列入国家危险废物名录或者根据国家规定的危险废物鉴别标准和鉴别方法认定的具有危险特性的固体废物。危险废物主要来源于工业，包括废碱、废酸、石棉废物、有色冶炼废渣、无机氰化物、废矿物油等。另外，在工业生产活动中报废的工业装备也是工业固体废物的重要组成部分。

“城市矿山”尚未建立统一定义，一般是指来源于城市社会生活的、可以提取有价资源或转化为能源的固体废物。我国《关于开展城市矿产示范基地建设的通知》提出：“工业化和城镇化过程产生和蕴藏在废旧机电设备、电线电缆、通信工具、汽车、家电、电子产品、金属和塑料包装物以及废料中，可循环利用的钢铁、有色金属、稀贵金属、塑料、橡胶等资源，其利用量和价值相当于原生矿产资源”，并将其纳入“城市矿产”范畴。随着经济和技术的发展，城市生活消费过程产生的生活垃圾、餐厨垃圾、建筑废物等含有可提取资源或可转化为能源的废弃物，被广泛认可为具有潜在资源开发价值的“城市矿山”。

乡村固体废物来源于农村生产生活活动，主要包括农村生活垃圾、农业废物、林业剩余物以及畜禽粪便四类。其中，农村生活垃圾主要包括厨余垃圾、废旧塑料、废纸以及灰渣等；农业废物主要包括农作物秸秆与农产品加工剩余物等；林业剩余物主要包括森林采伐剩余物、木材加工剩余物及育林剪枝等（统称林业“三剩物”）；畜禽粪便是指牛、羊、猪、家禽等畜禽排出的粪便、尿及其与垫草的混合物。

（一）固体废物分类资源化利用意义重大

1. 固体废物资源化对我国发展的深远影响

我国固体废物资源化具有显著的全球影响。作为世界上人口最多、经济体量最大的

发展中国家，我国对自然资源的消耗和由此产生的废物量均居世界第一。2012 年，我国消耗了全球 21.3%的能源、45%的钢、43%的铜、54%的水泥。为生产世界 46%的铝、50%的钢材和 60%的水泥，每年消耗的各类原材料超过 250 亿 t，超过经合组织 34 个成员国的总和。而我国社会经济发展过程中每年超过 100 亿 t 的固体废物产生量及其利用处置过程的温室气体排放及有毒有害物质的跨区域环境影响也成为全世界关注的焦点问题之一。有学者预测到 2025 年我国仅城市固体废物产生量将可能达到世界总量的近 1/4。

固体废物分类资源化是我国实现可持续发展的重要途径。随着人民生活水平的提高和城镇化的快速发展，我国的人均资源消费量急剧增加，资源开采和消费导致的环境问题非常突出。每年产生的 30 多亿吨工业固体废物、30 多亿吨“城市矿山”、50 多亿吨乡村废物（注：不可统计的估计要多一倍），造成巨大环境压力，尤其是历史堆存的各类固体废物是导致部分地区影响人居生活环境的重要原因。然而，废物并不完全是无用的废物，在一定技术经济条件下不同类别废物可以分别转化为有用的资源、能源，成为宝贵的财富，是开发潜力巨大的“二次矿山”。从国际社会实践来看，废物分类资源化是构建资源循环型、环境友好型社会的重要途径，也是生态文明和社会进步的重要标志之一。在部分欧洲国家的研究发现，通过发展废物分类资源化为主的循环经济，使每个国家的温室效应气体排放降低了 70%、就业增加 4%，对于实现低碳经济作用非凡。从我国自身需求来看，作为一个人均资源保有量和环境容量远低于世界平均水平的发展中国家，将固体废物分类资源化利用率最大化，使不可再生资源充分循环，减轻环境负荷，对保障我国经济社会可持续发展具有重大现实意义。

固体废物分类资源化是我国生态文明建设的重要内涵之一。党的十八大提出“要把生态文明建设放在突出地位”，习近平总书记强调“要把生态环境保护放在更加突出位置，像保护眼睛一样保护生态环境，像对待生命一样对待生态环境”。由此可见，在我国总体发展战略中，生态环境保护和生态文明建设已经被提升到了空前的高度。固体废物分类资源化也受到了前所未有的关注。2013 年 7 月，习总书记指出，“变废为宝、循环利用是朝阳产业”。2016 年，我国将“深入推进资源循环利用”纳入了《“十三五”国家战略性新兴产业发展规划》，提出要树立节约集约循环利用的新的资源观，大力推动共伴生矿和尾矿综合利用、“城市矿产”开发、农林废物回收利用和废弃物新品种回收利用，发展再制造产业，夯实资源循环利用基础设施，提高政策保障水平，推动资源循环利用产业发展壮大。

当前，我国资源环境对经济社会发展制约日益突出，实施固体废物分类资源化，是补齐我国资源、环境短板的重要战略举措，可以带来显著的环境效益、经济效益和社会效益。

2. 固体废物分类资源化的综合效益

（1）环境效益——减少污染源，防范环境风险

固体废物是环境污染源之一，存在环境风险隐患。固体废物中有毒有害物质成分复杂，如果处理处置不当，会对周边水体、大气和土壤造成污染，引发环境健康风险。特别是第 II 类一般工业固体废物和危险废物，在污染防治措施不当的情形下，其中的有毒

有害物质会通过淋洗、渗透等多种途径对土壤、地表水和地下水造成污染。农业秸秆焚烧、工业固体废物露天堆场扬尘、固体废物中挥发性物质等对广泛区域 $PM_{2.5}$ 的形成及其成分具有重要影响。尾矿、废石等大型工业固体废物堆存储存设施环境安全隐患长期存在，一旦发生溃坝等安全事故，将引发次生环境污染。

科学利用工业固体废物和再生资源可减轻原生资源开采的生态环境破坏和资源加工过程的环境污染排放，降低资源能源消耗，缓解水、大气、土壤污染治理压力。2010 年我国回收废旧金属、废塑料、废旧电子电器等八类社会消费品废物，总量达到了 1.49 亿 t，与直接利用原生矿产资源相比，可减排二氧化硫 393.1 万 t（占当年全国排放总量的 17.9%）、废水 102.5 亿 t、固体废物 10 亿 t 以上。

固体废物的分类资源化利用可以从源头消除固体废物对人居生活环境的影响，促进生态宜居的美丽中国建设。工业固体废物资源化可明显降低工业固体废物堆场对局部地区扬尘污染的影响；通过消除农村地区生活垃圾、综合利用秸秆及养殖废物，可显著改善农村生产生活环境，促进美丽乡村建设。

固体废物分类资源化可为我国应对气候变化，履行温室气体减排国际承诺提供有力支撑。通过回收利用固体废物中的资源，可以显著减少原生资源开采消费过程中能源的使用，减少温室气体排放。例如，2013 年我国综合利用废钢铁、废有色金属等再生资源，与使用原生资源相比，可节约 2.5 亿 t 标准煤，减少二氧化碳排放 6 亿 t。我国农村每年使用 2 亿 t 散煤作为能源，如能对农村生物质废物就地进行能源化利用，可替代煤炭的使用，减少二氧化碳排放 5 亿 t。

2010 年匈牙利铝厂赤泥泄露导致多瑙河生态悲剧

2010 年 10 月 4 日，匈牙利铝生产贸易公司的一处尾矿库溃坝，约 100 万 m^3 的赤泥奔涌而出，堪比墨西哥湾石油泄漏事故。赤泥席卷了工厂周边的 7 个村庄，淹没了 800hm^2 土地，造成了 8 人死亡、上百人受伤的惨剧。10 月 7 日，赤泥流入多瑙河，使得多瑙河生态系统遭致命打击，需要数年才能恢复。

鞍山固体废物堆场治理成效

2002～2009 年鞍山共修复矿区尾矿库、矿渣山、排土场等 600 余公顷，同时恢复矿区周边板结土地 970 余公顷，同期鞍山市每月每平方千米自然降尘量从 32t 下降到 21.6t。

（2）经济效益——优化资源供给结构，提升经济发展内生动力

固体废物分类资源化有利于我国降低矿产资源对外依存度。支撑我国经济发展的主要战略资源供给能力不足，部分稀贵金属等资源对外依存度高，而固体废物中往往赋存大量有价资源，特别是稀有金属。一方面，我国主要金属矿产资源对外依存度不断提高，2013 年铁矿石、铝土矿、锌精矿对外依存度分别为 73%、53.74%和 30%。另一方面，我国每年产生的固体废物中大量资源未能得到有效利用，如攀钢每年产生的高炉渣中含 22%左右的二氧化钛，折合 60 万～70 万 t 二氧化钛，铬、镍、镓、钪、钴等稀贵金属尚未得到有效回收利用。固体废物中资源如果得到有效利用，可以缓解我国资源短缺压

力，提高资源自给能力。以钢铁为例，2014 年我国钢铁社会存量 64 亿 t，通过强化回收，可使我国钢铁资源的对外依赖性由 2015～2020 年最高的 60%快速下降至 2030 年的 30%以下。据预测，到 2020 年，我国报废手机将达到 4.6 亿部，其中蕴藏 12t 金、4t 钯、2361t 铜。仅尾矿一项，如果能将提取有价资源的比例提高到 2%，将增加 3500 万 t 有价资源的供给量。目前，我国 50%以上的钒，22%以上的黄金，50%以上的铂、钯、碲、镓、铟、锗等稀有金属来自于矿产资源综合利用，铂族和稀散元素产品几乎全部来源于综合利用。

固体废物资源化有助于缓解我国土地资源紧张局面，拓展工业经济发展空间。工业固体废物堆存占用大量土地资源。国土资源部数据显示，全国包括废石在内的工业固体废物堆存总量约 600 亿 t，如按照行业协会和相关专家估算数据，我国工业固体废物累计堆存量为 700 亿～800 亿 t，总占地面积 200 万～300 万 hm^2，是 2013 年我国工业用地面积的 2.2～3.3 倍。

固体废物资源化利用可降低总体能源消耗水平，提高清洁能源和可再生比例，优化能源结构。再生资源回收与利用原生材料的能耗相比，具有明显节能、降耗的效果。以 2012 年为例，再生资源回收共节能 1.7 亿 t 标准煤，占全国总能耗量 34.8 亿 t 标准煤的 4.7%。根据《废钢铁产业“十二五”发展规划建议》以及废钢铁冶炼相关文献计算可得，利用每吨废钢铁相当于节能 430.8kg 标准煤。另外，农作物秸秆、树木枝叶、畜禽粪便、工业有机废水、城市生活污水、污泥和垃圾等均是优质的生物质能资源，可生产生物液体燃料、固体成型燃料、生物燃气等能源形式以及生物质基肥料等，广泛用于发电、燃烧供热、车用燃料、民用炊事采暖等工农业生产生活领域。例如，我国农业废物蕴藏的资源潜力相当于 10 亿 t 标准煤/a。

发展固体废物资源化利用产业是重要的战略性新兴产业，可成为培育经济增长点的新动能。目前我国固体废物综合利用直接产业规模近 4 万亿元人民币，而产生量仅为我国 1/30 的邻国日本，其固体废物利用与处置产业规模已达到 2.5 万亿元人民币（44 万亿日元）。因此，固体废物分类资源化产业仍有巨大的发展空间和潜力，未来潜在产业规模至少在 10 万亿～15 万亿，可以带动新增 1500 万～2500 万个就业岗位。此外，利用“城市矿山”资源有助于带动技术装备制造、物流等相关领域发展和创新，增加更多社会就业。

工业固体废物堆存、处理成本已经成为企业和社会的沉重经济负担

我国 2014 年处置、储存的工业固体废物达 12.5 亿 t，处理成本预期将高达 2700 亿～4000 亿元，约占当年国内生产总值的 0.3%，仅全国现有的 400 多个大中型尾矿库，每年仅运营费用估计达 7.5 亿元。

固体废物减量化和资源化带来显著经济效益

鞍钢集团通过实施“采选一体化”技术，实现了废石不出坑，尾矿直接回填采空区，每年减少尾矿库占地 $50hm^2$，采矿总成本降低了 10%～30%。承德市 2013 年尾矿综合利用量 0.56 亿 t，实现产值 52 亿元，利税 10.5 亿元，固体废物综合利用产值超过矿产资源采选、冶炼等传统优势产业。

(3)社会效益——消除局部隐患，提升公众环境素养

固体废物处理不当影响社会稳定和我国国际形象。近年来我国固体废物堆场滑坡、溃坝，固体废物非法倾倒等导致的人员伤亡和次生环境灾害时有发生，威胁周边人民群众生命财产安全，由此引发的群体性事件和环境信访事件时有发生。例如，山西尾矿库溃坝、云南铬渣污染、广西龙江河镉污染等事件均造成广泛而恶劣的社会影响，成为新闻媒体和社会关注的热点。2014 年公安机关受理的 2080 件涉嫌环境污染犯罪案件涉及危险废物案件就占到了近四成。部分地区固体废物不规范利用导致的环境污染事件也屡屡曝光。例如，广东贵屿、湖南永兴等地，长期存在电子废物、冶炼废渣的作坊式加工利用，导致有毒有害物质向水、大气、土壤中无序释放，导致环境质量恶化，从业人员及周边居民血铅超标、恶性肿瘤高发等环境健康损害，甚至引起国际社会的热切关注。

固体废物分类资源化利用可带来较好的社会效益。在美丽中国建设过程中，固体废物资源化可以促进优化产业结构，提高我国制造业绿色化水平和国际竞争力，可以促进优化城市和农村生活环境，促进城乡的生态回归，在扩展就业、增加城乡居民收入的同时，提高人民群众对人居环境满意程度和形成绿色消费观念，形成人与自然和谐发展现代化建设新格局，提高人民素质，促进每个社会细胞绿色化、低碳化。以台湾为例，台湾从 1992 年开始推行资源回收政策，通过多层次的宣传教育，使得选购环境友好型消费产品、按需消费、垃圾源头分类等理念深入人心，促进了城市公共管理水平的显著提高。

2015 年靖江“地下藏毒”事件：2015 年，江苏靖江“养猪场地下藏毒万吨”的事件被媒体曝光：靖江一养猪场地下非法填埋了上万吨的危险废物(主要原料来源于江苏两家大型农药公司)，受污染面积达 10 216m^2，相当于“20 多个标准篮球场大小”。检测发现，现场挥发性有机气体的数值爆表，土壤中含有超量的氯苯类高毒物质、甲苯和甲基苯等有毒的半挥发性有机物，严重污染土壤、地下水和大气。此事件属于环境污染刑事案件。

(二)发达国家和地区固体废物分类资源化利用的经验与启示

1. 发达国家和地区的经验与做法

固体废物分类资源化利用是将人类社会生产与生活所排放的固体废物转化为可以继续利用的经济资源，或将其变成对环境无害的物质的过程，是实现资源在经济社会物质循环中，在满足当代人类需求的同时，为后代人留下发展空间的关键环节，也是改变经济社会资源能源依赖的主要途径。因此，固体废物资源化被发达国家作为缓解资源环境约束，实现经济社会可持续发展的根本途径之一，并开展了卓有成效的实践。

从全生命周期的角度来看，固体废物资源化涉及从矿产资源开采、原料生产和供应、产品使用、回收、再利用或再制造、废弃、处置等所有经济活动领域，管理链条长，管理难度大。尤其是，合理的分类是固体废物资源化的制约性因素，也是管理中的突出难

点。为此，发达国家通过不断完善法制体系明确管理目标、基本原则、各方主体责任、标准化考核指标，建立了统一管理的制度体系，并通过积极的经济政策限制源头资源投入和无害化处置，促进资源化，取得了显著成绩。在国际社会，以资源化为主的固体废物处理产业已经占到环保产业的 40%，地位十分重要。2012 年全球环保产业市场规模已达 6000 亿美元，年均增长率 8%，远远超过全球经济增长率，成为各国十分重视的“朝阳产业”，部分发达国家的环保产业产值占到了国内生产总值的 10%～20%，是国民经济的支柱产业。

美国、欧盟和日本环保产业是目前全球环保市场的主要力量。不同的国家在固体废物分类资源化利用的战略定位、法规政策层面、技术层面、市场层面等方面既有一定的相似性，也存在一些差异，具体分析见课题表 3-1 和课题表 3-2。

2. 发达国家和地区经验对我国的启示

发达国家和地区的固体废物分类资源化利用共同的特点是起步较早，且有政府强大后盾支撑，逐步形成了具有本国发展特色的固体废物分类资源化利用模式，并对本国的环境及资源的缓解都起到了积极的作用，其发展经验给予我国固体废物开发利用的启示如下。

（1）开展系统的顶层设计，明确战略目标

2015 年 12 月 2 日，欧盟委员会正式通过了新的循环经济一揽子计划，以刺激欧洲循环经济的推进和可持续社会转型。计划覆盖从产品的生态设计、制造、消费、废物处理到二级原料的全生命周期过程，主要措施包括：从“地平线 2020”计划和结构基金分别融资 6.5 亿欧元和 55 亿欧元；减少食物浪费；提高二级原料质量标准；实施《2015—2017 生态设计工作计划》等。主要包括到 2030 年城市垃圾回收再利用率达 65%，包装材料废弃物回收再利用率达 75%等目标。日本制定的《建设循环经济社会基本规划》提供了循环经济社会的基本图景，确定了建设循环经济社会的量化目标，是全面系统推行建设循环经济社会政策的核心工具。规划涵盖了所有的物质流，并根据物质流的不同阶段，制定针对性资源节约、再利用、再循环和处置措施。《建设循环经济社会第三个基本规划》中提出到 2020 年资源产出率达到 42 万日元/t；资源化率达到 14%～15%；最终处置量控制在 2300 万 t。通过稳步推进固体废物资源循环战略，发达国家和地区在企业、工业园区、城市和区域等不同层面又分别形成了以资源全生命周期生态设计为特征的多级循环系统，并逐步向着资源投入和废物产出最小化、资源循环最大化的循环经济社会发展。

（2）建立完善的法律法规制度体系是固体废物分类资源化的基础

为了在全社会推动固体废物分类资源化，欧盟和日本均构建了覆盖废物全生命周期关键环节的法律法规体系，通过明确的法律制度要求，使固体废物分类资源化成为社会基本行为准则，将责任分解落实到各个相关方。主要包括基于工业生产制造环节的废物源头减量化政策；基于产品消费与废物收集环节的源头减量与循环利用管理政策；基于废物运输、处理处置和再生产品推广应用等关键环节的废物管理政策等。相关法律和制度的制定明确了产业链上各参与方的责任，对于产废单位，推行生产者责任延伸制，要求生产者对其产品废弃物后的整个生命周期的环境管理和回收承担责任，从而为产品消

课题表 3-1　欧盟、日本和中国工业固体废物资源化管理的差异分析

指标体系 \ 国家/地区		欧盟	日本	中国	
				中国台湾	中国大陆
战略定位	战略目标	启动欧盟版循环经济战略	推进循环型社会第二阶段	永续物料管理	推动绿色发展、循环发展、低碳发展
	策略	（1）改变原有的原材料从生产、消费、丢弃线性模式到创新型的循环模式 （2）创新回收材料市场及其商务模式 （3）大力发展绿色设计和升级循环（Upcycle）设计 （4）积极开发生态设计和升级循环	基于物质流从自然资源提取到物质最终处置全过程的不同阶段，制定针对性资源节约、再利用、再循环和处置措施	资源使用效率最大化，环境影响最小化	加快转变经济发展方式，更多依靠解决资源和循环经济带动
	指标	资源生产率（GDP/原材料消耗）到2030年提高30%	（1）资源生产率到2020年达到42万日元/t （2）资源化率到2020年达到14%～15% （3）最终处置量到2020年控制在2300万t	尚未提出具体指标，但已作安排： （1）整合物料数据，建立资源循环数据库，建立绩效指标 （2）建立或调整物料申报机制，完备物质流数据库，制定绩效指标目标值	尚未提出具体指标。《大宗工业固体废物综合利用“十二五”规划》提出，到2015年，大宗工业固体废物综合利用量达到16亿t，综合利用率达到50%
法规政策层面	法规规章	构建以行业与废物流相互补充、纵横交错的法规管理体系；以环境损害责任追究核心的司法保障体系 （1）行业源头减量管理政策：《欧盟工业排放指令》（2010/75/EC）和《有关采矿业废物管理的指令》（2006/21/EC） （2）通用要求与特殊要求：《废弃物框架指令》（2008/98/EC）、《废油指令》（75/439/EEC）、《氧化钛废物指令》（78/176/EEC）、《多氯联苯废物指令》（96/59/EC）、《含有某些危险物质之电池和蓄电器指令》（91/157/EED, 93/86/EEC）、《持久性有机污染物（POPs）法规》(EC)No850/2004。 （3）运输、焚烧、处置等关键环节的管理政策：《废物运输条例》（EEC）259/93、《港口接收废物设施指令》（2000/59/EC）、《废物填埋指令》（1999/31/EC）、《废物焚烧指令》（2000/76/EC） （4）以环境损害责任追究核心的司法保障体系：《欧盟环境责任指令》（2004/35/CE） 未来将陆续推出特定的废弃物流指令，如海洋垃圾、磷化物、建筑与拆迁垃圾、食品、塑料和危险废弃物指令	逐步推进建立和完善固体废物循环利用的法律体系 （1）工业生产制造环节的源头减量与循环利用：《资源有效利用促进法》《食品资源再生利用法》《建筑材料再生利用法》 （2）产品消费与废物收集环节的减量与循环利用：《容器包装再生利用法》《家电再生利用法》《小家电回收利用法》《机动车再生利用法》，通过生产者延伸责任推动废物的回收处理 （3）废弃环节和废物处理环节：《资源有效利用促进法》《废弃物处理法》《多氯联苯废弃物妥善处理特别措施法》 （4）再生产品推广应用环节：《绿色采购法》	《资源回收再利用法》《废弃物清理法》均由台湾环境保护署牵头负责 （1）《资源回收再利用法》侧重于源头的减量化和过程的资源化管理 （2）在推动事业废物（包括工业废物）再利用方法，《废弃物清理法》规定，充分发挥各目的事业主管机关的责任	（1）《循环经济促进法》为鼓励法 （2）《清洁生产促进法》为鼓励法 （3）《固体废物污染环境防治法》一定程度是废物处置法，对废物减量化、资源化的影响有限。现有固体废物管理制度设计不合理，重堵轻疏，阻碍了危险废物利用的市场化

续表

指标体系 \ 国家/地区		欧盟	日本	中国	
				中国台湾	中国大陆
法规政策层面	财税政策	在欧盟层面没有具体的财税政策，各个成员国为落实指令，推动废物分类资源化，会实施具体的财税政策	（1）税收政策：日本27个县征收工业废物税；法人税（所得税）、不动产购置税、固定资产税的优惠 （2）财政信贷政策：财政补贴；设立专项资金，提供优惠贷款 （3）绿色采购：绿色采购网络联盟（GPN）制定一系列绿色采购指导纲要，将再生木纤维水泥板、再生木质板等纳入政府采购的范畴	（1）再生产品免征货物税 （2）补助再生利用货物税纲要，将再生木纤维水泥板、再生木质板等纳入政府采购范畴	（1）《资源综合利用产品和劳务增值税优惠目录》（2015年）：对4大类、37种固体废物（不含再生资源）添加比例在30%～90%的57种资源综合利用产品提供50%～70%增值税即征即退优惠 （2）《排污费征收使用管理条例》（2002年）：没有建设工业固体废物储存或处置的设施、场所，或者工业固体废物储存或处置的设施、场所不符合环境保护标准的，按照排放污染物的种类、数量缴纳排污费；以填埋方式处置危险废物不符合国家有关规定的，按照排放污染物的种类、数量缴纳危险废物排污费
技术层面	技术应用	构建以最佳可行技术为支撑的环境技术标准体系：制定和颁发了30多个行业的最佳可行技术参考文件。此外，针对废物处理、焚烧和尾矿管理专门制定了《废物处理最佳可行技术参考文件》《废物焚烧最佳可行技术参考文件》《矿业活动中尾矿与废石管理最佳可行技术参考文件》		台湾经济部门为推动工业固体废物再利用，针对废铁、废纸、粉煤灰等五十多种不同类型废物再利用提出了针对性的管理方式并制定了相关标准	
	技术研发	循环经济技术、资源有效利用技术，已列入欧盟地平线2020（Horizon 2020）重点优先领域		制定资源化产品的使用规范与验证体系，开拓固体废物再利用途径	缺少关于固体废物分类资源化、高质化的重大专项支持
市场层面		在欧盟范围内存在统一的市场	构建利益相关方共同协作的全流程链条式管理 （1）“谁污染，谁买单”是核心原则；推行企业生产者延伸责任制是重要的手段 （2）责任分担制，废物处理实行市町村和排放者的责任分担制	促进民间投入资源化产业	—
社会层面（利益相关方参与）	民众意识	行为方式，工业生产及技术工艺向更高效、更可持续方向转变，社会大众向绿色消费转变	日本政府对于用于环境保护教育或环境保护活动场所相关的土地和建筑物，减免其固定资产税和城市计划税	办理机关优先采购环境保护产品办法中的第三类环境保护产品的认定	—

注：表中的规范性文件（如指令、法律等）全称有的较长，为了节约篇幅，大部分作了简写，特此说明

课题表 3-2　国内外固体废物分类对比

国家/地区	废物分类		废物管理		
	大类	中类/小类	申报登记	环境统计	废物转移
中国（不包括台湾数据）	大类按照产生源分为工业固体废物和生活垃圾。存在分类缺失，导致管理缺位	工业固体废物在环境统计中分为 10 类，在排放污染物申报登记和大、中城市固体废物环境防治信息发布中分为 28 类；生活垃圾分为 10 类	未采用现有的分类体系	未采用现有的分类体系。与申报登记一致	—
	大类按照属性分为危险废物和非危险废物	危险废物分为 46 类	采用现有的分类体系	采用现有的分类体系	采用现有的分类体系
日本	大类按照产生源分为产业废弃物和一般废弃物。两者互补，责任清晰	一般产业废弃物分为 20 类；特别管理产业废弃物分为 18 类	采用现有的分类体系	采用现有的分类体系	采用现有的分类体系
	每个大类中，又将危害性较大的划为“特别管理废弃物”	一般废弃物依照后续处理方式分为资源回收类、可燃垃圾、不可燃垃圾、粗大垃圾			
欧盟	大类按照属性分为工业废物和工业危险废物	《欧洲废物清单》按照产生源为主、物质为辅进行分类（20 大类）。《欧洲废物统计名录》基于物质进行分类（13 大类）。欧盟将危险废物和非危险废物有机统一起来。《欧洲废物清单》和《欧洲废物统计名录》可以相互转换	《欧洲废物清单》分类体系	《欧洲废物统计名录》分类体系	《欧洲废物清单》分类体系
美国	大类按照属性分为危险废物和非危险废物	危险废物分为 F、K、P、U、D 五类废物（化学品类废物）	采用现有的分类体系	采用现有的分类体系	采用现有的分类体系
俄罗斯	大类依照产生源分为 4 类。将产业上下游产业链所产生的废物分为一类	依照产生源将废物分类五级，共 802 类。根据风险评价评估废物危险等级	采用现有的分类体系	采用现有的分类体系	采用现有的分类体系

费后废弃物的回收处理和再生利用提供了重要保障。日本和美国还分别提出了责任分担制和消费者付费制，要求消费者对其消费过程中产生的非环保废弃物支付一定的费用，以补偿企业或社会回收利用废弃物的成本。

（3）政府主导，充分发挥市场机制

固体废物资源化是环境风险和资源效益双重导向下的产业，控制环境风险是前提条件，产业具有公益性质，不能完全依赖市场的自我调节。因此，发达国家普遍采取了“政府主导”下的市场机制。例如，部分欧洲国家固体废物的收集、运输和处理由政府统一规划并委托专业公司按照严格协议要求进行运营。日本无论是都道府县还是市区町村政府层次，以量化指标管理方式，相应制定了针对分类垃圾处理各个环节切实可行的数量规划和清晰的废弃物削减目标，并设置了深入社区的垃圾分类回收网络系统，形成了政府主导、市场参与、社会协同的管理模式。美国是典型的自由市场国家，但对于固体废物资源化产业也制定了严格的管理规范，通过多维配套的经济手段鼓励企业充分参与资源化利用产业的发展。

（4）构建多元化的废物综合利用技术标准体系规范产业发展，设立技术创新专项促进产业提升

欧盟制定和颁发了 30 多个行业的最佳可行技术参考文件，针对废物处理、焚烧和尾矿管理还专门制定了《废物处理最佳可行技术参考文件》《矿业活动中尾矿与废石管理最佳可行技术参考文件》等指导行业发展。我国台湾“经济部”针对废铁、废纸、粉煤灰

等五十多种不同类型废物再利用提出针对性的管理方式和相关的标准。欧盟设立的地平线2020（Horizon 2020）专项计划，将资源有效利用技术在内的循环经济技术作为重点优先支持领域。美国、欧盟、日本均将固废资源化技术创新列入国家高新技术研发计划，如美国的“先进制造业国家战略计划”，欧盟的“绿色创新行动计划”（EcoAP），日本专项部署了“循环型社会推进创新计划”等。

（5）加强公众宣传教育，建立民众参与的机制

日本政府的环境管理门会定期安排给社区居民讲授系统细致的循环经济、循环型社会的法规和知识，而且采用一些亲民的环境教育措施，日本的资源回收利用企业也利用参观生产线等形式为民众提供环境教育机会。日本国民自觉参与分类垃圾回收活动，除了政府部门的便民管理和技术因素之外，日本在国民教育体系中，从小对国民培育对环境的敬畏之心、对资源的珍惜之情，对促进循环经济社会的建设起到了莫大的作用。美国在制定环境相关法律、计划时或者在许可建造废弃物处理设施时，都需要邀请民众广泛参与，而不仅仅是征求意见。采用由政府、企业、公众、专家共同参与的“环境协调委员会”等有组织的机制，深度沟通，有效解决了“邻避效应”问题。

总的来看，在欧洲，有不少国家废物资源化率很高，有的国家达到90%～99%；在日本，废物充分资源化，建设循环型社会已经得到社会的普遍认可。在我国台湾，几十年来一直坚持废物资源化利用，公民意识不断提高，固体废物分类的社会普及率很高，近期台湾提出构建“永续物料管理”模式，进一步深化固体废物资源化。国际和我国台湾的实践经验已经表明固体废物分类资源化利用具有充分的必要性和可行性，为我国未来经济社会发展提供了重要的可借鉴经验。

（三）我国固体废物分类资源化利用现状及机遇

1. 我国固体废物分类资源化利用现状

（1）资源化利用法规制度框架初步建立

我国较早确立了资源综合利用的战略方针。1985年国家经委下发《关于开展资源综合利用若干问题的暂行规定》，提出“开展资源综合利用是一项重大经济技术政策”。1996年国务院发布《国务院批转国家经贸委等部关于进一步开展资源综合利用意见的通知》，进一步明确了开展资源综合利用是国民经济和社会发展中一项长远的战略方针。

我国通过立法和制度建设对资源化综合利用提出要求。1995年出台的《固体法》中将“资源化”作为固体废物环境管理的基本原则之一。2002年出台的《清洁生产促进法》确立了为发展循环经济、促进企业之间在资源和废弃物综合利用等领域进行合作、实现资源的高效利用和循环使用、促进清洁生产等生产活动的一系列法律制度。2008年出台的《循环经济促进法》着重强调提高资源利用效率，保护和改善环境，在生产、流通、消费过程中进行减量化、再利用、资源化的活动。

在以上三部法律的基础上，我国分别对不同领域固体废物资源化利用作出了试点示范安排。例如，2010年国家发展改革委、财政部联合下发了《关于开展城市矿产示范基地建设的通知》，将“城市矿产”示范基地建设作为缓解资源约束瓶颈的有效途径、减轻环境污染的重要措施、发展循环经济的重要内容。2011年国家发改委印发《大宗固体

废物综合利用实施方案》，明确到2015年基本形成技术先进、集约高效、链条衔接、布局合理的大宗固体废物综合利用体系。2010年开始实施的《可再生能源法》，旨在促进包括生物质能在内的可再生能源的开发利用；同年环保部发布《农村生活污染防治技术政策》（环境保护部，2010），提出农村生活垃圾处理处置技术要求。此外，《矿产资源法》《报废汽车回收管理办法》《再生资源回收管理办法》《废弃电器电子产品产品回收管理条例》等法律法规对特定类别废物资源化利用作出了规定。

（2）资源化利用产业发展初具规模

资源综合利用被纳入战略性新兴产业。2010年国家将“加快资源循环利用关键共性技术研发和产业化示范，提高资源综合利用水平和再制造产业化水平”作为节能环保产业的一部分，纳入战略性新兴产业，先后发布了《国务院关于加快培育和发展战略性新兴产业的决定》和《“十二五”国家战略性新兴产业发展规划》。2013年国务院发布了《循环经济发展战略及近期行动计划》，提出循环经济发展的中长期目标是：“循环型生产方式广泛推行，绿色消费模式普及推广，覆盖全社会的资源循环利用体系初步建立，资源产出率大幅提高，可持续发展能力显著增强”。国家发展改革委连续发布“十一五”、“十二五”《资源综合利用指导意见》。商务部、国家发展改革委等五部门2015年联合发布《再生资源回收体系建设中长期规划（2015—2020年）》，以促进回收体系示范城市建设，大幅提升行业规模化经营水平，基本形成规范化运行机制。2016年，国家将“深入推进资源循环利用”列入《“十三五”国家战略性新兴产业发展规划》。在战略规划的基础上，国家还颁布实施了若干方案和细则，有力推动了固体废物分类资源化利用产业和技术的发展。

固体废物分类资源化利用试点示范工作取得一定成效。近年来，中央财政先后设立了专项资金支持“城市矿产基地”“循环经济试点”“大宗固体废物综合利用基地”等试点示范项目，促进重大共性技术工艺的工业推广和先进管理模式的实践。在试点示范工作推动下，我国初步形成了各具特色的资源化发展模式。一是促进形成了城市和区域层面上“变废为宝、利国利民”的资源循环利用的可持续发展模式。例如，承德通过国家级尾矿示范基地建设，2013年全市尾矿综合利用率达22.2%，年实现产值52亿元，利税10.5亿元，走出了一条资源型城市转型发展之路。二是促进形成了具有较大规模的资源循环产业。例如，广东清远、四川内江等地设立循环经济园吸纳聚集“小、散、乱”的再生资源加工企业，形成了“集中利用、集中治污”的新型产业模式。多个国家“城市矿产”示范基地的资源聚集量已超过了每年100万t，成为国家重要的资源供应地和产业集聚区。

广东华清循环经济产业园2011年废旧物资综合利用率从55%提高到95%，基本消除了拆解加工中产生的二次污染问题，产业规模化发展优势突出，发挥了良好的示范作用。

资源化利用产业发展不断提速，新兴领域不断涌现。早期，我国资源化产业主要是废金属、废弃产品等的回收利用，“十一五”开始工业固体废物资源化和城市矿山资源开发快速发展，“十二五”以来，汽车零部件再制造等产业开始兴起，资源化的技术能力不断提升和业务领域不断扩展。2004～2014 年，我国废弃资源和废旧材料回收加工业固定资产投资一直保持较快速增长，年均增长率约为 60%，2014 年投资额达到 885 亿元。2000～2011 年，固体废物综合利用产业收入年均增长率约为 38.8%，是同期全国工业增加值年均增长率的 2.6 倍。2013 年，我国资源综合利用行业实现产值已达到 1.3 万亿元、综合利用企业超过 15 000 家，从业人员超过 250 万人。2013 年全国金属资源尾矿、废石综合利用年产值达到 936 亿元。专家估计，目前我国汽车再制造产业产值已达 80 亿元。根据发改委公布的《中国资源综合利用年度报告（2014）》，2013 年我国农林废弃物综合利用量大幅上升，原料化、能源化技术得到较快发展，生物质发电装机容量达到 850 万 kW，年发电量约 370 亿 kW·h，其中热电联产超过 100 万 kW，生物质成型燃料年利用量约 800 万 t，折合标准煤约 400 万 t。

（3）资源化利用若干领域取得了技术突破

共伴生矿产资源提取技术能力明显提升，钒钛磁铁矿资源综合利用，铁-稀土多金属共伴生资源综合利用、镍铜多金属共伴生资源综合利用、锡和铅锌铟等复杂多金属共伴生资源综合利用、非金属矿资源高效综合利用等方面均取得技术研究和产业化突破。

一批固废消纳量大、经济环保效益好的重大共性关键技术得到工程应用。例如，煤矸石发电技术，我国已经突破了低热值、大容量煤矸石发电关键技术，135MW 及以上单机容量煤矸石发电机组已占煤矸石发电总装机容量的 70%以上；部分尾矿和废石在混凝土中的应用技术达到国际领先水平。

“城市矿山”开发产业链核心技术取得突破。我国积极推动“城市矿山”再生利用技术研发与应用，形成了废旧电子电器产品高效破碎、精细分选、有价组分提取利用的全链条技术体系；废杂铜铝机械物理分离、火法熔炼、湿法冶炼等专属技术及装备；以及废旧塑料橡胶的精准识别与高值利用关键技术；突破了大型装备零部件表面纳米修复、无损拆解与绿色清洗、损伤零部件原位修复与再制造加工等核心技术。

乡村废物资源化技术研发与产业化推广正在积极推进。现代农业高效利用乡村废物资源技术研究正从“精量、高效、低耗、环保”等理念入手，开展前沿与重大关键技术研究，基于高新技术对传统技术与产品进行改造升级，强化各类农业废物资源化利用技术与方法间的有机紧密结合。生物质能源转化的固化成型技术、燃烧供热及发电技术、沼气技术已得到较大规模推广。生物质热裂解气化技术、生物质柴油、纤维素燃料乙醇、生物质气化合成及水解制备车用燃料等生物质液化技术已完成关键技术研发，进入试点示范阶段。

2. 国家经济社会发展为固废分类资源化利用带来了重大机遇

（1）生态文明建设指出固废分类资源化利用战略发展方向

我国提出生态文明建设是为了实现我国社会经济的绿色发展、循环发展和低碳发展，在生态文明建设的总体要求中明确提出：“节约集约利用资源，控制能源消费总量，加强节能降耗，推进资源循环利用，珍惜每一寸国土，加大自然生态系统和环境保护力度。”为开展固体废物分类资源化利用指明了战略方向。固体废物具有废物和资源的双重属性。在环境污染方面，固体废物既是污染物，也是污染源，是局部地区环境质量恶化的重要诱因。因此，在国家先后发布的《大气污染防治行动计划》、《水污染防治行动计划》和《土壤污染防治行动计划》中，对于危险废物、不规范的垃圾填埋场等均提出了明确的治理要求。在资源属性方面，固体废物中含有的可利用资源，可为社会经济发展提供必要的资源保障。减少固体废物排放，最大限度地回收可利用资源，不断提高资源回收利用效率，是固体废物分类资源化利用的本质要求，与生态文明建设的内在要求高度一致。

（2）转方式调结构将促进二次资源消费

我国已经成为世界第二大经济体，未来资源环境约束将进一步吃紧，但是我国一次矿产资源开发过度，主要战略资源对外依存度不断走高，资源保障能力与资源需求的矛盾日益尖锐。转变传统的线性发展方式，提高资源利用效率，开发“二次矿山”，是我国未来发展的必然选择。同时，提高资源消费结构中二次资源比重，减少一次资源开采加工需求，减少因此导致的污染排放和资源消耗也是我国产业结构“去重化”的重要途径。必将进一步带动对工业固体废物、城市矿山、乡村废物中的二次资源能源的需求总量。

在固体废物充分资源化的过程中，通过对资源的重复利用，可显著提高资源产出率，减少污染排放，将促进我国制造业提质、降本、增效；通过发展资源分类回收产业，将进一步优化我国制造业结构，促进制造业发展绿色化；发展“城市矿山”回收利用服务产业，将促进第三产业结构的多元化，促进社会生活模式绿色化；农业生产需要转变生产方式回归生态自然循环，提高绿色农产品产量。通过资源的高效合理流动，可促成国民经济各组成部分形成和谐比例，促进生产力合理配置，促进形成可持续的绿色路径。

（3）战略性新兴产业发展带来产业发展机遇

国际发展历程表明，固体废物资源化属于知识技术密集型产业，是未来带动经济增长的重要增长点。例如，工业装备再制造可显著降低工业经济成本；机床再制造具有投入资金少、周期短、节省成本等优势。据专家预测，如果工程机械再制造产品的市场占有率达 5%，就可以实现 400 亿元以上的产值。“城市矿山”回收体系对从业人员数量需求巨大，资源化利用对专业技术要求高，将可兴起一批回收利用新兴产业，激发创新创业活力，解决大量就业问题。例如，2013 年，仅废钢铁、废有色金属、废塑料等主要再生资源回收总量达 1.6 亿 t，回收总值 4817 亿元，回收企业 10 万余家，行业从业人员 1800 多万人。

（四）我国固体废物分类资源化利用的突出问题与挑战

1. 固废分类体系不健全，回收体系不规范，利用体系不完善

科学的分类是实现固体废物分类资源化利用的前提和基础。我国法律中将固体废物分为工业固体废物、生活垃圾和危险废物三类。但固体废物“大”分类不全面，尚未覆盖国民经济社会发展的各个方面，如农业固体废物、矿业废物（尾矿和废石）、部分城市固体废物（如城市污水污泥等）以及社会源固体废物（如废汽车、废电器电子产品、废轮胎等）没有明确的分类。

在工业固体废物管理领域，危险废物分类体系较为完善，一般工业固体废物尚未建

立统一分类体系；含有较高价值资源的废物分类情况较好，其他废物分类则较为粗放。危险废物实施的是目录分类，根据《国家危险废物名录》(2008年版）分为49大类、524小类，既包括工业活动产生的也包括社会居民日常生活产生的。但一般工业固体废物尚未建立明确而统一的分类体系，不同管理部门分类口径不同。例如，环保部门的环境统计分为10类，排放污染物申报登记和大城市、中城市固体废物环境防治信息发布中分为28类；而工信部门则将7类产生量较大的一般工业固体废物归为“大宗工业固体废物”。在制度设计中对于一般工业固体废物没有强制分类要求，含有稀贵金属等高价值资源的基本都可以分类回收，但资源价值较低的混合管理情况较为普遍。例如，有色金属冶炼过程产生的冶炼渣多达数十种，大部分可以提取有价资源，基本都得到了分类利用；而在西部等火力发电能力集中区域，粉煤灰、脱硫石膏、炉渣等固体废物混合堆存的情况十分普遍。

具有百年历史的鞍山钢铁集团，非常重视固体废物分类资源化利用，对矿山、冶炼等流程产生的不同固废资源的产生源、产生量和特性进行分类梳理，充分发掘国内外成熟技术和设备对有价值固废资源进行综合利用，既实现了资源有效循环利用、节约储存空间、降低各类污染，又为企业带来了经济效益和社会效益。

我国“城市矿山”资源回收体系建设一直是以政府为主导，城市生活垃圾分类近年来得到了普遍重视。随着我国城镇化的快速发展，城镇生活垃圾产生量增长迅速，“垃圾围城”导致的环境健康隐患日益突出，已经成为我国城镇化发展的制约因素。2006年以来，在政府主导下我国“城市矿山”资源分类回收体系通过试点城市的带动取得较大进展，加快了回收网络体系的建设；2012年试点城市重点种类回收率已超过60%。同时，大部分地方也分别出台了垃圾分类回收相关管理规定和措施，制定了垃圾分类规划，确定了不同阶段的工作目标，生活垃圾无害化处理率逐年提高。但回收网络不健全、回收效率低、回收不规范等弊端仍然存在。另外，回收后的资源化利用体系不健全。

苏州市作为“全国首批餐厨废弃物资源化利用和无害化处理试点城市”，已基本构建起了较为完整的餐厨废弃物收集、运输、资源化利用和无害化处理体系，日均处理能力达到350t，市区集中收集率达到60%。

乡村固体废物中，农业废物、林业废物和畜禽粪便等资源化和能源化规模利用的资源在部分地区建立了分类回收体系。例如，农业废物秸秆的主要利用方式为还田、饲料和能源三种；林业废物现已形成以成型燃料、液体燃料、热电联产、气体燃料等为主的多元化格局；畜禽粪便主要以肥料化、饲料化和能源化利用为主。农村生活垃圾的处置仍处于初步探索阶段，随着农村环境整治工作的推进，在一些地区的分类和处置取得了一些成绩，收集方式主要为定点堆放和统一回收等；但多数地区，特别是经济比较落后地区仍处于无序抛洒、乱堆乱放状态。

2. 缺乏基于全生命周期分析的顶层设计

资源从开采到消费再到回收利用，是全社会生产生活的整体循环过程，物质全生命周期循环是资源循环利用的客观规律。我国传统发展模式下，国家在制度设计上按照生产环节、生活环节和循环利用环节管理职能划分，未能从物质流动的客观规律进行统筹设计。法律制度“重末端、轻源头、弱循环”现象特征明显。例如，我国固体废物环境管理确定了“减量化、资源化、无害化”原则。其中，源头减量的工作主要基于《清洁生产促进法》，资源化主要基于《循环经济促进法》，但这两部法律是鼓励法，而不是约束法，操作性不强，调整对象主要是生产企业，调整环节主要是生产、流通、消费等领域，在资源利用的客观约束、自然资源的生态价值、产废单位的环境责任等方面未做规定，减量化与资源化的力度受到影响。无害化主要基于《固体废物污染环境防治法》，其配套法规、标准和政策以末端处置过程的污染控制要求为主，对废物减量化、资源化的要求不具体，对于资源化利用过程污染控制及其产品环境风险控制缺少制度要求。

3. 制度体系不完善，配套政策落实不够

我国目前关于固体废物分类资源化利用的法律制度体系还存在着一定的缺陷，法律关系主体的权利义务，以及违反法律义务应当承担的民事责任、行政责任乃至刑事责任尚不明确。对固体废物资源化没有具体要求，危险废物强调一味管制，导致转移不容易、利用不容易、处置成本高的问题，影响了市场的活力，增加了管理的行政成本；而固体废物自行利用的环境管理长期缺位。

在制度落实方面，减量化和资源化的主管部门分别是工信部门和发改部门，环保部门参与不足，而工信部门和发改部门在产生源管理过程中对后续利用处置关注不足。相关部门管理边界并不清晰，在思想认识、工作职能等方面也存在较大差异。在缺少宏观战略指导的情况下，部门间协调沟通不充分、管理措施不协调，令出多门的现象比较突出，制约了工业固体废物源头减量和资源化环节的管理工作效率。《“城市矿产”示范基地实施方案》、生产者责任延伸制度等只有原则性要求，缺少可操作的配套政策。

经济调节政策方面，缺少惩罚性财税制度，难以约束“资源大出大进”的粗放式生产模式；而现行排污税费制度对固体废物的产生缺少约束。已出台的工业固废综合利用政策，由于限制条件较多，导致优惠政策受益面小，未能有效发挥对固体废物资源化的引导和激励作用。例如，综合利用产品增值税优惠制度中，对利用比例和技术要求都有严格的限定，综合利用的认定程序也较为复杂。此外，缺少有效的投融资也极大地限制了企业的资源化技术投入。

缺少规范的统计指标体系，难以支撑管理决策。环保、工信等部门根据各自需求分别统计，统计口径不一致，统计信息难以全面反映综合利用情况。例如，环境统计调查工业固体废物产生利用数据来源于一般工业固体废物产生量大于 10 000t 的企业，以及危险废物产生单位；而工信部门的综合利用信息主要来自于行业统计调查，两者在调查范围、调查方法上存在较大差异，导致宏观统计数据差异，进而导致在确定宏观综合利用工作目标时难以决策。

4. 政府主体角色不突出，产业规模较小

固体废物资源化利用公益性强，市场的自我调节能力薄弱，发达国家均采取了政府主导的发展模式。政府作为管理者、决策者和仲裁者，最主要的职能是提供公共产品、弥补市场失灵、校正外部性、完善市场，但我国政府在制定法律规范、监督法律实施、规范自身行为、倡导发展循环经济等方面还有很多不足之处。

市场发展缺乏政府资金引领。近年来，我国对污染治理投资、财政转移支付以及政府绿色采购的规模不断扩大，对环境治理、固体废物分类资源化利用等起到一定作用，但环境保护特别是固体废物资源化利用财政支出在财政支出中占比相对较低，发挥作用十分有限。在投资来源方面，社会资本投入远远高于国有资本和集体资本，每年社会资本投入约是国有资本、集体资本投资之和的3.5倍。

市场激励机制不足，产业缺乏内生动力。我国现有资源综合利用企业起步较晚，以民营资本居多，技术、资金保障能力薄弱。但资源综合利用产业现有税收、政府补贴等覆盖范围非常有限，企业投融资渠道较少，不利于企业扩大规模、整合资源，控风险能力非常薄弱，社会资本进入固体废物利用与处置行业积极性不高。2012年，我国与固体废物利用与处置相关的上市企业仅约14家，仅占400家环保上市公司的3.5%。从事固体废物综合利用的企业以中小型为主，其中大宗工业固体废物综合利用企业平均产值不到2000万元。

回收体系不健全，产业原料供应缺乏保障，是制约产业发展的短板。再生资源广泛分布于家庭，大部分回收渠道被走街串巷的游商小贩占据，正规处理企业却难以获得这些资源。我国的垃圾分类推行不力，直接导致收购层次低、分类不细，使得后续资源回收难度较大。信息化手段虽然逐步应用在“城市矿山”开发利用中，主要盈利点还不清晰。已有平台涵盖“城市矿山”资源的种类有限；重视在“城市矿山”产业链前端（即回收环节）的应用，而对在其中后端（即拆解、粗加工、循环再造）的应用关注不够，缺乏针对整个产业链的整体应用设计；聚焦于如何通过信息化手段扩大“城市矿山”开发利用规模和降低开发利用成本，而对如何降低其开发利用过程的环境影响考虑不多。

5. 技术储备不足，产业发展缺乏支撑

工业固废综合利用过程二次污染控制不足，二次污染问题较为突出。尾矿、冶金渣中有价资源的高效利用十分有限，我国现有技术无法有效解决其中毒害成分与有价元素高效解离与安全回收问题，难以有效回收其中稀散金属。燃煤固体废物多元化利用技术缺乏。粉煤灰、煤矸石、铁尾矿、钢渣等的铁、镁、钙、硅及其他硅酸盐类矿物共性结构未能充分利用。

在“城市矿山”开发利用领域缺乏针对我国固废量大、成分复杂特点的重大原创性核心技术和成套集成装备，尚未形成从源头到末端全过程减排增效的重大集成技术和产品体系，以及跨产业的固废协同利用技术，整体上与国际先进水平相差10～15年，主导性工艺基本处于跟跑地位，特别是在固废源头减量化重大技术方面差距更为明显。

乡村废物资源化利用技术在以下几个方面仍未突破：一是利用技术单一，缺少多元

化的乡村废物资源化利用技术；二是技术的系统化不够，利用技术与原料收集、运营、管理的系统化集成度很低；三是利用技术上机械化、规模化、自动化程度低。

从产业发展总体而言，我国现行的固体废物分类标准过粗，欠缺资源化利用过程环境污染防治和环境风险控制技术规范，综合利用产品缺少基于环境健康风险的质量控制标准，导致固体废物资源无法充分有效利用，综合利用过程环境问题突出，公众对综合利用产品认可程度低，市场推广难度大。

6. 资源化利用意识不足，社会参与度不高

固体废物分类资源化利用与民众生活生产息息相关，民众广泛参与是推动固体废物正确分类、管理与监督的有效途径。但长期以来，这一问题尚未提高到生态文明建设的战略高度，政府和企业对于固体废物分类收集、利用与处置相关信息公开不够，加上利用处置过程二次污染防治水平不高，公众对固体废物资源化认识不足，导致“邻避效应”凸显。以生活垃圾为例，一方面民众对于生活垃圾源头分类支持度不高，导致垃圾减量化低，循环利用率低，最终焚烧或填埋处置量大；另一方面民众对于生活垃圾处置设施存在广泛的抵触情绪，制约相关项目落地运行。充分发挥除政府机关外，企业、社区、家庭、中介组织和个人等社会力量，培养其参与的积极性，调动各种社会资源，形成规范、健全的多个参与主体的管理制度体系，是我国政府和社会各界面临的共同课题。

虽然固体废物资源化对我国战略意义重大，但是仍需尽快化解上述挑战和问题，才能促进固体废物分类资源化利用及其产业蓬勃发展，并在建设美丽中国、实现伟大复兴中国梦的过程中，为促进中国经济逐步转向为可持续发展、绿色发展发挥其应有作用。

二、固体废物分类资源化利用的潜力和潜在效益

（一）我国固体废物总体情况

1. “城市矿山”

（1）生活垃圾产生情况

住房和城乡建设部数据显示，2014 年我国城市生活垃圾清运量为 17 860.2 万 t。**城市生活垃圾的组成成分与城市化程度相关，越是经济发达的城市，城市垃圾中可燃物以及可堆腐物所占比例越高**（课题表 3-3）。垃圾的含水率、有机质、碳氮比、热值随着垃圾产生种类的不同而不同，其中市场垃圾、商业垃圾含水率较高，居民垃圾含水率略低，垃圾含水率最高可达 50%左右（王德宝和胡莹，2010）。

近年来，我国城市生活垃圾构成有以下变化趋势：一是有机物增加；二是可燃物增多；三是可回收利用物增多；四是可利用价值增大。由于中国垃圾产量巨大，将面临围城的困境，混合处理造成了严重的环境污染和大量资源浪费。目前，我国大部分城市生活垃圾的分类分为可回收垃圾、餐厨垃圾和其他垃圾三类。

课题表 3-3　近年来我国部分城市生活垃圾中各类废物的分布情况

地区	有机类废物（%）		产品类废物（%）						无机类废物（%）		数据来源
	餐厨垃圾	动植物残骸	纸	塑料	金属	橡胶	玻璃	纺织品	灰渣	砖块	
北京	69.30	2.70	10.30	9.80	0.80	0	0.60	1.30	0	0	Qu *et al.*，2009
长沙	—	14.52	0.71	0.55	0.34	0	0.87	0.44	58.54	24.10	Chen *et al.*，2013
成都	68.10	0.88	13.00	12.00	0	0	0.80	2.50	2.1	0	Huang and Liu，2012
	59.20	4.20	10.10	15.70	1.10	0	3.40	6.10	0	0	Yuan *et al.*，2006
重庆	22.82	1.53	5.39	11.82	1.16	0	2.19	2.84	28.43	3.01	Zhou and Feng，2010
	72.97	0	9.34	8.40	0.36	0	1.46	3.16	1.48	0.92	Zhang *et al.*，2014
大连	36.40		8.76	18.57	0.61	0	4.98	1.98	28.70	0	Zhao，2006
广汉	50.70	0.20	8.80	6.10	0.20	0	0.60	0.60	32.80	0	Hu *et al.*，1998
广州	58.10	3.10	6.30	14.50	0.60	0	2.00	4.80	9.00	0	Jiang *et al.*，2009
杭州	57.00	2.00	15.00	3.00	8.00	0	8.00	2.00	4.00	0	Zhao *et al.*，2009a
呼和浩特	32.00	3.60	6.50	9.20	0.50	0	1.15	0.30	15.90	0	Zhao *et al.*，2005
哈尔滨	77.02		9.02	7.40	1.16	0	4.08	1.31	0	0	Xuan and Ma，2014
香港	44.00	1.00	26.00	18.00	2.00	0	3.00	3.00	0	0	Ko and Poon，2009
荆州	45.44		4.73	5.93	0.02	0	0.21	0.79	32.95	2.69	Dai *et al.*，2013
九江	50.80	2.30	4.56	8.74	0.18	0	1.55	1.20	26.70	3.84	Xiao and Zhou，2008
拉萨	30.41		23.74	14.84	5.12	0	4.73	4.50	22.83	0	Zeng and Duo，2012
洛阳	4.40	4.40	0.611	10.34	2.69	9.25	0.681	0.681	50.25	16.73	Su *et al.*，2002
澳门	25.70	5.10	15.30	29.10	4.30	0	12.10	6.50	1.90	0	DSPA M，2011*
南宁	58.93		10.74	10.82	0.40	0	4.33	2.12	12.10	0	Guo *et al.*，2013
宁波	53.70	1.10	5.40	7.90	1.00	0	2.40	3.00	0	0	Liu *et al.*，2006
上海	66.70	1.21	4.46	19.98	0.27	0	2.72	1.80	2.77	0	Hong *et al.*，2006
	72.49		6.01	13.79	0.24	0	3.09	2.14	0.36	0	Jia *et al.*，2013
沈阳	73.70	1.70	7.60	5.20	0.30	0	2.40	0.90	0	0	Raininger，2009
深圳	40.00	0	17.00	13.00	3.00	0	5.00	5.00	0	0	黄昌付，2012
石河子	59.00	0	5.60	9.60	3.60	0	7.30	2.50	0	0	Chen *et al.*，2010
台北	19.02	2.42	41.65	23.85	0.97	0	4.00	5.49	2.60	0	Liang and Fan，2014
天津	56.88	1.93	8.67	12.12	0.42	0	1.30	2.47	16.21	0	Zhao *et al.*，2009b
西藏	72.00	0	6.00	12.00	1.00	0	0	7.00	0	0	Zeng and Duo，2012

* 该文献为内部资料“Environmental Status Report of Macau（2011）”

目前常用的垃圾处理方法主要有综合利用、卫生填埋、焚烧和堆肥等。其中废纸、塑料、玻璃、金属和布料五大类可回收垃圾通过综合处理回收利用；厨余垃圾经生物技术就地处理堆肥；有害垃圾包括废电池、废日光灯管、废水银温度计、过期药品等需要特殊安全处理；其他不可回收且热值较高的垃圾采用焚烧处理；上述几类垃圾之外的砖瓦陶瓷、渣土等难以回收且热值较低的废弃物采取卫生填埋可有效减少对地下水、地表水、土壤及空气的污染。

（2）再生资源回收和进口情况

国内回收利用量持续增长。2009～2014 年我国“城市矿山”资源回收利用总量持续增长（课题图 3-1）。截至 2014 年我国废钢铁、废有色金属、废塑料、废轮胎、废纸、废弃电器电子产品、报废汽车、报废船舶、废玻璃、废电池十大类别的主要城市矿产种类开发回收总量达到2.45亿t，实现产值6446.9亿元。

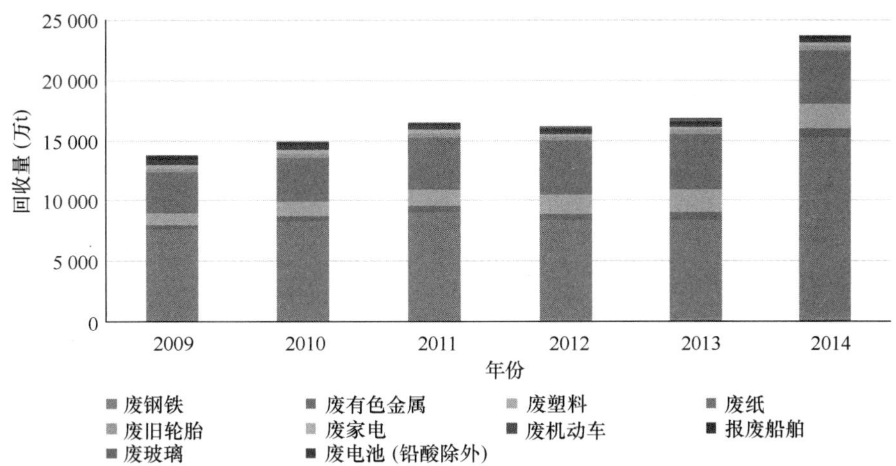

课题图 3-1 2009～2014 年我国主要“城市矿山”回收利用现状（彩图见封底二维码）

数据来源：商务部统计数据

再生资源进口规模总体增长。近年来，我国经济社会发展对资源和原材料的需求量逐步增大，进口量呈逐年增长的趋势，2008年达到顶峰5600多万吨。近几年，受我国经济发展下行的影响，进口量有下降的趋势，如课题图3-2所示。从进口来源地看，主要来自美国、日本、欧盟、中国香港（转口）等发达国家和地区。

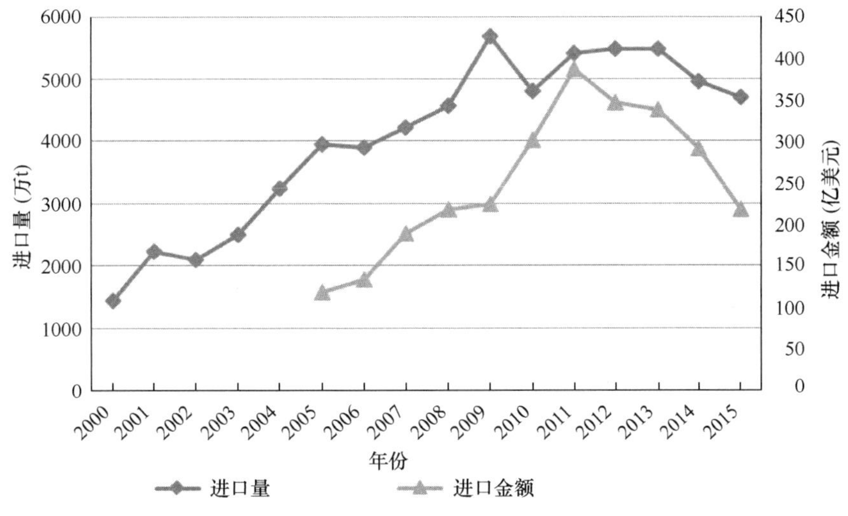

课题图 3-2 2000～2015 年我国废物进口量及进口金额

数据来源：环境保护部统计数据

2014年我国进口废物4960万t，前八位的品种依次为废纸（57.1%）、废塑料（17.1%）、废五金（11.3%）、氧化皮（5.2%）、铝废碎料（3.8%）、铜废碎料（2.0%）、废船（1.8%）和废钢铁（0.8%），合计占实际进口废物总量的98.8%。

进口废物加工利用企业主要分布在东南沿海地区，广东、浙江、江苏、山东、天津五省市合计 1800 家，占全国加工利用企业总数的 77.7%，五省市合计进口量占全国的 80%。

（3）建筑垃圾的产生情况

由于缺乏全国建筑垃圾年产量的统计数据，因此根据因果模型，通过计算历史各年的房屋建筑面积核算我国历年建筑垃圾产生量和累计产量（课题图 3-3）。目前我国每年建筑垃圾的产量已经达到 26.4 亿 t，在不考虑资源化处理的情况下，历史各个年份所积累的建筑垃圾量已将近 215 亿 t。

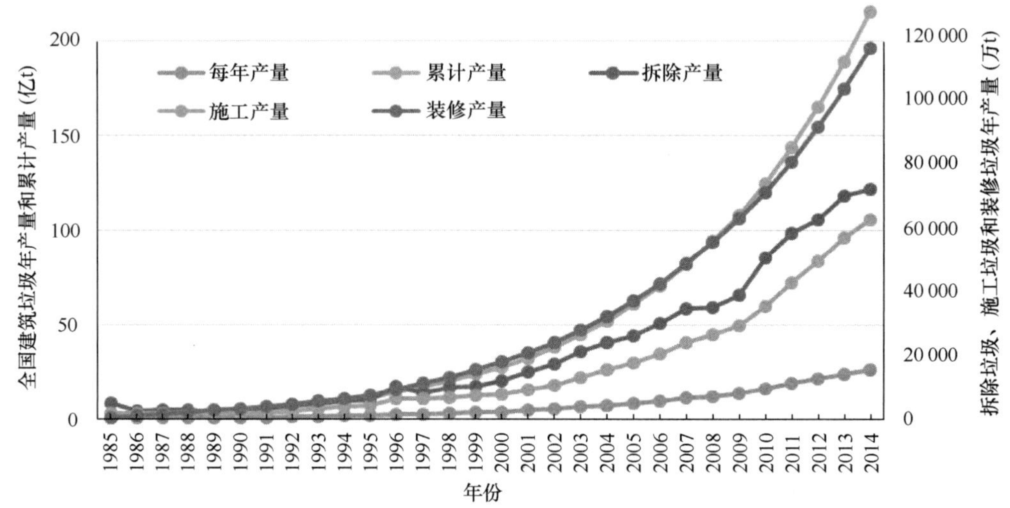

课题图 3-3　1985～2014 年我国建筑垃圾年产量和累计产量（彩图见封底二维码）

数据来源：中国建筑设计研究院，青岛市建筑节能与墙体材料革新办公室. 2014. 建筑垃圾回收回用政策研究

（4）我国“城市矿山”资源的区域分布特征

从我国“城市矿山”资源的区域分布来看，“城市矿山”资源量自东向西，自南向北减少，沿海地区的资源量高于内陆地区。资源量主要集中于珠江三角洲、长江三角洲和黄河下游地区。由此可以看出**“城市矿山”的资源量与区域的经济发展水平和人口密度是正相关的关系。**

1）区域整体分布不均衡，与区域经济发展水平和人口密度密切相关。受到产业、物流以及回收体系建设等因素的影响，我国的重点“城市矿山”资源量主要集中在东南沿海等经济发达地区，而在西部地区资源量较少。其中广东省的垃圾清运量最多，为 2092.11 万 t。2014 年，244 个大城市、中城市生活垃圾产生量为 16 816.1 万 t，处置量 16 445.2 万 t，处置率 97.8%。各省（自治区、直辖市）大城市、中城市发布的 2014 年城市生活垃圾产生情况见课题图 3-4。其中，产生量最大的是上海市，产生量为 742.7 万 t，其次是北京、重庆、深圳和成都。前 10 位城市产生的城市生活垃圾总量为 4818.1 万 t，占全部信息发布城市产生总量的 28.7%。

2）广义的扩散化与相对的积聚化。随着社会的发展，一方面全国各地的“城市矿山”资源量均处于快速增长阶段，而随着国家循环经济战略的发展，各地政府均十分重视再生资源产业的发展，正加大在此方面的投入，推进对再生资源在本地进行回收利用。各地“城市矿山”资源本地化的特点明显，即广义上的分散化。广东、山东、江苏等沿

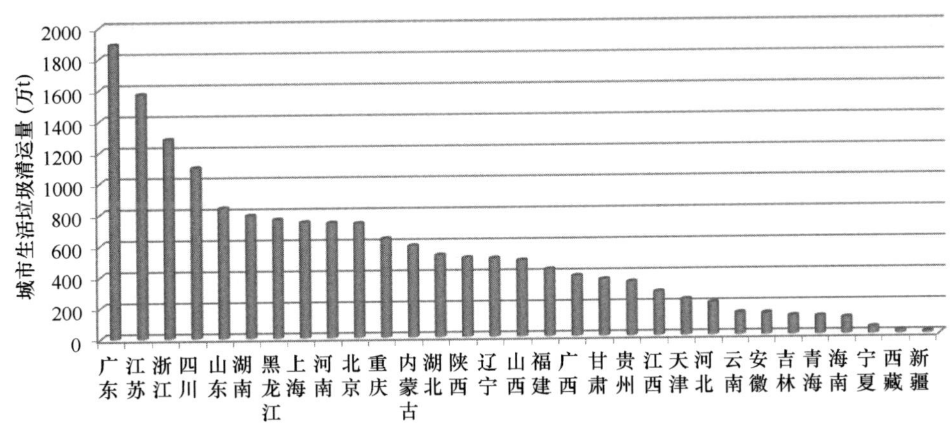

课题图 3-4　2014 年我国各省（自治区、直辖市）城市生活垃圾产生情况

数据来源：《2015 年全国大、中城市固体废物污染环境防治年报》

海省市具有较好的再生资源加工利用产业基础，且物流、回收网络体系以及技术水平相对较高，使得这些地区的“城市矿山”资源蓄积量较大，且对于废弃电器电子产品、废手机、稀贵金属等资源附加值高，相对而言技术水平要求也较高的资源种类，更是相对集中于具备良好的产业发展和技术基础的地区，即相对的积聚化。

3）以废旧物资交易市场的发展为先导，形成了聚集大量资源的区域性中心。各种类别的废旧物资交易市场得到快速发展，如河北保定、浙江永康、湖南汨罗、山东临沂、四川新津、河南长葛、广东南海和重庆等废旧物资交易市场。此外，一些专业化的园区，如安徽界首的再生铅、江西丰城的再生铝、湖南永兴的贵金属、江西贵溪的再生铜市场也在加速建设发展，以这些市场为中心，其周边聚集了大量的资源再生利用企业，形成了不同的区域性中心。

4）进口资源主要集中于沿海地区的园区。我国的进口资源主要集中在广东、浙江、福建等沿海地区。进入 21 世纪以来，进口再生资源加工园区在全国各地蓬勃发展起来，目前在建或建成的进口再生资源加工园区已达 15 家，年处理废金属占我国进口总量的 50%以上。

5）“城市矿山”资源量迅速增加，中西部地区增长快速。我国的重点“城市矿山”资源量均处于快速增长的阶段，全国各地的资源量均出现了快速的增长。且随着社会经济发展，西部地区所占比重有所增加。未来 10 年中，虽然东部沿海地区仍将占有优势，但“城市矿山”资源分布有逐步向中西部地区发展的趋势。

2. 乡村废物

（1）农村生活垃圾

目前，对农村生活垃圾还没有统计数据，只能根据农村人口及人均排放量估算每年的产生量（鞠昌华等，2015）。随着城市化的发展，我国农村人口数量不断下降，在 2011 年被城市人口所反超。1995～2015 年，我国农村生活垃圾年产生量从 1.35 亿 t 减少到 0.95 亿 t 左右（课题图 3-5）（国家统计局，2001～2015）。农村生活垃圾的组分主要为厨余垃圾、废弃塑料、废纸等可回收垃圾以及灰渣等。农村生活垃圾中有机物平均含量

30%左右，热值要低于城市生活垃圾（5000～6300kJ/kg），取热值 4000kJ/kg 估算 2015 年农村生活垃圾储存的资源量约达到 1300 万 t 标准煤。

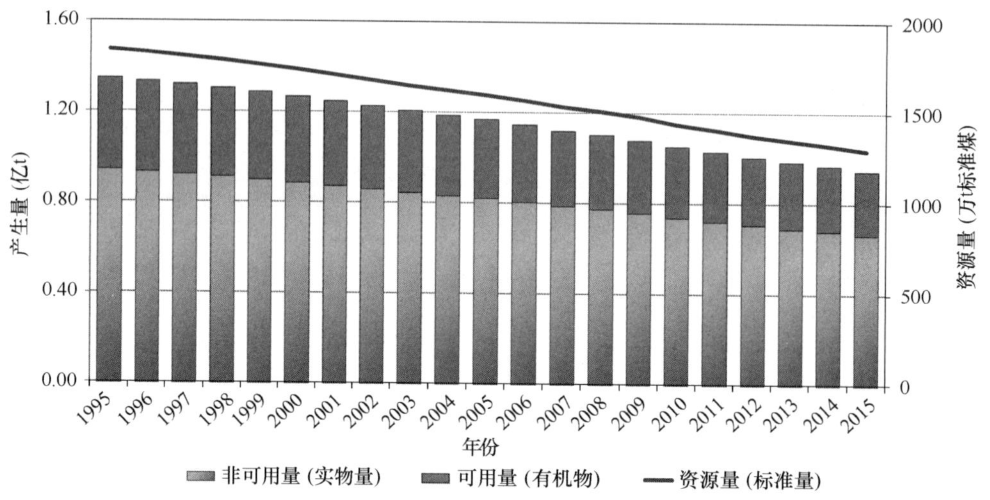

课题图 3-5　1995～2015 年我国农村生活固体废物产生量及资源量（彩图见封底二维码）
数据来源：国家统计局，2016

在地域分布上，广东省的农村生活垃圾产生量为全国最多，超过 500 万的其他省份有山东、河南、河北、江苏、四川和湖南等。这七个省份乡村人口占全国乡村人口的 45%，产生的生活垃圾占 47%。产生量偏少的地区，如西藏、青海、宁夏和海南等地因总人口少，北京、天津和上海等地因城市化率超过 82%、乡村人口较少等原因，乡村废物产生量也较少（课题图 3-6）。

（2）农业废物

随着我国农业生产规模的持续提高，农作物秸秆总产量总体上呈增长趋势（课题图 3-7）。2015 年全国各类农业废物产生量达到 9.94 亿 t（毕于运等，2009），其中玉米、水稻和小麦等大宗秸秆占作物秸秆的 73.5%，是主要作物秸秆类型。其他蔬菜残余物占 7.9%、棉秆占 5.2%、油料秸秆占 5.2%、糖料副产物占 3.7%、豆类秸秆占 2.7%、其他占 1.8%。按各类作物秸秆热值折算标准煤，2015 年总量约达到 4.74 亿 t 标准煤。

农业废物产生量集中在粮食主产区，并与当地种植结构一致。产生量排在前三位的地区为河南、黑龙江和山东，年产生量分别达到 8607 万 t、8546 万 t 和 7668 万 t。其中，河南省以小麦、玉米等谷物秸秆为主，花生秧壳和蔬菜剩余物占比较大；黑龙江省以玉米、水稻等谷物秸秆为主，大豆秸秆以及蔬菜残余物也较多；山东省以小麦、玉米秸秆为主，蔬菜剩余物所占比例较高。另外，新疆是我国棉花高产地，2015 年棉秆产生量达到 3223 万 t，占全国产生量的 62.4%。由于南北方农业的差异，广西、云南、广东和海南等地产生大量的甘蔗副产物，约占全国的 90.6%（课题图 3-8）。

（3）林业废物

生物质原料资源的林业剩余物包括森林采伐剩余物、木材加工剩余物及育林剪枝所获得的薪材量，统称林业“三剩物”。采伐剩余物和加工剩余物的产生量估算结果如课题表 3-4 所示。

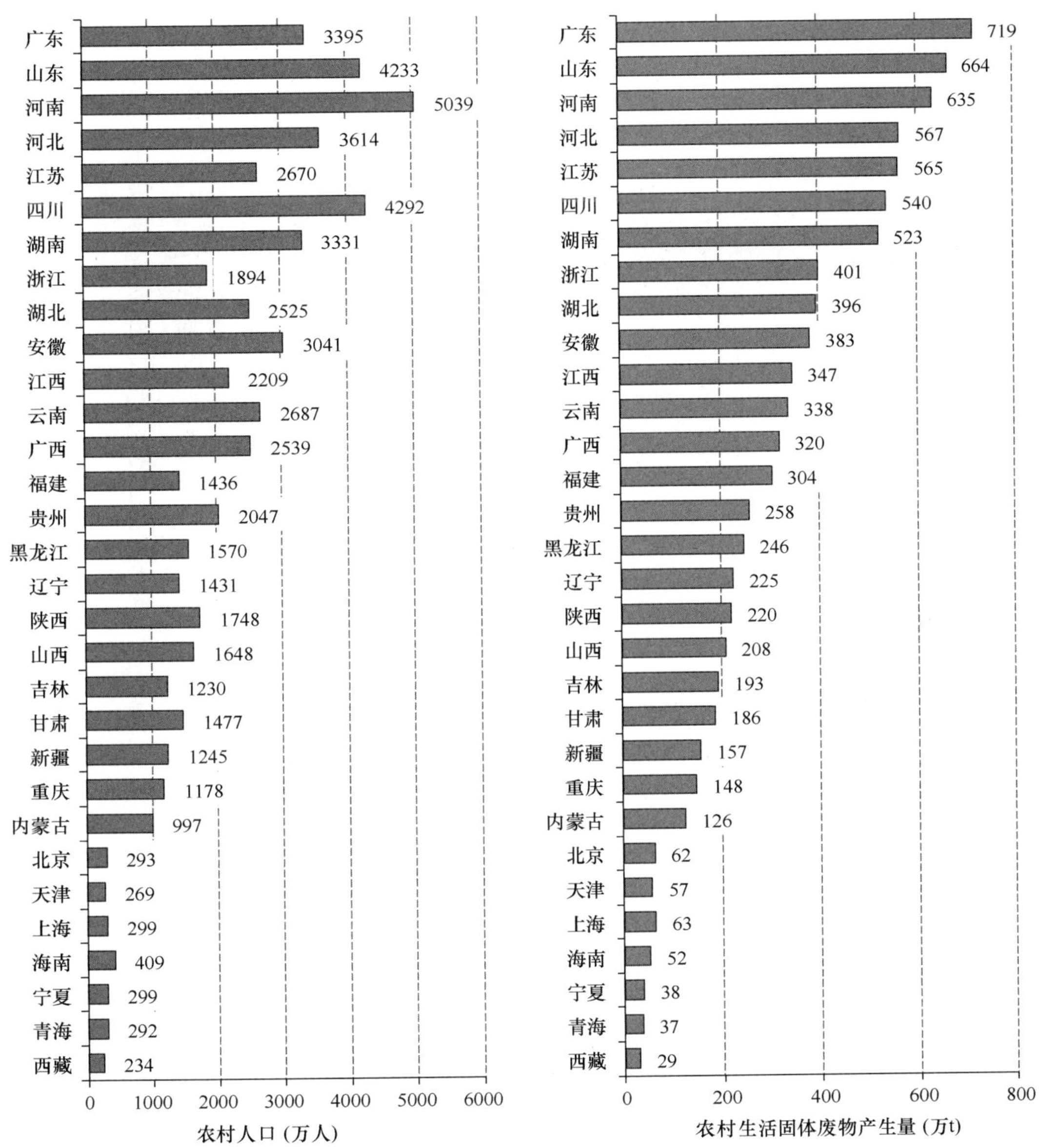

课题图 3-6　2015 年我国各省份农村人口与农村生活固体废物产生量

数据来源：国家统计局，2016

据测算，扣除薪炭林的薪柴，全国每年产生薪柴 5000 万 t 左右（袁振宏等，2005）。云南、四川、广西西南三省（自治区）及西藏地区约占全国薪柴总产生量的 40%。“十二五”期间，每年约产生的采伐、加工剩余物和薪材量为 1.38 亿 t，折合成标准煤约为 8000 万 t。

课题图 3-9 显示了 2015 年全国各地林业面积与林业废物产生情况。林业废物产生量超过 1000 万 t 的地区有云南、广西两省。这些地区主要是因为国家规定的采伐限额高，使得采伐和加工剩余物大量的产生。超过 500 万 t 的其他地区有内蒙古、福建、江西、广东、湖南、四川和黑龙江等地。内蒙古和黑龙江等地区虽然采伐限额低，但因林地面积大，薪材的产生量就较多。

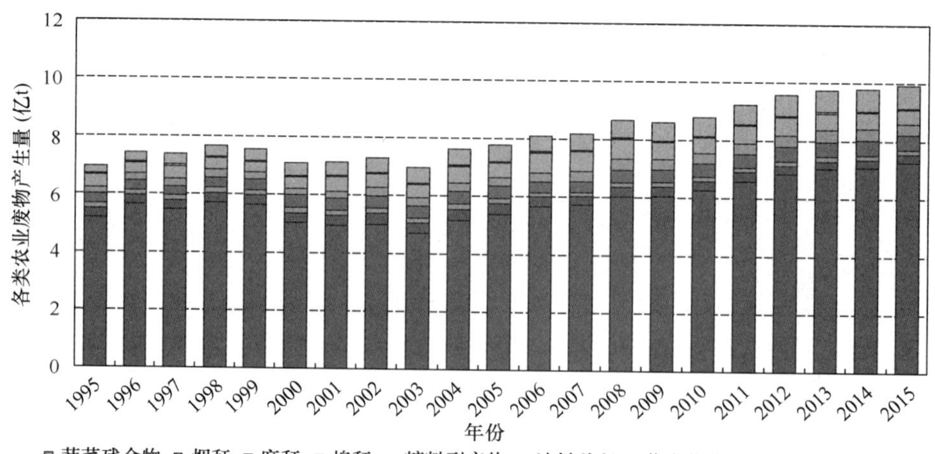

课题图 3-7　1995～2015 年我国各类农业废物产生量（彩图见封底二维码）

数据来源：国家统计局，2016

（4）畜禽粪便

粪便排放量的估算是按不同种类畜禽的日排粪便量及存栏数算出实物量（林源等，2012），再按粪便收集系数获得可开发量。2015 年我国畜禽粪便排放实物量达到 41.01 亿 t，其中家猪、牛、羊及马驴骡、家禽等分别产生 17.87 亿 t、16.80 亿 t、2.70 亿 t、0.87 亿 t 及 2.78 亿 t 等。按照不同畜种粪便产热值计算干物质标准量（中国可再生能源发展战略研究项目组，2008），2015 年可达到 4.21 亿 t 标准煤（课题图 3-10）。

从地区的产生量来看，四川和河南两个地区居前两位，年产生畜禽粪便分别为 3.76 亿 t 和 3.56 亿 t。其次，山东、湖南和云南三地的年产生量也超过了 2.0 亿 t。从排放结构来看，上述五个地区的猪和牛粪便排放量分别占 90.3%、87.6%、76.8%、94.2%和 90.1%（课题图 3-11）。

3. 工业固体废物

（1）工业固体废物产生量与经济增长正相关

从历史趋势来看，工业固体废物产生量与工业增加值保持正相关（课题图 3-12）。2005～2014 年，我国工业固体废物产生量年平均增长率为 17.3%，“十二五”以来年产生量超过 30 亿 t，2014 年产生量达到 32.56 亿 t（含工业危险废物产生量 3633.5 万 t）。但由于资源深加工产业相对滞后，我国工业危险废物产生量相对较小，仅占工业固体废物总产生量的 1%，远小于发达国家 10%的平均水平。

“十二五”以来，工业固体废物的产生强度呈现减弱趋势。近年来，我国大力推进节能减排和清洁生产措施，单位工业增加值的工业固体废物产生强度由 2005 年的 1.57t/万元降低到 2014 年的 1.17t/万元（课题图 3-12）。对工业固体废物产生量贡献率最大的煤炭、钢铁、有色金属工业三大行业产能严重过剩、需求不振，很大程度减缓了工业固体废物产生量剧增的压力。

（2）工业固体废物集中产生特征明显

A. 产生类别集中

2014 年重点调查企业产生的尾矿、煤矸石、粉煤灰、冶炼渣、炉渣、脱硫石膏六大

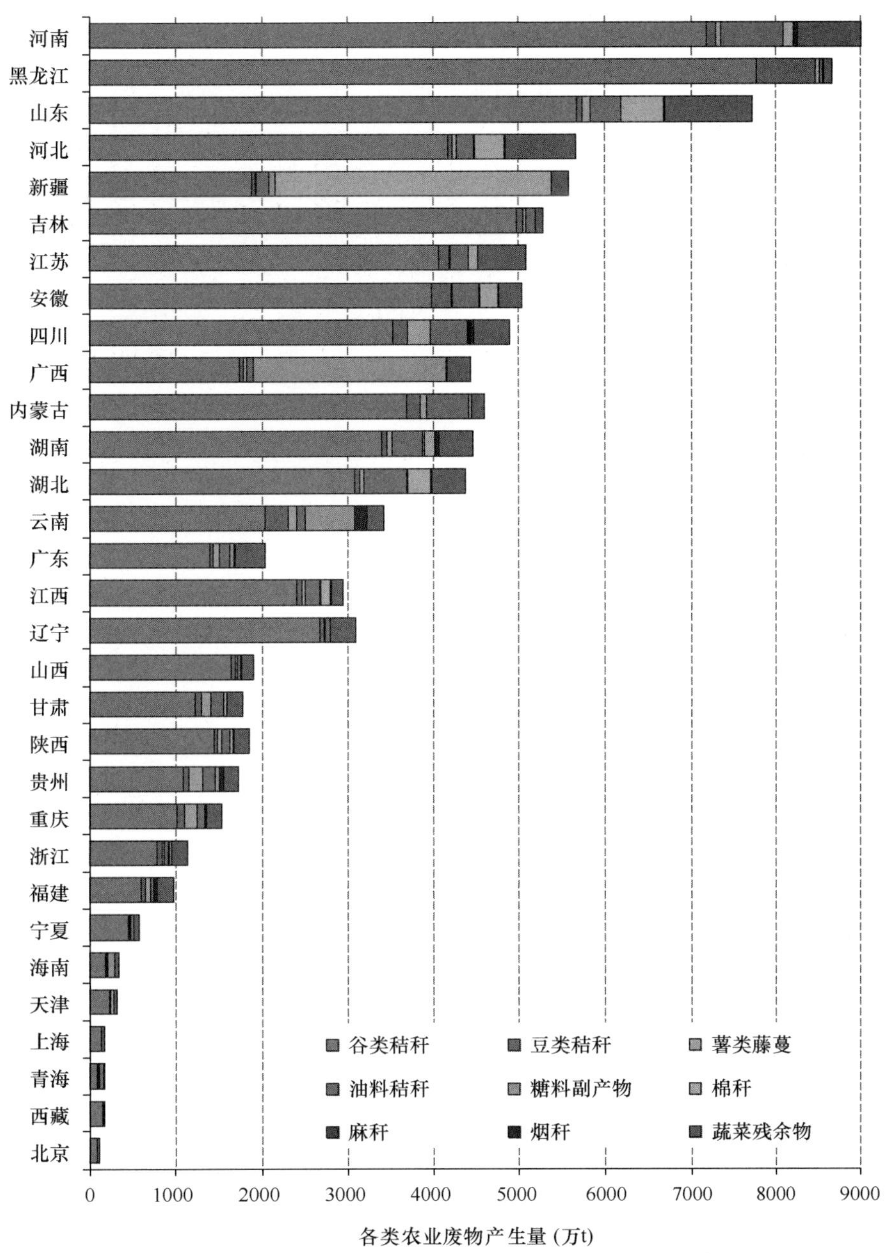

课题图 3-8　2015 年我国各地区各类农业废物产生情况（彩图见封底二维码）

数据来源：国家统计局，2016

类一般工业固体废物总量超过 26 亿 t，占总产生量的 83.7%，是我国一般工业固体废物管理的重点类别。产生量较大的危险废物种类为废碱 608.2 万 t、石棉废物 561.7 万 t、废酸 549.4 万 t、有色金属冶炼废物 391.3 万 t、无机氰化物废物 246.8 万 t、废矿物油 152.9 万 t。工业危险废物产生量逐年增加，随着统计范围的扩大，2011 年有了突跃式的增长，近几年统计数据约为 3500 万 t。

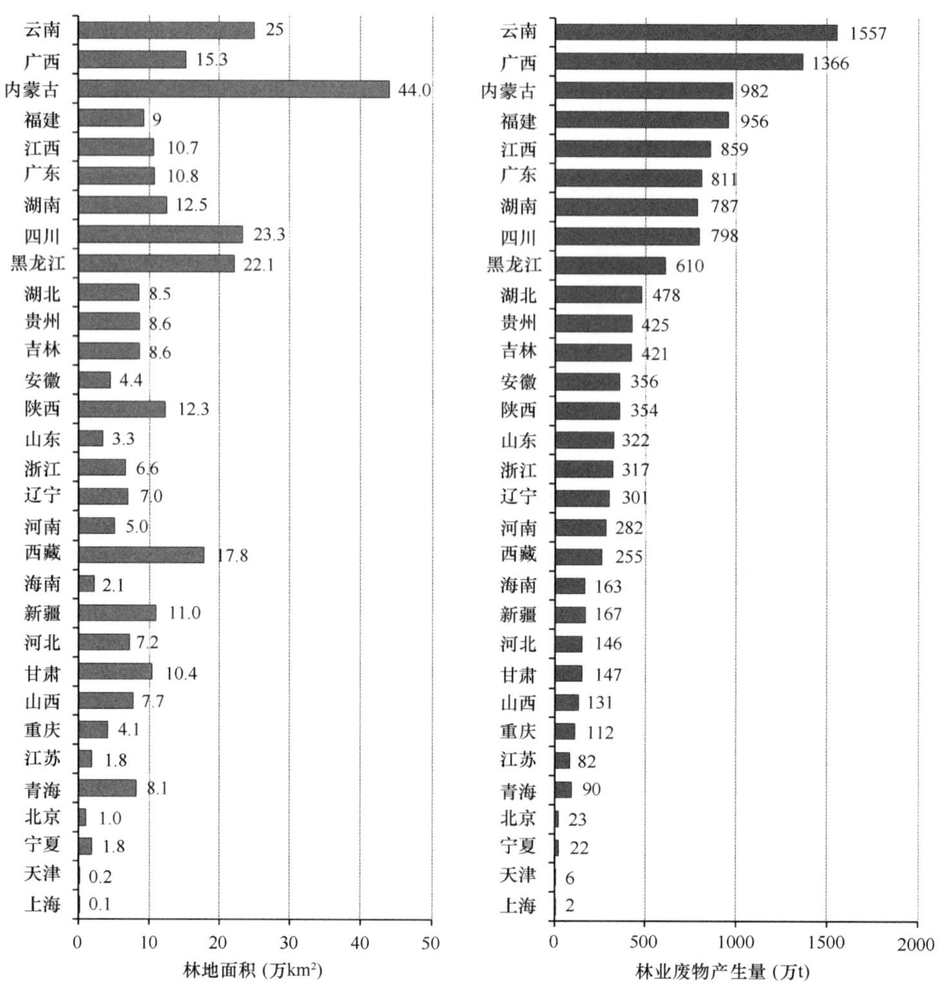

课题图 3-9　2015 年我国各地林业废物产生量

数据来源：国家统计局，2016

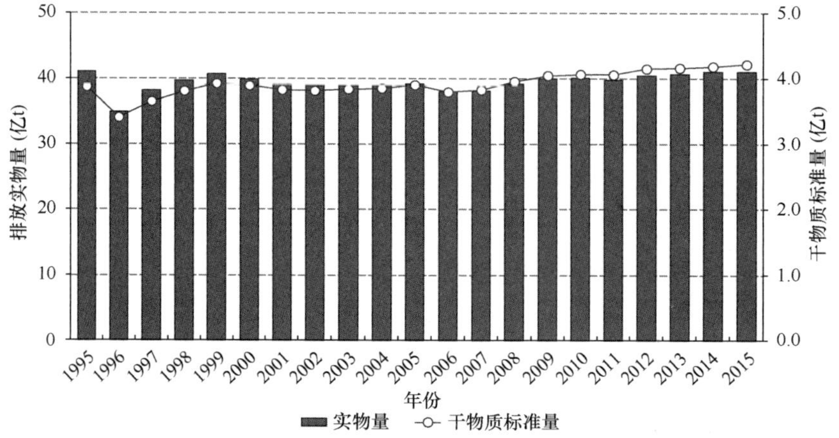

课题图 3-10　1995～2015 年我国畜禽粪便排放实物量与干物质标准量

数据来源：国家统计局，2016

课题表 3-4　1991～2015 年我国采伐剩余物及加工剩余物的估算值（国务院，2016）

期间	年份	采伐方式			采伐量合计	采伐剩余物	加工剩余物	采伐剩余物及加工剩余物合计	
		主伐	抚育采伐	其他					
		（万 m^3）	（万 m^3）	（万 m^3）	（万 m^3）	（万 m^3）	（万 m^3）	（万 m^3）	（万 t）
九五	1996～2000	11 152	4 634	10 866	26 652	10 356	6 518	16 875	10 125
十五	2001～2005	8 452	6 053	7 805	22 310	9 138	5 269	14 407	8 644
十一五	2006～2010	11 744	5 624	7 448	24 816	9 737	6 032	15 768	9 461
十二五	2011～2015	14 119	6 965	6 022	27 105	10 649	6 582	17 232	10 339

注：①取木材平均体积密度为 0.6g/cm^3；②原木加工成木材成品剩余物比例取 40%

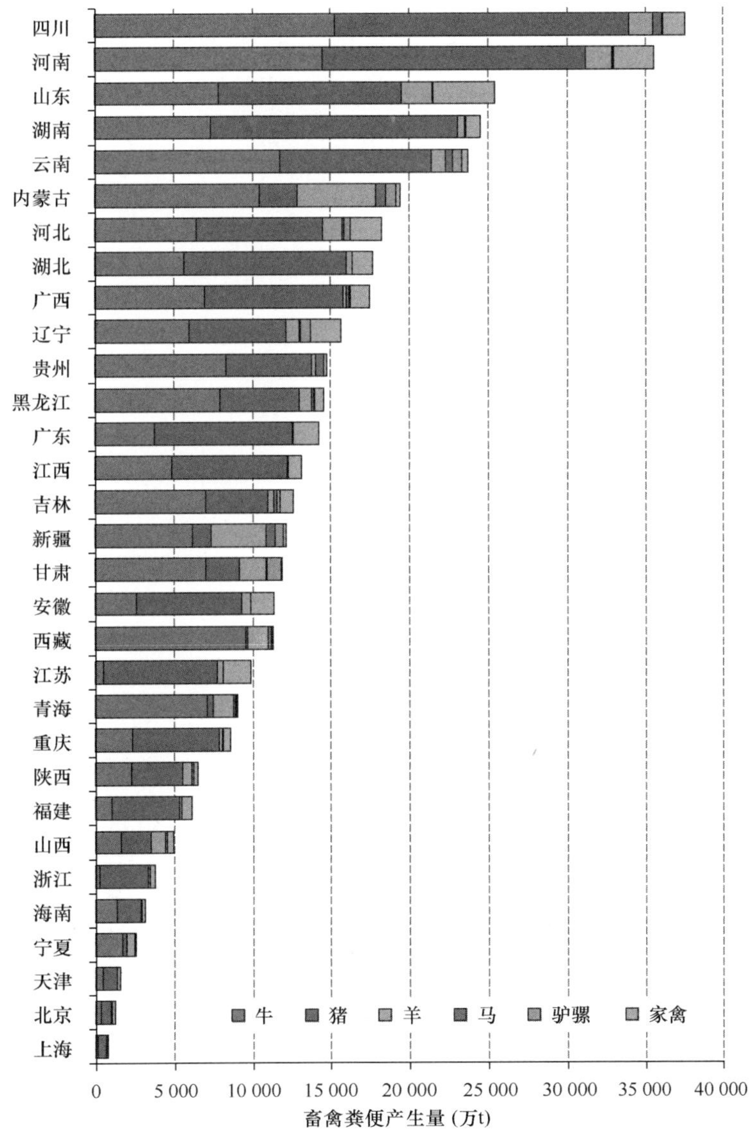

课题图 3-11　2015 年我国各地区畜禽粪便产生情况（彩图见封底二维码）

数据来源：国家统计局，2016

B. 产生行业集中

根据环境统计数据分析，煤炭、钢铁、有色金属工业三大行业对一般工业固体废物产生量贡献率超过 70%。其中，钢铁、有色金属生产加工活动对工业固体废物的总贡献率为 44.6%，主要是各类尾矿和冶炼渣；煤炭生产和消费相关活动贡献率超过 39.1%，主要是煤矸石、粉煤灰、脱硫石膏、炉渣等（课题表 3-5）。

课题表 3-5　2014 年主要一般工业固体废物产生量行业分布

序号	行业分类	主要固体废物类别	2014 年产生量（亿 t）	占全国总产生量的比例（%）	行业固体废物产生总量（亿 t）	占全国总产生量的比例（%）
1	黑色金属矿采选业	铁尾矿等	5.7	17.5	5.7	17.5
2	有色金属矿采选业	有色金属尾矿等	3.5	10.7	3.5	10.7
3	煤炭开采和洗选业	煤矸石等	3.7	11.4	3.7	11.4
4	钢铁冶炼	钢铁冶炼渣	3	9.2	3.7	11.3
		粉煤灰	0.1	0.3		
		炉渣	0.56	1.7		
		脱硫石膏	0.023	0.1		
5	有色金属冶炼	有色金属冶炼渣	0.26	0.8	0.49	1.6
		粉煤灰	0.12	0.4		
		炉渣	0.093	0.3		
		脱硫石膏	0.0189	0.1		
6	电力发电	粉煤灰	3.8	11.7	6.01	18.5
		炉渣	1.5	4.6		
		脱硫石膏	0.71	2.2		
7	化学原料和化学制品制造业	粉煤灰	0.1853	0.6	0.583	1.8
		炉渣	0.3411	1.0		
		脱硫石膏	0.0566	0.2		
合计			23.67	/	23.67	72.8

钢铁行业固体废物产生量最大。2013 年黑色金属采选业产生的一般固体废物量占当年全国总产生量的 22%。其中铁矿石开采及其下游的钢铁冶炼固体废物产生量比重最大。2014 年，我国铁矿石产量约 15.14 亿 t，产生铁尾矿 5.7 亿 t，占黑色金属采选业尾矿量的 84%，平均每生产 1t 铁矿石产生 2.66t 铁尾矿。钢铁冶炼过程中产生的冶炼渣约 3.0 亿 t，平均每生产 1t 粗钢产生钢铁冶炼渣 0.37t。

有色行业工业固体废物产生强度高、类别复杂。2014 年我国 10 种有色金属产量 4417 万 t，产生有色金属尾矿 3.5 亿 t、冶炼渣 2560.9 万 t，平均每生产 1t 有色金属产生 7.92t 有色金属尾矿和 0.58t 冶炼渣。有色金属行业的生产特点是矿石成分复杂、生产工艺流程长、产品种类多、涉及危险废物种类多。有色金属在采矿、洗矿、冶炼、加工等过程都会产生成分极其复杂的危险废物。例如，铜冶炼过程中产生的铅砷阳极板泥中，化学成分有十多种，其中金、银、铜、硒、碲等具备回收技术条件，其他则仍然留在固体废物中需要进行处置。

铝工业固体废物问题较为突出。我国铝产量和消耗量仅次于钢铁，在我国现有的 124 个行业中，有 113 个使用铝产品。目前，全国 21 个省（自治区、直辖市）有电解铝

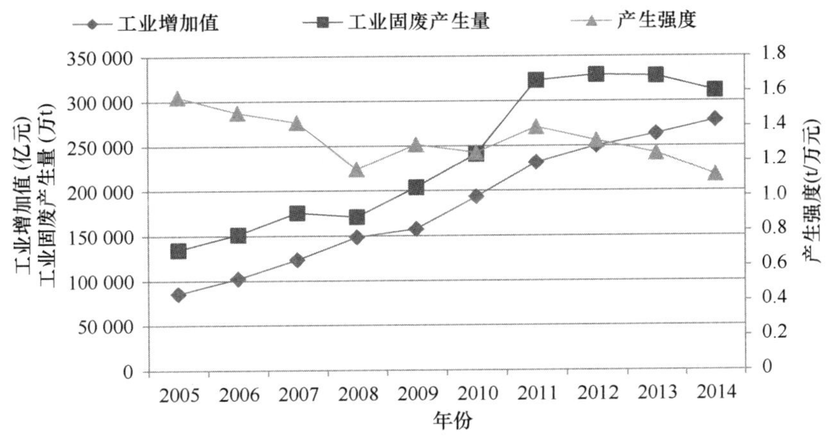

课题图 3-12　2005～2014 年我国工业固体废物产生量与工业增加值呈正相关关系

数据来源：国家统计局和环境保护部，2006～2015

企业、8 个有氧化铝企业、24 个有再生铝企业。赤泥是氧化铝生产产生的固体废弃物，平均每生产 1t 氧化铝产生 1.0～1.8t 赤泥。按目前产量计算，我国每年产生赤泥 5000 万～9000 万 t。另外，我国电解铝工业每年产生的危险废物（包括电解槽废槽衬、铝灰渣和阳极炭渣等）高达 180 万～250 万 t，其中废槽衬（大修渣）含有较高浓度的氟化物和氰化物。

煤炭开采、消费活动产生的固体废物影响广泛。我国与燃煤开采、消费相关的工业固体废物产生量占工业固体废物产生总量的 39.1%左右。2014 年，我国共生产原煤 38.74 亿 t，平均每生产 1t 原煤，将产生 0.2t 的煤矸石。按此估算，我国每年约产生煤矸石 7.7 亿 t，其中约 48%（3.7 亿 t）集中于重点环境管理的生产企业。**电力行业燃煤问题最为突出。**我国 95%的煤炭用于工业生产活动，其中 50%的煤炭用于火力发电（约 17 亿 t）。我国洁净煤使用比例较低，导致燃煤过程粉煤灰、脱硫石膏、炉渣等固体废物产生量高。环境统计数据表明，2014 年，仅环境统计范围内的重点工业企业产生的粉煤灰就高达约 4.6 亿 t，其次为炉渣（3.0 亿 t）、脱硫石膏（0.84 亿 t），分别占全国同类废物产生总量的 83%、88%、54%。

资源深加工活动是危险废物的集中行业。在我国，危险废物主要来源于化学原料和化学制品制造业、有色金属冶炼和压延加工业、非金属矿采选业、造纸和纸制品业四大行业（课题图 3-13）。2014 年，这四大行业危险废物产生量占我国工业危险废物总产生量的 68.86%。其中，除非金属矿采选行业的石棉废物、造纸行业的造纸黑液影响范围有限外，化学原料和化学制品制造业、有色金属冶炼和压延加工业等资源深加工环节制造业的危险废物产生情况十分复杂。

C. 产生量集中于资源型工业基地

我国工业固体废物聚集与资源区域分布特征基本一致。山西、内蒙古、辽宁等矿产资源分布集中地区，以及江苏、山东、湖南等制造业比例较高的资源消费集中地区工业固体废物产生量显著高于其他地区。在 2014 年全国 244 个发布了固体废物产生情况的城市中，一般工业固体废物产生量达 19.2 亿 t，产生量排在前 10 位的城市产生的一般工

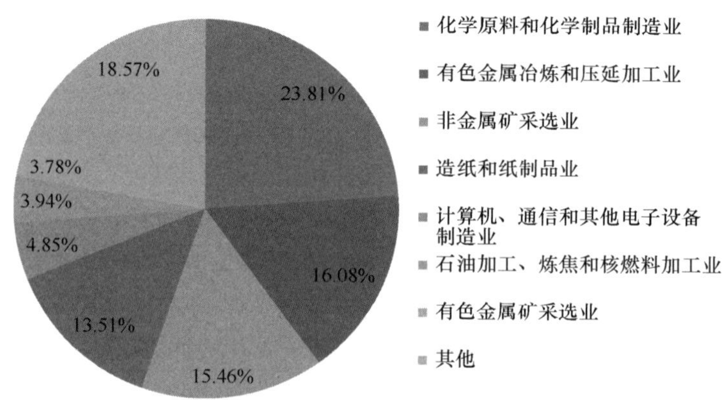

课题图 3-13　2014 年我国主要危险废物产生行业情况（彩图见封底二维码）

数据来源：环境保护部 2015 年数据

业固体废物占全部信息发布城市产生总量的 23.4%。特别需要注意的是，排名在前 10 的城市中，有 9 个是资源型城市。

尾矿、冶炼渣等分布与金属矿产资源分布基本一致。我国铁矿资源主要集中在京津冀地区，有色金属矿产资源主要分布在中部、西南等地区。与之对应，这些地区是各类金属尾矿、冶炼渣的集中区域。例如，河北、辽宁、四川、内蒙古、山西 5 个地区铁矿石产量占全国总产量的 77%左右，其中河北省产量达到 40%；2014 年河北、辽宁两省重点调查企业尾矿产生量占到全国环境统计调查企业的 34%。而河北、江苏、辽宁、山东、山西等金属冶炼活动集中区域，冶炼渣的产生量占全国调查企业的 49.6%，仅河北省冶炼废渣产生量就占全国的 19.6%。

煤炭生产、消费产生的固体废物分布差异明显。我国“北煤南调、西煤东运”格局长期存在。我国 74%的煤炭资源集中在山西、陕西、内蒙古、新疆等西部地区，煤矸石的产生量也集中在这些地区。环境统计显示，2014 年山西省煤矸石产生量占到全国调查企业总量的 35.5%。煤炭消费主要集中在东南部地区，粉煤灰、脱硫石膏、炉渣等的产生量集中。2013 年华东、华中、华南地区的煤炭消费量占全国总量的 50%，2014 年环境统计调查中这三个地区粉煤灰的产生量占全国粉煤灰的 44.5%。其中，山东、内蒙古、山西、河南、江苏 5 省粉煤灰产生量占全国重点调查企业的 42%。

经济发达地区工业固体废物产生强度较低。我国各地在产业结构、工业发展程度、社会经济发展程度等方面差异巨大，导致对固体废物减量化、资源化等方面投入存在明显差异。东部地区在产业结构、资源利用效率、环境污染治理投入等方面领先于全国，单位国内生产总值（GDP）的工业固体废物产生强度大约是全国平均水平的一半。相对而言，西部地区技术能力相对滞后，资源开发利用效率较低，工业固体废物产生强度约是全国平均水平的 1.5 倍，是东部地区的 3 倍。从京津冀、长三角、珠三角地区和长江经济带四大经济发展情况来看，经济总量相对较低的京津冀地区的产生强度高于全国平均水平，而珠三角地区、长江经济带和长三角地区的产生强度低于全国平均水平。2000 年以后各地产生强度分化日益明显（课题图 3-14、课题图 3-15）。

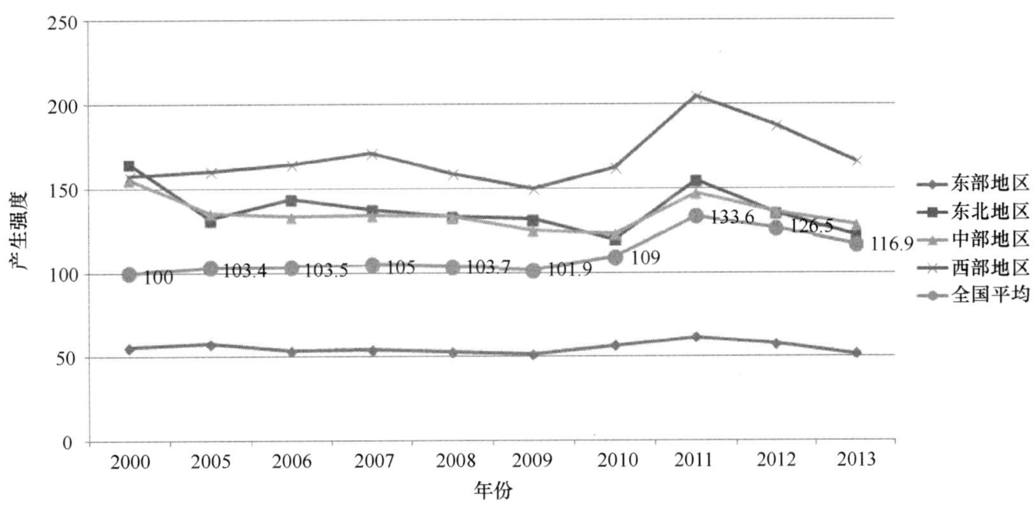

课题图 3-14　2000～2013 年我国各地工业固体废物产生强度情况

产生强度（t/万元）=工业固体废物产生量（t）/GDP（万元）

数据来源：中国科学院 2015 年数据

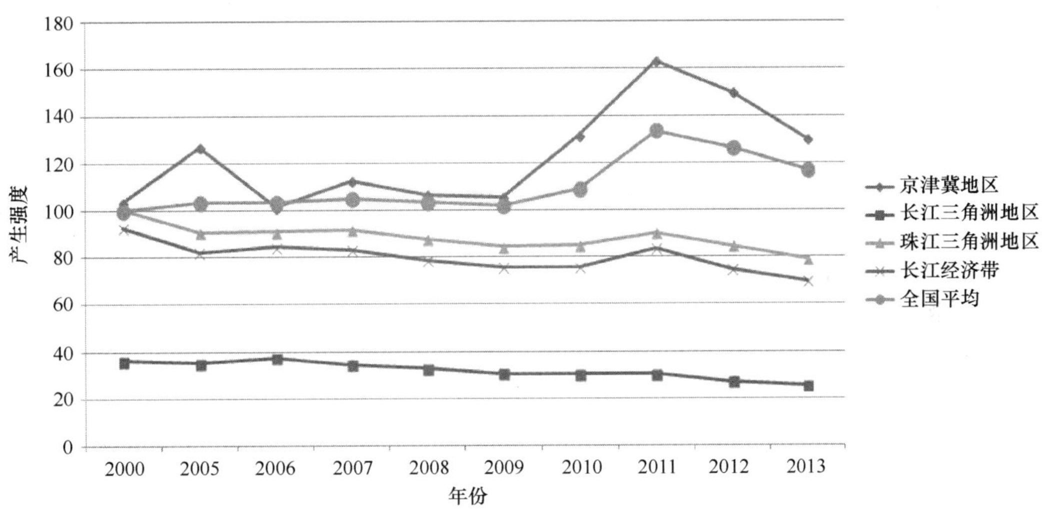

课题图 3-15　2000～2013 年主要经济发展区域工业固体废物产生强度

产生强度（t/万元）=工业固体废物产生量（t）/GDP（万元）

资料来源：中国科学院 2015 年数据

（二）我国固体废物分类资源化利用的潜力评价

1. “城市矿山”

（1）生活垃圾

从预测结果来看，全国城镇生活垃圾产生量将逐年增加，年均增长率约为 2.4%。到 2020 年和 2030 年，全国城镇生活垃圾产生量将分别达到 3.6 亿 t 和 4.2 亿 t（课题图 3-16）。到 2020 年和 2030 年，城镇生活垃圾无害化处理量将达到 3.0 亿 t 和 3.8 亿 t。以 2020 年预测结果为例，填埋、焚烧和其他处理方式处理量将分别达到 1.4 亿 t、1.3 亿 t 和

3620.3 万 t，所占比例分别为 46.8%、41.4%和 11.9%。相比于 2010 年而言，填埋处理所占比重明显下降，降低了 32.5 个百分点，焚烧处理比重增加趋势明显，上升了 21.9 个百分点。若焚烧的生活垃圾全部用于发电，到 2020 年，年发电量可达 390 亿 kW·h。

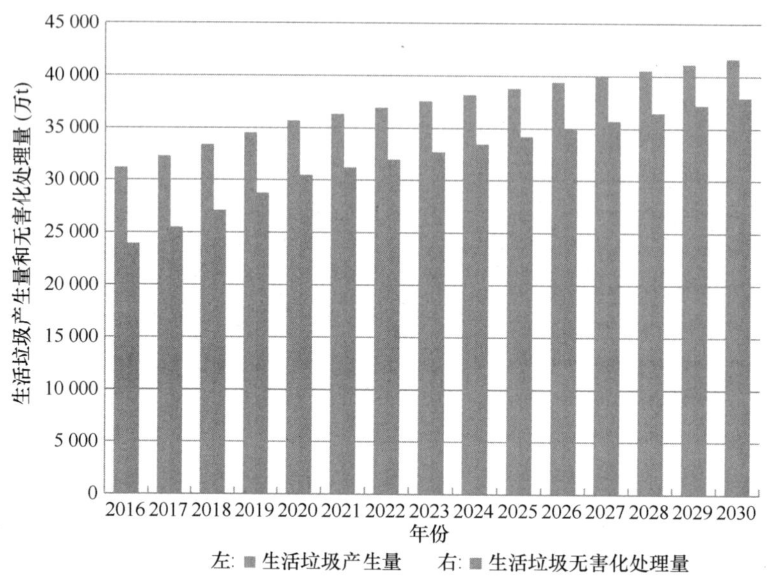

课题图 3-16　2016～2030 年我国生活垃圾产生利用量预测

（2）废钢铁

根据历史数据将我国钢铁资源消费分为建筑、交通、机械、耐用消费品和其他共 5 个行业，根据资源代谢模型预测 2015～2030 年我国 5 个行业钢铁资源报废量如课题图 3-17 所示。到 2030 年，建筑、交通、机械、耐用消费品和其他行业将分别产生 11 200 万 t、14 300 万 t、15 406 万 t、6857 万 t 和 6227 万 t，总计 53 991 万 t。

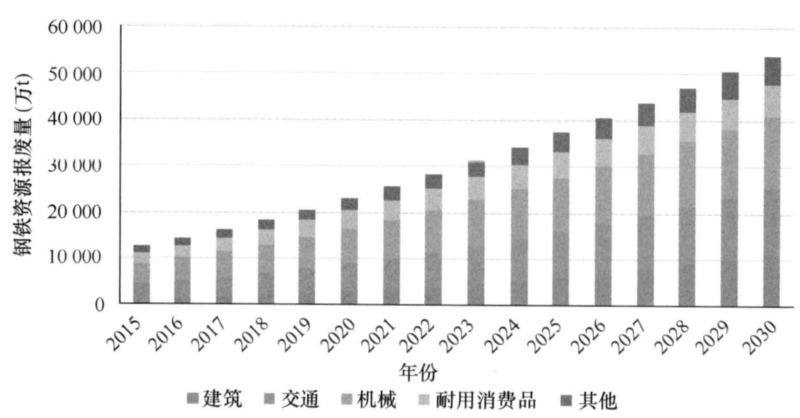

课题图 3-17　2015～2030 我国废钢铁产生量预测

（3）废有色金属

A. 铜资源代谢及报废潜力分析

根据资源代谢模型核算框架和历史数据，将我国铜资源主要消费行业分为电力、家电、交通、电子、建筑和其他共 6 个行业，根据资源代谢模型预测 2015～2030 年我国 6 个行业铜资源报废量如课题图 3-18 所示。到 2030 年，电力、家电、交通、电子设备、建筑和其他行业分别报废铜资源 237 万 t、124 万 t、83 万 t、147 万 t、14 万 t、174 万 t，总计约 779 万 t。

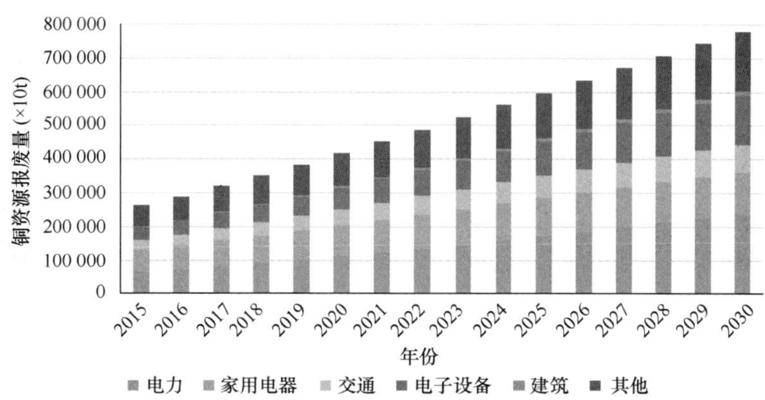

课题图 3-18　2015～2030 年我国铜资源报废潜力分行业预测（彩图见封底二维码）

B. 铝资源代谢和报废潜力分析

根据资源代谢模型核算框架和历史数据，将我国铝资源主要消费行业分为交通、机械、电力电子、建筑、包装、耐用消费品和其他共 7 个行业，根据资源代谢模型预测 2015～2030 年我国 7 个行业铝资源报废量如课题图 3-19 所示。包装一直是铝的最大使用行业，也是报废量最大的行业，2030 年可达 4618 万 t，废铝总产生潜力达 6701 万 t。

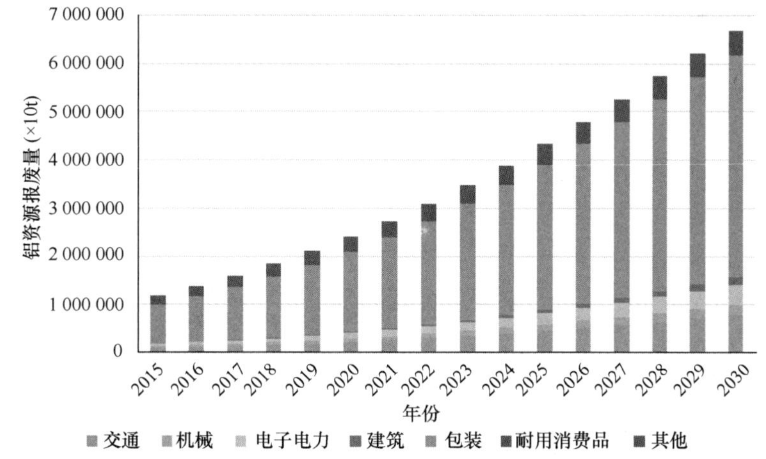

课题图 3-19　2015～2030 年我国铝资源报废潜力分行业预测（彩图见封底二维码）

C. 铅资源代谢及报废潜力分析

根据资源代谢模型核算框架和历史数据，将我国铅资源主要消费行业分为电池、颜料、金属制品、化学品和其他共 5 个行业，根据资源代谢模型预测 2015～2030 年我国 5 个行业铅资源报废量如课题图 3-20 所示。电池行业是铅使用量最大的行业，也是报废量最大的行业，2030 年可达 1444 万 t。总报废量达 1613 万 t。

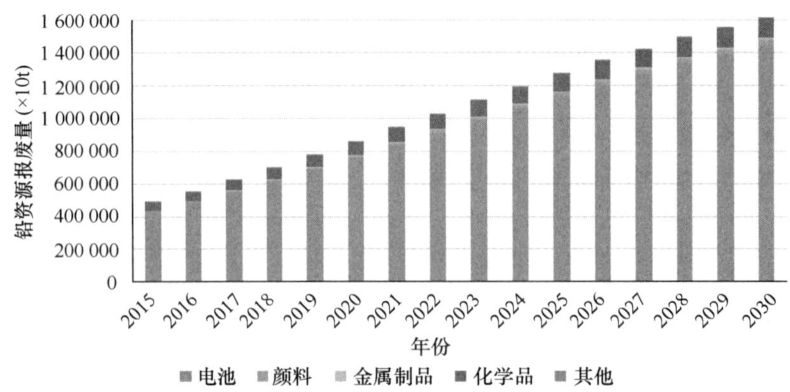

课题图 3-20　2015～2030 年我国铅资源报废潜力分行业预测（彩图见封底二维码）

（4）废橡胶

关于废橡胶的回收，统计数据非常有限，而废橡胶的最大组成部分是废旧轮胎，因此以废旧轮胎的回收量来说明我国废橡胶的回收情况。对我国废旧轮胎的回收量历史数据进行线性拟合，预测 2015～2030 年我国废旧轮胎回收量，结果见课题图 3-21。到 2020 年，我国废旧轮胎的回收量将达到 723.6 万 t，2030 年回收量将达 1544.0 万 t。

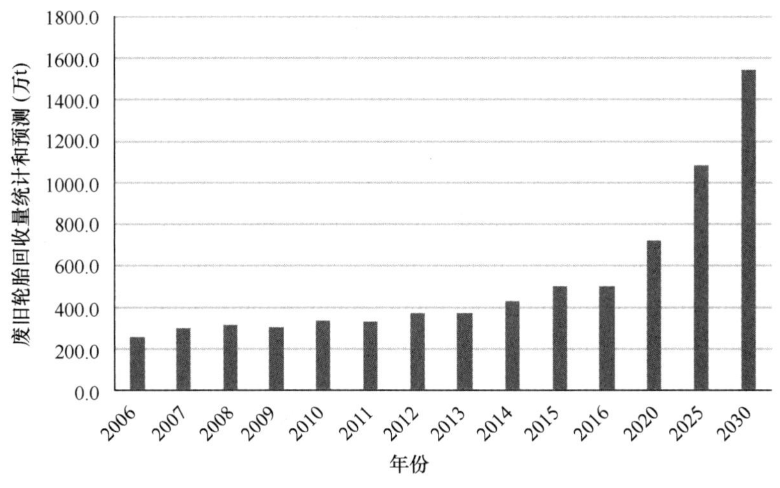

课题图 3-21　2006～2030 年我国废旧轮胎回收量统计和预测

（5）电子废物

根据表观消费量与生命周期方法，以全国统计年鉴中的每百户家庭的家用电器拥有率以及手机普及率为基础，计算可得未来我国报废电器电子产品的产生量，如课题图 3-22 所示。全国报废电器电子产品的数量将呈现持续快速增长的态势，至 2030 年将达到 1516.2 万 t，其中电视机 8278.5 万台，冰箱 8771.3 万台，洗衣机 7239.7 万台，空调 13 435 万台，计算机 8666.7 万台，手机 48 177.4 万部。

根据报废电器电子产品中各类金属和非金属资源的含量百分比（李金惠和程桂石，2010）估算我国报废电器电子产品中蕴藏的各类资源总量如课题表 3-6 和课题表 3-7 所示。

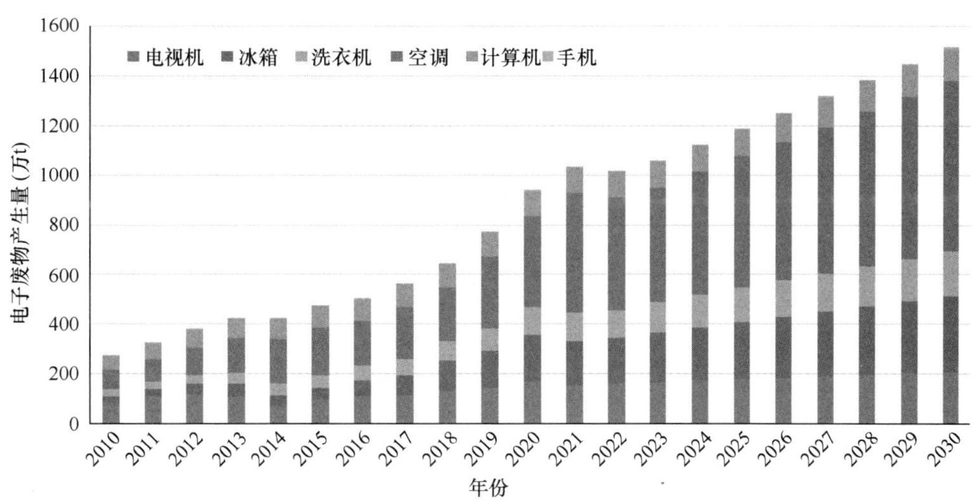

课题图 3-22　2010～2030 年我国电子废物产生量统计和预测（彩图见封底二维码）

课题表 3-6　报废家电中各类资源蕴藏量　（单位：万 t）

物质组成	2020 年	2025 年	2030 年
铝	52.16	66.77	84.94
铜	86.49	117.60	151.31
铁	393.05	520.36	672.97
塑料	218.31	267.05	340.83
玻璃	108.13	115.38	134.87
其他	78.34	99.05	125.21

课题表 3-7　手机中各类资源蕴藏量　（单位：t）

手机材料组成		2020 年	2025 年	2030 年
金属材料	金	11.98	12.78	17.34
	银	79.86	85.20	115.63
	钯	3.99	4.26	5.78
	铜	3 993.12	4 260.00	5 781.28
	其他	11 899.50	12 694.80	17 228.22
塑料		15 972.48	17 040.00	23 125.13
其他		7 986.24	8 520.00	11 562.56

（6）报废汽车

随着我国经济发展和人民生活水平的提高，我国居民对汽车的需求量不断增长，从而带动了整个汽车产业的繁荣。过去 10 多年间，我国汽车保持了持续的增长，年增长率约 24%。其中轿车产量增长尤为快速，从 2001 年占全部汽车生产量的 30%增长到 2014 年的 52.6%。对于汽车的使用寿命，统一按照 12 年进行计算。报废汽车未来产生量预测结果如课题图 3-23 所示，我国未来报废汽车产生量增长迅速，2020 年将达到年废弃量 934 万辆。

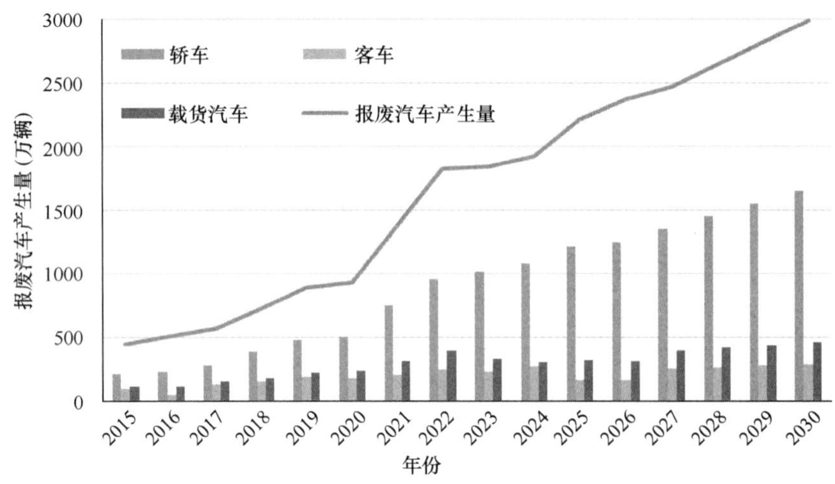

课题图 3-23　2015～2030 年我国报废汽车产生量统计和预测（彩图见封底二维码）

根据报废汽车的平均重量以及各类金属和非金属资源在一辆汽车中的含量百分比（孙建亮等，2014），估算报废汽车中各种资源的总蕴含量。如课题表 3-8 所示，报废汽车中蕴含有大量的废钢铁、有色金属等，具有较大的开发潜力，其所提供的废钢铁占全国废钢铁总量比例将逐渐上升。

课题表 3-8　报废汽车各种资源蕴藏量

物质组成	2020 年	2025 年	2030 年
废钢（万 t）	1228.44	2174.84	3092.21
废铁（万 t）	52.13	91.36	130.12
废有色金属（万 t）	73.26	130.83	185.54
废旧轮胎橡胶（万 t）	70.24	123.57	175.62
废塑料（万 t）	48.90	90.80	128.39
废玻璃（万 t）	38.80	69.80	99.53
其他（万 t）	81.43	133.80	191.54

（7）建筑废物

根据历史数据，我国建筑业房屋建筑面积的竣工率始终保持在 40%以上，假定 2015～2030 年全国每年建筑施工面积的增长速度为 5%（建筑业的发展增速低于国民经济发展增速），据此可测算未来几年的建筑垃圾产量，如课题图 3-24 所示。

2. 乡村废物

（1）农村生活垃圾

农村生活垃圾未来产生量主要受农村人口数量变化及人均产生量两个因素影响。根据相关预测，随着我国城市化发展，城市化率预计到 2020 年和 2030 年分别提高到 60%和 70%（潘家华和魏后凯，2015），届时农村人口会下降至 5.68 亿和 4.35 亿左右。虽然农村人口呈减少趋势，但随着农村生活水平的提高，人均排放量可能会提高。与现在中等经济条件的人均排放量（约 0.4kg/d）相比，到 2020 年、2025 年和 2030 年，预计农村人均排放量可能达到 0.45kg/d、0.5kg/d 和 0.58kg/d 左右，生活垃圾的产生量分别为 0.933 亿 t、0.917 亿 t 和 0.921 亿 t 左右，资源量均为 0.13 亿 t 标煤左右（课题图 3-25）。

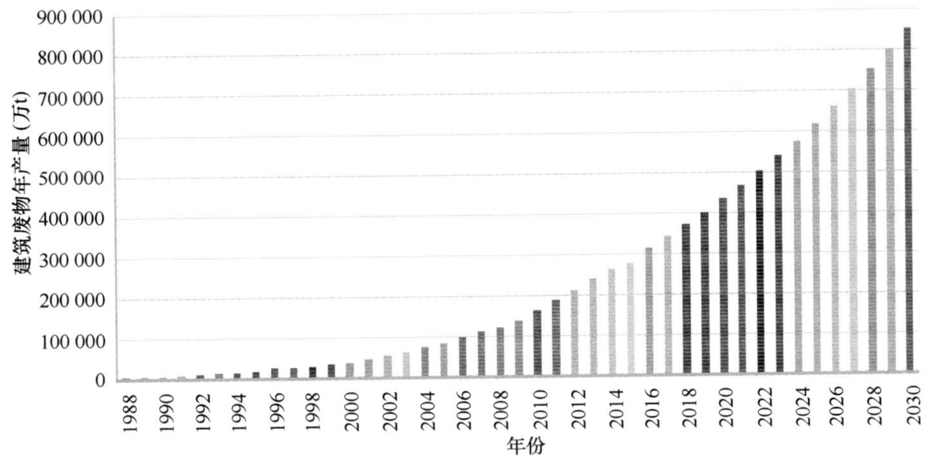

课题图 3-24　1988～2030 年我国建筑废物年产量统计和预测

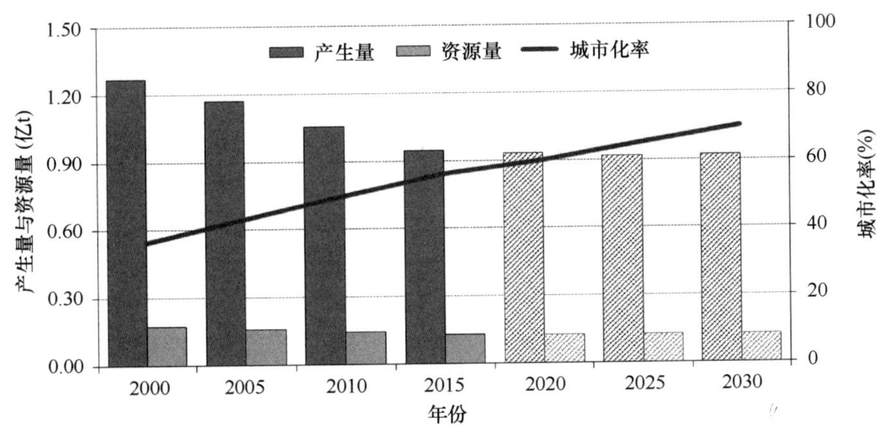

课题图 3-25　2000～2030 年我国农村生活垃圾产生量与资源量统计和预测

（2）农业废物

根据相关研究，预测我国粮食产量的研究较多，且预测效果较为准确。相比蔬菜、油料产品及糖料产品产量的预测报道则很少，很难从总体上预测整个农作物产品的产量。根据粮食产量与由粮食产生的秸秆的谷草比的线性关系，推算到我国在 2020 年、2025 年和 2030 年所产生的农作物废物量分别达到 10.38 亿 t、10.47 亿 t 和 10.55 亿 t 左右。按农作物综合折标系数 0.52 计算，2020 年、2025 年和 2030 年资源量分别达到 5.40 亿 t 标准煤、5.44 亿 t 标准煤和 5.49t 标准煤（课题图 3-26）。

（3）林业废物

为应对全球气候变化，国际上将进一步强化对生态资源的保护，严格林木的采伐限额，林业废物的产生量可能一直与现在水平相当，每年产生的采伐、加工剩余物以及薪材等林业废物在 1.4 亿 t 左右，资源量保持在 8000 万 t 标准煤左右。

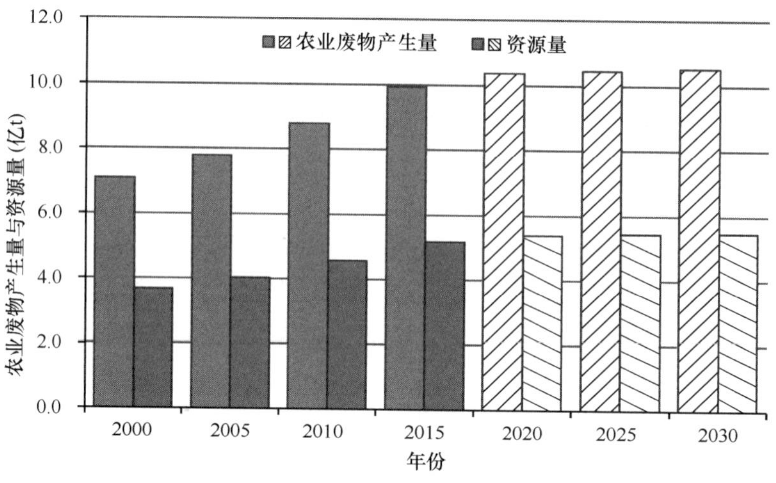

课题图 3-26　2000～2030 年我国农业废物产生量与资源量统计和预测

（4）畜禽粪便

未来至 2030 年畜禽粪便产生量的估算是按照历年肉类、蛋和奶等产品的实际产量与同年产生的粪便量之比，再根据中国工程院“畜禽养殖业可持续发展战略研究”咨询报告（中国养殖业可持续发展战略研究项目组，2013）中对 2020 年和 2030 年的肉类、蛋类和奶类产品的预测产量推算得到。2020 年和 2030 年粪便产生量分别达到 41.76 亿 t 和 43.38 亿 t，按照历年从干物质含量及这标准煤进行估算，各类畜禽粪便的综合折标系数约为 0.1，因此，资源量分别达到 4.18 亿 t 标准煤和 4.34 亿 t 标准煤（课题表 3-9）。

课题表 3-9　畜禽产品产量及粪便产生量的预测

年份	肉产品			蛋产品			奶产品			畜禽粪便量（亿 t）
	产量（万 t）	肉便比	粪便量（万 t）	产量（万 t）	蛋便比	粪便量（万 t）	产量（万 t）	奶便比	粪便量（万 t）	
2014	8 625	1∶45.27	390 449	2 999	1∶2.95	8 862	3 755	1∶2.88	10 796	41.01
2020	9 110	1∶43.00	391 730	3 047	1∶2.95	8 989	5 870	1∶2.88	16 906	41.76
2030	10 060	1∶40.00	402 400	3 324	1∶2.95	9 806	7 513	1∶2.88	21 637	43.38

3. 工业固体废物

总体来看，工业固体废物产生量预计 2020 年前后达到峰值，与工业增加值及第二产业国内生产总值（GDP）相关性将逐步减弱减，并最终实现脱钩。参照发达国家发展历程分析，在我国全面完成工业化之前，工业固体废物仍将保持较高水平的增长。未来，大量产生和堆存的工业固体废物将成为制约经济发展的影响因素之一。按照未来我国经济发展趋势，我国将在“十三五”末期初步完成工业化，东部等地区将进入后工业化时期。按现有工业发展趋势及管理情景分析，“十三五”时期，工业固体废物产生量最大的三个行业的发展将受到制约。首先，对于工业固体废物产生量的贡献率占到近 40%的煤炭开采、消费活动将受到煤炭消费总量控制政策限制。2020 年前，我国煤炭消费量达到峰值，届时煤矸石、粉煤灰等固体废物产生量将保持稳定。其次，钢铁、有色行业兼并重组、优化升级将在很大程度减少尾矿的产生量。

工业固体废物增长路径可以有不同模式。在现有技术管理条件不变的惯性增长模式下，我国工业固体废物产生量将在“十三五”期间突破40亿t规模（课题图3-27）。而在资源消费以满足国内经济社会发展实际需求为主要控制目标的低速有限增长模式下，实施煤炭、金属资源消费调控，2020年我国煤炭消费控制在27.2亿t、原煤产量36.3亿t；金属资源产能控制在“十二五”末期水平，即粗钢产量7亿t、铁矿石原矿产量9.8亿t、10种有色金属表观消费量约5000万t，2020年后煤炭、金属资源消费量进入平台期，2020～2030年工业固体废物产生量为35亿～36亿t，并进入缓慢增长阶段，到2050年产生量可望控制在40亿t以内。未来，如果按照以降低工业固体废物对环境质量影响、控制环境风险为主要调控目标，采取源头减量强化措施，最大限度实现综合利用技术产业化，工业固体废物产生总量进入限制增长模式，2020年后我国工业固体废物产生量进入平台期，2030年以后将工业固体废物产生量控制在30亿t以下，之后实现总量逐步削减，到2050年将产生量控制在25亿t左右。

未来工业固体废物资源化利用仍有较大空间。参照发达国家发展历程，在完成工业化和城镇化后，我国工业固体废物的产生量可望保持平稳。随着技术能力和产业发展的进步，在提升综合利用率总体水平的潜力方面（课题表3-10），我国在矿产资源开采冶炼

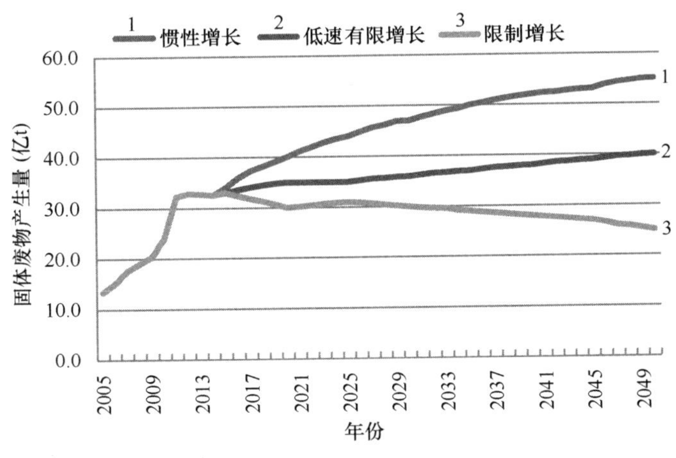

课题图3-27　我国工业固体废物产生量预测

课题表3-10　我国部分行业工业固体废物分类资源化利用的差距分析

类别	我国现阶段水平（2014年环境统计数据）(%)	对照国家或地区	对照国家或地区水平(%)
工业固体废物综合利用率	60	我国台湾地区	80
钢铁行业废物综合利用率	91	日本	99
有色金属回收率	50	世界先进水平	70～80
有色金属冶炼行业废物综合利用率	71	日本	90
电力行业废物综合利用率	85	日本	97
尾矿综合利用率	20	发达国家平均水平	60

过程中的有色金属回收率、固体废物综合利用率仍然存在较大发展空间，电力行业产生的粉煤灰、脱硫石膏等固体废物综合利用也可进一步提升。而对于尾矿、冶炼渣等特殊类别的固体废物，通过自主研发和引进先进技术，可以取得重大突破。

（三）我国固体废物资源化利用的效益分析

1. “城市矿山”资源化利用效益分析

（1）主要城市矿山资源化利用可行性分析

A. 资源综合利用

建材是资源综合利用产品的主要形式，未来我国城镇化建设每年需要 160 亿 t 以上的非金属矿物资源，同时我国还有大量高档石材、微粉等出口国外。随着建筑废物产生量的逐年增加，累积量也越来越多，2016 年预计累积量达到 200 多亿吨。对于建筑废物制备建材现在已经形成工业化生产，河南许昌建筑废物资源化利用率达到 95%以上，实现盈利，并将其经验推广到全国多个城市。

对废塑料、废玻璃等产品类废物，多以资源化回收利用为主。废塑料再生利用新技术、新产品得到持续开发利用。2013 年国内首条拥有自主知识产权的利用焦炉处理废塑料生产线正式投产，实现了废塑料的无害化处理与资源化利用。开展了废旧高分子产品方面研究，在塑料精准识别分离、废旧塑料再利用等方面获得关键技术和知识产权。建成 3 条废弃高分子制备工程材料示范生产线，部分生产线已建成投产。废塑料制品已广泛应用于园林美化、室外装饰等。在废玻璃的回收及其利用方面，我国和世界玻璃工业发达国家相比，起步较晚，但目前已有不少厂家利用回收的碎玻璃料来生产玻璃微珠、玻璃马赛克、彩色玻璃球、玻璃面、玻璃砖、人造玻璃大理石、泡沫玻璃等。有关的科研机构也正在进行深入的研究。然而，由于各种原因我国废玻璃的回收利用到目前为止并没有真正实现产业化。上海、天津等地早有企业开始尝试废玻璃的回收利用，并取得了不错的效果。

我国废旧橡胶综合利用工作取得了较大成效：旧轮胎翻新量逐年上升，占废旧轮胎生成量的比例已从 7%上升到 10%左右；再生橡胶产业蓬勃发展，再生橡胶已成为重要的橡胶补充资源；我国目前已建成十几条万吨以上的胶粉生产线，生产技术在国际上处于领先水平；废橡胶热裂解技术的推广应用，将不能再加工形成橡胶类资源的废橡胶分解成燃料油，实现了废橡胶的完全综合利用。截至 2013 年，我国从事废旧轮胎资源综合利用的企业已达 1000 余家，初步形成了以旧轮胎翻新、废轮胎生产再生橡胶、橡胶粉三大业务为主的废旧轮胎综合利用工业体系。

B. 能源化利用

目前我国生活垃圾年产生量约 1.7 亿 t。生活垃圾能源化利用大致分为三种：生活垃圾焚烧发电、垃圾填埋场可燃气体发电、源头份额里至垃圾衍生燃料（refuse derived fuel，RDF）。其中，生活垃圾焚烧发电技术成熟，目前我国生活垃圾焚烧比例占 25%左右，过程中垃圾体积至少消减 80%以上，减量化明显，能源化利用程度高，其收益可以抵消部分转运成本，使运营企业获利。

C. 机电产品再制造

再制造是利用废旧机械或电子产品中的零部件于新的机械产品和电子产品生产的

机械制造新技术，应是固体废物资源化利用的首要发展方向。

日本有 5100 多家报废汽车拆解企业，分工明确，其中有近 1/4 的企业具有处理废弃物的特许。美国是目前全球最有效的废旧汽车回收国，几乎占每辆汽车重量 75%的部件都已被重新利用起来。全美大约有 12 000 家汽车零部件回收商，能够将有重新利用价值的发动机、电机和其他零件拆卸翻新，重新出售；至于金属车体，则由破碎机碾成金属碎片后再运往钢厂铸造新车体。废旧汽车回收在美国已成为一项年获利达数十亿美元的新行业。欧盟各成员国都已进入“汽车社会”，德国在废旧汽车回收方面亦取得了很大的成绩，可回收利用的汽车零件达到了 75%，对废旧汽车的发动机、电池、玻璃、安全带、保险杆、门兜以及汽油、润滑剂、冷却剂等进行分门别类的处理。

日本的再制造产业发展较为成熟，日本富士施乐公司通过一系列标准流程将回收来的废旧打印机/复印机进行资源回收处理，对鼓粉组件进行零部件的再次利用。2007 年，富士施乐爱科制造（苏州）有限公司成立后，富士施乐开始在中国境内对富士施乐制造的及使用过的富士施乐品牌的机器和鼓粉组件进行全面回收。并于 2008 年被评为循环经济示范企业；通过国际标准化组织（ISO）四项国际认证。

中国重汽集团济南复强动力有限公司（以下简称复强公司）是我国第一家专业汽车零部件再制造企业。2013 年生产再制造发动机 7132 台，实现利润 2011 万元，旧件利用率 84.6%。复强公司形成了“废旧发动机回收—再制造—产品销售服务”的再制造产业链。复强公司采用的发动机再制造工艺流程包括检验、拆解清洗、零部件检测、零部件加工、装配、出厂检验等主要工艺环节。在拆解清洗工艺环节，体现技术水平的是绿色工程拆解清洗技术；在零部件加工环节，体现技术水平的是表面工程加工还原技术。

（2）主要“城市矿山”资源化利用经济效益分析

根据 2015 年“城市矿山”资源的平均回收价格，估算 2020 年我国主要“城市矿山”的回收价值约为 9299.6 亿元，预计可吸纳就业 2000 万人；到 2030 年，我国“城市矿山”的回收价值可达约 21 416.95 亿元，预计可吸纳就业 3000 万人（课题表 3-11）。

课题表 3-11　我国主要城市矿山类别回收价值估算表　（单位：亿元）

名称	2020 年	2030 年
废钢铁	3 451.09	8 098.69
废铜	1 502.07	2 803.61
废铝	2 507.59	6 969.52
废铅	977.21	1 839.17
废旧轮胎	67.34	91.52
废物电器电子产品	473.24	804.55
报废汽车	321.06	809.88
合计	9 299.60	21 416.95

（3）典型“城市矿山”资源化利用的能源与环境效益评估

基于我国固体废物分类资源化潜力预测，选择回收利用价值较高的钢铁、铜、铅、铝等金属资源作为代表，结合结构调整、提升资源利用率/降低资源消耗、强化回收等减量化措施，进行资源潜力及减量化评估，以量化由资源替代引起的能源环境效益。

A. 钢铁资源减量化及能源环境效益评估

我国钢铁资源消费分为建筑、交通、机械、耐用消费品和其他共 5 个行业。课题图 3-28 显示了钢铁资源的总体代谢趋势。

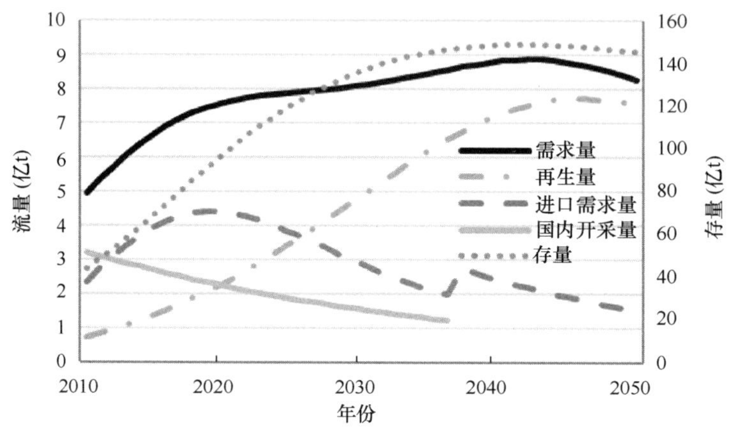

课题图 3-28　钢铁资源流量/存量变化趋势图

结合不同的减量化措施分析我国钢铁资源代谢整体趋势：2010～2030 年是我国钢铁社会存量的快速积累期，之后随着主要行业的资源接收容量趋于饱和以及主要行业资源代谢的漫长周期导致社会存量增速放缓，并在 2035 年前后达到峰值，与 2010 年相比，社会存量将增加 2～2.5 倍，将会成为未来中国稳定的钢铁资源来源。未来中国钢铁消费需求将于 2020 年以后趋于缓和。进口需求量在 2015～2020 年达到最大值并在之后迅速下降。未来我国废钢铁的报废量和回收利用量将于 2020～2040 年处于快速增长阶段，是我国发展废钢铁产业的发展机遇期。

2011 年我国铁矿基础储量为 192.8 亿 t，如果以 2010 年的开采量计算，20 年就会消耗殆尽，因此不能成为资源可持续供给的可靠来源。社会存量低、钢铁资源使用寿命较长、再生资源回收率较低等现状导致目前废钢铁回收利用量低，不足以弥补发展带来的资源缺口。以进口铁矿石为主的消费结构还将延续 10 年左右。2025 年以后，废钢铁再生利用将超过进口量和国内原生矿开采量成为中国钢铁行业供给的主要渠道（课题图 3-29）。

比较不同措施对我国钢铁资源代谢趋势的影响可知，**提高 10%的废钢铁回收率能减少 8%的外依存度，废钢铁供应比例提高 7%**。目前我国钢铁资源的消费结构与世界发达国家的消费结构相类似，如进行结构调整可使钢铁资源的需求峰值有所增加。通过降低资源消耗和强化回收，可使我国钢铁资源的对外依赖性由 2015～2020 年最高的 60%快速下降至 2030 年的 30%以下，并且随废钢报废量的不断增加进一步提高原生资源的替代率，最终能将资源进口量控制在 10%以下。

根据《废钢铁产业“十二五”发展规划建议》以及废钢铁冶炼相关文献计算可得（季

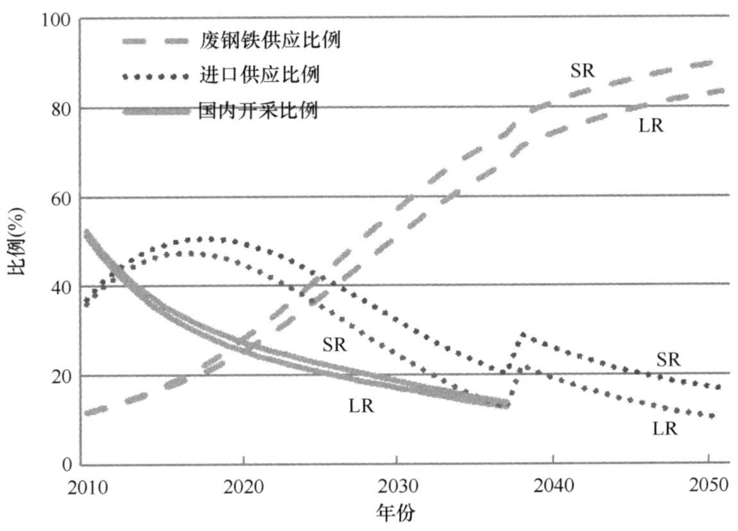

课题图 3-29 不同渠道钢铁资源供应比例趋势预测

SR. 强化回收利用情景；LR. 低资源消耗情景

晓立，2013），利用每吨废钢铁相当于节能 430.8kg 标准煤、节水 2.12m^3、减排固废 3t、减排 SO_2 0.003t。在结构调整的情景下，减少钢铁资源需求的同时可增加废钢铁的替代效益，因此资源环境效益显著。以 2030 年为例，通过降低资源消耗和强化回收两种措施共同作用，钢铁对外依赖性降低了 8.7%，废钢铁的资源替代率增加了 7.3%，相当于节约标准煤 540 万 t，节水 2660 万 t，减少固体废物排放 3760 万 t，SO_2 减排 3.8 万 t（课题表 3-12）。

课题表 3-12 废钢铁消耗减量化措施下的能源环境效益

年份	基准情景下的能源环境效益				减量化措施增加的能源环境效益			
	节能（Mt标准煤）	节水（Mt）	减排固体废物（Mt）	减排 SO_2（万 t）	节能（万 t 标准煤）	节水（Mt）	减排固体废物（Mt）	减排 SO_2（万 t）
2020	96.3	473.8	670.5	67.1	245.9	12.1	17.1	1.7
2030	203.2	1000.0	1415.1	141.5	540.0	26.6	37.6	3.8

综上所述，降低资源消耗可通过减少源头资源需求量改变资源代谢特征，减少资源进口需求量和资源再生量，然而从长期看却不能减少资源对外依赖程度。消费结构调整在短期内能降低资源对外依赖程度，但长期的资源效果不显著。强化回收情景通过增加资源再生量来改变资源代谢特征，随着资源报废量的增长资源替代效益显著。

B. 铜资源减量化及能源环境效益评估

我国铜资源消费分为电力、家电、交通、电子、建筑和其他共 6 个行业。课题图 3-30 显示了不同来源铜资源的消费变化趋势。

结合不同的减量化措施分析我国铜资源代谢整体趋势：2010～2040 年是我国铜社会存量的快速积累期，之后随着中国人口数量回落以及人均拥有量增速的放缓导致社会存量增速放缓，并在 2060 年前后达到峰值。与 2010 年相比，社会存量将增加 4～5 倍，将会成为未来中国最可靠的“铜矿石”资源（是目前中国铜矿基础储量的 6.7～7.8 倍）。未来中国铜消费需求将于 2040 年达到峰值。进口需求量在 2020 年以后趋于稳定，2030

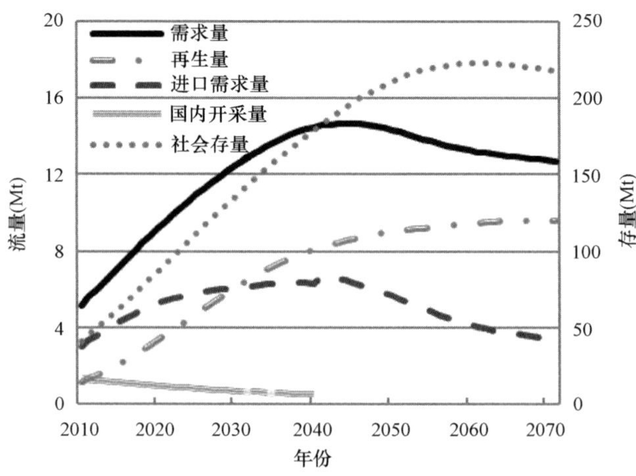

课题图 3-30　铜资源流量/存量变化趋势图

年以后会随着再生铜产量的提高而逐渐下降。未来废杂铜的报废量和再生铜产量在2010～2030 年处于快速增长阶段，2030 年以后增速放缓。

我国铜资源的三个来源渠道：国内铜矿开采、废铜再生和铜资源进口。2011 年我国铜矿基础储量只有 2810 万 t，如果以 2010 年的开采量计算 20 年就会消耗殆尽，因此不能成为资源可持续供给的可靠来源。社会存量低、含铜资源使用寿命较长、再生资源回收率较低等现状导致目前再生铜产量偏低，以进口铜为主的消费结构还将延续 10～15 年。2025～2030 年，再生铜将超过进口铜成为中国铜资源供给的主要渠道（课题图 3-31）。

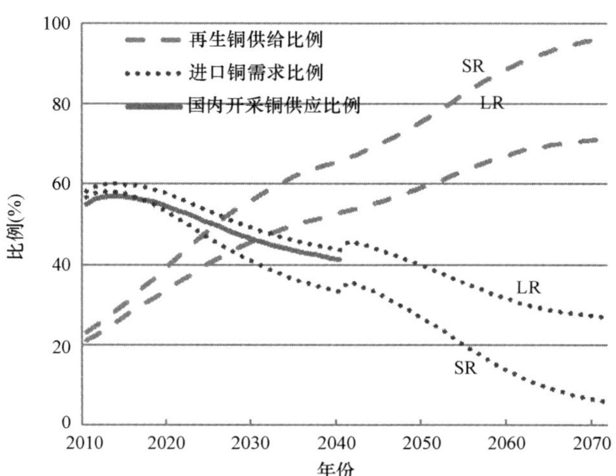

课题图 3-31　不同渠道铜资源供应比例趋势预测

SR. 强化回收利用情景；LR. 低资源消耗情景

比较不同措施对我国铜资源代谢趋势的影响。在强化回收情景下，由于 2025 年以前废杂铜产量不高，因此对于整个铜资源代谢整体影响很小，但随着社会存量不断积累和理论报废量的不断增加，再生铜产量有明显的提高（2030～2040 年再生铜产量提高15.4%；2040～2050 年再生铜产量提高 16.9%），资源替代比例也显著提高（2030 年减少进口铜需求量 12%，再生铜供应比例提高 5.9%；2040 年减少进口铜需求量 20.5%，再生铜供应比例提高 16%）。

不同的行业消费结构导致了不同的社会存量结构，因此通过社会存量的结构变化来分析消费结构对代谢特征的影响。相对于发达国家，维持我国的社会存量结构需要更多的资源投入（峰值时资源需求量提高 34%），并因此改变了进口铜的需求趋势。资源过度依赖进口（峰值提高 40%）不利于国家经济的持续稳定发展，进口量变化快也会给铜关联行业的健康持续发展带来冲击。

在结构调整、提升资源利用率、强化回收等措施均实现理想效果的情景下，铜资源对外依存度低；再生铜资源替代比例高。降低资源消耗可通过减少资源总需求来降低资源对外依存度；强化回收则可通过提高再生铜的产量来增加资源供给，减少进口需求。如降低资源消耗，铜总需求 2020 年减少 7.8%，2050 年减少 14.2%；进口需求 2020 年减少 12.4%，2050 年减少 16.8%，长期效果比较稳定。如强化回收，由于短期内废杂铜的供应不足，2020～2030 年对降低对外依存度的效果都不明显，但未来潜力巨大（2050 年对进口资源的替代量是降低资源消耗措施的 1.7 倍）。

采用单位再生资源的能源环境效益系数法来核算“城市矿山”开采过程中附加的能源环境效益。在结构调整、提升资源利用率、强化回收等措施均实现理想效果的情景下，由于在减少铜资源需求的同时增加了再生铜的替代效益，因此资源环境效益显著。如课题表 3-13 所示，以 2030 年为例，通过降低资源消耗和强化回收两种措施共同作用，使铜资源的对外依赖性降低了 17%，再生铜的资源替代率增加了 15.9%，相当于节约标煤 71.7 万 t，节水 26 860 万 t，减少固体废物排放 25 840 万 t，SO_2 减排 9.3 万 t。

课题表 3-13　基准情景和减量化措施下废铜再生利用的能源环境效益

年份	基准情景下的能源环境效益				减量化措施增加的能源环境效益			
	节能（万 t 标准煤）	节水（Mt）	减排固体废物（Mt）	减排 SO_2（万 t）	节能（万 t 标准煤）	节水（Mt）	减排固体废物（Mt）	减排 SO_2（万 t）
2020	348.3	1305.5	1255.9	45.3	16.5	62.0	59.7	2.2
2030	640.6	2400.8	2309.6	83.3	71.7	268.6	258.4	9.3

C. 铝资源减量化及能源环境效益评估

目前我国铝资源消费分为交通、机械、电力电子、建筑、包装、耐用消费品和其他共 7 个行业。课题图 3-32 显示了铝资源的总体代谢趋势。

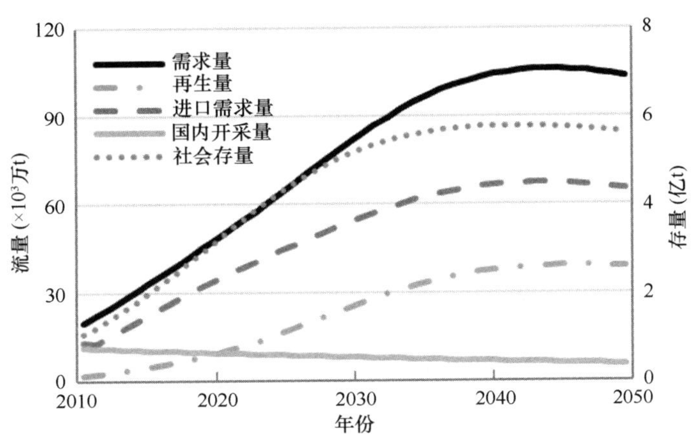

课题图 3-32　铝资源流量/存量变化趋势图

结合不同减量化措施分析我国铝资源代谢整体趋势：2010～2020年是我国铝资源社会存量的快速积累期，随后增速放缓并在2030年前后达到峰值，于2010年相比，社会存量将增加3.3～4.5倍。未来中国20年内铝资源消费需求将保持快速增长趋势，于2040年到达峰值。2020～2040年我国再生铝的产量也会不断增加，但由于废铝回收率低的现实（2010年废铝回收率不到30%），使得再生铝替代原生铝的总量有限，导致未来对进口铝的需求量将会长期维持在高位（50%～60%），如课题图3-33所示。

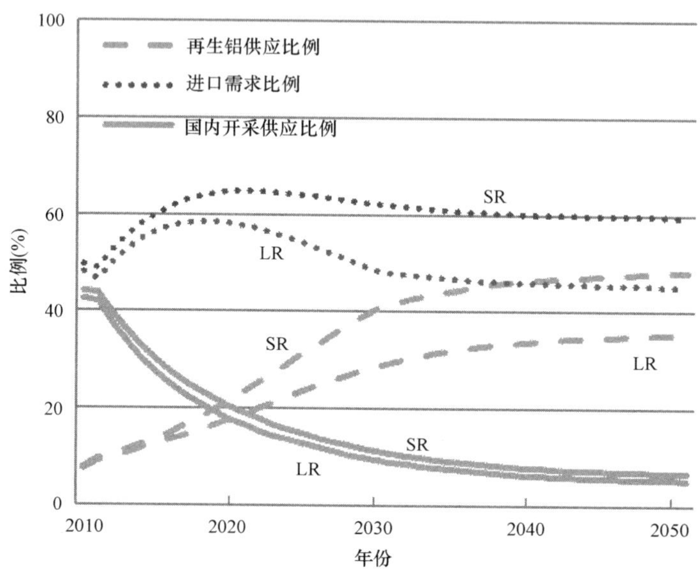

课题图3-33　不同渠道铝资源供应比例趋势预测

SR. 强化回收利用情景；LR. 低资源消耗情景

比较不同措施对我国铝资源代谢趋势的影响。如降低资源消耗，资源需求峰值和进口需求峰值将有所下降（峰值时分别下降了21%和23%），但资源供给结构和趋势没有发生变化。如通过强化资源回收利用可使再生铝资源替代比例增加13.7%，对外依存度降低15.2%。如保持消费结构不变，由于包装行业存量的变化导致对未来铝资源需求量的强烈变化，我国对铝资源的需求量将在2020年达到峰值并维持基本稳定。在结构调整、提升资源利用率、强化回收等措施均实现理想效果的情景下，铝资源需求量和进口需求量都会有大幅度的减少，资源替代比例也有显著提高。

在结构调整、提升资源利用率、强化回收等措施均实现理想效果的情景下，由于在减少铝资源需求的同时增加了再生铝的替代效益，因此资源环境效益显著。如课题表3-14所示，以2030年为例，通过降低资源消耗和强化回收两种措施共同作用，使铝资源对外依赖性降低了14.7%，再生铝的资源替代率增加了12.9%，相当于节约标煤1590万t，节水13 510万t，减少固体废物排放9210万t，SO_2减排37.3万t。

D. 铅资源减量化及能源环境效益评估

我国铅资源消费分为电池、颜料、金属制品、化学品和其他共5个行业。课题图3-34显示了铅资源的总体代谢趋势。

课题表 3-14 废铅减量化措施的能源环境效益

年份	基准情境下的能源环境效益				减量化措施增加的能源环境效益			
	节能（Mt 标准煤）	节水（Mt）	减排固体废物（Mt）	减排 SO_2（万 t）	节能（Mt 标准煤）	节水（Mt）	减排固体废物（Mt）	减排 SO_2（万 t）
2020	32.0	204.7	186.1	55.8	2.0	16.8	11.4	4.6
2030	85.1	544.0	494.5	148.4	15.9	135.1	92.1	37.3

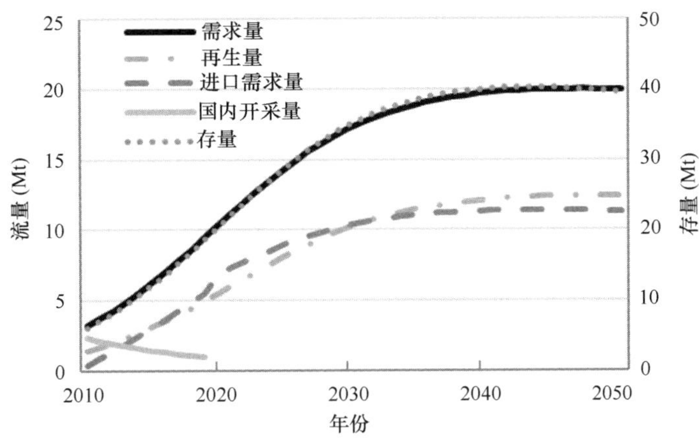

课题图 3-34 铅资源流量/存量变化趋势图

结合不同的情景分析我国铅资源代谢整体趋势：2010～2030 年是我国铅资源社会存量的快速积累期，之后增速放缓，并在 2040 年前后达到峰值。与 2010 年相比，社会存量将增加 4.2～5.4 倍，将会成为未来中国最可靠的铅资源（是目前中国原生铅基础储量的 2.5～3.1 倍）。未来中国铅资源消费需求将于 2040 年达到峰值。进口需求量在 2020 年以后趋于稳定。废铅的报废量和再生铅产量在 2010～2020 年处于快速增长阶段，2020 年以后基本维持稳定状态。

2011 年我国铅资源基础储量只有 1291.7 万 t，以目前开采速度 2020 年之前就消耗殆尽。因此，如课题图 3-35 所示，由国内原生铅主导的资源产业结构将很快发生重大转变，2015 年以后，再生铅将成为我国铅资源消费的主要来源渠道，再生铅产量占我国铅资源的需求量将提高 20%左右。国内铅资源的停止开采将在短期内导致对外依赖性增加，2030 年以后将逐渐减少并趋于稳定。

比较不同情景下我国铅资源代谢变化趋势。如降低资源消耗，资源需求峰值和进口需求峰值有所下降（峰值时均下降了 19.7%），但资源供给结构和趋势没有发生变化。如强化回收，增加 15%的回收率能增加再生铅产量 271.5 万 t，资源对外依赖性减少了 13%。在结构调整、提升资源利用率、强化回收等措施均实现理想效果的情景下，进口需求曲线峰值最低，对外依存度低，再生铅资源替代比例最高。

在结构调整、提升资源利用率、强化回收等措施都实现理想效果的情景下，由于在减少铅资源需求的同时增加了再生铅的替代效益，因此资源环境效益显著。如课题表 3-15 所示，以 2030 年为例，通过降低资源消耗和强化回收两种措施共同作用，使铅资源对外依赖性降低了 13.5%，再生铅的资源替代率增加了 13.5%，相当于节约标准煤 116.3 万 t，节水 96 710 万 t，减少固体废物排放 60 470 万 t，SO_2 减排 0.5 万 t。

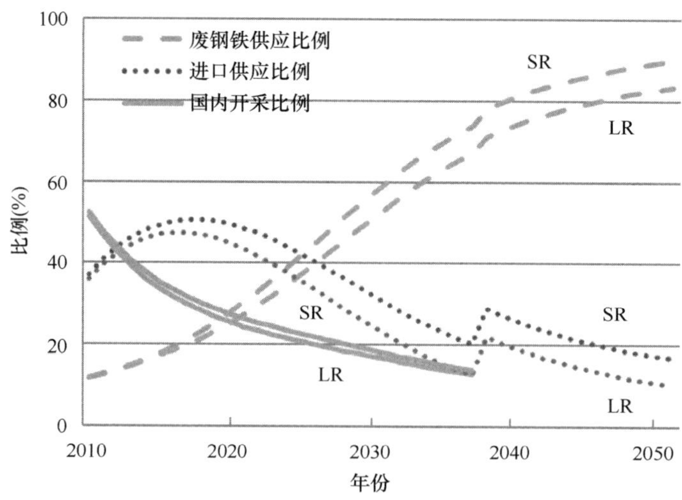

课题图 3-35　不同渠道铅资源供应比例趋势预测

SR. 强化回收利用情景；LR. 低资源消耗情景

课题表 3-15　废铅减量化措施的能源环境效益

年份	基准情境下的能源环境效益				减量化措施增加的能源环境效益			
	节能（万 t 标准煤）	节水（Mt）	减排固体废物（Mt）	减排 SO_2（万 t）	节能（万 t 标准煤）	节水（Mt）	减排固体废物（Mt）	减排 SO_2（万 t）
2020	362.0	1290.9	703.1	16.5	33.6	279.1	174.4	0.1
2030	667.5	2380.3	1296.5	30.4	116.3	967.1	604.7	0.5

2. 乡村废物资源化利用效益分析

乡村废物资源化利用是一种可以收集、储存、运输的最接近常规化石燃料的可再生能源，不仅是绿色的洁净能源，而且是可再生能源中唯一可以培育和能够转化为液体燃料的碳资源。未来 10～20 年，农林生物质燃料有望替代世界一半以上的汽柴油，世界和我国能源格局将发生重大变化。生物质能源工程科技的发展对于促进能源结构优化、保障能源安全、稳定能源价格、维护能源市场正常秩序、节能增效、推动建立可持续发展型能源生产方式和消费模式、有效扩大内需、增加社会就业、优化区域环境、提高农村地区人民生活水平都有着重要的作用。根据我国乡村废物产生量及资源量分析，主要对农村生活垃圾、农作物秸秆、林业废物及畜禽粪便四类废物的资源化利用进行可行性和经济性分析。

（1）农村生活垃圾综合利用

目前我国农村生活垃圾产生量 1 亿 t 左右，其中有机物占 30%，资源量达到 1300 万 t 标煤左右。针对农村垃圾分散且收集困难等问题，采用移动式前处理技术；采用垃圾填埋气体发电，利用填埋气采用工业锅炉转化为热能，提纯天然气模式是将填埋气提纯，压缩成压缩天然气，提供清洁能源；采用有机废弃物厌氧发酵沼气利用及有机废弃物堆肥技术和垃圾焚烧发电利用技术等，实现资源无害化（无杂草、寄生虫等）、资源减量化、资源利用的目的；实施“垃圾收集分选+焚烧发电+渗滤液污水处理”模式实现资源垃圾焚烧发电利用。在整治农村生活环境的同时获得客观的经济效益。

案例一 河南汝州大规模生物质成型燃料技术集成与产业化示范工程

以当地农作物秸秆和林业废弃物为主要原料，在汝州市6个乡镇建成年产3万t成型燃料的生产线1条，年产1万t成型燃料的生产线7条，形成年产10万t成型燃料的生产能力，是目前河南单场规模最大的生物成型燃料生产基地，可解决20万亩[①]农田的秸秆问题，经济、社会、环境效益显著。

案例二 湖北鄂州万吨级生物质热解联产联供示范工程

以棉秆为原料（年处理量约5万t），通过热解技术，连续生产生物燃气、生物质炭和生物油，实现供气、供电、供热，为新农村集中居住区提供高品位清洁能源。系统包括生物质热解联产联供新技术设备生产线2条，集中供气储气柜2座，生物燃气发电车间1座，总装机3MW。项目年产生物燃气1100万m^3（其中330万m^3供周边6000户居民的生活用气，其余燃气用以发电），木炭13 000t，生物油10 000t，同时可发电约950万kW·h，其中可向电网供电400万kW·h。

案例三 山东民和牧业养殖场沼气发电工程

主要包括8座3200m^3的厌氧发酵罐和装机容量1064kW的发电机组3台（套），配套工程包括4000m^3的格栅集水池、2座2000m^3匀浆调节池、2000m^3的沼液储存罐、50 000m^3的沼液储存池、2150m^3的储气柜。项目年处理鸡粪便约18万t；年产生沼气1095万m^3，工程发电机组装机容量为3MW，年可发电2190万kW·h；固态有机肥年产量为13 262t，液态有机肥年产量为23.7万t。

（2）农作物秸秆和林业废物综合利用

目前我国农作物秸秆和林业废物年产生量达到10亿t和1.38亿t，折合标准煤约达到4.8亿t和8000万t。预测在2020年和2030年农作物秸秆分别产生10.38亿t和10.55亿t，资源量约为5.4亿t标准煤。林业废物在未来保持在1.4亿t左右，资源量保持在8000万t标煤左右。未来在生物质发电（热电联产）利用技术、生物质成型燃料替代燃煤技术、生物质热裂解炭汽油联产技术、秸秆沼气利用技术及纤维素燃料乙醇利用技术5个方向具有广泛推广可行性。

（3）畜禽粪便能源化工综合利用

目前我国畜禽粪便产生量达到41亿t，按照不同畜种粪便产热值计算干物质标准量，年可达到4.2亿t标准煤。预测在2020年和2030年粪便产生量分别达到41.8亿t和43.4亿t，资源量分别达到4.2亿t标准煤和4.3亿t标准煤。未来可实现畜禽粪便能源化利用主要以沼气、有机肥为纽带的生态农业模式，包括：农户小循环技术利用、村镇级中循环技术利用以及产业化循环技术利用。实现面向居住分散的户用炊事供气工程；实现集中式生产和分布式供气；面向区域城乡一体化的大型生物燃气工程，燃气可直接作为民用燃气，可上网发电，也可提纯并网天然气或用作车用燃料，能够保证大规模工业化

① 1亩≈666.7m^2，下同。

生产和普遍化推广。

> 山东民和牧业建设了“鸡—肥—沼—电—生物质”的循环经济产业链，采用高浓度鸡粪沼气发酵工艺，建设大型沼气发酵工程，产生的沼气用于发电上网，沼气发电机组余热可供沼气发酵工程自身的增温和鸡场的供温。项目年处理鸡粪便约 18 万 t；年产生沼气 1095 万 m^3，项目发电机组装机容量为 3MW，年可发电 2190 万 kW•h；固态有机肥年产量为 13 262t，液态有机肥年产量为 23.7 万 t。

（4）乡村废物资源化利用效益分析

乡村废物的资源化利用根据其资源潜力，通过发展多种能源化及资源化利用技术，可获得固体成型燃料、液体燃料、气体燃料、电力及热能等产品，用于生活用能耗、运输等。不仅提供了能源产品，还可以拉动投资、增加税收，同时废弃物的收、储、运等工作可以拉动就业、增加农民收入、节省国土空间等，具有显著的经济效益、环境效益和社会效益，产生的综合效益对我国社会经济可持续发展有着重要的战略意义。根据上节中的预测结果，我国到 2020 年和 2030 年的资源潜力，即理论上分别替代能源约为 10.5 亿 t 标准煤和 10.7 亿 t 标准煤。按照农业可持续发展规划（农业部等，2015），到 2020 年和 2030 年的发展目标分别要建成覆盖主要乡镇的分散式、小型化农村生活垃圾收集处理系统，生活垃圾回收利用率分别达到 30%和 60%；农林废弃物资源综合利用率分别达到 85%和 95%，并实现农业示范区和粮食主产区农业废弃物零排放；畜禽粪便资源化利用率分别达到 75%和 90%，并实现规模化养殖场畜禽粪便基本资源化利用。如顺利完成规划目标，到 2020 年和 2030 年，乡村废物资源化利用总量分别可达 8.43 亿 t 标准煤和 9.93 亿 t 标准煤。

乡村废物资源化利用产业发展拉动投资效果较为明显，2020 年和 2030 年，平均每吨标准煤可拉动投资 4000 元左右（秦世平和胡润青，2015）；减少环境污染物排放方面，平均每吨标准煤减排二氧化碳和二氧化硫约为 2.67t 及 0.02t（郝先荣和沈丰菊， 2006）；另外在增加就业和农民增收方面有较大优势，2020 年和 2030 年平均每万吨标准煤可带动就业人数分别为 175 人和 115 人，其中农民本地化就业比例占总就业人数的 65%左右，平均每吨标煤可为农民增加收入 450 元左右。课题表 3-16 显示我国在 2020 年和 2030 年乡村废物资源化利用的综合效益。

3. 工业固体废物资源化利用效益分析

根据我国产业结构基本特征，未来工业固体废物中尾矿、冶炼渣、废石、粉煤灰、工业副产石膏、工业报废装备仍将是产生量大、环境影响大、综合利用难度大的主要废物类别，以上六大类固体废物的分类资源化以及协同利用替代建材资源等将是我国工业固体废物资源化的长期任务。具体技术路线的可行性及经济性分析如下。

（1）尾矿

尾矿一般由多种矿物组成，其主要化学成分包括金属元素及钙、硅等多种非金属元素，2013 年全国尾矿综合利用领域的发明专利共授权 213 项。目前资源化利用技术途径主要包括以下五类。

课题表 3-16　我国乡村废物资源化利用综合效益

类别	资源量	2020 年	2030 年
农村生活垃圾	理论资源量（亿 t 标准煤）	0.13	0.13
	资源化利用目标（%）	30	60
农林废物	理论资源量（亿 t 标准煤）	6.18	6.26
	资源化利用目标（%）	85	95
畜禽粪便	理论资源量（亿 t 标准煤）	4.18	4.34
	资源化利用目标（%）	75	90
合计	资源化利用总量（亿 t 标准煤）	8.43	9.93
经济效益	拉动投资（亿元）	33 720	39 720
环境效益	减排 CO_2（亿 t）	22.51	26.51
	减排 SO_2（亿 t）	0.17	0.20
社会效益	就业人口（万人）	1 475	1 142
	农民增收总计（亿元）	3 794	4 469

尾矿干排等减量技术具备规模化推广条件。近年来，我国尾矿干排、采选一体化等工艺及其主要装备实现工业化应用技术突破并趋于成熟，在部分矿山初步实现产业化生产，成为提高矿产资源回收率、减少尾矿排放量、提高尾矿综合利用率的重要途径，并可直接生产高性能混凝土骨料。

尾矿矿山充填等规模化利用技术具备产业化技术基础。近年来，我国利用尾矿开展矿山采空区充填的胶结材料、膏体充填材料，以及大型充填工业泵、深锥膏体浓密机等一批核心装备和材料研发取得了初步突破。全尾砂胶结充填技术等在国内几十家矿山企业得到应用，尤其适用于铁矿、铅锌矿、金矿、磷矿。在提高资源回收率、消除矿区地质灾害、规模化利用固体废物、最大化减排废物等方面效益显著。目前全国尾矿充填只占到尾矿产生量的 15%，推广潜力很大。

铁尾矿制备建筑骨料具备快速提高产业规模的良好条件。我国 50%的铁矿属于鞍山式铁矿，尾矿中以石英等非金属矿产资源为主，金属资源含量低，与建筑用砂、黏土、陶瓷玻璃原料组分接近，适宜制备水泥、硅酸盐尾矿砖、瓦、加气混凝土、铸石、耐火材料、陶粒、玻璃、混凝土集料、微晶玻玻璃、溶渣花砖、泡沫材料和泡沫玻璃等多种产品系列的建筑材料，产品应用广泛，技术装备成熟，是能够快速提升资源化利用量的主要途径。

部分尾矿二次选矿技术取得阶段性进展。近年来，我国在难利用铁矿“提质降杂”、难选钨钼矿、低品位铜镍矿、铅锌铁铜共伴生矿、难选铜多金属矿产资源高效综合利用技术及新的选矿药剂研发方面取得了技术突破和部分产业化，尤其是钒钛磁铁矿、铁-稀土多金属共伴生资源、镍铜多金属共伴生资源、锡和铅锌铟等复杂多金属共伴生资源等我国特有矿产资源综合利用技术研究和产业化取得阶段性突破。同时，尾矿中提取石英石等非金属资源，生产钾盐、钠盐、磷肥等化工产品技术也初步完成了工业化实验。现有技术条件下仅在四川巫山、綦江两地典型沉积型赤褐铁矿产区铁尾矿二次选矿技术推广就可盘活赤褐铁矿、菱铁矿资源数亿吨。

部分多金属复合铁尾矿资源回收条件尚不足。攀枝花钒钛铁矿钒钛资源回收技术取

得阶段进展，但从原矿到钛精矿的钛利用率仅为18%，约有50%的钛损失在高炉渣中，尚不具备大规模产业化技术条件。包头白云鄂博铁矿中铌、钪、稀土金属回收技术和放射性钍元素利用及控制技术仍处于初级工业化实验阶段，难以实现产业化，但现阶段稀土尾矿无害化储存技术尚未成熟，难以实现战略资源安全储备。大冶多金属伴生铁矿等铁尾矿中铜、锌、钼、钴等资源回收技术较为成熟，可初步实现产业化生产。部分有色金属尾矿受当前经济、技术回收水平的限制，相当一部分有价金属稀释到尾矿中，当前不具备再回收的价值；但随着技术进步，这些尾矿可能就是未来的原矿。

我国尾矿产生量巨大，环境污染问题突出，未来应在充分减量化和环境风险可控的基础上开展综合利用。根据未来一段时期内我国技术发展和经济发展条件，尾矿资源化利用应采取以下技术路线。

对于有价元素和有毒有害物质含量较低的尾矿应以消除环境风险为主要目的，重点推广尾矿充填和制备建材等规模化利用途径。

对于历史堆存尾矿和多金属共伴生有价元素尾矿应着力开展二次选矿，提高有价元素回收率。

对于攀枝花、白云鄂博等含有重要战略资源的铁尾矿，开展有利于未来开发的矿山充填，保障未来我国战略资源储备。

（2）冶炼渣

钢铁冶炼渣综合利用产业化基础良好。近年来，高炉渣制备超细微粉、矿棉等基本实现产业化。钢渣制备人工渔礁、制备路基材料等已有工业实践，但是钢渣膨化处理技术的工业应用仍然存在技术瓶颈，钢渣大规模利用仍然存在技术障碍。冶炼渣制备微粉替代水泥具备性能和价格优势，目前对水泥的最高替代率可达70%。超细粉磨技术和装备不断更新换代，成本和能耗大幅度下降，产业化应用条件得到进一步提高。

宝钢股份积极开展冶炼渣返生产利用，2015 年返烧结钢渣和返炼钢钢渣供应量分别达到 8.13 万 t 和 6.69 万 t，含铁资源及金属料供应同比分别增长 23.84%和下降 0.32%。宝钢利用一系列的固废资源化途径，2014 年固体废物资源回收量 825 万 t，废物资源产业化率 60.2%，减少土地占用 16 万 m^2，能耗量同比减少 34.62 万 t 标准煤，增加就业岗位 1000 多个。

上海市宝山区按照海绵城市建设要求，利用钢渣透水材料对小区休闲广场和步道路面进行改造；上海世博园区用量超过 9.1 万 m^2，占世博园透水地面的60%以上；上海市市政道路景观提升工程、上海嘉定新城建设、上海迪士尼旅游度假区等 20 多项重点工程得到应用，累计实施近 50 万 m^2，取得了良好的经济效益和社会效益。

部分高风险冶炼渣尚不具备资源化技术条件，减量化技术推广具备一定基础。我国在氧化铝行业赤泥、电解锰行业锰渣、电解铝行业大修渣、铬盐行业铬渣等高风险冶炼渣的资源化利用方面仍然未能取得工业化应用关键技术和设备突破，短期内实现资源化的经济成本较高，甚至会部分抵消相关产品收益。目前我国铬盐行业无钙焙烧等技术的工业化试验取得了一定成果，具备技术推广的基本条件。而赤泥、锰渣、电解铝大修渣等资源化利用技术储备条件良好，在进一步优化有毒有害物质控制工艺后即可进行产业化应用。

未来一段时期，冶炼渣应采取分类资源化利用技术路线，重点促进钢铁冶炼渣再选后制备微粉、生产高性能水泥和混凝土等的产业化应用；推广历史堆存冶炼渣作为道路建设、市政基础建设充填材料、路面材料等规模化应用；推动多渠道利用历史堆存赤泥、锰渣、电解铝大修渣等高风险冶炼渣进行替代水泥、制备建材产品等技术产业化。

（3）废石

废石替代天然建材资源具备普遍推广条件。废石是我国产生量、堆存量最大，侵占土地最多的一类固体废物，每年仅金属矿山产生的尾矿就高达约 50 亿 t，综合利用率不足 10%。废石生产砂石料技术及装备与传统建筑砂石料相同，不存在技术障碍。但是由于废石堆场一般远离建筑材料终端市场，运输成本相对较高，是制约其规模化推广和普遍替代建材矿山产品的关键因素。

煤矸石规模化资源化利用技术具备广泛推广基础。2013 年开展填坑筑路、土地复垦和塌陷区回填等利用的煤矸石量已经占利用总量的 56%。我国煤矸石、煤泥等综合利用发电机技术已经突破高参数、大型化关键技术装备限制，实现了较好产业化。2013 年，我国煤矸石、煤泥发电总装机容量达 3000 万 kW，发电量超过 1600 亿 kW•h，年利用煤矸石、煤泥量 1.5 亿 t，占利用总量的 32%。目前部分地区历史堆存的煤矸石消化情况较好，取得了良好环境效益和经济效益。

煤矸石减量化技术已具备产业化推广条件。我国煤炭矿山采选技术发展较好，目前我国煤炭开采“充填采矿”、“井下分选”、“煤矸石置换煤柱”等技术已经基本成熟，可基本实现煤矸石不出井，具备普遍推广技术条件。

未来一段时期，废石资源化利用应优先推动“井下分选”、“坑口矸石电厂”等减量化技术，推广废石、煤矸石生产建筑砂石料的低成本资源化利用技术及装备的产业化应用。

（4）粉煤灰

粉煤灰多途径综合利用技术具备大规模产业化基础。我国利用粉煤灰替代水泥生产普通砌块、透水砖、路面砖、保温板、陶粒等普通建筑材料的综合利用产业化水平已经达到较高水平。生产粉煤灰高掺比水泥、混凝土、玻璃微珠、油田堵水调剖等的技术有工业化实践基础，已经初步具备大规模产业化技术基础。

历史堆积粉煤灰等混合固体废物生态利用具备技术经济条件。历史堆积的粉煤灰不具备替代水泥的活性物质，但替代天然黏土、水泥等用于矿山、道路、建筑充填具有技术简单、消纳量大、经济成本低的优势，适宜在山西、内蒙古、陕西等粉煤灰大量产生和大量堆积地区广泛推广。

粉煤灰提取有价元素技术取得一定成果，但短期内仍难以实现产业化。我国部分地区粉煤灰中含有硅、铝、铁、钙、镁、硼等元素。尤其是内蒙古中西部地区煤层中大量伴生富铝矿物，煤燃烧后产生的粉煤灰中氧化铝含量高达 45%～50%，相当于我国中级品位铝土矿中氧化铝的含量。但是在目前我国技术条件下，处理 1t 氧化铝含量 40%的高铝粉煤灰，可提取氧化铝约 0.32t，将产生难以利用的硅钙废渣约 1.8t，获取的经济收益与付出的环境治理成本不成比例，暂时不具备推广条件。

未来一段时期，粉煤灰资源化利用应优先在燃煤电厂集中区域推广充填，在油田生产地区推广堵水调剖等规模化生态利用；促进高附加值的多途径综合利用产品实现规模化生产；对于高铝粉煤灰等含有有价资源但暂不具备提取技术经济可行性的粉煤灰，优先进行分类储存处置，为未来开发保留条件。

（5）工业副产石膏

工业副产石膏替代天然石膏具备基本条件。脱硫石膏、磷石膏等是我国工业脱硫过程和磷肥生产过程的必然产物。脱硫石膏中杂质成分比天然石膏矿石少，在欧盟被作为副产品而不是固体废物进行管理。例如，在德国80%的脱硫石膏用于生产石膏产品，只有20%用于生产水泥，德国可耐福公司每年使用的石膏原料中有近50%来自脱硫石膏。目前我国在水泥生产行业实现了脱硫石膏对天然石膏的替代。利用脱硫石膏、磷石膏生产石膏板材、砌块等在部分地区实现了产业化，高强度石膏、自流平石膏、功能性石膏板材、石膏粉等技术在德国等发达国家实现了产业化，在我国部分地区也实现了工业化生产。如果能够加强对产生环节的工艺控制，产生的脱硫石膏、磷石膏等基本可以替代天然石膏用于石膏产品生产。

未来，应优先强化生产过程工业副产石膏品质控制要求，提高高价值资源化产品产业化率。

（6）工业报废装备

工程机械表面再制造已有工业实践。工程机械设备多是由于重载而导致零部件表面磨损、腐蚀和断裂而失效报废，目前我国用于工程机械表面再制造的零部件剩余寿命评估技术、无损拆解与分类回收技术、绿色清洗技术、纳米表面工程技术、快速成形再制造技术，以及虚拟再制造技术等已进入实用化阶段，但是离产业化应用还有一定的距离。热喷涂技术、电刷镀技术、激光熔敷技术及微束等离熔覆技术等再制造工程技术在部分矿山机械、石油管线等已有工业化实践，并初步实现工业化生产。

工程装备在役再制造研发取得较好进展，但离产业化应用还有一定距离。我国钢铁、有色金属、化工等工业流程长，以不间断模式开展生产，重大工业装备需在生产过程中进行表面修复等在役再制造。我国工业装备在役再制造尚处于技术研发阶段，尚不具备产业化推广条件。

未来，应大力推广石油管线、重点工业机械装备再制造技术产业化应用，推动在役再制造技术工业化实践。

（7）多类别固体废物协同利用

多类别固体废物协同充填效益良好，具备广泛推广价值。基于多种固废协同作用的地下胶结充填采矿技术，特别是膏体胶结充填采矿技术，可使胶结剂的成本比普通硅酸盐水泥成本降低30%～50%，固化砷和重金属的能力提高5倍。例如，利用粉煤灰作为胶结剂开展铁矿充填（实际灰砂比达到1∶8～1∶10），利用赤泥取代水泥实现无水泥胶结充填等技术的工程实践均取得了良好效果，降低了尾矿的处理成本。

协同利用固体废物生产高性能建筑材料规模化发展前景良好。尾矿、废石、煤矸石、粉煤灰、冶炼渣、工业副产石膏等工业固体废物中组分各异，经合理配伍后可大大提高其中有效组分在水泥、混凝土、功能性建材中的协同作用，提高其产品性能，并开发出多系列高值化产品。例如，通过多种工业废弃物协同利用，可减少水泥熟料用量40%以上的C40混凝土已完成较大规模的工程试用。

国土资源部数据表明，2012年我国建材非金属矿山数量为727个，生产各类非金属矿物产品39亿t。按我国现有技术能力，近六成的天然建材资源可以利用固体废物进行替代，未来经济效益预期良好。利用固体废物生产建材产品、充填等关键技术和设备已经基本实现国产化，产业化应用成本可以接受。

案例一、承德市依靠尾矿综合利用走出了资源型城市可持续发展途径

承德是一座“依矿而起，靠矿而兴”的资源型城市，截至2013年年底，全市共有尾矿库826座，约占全国的1/17、全省的1/4，年均尾矿排放量约2.5亿t，累计存积量20亿t以上，约占全市工业固废总量的85%。为有效利用丰富的尾矿资源，全力推进承德国家级尾矿示范基地建设，承德市委、市政府将尾矿综合利用提升到资源型城市转型升级、培育新兴产业的战略高度，成立机构，出台政策，建立机制，强力推进。2013年全市尾矿排放量达2.52亿t，尾矿综合利用量0.56亿t，尾矿综合利用率达22.2%，年实现产值52亿元，利税10.5亿元，尾矿综合利用产值超过矿产资源采选、冶炼等传统优势产业，走出了一条“变废为宝、利国利民”的资源型城市可持续发展之路。

案例二、铜陵有色金属集团深化资源利用技术提升企业竞争力

铜陵有色金属集团控股有限公司开发了复杂难处理铜硫铁矿高效选别及综合利用技术、矿山全尾砂低成本高效连续充填关键技术、超高强度智能数控闪速炼铜技术、铜冶炼废渣选矿综合利用技术、超细磁黄铁矿焙烧技术、富氧顶吹湍冲洗涤稀贵金属冶炼等技术。2013年与2010年相比，能源产出率为14.32万元/t标准煤，提高了0.98%；水资源产出率为0.2万元/ m^3，提高了7.5%。2013年共产出电解铜120万t、铜加工材12万t、黄金13.45t、白银467t、工业硫酸392万t、铁球团119万t；矿山废石、尾矿井下充填量220万t；综合利用铜冶炼产废物料235万t和硫铁矿制硫酸产烧渣68万t，回收社会废杂铜40万t左右；回收余热近5.2万t标准煤，极大地提高了资源利用效率，降低了废物产生量，提升了企业的市场竞争力，仅电解铜一项就实现销售收入1222亿元，利润总额7.8亿元。

（8）提取有价元素

提取有价元素是资源综合利用的基础。近两年，我国废有色金属综合利用的技术水平明显提高，全自动化废金属预处理设备、先进的再生铜熔炼技术、再生铝双室反射炉技术、再生铅富氧熔炼技术、富氧燃烧等节能技术、高效收尘等环保技术已被多家企业采用，并取得了良好的经济和环境效益。完成了废易拉罐熔炼生产铝合金铸锭的工艺研发，建成年处理废铝易拉罐10 000t示范生产线。再生铜产业集中度稳步提高，年产能10万t以上的再生铜企业达到6家，30万t以上的再生铝企业5家。

综上所述，根据2015年工业固体废物资源化利用的经济效益，估算2020年我国重点工业固体废物资源化经济效益为10 752.2亿元，预计可新增就业200万人；到2030年，我国重点工业固体废物资源化经济效益可达13 535.6亿元，预计可新增就业153万人（课题表3-17）。

课题表3-17　我国重点工业固体废物资源化经济效益估算表

工业固体废物	2020年			2030年		
	产生量预测（亿t）	可资源化利用量（亿t）	综合利用产值（亿元）	产生量预测（亿t）	可资源化利用量（亿t）	综合利用产值（亿元）
尾矿	10.41	3.64	2 166.3	11.66	5.83	3 465.0
冶炼渣	3.70	3.15	7 544.2	3.15	2.83	6 789.8
煤矸石	7.26	5.81		6.00	5.10	
粉煤灰	3.75	3.38		3.52	3.34	
脱硫石膏	0.69	0.59		0.65	0.58	
炉渣	2.48	2.23		2.32	2.21	
报废工业装备	0.53	0.37	1 041.7	1.38	1.17	3 280.8
合计	28.82	19.17	10 752.2	28.68	21.06	13 535.6

4. 典型再生金属资源替代效果综合分析

以再生资源量与资源消费量之比作为再生金属资源替代比例，以进口的原生和废物资源量之和与资源消费量之比作为对外依存度。2010年，除铅以外，我国资源再生比例较低，3种大宗金属再生替代比例不到30%，对进口资源依赖性强，铜为72.0%，铁为51.2%，铝为47.9%。

结合物质流核算，预测基准情景下4种金属资源的主要代谢指标如课题表3-18所示，再生资源替代总体效益显著，资源对外依存度逐步下降。2010～2030年，钢铁资源替代比例增加了40.1个百分点，对外依存度下降了17.9个百分点；铜资源替代比例增加了18.7个百分点，对外依存度下降了25.8个百分点；铝资源和铅资源的资源替代比例分别增加了5个百分点和10.2个百分点。

课题表3-18　基准情景下典型金属资源关键指标

资源名称	年份	资源需求量	进口需求量	资源再生量		再生替代比例（%）		对外依存度（%）
				城市矿山	工业固体废物	城市矿山	工业固体废物	
钢铁（百万t）	2020	756.5	438.8	223.49	36.44	26.9	4.8	52.8
	2030	806.8	295.4	471.74	58.28	53.2	7.2	33.3
铜（万t）	2020	916.5	525.5	330.5	25.5	34.1	2.8	54.2
	2030	1246.9	608.8	607.8	40.8	46.1	3.3	46.2
铝（万t）	2020	4829.3	3441.1	930.4	—	13.3	—	49.2
	2030	8055.2	5374.9	2472.6	—	21.2	—	46.1
铅（万t）	2020	1030.8	678.4	549.3	—	40.4	—	49.9
	2030	1714.8	1029.5	1012.9	—	44.8	—	45.5

由于工业生产过程中产生的再生金属资源主要用于替代原生矿产资源，对于进口资源影响不大，因此对进口资源具有替代效果的主要是城市矿山中的再生金属资

源。基于城市矿山中的再生金属资源，分析不同减量化措施对再生金属资源替代效果的影响。比较低资源消费情景和强化回收利用情景下矿产资源代谢主要指标可得：低资源消费措施通过减少源头资源需求量改变资源代谢特征，减少资源进口需求量和资源再生量，然而从长期角度看却不能减少资源的对外依赖程度。强化回收情景通过增加资源再生量来改变资源代谢特征，随着资源报废量的增长资源替代效益显著（课题表 3-19）。

课题表 3-19　低资源消耗情景、强化回收利用情景与基准情景关键指标对比

情景模式	资源名称	年份	资源需求量	进口需求量	资源再生量	再生替代比例（%）	对外依存度（%）
低资源消耗情景	钢铁（百万 t）	2020	−60.6	−61.7	−4.6	1.7	−3.5
		2030	−70.6	−57.9	−19.4	2.7	−4.0
	铜（万 t）	2020	−71.5	−65.2	−7.9	2.0	−2.7
		2030	−129.9	−88.3	−44.6	1.6	−2.1
	铝（万 t）	2020	−648.9	−638.4	−45.2	1.3	−2.9
		2030	−1329.2	−1080.1	−315.0	1.0	−2.0
	铅（万 t）	2020	−90.7	−69.1	−38.9	0.8	−0.8
		2030	−284.4	−180.1	−158.6	0.5	−0.5
强化回收利用情景	钢铁（百万 t）	2020	0.0	−10.4	10.4	1.2	−1.2
		2030	0.0	−33.3	33.3	3.8	−3.8
	铜（万 t）	2020	0.0	−16.1	16.1	1.7	−1.7
		2030	0.0	−73.4	73.4	5.6	−5.6
	铝（万 t）	2020	0.0	−108.5	106.1	1.5	−1.6
		2030	0.0	−904.7	884.6	7.6	−7.8
	铅（万 t）	2020	0.0	−38.6	38.6	2.8	−2.8
		2030	0.0	−217.8	217.8	9.6	−9.6

三、固体废物分类资源化利用的战略方针、目标和路线图

（一）我国固体废物分类资源化利用的战略方针

从“十三五”开始，我国将进入全面建成小康社会，逐步实现“两个一百年”奋斗目标的决胜阶段。为实现经济发展绿色转型和生态文明建设，需要将固体废物分类资源化作为国家资源环境战略的重要组成部分，以“政府引领、产业支撑，源头减量、处置限制，精细分类、充分循环”作为指导方针，将固体废物分类资源化逐步打造为支撑我国可持续发展的重要战略性新兴产业。

1. 政府引领，产业支撑

以资源的全生命周期管理为主线，统筹资源战略、环境战略、工业发展战略，努力构建环境影响最小、资源效率最大、经济成本最优的“资源-废物-资源”的综合管理系统，尽快完善符合我国国情的生产者责任制度、多渠道回收制度、集中利用处置制度等配套制度体系，建立多部门统筹协调的综合管理机制。

实现政府宏观引导与市场资源配置相互协调，合理分配资源化利用过程相关方责权

利，形成“谁回收、谁受益”“谁利用、谁受益”的多方效益共享共赢的长效机制，培育产业市场内生动力。以科技创新引领产业发展，大力推进具有自主知识产权的高附加值的清洁生产、有价资源提取、规模化利用技术工艺的产业化，保障二次资源有效供应能力和生产能力。

2. 源头减量，处置限制

统筹我国经济社会发展总体战略，以降低全社会资源消耗和废物产生强度。以降低生产过程和产品全生命周期环境影响、提高资源回收利用效率为目标，逐步降低金属矿产资源开采强度、限制非金属矿产资源开采活动，推进工业生态设计、产品生态设计、绿色供应链建设，大力发展清洁生产、循环经济、生态工业园区，促进传统工业全产业链绿色转型，从源头减少固体废物产生量和提高可资源化利用量，扩大绿色产品供给规模。限制可资源化、能源化利用的固体废物进入填埋、焚烧等最终处置，倒逼固体废物资源化。

3. 精细分类，充分循环

统筹我国资源供给能力和战略需求，对固体废物按资源禀赋情况实施精细分类管理，优先提取铁、10 种有色金属等对经济发展起支撑性作用的战略资源，对含有重要战略资源（如稀散金属、稀土元素等）的固体废物实施战略储备，着力提高再生资源回收能力，逐步提高固体废物对非金属矿产资源、能源的替代比例。积极参与国际资源循环，充分利用国际优质进口矿产资源和再生资源。

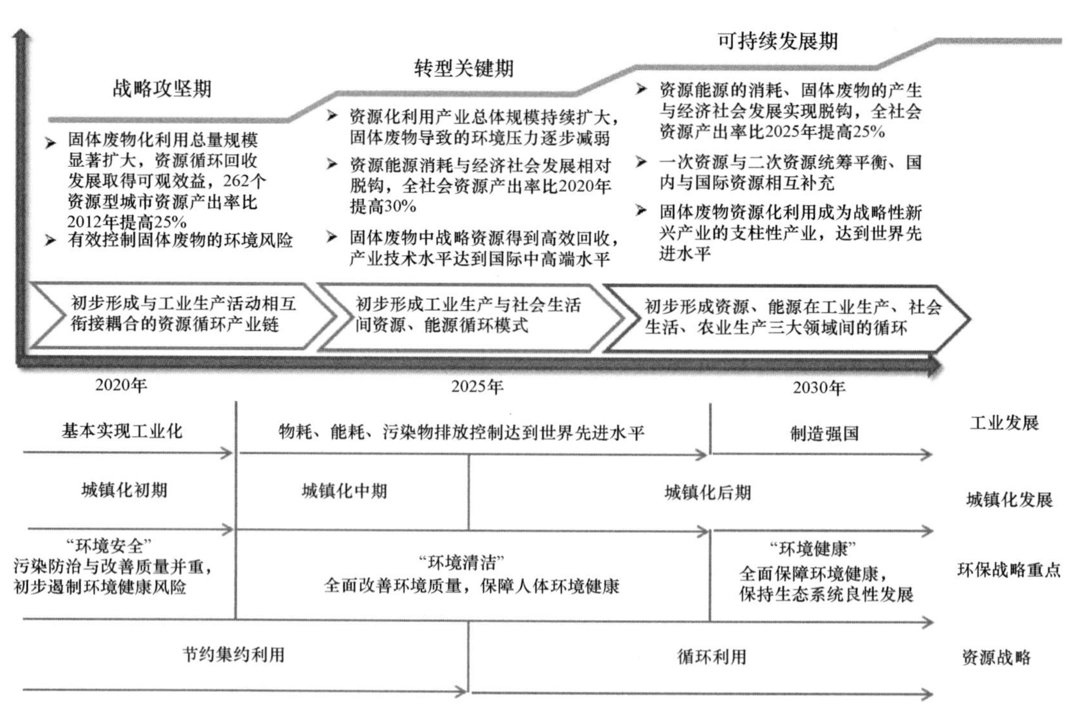

课题图 3-36　我国固体废物分类资源化发展路线图

数据来源：环境保护部环境规划院提供

（二）我国固体废物分类资源化利用的战略目标

变革发展理念，将线性经济发展模式向循环经济发展模式转变是实现我国“两个一百年”奋斗目标和中华民族伟大复兴的根本途径。为此，在未来一段时间内，我国需要在生态文明建设过程中，努力改变工业、农业生产模式和社会生活消费方式，提高资源利用效率，减少、回收和充分利用各类固体废物，努力实现资源在全生命周期过程中的最大化循环利用，努力将固体废物的产生量和对生态环境影响减到最小，努力建设一个可持续发展的、“无废物”的国家，并成为世界经济循环发展的引领。

但是，在全面完成工业化和城镇化之前，我国需要客观面对资源能源的巨大消耗和继续快速增长的固体废物产生量，以及不断累积的环境风险，科学规划固体废物资源化发展路径。

1. 战略攻坚期（2020 年前）

宏观形势

“十三五”期间，我国将进入工业化后期，完成初步城镇化，但粗放发展惯性仍未消除，环境质量难以从根本上得到改善，环境风险高企态势难以遏制，人民群众对环境健康风险的关注日益提高。一方面，长期历史堆积的固体废物影响我国整体环境质量改善，在局部地区导致突出环境健康风险；另一方面，每年新增的固体废物产生量仍处于高位运行、综合利用能力相对较低，对工业经济稳定运行和产业绿色转型的负面影响进一步凸显。工业固体废物减量化、资源化仍将是艰巨任务。同时需要高度关注随着人口增加和城镇化率逐步提高而激增的城市矿山类固体废物，并逐步推进农村固体废物的资源化工作。

战略目标

在全面建成小康社会时，固体废物资源化利用总量规模显著扩大，资源循环回收发展取得可观效益，历史堆存的固体废物风险得到初步遏制，新增固体废物分类回收效率显著提升，固体废物对环境质量和人居生态环境的不利影响和潜在风险得到有效控制。

奋斗指标

初步形成促进固体废物分类资源化的管理制度体系。262 个资源型城市资源产出率比 2012 年提高 25%。农村生活垃圾治理初见成效。工业固体废物产生量与工业增加值增长实现稳定相对脱钩。工业固体废物资源化利用总体规模超过每年 30 亿 t。以废钢铁、废有色金属为重点，二次金属资源占工业金属资源消费的比重达到 25%。

资源产出率

资源产出率（=地区生产总值/主要物质资源消费量）是经济系统内地区生产总值与资源利用量的比值，是指主要物质资源实物量的单位投入所产出的经济量，其内涵是经济活动使用自然资源的效率。在我国目前统计制度中，主要物质资源包括煤炭、石油、天然气、铁矿、铜矿、铝土矿、铅锌矿、镍矿、石灰石、硫铁矿、磷矿、木材、工业用粮13类。日本2007年资源产出率为36.1万日元/t(约折合2.14万元人民币/t)，2020年目标是46万日元/t（约折合2.73万元人民币/t）。

二次资源占全社会资源消费量的比重

二次资源占全社会资源总消耗量的比重（=二次资源消费量/主要物质资源消费量）可反映出全社会对资源的回收利用能力和效率。

在日本，基于系统的资源物质流研究提出使用“循环利用率”[=循环利用量/(循环利用量+自然资源等输入量)]表示经济社会中循环利用的物质投入数量占总数量比例的指标。根据2000年发布的《建设循环经济社会基本法》要求，日本已经制定完成了两期《建设循环经济社会基本规划》，通过固体废物资源化，日本资源循环利用率从2000年的10%，提高到2007年的13.5%，在2013年发布的第三期规划中，设定了2020年循环利用率达到17%的目标。

我国目前尚未建立资源循环利用率统计指标。2015年我国10种有色金属产量为5089.9万t，再生有色金属主要品种（铜、铝、铅、锌）总产量约为1167万t，占有色金属产量的23%，比世界平均水平低5～10个百分点；废钢铁回收量约1.44亿t、消耗量0.82亿t，粗钢产量8.04亿t、表观消费量7亿t，废钢铁替代比例约为11.7%，比世界平均水平（2015年世界废钢消费量约为5.6亿t，替代粗钢比例约为34.5%）低超过23个百分点。总体而言，2015年我国再生有色金属、废钢铁等二次资源替代同类原生资源的比例约为12.5%，低于世界平均水平（约35%）超过22个百分点。

再制造率

再制造率=当年实现再制造的整机数量/当年报废的整机数量

重点任务

以建成固体废物分类资源化体制机制为重点，开展基本法律及其制度体系的制修订，落实生产者责任，初步形成“经济调节和技术规范为主、行政管理为辅”的产业市场发展长效激励机制，充分释放综合利用产业市场活力，促进固体废物合理有序资源化。

提高生活垃圾资源能源回收能力，推动生活垃圾清运、再生资源回收两网融合工程，重点建设地级以上城市（2014年共288个地级以上城市）生活垃圾分类收集体系，提高再生资源、二次资源专业化分类能力，到2020年地级城市生活垃圾分类收集体系覆盖率达到50%，生活垃圾中再生资源回收利用率达到30%。

生活垃圾分类回收指标体系

生活垃圾分类收集覆盖率=已实施生活垃圾分类收集的地域范围/评价地域范围

生活垃圾回收利用率=［生活垃圾中再生资源回收量+单独收集并资源化利用的有机垃圾量（如厨余垃圾）］×100%/生活垃圾产生量

生活垃圾产生量=生活垃圾清运量+生活垃圾中再生资源回收量（即废品回收量）

国家发展改革委办公厅住房城乡建设部办公厅关于征求对《垃圾强制分类制度方案（征求意见稿）》意见的函（发改办环资〔2016〕1467号）提出："到2020年底，重点城市生活垃圾得到有效分类，垃圾分类的法律法规和标准制度体系基本建立，生活垃圾减量化、无害化、资源化和产业化体系基本形成，初步形成可复制、可推广、公众基本接受的生活垃圾强制分类典型模式。实施生活垃圾强制分类的重点城市，生活垃圾分类收集覆盖率达到90%以上，生活垃圾回收利用率达到35%以上（含再生资源回收、分类收集并实施资源化利用的厨余等易腐有机垃圾）。到2030年，生活垃圾分类得到全社会的普遍认可和积极参与，差异化的垃圾分类模式在全国所有城镇得到推广，农村生活垃圾分类水平明显提高。"

治理农村突出环境问题，以农村环境综合整治工作为抓手，促进农村生活垃圾、秸秆、畜禽养殖废物综合利用等小型化、专业化技术装备应用；开展农村生活垃圾分类收集体系建设工程，到2020年基本建成覆盖主要乡镇的分散式、小型化农村生活垃圾收集处理系统；推广生态农业生产模式，促进秸秆、养殖废物等生物质就地资源化，秸秆综合利用率达到85%，养殖废弃物综合利用率达到75%以上。

在工业领域，以减量化为重点，全面实施绿色矿山战略，大力推广重点制造业产品生态设计和绿色供应链设计，降低工业固体废物产生量，提高资源利用效率。显著扩大工业固体废物资源综合利用规模，鼓励利用历史堆存固体废物开展废弃矿山生态环境治理，推广尾矿等工业固体废物井下充填、道路建设等规模化利用技术应用，到2020年工业固体废物资源化利用总体规模超过30亿t;工业危险废物综合利用量达到3000万t。在西部、京津冀等大宗工业固体废物产生集中区域，开展建材矿山资源替代工程，逐步禁止天然建筑材料开采活动，到2020年全国建材矿山资源替代总体水平达到30%。显著提高工业固体废物综合利用率，环境统计重点企业综合利用率达到73%，其中尾矿综合利用率达到35%。积极扶持危险废物处置专业市场发展，形成充分的危险废物无害化处置保障能力。再制造成为"绿色制造"的重要内容，重点开展石油化工、矿产资源开采等重点行业装备再制造，报废石油管线、矿山机械等高价值装备再制造率达到70%，汽车零部件再制造产业规模显著扩大。

秸秆综合利用率

秸秆综合利用率（%）=综合利用量/可收集量

秸秆资源可收集利用量是指在现实耕作管理尤其是农作物收获管理条件下，可以从田间收集、并可为人们利用的秸秆资源的最大数量。秸秆资源可收集利用量=秸秆资源的总产量×秸秆可收集利用系数（秸秆资源可收集利用系数是指可收集利用的秸秆重量占农作物茎秆总生物量即秸秆总产量的比重）。

畜禽粪便综合利用率

畜禽粪便综合利用率（%）=综合利用量/产生量

畜禽粪便产生量是按不同种类畜禽的日排粪便量及存栏数算出的量。

2. 转型关键期（2020～2025年）

宏观形势

“十四五”期间，我国将基本完成工业化，并进入城镇化后期，经济社会发展将进入摆脱资源能源消耗依赖路径的调整过渡阶段，环境质量开始改善，环境风险得到初步遏制，人民群众环境权益诉求进一步提高。随着产业结构调整的深入和我国制造强国战略的实施，一方面，深加工产业比重的提升将进一步拉动对稀缺资源的需求；另一方面，将导致我国固体废物的构成发生变化，危险废物、废弃消费产品、生活垃圾等占固体废物的比重会进一步提升，我国稀缺资源相对短缺和固体废物环境风险提升的矛盾将进一步加剧，我国固体废物资源化将进入从扩大利用总量规模向提高资源利用质量的转型关键期。

战略目标

资源化利用产业总体规模持续扩大，产业发展达到国际中高端水平，初步形成资源高效循环的发展模式，资源能源消耗与经济社会发展相对脱钩。

奋斗指标

全社会资源产出率比2020年提高30%。工业固体废物产生量与工业增加值增长绝对脱钩，并开始逐步下降。形成灵活配置的固体废物资源化产业市场，有价组分提取产业规模显著提高，二次金属资源占工业金属资源消耗量的比重达到35%。农村生活垃圾资源化、农业废物能源化体系初具规模。

重点任务

落实生产者责任延伸制，以建立生产者逆向物流体系为重点，促进生产商、销售商开展城镇废弃的主要耐用消费品的分类回收。推进城市生活垃圾分类回收体系覆盖范围，提高再生资源回收率，地级以上城市生活垃圾分类收集覆盖率达到65%；显著提高城市生活垃圾分类水平，生活垃圾回收利用率达到45%。

以推广生态农业生产模式为重点，改善农村生产生活环境，建立基本覆盖行政村的农村生活垃圾分散式、小型化收集处置体系；秸秆、畜禽养殖废物、农林废物等生物质资源基本得到就地资源化或能源化，国家现代农业示范区和粮食主产县基本实现区域内农业资源循环利用，秸秆综合利用率达到90%，养殖废弃物综合利用率达到80%以上。

以提升工业固体废物资源化利用产业技术水平为重点，着力提高新增工业的废物资源化利用产品附加值，促进资源化利用产业升级。环境统计重点企业尾矿综合利用率达到 40%，其中提取有价组分占综合利用量的比例提升 5%，尾矿及冶炼渣中有色金属回收率提升 20%；推进历史遗留工业固体废物资源化利用，资源化利用总量超过 35 亿 t。统筹我国资源战略，将含有稀贵金属、稀散金属、稀土等重要战略资源的工业固体废物纳入资源储备战略，改善我国战略资源采储比。持续推进建材矿山资源替代工程，工业固体废物对建材资源替代比例达到 40%。基本消除历史遗留危险废物堆场，其污染场地基本得到治理；生态安全保障区、自然保护区、禁止或限制开发区等空间区域内已识别的历史遗留固体废物堆场基本得到规模化生态利用。重点推进装备制造行业再制造技术产业化应用，重点机械设备装备再制造率超过 75%，机电产品再制造产业初具规模，工业装备在役再制造产业规模显著扩大。

3. 可持续发展期（2025～2030 年）

宏观形势

到 2030 年，我国基本完成工业化和城镇化建设，经济发展进入稳定期，人口总量达到峰值，资源能源消耗与社会经济发展基本达到平衡，全社会固体废物总量和构成将逐步达到稳定，资源、环境、社会发展趋于平衡。

战略目标

资源能源的消耗、固体废物的产生与经济社会发展实现脱钩，全社会资源产出率比2025年提高 25%。一次资源与二次资源统筹平衡、国内与国际资源相互补充，固体废物资源化利用、固体废物分类资源化达到世界先进水平，固体废物资源化利用成为战略性新兴产业的支柱性产业。

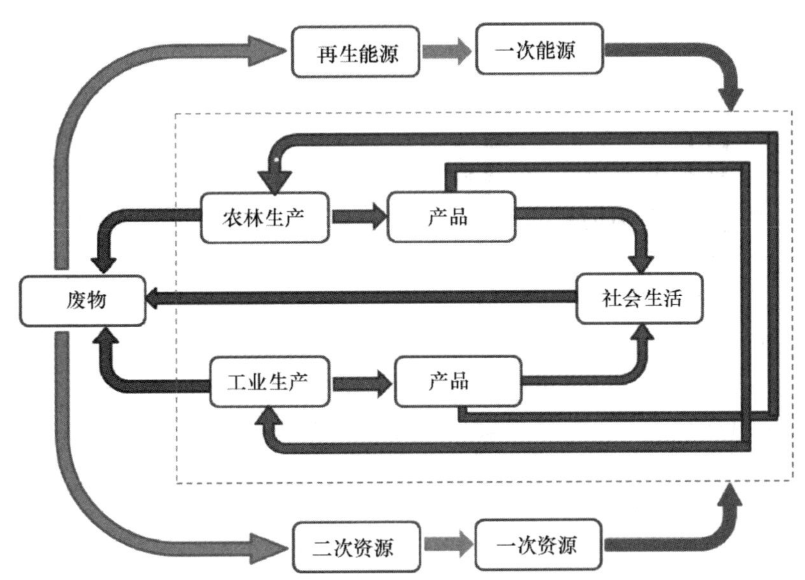

课题图 3-37　资源能源物质循环模式

奋斗指标

二次资源占工业资源消费量的比重达到 40%～50%，成为支撑国民经济发展的“新型矿山”，固体废物资源化利用产业产值达到 7 万亿～8 万亿元，带动 4000 万～5000 万个就业岗位。

资源循环利用产业与新增就业岗位

“十一五”以来，我国资源循环利用产业总产值年均增长率超过30%，2015年总产值约为1.2万亿元，占当年GDP比重约2.9%。按目前发展趋势，2020年该产业总产值有望达到3万亿元，占当年GDP(82万亿元，按2010年的两倍计算)比重约3.7%；到2030年将达到6.6万亿元，预计占当年GDP约5%，将成为国民经济发展的重要组成部分。与2015年相比，将拉动GDP 9.2个百分点，带动就业岗位300万个。

重点任务

地级以上城市生活垃圾分类收集覆盖率达到90%，生活垃圾回收利用率达到60%。农村废物资源利用高效、产地环境良好，全国基本实现农业废弃物趋零排放，秸秆综合利用率达到95%以上，养殖废弃物综合利用率达到90%以上。工业固体废物资源化利用量超过40亿t，综合利用水平接近国际先进水平，环境统计重点企业尾矿综合利用率达到50%，重点工业装备再制造率超过85%。

（三）我国固体废物分类资源化利用的发展路线图

1. 优化制度体系与市场机制，促进资源闭环循环

整合和完善固体废物资源化法制体系，形成有利于资源化产业发展的外部政策环境。完成《固体废物污染环境防治法》、《循环经济促进法》和《清洁生产促进法》等固体废物资源化相关法律修订，明确固体废物资源化管理法律定位及部门分工。强化和细化废物产生者减量化、资源化、无害化法律责任和义务。从原料开采、加工、制造、消费、废弃、利用处置全生命周期考虑，对有毒有害物质实施全生命周期过程控制，将固体废物污染控制、资源化利用要求前置于产生源及全过程。

优化财税激励机制，培育资源化产品发展内生动力。将资源环境效益内部化，强化资源税、环境税对固体废物源头减量和可利用固体废物焚烧、填埋处置的约束作用，促进精细分类、充分资源化。扩大固体废物综合利用产品税收优惠、绿色采购、产品限制淘汰、政府补贴等覆盖范围，建立灵活的资源化利用和无害化处置价格调节机制，提高可利用废物的处置成本，建立“谁利用、谁受益”“谁回收、谁受益”的市场环境。

健全技术标准体系，引领和促进资源化产业健康发展。建立健全资源化利用过程污染控制标准体系、综合利用产品质量控制标准体系，推动综合利用产品顺利进入消费市场。建立工业副产品鉴别标准及质量标准体系，从产生源头控制固体废物品质，促进可利用固体废物充分资源化。构建重点行业产品生态设计标准、绿色供应链建设标准。构建重点工业装备再制造技术规范及再制造产品标准体系。

欧盟《废物框架指令》（*EC Waste Framework Directive* 2008/98/EC，19 November 2008）对副产品（by-product）的定义：由生产过程产生的一种物质或物品，该生产过程的主要目的并不是生产该物质，只有当满足以下条件时该物质才可以被认为是副产品而不是废弃物。

该物质或物品进一步利用具有充分可行性；

该物质或物品不需要常规工业生产以外的进一步加工就可以被直接利用；

该物质或物品由生产过程中不可分割的生产环节产生；

进一步利用为合法的，即该物质或物品满足在具体使用过程中满足相关产品、环境和健康保护要求，且不会导致对环境或人体健康的不利影响。

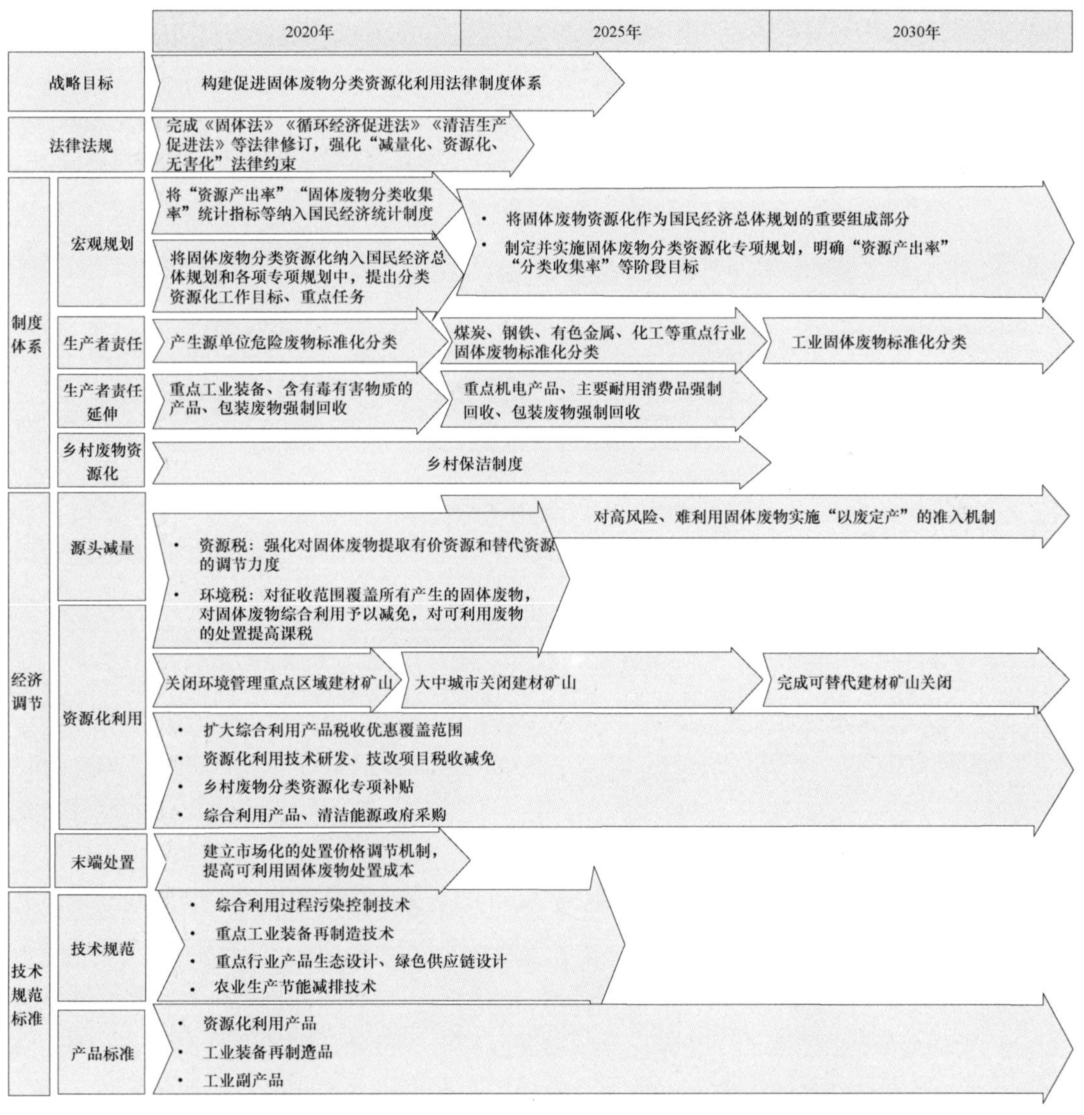

课题图 3-38　我国固体废物分类资源化利用管理机制建设路线图

2. 促进绿色消费模式，促进“城市矿山”开发

着力构建多渠道分类回收体系，推进城镇地区再生资源回收与垃圾清运处理网络体系“两网合一”，提高生活垃圾、再生资源、建筑废物等的精细化分类回收效率和分类收集能力。推动落实生产者延伸责任，建立和完善含有有毒有害物质废弃产品的强制回收体系，构建工业装备、机电产品、电器电子产品等生产逆向物流体系，为再制造、资源化利用等提供稳定原料供应。结合绿色建筑、绿色建材产业战略，推动建筑垃圾资源化利用。推广绿色生活方式和消费模式，在全社会树立新的资源观，减少不必要的废物产生。

3. 推动生态农业生产模式，促进乡村废物资源化

改进农业生产生活模式，推广生态农业建设，促进以能源、有机质回收为主的农业生产废弃物、生活垃圾等就近资源化利用和协同资源化，开发农业剩余物多联产系统、林业剩余物资源化与能源化利用系统、畜禽粪便能源化工系统，提升乡村废物资源化利用率。2020 年全面消除农村垃圾乱扔乱放、农林生物质废物露天焚烧、畜禽养殖废水随意排放现象，农业主产区基本实现区域内农业资源循环利用；到 2025 年农村生活垃圾基本得到无害化治理；2030 年乡村废物基本实现就近资源化；全国基本实现乡村废物趋零排放。

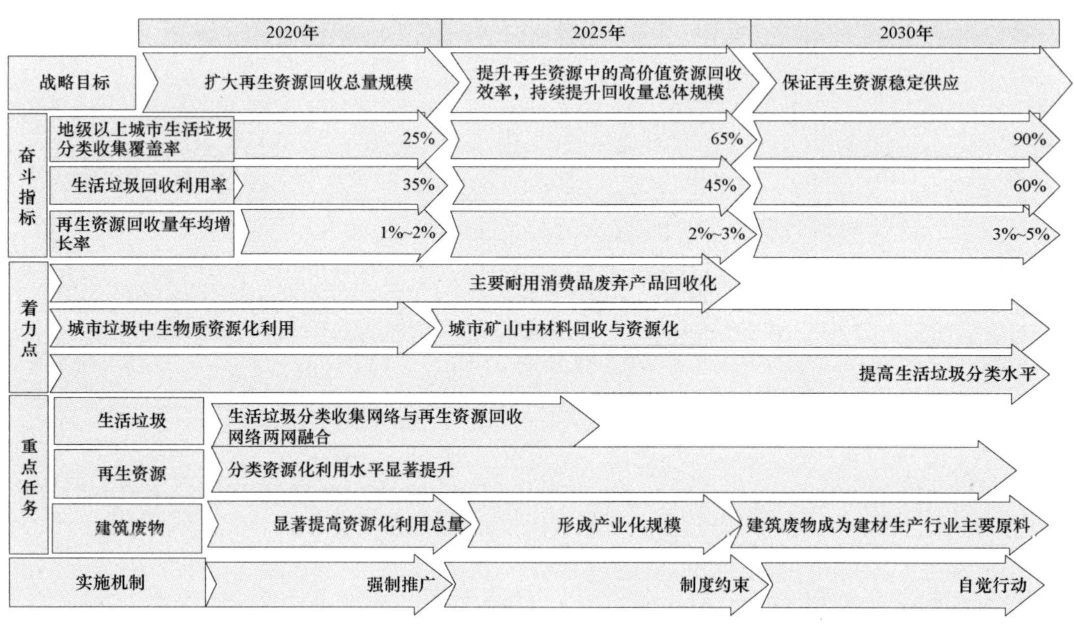

课题图 3-39 “城市矿山”开发战略路线图

4. 推动工业发展绿色转型，提高资源利用效率

以钢铁、煤炭、有色金属等大宗工业废物、工业危险废物相关行业为重点，将工业固体废物减量化、资源化要求纳入绿色矿山、绿色制造、清洁能源等战略内容，降低我国工业固体废物产生强度，开展有利于废物资源利用和再制造的工业产品生态设计、绿色供应链，提高全产业链清洁生产水平和固体废物精细化分类水平，从源头解决工业固废导致的环境污染和环境风险。

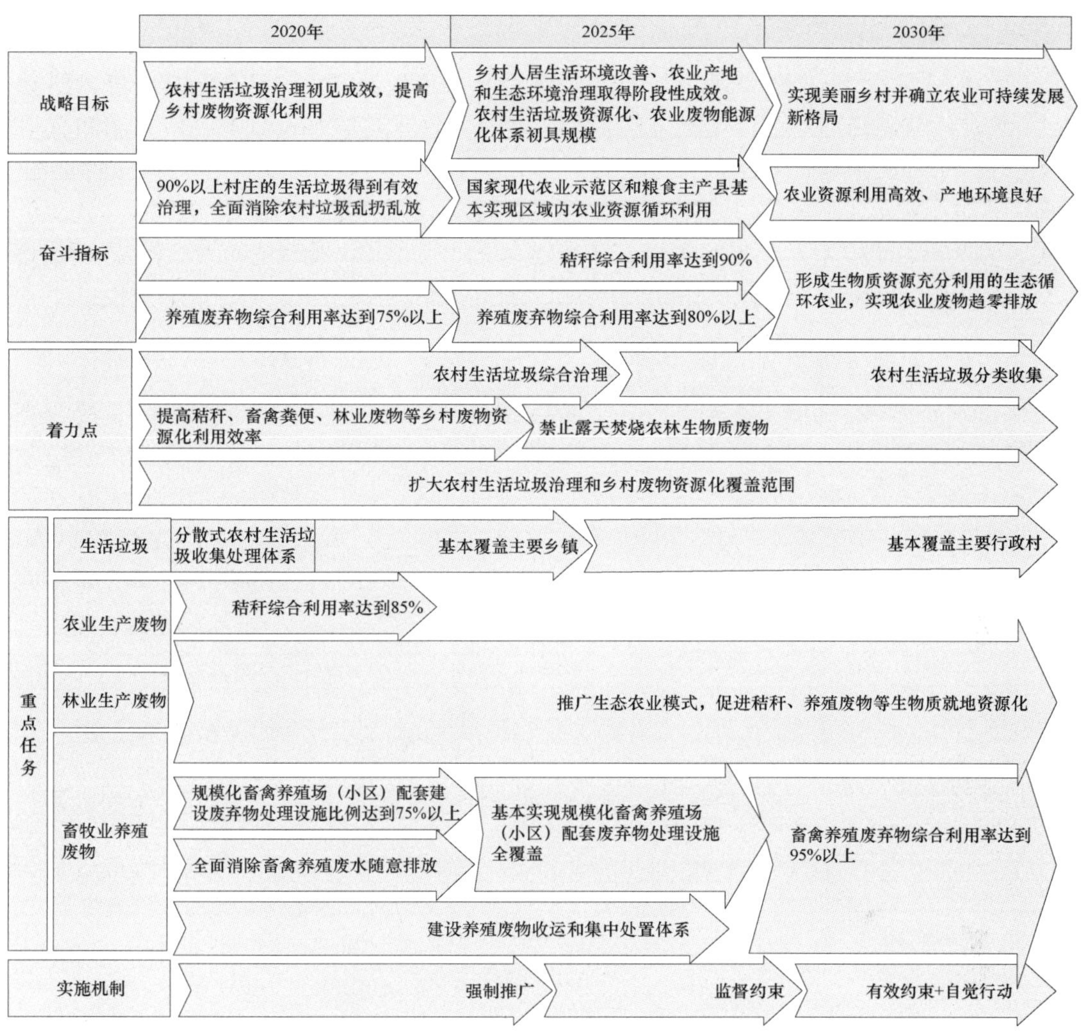

课题图 3-40　乡村废物分类资源化战略路线

统筹绿色矿山建设，以生态红线为指导，统筹矿产资源开发和环境功能区划保护等空间规划；将尾矿、废石等固体废物减量化、就地生态利用和生态环境恢复等纳入绿色矿山考核指标；严格控制尾矿库、废石堆场等工业固体废物储存场地审批建设。

统筹绿色制造战略，推动固体废物减量化技术产业化应用，提高资源循环利用效率。对于产生强度高、环境风险大、经济效益差、综合利用难度大的赤泥、铬渣、锰渣等危险废物和II类工业固体废物，逐步实施“以废定产”，变“被动利用”为“主动促进”，降低综合利用难度。推广钢铁、有色金属等主要工业产品和主要耐用消费品生态设计和绿色供应链设计。统筹清洁能源战略，提高洁净煤使用比例，减少煤炭生产消费过程产生的固体废物。进一步优化国外优质矿产资源、能源进口管理机制，提高二次资源使用比例。

在优化工业布局方面，根据经济活动中物质流动规律，合理布局固体废物资源化产业，推进生态工业园区建设和现有园区循环化、生态化改造，打造固体废物资源化利用的企业微循环、园区小循环、区域中循环和国家大循环，推进企业间、行业间、产业间共生耦合，形成循环链接的产业网络，促进固体废物就近综合利用，鼓励产业集聚发展。

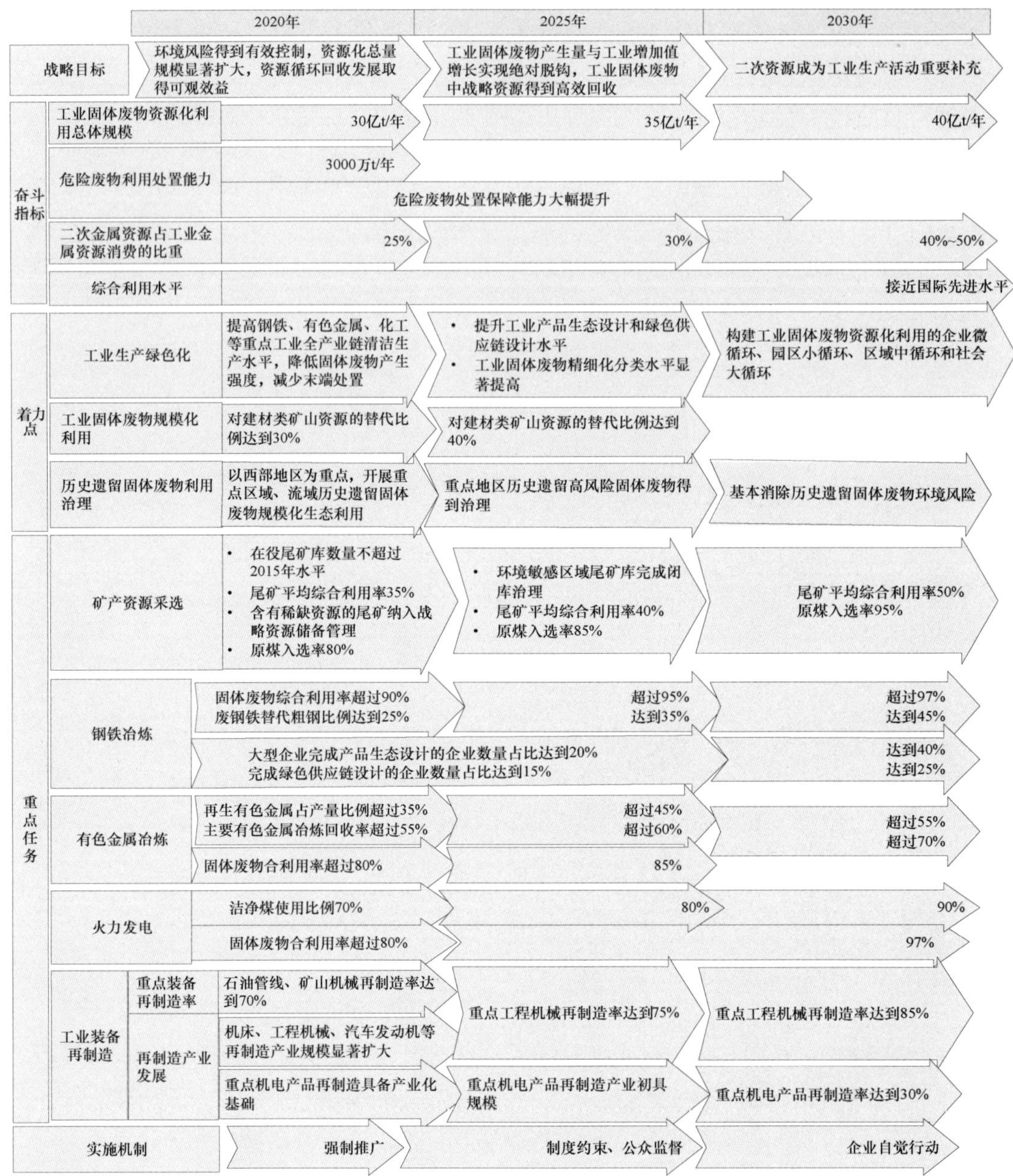

课题图 3-41　我国工业固体废物分类资源化发展路线

四、固体废物资源化利用的技术发展方向及重大工程

（一）国外固体废物资源化利用技术发展趋势

1.“城市矿山”开发利用技术趋势

发达国家率先将信息技术、生物技术、先进制造等高科技手段引入固废减量化、资

源化领域，完成了传统产业技术的绿色升级，固废实现大幅度源头减排与循环利用，支撑构建了以循环型社会为目标的固废全生命周期管理与法律体系。例如，美国将激光无损探测、表面纳米修复等先进技术应用于机电设备零部件再制造，引领了高科技再制造成套技术与装备快速发展，成功应用于航空航天、舰船汽车、医疗卫生、风电能源等领域。当前，针对固废源头减量与高值利用，发达国家已经深入到微纳米尺度构效关系研究，将固废产生过程工艺优化与固废特性在线调控高度耦合，从源头实现固废原材料化生产，催生了固废生产过程与材料利用一体化、原生矿产与再生矿产加工一体化、智能拆解与高端制造一体化等系列重大原创性技术体系与专属装备。美国、欧盟、日本均将固废资源化技术创新列入国家高新技术研发计划，如美国的“先进制造业国家战略计划”，欧盟的“绿色创新行动计划”（EcoAP），日本专项部署了“循环型社会推进创新计划”等。

2. 乡村废物资源化利用发展趋势

发达国家针对农业废物的特性，非常重视应用先进工程技术，提升农业废弃物的肥料化、饲料化、能源化、基质化及工业原料化水平，使技术向机械化、无害化、资源化、高效化、综合化发展，产品向廉价化、商品化、高质化、多样化和多功能化靠拢，以达到物尽其用、变废为宝、消除污染、改善农村生态环境、促进农业可持续发展、高效利用废弃物的目标。具体技术方向有开发集储装备技术，以适用于以农作物秸秆为原料的规模化饲养、工业化发电以及液化、气化等新兴技术发展的需要；微生物强化堆肥技术基本上达到了规模化和产业化水平，但堆肥设施由于运行成本偏高；开发高效干法厌氧发酵技术，提高产气率的同时降低成本；利用第二代生物燃料，如麦秆、草和木材等农林废弃物为主要原料的纤维素转化技术生产乙醇燃料技术；进一步开发生物质燃料发电、供热等能源化利用。

在技术发展目标方面，美国计划到 2025 年生物燃料替代中东进口原油的 75%，2030 年生物燃料替代车用燃料的 30%；德国预计到 2020 年沼气发电总装机容量达到 950 万 kW；日本计划在 2020 年前车用燃料中乙醇掺混比例达到 50%以上；另外印度、巴西、欧盟分别制定了“阳光计划”、“酒精能源计划”和“生物燃料战略”，加大生物质燃料的应用规模。到 2020 年，欧盟生物质能需求量比 2010 年至少增加 44%，世界生物质燃料市场规模有望增长到 2010 年的 3 倍以上，实现 950 亿美元销售额，生物质能容量增至 13 152 万 kW 左右；预计到 2035 年，生物质燃料将替代世界一半以上的汽柴油，经济环境效益显著。

3. 工业固废资源化利用发展趋势

发达国家针对工业固废资源化利用，增加研发投入，充分发挥其关键核心作用，积极开发循环经济技术。包括资源有效利用技术，已列入欧盟地平线 2020（Horizon 2020）研发重点优先领域，将为欧盟循环经济提供强有力的技术支撑。研发创新模式还包括：改变原有的原材料从生产、消费、丢弃线性模式到创新型的循环模式；创新回收材料市场及其商务模式；大力发展绿色设计和升级循环（Upcycle）设计；积极开发“零废弃”工业生产模式。欧盟在 2014 年 7 月和 9 月分别通过了《循环经济发展战略》《走向循环经济：欧洲零废弃物计划》，将循环经济行动贯穿在整个产业链，并为废弃物资源利用制定了相关目标。例如，2030 年之前城市垃圾再利用和再循环率至少达到 70%；2030 年之前包括特殊材料的包装废物再循环率提高到 80%，中期目标是 2020 年之前达到 60%，2025 年之前达到 70%；2025 年之前禁止填埋可循环使用的塑料、金属、玻璃、纸、硬纸板和可生物降解的废弃物，2030 年之前成员国应该尽力消除垃圾填埋场等；日本在 2013 年发布了《建立循环经济基本法则》，鼓励发展废物高效利用的高质量企业，并促进建立静脉物流体系建设。

（二）我国固体废物资源化利用技术发展方向

1. 总体思路

城市矿山的资源化开发利用将信息技术、生物技术、先进制造等高科技手段引入固废减量化、资源化领域，实现传统产业技术的绿色升级，支撑构建了以循环型社会为目标的固废全生命周期管理与法律体系；乡村废物的资源化利用将以“现代化需求牵引、系统化规划设计、工业化手段实施、市场化模式运行”，强化农业废弃物的能源化、资源化转化技术水平，实现资源化、无害化、高效化和综合化发展。工业固废的资源化将推进工业生态设计、产品生态设计、绿色供应链建设，从源头减少固体废物产生量和提高可资源化利用量，扩大绿色产品供给规模，促进传统工业全产业链绿色转型。

2. 我国“城市矿山”开发利用技术发展方向

（1）产品生态设计与再生组织性能调控技术

针对当前废弃产品成分复杂、拆解分选难度大、再生材料质量难以保证等关键问题，开展产品生态识别、生态诊断、生态设计基础研究；开展产品全生命周期环境影响科学评估，识别产生环境影响的主要类型和关键环节；开展替代数据模拟、替代方案比较方法研究，为产品生态设计提供科学依据。突破典型废旧产品分析检测与评估方法，探索自动化精细拆解、多级破碎与智能分选、材料化和再制造过程组织性能调控新原理，揭示回收利用过程中有价元素富集分离规律与毒害元素迁移转化规律，为建立典型“城市矿山”回收利用关键技术与装备提供基础支撑。

（2）废旧新能源装备可循环拆解与清洁利用技术

针对废旧新能源装备涉及面宽，结构集成度高、利用残值可观等特点，以动力电池、光伏电池、储能电池、风电装备、智能电网发电及配电装备为主要对象，重点突破动力锂电池可循环拆解、旧件检测与梯级制备微型锂电技术；锂、钴、镍稀有金属湿法冶金强化分离与再生利用技术；光伏电池多晶硅片清洁回收与银浆绿色分离技术；铅酸电池可循环智能拆解、免冶炼清洁再生与废酸除杂回用技术；风电装备无损拆解与电机组件直接利用技术。形成废旧新能源装备及其核心部件可循环拆解与清洁利用技术体系与标准。

（3）废旧便携电子产品精细拆解与稀贵金属回收技术

针对废旧便携电子产品种类繁多、组成复杂、复合程度高及更新换代快等特点，以废旧手机、笔记本电脑、平板电脑、液晶显示器件、移动存储终端等为主要对象，重点突破储存信息安全擦除与防泄漏技术；机器人辅助精细拆解、电子元器件自动检测与直接再利用技术；液晶绿色分离、铟锡高效回收、深度提纯与清洁再生技术；内置荧光灯或 LED 微组件精细拆离、稀土稀散金属回收提纯与汞二次污染协同控制技术；内置集成线路板的多级粉碎与涡流分选技术、稀贵金属无氰回收与提纯技术。形成废旧便携电子产品全量化高效利用成套装备。

（4）废旧机电关键零部件及成套系统再制造技术

针对废旧机电装备个性化强、服役环境差异大、再制造基础条件不一等问题，研发大型机电设备柔性拆解、再制造产品声磁多参量综合检测与可靠性评价、智能化高能束柔性再制造成形及数字化加工、基于机器人的高能束能场纳米复合快速增材再制造，废旧电机磁体纳米修复再制造等关键共性技术；突破大型船舶和重型汽车动力系统再制造升级、风电设备/医疗设备智能拆解及成系统再制造等成套技术装备；加快技术集成示范与推广应用，形成系列再制造产品标准与应用推广的商业模式，满足再制造产业深入发展的技术需求。

（5）废旧复合材料智能分选与高效回收技术

针对废旧产品中多种复合材料应用和淘汰更新不断加快，而有效回收技术手段缺乏等新问题，重点突破铝镁合金外壳、铝镁塑料外壳、废旧铜铝线缆、废弃铝塑基材等多种复合材料的光谱识别、智能分选、深度提纯与综合利用关键技术，研究航空复合板材、风机复合叶片等大型复合材料的精细拆解、分类回收技术与装备。研发复合绝缘塑料精细分选和电气性能保级再生技术、多种有机树脂类危废再生制备复合材料技术等材料化高值利用技术。形成废弃复合材料智能分选与多途径高值利用技术组合体系。

（6）基于互（物）联网的固废监管与回收系统构建技术

针对区域或行业的固废收运和资源化利用，突破智能型标签技术与设备、便携式自动检测与传感识别设备、废旧商品自动分拣与回收设备等关键技术与装备，开发基于用户终端和互联网的废旧产品回收交易平台，探索回收体系与财税、金融市场机制融合的商业模式；针对不同来源固体废物，开发移动式车载计量和监控一体化固废收运装备，以及体系回收利用大数据采集与管理决策分析技术。依托工业园区循环化改造、“城市矿产”基地和循环经济示范区，加快基于互（物）联网的固废回收利用平台集成示范、推广应用，提升固废回收利用效率和经济效益。

（7）全生命周期固废精细化管理体系构建技术

针对固废全生命周期管理需求，研究固废分类方法与收运机制、废弃产品环境责任分担机制、典型产品生产者责任延伸制度、废弃产品回收产业基金等市场化制度；研究固废回收利用成本效益分析方法、资源循环利用经济激励政策，探索固废回收新型商业化模式。研究固废资源化技术标准体系框架，加快构建资源循环利用产业标准化体系，促进技术-标准-政策的有效衔接和成套标准整体实施；支撑初步构建适合我国国情的固废全生命周期管理模式，符合生态文明建设的制度创新要求。

（8）资源循环利用综合评价及决策支撑技术

针对生态文明建设对资源循环利用的总体要求，以固废资源化为重点，研究构建循环经济特征评价指标体系及支撑方法，重点开展资源产出率、循环利用率等指标统计测算方法研究，以及不同区域层面的应用示范与推广；研究循环经济鼓励技术评价筛选方法和基于市场化的推广机制，研究适应新常态的区域循环经济发展模式评估机制，分析区域或跨行业循环经济产业链的形成机制、保障制度和运行机制。选择典型大型城市群，以促进循环发展为目标，探索政策法规、商业市场、技术创新、资源供给多方位融合模式与机制，开展综合示范，为促进循环经济大规模发展提供范式。

（9）资源循环利用系统评估技术

以固废资源化为核心，针对我国生产、生活领域，研究再生金属资源及生物质燃气的理论蕴藏量和大尺度时空分布，开展资源循环利用对国家资源安全保障潜力综合评估；研究区域尺度原生、再生资源一体化供给保障机制及统筹优化战略，形成资源安全保障的全新理论与发展战略，探索构建原生与再生资源融合的新资源观；开展循环发展的协同效益综合评价，研究典型固废物质流、经济流、生态流耦合的分析方法，优化提出资源循环利用综合管理措施；研究资源国际大循环体系的模拟预测方法与模型、固废进口风险-效益评估及决策机制，以及国际贸易政策变化对资源循环利用产业发展的影响与应对；为国家资源循环利用重大决策提供关键支撑。

（10）城市生活垃圾收集布点 GIS 技术

采用最短路径分析原理研究城市生活垃圾收集布点问题。第一，对收集到的空间环境资料进行数据矢量化，将矢量化生成的 Shape 文件转存入地理信息系统空间网络数据库。第二，对网络数据库进行拓扑除错，保证网络分析功能的正常使用。第三，在进行最短路径分析之前，对矢量化处理后的研究区环境地理信息数据进行缓冲分析，包括河流、水域、水源地等，即在这些敏感目标周围设置为禁止生活垃圾收集点的区域，从而进一步排除无效备选点。最后利用 ArcGIS 软件的位置分配功能和 Dijkstra 算法，对其余生活垃圾收集备选点进行短路径分析和资源分配，得出最优化结果。

（11）城市生活垃圾的高值化与多样化利用技术

城市生活垃圾分类与分选，可采用如下方法：①分类收集；②在混合收集的情况下，垃圾分选一般包括人工分选和机械分选。各地区可以根据本地区的垃圾属性进行相关配套的垃圾分选系统建设；生活垃圾和污泥联合堆肥技术。利用厨余、果蔬等多种易腐有机成分，再添加污泥、粪便等其他有机固体废物进行联合厌氧发酵。由联合厌氧发酵产生的沼气可用于燃烧发电或提纯后制天然气，用于内燃机发电。此外，沼气发电机组发电产生的余热，还可循环利用，用于沼气发酵过程的增温、保温；水泥生产协同处理生活垃圾技术。该类技术以在水泥回转窑旁建垃圾焚烧炉为基础，利用水泥回转窑联合处理生活垃圾。垃圾燃料进入水泥窑可采用固体直接入窑和燃料气入窑。生活垃圾气化熔融处理技术将垃圾在 450～600℃温度下的热解气化和灰渣在 1300℃以上熔融两个过程有机地结合起来。含碳灰渣在 1300℃以上的高温下熔融燃烧，能扼制二噁英类毒性物质的形成，熔融渣被高温消毒可实现再生利用，最大限度地实现垃圾减容、减量。

垃圾焚烧发电技术方面，开发两段式生物质与垃圾气化焚烧炉技术，在保证热值足够的情况下减小对单一燃料的依赖性，利用先进的气化焚烧技术缩减工艺系统复杂度、减少能源转化过程中污染物的排放；开发生活垃圾焚烧飞灰等离子熔融处理技术，对飞灰进料和混料系统、等离子发生器及电源系统、等离子熔融炉、出渣系统等方面进行全面优化设计，实现飞灰的安全化、减量化及资源化处理；开展湿法脱酸系统及干法脱酸系统开发，解决目前系统效率低、存在结垢和堵塞等问题，进一步满足更高的生活垃圾焚烧发电烟气排放标准。

3. 我国乡村废物资源化利用技术发展方向

（1）农村生活垃圾移动式前处理技术

针对农村垃圾分散且收集困难等问题，将干式自动分选系统改进成车载移动式生活垃圾自动分选系统，通过破袋、一级对辊筛选和一级分选筛选可将可燃杂物、塑料类和纸片进行筛选分离，厨余混杂物可利用磁选将残余金属去除，达到农村生活垃圾移动便捷、就地消纳的前处理效果，实现农村生活环境改善，促进农业产地和生态环境的整治。

农林废物能源化工技术。根据农林废弃物能源化利用的不同技术方式，分为6种能源化利用技术模式。①生物质发电（热电联产）利用技术模式。②生物质成型燃料替代燃煤技术模式。生物质成型燃料“原料收集-成型加工（颗粒、压块燃料）-用户使用（炉具、锅炉、窑炉）”产业链。③生物质热裂解炭汽油联产技术模式。包括适于自然村生物质热解气炭联产技术模式、适于村镇或园区使用的生物质热电炭肥联产技术模式。④秸秆沼气利用技术模式。目前主要采用村镇集中供气模式，秸秆沼气采用完全混合式厌氧反应器、竖向推流式厌氧反应器、序批式固态厌氧反应器等技术。⑤生物质制备液体燃料利用技术模式。建立纤维素热化学转化制高品位液体燃料，农林废物制生物柴油、纤维素混合醇、合成液体燃料等能源转化应用模式。⑥高附加值化学品及生物质基材料技术模式。开发生物质化学转化制备高附加值化学品、生物质基纳米材料等高附加值产品技术应用模式。

农村生活固废综合利用技术。①垃圾填埋气体发电、热能利用、提纯天然气利用技术模式，即“垃圾收集分选+填埋产气+发电、热能利用、提纯天然气”模式；②有机废弃物厌氧发酵沼气利用技术模式；③有机废弃物堆肥技术模式，即“有机废弃物收集+堆肥发酵+还田肥料”模式；④垃圾焚烧发电利用技术模式。一般为“垃圾收集分选+焚烧发电+渗滤液污水处理”，焚烧发电可采用直燃模式也可采用与煤或生物质混烧模式。

多种乡村废物协同处置与多联产技术。主要利用农村生活垃圾、农林废物、畜禽粪便和水果蔬菜边角料等作为原料，开展特色农林废物高附加值提取与有机肥联产、果蔬垃圾与秸秆类废物多联产化工原料、畜禽粪便－能源作物循环一体化清洁利用、农村垃圾－畜禽粪便－生物质协同处置多联产系统等技术群以及单元技术集成、耦合和优化系统，推进多种乡村废物协同处置与多联产系统的研发与示范生产，实现各类乡村废物全面高效综合利用，同时提高乡村废物综合利用的经济性。

特色农林废物资源化技术。针对含有特殊成分、具有特别用途、呈现局部富集特点的特色农林废物，以及农林废物经气化、液化处理后的副产物，开展有用成分生产/提取、高值化深加工、返田化利用、二次资源化利用等，并结合现有成熟的农林废物资源化利用技术，拓宽以农业循环经济理念为指导建立的农林废物循环利用模式，在特色农林废物资源化利用的基础上，建立系统的宽领域物质循环，实现突出特色、物尽其用的循环利用模式。

畜禽粪便能源化工技术。畜禽粪便能源化利用主要是以沼气、有机肥为纽带的生态农业模式，可分为三种模式。①农户小循环技术利用模式，即“菜（果、粮）+畜禽粪便和人粪尿+沼气（炊事）+菜（果、粮）”模式，面向居住分散，户用炊事供气工程，形成“四位一体”循环利用技术模式。②村镇级中循环技术利用模式。“种植业+养殖业+集中供气+有机肥+种植业”模式，建立面向新型村镇化建设的村镇集中供气工程。③产业化循环技术利用模式，即“多元有机废弃物处理（畜禽粪污、污泥、秸秆、果蔬和餐厨垃圾、食品加工残渣、有机废水、能源植物等）+燃气生产与利用+生态利用（有机肥料）”模式，面向区域城乡一体化的大型生物燃气工程，燃气可直接作为民用燃气，可上网发电，也可提纯并网天然气或用作车用燃料，能够保证大规模工业化生产和普遍化推广。

4. 我国工业固废资源化利用技术发展方向

（1）尾矿资源化利用技术

开展矿山采空区尾矿胶结充填、膏体充填技术规模化应用，减少尾矿、废石等排放量，实施规模化生态利用，消除矿区地质灾害。提高矿产资源综合利用率，提高含共伴生金属元素的铁矿、铅锌矿、金矿、磷矿等尾矿综合利用，提高可回收金属及非金属资源回收效率。部分尾矿二次选矿技术，钒钛磁铁矿、铁-稀土多金属共伴生资源、镍铜多金属共伴生资源、锡和铅锌铟等复杂多金属共伴生资源等我国特有矿产资源综合利用技术研究和产业化前景广阔。结合绿色建材产业建设，开展低风险尾矿对建材资源的替代技术应用，利用不含有毒有害物质的尾矿生产多类别建材产品，尤其是高标号水泥、混凝土，高附加值耐火材料、微晶玻璃、无机保温材料等建筑材料，可快速提升资源化利用量及产品附加值。

（2）冶炼渣综合利用产业技术

我国在高炉渣制备超细微粉、矿棉等基本实现产业化，钢渣制备人工渔礁、制备路基材料等已有工业实践，但是钢渣膨化处理技术的工业应用及钢渣大规模利用仍然存在技术瓶颈，需要技术突破；未来冶炼渣应采取分类资源化利用技术，重点促进钢铁冶炼渣再选后制备微粉、生产高性能水泥和混凝土等的产业化应用、推广历史堆存冶炼渣作为道路建设、市政基础建设充填材料、路面材料等规模化应用；推动多渠道利用历史堆存赤泥、锰渣、电解铝大修渣等高风险冶炼渣进行替代水泥、制备建材产品等技术产业化；积极探索利用冶炼渣开展土壤改良。

（3）危险废物资源化过程风险控制技术及关键装备

我国近70%的危险废物被用于综合利用，尤其是废矿物油、有色金属冶炼废渣、电镀污泥、蚀刻液等危险废物综合利用产品价值较高，基本都被综合利用。但我国80%的固体废物资源利用企业属于中小企业，危险废物中有价资源提取、替代燃料生产等过程中污染控制和风险控制技术积累不足，缺乏关键工业装备，是当前制约危险废物综合利用产业发展的技术瓶颈，相关技术研发和吸收引进需求迫切。

（4）煤矸石规模化资源化利用及减量化技术

废石是我国产生量、堆存量最大，侵占土地最多的一类固体废物，技术上由于废石堆场一般远离建筑材料终端市场，运输成本相对较高，是制约其规模化推广和普遍替代建材矿山产品的关键因素。未来的废石资源化利用应优先推动“井下分选”、“坑口矸石电厂”等减量化技术，推广废石、煤矸石生产建筑砂石料的低成本资源化利用技术及装备的产业化应用。

（5）粉煤灰资源化利用技术

包括粉煤灰多途径综合利用、历史堆积粉煤灰等混合固体废物生态利用、粉煤灰提取有价元素技术等。未来粉煤灰资源化利用应优先在燃煤电厂集中区域推广充填，在油田生产地区推广堵水调剖等规模化生态利用；促进高附加值的多途径综合利用产品实现规模化生产；对于高铝粉煤灰等含有有价资源但暂不具备提取技术经济可行性的粉煤灰，优先进行分类储存处置，为未来开发保留条件。

（6）工业副产石膏高价值资源化技术

目前我国利用脱硫石膏、磷石膏生产石膏板材、砌块等在部分地区实现了产业化，未来如果能够加强对产生环节的工艺控制，产生的脱硫石膏、磷石膏等基本完全可以替代天然石膏用于石膏产品生产。应优先强化生产过程工业副产石膏品质控制要求，提高高价值资源化产品产业化率。

（7）多类别固体废物协同利用技术

基于多种固废协同作用的地下胶结充填采矿技术，特别是膏体胶结充填采矿技术，可使胶结剂的成本比普通硅酸盐水泥成本降低30%～50%，固化砷和重金属的能力提高5倍，未来具备广泛推广价值；协同利用固体废物，如尾矿、废石、煤矸石、粉煤灰、冶炼渣、工业副产石膏等，经合理配伍后可大大提高其中有效组分在水泥、混凝土、功能性建材中的协同作用生产高性能建筑材料规模化发展前景良好。

（8）工业装备再制造技术

目前，我国用于工程机械表面再制造的零部件剩余寿命评估技术、无损拆解与分类回收技术、绿色清洗技术、纳米表面工程技术、快速成形再制造技术，以及虚拟再制造技术等已进入实用化阶段，但是离产业化应用还有一定的距离；工程装备在役再制造研发取得较好进展，但离产业化应用还有一定距离。未来，应大力推广石油管线、重点工业机械装备再制造技术产业化应用，推动在役再制造技术工业化实践。

（三）“十三五”时期我国固体废物资源化利用优先发展重大工程

1. “城市矿产”示范基地建设与技术创新工程

（1）“城市矿产”示范基地扶持和激励项目

发挥“城市矿产”示范基地对区域城市的环境服务和静脉消化的功能。加强对再生资源环境外部性研究，在定量化表征再生资源的环境外部效益的基础上，制定能够体现再生资源与原生资源环境外部效应区别的价格机制；合理规划空间布局和产能规模，提高新申请“城市矿产”示范基地的准入门槛，建立“城市矿产”示范基地的年度考核制度，建立合法经营、有序竞争、环境友好的产业政策环境。支持地方政府因地制宜推动省级“城市矿产”示范基地建设，以补充和优化国家级“城市矿产”示范基地的布局。

（2）建立“城市矿山”开发利用技术创新项目

以区域和行业固废环境管理的实际需求为导向，按照基础研究-技术突破-工程示范-技术推广的创新链条，发挥跨部门、跨区域一体化的组织保障功能。实行多元化的资金投入保障机制，针对典型“城市矿山”资源化技术研发，推动采用“后补助”资助方式，扶持和加快资源循环利用产业的快速健康发展。针对固废来源广、种类多、跨行业、跨部门等特点，发挥高校科研院所突破基础研究与关键技术的优势，依托骨干企业的成果转化和工程示范能力，激发产业协会的市场推广作用，按照创新链上的各个环节建立新型的产学研技术创新机制。强化与发达国家的国际合作，提升我国固废资源化技术研发与管理决策的创新能力。针对“城市矿山”资源化与安全处置，探索建立国家科技成果共享平台，提升技术转化的市场化服务水平。建立一批资源循环利用示范园区，充分利用第三方环境服务治理，将“城市矿山”资源化技术纳入示范区产业升级及配套政策中，加快先进适用技术成果的推广转化。落实科技成果使用处置和收益改革政策，调动社会各界从事科技成果转化应用的积极性。推动物联网、“互联网+”和大数据技术在“城市矿山”开发利用方面的应用，利用信息化手段优化和监测开发利用过程的物流系统、信息与控制系统、综合服务系统和综合管理系统，鼓励“互联网+”在“城市矿山”分类回收以及资源、产品和装备交易方面的应用，构建高效的“城市矿山”公共信息服务平台。

2. 乡村废物资源化和综合利用工程

（1）畜禽粪便无害化、能源化和资源化利用项目

推动规模化养殖业循环发展，切实加强饲料管理，支持规模化养殖场、养殖小区建设粪便收集、储运、处理、利用设施。积极探索建立分散养殖粪便储存、回收和利用体系，在有条件的地区，鼓励分散储存、统一运输、集中处理；推广工厂化堆肥处理、商品化有机肥生产技术；利用畜禽粪便因地制宜发展集中供气沼气工程，鼓励利用畜禽粪便、秸秆等多种原料发展规模化大型沼气发电工程、生物天然气工程，推进沼渣沼液深加工生产适合种植的有机肥；在污染严重的规模化生猪、奶牛、肉牛养殖场和养殖密集区，按照干湿分离、雨污分流、种养结合的思路，建设一批畜禽粪污原地收集储存转运、固体粪便集中堆肥或能源化利用、污水高效生物处理等设施和有机肥加工厂。在畜禽养殖优势省区，以县为单位建设一批规模化畜禽养殖场废物处理与资源化利用示范点、养殖密集区畜禽粪污处理和有机肥生产设施。到 2020 年和 2030 年养殖废弃物综合利用率分别达到 75%和90%以上，规模化养殖场畜禽粪污基本资源化利用，实现生态消纳或达标排放。

（2）农业废物能源化工项目

实施秸秆机械还田、青黄贮饲料化利用，实施秸秆气化集中供气、供电和秸秆固化成型燃料供热、材料化致密成型等项目。配置秸秆还田深翻、秸秆粉碎、捡拾、打包等机械，建立健全秸秆收储运体系，全面禁止秸秆露天焚烧，推进秸秆全量化利用。大力实施秸秆机械还田、青黄贮饲料化利用；推广秸秆气化集中供气、供电和秸秆固化成型燃料供热、材料化致密成型等产业化项目，建立完整的农业废弃物能源化利用产业链；加快生物质基液体燃料制备技术的产业化示范推广，研制一批核心技术和成套设备，升级和建设一批体现技术特色、区域特色和产品特色的示范工程，建成一批万吨级生物质液体燃料示范生产线；推进生物质制备高附加值化学品、生物质基纳米材料等高技术应用研发及示范生产，大幅提高秸秆综合利用经济性。到 2020 年和 2030 年农业废物和农产品副产物综合利用率分别达到 85%和 95%以上，实现农业主产区农作物秸秆及农产品加工副产物得到全面高效综合利用。

（3）多种乡村废物协同处置与多联产项目

针对现有乡村废物种类多、附加值低、共性明显等特点，开展多种乡村废物协同处置与多联产关键技术突破，构建物理转化、热转化、生物转化、化学转化、污染控制等技术群以及单元技术集成、耦合和优化系统，推进特色农林废物高附加值提取与有机肥联产、果蔬垃圾与秸秆类废物多联产化工原料、畜禽粪便－能源作物循环一体化清洁利用、农村垃圾－畜禽粪便－生物质协同处置多联产系统等技术应用研发与示范生产，因地制宜地建立一批万吨级、千吨级体现技术特色、区域特色和产品特色的乡村废物协同处置与多联产系统工程，实现区域内单一工程对各类乡村废物的处置利用，大幅度提高乡村废物综合利用的经济性。到2020年和2030年乡村废物综合利用率分别达到80%和90%以上，在全面高效综合利用各类乡村废物的同时，解决农村环境污染问题。

3. 工业固废资源化和产业化工程

（1）重点行业工业固体废物减量化工程

开展“无尾矿山”关键技术及装备研发，研发矿山固体废物环境无害化高效充填技术，开展采选一体化等技术及重大装备研发，降低尾矿、废石产生量和堆存量。开展钢铁、有色、化工等重点行业固体废物减量化及产品替代工程，降低冶炼渣、危险废物产生量及环境危害性。开展有利于固体废物品质控制的清洁生产技术集成，提高工业副产石膏、冶炼渣、危险废物等分类资源化。开展石油化工、机械加工、矿山机械等重点领域重大工业装备退役再制造及在役再制造关键技术及装备研发，延长工业装备使用寿命，降低工业装备报废率。

（2）重点行业生态设计项目

围绕钢铁、有色、化工及装备制造等重点行业，强化产品全生命周期绿色管理，支持企业推行绿色设计，建设绿色工厂，发展绿色工业园区，全面推行循环生产方式，实现工业固废污染治理全面达标。在钢铁冶炼行业，研发高比例废钢利用技术，降低冶炼渣产生量，加强资源化利用关键技术、工艺、装备的研发、产业化应用和推广；在铝工业，开展冶炼渣和烟气中稀贵金属和硫等无机元素在线回收技术装备研发和产业化；在化工行业，开展高风险固体废物产生工艺及替代产品研发，打造“绿色化工”产业；在工业装备制造业，开展有利于报废后拆解、回收的产品生态设计技术研发。围绕装备全生命周期理论，积极研发再制造适用的拆解、清洗、无损检测、表面工程、增材制造、寿命预测评估等技术及装备产业化。

（3）大宗工业固体废物资源化利用能力提升工程

低风险工业固体废物规模化生态利用关键技术研发，提高金属尾矿再选过程中矿产资源二次回收率、降低贫化率。大力推动共伴生矿和尾矿综合利用。推动赤泥、锰渣等废弃物的处置利用。充分利用低品位、共伴生矿产资源，重点加强有色金属、贵金属、稀有稀散元素矿产等共伴生矿产采选回收。扩大固体废物资源化绿色建材产品结构，研发和推广天然矿产资源制备建材的替代技术及产品。推动多种工业固废协同利用、全产业链协同利用和跨行业综合利用先进适用技术产业化。重点突破煤矸石、粉煤灰、钢渣、尾矿等杂质深度脱除、组成调控与结构重构技术，材料强化成型等关键技术。大宗固体废物协同利用、生态利用过程风险控制等关键技术。

（4）危险废物资源化利用质量提升工程

以有色金属尾矿、冶炼渣为重点，开展有害元素去除及有价元素提取技术、装备研发及产业化应用，提高稀缺金属资源回收率。以化工、装备制造等行业为重点，开展高热值危险废物生产替代燃料产品研发及自动化关键设备研发；开展废酸、废碱、废乳化液、废有机溶剂等危险废物减量化和资源化利用技术及其关键装备研发。开展危险废物资源化利用过程污染防治、风险控制等关键技术及装备研发和吸收引进，开展资源化利用产品风险评估技术研究，为提升危险废物资源化利用产业的整体环境安全性和技术水平提供技术支撑。将危险废物集中处置设施纳入当地公共基础设施建设，合理制定并实施危险废物集中处置设施建设规划，完善危险废物综合处置能力保障体系。

（5）历史遗留工业固体废物规模化利用工程

开展重要的生态安全保障区和主要生态服务功能供给区、自然保护区、禁止或限制开发区等空间区域内的历史遗留固体废物堆场等重点区域工业固体废物堆场的卫星遥感定位和环境敏感性评估，建立工业固体废物堆场综合整治清单。在京津冀及其周边地区、长三角地区、珠三角地区，以及重点流域，开展历史堆存的环境风险较低、可提取资源量少的一般工业固体废物用于废弃矿山治理、建筑工程充填等规模化利用工程，消除固体废物堆存对环境敏感区域的不良影响。在长江经济带及西南地区有色金属共伴生尾矿集中区域，开展老旧尾矿库、废石等工业固体废物二次矿产资源勘查评估，研发有价资源提取关键技术及装备，促进盘活历史堆存的高价值资源。在四川攀枝花、内蒙古包头、江西等稀土、钒钛战略资源生产基地，开展有利于后续开发利用的战略资源储备技术研究及应用，为我国未来工业经济发展开展战略资源保护。

五、加强固体废物分类资源化利用的建议

结合生态文明建设、城镇化发展、美丽乡村建设、产业转型升级等的国家重大战略与需求，固体废物分类资源化利用是一项关系到国家经济发展、生态环境保护及广大人民民生的大事，是我国实现现代化必须迈过的一道坎。“十三五”是我国大力发展固体废物分类资源化利用产业的合适时机，要深入贯彻落实“创新、协调、绿色、开放、共享”的五大发展理念，通过政策、管理、模式、技术的组合拳来大力推动产业化进程。

（一）提升战略地位，夯实政策与制度基础，构建健康市场环境

整合和完善固体废物分类资源化法律法规体系，形成有利于资源化产业发展的政策环境。抓紧推动修订《固体废物污染环境防治法》、《循环经济促进法》和《清洁生产促进法》及其配套制度，从原料开采、加工、制造、消费、废弃、利用处置的全生命周期管理需求考虑，将固体废物污染控制、规范分类、资源化利用、再制造等要求前置于产生源及全过程，明确和强化政府、企业和公众对固体废物尤其是危险废物的减量化、资源化、无害化等方面的法律责任和义务。针对现行制度体系中的监管盲区，明确固体废物相关产业源头准入控制、回收、综合利用等环节相关方法律责任和管理要求，推进生产、消费责任延伸制度建设，即“谁生产谁负责，谁消费谁负责”，建立资源化利用市

场退出机制，不断优化市场结构，提升资源化利用整体水平。针对现行制度体系中妨碍固体废物资源化利用正常市场活动的“堵点”，优化固体废物资源化利用管理机制，取消不合理的行政审批，实施精细化、差异化管理，促进固体废物进入资源化利用生产，充分释放市场活力。

强化经济调节杠杆作用，强化政府引导带动，培育资源化产品发展内生动力。强化国家财政专项资金、政府性投资等直接投入对市场的带动作用，加大国家财政预算在历史遗留固体废物资源化、城市生活垃圾分类、农村生活垃圾治理、农业生产废物资源化等公益性领域的投入，引导社会资本进入资源化利用产业市场。加大财税优惠力度，扩大综合利用产品税收优惠、绿色采购、产品限制淘汰、政府补贴等优惠政策覆盖范围，提高政策实施的差异化，建立灵活的资源化利用和无害化处置价格调节机制，建立“谁利用、谁受益”“谁回收、谁受益”的市场环境；优化再生资源、优质矿产资源等进口关税政策，对国内不能生产的、国家鼓励引进的工业固废资源化技术、装备，减免进口关税。创造良好的投融资渠道，充分发挥政策的引导和激励作用，构建“政府主导、市场运作、全社会参与”的固体废物分类回收和资源化产业模式，努力将固体废物分类资源化利用培育成为支持我国经济社会绿色、创新发展的支柱产业。推进税制改革，将资源开发及固体废物利用处置的综合成本纳入资源开发、利用、消费的全过程，强化资源税、环境税对固体废物源头减量和可利用固体废物焚烧、填埋处置的限制作用，促进精细分类、充分资源化。首先要把固废资源化利用上升到国家生态文明建设的战略高度，落实规划，推动资源产出率、资源循环利用率等量化指标的广泛应用，将其作为生态文明建设的重要战略指标，纳入经济社会发展评价和政府绩效考核体系。

健全技术标准体系，引领和促进资源化产业健康发展。建立健全资源化利用过程污染控制标准体系、综合利用产品质量控制标准体系，推动综合利用产品顺利进入消费市场。建立工业副产品鉴别标准及质量标准体系，从产生源头控制固体废物品质，促进可利用固体废物充分资源化。构建重点行业产品生态设计标准、绿色供应链建设标准。重点工业装备再制造技术规范及再制造产品标准体系。推进再制造产品认定，规范再制造产品生产，引导再制造产品消费，推动建立再制造产品认定国际互认机制。

建立新型的社会管理制度和模式，化解固废资源化利用过程中可能发生的“邻避效应”。近年来，邻避效应导致垃圾焚烧项目被停建或缓建的事件时有发生，如广州番禺事件、北京阿苏卫事件、湖北仙桃事件等。“邻避效应”问题涉及地方政府、企业和群众的利益，是一个综合性的社会问题，仅仅依靠某一方面的力量难以解决。建议将“邻避效应”纳入社会综合治理体系，统筹进行化解。采用由政府、企业、公众、专家共同参与的“环境协调委员会”等有组织的机制，深度沟通，有效解决“邻避效应”问题。具体来说，要做好以下工作：加强党委政府领导，形成各部门联动机制；在各类邻避效应逐渐显现的形势下，要强化分类分区域精准施策，搞好管控结合；发挥社会组织作用，推进多方沟通协调。

建立部门联合监管惩戒机制，清理整顿资源化产业市场。根据资源化利用产业市场发展基本规律，以解决“部门墙”制约为重点，合理配置不同部门的管理责权，形成分工明确、相互衔接、充分协作的联合监管工作机制。以强化部门间信息共享、执法联动、联合行动为重点，建立环保、公安、质检、商务、工信、金融等多部门联合惩戒机制，对固体废物非法抛弃、转移、利用、处置等行为保持高压打击态势，提高企业和公众守法自觉性。

（二）加强顶层设计，实施综合管理战略

贯彻落实国家“创新、协调、绿色、开放、共享”五大发展理念，基于全生命周期分析，结合国家宏观战略，系统开展固体废物分类资源化利用战略研究。**工业固体废物分类资源化战略与产业结构调整、绿色制造、战略性新兴产业战略目标相统筹。**对于高风险、难利用，以及重要的战略资源、稀缺资源实施“以废定产”战略。将危险废物产生量大、毒性高、处理难的行业纳入产业结构调整范围；根据国家和地区对相应工业固体废物的利用和处置能力确定产能规模。开展重点行业产品生态设计、绿色供应链建设和工业园区循环化改造。将再制造产品纳入绿色产品范畴。以“弥补国内资源短缺，尤其是战略资源短缺，无害化利用进口废物，防范进口废物污染环境”为原则，统筹国内外两种废物资源，完善固体废物进口管理制度措施，建立有利于支持再制造的废物进口管理机制。“城市矿山”开发战略与城镇化发展目标相统筹，乡村废物分类资源化与美丽乡村建设目标相统筹，合理规划城乡生活垃圾、再生资源、建筑废物分类收集和资源化体系建设，提升城乡废物分类资源化利用水平。将乡村废物资源化与改进农业生产、提升农村生活环境质量、精准扶贫工作要求相结合。固体废物能源化利用与国家清洁能源战略相衔接，将城市生活垃圾新兴发电技术、生物质废物能源化作为分布式能源发展重点内容，促进生物质能源化利用率与促进工业固体废物的能源替代。

衔接生态红线、国土空间规划，统筹一次资源二次资源开发战略。以生态红线为限制，从空间布局角度，科学管控一次矿山资源开发活动。对于位于生态红线以内的实施保护战略，禁止开发，有序退出现有矿山企业，恢复生态环境；限制开发可使用固体废物作为替代资源的非金属矿山、建材类矿山；以提高资源“储采比”为重点，加强优势资源的储备与保护，将具有开发价值的含稀土元素、放射性元素等稀缺资源的固体废物纳入战略储备资源管理。位于生态红线外的矿产资源，强化矿产资源规划管控，严格实施分区管理、矿山总量控制和开采准入制度，引导小型矿山兼并重组，关闭技术落后、破坏环境的矿山，提高矿产资源开采率、选矿回收率和综合利用率。

统筹二次资源开发利用产业布局，引导资源深加工产业向传统资源聚集区域聚集。以工业生态设计为指导，以区域资源环境承载力条件和产业基础为前提条件，资源型地区在传统资源型产业基础上，统筹规划布局工业固废资源化产业，配套建设综合利用项目，依托优势产业需求，发展再制造产业，构建工业固废就地利用转化的工业生态网络，支持资源枯竭城市发展资源深加工产业，形成集约化、特色化、差异化的产业发展格局。以京津冀及周边地区铁矿资源生产基地为重点，推进尾矿、冶炼渣、废石等工业固体废物生态利用和钢铁、矿山行业工业装备再制造。以长江经济带为重点，发展有色金属尾矿中共伴生元素，冶炼废渣、工业污泥中有价资源提取等深加工产业。

提升全民资源环境意识水平，构建有效的社会监督机制。加强领导干部的培训教育，强化对固体废物分类资源化的大局意识和主体责任认识。加强企业宣传，提高企业开展

有利于固体废物分类资源化的自觉性，提高企业守法意识。将固体废物分类资源化纳入国民教育体系工作内容，在全社会培育和树立“人人做循环经济主人”的意识，提高全社会对固体废物资源化利用紧迫性的认识，普及资源循环理念知识，促进每个公众生活方式的绿色化。构建企业信息公开机制，建立固体废物减量化、分类资源化和无害化处置的公众监督机制，促进企业提高自觉意识。

（三）改革发展模式，促进资源充分循环，确立“无废国家”的长远目标

改革生产模式，构建资源正逆向流动相互耦合的生态产业链，改变资源依赖型发展路径。构建企业资源微循环体系，以开展企业产品生态设计、绿色供应链设计、工业生态设计为重点，提升企业资源利用效率，促进企业实施固体废物在线资源化利用，促进工业装备充分再制造，促进传统重工业企业绿色化改造。构建区域层面资源循环的工业生态网络，以园区循环化改造、生态工业园区建设、生态城市试点为重点，根据区域产业特征定位、固体废物资源化实际需求和产业基础，开展资源循环利用产业补链设计，合理引进促进综合利用产业，促进企业间资源能源梯级利用和相互转化利用。大力发展工业固体废物分类回收、分类资源化的专业服务体系，形成固体废物资源化、能源化区域循环。

引导生活模式改革，树立绿色消费意识，努力提高全社会资源产出效率。结合国家供给侧改革总体部署，增加固体废物分类资源化利用的绿色产品供应，积极推广生态设计产品、综合利用产品消费。在公共服务供给方面，优先提供固体废物分类资源化基础设施体系建设和分类收集服务，优先提供可再生能源、清洁能源供应。在市政工程建设等公共基础设施建设领域，实施综合利用产品政府采购，引导全社会购买使用分类资源化利用产品。

构建固体废物资源多级循环模式，逐步实现固体废物在工业生产、农业生产、城市和农村生活三大体系间的衔接循环。以促进资源能源有序流动为重点，在城乡发展过程中，科学评估工业固体废物、城市矿山、乡村废物的资源、能源平衡，促进“城市矿山”开发、乡村废物能源化工产业发展等对工业资源消费的供给，促进工业能源、生物质能源对城市生活和农村生活能源需求的供给，显著增加再生资源在国家资源供应中的比重，逐步构建全社会固体废物分类资源化循环体系，努力实现全社会资源能源消耗最小化、资源利用最大化，最终实现具有我国特色的循环经济社会发展模式，实现“无废国家”的长远目标。

（四）强化科技支撑，提速产业高端发展

设立国家科技计划（专项），加强固体废物资源化利用科技支撑能力建设，提高资源化利用的水平。重点支持开展固体废物分类资源化利用关键共性技术和重点设备装备研发；支持资源高效提取、工艺自动控制等关键技术、装备的引进集成和自主创新。针对工业固体废物、城市矿山、农林废物的资源化和能源化利用三大产业链，鼓励并支持前瞻性关键技术的产学研用联合攻关和技术储备，有序安排先进适用技术装备集成及其

产业化示范，带动产业高端发展。支持固体废物分类资源化利用高附加值新产品研发，稀贵金属提取、复合材料分离回收、废弃产品精细拆解等先进技术及装备研发；加强再制造技术创新，提高在役再制造、先进再制造技术研发；加强陈旧垃圾填埋场资源化再生利用技术创新；提高生活垃圾填埋场废气、废物的能源化和资源化利用，促进新型生活垃圾处置系统建设；加强农林废物（农业、林业、养殖废物）能源化工及多联产技术创新。支持固体废物智能化管理信息技术研发。要加快创新技术的推广应用，建设重大试点示范工程，加快推进固废分类资源化利用产业化进程。

强化科技支撑能力建设。以工程实验室、产学研平台、产业孵化器、标准实验室等为依托，建设分行业固体废物分类资源化利用及产品的污染防治技术、标准研究，先进适用技术评估验证，资源化产品质量评估，危害评价与风险评估等科技支撑体系，为开展固体废物分类资源化利用产业技术政策研究和管理决策提供技术支撑条件。

加强信息技术与固体废物分类资源化利用的深度融合，推进固体废物分类资源化市场配置的智慧管理。依托云计算、“互联网+”、物联网等现代化信息技术手段，构建固体废物综合管理和公共信息服务体系，将之纳入智能城市建设体系，加强固体废物产生、回收、资源化利用的信息采集、数据分析、流向监测，合理配置、利用、处置资源市场，促进固体废物进入规范回收利用渠道。提升固体废物环境管理信息化水平，加强固体废物收集、转移、利用处置等环节的远程监管，提升固体废物分类资源化过程环境风险防控水平；提高申报登记、行政审批等管理工作信息化服务水平，提高工作效率，促进固体废物资源快速有序流动。

附录一　国内固体废物资源化利用领军企业和典型案例

一、“城市矿山”资源化利用领军企业和典型案例

（一）生活垃圾处理处置企业

企业名称：中国光大国际有限公司

典型案例：

1）镇江市垃圾焚烧项目，日处理规模1450t，年均获得约1.45亿kW•h的绿色电力。整个项目产出大于投入，处于盈利状态；并且各项环境指标达到国际先进水平；核心设备实现了国产化，是具有完全自主知识产权的垃圾焚烧发电整体技术体系，并达到了同类技术的国际先进水平。

2）苏州垃圾发电项目一期、二期、三期为目前国内处理规模最大的生活垃圾发电厂，住建部评定的五家AAA级垃圾发电厂之一，获江苏省「扬子杯」优质工程。中央电视台以“花园式垃圾焚烧发电厂”专题报道。

3）常州垃圾发电项目为国内唯一座落在城区的垃圾发电厂。江苏省建设厅达标投产综合评分98分，为全国同行业项目验收最高分。

4）宜兴垃圾发电项目一期，系自主研发，设备全部国产化的示范工程。

5）江阴垃圾发电项目一期、二期是国内实现垃圾与污泥协同处理的样板项目，实现了城乡垃圾全量焚烧，获「太湖杯」全优工程奖。

企业名称：瀚蓝环境股份有限公司

公司投资超过20亿元，建设了南海固废处理环保产业园。产业园规划建设了固体废物全产业链处理系统，形成了由源头到终端完整的固体废物处理产业链。产业园以系统的整体规划，国际领先的建设标准，优于欧盟标准的排放指标，专业、坦诚、透明的运营，赢得了社会的认可和支持，与大学城及高档生活社区比邻而居，和睦相处，受到国家住建部及各地方政府、行业的认可，被称为“破解垃圾围城困境的‘南海样本’”，成为国内同行业标杆和典范。

其中，南海垃圾焚烧发电项目位于佛山市南海区中部的狮山镇狮山林场大榄分场，总规模3000t/d，包括垃圾焚烧发电二厂和一厂改扩建项目。南海垃圾焚烧发电项目以国内领先的建设和运营标准，被视为国内标杆的垃圾焚烧发电项目，2012年被广东环卫协会评为最佳运营项目，并获评为代表国家最高运营管理水平的“AAA”级垃圾焚烧发电厂。

（二）废塑料资源化利用企业

企业名称：盈创再生资源有限公司

典型案例：

目前是国内唯一、世界单线产能最大的再生瓶级聚酯切片生产企业，年处理废旧PET饮料瓶5万t，相当于22亿个废旧PET饮料瓶，年产再生洁净PET碎片3万t，再

生超洁聚酯切片 2 万 t，是国家第二批循环经济试点单位、中国包装联合会常务理事。

盈创再生工艺符合美国食品药品监管局（FDA）和国际生命科学学会（ILSI）等国际专业机构的指导要求，并通过了美国食品药品监管局的认证，产品是安全可靠的，已在美国及欧洲等国家使用。

盈创公司还与可口可乐公司等跨国企业进行了深入的技术合作，经过卫生部联合国家质量监督检验检疫总局进行安全性评估后，“盈创再生瓶级聚酯切片”可以用于生产接触各类食品的包装产品，达到了国标 GB 13114 及 GB 17931 原生瓶级聚酯切片的标准，是国内唯一被允许用于食品包装容器的再生原料。

（三）餐厨垃圾资源化利用企业

企业名称：江苏维尔利环保科技股份有限公司

典型案例：

1）常州市餐厨废弃物综合处置 BOT 项目。

处理类型：餐厨垃圾；处理规模：200t/d 餐厨垃圾+40t/d 地沟油。

采用工艺：自动分选、固液分离、深度水解、高效厌氧、沼气发电、生物柴油；投入运营时间：2015 年 12 月。

2）杭州市餐厨垃圾处理一期工程设计采购施工（EPC）。

处理类型：餐厨垃圾；处理规模：200t/d；采用工艺：预处理+厌氧发酵（或厌氧消化）。

企业名称：山东十方环保能源有限公司

典型案例：

1）青岛市餐厨垃圾处理项目主要处理青岛市四城区产生的餐厨垃圾，日处理能力 200t，餐厨垃圾经过厌氧消化处理后，转化为沼气、粗油脂、生物有机肥等资源化产品。其中年生产天然气 147 万 m^3。

2）昆明市餐厨废弃物处理项目设计日处理规模 500t，一期为 200t，主要处理昆明主城区及其他四区产生的餐饮垃圾。

3）济南市餐厨废弃物收运处理项目负责处理济南市餐饮行业、院校食堂、机关单位食堂产生的餐厨废弃物，日处理能力 200t，年处理能力约 66 000t。

4）烟台市餐厨废弃物处理厂工程主要处理烟台市六区规模经营的饭店、宾馆及食堂产生的餐厨废弃物，日处理能力为 200t，并具有 25t/d 废油脂处理能力。

企业名称：江苏洁净环境科技有限公司

典型案例：苏州市从 2007 年开始推进餐厨垃圾资源化利用和无害化处理工作进程，经过多年的实践，已经基本形成了具有苏州特点的“属地化两级政府协同管理、收运处一体化市场运作”餐厨垃圾资源化利用和无害化处理的“苏州模式”。

收运来的餐厨垃圾首先进入预处理车间进行分拣处理，去除其中的生活垃圾和杂质，为后续处理创造良好条件。分拣后的餐厨垃圾被送入湿加热处理系统进行处理。湿热处理不仅能够通过高温高压有效杀灭其中的细菌病毒，也能够将固相中的油脂大量溶出，提高资源利用率，还可以水解大分子有机物，改善酸值和营养结构，提高后续发酵产沼气率。

（四）电子废物拆解企业

企业名称：格林美股份有限公司

典型案例：

格林美作为中国废旧电池、电子废弃物回收利用的发动单位和国家循环经济试点企业，在各级政府的支持下，以广东深圳、湖北武汉、湖北荆门、江西南昌等 20 多个城市为中心，分层建立中国首个以“回收箱、回收超市相结合”的废旧电池、电子废弃物回收体系。创立了中国废旧电池和电子废弃物回收利用的“武汉模式”，按照“自愿者，免费提供废弃物；不志愿者，付费收购”的原则，构建了方便市民、企业分类回收的集中交易的绿色回收网络，达到 1000 人拥有一个回收箱、100 000 人拥有一个回收超市。5 年内，在全国 20 个中心城市建设 10 万个回收箱，1500 个回收超市及“3R”循环消费社区连锁超市，达到年回收废弃物总量 50 万 t 以上。初步形成遍布全国的废旧电池与电子废弃物的回收网络，实现了对中国主要中心城市的废旧电池和电子废弃物的集中收集。使中心城市的废旧电池与电子废弃物的回收率超过 50%，达到欧洲、日本等先进地区的水平，以此探索中国“城市矿山”资源的开采试验，为中国“城市矿山”资源的大规模开采提供示范模式。

企业名称：华新绿源环保产业发展有限公司

典型案例：

1）华新绿源研发的整个线体技术，适用于废旧电视、电脑、洗衣机、冰箱等家用电器的拆解处理，采用物理法进行处理，不产生任何的废气废水，符合环保部门的要求。本设备采用独特的双层结构，形成一套独特的拆解工艺、物流、一体化的处理流程。

2）第三代自动切屏机专门用于 CRT 阴极射线管加工、分离，将 CRT 的屏玻璃和锥玻璃进行有效分离，实现荫罩板、荧光粉的回收。整个过程采用 PLC 全自动触摸屏控制面板，自动化程度高（加热时间、加热位置、切割数量均自动控制）、切割速度快、故障率低，有利于保证产品品质的稳定性并提高生产效率。

（五）报废汽车拆解企业

企业名称：广东省金属回收有限公司

广东省金属回收有限公司成立于 1988 年，是广物控股属下的国有全资子公司，是中国物资再生协会、中国拆船协会及广东省金属材料流通协会的副会长单位。经国家商务部认定具有报废汽车回收资格和广东省经信委评为“广东省优势传统产业转型升级示范企业”、“广东省资源综合利用龙头企业”，是华南地区最大的废旧汽车综合利用商及汽车循环经济产业运营发展商。

长期以来，公司秉承“创新经营，持续发展”的经营理念，实施“再生资源综合利用为主，专业化、多元化经营”的发展战略，以报废汽车回收拆解加工、报废船只购销拆解、再生资源利用、新造船业务、钢材贸易、矿产资源进口贸易、设备及技术进出口等多种贸易于一体，以再生资源为核心，致力于供应链整合营销，延伸上下游产业链。

（六）建筑废物处理处置企业

企业名称：许昌金科资源再生股份有限公司

经典案例：

“许昌金科模式”涵盖了经营模式的确立及建筑废弃物的收集、运输、处置和资源化再利用的产业链，实现了从建筑废弃物到再生建筑材料的循环发展。目前许昌市建筑垃圾管理及资源化利用工作模式已经在河南信阳、安徽淮南、广州、宿州等地推广，并于2013年获得住建部“中国人居环境范例奖”。

在经营方式方面，通过许昌市政府和公司两次十年的共同努力，走出了一条“政府投资少、企业有效益、垃圾得利用、环境大改善”的新路子，确立了政府主导的特许经营模式，从根本上解决了建筑废弃物私拉乱运、围城堆放、破坏环境等难题。公司被授予许昌市规划区范围内建筑废弃物再利用特许经营单位，同时也是国内首家建筑废弃物领域特许经营企业。

（七）废电池资源化处理企业

企业名称：邦普集团

典型案例：

邦普年处理废旧电池总量超过20 000t、年生产镍钴锰氢氧化物10 000t，总收率超过98.58%，回收处理规模和资源循环产能已跃居亚洲首位。邦普通过独创的“逆向产品定位设计”技术，在全球废旧电池回收领域率先破解“废料还原”的行业性难题，并成功开发和掌握了废料与原料对接的“定向循环”核心技术，一举成为回收行业为数不多的新材料企业。除此之外，邦普年回收拆解报废汽车设计总量为20 000辆，回收和再生产钢炉精料18 000t、有色金属900t、非金属及其他材料5000t，邦普是湖南宁乡报废汽车回收拆解定点企业。邦普也是国内同时拥有电池回收和汽车回收双料资质的资源综合利用企业。

（八）废橡胶轮胎资源化利用企业

企业名称：中胶资源再生（苏州）有限公司

中胶资源再生（苏州）有限公司成立于2010年8月，总部坐落在苏州市国家高新技术产业开发区。公司下设胶粉生产研发基地和废轮胎常温全自动处理成套设备制造研发基地，主要从事国家鼓励发展的环境保护技术目录中“废旧橡胶轮胎深加工利用技术”的应用示范和产业化推广。目前新建的国内最大的利用废轮胎生产硫化胶粉及塑化胶粉的产业化生产基地，一期可以年处理2万t废轮胎，生产硫化胶粉及塑化胶粉14 000t，该生产线突破了国内常温法处理废轮胎生产精细胶粉单线年产超万吨的规模。公司在“十一五”期间获得了国家科技支撑计划项目的立项。

公司自主研发的废轮胎常温、全自动生产精细胶粉成套设备和技术，已获得国家4项发明专利及多项新型实用专利，具有自主知识产权。该技术在常温、全自动、全封闭工况下，将废轮胎破碎、精细粉碎，同时自动分离废轮胎中的橡胶、钢丝和尼龙纤维，并自动分级生产出40～200目的胶粉产品，实现“精细胶粉”和“塑化胶粉”产品的规模化生产。全机组由工业计算机控制，中央控制室集中监控。整个生产过程清洁环保，无废弃物排放，生产过程中分离出的废钢丝及废尼龙可作为再生原料为下游利废企业利用，实现了废轮胎100%资源循环利用。“精细胶粉”和“塑化胶粉”产品可以被橡胶制品企业作为原料广泛使用，因而大幅度地降低了橡胶制品的配方成本，具有较高的性价比。

企业名称：唐山再生资源循环利用科技产业园

“河北唐山再生资源循环利用科技产业园”由唐山市再生资源有限公司与中国再生资源开发有限公司、河北荣泰再生资源开发利用有限公司、唐山兴宇橡塑工业有限公司合作投资开发。园区位于玉田县“后湖工业聚集区”，于2010年5月由唐山市供销合作社启动立项。园区占地1600亩，总投资30亿元。主要进行废旧轮胎、**废旧钢铁、废旧塑料、废旧汽车、废旧家电**的回收再利用。到2015年可形成回收处理及循环利用等180万t的产能：拆解废弃电器电子产品250万台、含汞废旧灯管2500t，拆解报废车辆1.5万台，回收加工废钢铁60万t，拆解废旧机电设备12万台，处理废旧轮胎50万t。在项目全部建成达产后，年可实现销售收入60亿元以上，可解决15 000人就业。将成为华北地区重要的再生资源集散地和再生制品生产基地。

唐山再生资源循环利用科技产业园每年可回收处理废旧轮胎50万t，生产混杂塑料制品5万t，胶粉12万t，翻新轮胎20万t，燃气专用管材2万t，排水管材1.5万t，港口运转专用包装袋2000万条。

（九）废钢铁资源化利用企业

企业名称：江苏苏物再生利用有限公司

江苏苏物再生利用有限公司是中国物资再生协会副会长单位，是江苏省物资协会会长单位。1976年成立的江苏省物资局直属企业江苏金属回收公司经1997年改制设立为江苏苏物再生有限公司。主要开展废钢、**废车、废船**回收业务，主要给沙钢、鑫瑞特钢、南钢、西城钢厂、兴澄特钢、常熟钢厂、南钢股份、锡澄、苏南特钢、南通宝日钢厂、联峰钢厂、如皋钢厂、宝钢梅山、龙腾特钢、华润特钢、苏钢、常州中天等钢厂供应废钢。

江苏苏物再生利用有限公司2007年收购废钢246万t，2008年收购废钢156万t，2009年收购废钢603万t，2008年江苏苏物再生利用有限公司被江苏省发改委评定为百强服务业第68位，每年都被沙钢、南钢、西城、锡澄、兴澄、宝钢等厂家表彰。

（十）废有色金属资源化利用企业

企业名称：江苏春兴合金集团有限公司

江苏春兴合金集团有限公司是国内最大的铅再生企业，主要从事废铅酸电池等含铅废料研究开发和综合利用。具备年产铅及铅合金10万t的能力。主要产品有精铅、蓄电池板栅合金、电缆护套铅、三氧化二锑四大类60多个品种，拥有资产1.5亿元。江苏春兴集团以邳州为基地，在徐州和邳州市委市政府的重点扶持下，得到快速发展，创造出具有中国特色的无污染冶炼废铅酸蓄电池新技术，获得原国家科委和科技部确认的专有技术拥有权，是我国铅冶炼行业唯一一家以技术优势在国外成功办厂的企业，被国家列为“八五”无污染再生铅攻关项目示范厂。该公司自主研发的节能环保熔炼炉和废铅酸蓄电池破碎分选国产化设备各种性能指标优良。

（十一）废纸资源化利用企业

企业名称：浙江永泰纸业集团股份有限公司

典型案例：

永泰纸业于2006年4月斥资7477万元与华南理工大学开展了办公废纸脱墨替代原木浆产业化合作，在工艺流程、生产技术、白水回用、污泥治理、油墨回收、循环利用等环节上，自主创新，选择最佳设计方案，降低生产成本，达到循环综合再利用。办公废纸脱墨循环再利用替代原商品木浆34 000t/a，成本节约额为1712万元/t浆。

（十二）废玻璃资源化利用企业

企业名称：上海燕龙基再生资源利用有限公司

上海燕龙基再生资源利用有限公司是一家废玻璃资源化开发利用公司，由上海燕龙基再生资源利用有限公司和上海华尔润环保工程有限公司组成，是全国最大的废玻璃回收利用企业，构建了行业内最完善的废玻璃收集网络体系和最先进的分拣加工基地。

该公司目前有867个经营网点，主要遍布于华东三省一市及沿海地区。公司目前有4条清洗加工线，年清洗加工能力为40万t。年收购废玻璃总量达110万t，营销额6亿余元。

（十三）报废船舶拆解企业

企业名称：舟山长宏国际船舶再生利用有限公司

舟山长宏国际船舶再生利用有限公司是一家专业从事国内外废旧船舶绿色拆解的企业，项目投资约28亿元，占地面积1500亩，海域岸线约2000m。主要建设项目有610m×120m、520m×120m港池各一座，900m×25m拆船码头一座，配备相应的堆场、仓库、起重设备和齐全的环保设施，能同时进行10艘万吨级船舶拆解，港池最大靠泊能力30万t，年拆解各类船舶100艘左右，总拆船量约150万轻吨，拆解产品包括废钢，各类有色金属及可回用船配件等。

公司积极推行“安全环保，绿色拆船”的理念，已获得国际广泛认可。目前，已与丹麦马士基、英国壳牌、美国雪佛龙、日本NYK等世界知名公司及欧盟非政府组织等建立良好的合作关系。

二、乡村废物资源化利用领军企业和典型案例

（一）农村生活垃圾资源化利用

企业名称：晟锋集团和合创生公司

典型案例：

农村生活垃圾资源化与能源化清洁利用示范工程，晟锋集团和合创生公司针对我国生活垃圾构成复杂、自主分类难、民众参与积极性差的问题，研发了基于干式过程的新一代短流程高分离率生活垃圾自动分选技术及成套设备、两段式可燃固废热解燃烧技术以及下吸式热解气发电技术，显著降低分选过程对洁净水和电力的消耗，避免大量二次

污染物产生，同时大幅降低系统能耗及实际运行成本，提高各类物质分离效率，有效解决由于民众对生活垃圾自主分类积极性与参与度不高所导致的垃圾组分混杂而无法实现分类资源化利用的难题，在湖北恩施，江苏镇江，广东佛山、清远等地建有日处理量百吨级工程示范。

（二）生物质能源利用

企业名称：河南秋实新能源有限公司

典型案例：

河南汝州大规模生物质成型燃料技术集成与产业化示范工程。河南科学院与河南秋实新能源有限公司合作在河南省汝州市建成生产能力300套的成套设备生产基地。以当地农作物秸秆和林业废弃物为主要原料，在汝州市6个乡镇建成年产成型燃料3万t生产线1条，年产1万t成型燃料7条，形成年产成型燃料10万t生产能力，是目前河南省单场规模最大的生物成型燃料生产基地，可解决20万亩农田的秸秆问题，经济、社会、环境效益显著。

企业名称：肥城方兴阳光能源技术有限公司

典型案例：

秸秆成型燃料村镇集中供热示范工程。农业部规划设计研究院和肥城方兴阳光能源技术有限公司在山东泰安肥城建立了秸秆成型燃料示范工程，集成从秸秆原料供应，到烘干、粉碎、调质、输送等初级处理技术，从秸秆原料供应、初级处理以及固体成型技术工艺模式到成型燃料高效应用全产业链条开展试点示范，实现周年连续稳定运行，达到规模化生产3万t生物质成型燃料规模；在密云建成生物质供热系统工程，包括生物质锅炉、自动上料机构、料仓等设备。可实现自动装料，供暖面积13 000m^2，满足了种鸭孵化的采暖及厂内区域供热用能需求。

企业名称：昆明电研新能源科技开发有限公司

典型案例：

云南省生物质能源化梯级利用示范工程，以昆明电研新能源科技开发有限公司为项目实施单位，截至2015年，项目建设地所在州西双版纳州橡胶林种植面积720万亩，每年更新砍伐36万亩，约867万m^3。当地专业加工橡胶木的木材厂约40家企业，每年生产加工产生的边皮、锯末、刨花和料头约277万m^3，折合为162万t。项目产品有生物质燃气、生物质炭。生物质炭，用于民用和工业用炭，炼钢、工业硅、有色冶金等冶金行业的还原剂替代；制作渗碳剂改进零件力学性能；制作良好的溶剂二硫化碳；生物炭丰富的孔隙结构、较大的比表面积，羧基、羟基、脂肪族、芳香族等结构，使其具备较强的吸附力和抗氧化力。应用于农林业改良土壤。生物质燃气，热值高焦油含量低，可用于发电、供热、烘烤，如木材加工、造纸、粮食加工等用电工业用户；以锅炉供热如农林产品烘烤等为主业的企业，项目根据实际需求，将生物质热燃气用于项目自身，不对外供气。

企业名称：国能单县生物质能电有限公司

典型案例：

农林生物质直燃发电工程。国能单县生物质能发电有限公司采用农林生物质直燃发电，装机容量为30MW，通过10kV单能线并网于20kV单城变电站，2006年正式并网发电。燃料以破碎后的棉花秸秆为主，可掺烧部分树枝、桑条、果枝等林业废弃物，年可消耗农林废弃物30万t。项目引进丹麦公司BWE技术，消化吸收国外技术，自主设计研发130kW的秸秆燃烧锅炉，实现了生物质发电设备国产化。项目设备包括锅炉、汽轮机、发电机等，主厂房采用三列式布置，依次为汽机房、除氧间和锅炉房，汽轮发电机采用纵向布置。在原料供应方面，电厂所在县设有8个秸秆收购站，这8个收购网点辐射面积广。

企业名称：合肥天焱绿色能源技术有限公司

典型案例：

生物质热解炭电联产工程。合肥天焱绿色能源技术有限公司在安徽凤阳建立了生物质热解炭电联产工程，实现年处理农作物秸秆及林业剩余物4万t，项目燃料以水稻、油菜、小麦秸秆为主，其他农作物秸秆及林业剩余物为辅，采用横流移动床生物质干馏技术，建设4条生物质热裂解多联产生产线。项目一期系统运行安全平稳，年发电能力达到1.79万kW·h。二期建成达产后，年处理农作物秸秆及林业剩余物18.76万t，年发电可达8400万kW·h，生物炭年产量4.7万t。

企业名称：广西中粮生物质能源有限公司

典型案例：

木薯燃料乙醇利用工程。广西中粮生物质能源有限公司在广西建设年产20万t燃料乙醇项目，采用风选风送（干法）、泵送（湿法）、除砂除杂、中温连续液化、同步糖化浓醪发酵、闪蒸热能回收、热耦合差压蒸馏、分子筛变压吸附脱水、蛋白絮凝分离、木薯渣和沼气掺烧热电联产、IC反应器处理废水等新工艺。项目占地45.26万m^2，年产燃料乙醇20万t、木薯渣8万t、沼气2970万m^3、二氧化碳5万t。建有一条铁路专用线、一座装机容量为15 000kW的自备电站、一条燃料乙醇生产线和一座大型污水处理系统。

（三）畜禽粪便资源化利用

企业名称：揭阳市揭东区润丰生猪养殖专业合作社

典型案例：

基于畜禽粪便清洁利用的新型种养一体化工程示范。揭阳润丰合作社针对当前我国畜禽养殖行业面临的环境污染严重、养殖效益低下的突出问题，以畜禽粪便的资源化清洁利用为核心突破口，耦合可腐物及农林废物清洁处置，根据营养元素和能量元素设计利用路径，开发了混杂组分畜禽粪污生物强化高负荷厌氧消化稳定产沼新技术、太阳能辅助畜禽粪便和沼渣沼液制肥新技术、畜禽废弃物气-液-固多联产新技术、沼渣液种植高蛋白高热值经济作物、经济作物循环再利用等具有自主知识产权的肥、气、电及饲料等生物转化关键技术及成套装备。目前建成日产2万m^3沼气工程1座，实现了废物全链条清洁利用，大幅提升了畜禽粪便的资源化清洁利用水平。

企业名称：山东民和牧业股份有限公司

典型案例：

养殖场沼气发电工程。山东民和牧业建设了“鸡－肥－沼－电－生物质”的循环经济产业链。采用高浓度鸡粪沼气发酵工艺，建设大型沼气发酵工程，产生的沼气用于发电上网，沼气发电机组余热可供沼气发酵工程自身的增温和鸡场的供温。沼气发电工程的主要单元为 8 座 3200m^3 的厌氧发酵罐和装机容量 1064kW 的发电机组 3 台（套），配套工程包括 4000m^3 的格栅集水池、2 座 2000m^3 匀浆调解池、2000m^3 的沼液储存罐 50 000m^3、沼液储存池、2150m^3 的储气柜。项目年处理鸡粪便约 18 万 t；年产生沼气 1095 万 m^3，项目发电机组装机容量为 3MW，年可发电 2190 万 kW•h；固态有机肥年产量为 13 262t，液态有机肥年产量为 23.7 万 t。

（四）杏仁壳、椰子壳等农业废物资源化利用

企业名称：河北承德华净活性炭有限公司

典型案例：

果壳活性炭生产工程。河北承德华净活性炭有限公司是中国最大的果壳活性炭生产企业，是一家集技术研发、活性炭系列产品及活性炭工艺生产于一体的业内大型企业。公司以杏仁壳、椰子壳等农业废物为原料，联产活性炭、电、气、热水、炭基肥等，实现了废物资源的再生利用，同时减少了环境污染排放。

三、工业固废资源化利用领军企业和典型案例

（一）钢铁矿山联合企业工业固体废物综合利用

企业名称：鞍钢集团有限公司

典型案例：

鞍钢矿山具有百年开采历史，铁矿资源量全国第一，资源特征和利用水平在国内都具代表性。

（1）典型难选铁矿工业固体废物源头减量

研发了“提铁降硅”核心技术，盘活了贫赤铁矿资源，显著减少了废石排放。 建立了地下采选一体化技术，实现采矿、选矿、废弃物处理均在地下完成，用废石和尾矿直接充填采空区，地上无选矿厂、排岩场、尾矿库。研发了分步浮选技术，解决了鞍山近 10 亿 t 含碳酸盐赤铁矿“精矿和尾矿不分”的技术难题，每年多入选碳酸铁矿石 100 万 t，创效 2.34 亿元，为国内多达 50 亿 t 的含碳酸盐难选铁矿石的回收利用提供了技术支撑，大大减少了排放。创建“五品联动”系统解决了贫铁矿加工流程长、开发效率低的问题。该模式以贫铁矿开发勘查、采矿、配矿、选矿、冶炼五大工序集成一个大系统，构建工序间、矿山间、要素间的网络化联动关系，合理分担成本，最大限度地减少废弃物排放，提升资源利用效率。

（2）铁矿山工业固体废物综合利用

鞍钢矿业累计排岩量 27.23 亿 t，估算平均含矿率 4.2%、含矿量 1.144 亿 t；已排尾矿 9.6 亿 t。鞍钢矿业集团已在岩石和尾矿开发利用相关技术方面获得专利 9 项、专有技术 12 项。

（3）铁尾矿综合利用

铁尾矿改良苏打盐碱地，试验田每公顷产水稻 6800kg，产品检验结果符合《绿色食

品大米》标准。极贫赤铁矿湿式预选技术，形成干粗粒级尾矿，可替代建筑用砂。尾矿悬浮焙烧磁选回收铁矿物达到国际领先水平。

（4）岩石综合利用

截至 2015 年年末，累计处理岩石 5000 万 t，回收矿石近 600 万 t，减少了废石排放，也有效弥补了矿山生产能力不足。

（5）绿色生态矿山建设

绿色生态矿山建设，从源头上消除了扬尘污染和水土流失。目前大孤山东山包排岩场已成为集绿化观光、养殖为一体的多功能生态园区。其中，东烧前峪尾矿库生态恢复实验区累计投资 4.9 亿元，完成矿区生态恢复面积 2228 万 m^2，可绿化率达 85%，居同行业领先水平。通过持续治理，矿区及周边环境明显改善，粉尘合格率和污染因子合格率分别达到 97.2%和 96%。

（6）钢铁冶炼工业固体废物资源化

鞍山钢铁年产钢量 2200 万 t，产生固废 1310 万 t，吨钢固废发生量为 572kg。其中，企业可内部利用含铁物料 225 万 t，各类冶金渣 980 万 t，危险废物、废耐材、废旧资材等 105 万 t。目前鞍钢已经拥有了一整套世界领先的冶金渣处理工艺技术，钢渣处理率达到 100%，利用率达到 70%，钢渣中金属物料提取率达到 98%以上，钢尾渣再通过钢渣粉生产线进一步深加工。未来，如能将鞍钢现有综合利用技术充分应用，可实现 15 大类工业固体废物资源化利用，其中 11 类产品可以回用于企业内部生产。

（二）冶炼渣综合利用

企业名称：宝钢集团有限公司

典型案例：

1）成功开发了滚筒法熔渣处理技术，开发液态钢渣、溅渣护炉后高黏度钢渣的处理技术工艺设备，彻底解决罐底渣处理污染问题，实现了炼钢渣不落地，以及对转炉熔渣、电炉熔渣和钢包渣的循环利用。大力推进建设矿渣微粉、磁性材料、废耐材、废旧油再生等产业化项目和钢渣微粉试验线、透水砖、喷丸料等钢渣制品的深度利用，促进固体副产资源的再利用和再循环。

2）在国内率先建立了全物流管控模式下的固废资源综合利用管理体系，并利用计算机信息技术建成钢铁行业内第一个资源综合利用计算机系统。按资源价值、利用方式对固体副产资源进行分类管控，收集固体副产资源产生、作业、外卖、消耗、质量等信息，实现了对一次资源、二次资源的物流和信息流进行综合管理，为固体副产资源循环利用全过程的精细化管理提供了技术手段和管理依据。

3）开发了具有国际先进水平的短流程渣处理（BSSF）技术等固体废物源头减量技术。短流程渣处理技术是宝钢股份自行开发的具有世界领先水平的转炉熔态渣处理技术，是将高温熔态冶金渣在一个转动的密闭容器中进行处理，在工艺介质和冷却水的共同作用下，高温渣被急速冷却和碎化并被排出，处理过程污水循环使用，集中排放的蒸汽符合国家环保标准；粉尘排放浓度＜50mg/Nm^3，系统风量 15 万 m^3/h，金属回收率＞90%，配套渣不落地装置，处理后的渣性能稳定，可直接利用。

（三）危险废物资源化利用

企业名称：东江环保集团

典型案例：

1）含铜蚀刻液生产α-碱式氯化铜技术（深圳东江华瑞科技有限公司）：公司引进美国 Heritage 公司专有技术，利用印制线路板厂的酸性铜蚀刻废液和碱性铜蚀刻废液，经过严格的处理工艺，本土化生产碱式氯化铜（α 晶型）产品，该产品是一种新型的更环保的铜源饲料添加剂，以代替传统的饲料级硫酸铜产品，于 2007 年获得农业部颁发的“碱式氯化铜（α 晶型）”新产品证书，是国内第一个以晶体结构命名的饲料添加剂产品。目前全球仅有两条碱式氯化铜（α 晶型）生产线，一条在美国本土，一条即是本项目。本项目生产能力达到400t/月。碱式氯化铜（α 晶型）的生产，实现了对危险废物处理的资源化、减量化、无害化的特点，是循环经济清洁生产的有力体现。

2）含铜蚀刻液生产电镀级硫酸铜技术（惠州市东江环保技术有限公司）：利用印制线路板行业产生的含铜蚀刻废液为生产原料，自主研发出通过盐析、萃取、酸化、结晶、洗涤等工序，严格控制原料所带来的重金属，如铁、砷、镍、锌及氯等杂质的含量，生产出高纯电镀级硫酸铜资源化产品，其硫酸铜含量高于 99%，杂质含量远远低于国家标准要求，并制定了企业标准，产品指标甚至超过德国、日本标准，满足高精密电镀的要求，可返回 PCB 行业作生产原料。本项目技术是东江环保集团含铜蚀刻废液资源化生产普通级别的碱式氯化铜、硫酸铜、氧化铜等铜盐产品技术的重大提升。目前产品规模已达每年 10 000t。

3）工业危险废物焚烧（惠州东江威立雅环境服务有限公司、江西东江环保技术有限公司）：采用回转窑加双效二燃室工艺焚烧处理危险废物。根据废物特性、热值合理配伍，进料适应和通畅性好；废物灼减率为 0.55%～5%，废物燃烧彻底，减容率大，出渣率低。尾气处理采用半干法喷淋加布袋除尘，烟气监测和控制系统反应敏感，安全可靠，尾气排放满足最严格的欧盟标准；并设余热回收。

（四）采矿尾矿综合利用

企业名称：邯郸一二循环科技有限公司

典型案例：

邯郸一二循环科技有限公司与国家重型企业中联重科强强联合在西戌矿区建设一座全国首创的八维一体循环经济园区，利用符山矿区堆积成山的铁矿采矿废石和尾矿制造绿色新型建筑材料，然后对矿山进行绿化和地貌恢复。在项目生产建设过程中，对矿山固废物实行“边清理利用、边绿化恢复”的原则，把尾矿石和尾矿砂吃干榨净，不生产二次污染，通过科学的规划和开发设计，植树造林，兴建农业。最后形成集绿色生态农业、旅游观光、健康养老基地于一体的绿色环保的循环经济园区。

（五）再制造工业

企业名称：南京田中机电再制造有限公司

南京田中机电再制造有限公司成立于 1995 年，专业从事办公设备再制造。在中国中高端打印复印机市场，市场占有率第一，目前年销量已达 7.5 万多台，占国内市场份额的 50%以上，已发展为全球最大的打印复印机设备再制造企业。中国复印机再制造国家标准第一起草单位。田中机电已获得 15 项技术专利。现已进入自主研发打印复印机整机设计攻坚阶段。现已建成全球第一大规模打印复印机再制造生产线，年产能可达 40 万台。田中公司 2015 年度再制造复印机全年产值 2.3 亿元，销售收入 1.7 亿元，年销售 7.5 万台。

课题四

农业发展方式转变与美丽乡村建设战略研究

一、农业发展方式转变与美丽乡村建设面临的机遇与挑战

（一）背景与意义

党的十八大确定了生态文明建设的战略任务，确定“五位一体”的战略发展格局，提出了建设美丽中国。2015 年，在中共中央国务院发布的《关于加快推进生态文明建设的意见》中更加明确地指出要“加快美丽乡村建设”。建设美丽中国的重点和难点在农村，美丽乡村建设情况直接影响和制约着美丽中国的建设进程。从美丽乡村的内涵和实质看，美丽乡村建设是美丽中国建设的重要内容，是推进农业经济发展方式转变、推进一二三产融合的必由之路，是农村生态文明建设的重要抓手，是统筹城乡发展、推进城乡一体化的有效途径，是加快新型城镇化进程的重要手段。

1. 建设美丽乡村是建设美丽中国的重要内容

党的十八大要求把生态文明建设放在突出位置，努力建设美丽中国。中国幅员辽阔，人口众多，大部分国土面积是农村，65%人口的家在农村，近半人口还常住在农村。森林、草原、河流、湿地等生态屏障绝大部分在农村，建设美丽中国，首先要建设美丽乡村。习近平总书记早在 2003 年就指出“既要金山银山，又要绿水青山”。建设美丽乡村，就是要按照“规划科学布局美、村容整洁环境美、创业增收生活美、乡风文明素质美”的要求，进一步丰富拓展其内涵和领域，全面提升农村生产生活条件，努力打造农村宜居宜业、宜游的良好发展环境。

2. 建设美丽乡村是推进农村经济发展方式转变的必由之路

2016 年中央一号文件指出“加快转变农业发展方式，保持农业稳定发展和农民持续增收，走产出高效、产品安全、资源节约、环境友好的农业现代化道路”。加快美丽乡村建设，有利于推动农村经济结构的调整，加快农村经济转型升级；有利于促进人们转变生产方式和消费方式，着力提升农村人居环境和农民生活质量；有利于节约集约利用各类资源要素，从根本上促进人口与资源环境的承载能力相协调，推动经济社会的可持续发展。

3. 建设美丽乡村是推进农村生态文明建设的重要抓手

2015 年，中共中央国务院发布了《关于加快推进生态文明建设的意见》，这是一份我国生态文明建设的纲领性文件。农村生态文明建设是生态文明建设的重要内容，关系到我国整个生态文明建设的进展成效。没有农村的生态文明，就没有全国的生态文明。

4. 建设美丽乡村是加快新型城镇化进程的重要突破口

实施城镇化与美丽乡村同步发展的驱动战略，美丽农村必须是城镇化带动下的美丽农村，城镇化必然是美丽乡村基础上的城镇化。美丽乡村建设是实现城镇化的现实基础，城镇化过程中的粮食、土地、人力资本和内生增长等问题的解决必须依靠美丽乡村的稳步建设和提升；城镇化是美丽乡村建设的动力来源，美丽乡村建设中投入、户籍、公共服务和社会保障等问题的解决必须依靠城镇化的适度推进和延伸。随着工业化、城镇化、信息化、农业现代化进程的加快，推进美丽乡村建设，是解决新型城镇化面临新情况、新问题、新挑战的有效手段。

（二）面临的挑战

近年来，我国农业发展取得巨大成就，粮食生产实现历史性的“十二连增”，农民增收实现“十二连快”。然而，长期粗放式经营积累的深层次矛盾逐步显现，农业持续稳定发展面临的挑战前所未有，传统的农业生产方式已难以为继。

1. 农业资源环境硬约束日益严重

我国人均耕地仅为 0.1m^2；人均水资源仅占世界人均水量的 1/4；农田灌溉水有效利用系数比发达国家平均水平低 0.2；农业用水有效利用率只有 50%左右；我国每立方米灌溉水生产 1kg 粮食，每亩每毫米降水生产 0.5kg 粮食，只有发达国家的一半；我国每公顷土地的化肥用量是世界平均水平的 4 倍以上。化肥真正能够作用于作物生长的比重不到 30%。我国每年农药用量约 180 万 t，每年农膜遗弃量达 100 万 t 以上。畜禽粪污有效处理率不到一半，秸秆焚烧现象严重。全国水土流失面积达 295 万 km^2，年均土壤侵蚀量 45 亿 t，沙化土地 173 万 km^2，石漠化面积 12 万 km^2，草原超载问题依然突出。

2. 农村“三化”问题严峻，农村发展缺乏内生动力

随着工业化、城镇化进程的不断加快，农村优质生产要素大量流向城市、农村产业盲目实现跨越式发展，农村正面临着传统农业逐渐衰弱、农村逐渐边缘化和空心化、真正从事农业生产的农民数量逐渐减少、农村逐渐没落等问题。主要表现为村庄“空心化”、农业产业“空洞化”和农村劳动力“老龄化”“三化”问题。

3. 农业增效、农民增收难度加大，面临供给侧改革的压力

一方面，我国农业生产面临成本上升压力，特别是生产性的服务费用支出，年均增幅达到 8%～9%；另一方面，面临着国际国内农产品价格倒挂的压力，谷物的价格如果按批发价来算，国内外的价格差价达每吨 400～800 元。由于农业生产成本抬升和农产品价格封顶的两重压力，直接导致农业增效、农民持续增收难度加大。

4. 农村一二三产业连接不够紧密，农村基础设施薄弱

我国农村一二三产业连接不够紧密，农业产业整体发展水平不高，如农业产加销仍未形成高效完整的产业链条。农产品加工业起步晚、基础差、技术装备落后、加工转化

率低。农产品流通方式落后，运输流通成本高、损失大。农业生产规模小，组织化程度低等，农业多功能性远未发挥。基础设施和公共服务设施严重欠缺，现有文化设施利用率低下，土地资源浪费严重。特别是村级规划缺乏，导致建房选址随意性大，普遍存在占用耕地建房、沿路建房、建新不拆旧等突出问题，有新房无新村，有新村无新貌。

5. 体制机制尚不健全，创建美丽乡村建设的制度体系任务艰巨

农业资源市场化配置机制尚未建立，特别是反映水资源稀缺程度的价格机制没有形成；生态循环农业发展激励机制不完善，种养业发展不协调，农业废弃物资源化利用率较低；农业生态补偿机制尚不健全，农业污染责任主体不明确，监管机制缺失，污染成本过低；全面反映经济社会价值的农业资源定价机制、利益补偿机制和奖惩机制缺失和不健全等。城乡要素平等交换、有效配置机制尚待完善，美丽乡村建设的动力机制尚未完全构建。

二、美丽乡村建设思路、路径选择与重点任务

（一）发展思路

按照“创新、协调、绿色、开放、共享”的发展理念，转变农业发展方式，发展标准高、融合深、链条长、质量好、方式新的精致农业，走资源节约型、环境友好型农业发展之路，深入开展农村环境综合整治，推进农村垃圾、污水处理和土壤修复，解决农村生态环境污染问题，教育和引导农民养成健康、低碳、环保的现代生产生活方式，让乡村“天蓝、地净、水清、山绿”，让乡村宜业、宜居、宜游。转变美丽乡村创建形态，建立城乡要素平等交换机制，选好特色产业，发展新型集体经济，促进农村基础设施建设和农村景观升级，更加注重关注生态环境资源的有效利用，更加关注人与自然和谐相处，更加关注农业发展方式转变，更加关注农业功能多样性发展，更加关注农村可持续发展，更加关注保护和传承农业文明，真正把建设美丽乡村作为提升农业产业、缩小城乡差距、推进城乡一体化的重要载体和抓手，形成“内生式”发展路径。

（二）重点任务

1. 加强农村综合规划与治理

加强农村山水林田路等综合规划与治理，综合处理农村生活污水，开展农村生活垃圾分类、收集和处理，建立农村生活污染治理设施长效运行机制。加快农村饮用水水源保护区或保护范围划定工作，加大农村饮用水水源地环境监管力度，搞好农村饮用水水源地周边环境整治，健全农村饮水工程及水源保护长效机制。开展规模化畜禽养殖场（小区）、散养密集区的污染治理，划定畜禽养殖禁养区，严格畜禽养殖业环境监管，强化畜禽养殖污染物减排，鼓励养殖小区、养殖专业户和散养户适度集中，对养殖废弃物统一收集和处理。加强农业面源污染防治监管和评估，重点研究制定化肥、农药等农用化学品使用的环境安全标准；加强粮食主产区和国家水污染防治重点流域、区域的农业面

源污染监测与评估，开展农业面源污染防治监管试点；推广秸秆综合利用技术和测土配方施肥技术；开展农村地区历史遗留工矿污染排查和整治。研究村庄适宜性规划和基础设施建设策略。

2. 口粮生产紧抓不放

按照国家粮食安全战略的总体要求，一是做到“谷物基本自给”，保持谷物自给率在95%以上，二是做到“口粮绝对安全”，稻谷、小麦的自给率能达到98%以上，三是推进绿色、低碳、清洁的种植方式。整合各方面力量和资源，形成部门联动、上下配合、合力推进粮食生产的工作格局。加强耕地质量建设，提高耕地基础地力。继续大规模开展粮食高产创建，集成推广先进实用技术，扎实开展粮食增产模式攻关，促进大面积均衡增产。继续落实好农业“四补贴”（种粮直接补贴、农资综合补贴、农作物良种补贴、农机具购置补贴）政策，让多生产粮食者多得补贴。加快完善主产区利益补偿机制，继续加大对产粮大县的奖励力度，调动主产区生产积极性。加快构建以农户家庭经营为基础、合作与联合为纽带、社会化服务为支撑的立体式复合型现代农业经营体系。

3. 大力发展农牧结合

优化调整种养业结构，大力推广农牧结合、种养结合的生态循环技术和生产模式。**一是构建农牧结合的耕作制度，**东北冷凉区，实行玉米大豆轮作、玉米苜蓿轮作、小麦大豆轮作等生态友好型耕作制度；北方农牧交错区，重点发展节水、耐旱、抗逆性强等作物和牧草；西北风沙干旱区，以水定种，改种耗水少的杂粮杂豆和耐旱牧草；南方多熟地区，发展禾本科与豆科、高秆与矮秆、水田与旱田等多种形式的间作、套种模式。**二是加强示范推进，**结合高效生态农业示范园区建设、沃土工程、测土配方、畜禽养殖场排泄物治理和农村能源建设工程等项目，扩大农牧结合、生态畜牧业发展的试点范围，重点支持粮食主产区发展畜牧业，推进“过腹还田”，积极发展草牧业，支持苜蓿和青贮玉米等饲草料种植，开展粮改饲和种养结合型循环农业试点。**三是加大培训和扶持力度。**加强对农民有关农牧结合、循环农业等知识的培训力度，提高农民的科技素质。

4. 积极推进农村一二三产业融合发展

积极有序地推进农村一二三产业融合发展。一是培育多元化产业融合主体；二是建立农村一二三产业融合发展的利益协调机制；三是大力发展农业新兴业态，探索互联网+现代农业的业态形式，扎实推进信息进村入户和现代农业大数据工程建设，完善配送及综合服务网络，推进现代信息技术应用于农业生产、经营、管理和服务，鼓励对大田种植、畜禽养殖、渔业生产等进行物联网改造，鼓励发展多种形式的创意农业、景观农业、休闲农业、农业文化主体公园、农家乐、特色旅游村镇；利用生物技术、农业设施装备技术与信息技术相融合的特点，发展工厂化农业。

（三）路径选择

以促进农业产业发展、农民增收致富、人居环境改善为目标，以农村环境综合整治为突破口，拓展和提升新农村建设内涵，发展农业生产和农村新兴产业，改善农村人居环境，传承生态文化，培育文明新风，建立与资源环境保护相协调的生产生活方式，全面推进现代农业发展、生态文明建设、农村社会管理和绿色化发展，建设“生产高效、生活美好、生态宜居、人文和谐”的美丽乡村。

1. 推动农业一二三产融合，建立新型农业产业体系

转变农业发展方式，提高农业供给体系质量和效率，真正形成结构合理、保障有力的农产品有效供给，降低生产成本，提高农业效益和竞争力，树立“大农业、大食物观念”，以产业链思维横向或者纵向整合，促进农业一二三产融合，提升整体效率。加强农业基础设施建设，发展现代农业园区，建设高标准农田，集中推广区域性、标准化高产高效模式，着力提高农业综合生产能力，保障粮食安全和重要农产品有效供给。大力发展生态农业、循环农业、有机农业，扩大“三品一标”的生产规模和范围，提升农产品质量安全水平。深入推进“一村一品”“一乡一业”，加快发展农产品储藏、运输、保鲜、包装、加工业，推进农产品加工业由规模数量扩张向质量提升和结构优化方向转变，由资源简单消耗向技术升级和品牌竞争方向转变，由分散无序发展向产业化和集聚区方向转变。

2. 注重美丽乡村建设与建立新型产业发展相结合

围绕农业生产过程、农民劳动生活和农村风情风貌，统筹顶端设计，强化特色创意，打造一批功能多元、环境优美、景色迷人的美丽田园，创建一批主导产业突出、环境友好、文化浓郁的休闲农业优势产业带和产业群。坚持以农业为基础、农民为主体、农村为场所兴办休闲农业，注重与生态建设、美丽乡村建设、农业生产布局相结合。支持返乡农民工创办特色规模种养业、产地初加工业、休闲农业、农村生活性、生产性服务业和农村民族民俗传统工艺产业，着力培育一批产业特色突出、品牌优势明显的专业乡（村），增加农民收入。大力培育新型农业经营主体，支持对农民就业增收带动力强的龙头企业、与农民利益联结紧密的农民专业合作社。鼓励和支持承包土地向专业大户、家庭农场、农民合作社流转，开展农村土地股份合作，加快发展多种形式的适度规模经营，发展壮大集体经济。

3. 推进农村基础设施建设与构建长效机制的结合

加强组织领导，着力构建“政府主导、农民主体、社会帮扶、市场运作”的美丽乡村建设工作格局。强化各级政府的主体责任，着力发挥统筹谋划、整合资源、政策支持、督促考核的作用。尊重农民的主体地位，把群众认同、群众参与、群众满意作为基本要求，充分调动农民的积极性、主动性和创造性，引导农民用自己的力量和智慧建设美好家园。搭建市场化运作的平台，推广政府和社会资本合作模式，积极为工商企业、民间资本参与美丽村庄建设提供便捷渠道和有利条件。扩大农村公共服务运行维护机制试点，鼓励县级将村级保洁员工资纳入财政保障范围，通过购买服务、多元化筹资等方式建立政府支持与市场运营相结合的农村环境管护长效机制。

4. 防控农业面源污染，改善农村生态环境

积极探索农牧结合、粮经结合、农渔结合、农机农艺结合等新型高效生态农作模式，

大力推广应用节能减排降耗和循环利用资源的农业技术和生产方式。推进农村垃圾、污水、粪便的资源化利用，治理农村脏乱差；大力推进农村沼气建设，因地制宜发展户用沼气和大中型沼气工程，增加农村清洁能源供应，解决畜禽养殖污染问题，提升农民生活质量；加大农作物秸秆综合利用，建立完善秸秆收储运体系，推进秸秆的饲料化、肥料化、能源化、基料化利用，防止秸秆露天焚烧造成环境污染；大力推广农业清洁生产技术，加快开展畜禽养殖污染治理，积极防治农业面源污染；开展农产品产地环境污染监测与治理，加大农产品产地环境监管力度，从源头防治农产品污染；开展农村改水改厕、农房整修、沟渠清淤、绿化亮化，推进村庄绿化美化；构建农村环境卫生服务体系，改善农村人居环境。

5. 加强规划引领，保护农业传统文化与文明

把规划摆在更加突出的位置，高站位、高起点地进行科学设计，为将来发展留出空间。提高村庄规划水平，从各地实际出发制定村庄建设和人居环境治理统一的村级总体规划，重点加强宅基地和农村集体建设用地的规划和管理，节约村庄建设用地；加强公共基础设施的配套和完善，做到布局合理、功能齐全；加强交通组织和建筑布局，做到村容村貌整洁有序、住宅美观舒适、交通出行便利快捷。制定专门规划，启动专项工程，加大对有历史文化价值和民族、地域元素的传统村落和民居的保护力度。保持传统乡村风貌，传承农耕文化，加强重要农业文化遗产发掘和保护，扶持建设一批具有历史、地域、民族特点的特色景观旅游村镇。

6. 加强部门联合和资源整合，共同推动美丽乡村建设

围绕美丽乡村建设，自上而下统一管理机构，便于推动开展工作，自上而下的各个部门推行的项目都围绕美丽乡村建设，不要再设立一些其他名称。此外，各部门之间应建立协调机制，共同推动美丽乡村建设。

三、种植发展方式转变与美丽乡村建设

（一）总体思路

贯彻“五大”发展理念，转变种植业发展方式，在稳步提升粮食综合生产能力的前提下，以提高农产品质量安全、效益为突破口，以资源节约、环境友好为基本要求，以促进农业增效、农民增收为根本任务，面向国内外市场，依靠科技进步和机制创新，实施“藏粮于地、藏粮于技”战略，确保“谷物基本自给、口粮绝对安全”，推进种植业供给侧结构性改革，实现区域化布局、专业化生产，促进粮经饲统筹、农牧渔结合、种养加一体、一二三产业深度融合发展，按照“一控、两减、三基本”的要求，加强农业生态环境保护与治理，推进清洁种植、绿色种植、循环种植，适度调整种植制度，提升种植效益、农产品质量和市场竞争力，促进种植业持续稳定发展。

（二）基本原则

1. 坚持自主战略，确保粮食安全

种植业发展方式转变要立足我国国情和粮情，守住“谷物基本自给、口粮绝对安全”的战略底线。加强粮食主产区建设，建立粮食生产功能区和重要农产品生产保护区，巩固提升粮食产能。

2. 坚持市场导向，推进产业融合

发挥市场配置资源的决定性作用，引导农民安排好生产和种植结构。以关联产业升级转型为契机，推进农牧结合，发展农产品加工业，扩展农业多功能，实现农业一二三产业融合发展。

3. 坚持突出重点，做到有保有压

根据资源禀赋及区域差异，做到保压有序、取舍有度。优化品种结构，重点是保口粮、保谷物，兼顾棉油糖菜等生产，发展适销对路的优质品种。优化区域布局，发挥比较优势，巩固提升优势区，适当调减非优势区。优化作物结构，建立粮经饲三元结构，推进种养结合。

4. 坚持创新驱动，注重提质增效

推进科技创新，强化农业科技基础条件和装备保障能力建设，提升种植业结构调整的科技水平。推进机制创新，培育新型农业经营主体和新型农业服务主体，发展适度规模经营，提升集约化水平和组织化程度。

5. 坚持生态保护，促进持续发展

树立尊重自然、顺应自然、保护自然的理念，节约和高效利用农业资源，推进化肥农药减量增效，秸秆综合利用，建立耕地轮作制度，实现用地养地结合，促进资源永续利用、生产生态协调发展。

（三）战略重点

1. 推进供给侧结构性改革，提高种植业发展质量

一是推进粮经饲协调发展的作物结构。适应农业发展的新趋势，建立粮食作物、经济作物、饲草作物三元结构。

二是推进适应现实需求的品种结构。优先发展优质农产品；积极发展加工型专用品种；发展特色农产品，发展有地理标识的农产品。

三是推进生产生态协调的区域结构。要提升主产区，重点发展东北平原、黄淮海地区、长江中下游平原等粮油优势产区，新疆内陆棉区，桂滇粤甘蔗优势区，发展南菜北运基地和北方设施蔬菜；要建立功能区，特别是将非主产区的杭嘉湖平原、关中平原、河西走廊、河套灌区、西南多熟区等区域划定为粮食生产功能区。要建立保护区，重点

是发展东北大豆、长江流域“双低”油菜、新疆棉花、广西“双高”甘蔗等重要产品保护区。

四是推进用地养地的耕作制度。在东北冷凉区，实行各作物轮作的生态友好型耕作制度，发挥生物固氮和养地肥田作用。在北方农牧交错区，重点发展节水、耐旱、抗逆性强等作物和牧草，防止水土流失，实现生态恢复与生产发展共赢。在西北风沙干旱区，依据降水和灌溉条件，以水定种，改种耗水少的杂粮杂豆和耐旱牧草，提高水资源利用率。在南方多熟地区，发展禾本科与豆科、高秆与矮秆、水田与旱田等多种形式的间作、套种模式，有效利用光温资源，实现永续发展。此外，在地下水漏斗区、重金属污染区、生态严重退化地区开展休耕试点。

2. 强化科技创新，促进种植业生产方式转变

一是加快推进种业科技创新。配合种子管理部门，加快推进种业领域科研成果权益分配改革，激发种业创新活力。组织科研单位和种子企业开展联合育种攻关，加快培育新品种。加快选育专用青贮玉米、高蛋白大豆、高产优质高抗苜蓿等品种。

二是集成推广绿色高产高效技术模式。开展跨学科、跨区域、跨行业协作攻关，集中力量攻克影响单产提高、品质提升、效益增加和环境改善的技术瓶颈，集成组装区域性、标准化、可持续高产高效技术模式。

三是推进种植业信息化水平。推进“互联网+”现代种植业，应用物联网、大数据、移动互联等现代信息技术，推进种植业全产业链改善升级。加快现代信息技术在病虫统防统治、肥料统配统施等服务中的运用，坚持以大数据为基础，利用相关数据分析工具，把生产管理、科技创新、农资监管、技术推广服务等环节有机衔接起来，形成指挥调度、生产管理、科技推广、监管服务一体化综合服务平台，提升种植业综合管理和服务能力。

四是推进化肥农药减量技术推广运用。在改进施肥方面，加快高效缓释肥、水溶性肥料、生物肥料、土壤调理剂等新型肥料的应用，集成推广种肥同播、机械深施、水肥一体化等科学施肥技术，提高肥料利用水平；在推进病虫统防统治方面，重点在小麦、水稻、玉米等粮食主产区和病虫害重发区，扶持一批装备精良、服务高效的病虫防治专业化服务组织，扩大统防统治覆盖范围，提高防治效果；在推进病虫绿色防控减量方面，集成推广一批绿色防控技术模式，培养一批技术骨干，加快应用物理防治、生物防治等绿色防控替代化学防治，减少化学农药用量；在推进精准施药减量方面，推广高效低风险农药和高效大中型施药机械，提高农药利用率。

3. 推进产业融合，促进种植业产业体系转变

一是推进产业纵向延伸，完善产业链条。通过推行产加销一体化，推动农产品加工业转型升级，完善跨区域农产品冷链物流体系，促进农村电子商务加快发展等系列积极行动，健全完善农业的产业链、就业链、价值链，提高农业产业的综合竞争力和效益。

二是推进横向拓展，挖掘农业价值创造潜力。采取以奖代补等多种方式扶持休闲农业与乡村旅游业发展，扶持农民发展休闲旅游业合作社，支持有条件的地方通过盘活农村资源资产发展休闲农业和乡村旅游。通过支持和引导，培育发展一批繁荣农村、富裕农民的新业态新产业，农村的绿水青山将会变成农民的“金山银山”。

三是推进深度融合，提升农业产业整体发展水平。深入推进农业结构调整，推动粮经饲统筹、农林牧渔结合、种养加一体化；着眼于农业可持续发展，将产业布局与环境保护统筹起来，将产业与生态有机结合起来。通过不同方面、不同层次的共同努力，为农村一二三产业融合发展注入强大动力，让农业焕发勃勃生机。

四是推进创新制度，让农民成为共享利益的主体。按照 2016 年中央一号文件的要求，支持供销社创办领办合作社，引领农民参与产业融合发展；创新发展订单农业，密切企业与农民的利益关系；积极发展股份合作，建立农民入股参与农业经营、合理分享收益的长效机制；探索有效办法，实现财政支农资金帮助农民稳定分享产业链利益。总之，要完善农业产业链与农民的利益联结机制，让农民共享产业融合发展的增值收益。

4. 构建新型农业经营体系，促进种植业经营方式转变

一是推进多种形式的适度规模经营。积极探索农业经营新模式，促进公司化、园区化的农业实验区发展，利用新型农业经营主体的规模优势，降低农业生产成本，提高土地资源利用效率。积极制定合理的土地流转制度，稳妥推进土地流转制度改革，使土地由分散化经营向规模化经营转变，提高组织化程度。应分步稳妥地进行土地承包经营确权、土地流转监督、规模化组织和服务体系建设以及优惠政策实施等，以此实现土地规模经营的适度推进和新型农业经营方式的发展。

二是培育壮大新型农业经营主体。对于现有农业产业化龙头企业，按照扶优、扶大、扶强的原则，加强政策引导，发挥其带动作用；对于发展中的农民合作社，创新政府资金支持形式，加快培育一批管理规范、效益明显的示范社，因地制宜地发展多样化的农民合作社。与此同时，应加快培育职业农民，使之尽快实现由传统农民向新型农民转变。吸引外部人才，通过激励举措吸引高素质人才投身新型农业经营体系建设。

三是完善种植业社会化服务体系。健全生产性服务，以农机服务为抓手，积极探索建立以农机股份合作公司、农机合作社等专业服务组织为龙头，农机大户为主体，农机户为基础，农机中介组织为纽带的农机中介服务体系和以市场为导向、以服务为手段的新型多元化农机服务机制。同时，引导新型农业经营主体积极参与农业保险，提高保费补贴比例，降低农业生产面临的自然环境、市场变动等风险。

（四）重点问题的转变路径

1. 化学投入品减量增效路径

（1）大田作物精准施肥

精准农业是现代农业的发展方向，精准施肥是精准农业中最成熟、应用最广泛的主要技术。精准施肥是以不同田块的产量数据与土壤情况、病虫草害、气候等多项数据的综合分析为依据，以作物生长规律、作物营养专家系统为支持，以高产、优质、环保为目的，提倡根据种植的作物和土壤情况，进行氮、磷、钾和有机肥的合理配方，使得肥料的施用能够适应特定的土壤，从根本上改变了传统农业大面积、大样本平均投入的资源浪费做法，对作物栽培管理实施定位，按需变量投入。试验表明，同等产量条件下，精准施肥可使多种作物平均增产幅度达 8.2%～19.8%，最高可达 30%，总成本降低 15%～

20%，化肥施用量减少 20%～30%。

（2）设施作物水肥一体化

水肥一体化技术是将施肥与灌溉结合在一起的农业新技术。它通过压力管道系统与安装在末级管道上的灌水器，将肥料溶液以较小流量均匀、准确地直接输送到作物根部附近的土壤表面或土层中的灌水施肥方法，可以把水和养分按照作物生长需求，定量、定时直接供给作物。其特点是能够精确地控制灌水量和施肥量，显著提高水肥利用率，又降低了地表水蒸发及肥料消耗，减轻对环境的污染。其中，膜下滴灌施肥技术（即滴灌方式与地膜覆盖农业相结合的技术）被认为是最适用于设施蔬菜栽培的一项先进节水施肥技术。地膜覆盖栽培可有效地提高地温、保水、保肥，防止土壤表层盐分累积、抑制杂草生长、减少病害发生，所以在农业生产上应用广泛。从全国农技中心旱作区水肥一体化技术示范的实验结果可知：蔬菜、果树等经济作物采用水肥一体化技术，可节水70%以上，节肥 30%以上，可提高肥料利用率 50%以上，蔬菜、果树、棉花、玉米、马铃薯分别增产 15%～28%、10%～15%、10%～20%、25%～35%和 50%以上。

（3）农药统防统治与绿色防控技术融合

统防统治，即“统一防治时间、统一防治农药、统一防治技术”。绿色防控，是指按照“绿色植保”理念，采用农业防治、物理防治、生物防治、生态调控及科学、合理、安全使用农药的技术，达到有效控制农作物病虫害的目的，确保农作物生产安全、农产品质量安全和农业生态环境安全。统防统治是病虫防治组织方式的创新，绿色防控是病虫防治技术体系的创新。两者融合推进就是在统防统治过程中，广泛采用物理防治、生物防治、生态控制等绿色防控措施；在绿色防控过程中，充分发挥统防统治组织和新型农业生产经营主体的作用，统一组织实施。

从 2014 年农业部在全国 31 省区、10 种作物的统防统治与绿色防控融合推进试点情况看，效果十分明显。一是集成一批技术模式。二是农药减量控害显著。示范区降低化学农药用量 20%～30%，农田生态环境明显改善，天敌种群数量明显上升。三是节本增效显著。示范区亩增产 8%以上，节本增效 150～200 元，农产品质量符合食品安全国家标准。四是示范带动效应显著。2014 年建立示范区 538 个，示范面积 920 万亩，辐射带动 7160 万亩。

2. 秸秆资源化循环利用路径

近年来，随着科学技术的不断发展和革新，秸秆循环利用技术日趋完善成熟，秸秆综合利用率不断提高。一大批以秸秆肥料化、饲料化、新型能源化、基料化为目标的实用新技术的推广应用，如秸秆机械还田、快速腐熟还田和秸秆保护性耕作、秸秆青贮和微贮、秸秆压块饲料和膨化饲料加工、秸秆沼气（生物气化）和秸秆热解气化、秸秆固化（炭化）成型、秸秆养殖食用菌等，极大地提高了我国秸秆的资源化利用水平。另外，不少以秸秆为原料替代木材造纸、生产建材和包装材料，以及秸秆发电等企业的兴起，有效地推进了秸秆资源循环利用的产业化进程。据农业部和国家发展改革委组织各地开展的秸秆综合利用中期评估结果推算，2013 年全国秸秆利用量约 6.22 亿 t，综合利用率达到 76%，较 2008 年增长 7.3 个百分点。其中，肥料化利用量 2.36 亿 t，约占秸秆可收集利用量的 29%；饲料化利用量 2.20 亿 t，约占 27%；燃料化利用量 1.08 亿 t，约占 13%，且以效率很低的秸秆直接燃用为主；原料化利用量3400万t(其中造纸用秸秆2500万t)，约占4%，基料化利用量2400万t，约占3%。但近年秸秆综合利用也存在秸秆收储运体系发展滞后、秸秆还田机械不配套、政府激励和投入不足、农户积极性不高等一系列问题。

3. 海河流域“两年三季”耕作制度探索

农作物熟制是影响我国秸秆收集利用的一项重要影响因素。实践表明，在适宜的地区通过适当调整农作物熟制，既可解决由于茬口过紧造成的秸秆焚烧问题，又可有效减少耕作对水资源和土壤肥力的消耗，具有良好的生态环境效益。本研究拟以一年两熟制的海河流域为例，从耕作制度改革的角度，探讨在该地区实行两年三熟制对于提高秸秆资源利用率、土地休耕、节水等方面的可行性。

海河流域位于我国北方半干旱、半湿润气候区，海河流域的农作物熟制经过演变，基本上稳定了以一年两熟为主体的熟制体系。该流域是我国农业生产中面临各种效益冲突的典型区域，有限的水、肥、耕地资源能否可持续利用直接关系到该区乃至全国农业的可持续发展。从资源合理高效利用和可持续发展角度考虑，尝试在该区域开展两年三熟制改革，探索构建资源节约、高效利用的种植制度。河北、河南、山东是海河流域的粮食主产区，也是水资源最为紧缺的地区，其耕作制度调整对海河流域粮食生产、资源环境的影响至关重要。

假设在其他条件不变的情况下，部分推行两年三熟种植制度，探讨在不同情形下推行两年三熟制度对粮食安全、资源节约和农民收入的影响。不同情形模拟结果如下所述。

1）假设调减25%小麦播种面积实行两年三季，耕作方式为“冬小麦-夏玉米-春玉米”，同时，调减后春玉米单产提高5%。该情形下：一是该区域小麦玉米产量变化在5%左右，产量占全国的比重变化不到1%，可见该种植制度下对粮食安全的影响甚微。二是由于小麦种植需要大量灌溉用水，调减25%的小麦播种面积后，可以节约水资源，尤其是对河北地下水超采有一定的缓解，河北节水8.57亿t，河南节水20.45亿t，山东节水10.84亿t。三是该情形下，减少了小麦播种，秸秆资源量减少（260万～450万t），同时，由于种植间隔时间拉长，有利于秸秆有效还田，增加了土壤有机质，避免了秸秆焚烧问题。四是该情形下，根据现行政策，休耕补贴为500元/亩，下一季玉米产量提高能够适当增加农民收入，同时，调减小麦种植减少了投入成本，还可以外出打工增加工资性收入等，有利于促进农民增收，根据测算农民人均增收150～250元。

2）假设调减50%的小麦播种面积实行两年三季，耕作方式为“冬小麦-夏玉米-春玉米”，同时，调减后春玉米单产提高5%。该情形下：一是该区域小麦玉米产量变化在10%左右，产量占全国的比重变化为1%～2%，可见该种植制度下对粮食安全的影响不大。二是由于小麦种植需要大量灌溉用水，调减50%的小麦播种面积后，可以节约水资源，尤其是对河北地下水超采有一定的缓解，河北节水17.14亿t，河南节水40.89亿t，山东节水21.68亿t。三是该情形下，减少了小麦播种，秸秆资源量减少（500万～900万t），同时，由于种植间隔时间拉长，有利于秸秆有效还田，增加了土壤有机质，避免了秸秆焚烧问题。四是该情形下，根据现行政策，休耕补贴为500元/亩，下一季玉米产量提高能够适当增加农民收入，同时，调减小麦种植减少了投入成本，还可以外出打工增加工资性收入等，有利于促进农民增收，根据测算，农民人均增收 300～500 元。

3）假设调减 25%的小麦播种面积实行两年三季，耕作方式为“冬小麦-夏玉米-春玉米”，同时，调减后春玉米单产提高 10%。该情形下：一是该区域小麦玉米产量变化在 5%左右，产量占全国的比重变化为 0.32%～1.35%，可见该种植制度下对粮食安全的影响很小。二是由于小麦种植需要大量灌溉用水，调减 25%的小麦播种面积后，可以节约水资源，尤其是对河北地下水超采有一定的缓解，河北节水 8.57 亿 t，河南节水 20.45 亿 t，山东节水 10.84 亿 t。三是该情形下，减少了小麦播种，秸秆资源量减少（250 万～430 万 t），同时，由于种植间隔时间拉长，有利于秸秆有效还田，增加了土壤有机质，避免了秸秆焚烧问题。四是该情形下，根据现行政策，休耕补贴为 500 元/亩，下一季玉米产量提高能够适当增加农民收入，同时，调减小麦种植减少了投入成本，还可以外出打工增加工资性收入等，有利于促进农民增收，根据测算，农民人均增收 150～250 元。

4）假设调减 50%的小麦播种面积实行两年三季，耕作方式为“冬小麦-夏玉米-春玉米”，同时，调减后春玉米单产提高 10%。该情形下：一是该区域小麦玉米产量变化在 10%～16%，产量占全国的比重变化为 0.86%～2.50%，可见该种植制度下对粮食安全的影响不大。二是由于小麦种植需要大量灌溉用水，调减 50%的小麦播种面积后，可以节约水资源，尤其是对河北地下水超采有一定的缓解，河北节水 17.14 亿 t，河南节水 40.89 亿 t，山东节水 21.68 亿 t。三是该情形下，减少了小麦播种，秸秆资源量减少（500 万～850 万 t），同时，由于种植间隔时间拉长，有利于秸秆有效还田，增加了土壤有机质，避免了秸秆焚烧问题。四是该情形下，根据现行政策，休耕补贴为 500 元/亩，下一季玉米产量提高能够适当增加农民收入，同时，调减小麦种植减少了投入成本，还可以外出打工增加工资性收入等，有利于促进农民增收，根据测算，农民人均增收 300～500 元。

四、畜牧发展方式转变与美丽乡村建设

（一）总体思路和基本原则

1. 总体思路

坚持“创新、协调、绿色、开放、共享”的发展理念，按照高产、优质、高效、生态、安全的要求，始终坚持转变畜牧业发展方式“一条主线”，紧紧围绕保供给、保安全、保生态“三大任务”，持续推进畜禽标准化规模养殖、大力推进种养结合绿色循环发展、稳步扩大“粮改饲”试点、促进草食畜牧业增收增绿协调发展、加强饲料和畜产品质量安全保障、不断增强畜牧业综合生产能力和可持续发展能力，实现畜牧业现代发展，创新推动畜牧业一二三产业融合发展，增加农牧民收入，努力实现畜禽养殖业与美丽乡村建设互促互带和谐发展。

2. 基本原则

坚持宏观布局，微观优化。宏观层面，以市场为导向，大力调整优化畜牧业产业结

构和空间布局，突出支持主产区和优势区发展，稳定非主产区生产能力。微观层面，以生态休闲为目标，以美丽乡村建设为统领统筹布局养殖区和生活居住区，实现增收、添景发展。

坚持转变方式，提质增效。创新养殖模式，大力发展适度规模养殖，提高标准化、集约化、机械化、自动化水平；秉持资源节约、优化利用理念，构建粮饲兼顾、农牧结合、循环发展的新型种养结构，推行种养结合的产业发展模式，促进种养业副产品的资源化利用，推进多种形式的产业链连接和绿色循环发展，实现畜牧生产与自然生态和谐发展。

坚持科技支撑，创新驱动。不断深化科技创新转化体制、激活微观创新机制，突破制约畜牧业发展的技术和人才瓶颈，进一步提高良种化水平、饲料资源利用水平、生产管理技术水平和疫病防控水平，为现代畜牧业发展注入强大动力。

坚持市场主导、政府引导。充分发挥市场在资源配置中的决定性作用，充分发挥市场对生产服务体系的选择和激励作用；充分发挥政府统筹布局、多规合一功能，引导激励畜牧业生产布局和美丽乡村建设和谐共进，加大良种繁育体系建设、适度规模标准化养殖、基础母畜扩群、农牧结合模式创新等关键环节的政策扶持，优化公平竞争环境、加强质量安全监管，更好发挥政府引导作用。

坚持重点突破、示范推广。落实农业“供给侧”改革，在畜禽养殖结构、种养结合、农牧林牧结合、草食畜牧、循环绿色养殖、粮改饲等重点领域因地制宜创建示范工程，创新突破畜牧养殖和美丽乡村建设互融发展的机制体制障碍，重点创建一批畜牧养殖和美丽乡村建设互融发展的示范村，以点带面，引导发挥示范辐射带动作用。

（二）战略构想与目标

1. 创新培养新型生产经营主体

支持专业大户、家庭牧场等建立农牧结合的养殖模式，鼓励养殖户成立专业合作组织，引导产业化龙头企业发展，完善企业与农户的利益联结机制，鼓励电商等新型业态与草食畜产品实体流通相结合，构建新型经营体系。

2. 加快发展循环绿色畜牧业

按照减量化优先、资源化利用原则，推动规模化养殖业循环发展。推进土地、水资源集约高效利用。构建畜牧业循环经济产业链，推进种养结合、农牧结合、养殖场建设与农田建设有机结合。推广农牧结合型生态养殖模式，加快推动农副资源饲料化利用。组织开展重要农副饲料资源调查，完善饲料原料目录。组织实施农业综合开发、农副资源饲料化利用项目，推动农副资源产业化开发、农牧循环利用。

3. 推进建设饲料和畜产品质量安全保证体系

充分发挥市场对畜牧业的决定作用，顺应消费结构升级趋势，满足多元化消费需求，完善价格形成机制，实现优质优价。加强生鲜乳收购站和运输车辆的许可管理，推动生鲜乳收购站标准化建设。大力实施饲料和生鲜乳质量安全监测计划，扩大监测范围，提高监测频次，对重点环节和主要违禁物质开展全覆盖监测。加快制定和实施畜牧、饲料质量安全标准；加强检验检测、安全评价和监督执法体系建设，强化监管能力，提高执法效能；全面实施畜禽标识制度和牲畜信息档案制度，完善畜产品质量安全监管和追溯机制。

（三）战略选择

1. 绿色养殖，科技引领

实践证明，发展绿色养殖成为破解目前制约我国养殖业可持续发展的食品安全、成本天花板和环境污染等问题的主要路径，也是增强我国畜牧业内在竞争力的最终选择。以农业部饲料工业中心丰宁动物试验基地为例，他们充分利用中国农业大学农业部饲料工业中心技术与人才优势，借助河北省承德市区位优势与土地资源，在理论与实践结合的过程中，逐步形成了养猪业绿色发展技术示范模式。

2. 粮改饲，统筹种养

根据 2015 年中央一号文件中，关于加快发展草牧业，支持青贮玉米和苜蓿等饲草料种植，开展粮改饲和种养结合模式试点，促进粮食、经济作物、饲草料三元种植结构协调发展的要求，农业部选择华北、东北和西北等十个省的 30 个县区开展“粮改饲”试点。大力推进粮改饲，以玉米种植结构调整为重点，推进粮食作物种植向饲草料作物种植的方向转变，实行草畜配套。

大力推进粮改饲，一是可以实现“改土增粮”；二是可以实现“节粮增效”；三是可以实现“增草增畜”。而在“粮改饲”的推进过程中，各地区应结合本地的区位优势、市场条件、资源禀赋、生态环境等因素，统筹玉米与其他作物生产、种植业与畜牧业结合、生产与生态并进，有序推进；应遵循“粮草兼顾、农牧结合、循环发展”的原则；应做到经济、社会和生态效益的统一。

（四）重点问题的转变路径——大中型养殖场粪污处理与资源化利用

1. 种养结合

种养结合，作为我国大中型养殖场畜禽粪尿污水处理的主要方式，是指养殖场固体粪便通过自然堆放或堆肥处理后就近或异地农田利用，污水与部分固体粪便进行厌氧发酵或者经过氧化塘处理后，就近应用于蔬菜、果树、茶园、林木、大田农作物等。它适用于远离城市、周围农田集中边片、区域环境承载能力较大的大中型养殖场。而为了避免粪污肥效低、难利用、使用过量、养分变异大及氨气排放和重金属累积等风险，全国各地宜借鉴美国“畜禽粪便综合养分管理计划”和丹麦“粪肥管理制度”等成功经验，因地制宜，从粪尿污水收集、储存、输送、无害化处理、安全利用技术与设备各环节，科学统筹，转变畜牧业发展方式，以种定养，制定养殖废弃物高效、安全使用的配套政策，推动种植业和养殖业的无缝衔接。

2. 清洁回用

清洁回用包括回用和清洁两个方面，是目前国内部分大中型养殖场采用的另一种粪尿污水处理利用模式。养殖业清洁生产是指采用先进的养殖生产工艺、养殖技术与设备，提高饲料利用效率，减少浪费，从源头削减畜禽粪尿总量与氮、磷、重金属等排放；控制生产用水，通过雨污分离和固液分离，在生产过程中降低污水总量及其污染负荷，实现过程减排。回用包括中水回用与粪便回用，液体养殖污水经处理达中水标准，再经消毒后，用于冲洗养殖场粪沟与圈栏等；以牛粪和奶牛床沙为代表的养殖固体废弃物通过堆肥发酵、晾干或经清洗再晾晒干后，作为牛床垫料回用。其他包括用畜禽粪便生产蘑菇、养殖蚯蚓和蝇蛆等也属清洁回用模式。清洁回用模式适用于环境敏感区、水源地外围或水资源短缺的养殖场，但因污水最后必须经过深度处理或膜生物反应器处理后，才能达到回用中水标准，同时养殖场用水还需要满足生物安全要求，处理设施设备投入和运行成本较高。

3. 集中处理

集中处理，是指依托大中型养殖场或专门的粪污处理中心，对周边养殖密集区内养殖小区和养殖大户的粪便或污水进行收集、输送并集中处理利用。集中处理技术关键在于组织形式，各地实践探索的主要形式是公私合营模式（PPP 模式），它是指政府与私营商签订长期协议，授权私营商代替政府建设、运营或管理公共基础设施并向公众提供公共服务。集中处理 PPP 模式主要有以下几种：①政府建设、目标考核、市场动作、专业管理；②政府建设、公司托管、免费处理、政策扶持；③政府补贴、承包经营、有偿服务、自负盈亏；④企业建设、政策扶持、科技支撑、资金补助。集中处理后的利用方式包括还田（有机肥和沼液）和沼气、电和热能等。

4. 达标排放

达标排放，主要是指采用工业化污水处理模式，将养殖污水通过厌氧、缺氧-好氧或厌氧-好氧等工艺，以及物化、氧化塘和人工湿地等深度处理，出水水质达到国家排放标准和总量控制的要求。这种模式主要适用于地处城市近郊、经济发达、土地资源局限、土壤营养过剩、沼液难被消纳地区的大型养殖场。达标排放具有占地面积较小，处理效果较稳定的优点。这一末端治理是控制污染最重要的手段，对保护环境起到重要的作用，但这一污染控制模式的弊端明显，诸如处理设施投资较大、运行费用高、管理复杂，且往往不能从根本上消除污染，还可能造成潜在的二次污染和资源浪费，是一种被动的模式。

5. 绿色经济

农业部饲料工业中心丰宁动物试验基地在科研与生产实践的结合中采用系统集成创新技术，研究示范在我国特别是在北方地区养殖场可借鉴、可推广、可复制的“厌氧发酵+微生物处理+综合利用”绿色经济处废模式。

厌氧发酵：采用大型储气一体化 HDPE 黑膜沼气池，发酵猪粪尿污水，生产沼气清洁能源，去除 80%～90%的有机物。

微生物处理：遵循食物链理论，在厌氧发酵能源化的基础上，借鉴活性污泥法的原理，以复合微生物制剂为核心，通过集成创新形成三级净化槽法，解决了活性污染法等无法直接处理高浓度污水的缺点，利用特定复合生物制剂氧化分解沼液，循环处理，进一步去除 COD_5、BOD 和重金属等，生成可与水分离的微生物细胞质和无机物沉淀，水质达Ⅴ类水以上标准，进而代替传统高浓度污水的深度化学处理模式。

综合利用：发酵产生的沼渣与预处理病死猪一起配料，接种微生物后，在单向阀门呼吸膜的厌氧袋中发酵生产高效有机肥，用于种植各类绿色蔬菜和玉米饲料作物等。小部分沼液经过滤处理稀释后，泵入滴灌系统作为液态肥在周边农田施肥用；沼液经微生物分解处理达到至少Ⅴ类水标准、消毒后，灌溉周边农田、菜地、树林，场区水景观用水、冲洗猪舍粪沟或养鱼用。发酵生产的沼气净化后作为燃料用于沼气发电机组发电，电能用于供应部分生产用电、供暖、炊事，其中发电机组余热收集用于沼气池升温。

五、适应村镇美化建设的乡村土地规划研究

（一）总体思路

以提升村镇美化建设为首要任务，以乡村土地规划为切入点，以提高土地利用效率和完善基础设施建设为重要内容，以资源节约、文明生态为基本要求，以提高农民收入、改善农民生活为根本任务，找准战略定位、坚持规划引领，整合各方资源、建立长效机制，坚持政府主导、倡导公众参与，创新乡村规划编制体系、深化农村土地制度改革、健全基础设施建设机制。借助规划手段，优化土地利用结构，进行人地协调土地综合整治和环境治理，加快完善农村基础设施建设，助力美丽乡村建设。

（二）战略构想

1. 构筑村镇建设新格局，打造“四位一体”国土新空间

村镇建设格局是指乡村地区县城、重点镇、中心镇、中心村的空间布局、等级关系及其治理体系。村镇建设格局包括村镇人居空间、产业空间、生态空间和文化空间，立足村镇地域空间，以促进产业培育、生态保育、服务均等、文化传承作为村镇建设的核心目标。塑造村镇发展新主体、新动力、新制度，推进形成中国特色的城市、村镇、农业、生态“四位一体”国土空间新格局。

2. 深化耕地保护综合研究，创新耕地保护制度改革

第一，确立耕地全要素保护机制。第二，完善耕地占补平衡制度。第三，创新耕地保护价值补偿制度。第四，创新区域耕地保护补偿模式。

3. 完善土地流转保障体系，促进土地流转模式创新

第一，加强农村土地流转法制建设。第二，完善农村土地产权管理制度。第三，推动农村土地流转的机制创新。第四，健全农村土地流转的服务体系。

4. 构建乡村绿色基础设施循环网络及生态化建设体系

第一，建立完整的乡村绿色基础设施规划生命支撑网络。第二，从生产、生活、生态方面提出乡村规划新视角。第三，加大资金、科技和人才投入，保障生态化建设。

5. 统筹布局基础设施建设，健全长效投入保障机制

第一，新建基础设施须在既有的基础设施廊道内进行布局，避免对土地完整性的进一步破坏，以保证村镇组的整合性发展。第二，进一步加大公共财政对农村基础设施建设的投入力度，建立现代农村金融体系，积极引导社会资本参与农村公益性基础设施建设、管护和运营。放宽农村金融准入政策，推动村镇银行的发展；拓宽融资渠道，引导更多信贷资金和社会资金投向农村基础设施建设。

（三）农村基础设施建设和村庄整治路径

1. 统筹规划基础设施建设时序，综合考虑远期发展

在规划和建设方案中，应当具有分阶段、分步骤的目标体系和建设要求，使得乡村基础设施规划与乡村近远期发展相适应。面向远期进行统筹规划和布局，避免反复规划和建设带来的浪费，从规划层面做好统筹安排和时序区分，体现基础设施规划的动态性与弹性。同时，制定合理的规划建设时序，指导实际操作的资金分配方案，保障资金划拨和使用实现经济高效。

2. 引入有限干预理念，倡导“统建”与“自建”相结合

一方面，乡村基础设施由政府统筹规划、政府统筹建设，便于管理、推动迅速，整体实施效果好。另一方面，为了解决缺乏公众参与、忽视村民感受、政府资金压力巨大、后期资金投入无法保障、缺乏长远管理意识等问题，乡村基础设施建设应当引入新的“有限干预”建设理念和方式。

3. 加大政策扶持，扩宽融资渠道，保障资金投入

第一，各级财政要加大扶持力度，增加村镇资金投入，整合相关资源，推进基础设施建设，采用先进设备技术，推动城乡基础设施一体化建设，逐步缩小城乡差距，将村镇建设向更深入、更具体、更完善的方向推进。第二，加强对基础设施的管理。把对基础设施的管护放在与建设同等重要的位置，切实解决农村基础设施长期存在的“有人建、有人用、无人管”的问题，充分发挥基础设施的使用效益。

4. 倡导公众参与，尊重村民意愿，体现村民利益诉求

一方面，要丰富公众参与的主体与形式。建立代表不同社会阶层、多视角的村镇规划公众参与机构，加强交流，并综合运用多种媒介，拓宽村镇居民参与村镇建设管理的渠道，使村镇民众能够真正地参与到村镇建设管理中来。另一方面，规划各个环节都应当有公众的参与。通过农民监督来制衡规划各环节中各利益主体的博弈，确保自身利益不受侵害。

5. 发掘地域传统营建智慧，进行绿色基础设施引导

对于乡村这种独特的地理聚落而言，它的发展经历了漫长的岁月，村民世代沿袭的传统与技艺不仅是历史积淀下来的宝贵文化遗产，同时，稍加改良和转化就能够成为为现代生活服务的生态技艺。对于乡村中存在的传统技艺和生态设施，应当结合地区实际和村民的生活习惯，合理进行保留和改造，探索地区范围内可以推广和具有地域适应性的传统生态技艺。

（四）适应村庄建设的乡村土地规划

1. 借助“多规合一”优化调整土地结构

“多规合一”的重心在于土地规划，核心是解决建设用地的供给来源与农村同步发展和农民顺利进城就业这对矛盾。通过“多规合一”规划方法，使村镇文化、经济、建筑、景观特色得到科学规划，统筹协调村镇在各系统、各层面、各类型之间的关系。借助“多规合一”，统一规划区范围和用地规模与标准，调整优化土地利用结构。

2. 深入开展乡级土地利用规划编制

根据上级土地利用总的编制要求，结合各乡镇自然条件和社会条件，对辖区内的土地利用进行合理的安排，对用地的矛盾进行协调，确定各类用地的规模。重点安排好耕地、环境保护用地以及生态建设用地，对于其他工业用地以及基础设施建设，要在保证总耕地面积的情况下，合理规划。要确定好乡镇建设用地和土地的整理、复垦和开发的范围，加强对用地结构和布局的引导。

3. 加强乡村人地协调土地综合整治

土地整治的重点是对农村的山、水、林、田、路、村以及工业建设用地进行综合整治，土地综合整治的根本目的，就是通过提高土地承载能力，为生态建设提供更多空间，实现资源与人类的永续发展。

进行人地协调的土地综合整治需要从以下几个方面入手：一要坚持科学发展观，确保土地综合整治可持续发展；二要构建生态环境安全格局，实施差别化土地综合整治。

4. 因地制宜地促进土地流转模式创新

目前我国农村比较典型的土地流转模式有土地互换、土地出租、土地股份合作、土地入股、土地转包、宅基地换住房、承包地换社保等模式。土地流转是未来土地制度改革的重要方向，土地流转模式的创新显得尤为重要，需要根据各地方的实际情况，选择适合自身的土地流转模式。各地区应该借鉴以上创新模式的成功经验，根据地方实际，创造出有地方特色、高效率的土地流转模式。

5. 加强相关监督管理和保障制度设计

加强土地利用占补平衡、增减挂钩和确权相关监督管理和保障制度的制定。第一，有关部门要对增减挂钩组织开展专项检查，加强对农村土地整治和增减挂钩的监管，充

分利用农村土地整治监测监管系统，加快实现对增减挂钩试点情况的网上监管。第二，完善现有的挂钩周转指标的考核、激励机制，尤其是对于耕地复垦整理做法、耕地保护机制，亟须进一步建立和健全。第三，完善农村土地确权工作相关政策法规。第四，鼓励和扶持新型农业规模经营主体开发利用荒废土地，实现荒废土地的集约化利用。第五，注重土地确权中新技术、新方法的运用。第六，严格执行土地权证的登记发放程序。

六、重大科技工程措施

（一）高标准农田建设工程

加快实施《全国高标准农田建设总体规划》《全国新增千亿斤粮食生产能力规划》，实施“藏粮于地”战略，开展粮食生产功能区划定，优先将水土资源匹配较好、相对集中连片的小麦、水稻田划定为粮食生产功能区。探索建立棉油糖果菜茶等重要农产品生产保护区，支持粮食主产区建设核心区，优先在粮食主产区建设高标准口粮田。抓好东北黑土地退化区、南方土壤酸化区、北方土壤盐渍化区综合治理，保护和提升耕地质量。有计划分片推进中低产田改造，改善农业生产条件，增强抵御自然灾害能力。探索建立有效机制，鼓励金融机构支持高标准农田建设和中低产田改造，引导各类新型农业经营主体积极参与。按照“谁受益、谁管护”的原则，明确责任主体，建立奖惩机制，落实管护措施。

（二）精准施肥推进工程

以减少农业面源污染、农业提质增效、农民增收为落脚点，以配方肥推广和施肥方式转变为重点，因地制宜统筹安排取土化验、田间试验示范等基础工作，立足粮棉油等主要作物，扩大经济园艺作物测土配方施肥实施范围，开展多种形式测土配方施肥信息指导服务和新型经营主体精准施肥示范，加强宣传培训，结合新型职业农民培训，加强新型经营主体培训力度，全面增强农民精准施肥意识。加强院校合作等形式，强化技术支撑，把各项关键技术落实到位，着力提升精准施肥技术水平。坚持政府引导、农民主体、企业主推、社会参与，创新实施方式，充分调动推广、科研、教学、企业和农民等各方积极性，构建合力推进的长效机制。加强数据库的建设和分析，注重资料的收集整理，总结归纳成功经验，强化成果运用。

（三）高效节水灌溉工程

因地制宜，分区施策，加大规模化推进力度，打好区域节水灌溉战役；按照建管并重原则，明确管理体制和运行机制，明晰工程产权归属，落实管护主体、责任、制度和经费，促进节水灌溉工程长效运行；完善节水灌溉机械设备购置补贴政策，进一步扩大节水、抗旱设备补贴范围；完善以奖代补、先干后补等政策，充分调动受益群众积极性，引导农民群众自愿投工投劳参与节水灌溉工程建设。

（四）农业废弃物综合利用示范工程

1. 秸秆综合利用

围绕秸秆肥料化、饲料化、基料化、原料化和燃料化等领域，实施秸秆综合利用试点示范，推广用量大、技术含量和附加值高的秸秆综合利用技术；探索建立有效的秸秆田间处理、收集、储存及运输系统模式；加快建立以市场需求为引导，企业为龙头，专业合作经济组织为骨干，农户参与，政府推动，市场化运作，多种模式互为补充的秸秆收集储运管理体系；积极扶持秸秆收储运服务的发展，建立规范的秸秆储存场所，促进秸秆后续利用；支持秸秆代木、纤维原料、清洁制浆、生物质能、商品有机肥等新技术的产业化发展，完善配套产业及下游产品开发，延伸秸秆综合利用产业链。

2. 残膜和农药包装回收利用

开展区域性残膜回收与综合利用，扶持建设一批废旧农膜回收加工网点，鼓励企业回收废旧农膜。在农膜覆盖量大、残膜问题突出的地区，加快可降解农膜研发和应用，集成示范推广农田残膜捡拾、回收相关技术，建设废旧地膜回收网点和再利用加工厂，建设一批农田残膜回收与再利用示范县。在农药使用量大的农产品优势区，设立回收网点，制定回收管理办法，有条件的地方，依托农药经销商设立农药包装废弃物回收站，统一有偿回收使用过的农药包装废弃物，加快建立农药包装废弃物无害化处理网络和管理平台。

在污染严重的规模化生猪、奶牛、肉牛养殖场和养殖密集区，按照干湿分离、雨污分流、种养结合的思路，建设一批畜禽粪污原地收集储存转运、固体粪便集中堆肥或能源化利用、污水高效生物处理等设施和有机肥加工厂。在畜禽养殖优势省区，以县为单位建设一批规模化畜禽养殖场废弃物处理与资源化利用示范点、养殖密集区畜禽粪污处理和有机肥生产设施。

（五）农牧结合与畜牧业清洁生产示范工程

将污染预防战略应用于养殖生产全过程，在全国各地布置畜禽养殖清洁生产示范工程项目。一是系统深入评价饲料原料生物效价与安全，创建我国自主的饲料原料大数据库平台并用于生产实践；二是研究探讨适合我国不同地域气候特点与场址条件的牧场多样性规划、畜禽舍设计与生产工艺，加速国际先进装备技术的国产化，鼓励发展种养结合的循环农业，实施“农业生态循环工程”。谋划实施互联网+畜牧业工程，创新畜产品生产、加工、销售与流通方式。

（六）乡村整治与土地利用规划编制示范工程

围绕低效、退化及未利用土地综合整治，探索土地资源可持续利用与土地工程化实践的工程技术创新方案，协调处理社会经济发展对土地资源开发、利用与管理在多用途、地域空间、权益保障、流转增值、产能提升、整治提质等多方面目标，实现土地资源理论、工程与管理的系统化、集约化、工程化、信息化，促进土地资源结构优化、质量提升、利用增效。土地资源研究与土地整治工程重在探讨工程技术的优化组合方案，服务于土地资源的合理开发、利用与管理。具体涉及土地资源的勘探、调查、规划、设计、开发、建设、保护、评估与管理等相关工程技术措施。

（七）农村基础设施推进与示范引导工程

规划先行，统筹发展，对农村的水、电、路、气及村庄公用设施等基础设施统一规划。加强农村基础设施建设，实现硬化道路到户、上下水分流和“废弃物”三化，推进农村垃圾、污水处理、裸房旧房、村庄绿化和土壤环境等集中连片综合治理。创建一批宜居环境示范县（市、区）。实施新一轮的美丽乡村建设工程。完善农村沼气建管机制。继续实施农村电网改造升级和宽带入乡进村工程。创新农村住宅用地新模式，把其与农村产业创新、农村环境治理有机地结合起来。在农村基础设施的研发上，要注重低投入和适应性，保证村民能够用得起，又能够好操作，易实施。

（八）新型职业农民培训工程

大力培育新型职业农民，解决农村劳动力“泛力”的问题，加快建立教育培训、规范管理和政策扶持“三位一体”的新型职业农民培育体系。建立公益性农民培养培训制度，深入实施新型职业农民培育工程，推进农民继续教育工程。加强农民教育培训体系条件能力建设，深化产教融合、校企合作和集团化办学，促进学历、技能和创业培养相互衔接。鼓励进城农民工和职业院校毕业生等人员返乡创业，实施现代青年农场主计划和农村实用人才培养计划。

七、重大政策建议

（一）科学规划布局，因地制宜地开展乡村基础设施建设

对村庄分类分级，因地制宜，分类指导，分级控制，形成村庄建设指南。提高村庄规划水平，从各地实际出发制定村庄建设和人居环境治理统一的村级总体规划，重点加强宅基地和农村集体建设用地的规划和管理，节约村庄建设用地；加强公共基础设施的配套和完善，做到布局合理、功能齐全；加强交通组织和建筑布局，做到村容村貌整洁有序、住宅美观舒适、交通出行便利快捷。村庄规划尊重村民意愿，因地制宜，突出地域特色风貌；村庄建设注重优化生态环境，改善人居生活，繁荣传统文化。优化村庄空间布局、按照功能定位和满足群众生活需求，适度开展基础设施和公共服务设施建设。

（二）推进美丽乡村建设与建立新型产业相结合

统筹顶端设计，强化特色创意，打造一批功能多元、环境优美、景色迷人的美丽田园，推动农牧结合，促进一二三产业深度融合，创建一批主导产业突出、环境友好、文化浓郁的休闲农业优势产业带和产业群。以促进农业生产发展、人居环境改善、文明新

风培育为目标，发展农业生产和农村新兴产业，改善农村人居环境，传承生态文化，培育文明新风，建立与资源环境保护相协调的生产生活方式，全面推进现代农业发展、生态文明建设和农村社会管理，建设“生态宜居、生产高效、生活美好、人文和谐”的美丽乡村。

（三）优化农业功能分区，尽快制定绿色种养业结合发展规划

加快落实主体功能区规划，健全全国农业空间规划体系，划定生产、生活、生态空间开发管制界限，落实用途管制，形成合理的农林牧用地结构。重点在农业资源的节约与高效利用、农业废弃物的资源化利用、农业产业链延伸过程中的清洁生产等方面，提出“十三五”期间，种养业绿色发展的思路、途径、目标和模式，及相关的工程措施、重点支持领域与保障体系。编制节水、节地、节肥、节劳、节本与农业资源综合利用、典型地区农业种植制度调整等专项规划，提出发展目标、重点和政策措施，并纳入长期农业发展规划。推进生态循环种养和废弃物综合利用，重点支持农牧业一体化发展的配套基础设施建设。

（四）构建农村基础设施建设的长效机制

加强组织领导，着力构建“政府主导、农民主体、社会帮扶、市场运作”的美丽乡村建设工作格局。强化各级政府的主体责任，着力发挥统筹谋划、整合资源、政策支持、督促考核的作用。尊重农民的主体地位，把群众认同、群众参与、群众满意作为基本要求，充分调动农民的积极性、主动性和创造性，引导农民用自己的力量和智慧建设美好家园。搭建市场化运作的平台，推广政府和社会资本合作模式，积极为工商企业、民间资本参与美丽村庄建设提供便捷渠道和有利条件。扩大农村公共服务运行维护机制试点，鼓励县级将村级保洁员工资纳入财政保障范围，通过购买服务、多元化筹资等方式建立政府支持与市场运营相结合的农村环境管护长效机制。建立完善鼓励生产和使用节约农业资源和环保型产品的财政税收政策，扶持绿色产业和农业资源节约型、环境友好型企业发展。

（五）加大绿色农业与农村发展技术的集成与示范

加大力度在农业产业链整合、农业清洁化生产技术链接、绿色生产技术和农业资源多级转化、资源节约高效利用与废弃物的资源化技术、循环农业技术标准规范、农村生态小城镇建设技术、农村生活消费绿色技术等层面，开展整合与集成研究，建立完善地推动农业发展的技术创新体系与技术示范推广体系，因地制宜地建设一批农业一二三产业融合、生态循环农业、绿色乡村示范区。

主要参考文献

毕于运, 高春雨, 王亚静. 2009. 中国秸秆资源数量估算. 农业工程学报, 25(12): 211-217

国家统计局, 环境保护部. 2006~2015. 中国环境统计年鉴(2006~2015). 北京: 中国统计出版社

国家统计局. 2001~2015. 中国统计年鉴. 北京: 中国统计出版社

国家统计局. 2017. 中国统计年鉴 2016. 北京: 中国统计出版社

国务院. 2016. 关于全国“十三五”期间年森林采伐限额的批复(国函〔2016〕32 号) [2016-2-16]

郝先荣, 沈丰菊. 2006. 户用沼气池综合效益评价方法. 北京: 2005 生态家园富民计划国际研讨会论文集

环境保护部. 2010. 关于发布《农村生活污染防治技术政策》的通知. 环发[2010]20 号[2010-2-8]

黄昌付. 2012. 深圳市生活垃圾理化组分的统计学研究. 武汉: 华中科技大学硕士学位论文

季晓立. 2013. “城市矿产”资源开采潜力及空间布局分析. 北京: 清华大学硕士研究生学位论文

鞠昌华, 朱琳, 朱洪标, 等. 2015. 我国农村生活垃圾处置存在的问题及对策. 安全与环境工程, 22(4): 99-103

李金惠, 程桂石. 2010. 电子废物管理理论与实践. 北京: 中国环境科学出版社

林源, 马骥, 秦富. 2012. 中国畜禽粪便资源结构分布及发展展望. 中国农学通报, 28(32): 1-5

农业部, 国家发改委, 科技部, 等. 2015. 农业部, 国家发改委等 8 部委印发《全国农业可持续发展规划(2015~2030 年)》. 农计发[2015]145 号[2015-5-20]

潘家华, 魏后凯. 2015. 城市蓝皮书: 中国城市发展报告 No. 8. 北京: 社会科学文献出版社

秦世平, 胡润青. 2015. 2050 中国生物质能产业发展路线图. 北京: 中国环境出版社

孙建亮, 刘复星, 柴静. 2014. 中国报废汽车材料的组成及再生技术现状分析. 上海汽车, (11): 54-58

王德宝, 胡莹. 2010. 我国生活垃圾组成成分及处理方法分析. 环境卫生工程, 18(1): 40-41

袁振宏, 吴创之, 马隆龙. 2005. 生物质能利用原理与技术. 北京: 化学工业出版社

中国可再生能源发展战略研究项目组. 2008. 中国可再生能源发展战略研究丛书: 生物质能卷. 北京: 中国电力出版社

中国养殖业可持续发展战略研究项目组. 2013. 中国养殖业可持续发展战略研究: 畜禽养殖卷. 北京: 中国农业出版社

Chen A, Chen C, Tao X, *et al*. 2013. Life cycle assessment of sanitary landfill of domestic garbage in Changsha. Environ Sci Technol, 36: 390-411

Chen H, Lei K, Ma C, *et al*. 2010. Analysis on constituent, physical, and chemical characteristics of MSW in Shihezi. Journal of Anhui Agricultural Science, 38: 12666-12668

Dai J, Chen L, Bai J, *et al*. 2013. Property investigation and analysis of municipal demestic waste in Jingzhou. Environmental Sanitation Engineering, 21(1): 24-26

Guo G, Wei W, He X. 2013. On treatment technology transformation based on property variation trend of domestic waste in Nanning. Cities and Towns Construction in Guangxi, (9): 124-127

Hong R J, Wang G F, Guo R Z, *et al*. 2006. Life cycle assessment of BMT-based integrated municipal solid waste management: Case study in Pudong, China. Resour Conserv Recy, 49: 129-146

Hu D, Wang R, Yan J, *et al*. 1998. A pilot ecological engineering project for municipal solid waste reduction, disinfection, regeneration and industrialization in Guanghan City, China. Ecol Eng, 11: 129-138

Huang M, Liu D. 2012. Characteristic and composition of municipal solid waste in Sichuan province. Environmental Monitoring in China, 28: 121-123

Jia Y, Dong X, Xia S, *et al*. 2013. Physical and chemical characteristics and disposal ways of sorting waste in Shanghai. Journal of Green Science and Technology, (8): 236-238, 244

Jiang J G, Lou Z Y, Ng S, *et al*. 2009. The current municipal solid waste management situation in Tibet. Waste Manage (Oxford), 29: 1186-1191

Ko P, Poon C. 2009. Domestic waste management and recovery in Hong Kong. J Mater Cycles Waste Manage, 11(2): 104-109

Liang S M, Fan J J. 2014. Current status and management strategies of municipal solid wastes in China.

Environmental Engineering, 11: 123-136

Liu Z, Liu Z, Li X. 2006. Status and prospect of the application of municipal solid waste incineration in China. Appl Therm Eng, 26: 1193-1197

Qu X Y, Li Z S, Xie X Y, *et al.* 2009. Survey of composition and generation rate of household wastes in Beijing, China. Waste Manage, 29(10): 2618-2624

Raininger B. 2009. Management and Utilization of Municipal and Agricultural Bioorganic Waste in Europe and China. Singapore: Workshop in School of Civil Environmental Engineering Nanyang Technological University

Su Y J, Luo L M, Liu J Y, *et al.* 2002. Component analysis of urban household garbage of Luoyang. Urban Environment & Urban Ecology, 15: 8-10

Xiao M F, Zhou J R. 2008. Investigation and analysis on the municipal waste situation of Jiujiang city. Jiangxi Energy, 1: 51-3

Xuan L, Ma D. 2014. MSW and governance issues-A case of Harbin. Journal of Harbin University of Commerce, 134: 87-93

Yuan H, Wang L, Su F, *et al.* 2006. Urban solid waste management in Chongqing: Challenges and opportunities. Waste Manage, 26(9): 1052-1062

Zeng D, Duo B. 2012. Analysis on physical characteristics of domestic waste in the urban area in Lhasa. Journal of Tibet University, 27: 20-27

Zhang P, Li P, Zhang X. 2014. Study on composition and physical characteristics of municipal solid waste in Chongqing. Environmental Science and Management, 39: 14-17

Zhao J, Sun W, Yang J, *et al.* 2005. Composition and characteristic analysis of municipal solid waste in Hohhot city. Acta Scientiarum Naturalium Universitatis NeiMongol, 36: 100-103

Zhao W, der Voet Ev, Zhang Y, *et al.* 2009b. Life cycle assessment of municipal solid waste management with regard to greenhouse gas emissions: Case study of Tianjin, China. Sci Total Environ, 407: 1517-1526

Zhao W. 2006. Survey and analysis of municipal domestic waste in center area of Dalian city. Environmental Sanitation Engineering, 14: 29-31

Zhao Y, Wang H T, Lu W J, *et al.* 2009a. Life-cycle assessment of the municipal solid waste management system in Hangzhou, China (EASEWASTE). Waste Manage Res, 27(4): 399-406

Zhou F, Feng G. 2010. On screening characters of municipal household waste in Chongqing. Journal of Chongqing Three Gorges University, 26: 94-96

附录　中国工程院“生态文明建设若干战略问题研究（二期）”项目组成及主要成员名单

项目顾问：

徐匡迪　全国政协原副主席，中国工程院院士

钱正英　全国政协原副主席，中国工程院院士

陈吉宁　环境保护部部长（2015~2017 年）

张　勇　国家发展与改革委员会副主任

沈国舫　中国工程院原副院长，中国工程院院士

项目组长：

周　济　中国工程院原院长，中国工程院院士

刘　旭　中国工程院原副院长，中国工程院院士

项目副组长：

郝吉明　清华大学，中国工程院院士

项目各课题组成及其主要成员：

课题一：国家生态文明建设指标体系研究与评估

组　长：吴丰昌　中国环境科学研究院，中国工程院院士

副组长：舒俭民　中国环境科学研究院，研究员

严　耕　北京林业大学，教授

张林波　中国环境科学研究院，研究员

万东华　国家统计局统计科学研究所所长，研究员

朱广庆　中国生态文明研究与促进会秘书长

课题二：我国资源环境承载力与经济社会发展布局战略研究

组　长：郝吉明　清华大学，中国工程院院士

副组长：曲久辉　中国科学院生态环境研究中心，中国工程院院士

王　浩　中国水利水电科学研究院，中国工程院院士

李　阳　中国石油化工股份有限公司，中国工程院院士

课题三：固体废物分类资源化利用战略研究
组　长：杜祥琬　中国工程院原副院长，中国工程院院士
副组长：钱　易　清华大学，中国工程院院士
陈　勇　常州大学，中国工程院院士
凌　江　环境保护部固体废物与化学品管理技术中心主任

课题四：农业发展方式转变与美丽乡村建设战略研究
组　长：刘　旭　中国工程院原副院长，中国工程院院士
副组长：唐华俊　中国农业科学院院长，中国工程院院士
李德发　中国农业大学，中国工程院院士
刘克成　西安建筑科技大学，教授

综合组：
组　长：周　济　中国工程院原院长，中国工程院院士
刘　旭　中国工程院原副院长，中国工程院院士
成　员：舒俭民　中国环境科学研究院，研究员
张林波　中国环境科学研究院，研究员
李岱青　中国环境科学研究院，研究员
许嘉钰　清华大学，副教授
刘晓龙　中国工程科技发展战略研究院办公室主任
尹昌斌　中国农业科学院农业资源与农业区划研究所

项目办公室：
王元晶　中国工程院三局副局长
张林波　中国环境科学研究院，研究员
张　健　中国工程院二局科学道德处，调研员
刘晓龙　中国工程科技发展战略研究院办公室主任
王　波　中国工程院战略咨询中心，副处长
鞠光伟　中国农业科学院，博士
宝明涛　中国工程院战略咨询中心